2022 Visual C#

程序设计从零开始学

李馨 著

清華大學出版社
北京

内 容 简 介

本书针对零基础用户，以.NET 提供的类库为范本，辅以丰富完整的范例程序精要地讲解 Visual C#语言。全书内容分 4 部分：程序基础篇（第 1~5 章）介绍变量、常数等基本数据类型的使用、流程控制的条件选择和循环、数组和字符串等；对象使用篇（第 6~9 章）探讨面向对象程序设计的三大特性，即继承、封装和多态，了解集合的特性等；Windows 界面篇（第 10~14 章）以 Windows 窗体为主，了解 MDI 窗体的工作方式，认识鼠标事件及键盘事件，从窗体的坐标系统认识画布的基本运行方式，同时介绍 Graphics 类绘图的相关方法；应用篇（第 15、16 章）探讨 System.IO 命名空间和数据流的关系，讲解不同格式的数据流搭配不同的读取器和写入器，最后介绍如何在 C#中集成 LINQ 查询语言，针对不同数据源进行数据的查询。

学习程序设计语言的捷径就是以范例程序为蓝本，动手编写、修改、调试、测试范例程序中使用的范例文件和范例数据库。本书丰富的范例讲解和每章最后的习题实践适合对 Visual C#语言感兴趣及想对.NET 类库有更多认识的读者学习与参考。

本书为荣钦科技股份有限公司授权出版发行的中文简体字版本。
北京市版权局著作权合同登记号　图字：01-2022-4811

图书在版编目（CIP）数据

Visual C# 2022 程序设计从零开始学/李馨著.—北京：清华大学出版社，2022.9
ISBN 978-7-302-61844-7

I.①V…　II.①李…　III.①C 语言－程序设计　IV.①TP312.8

中国版本图书馆 CIP 数据核字（2022）第 170258 号

责任编辑：赵　军
封面设计：王　翔
责任校对：闫秀华
责任印制：丛怀宇
出版发行：清华大学出版社
　　网　　址：http://www.tup.com.cn，http://www.wqbook.com
　　地　　址：北京清华大学学研大厦 A 座　　**邮　　编：**100084
　　社 总 机：010-83470000　　**邮　　购：**010-62786544
　　投稿与读者服务：010-62776969，c-service@tup.tsinghua.edu.cn
　　质 量 反 馈：010-62772015，zhiliang@tup.tsinghua.edu.cn
印 装 者：三河市铭诚印务有限公司
经　　销：全国新华书店
开　　本：190mm×260mm　　**印　　张：**34.75　　**字　　数：**889 千字
版　　次：2022 年 11 月第 1 版　　**印　　次：**2022 年 11 月第 1 次印刷
定　　价：129.00 元

产品编号：098625-01

改编说明

与 Java 有着惊人相似之处的 C#几乎集成了当今所有关于软件开发和软件工程研究的最新成果，从微软公司 2000 年发布 C#至今，经过十多年的不断完善和发展，用“安全、稳定、简单、优雅、高效”这些关键词来描绘 C#的“如日中天”一点也不夸张。C#综合了 VB 简单的可视化操作和 C/C++运行的高效率，使其成为 .NET 开发的首选语言。

本书的写作目的是希望帮助 C/C++、VB 的程序员或者采用类似语言的开发人员迅速转向 C#，从而可以使用 C# 高效地开发基于微软.NET 网络框架（平台）的各种应用程序。

学习一门新的程序设计语言的捷径就是以范例程序为蓝本，动手修改、调试、测试程序。本书的一大特点就是范例程序丰富而实用，我们花了大量时间在 Visual Studio 2022 的简体中文环境下编写、修改、调试和测试范例程序，并不遗余力地修改范例程序运行中使用的范例文件和范例数据库，以及每章习题部分的编程实践题，以保证正文中的范例程序及为实际应用提供的参考范例程序都准确无误。

书中所有的范例程序都在 Microsoft Visual Studio Community 2022，17.1.0 以后的版本中修改、调试并顺利测试通过，可以正常运行。

使用范例程序有以下注意事项：

（1）为了让所有范例程序（包含每章实践作业的参考范例程序）不经过任何修改就能直接编译运行，建议把范例程序压缩文件解压到 D 盘的“\C#2022”文件夹下。

（2）为了方便读者学习，本书提供的所有范例程序、课后实践题的范例解答、PPT 都可以扫描下面的二维码进行下载。

范例程序　　　　PPT

（3）如果下载有问题，请发送电子邮件至 booksaga@126.com，邮件主题为“求 Visual C# 2022 程序设计从零开始学下载资源”。解压缩后生成的目录结构如下：

```
CH01
CH02
……
```

CH15
CH16
Demo
Icon
Picture
Test
Testing
各章节课后实践题参考范例程序

最后祝大家学习顺利！

资深架构师　赵军
2022 年 5 月

前　言

Visual Studio 2022 是一个安全性高、功能丰富的集成开发环境，开发人员可以在这个集成开发环境中使用 Visual Basic、C#、Visual C++等程序设计语言开发和设计在 Android、iOS 和 Windows 等平台上运行的应用程序。本书所涉及的程序设计语言版本为目前新版 Visual C# 2022。另外，本书从 4 个方面带领读者来认识 Visual C#语言。

程序基础篇（第 1~5 章）

踏上学习之旅，首先把焦点放在 Visual Studio 2022 集成开发环境，以 Visual Studio Community 版本为基础，从集成开发环境的使用、.NET 框架的选用到应用项目的创建来浅尝 Visual C#程序语言的魅力。本篇内容从变量、常数到枚举，从条件结构、选择结构到循环结构，最后介绍数组与字符串的声明与应用。

对象使用篇（第 6~9 章）

首先以面向对象的技术为基础，认识类和对象。接着认识面向对象程序设计的三个特性：继承（Inheritance）、封装（Encapsulation）和多态（Polymorphism）。探讨构造函数如何初始化对象，如何对封装的属性设置初值，介绍静态类到静态构造函数以及它们的不同之处；介绍方法及其传递机制，传值调用和传址调用；展开介绍 C#继承、多态和接口的使用；介绍通过命名空间 System.Collections.Generics 来认识泛型（Generics）及泛型集合；认识委托（Delegate）、Lambda 表达式以及异常情况的处理。

Windows 界面篇（第 10~14 章）

Windows 应用程序主要围绕着.NET Framework 的创建。它以窗体（Form）为主，使用工具箱放入控件，即使我们不编写任何程序语句也能得到一个简易的窗体界面。Windows 应用程序以公共控件为主，提供了各种不同用途的对话框、选项控件和菜单的使用。了解 MDI 窗体的工作方式，认识鼠标事件及键盘事件，从窗体的坐标系统认识画布的基本运行方式，同时介绍 Graphics 类绘图的相关方法。

应用篇（第 15、16 章）

探讨 System.IO 命名空间和数据流的关系。打开文件进行读取，创建文件写入数据，这些不同格式的数据流可搭配不同的读取器和写入器。最后介绍如何在 C#中集成 LINQ 查询语言，针对不同数据源进行数据的查询。

笔者在编著本书时秉持严谨的态度，辅以精练扼要的表达方式，希望本书让初学者在学习 Visual C#的同时，也能对.NET 的类库有全面的了解。

编　者

2022 年 4 月

目　　录

第 1 章

Visual Studio 快速入门

章节重点

- 认识不一样的.NET 框架，认识 CLR、FCL 和 CLS。
- 下载与安装 Visual Studio 2022 软件。
- 初探 Visual Studio 2022 工作环境、解决方案和项目的关系。

1.1 不一样的.NET

如今我们生活在一个跨平台的世界中，日新月异的移动技术，随时随地都可以把生活中的点滴上传到云端，这一切使得在平台操作系统上的操作（如 Windows）变得不那么重要了。正因为如此，微软公司一直致力于将.NET 与 Windows 的紧密联系逐步分离。从.NET Framework 开始，延伸到.NET Core，到如今正式更名为.NET，随着时间的累积和技术的发展，微软公司从.NET Framework 到.NET 有了重大的变革。

.NET Framework 从字面上来看，可解释成“骨干”“框架”，目前的版本是 4.8。将.NET Framework 重写为真正跨平台的同时，微软公司借此重构的机会删除了其中非核心的部分。2014 年先发布.NET Core，版本从 3.1 开始，为了避开与.NET Framework 版本的混淆，直接以“.NET 5.0”命名，2021 年年底，更新到“.NET 6.0”。

1.1.1 什么是.NET

究竟什么是.NET？一言以蔽之，就是能在不同平台上执行的免费开放源代码的开发平台，这些平台包括 Windows、macOS、Linux、Android、iOS 等。用户可以使用 Visual Basic、C#、

F#等进行应用程序的开发。.NET 框架大致分为三大类：

- .NET Core：可以在不同的平台上开发。
- .NET Framework：着力于 Windows 平台。
- Xamarin/Mono：适用于.NET 移动设备。

.NET Standard 是一个共享的类库，提供.NET API 的规格，也就是不同的.NET 版本会共享部分类库。

如图 1-1 所示，.NET Standard 是两个圆的交叠，而较新的版本包含较旧版本的所有 API，版本之间并没有任何重大变更，目前版本是 2.0。不过，对于后续章节所使用的 Visual Studio 2022 软件，如图 1-2 所示，若框架选择".NET 5.0"（当前发布的版本）或".NET 6.0"（长期支持的版本），则不尽相同。根据微软官方文献的说明，当前发布的版本是半年更新一次，长期支持的版本则会维持三年才进行更新。

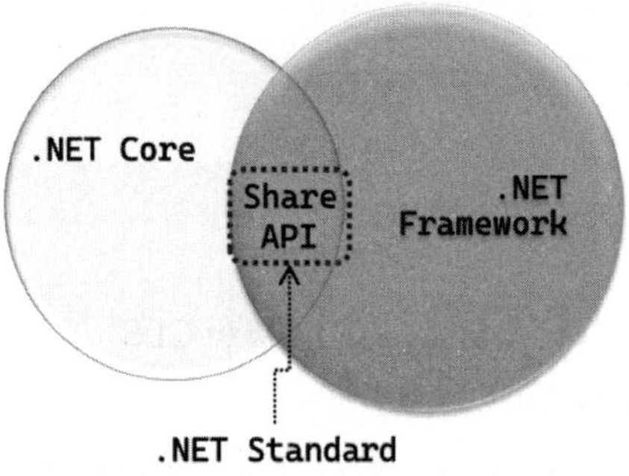

图 1-1 .NET Standard

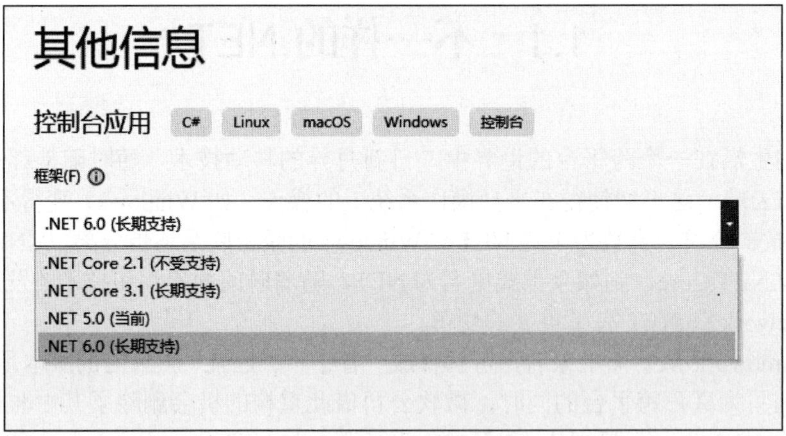

图 1-2 .NET 的两种版本

1.1.2 .NET 三大组件

.NET 包含三大组件：

- 公共语言运行库（Common Language Runtime，CLR，或称为公共语言运行时环境）。

- .NET Framework 类库（Framework Class Library，FCL，或称为框架类库或基类库）。
- 公共语言规范（Common Language Specification，CLS）。

公共语言运行库为.NET 提供了应用程序的虚拟执行环境，使得我们用不同程序设计语言编写的程序代码可以在这个共享的类库下彼此协调、相互合作。以公共语言运行库为核心并经过编译的程序代码称为“托管（Managed）程序代码”，它具有以下功能：

- 改善内存的回收（Garbage Collection，GC）机制，自动配置内存，配合对象参考，内存不再使用时就加以释放。
- 具有强制类型安全检查，在通用类型系统下确保“托管”能自我描述。
- 支持结构化异常情况处理。

无论开发的应用程序是 Windows Form（Windows 窗体）、Web Form（网页窗体）还是 Web Service（网页服务），都需要.NET Framework 提供的类库。在公共语言规范的要求下，使用.NET API 提供的类能让不同的程序设计语言之间具有互操作性（Interoperability）。此外，.NET Framework 类库也能实现面向对象程序设计，包含派生自行定义的类、组合接口和创建抽象（Abstract）类，配合命名空间（Namespace）丰富其分层结构。

1.1.3　程序的编译

一般来说，编写的程序源代码（Source Code）要经过编译才能执行，使用 Visual C#程序设计语言编写的程序同样需要经过 C#编译器（Compiler）才能运行。.NET 的 JIT（Just-In-Time）编译器是默认以 NET Core 3.0 为跨平台开源开发框架的平台，启用分层式编译（TC），让程序在执行时更为直接地使用实时 JIT 编译器。64 位的 JIT 编译器能将 C#程序代码编译成 MSIL（Microsoft Intermediate Language）中间语言，大幅提升了程序的执行性能。编译器产生的汇编程序（Assembly）是可执行文件，扩展名是“EXE”或“DLL”，编译和执行过程如图 1-3 所示。

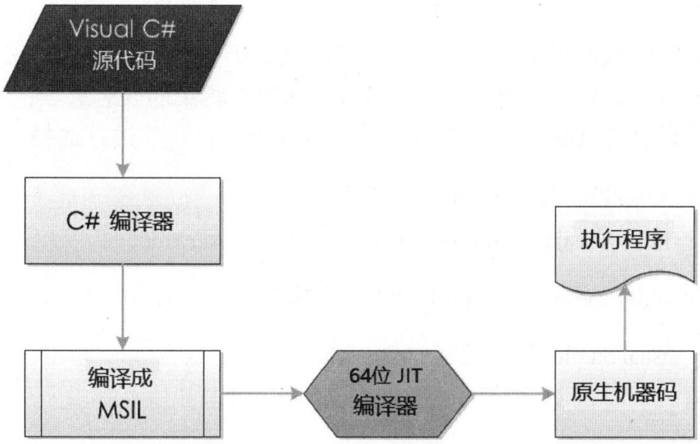

图 1-3　C#程序代码的编译和执行过程示意图

经过编译的程序代码要运行时，汇编程序会以.NET 的 CLR 来加载，符合安全性需求后，再由 JIT 编译器将 MSIL 转译成原生机器码才能执行。简单来说，我们要将 C#的程序代码编译成可执行文件（*.EXE），运作的环境必须安装.NET 软件才能顺利执行。

1.2 认识 Visual Studio 2022

Visual Studio 2022 是一款集成开发环境，能编写、编译、调试、测试和部署应用程序，也支持跨平台移动设备的开发。Visual Studio 2022 也是程序设计语言的组合套件，可以使用 Visual Basic、Visual C#、Visual C++、F#、JavaScript、Python、TypeScript 等各种程序设计语言，可用于开发 Windows、Android、iOS 平台上运行的应用程序，涉及的应用程序类型有 Web、Windows、Office、数据库和移动设备等，并提供了云计算（Microsoft Azure）的服务功能。

1.2.1 Visual Studio 2022 的版本

Visual Studio 2022 分为三种版本，其中的企业版（Enterprise）、专业版（Professional）提供 60 天试用期。要注意的是，“免费下载”和“免费试用”不太相同，免费试用会有试用期限。Visual Studio 2022 的各个版本如下：

- Visual Studio Enterprise 2022：企业版，适用于企业组织团队开发。
- Visual Studio Professional 2022：专业版，适用于小型团队的专业开发人员。
- Visual Studio Community 2022：社区版，是一个完全免费、功能完整的具有集成开发环境（Integrated Development Environment，IDE）的软件，适合初学者，也是本书采用的版本。

1.2.2 下载、安装 Visual Studio 2022

Visual Studio 2022 软件做了一些变革，安装时虽然无法“一键到底”，却给用户提供了更多的选择权。第一步，安装时先通过“工作负载”选择工具集的安装选项；第二步，使用“单个组件”来补充。若需要其他语言的支持，则可进入“语言包”进行选择。

- 下载软件：Visual Studio Community 2022。
- 下载网址：https://visualstudio.microsoft.com/zh-hans/downloads/。

接下来介绍 Visual Studio Community 2022 的下载与安装。

步骤 01 进入 Visual Studio 官网，找到 Visual Studio 2022 的社区版，单击“社区”下方的“免费下载”按钮来下载 Visual Studio Community 2022 软件，如图 1-4 所示。

图 1-4　选择下载 Visual Studio 2022 的社区版本

步骤 02 准备安装 Visual Studio。双击已下载好的 Visual Studio Community 2022 安装包，它会先进行解压缩，然后进入如图 1-5 所示的“Visual Studio Installer”界面。

图 1-5　启动 Visual Studio 安装程序

步骤 03 单击“继续”按钮进入安装软件的准备窗口，如图 1-6 所示。

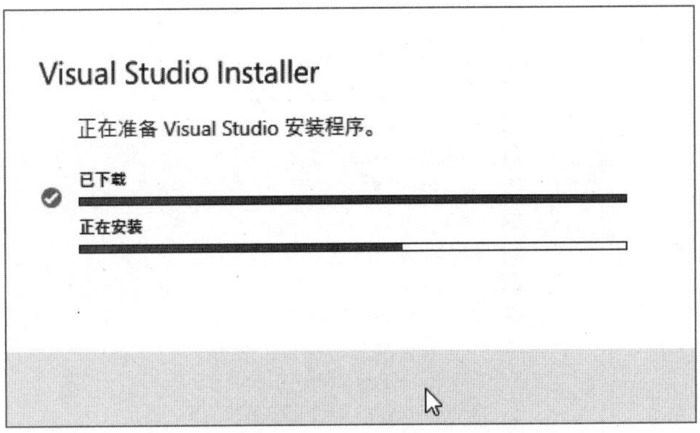

图 1-6　Visual Studio 安装程序的准备窗口

步骤 04 选择要安装的工具集，在“工作负荷”选项卡，勾选①“.NET 桌面开发”复选框。若单击②“更改...”按钮，则可以选择其他的位置来安装该软件，如图 1-7 所示。

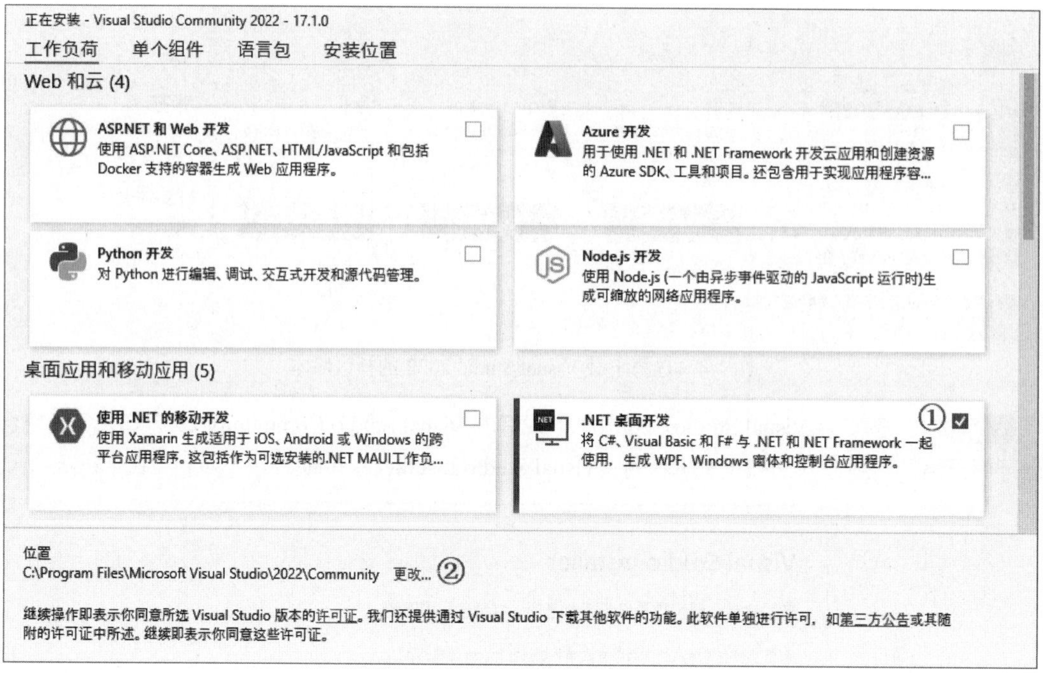

图 1-7　安装组件的界面

步骤05 勾选了主组件之后，窗口右侧会显示所勾选的各个组件，如图 1-8 所示。

图 1-8　安装主组件所包含的各个组件

步骤06 如果要增减其他组件，可以切换到①“单个组件”选项卡。例如找到“代码工具”，②勾选“LINQ to SQL 工具”复选框和③“类设计器”复选框，如图 1-9 所示。

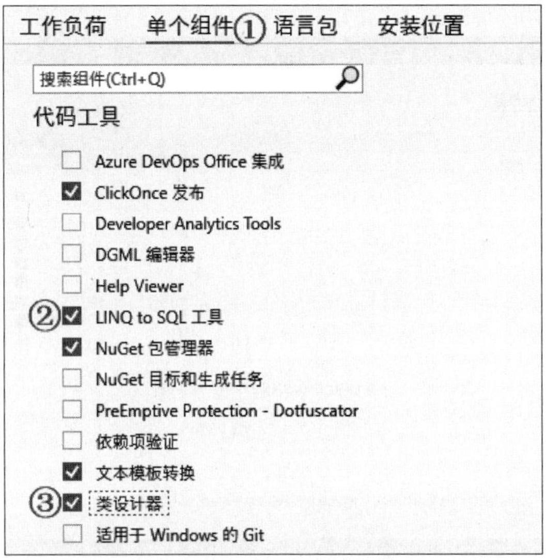

图 1-9　根据自己的需要增减其他组件

步骤 07 “语言包”默认为“中文（简体）”，也可以勾选其他语言。本书我们使用简体中文，故此处不做任何变更。切换到“安装位置”选项卡，若想要变更软件的安装位置，可以单击路径右侧的 ... 按钮，如图 1-10 所示。

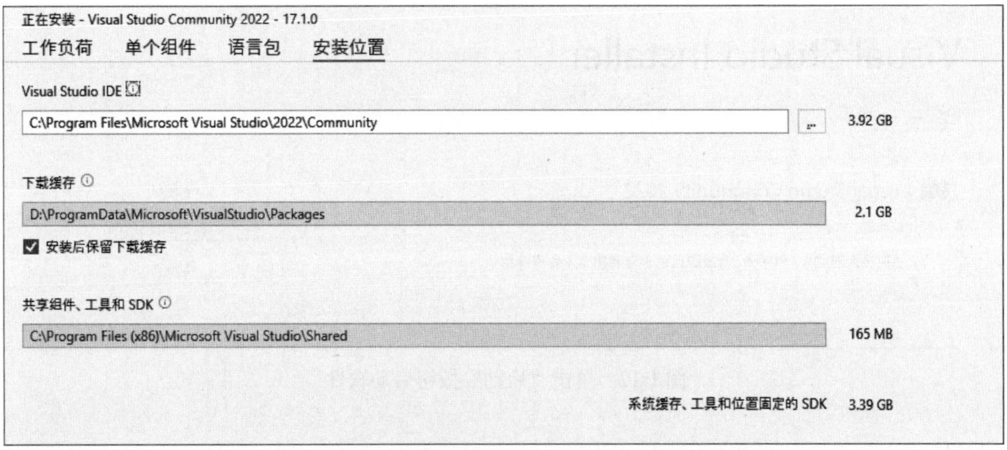

图 1-10　设置 Visual Studio Community 2022 的安装位置

步骤 08 完成所有设置后，单击窗口右下角的“安装”按钮进行软件的安装，如图 1-11 所示。

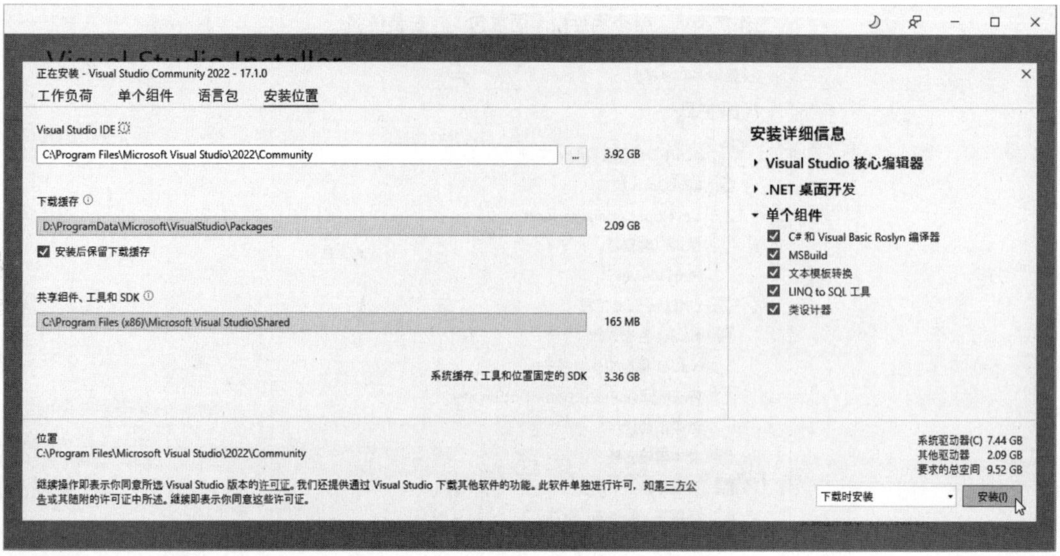

图 1-11　单击“安装”按钮开始安装软件

步骤 09 完成安装之后，直接单击“启动”按钮即可启动 Visual Studio Community 2022，如图 1-12 所示。记得单击 Visual Studio Installer 安装向导程序右上角的 × 按钮来关闭安装向导程序。

图 1-12　单击“启动”按钮启动软件

1.2.3　启动 Visual Studio 2022

第一次启动 Visual Studio 2022，要对它的操作界面进行简单的设置，步骤如下：

步骤 01 在 Windows 操作系统中，在“开始”菜单中找到“Visual Studio 2022”软件并单击以启动它。①在“开发设置”中选择“Visual C#”，②颜色主题选择“浅色”，③单击“启动 Visual Studio”按钮，如图 1-13 所示。

图 1-13　选择自己喜欢的颜色主题，然后启动 Visual Studio 2022

步骤 02 进入 Visual Studio 欢迎窗口，如果有账号，就可以登录；如果没有账号者，可以先选择“以后再说”。

步骤 03 进入 Visual Studio 2022 的开始窗口，如图 1-14 所示。

图 1-14　Visual Studio 2022 的开始窗口

在开始窗口中，打开的项目或方案会停留在窗口左侧，在窗口右侧可以看见多个不同功能的按钮，常见的功能按钮说明如下：

- 克隆存储库：从 GitHub 或 Azure DevOps 等联机存储库获取代码。
- 打开项目或解决方案：根据项目或方案存储的位置来加载项目或方案。
- 打开本地文件夹：根据指定位置打开文件夹。
- 创建新项目：根据选取的程序设计语言来创建项目。

在开始窗口中，右下角有“继续但无须代码”，单击它之后会直接进入 Visual Studio 2022 的工作环境。

1.2.4 扩充其他模块

完成 Visual Studio 2022 软件的安装之后，如果想要安装其他模块，该如何做呢？只要启动“Visual Studio Installer”，然后选取要安装的组件即可。

接下来修改 Visual Studio 2022，扩充其他模块。

步骤 01 从 Windows 操作系统的“开始”菜单找到“Visual Studio Installer”并启动它，如图 1-15 所示。

图 1-15 “Visual Studio Installer”的启动图标

步骤 02 进入“Visual Studio Installer”窗口，如图 1-16 所示，单击“修改”按钮会进入如图 1-17 所示的安装组件窗口，可通过“工作负荷”或“单个组件”选项卡来安装或卸载相关组件。

图 1-16 单击“Visual Studio Installer”窗口的“修改”按钮

步骤 03 选择要安装的组件且完成设置，此处切换到①“单个组件”选项卡，②勾选要安装的组件，③然后单击右下角的“修改”按钮，如图 1-17 所示。要注意的是，如果 Visual Studio 2022 处于开启状态，则要将其关闭。

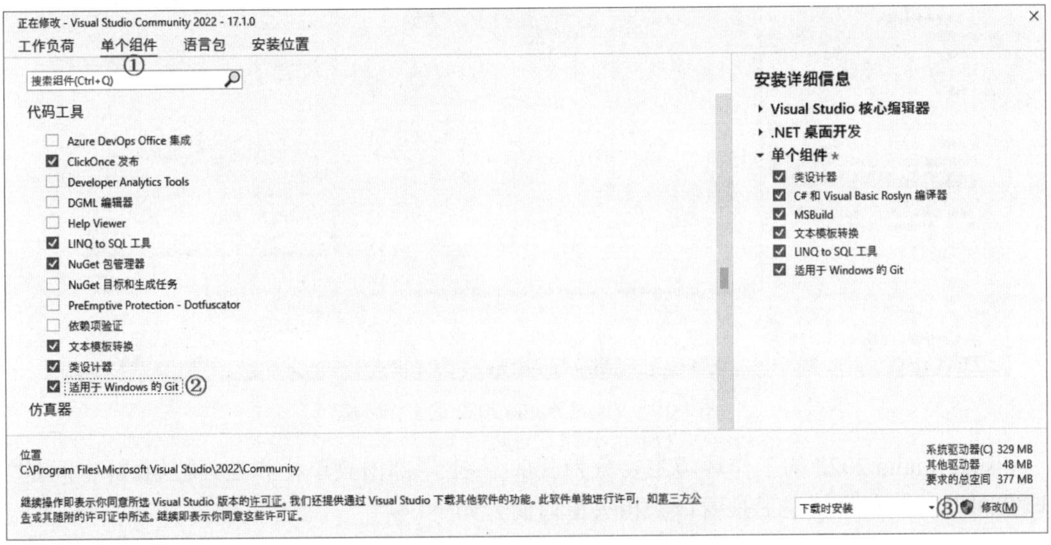

图 1-17　选择要安装的组件进行安装

步骤 04 完成安装后，单击“启动”按钮进入 Visual Studio 2022 开始窗口，再单击右上角的 × 按钮来关闭此窗口，如图 1-18 所示。

图 1-18　启动 Visual Studio 2022

1.3　Visual Studio 2022 的工作环境

Visual Studio 2022 是一款具有集成开发环境的软件，其具有程序代码编辑器，可用于协助程序的编写、调试和执行；进行文件的管理，部署项目并发布；将相关工具集成在同一个环境下，以便于开发人员使用。本书的项目模板以控制台应用程序和 Windows 窗体应用程序为主。下面通过图 1-19 来认识 Visual Studio 2022 的工作环境。

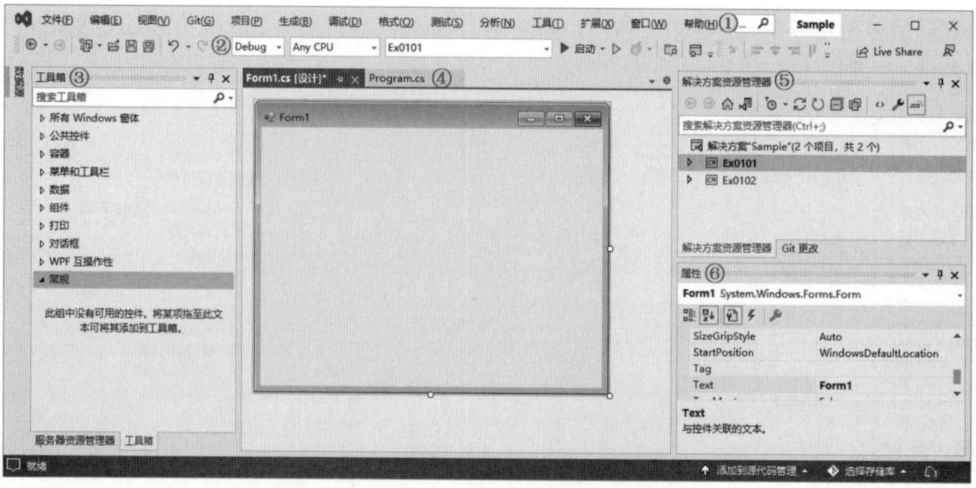

图 1-19 Visual Studio 2022 的工作环境

Visual Studio 2022 的工作环境主要分为三部分：上半部由菜单栏和工具栏组成，中间是"主窗口空间"，左右两侧是工具窗口。相关窗口简介如下：

① 菜单栏：提供 Visual Studio 2022 所需的相关菜单选项（指令）。

② 工具栏：提供图标按钮，如图 1-19 所示为"标准"工具栏，依次选择"视图"→"工具栏"菜单选项就能看到相关工具栏，被"勾选"的工具会显示在窗口上方。

③ 工具箱：提供 Windows 窗体控件。

④ 页签：用来切换不同的工作区。

⑤ 解决方案资源管理器：管理解决方案和项目。

⑥ 属性：分为属性和事件两种。

1.3.1 "解决方案资源管理器"窗口

在 Visual Studio 2022 操作界面中，工具窗口位于窗口两侧，窗口右侧有"解决方案资源管理器"和"属性"窗口。接下来我们先认识位于窗口右上角的"解决方案资源管理器"窗口，如图 1-20 所示。

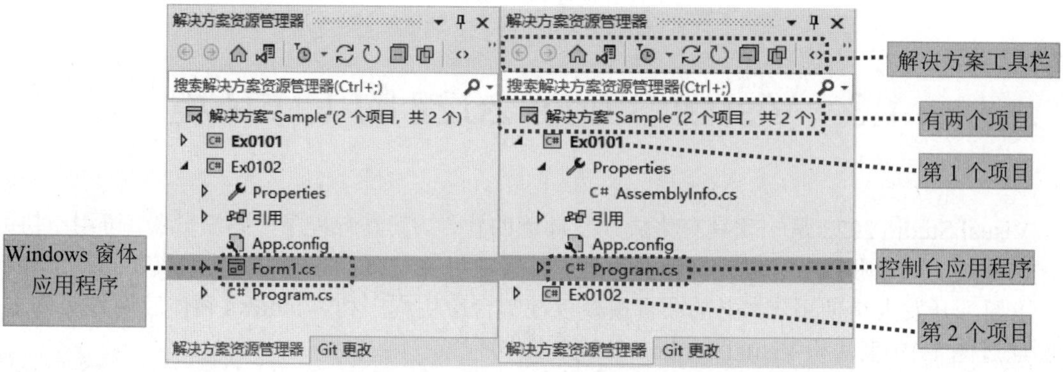

图 1-20 "解决方案资源管理器"窗口

由图 1-20 可知，解决方案 Sample 下有两个项目，分别是 Ex0101 和 Ex0102。展开项目 Ex0101（◢表示展开，▷表示收合），从中可以看到：

- Properties：设置此项目的相关信息。
- 引用 App.config：是与项目有关的应用程序配置。
- Program.cs：默认的 C#程序文件，扩展名为 “.cs”。以 C#语言所编写的程序文件的扩展名必须是 “.CS”。

项目 Ex0102 本身是 Windows 窗体应用程序，它有一个窗体程序 Form1.cs，也是用 C#编写的程序文件。那么解决方案和项目有什么不同之处？如果通过文件资源管理器来查看，在 Sample 文件夹下，解决方案的扩展名是 “*.sln”，包含 Ex0101 和 Ex0102 两个项目子文件夹，项目对应文件的扩展名是 “*.csproj”，参考图 1-21 就可以清楚地知道解决方案和项目是不同的。

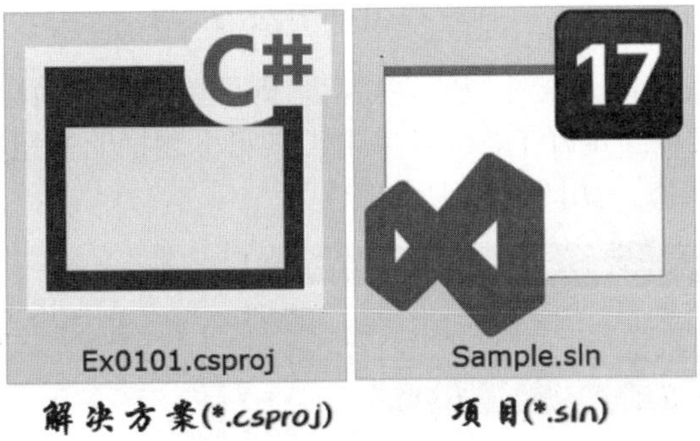

图 1-21 解决方案和项目并不相同

简单的应用程序可能只需要一个项目，若是更为复杂的应用程序，则需要多个项目才能组成一个完整的解决方案。由于 Visual Studio 2022 使用解决方案这种机制来管理多个项目，因此上述两个项目都包含在解决方案 Sample 的文件夹中，其结构如图 1-22 所示。

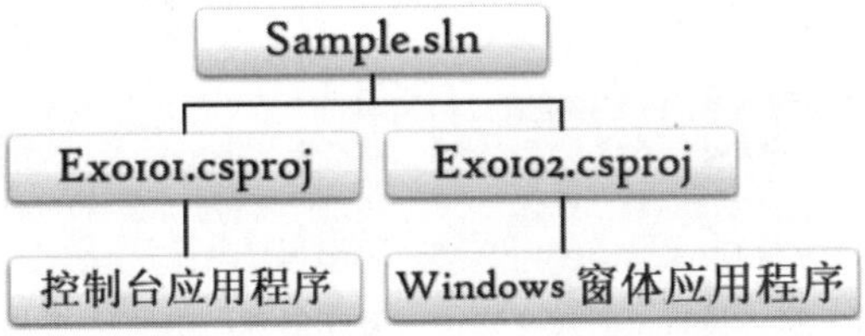

图 1-22 一个解决方案下可以有多个项目

1.3.2 工具箱

位于 Visual Studio 2022 集成开发环境左侧的工具箱中存放着种类众多的控件，它通常会自动隐藏于 Visual Studio 2022 界面的左侧，被单击时才会显示出来，如图 1-23 所示。

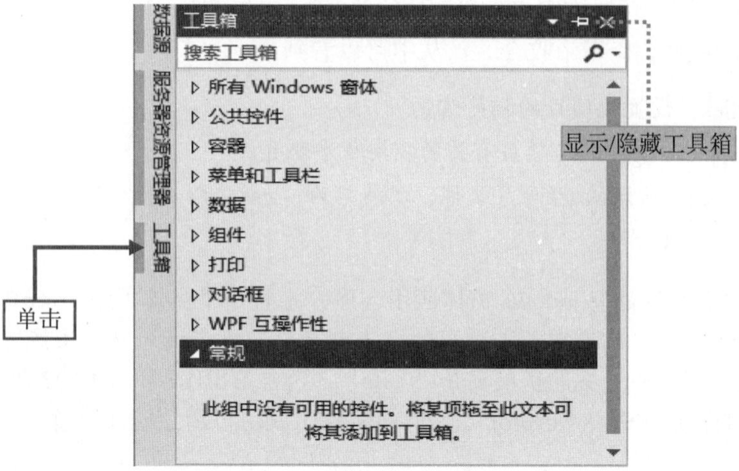

图 1-23　工具箱的显示与隐藏

若要把工具箱固定在集成开发环境的界面上，则可单击工具箱标题栏上的“图钉”按钮，当“图钉”变成直立状表示固定好了，或者单击工具箱标题栏的按钮展开菜单，选择其中的菜单选项来更改工具箱的状态，如图 1-24 所示。

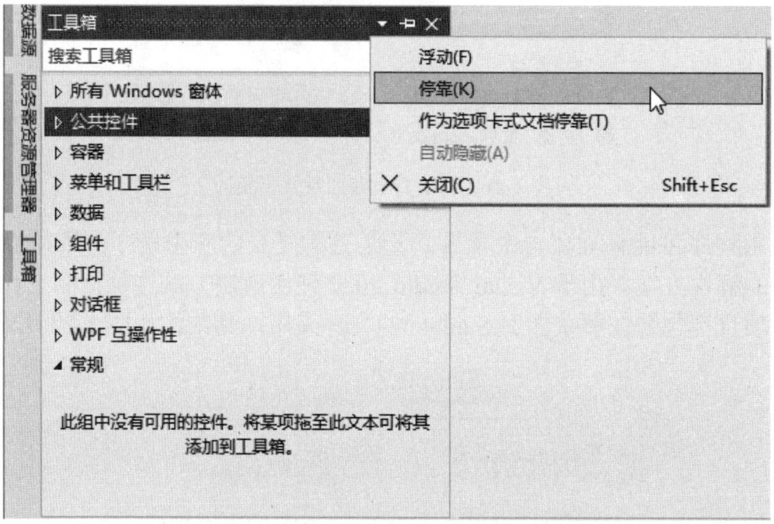

图 1-24　设置工具箱在集成开发环境界面中的显示方式

1.3.3　“属性”窗口

“属性”窗口提供了两种功能：属性和事件，用于窗体对象或控件的属性设置，当用户双击某个事件之后，就会进入事件处理程序，可以在其中编写事件处理所需的程序代码。选择工具栏中的“按分类顺序”和“按字母顺序”可以决定属性或事件按照哪一种方式显示，可参考图 1-25 上的数字编号和下面的释文。当“按分类顺序”和“属性”按钮呈按下状态时，表示“属性”窗口中的内容将按照布局、窗口样式、行为、焦点等分类顺序显示。

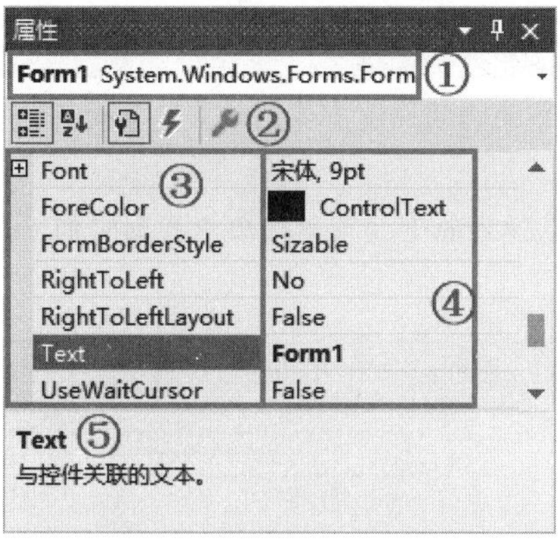

图 1-25　“属性”窗口

“属性”窗口中各功能含义如下：

① 对象下拉菜单：在窗体上加入的控件（包含窗体）都使用菜单来选择控件以及修改“属性”窗口中的内容。如图 1-25 所示，窗体被选中后，“属性”窗口中会显示与该窗体有关的属性。

② 工具栏：在图 1-25 中，按钮（按分类顺序）和（属性）被单击（选择状态）后，表示按属性分类顺序列出各个属性。

③ 属性：根据控件的特征配合工具栏的按钮选项来显示。

④ 属性值：当插入点移向右侧设置属性值的字段时，左侧的属性名就会以蓝底白字显示，表示插入焦点在此属性上。

⑤ 说明：提供焦点所在属性的简要说明。以图 1-25 为例，焦点停留在属性名称 Text 上，“属性”窗口下方就会显示“与控件关联的文本”的简易说明。

如何让“属性”窗口按“事件”显示呢？参考图 1-26 来解释下面的简易步骤。①单击工具栏中的“按字母顺序”按钮，②再单击“事件”按钮，为某个事件编写事件处理的程序代码，③将插入点移向该事件，再双击即可进入程序代码编辑区并创建事件的程序区块。

图 1-26　从“属性”窗口进入“事件”处理程序

提 示

如果在 Visual Studio 2022 界面的两侧没有看到这些工具面板，该如何处理呢？例如，想重新把工具箱显示于界面中。

单击“视图”菜单，可以在弹出的下拉菜单选项中找到它们，如解决方案资源管理器、工具箱等，如图 1-27 所示。

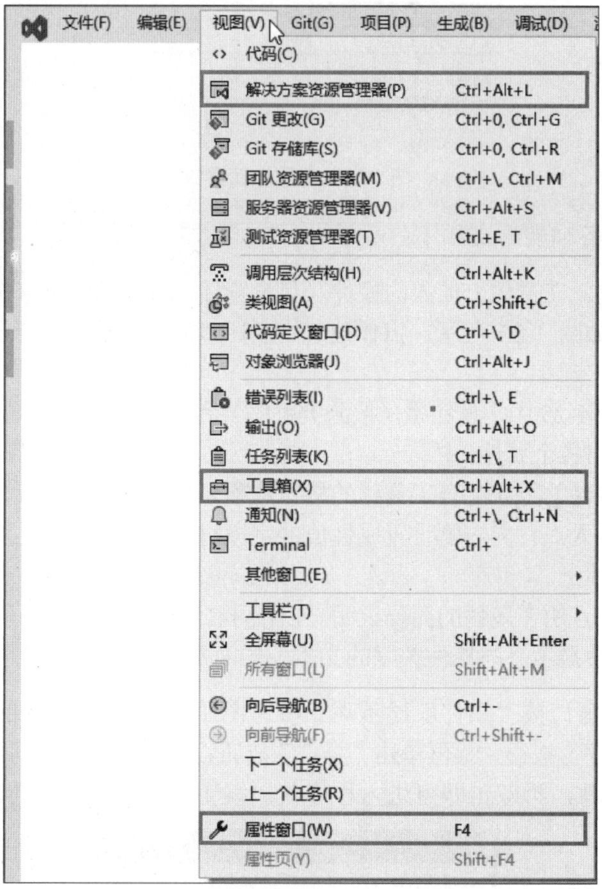

图 1-27 “视图”菜单中的部分菜单选项

1.3.4 工作区

位于 Visual Studio 2022 集成开发环境中间的工作区会随项目模板的不同而有所变化。如果项目为控制台应用程序，就会直接进入程序代码编辑区，如图 1-28 所示。

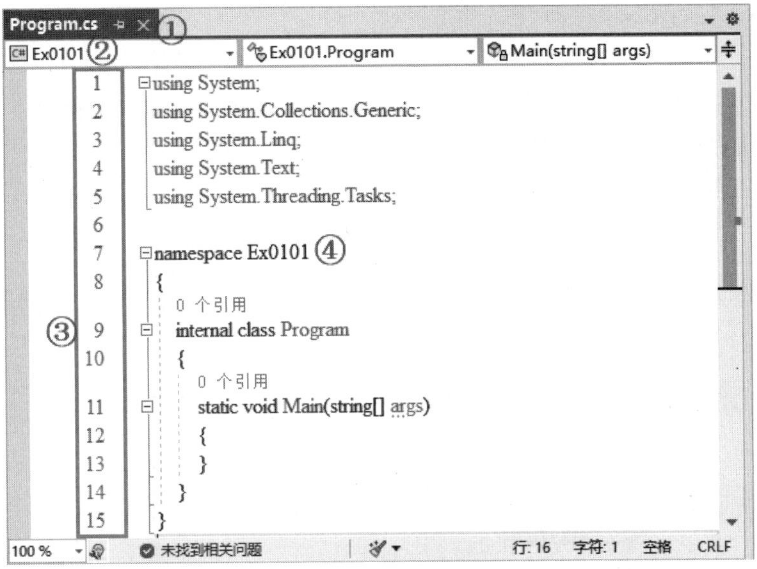

图 1-28　程序代码编辑区

参照图 1-28，我们来简单介绍一下程序代码编辑区：

① 页签：显示 C#程序的默认文件名 Program.cs，若没有更改设置值，则新加入的页签会停留在工作区的左侧。

② 下拉菜单：可用于选择其他已创建的项目，图 1-28 中当前显示的项目名称为 Ex0101。

③ 程序代码编辑器：创建控制台应用程序之后，就会产生相关的程序代码框架，用户可以在其中编写具体的程序代码。

④ 行号：随程序代码所产生的行号。

如果创建的项目为 Windows 窗体应用程序，那么工作区会以窗体为主。加入控件之后，要对相关事件编写对应的事件处理程序。可以使用以下几种方式进入程序代码编辑器：

- 依次选择菜单选项“视图”→“代码”。
- 在窗体上右击，从弹出的快捷菜单中选择“查看代码”选项，如图 1-29 所示。
- 选中窗体后，直接按 F7 键。

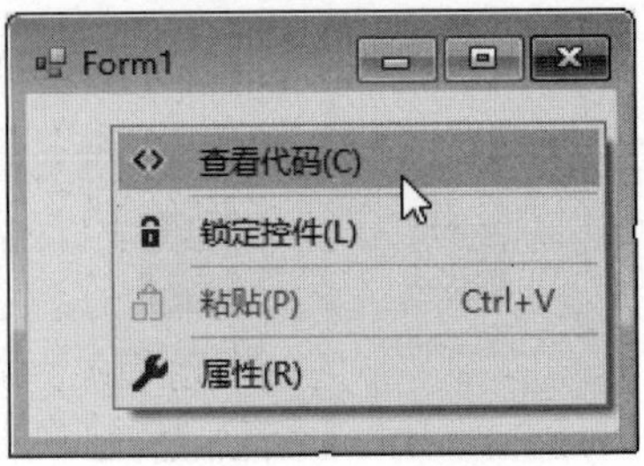

图 1-29　用于查看代码的选项

1.3.5 主题

Visual Studio 2022 的工作环境提供了主题的设置，除了软件本身提供的主题之外，也可以通过菜单选项去微软的官方网站下载。

如何变更主题？依次选择菜单选项“工具”→“主题”，然后勾选所需的主题，如图 1-30 所示。

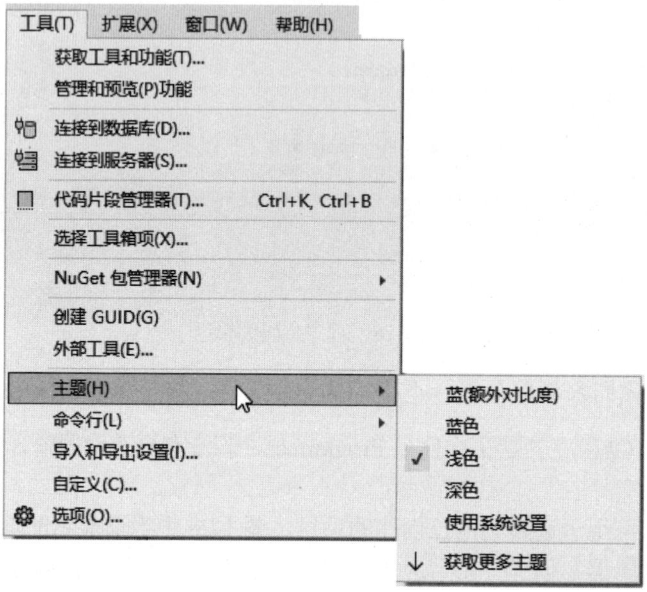

图 1-30 变更主题

接下来下载并安装主题，以使用其他的主题。

步骤 01 依次选择菜单选项“工具”→“主题”→“获取更多主题”，而后会连接到相关的网站，单击所需的主题，例如 Cyberpunk – Theme，如图 1-31 所示。

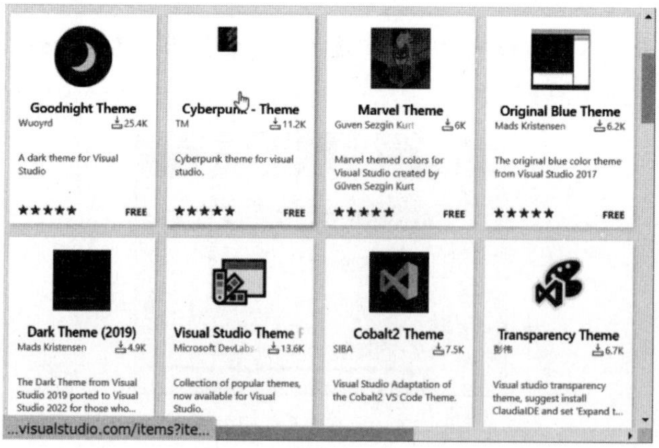

图 1-31 选择所需的主题

步骤 02 通过单击选中某个主题后，会进入该主题的下载网页，单击 Download 按钮进行下载，如图 1-32 所示。

图 1-32　单击 Download 按钮下载选中的主题

步骤 03 下载完成后，系统会自己启动“VSIX Installer”安装向导，单击对话框下方的 Install 按钮执行安装操作，如图 1-33 所示。

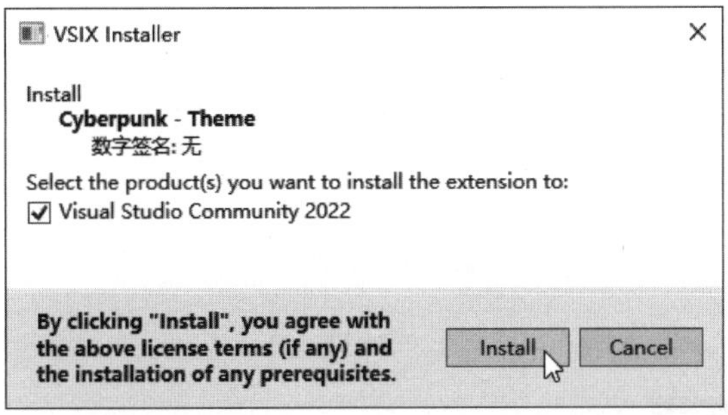

图 1-33　单击“Install”按钮执行安装操作

步骤 04 记得先关闭 Visual Studio 2022 软件。完成主题的安装后，单击对话框下方的 Close 按钮关闭对话框，如图 1-34 所示。

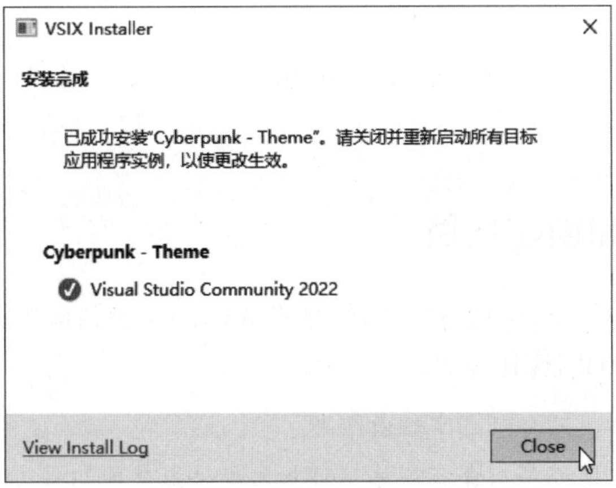

图 1-34　主题安装完成

步骤 05 再启动 Visual Studio 2022，依次选择菜单选项“工具”→“主题”，勾选相关的主题，之后就能运用其内容了。

1.4 三种控制台项目供选择

对解决方案和项目有了初步了解之后，参考图 1-35 和图 1-36 的结构先创建一个解决方案，再加入两个项目。根据 Visual Studio 2022 提供的 C#项目模板，控制台应用程序分为三项：

- 控制台应用程序，所有平台（即跨平台），框架为“.NET 5.0”。

```
using System;

namespace Ex0104
{
    0 个引用
    internal class Program
    {
        0 个引用
        static void Main(string[] args)
        {
            Console.WriteLine("Hello World!");
        }
    }
}
```

图 1-35 参考结构 1

- 控制台应用程序，跨平台，框架为“.NET 6.0”。

```
Program.cs
Ex0103
// See https://aka.ms/new-console-template for more information
Console.WriteLine("Hello, World!");
```

图 1-36 参考结构 2

- 控制台应用程序（.NET Framework），只适用于 Windows 平台，框架为“.NET Framework 4.8”。

1.4.1 启动软件和创建项目

本书探讨 C#程序时，会以控制台应用程序或 Windows 窗体应用程序为主，通过这两个不同类型的项目来认识它们的操作界面。

- 控制台应用程序：只会以文字输出结果。
- Windows 窗体应用程序：含有窗体，可加入控件或其他组件。

如何创建新项目？在启动 Visual Studio 2022 后，可以采用如下方式新建项目：

（1）在开始窗口中单击“创建新项目”选项，如图 1-37 所示。

（2）或者新建项目：在 Visual Studio 2022 中，依次选择菜单选项“文件”→“新建”→“项目”。

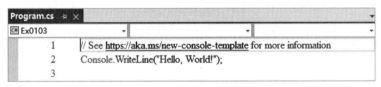

（3）要加入第二个项目：依次选择菜单选项“文件”→“添加”→“新建项目”。

图 1-37　单击“创建新项目”选项

先以.NET Framework 框架为主，配合“解决方案”来产生两个不同类型的项目。

范例 Sample.sln/Ex0101.csproj　创建控制台应用程序项目

步骤 01 启动 Visual Studio 2022，在开始窗口中单击“创建新项目”，或者依次选择菜单选项“文件”→“新建”→“项目”，进入其对话框。

步骤 02 新建一个控制台应用程序项目。①所有语言改为“C#”，②所有平台改为“Windows”，③所有项目类型改为“控制台”，④项目模板选择“控制台应用(.NET Framework)”，⑤单击“下一步”按钮，如图 1-38 所示。

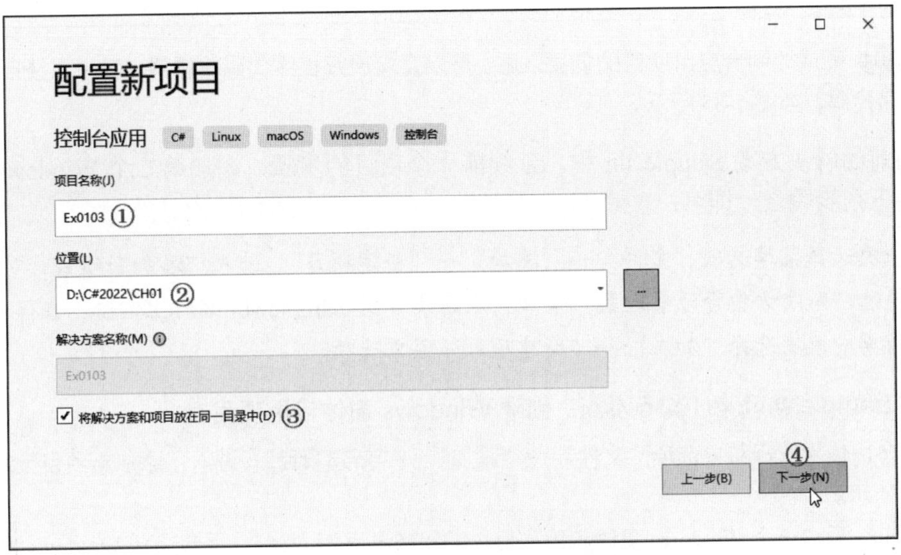

图 1-38　为创建新项目进行相应的配置

步骤 03 配置新项目：①项目名称改为 Ex0101，②改变存储位置，③解决方案名称改为 Sample，

④框架选择".NET Framework 4.8"，⑤单击"创建"按钮完成配置，如图 1-39 所示。

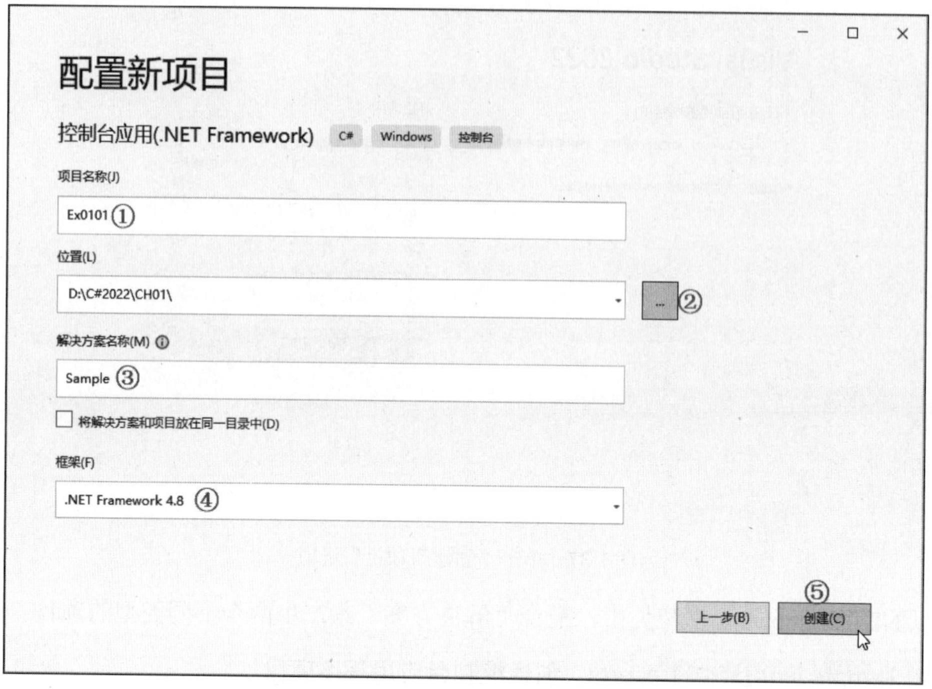

图 1-39　配置新项目

步骤说明
步骤①默认的控制台应用项目名称为 ConsoleApp 加流水号。 步骤②项目默认的存储位置为"C:\Users\用户名称\source\repos"，此处更改为"D:\C#2022\CH01\"。

步骤 04 完成控制台应用项目的创建之后，可以直接展开程序代码编辑器，其中已经自动加入了部分程序代码，如图 1-35 所示。

在当前的解决方案 Sample.sln 中，延续前一个项目的步骤，添加第二个 Windows 窗体项目，遵循下列步骤之一即可：

- 依次选择菜单选项"文件"→"添加"→"新建项目"，进入"添加新项目"对话框。
- 通过"解决方案资源管理器"窗口，在解决方案 Sample.sln 名称上右击，在弹出的快捷菜单中依次选择"加入"→"新建项目"菜单选项。

范例 Sample.sln/Ex0102.csproj　创建 Windows 窗体应用项目

步骤 01 依次选择菜单选项"文件"→"添加"→"新建项目"，进入"添加新项目"对话框，如图 1-40 所示。

步骤 02 添加一个 Windows 窗体应用项目。①保持语言为"C#"，平台选择 Windows，②项目类型更改为"桌面"，③模板选择"Windows 窗体应用(.NET Framework)"，④单击"下一步"按钮。

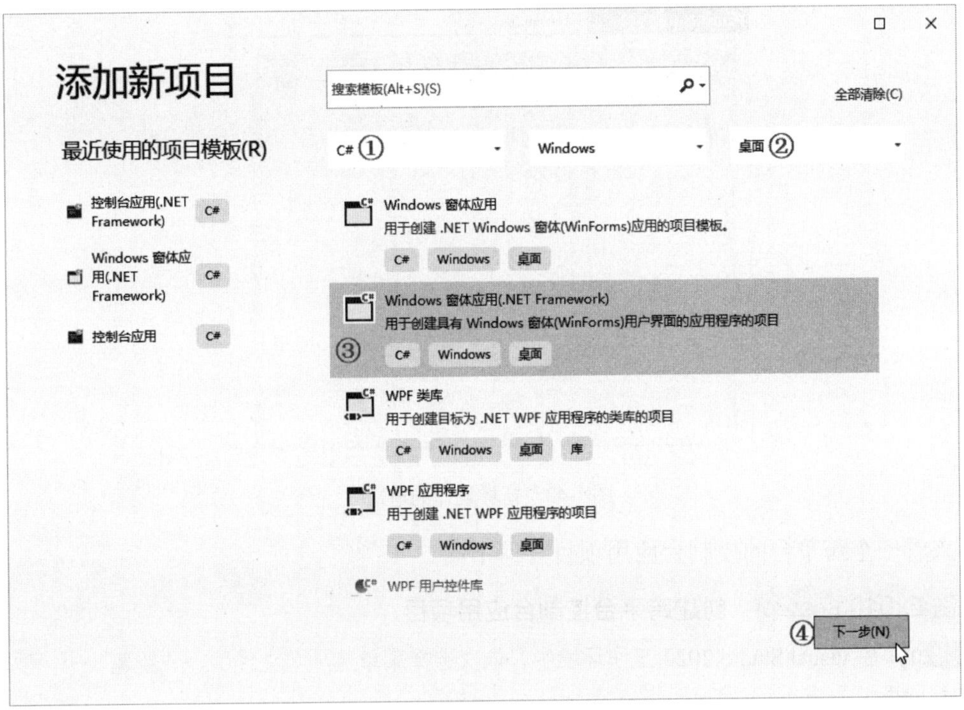

图 1-40　添加新的 Windows 窗体应用项目

步骤 03 进入“配置新项目”对话框。①将项目命名为 Ex0102（系统默认名称为 WindowsFormsApp1），②存储位置和框架以默认值为主，③单击“创建”按钮，如图 1-41 所示。

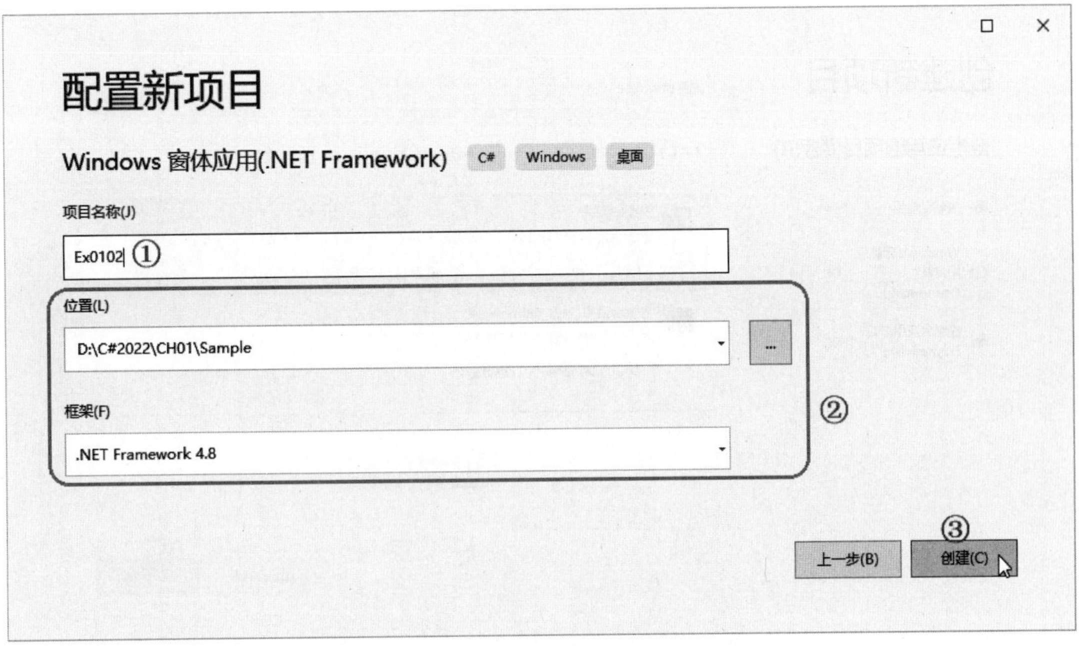

图 1-41　配置并创建新的 Windows 窗体应用项目

步骤 04 生成 Windows 窗体项目，进入窗体设计的窗口，如图 1-42 所示。

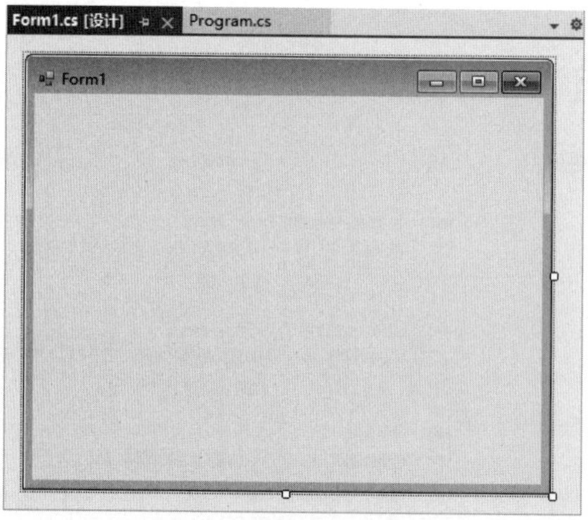

图 1-42　窗体设计的窗口

再来看一个跨平台的控制台应用项目有何不同。

范例 Ex0103.csproj　创建跨平台控制台应用项目

步骤 01 在 Visual Studio 2022 工作环境中，依次选择菜单选项"文件"→"新建"→"项目"，进入其对话框。

步骤 02 创建一个控制台应用项目。如图 1-43 所示，①把"所有语言"更改为"C#"，②把"所有平台"更改为 Windows，③把"所有项目类型"更改为"控制台"，④模板选择"控制台应用"，⑤单击"下一步"按钮进入"配置新项目"对话框。

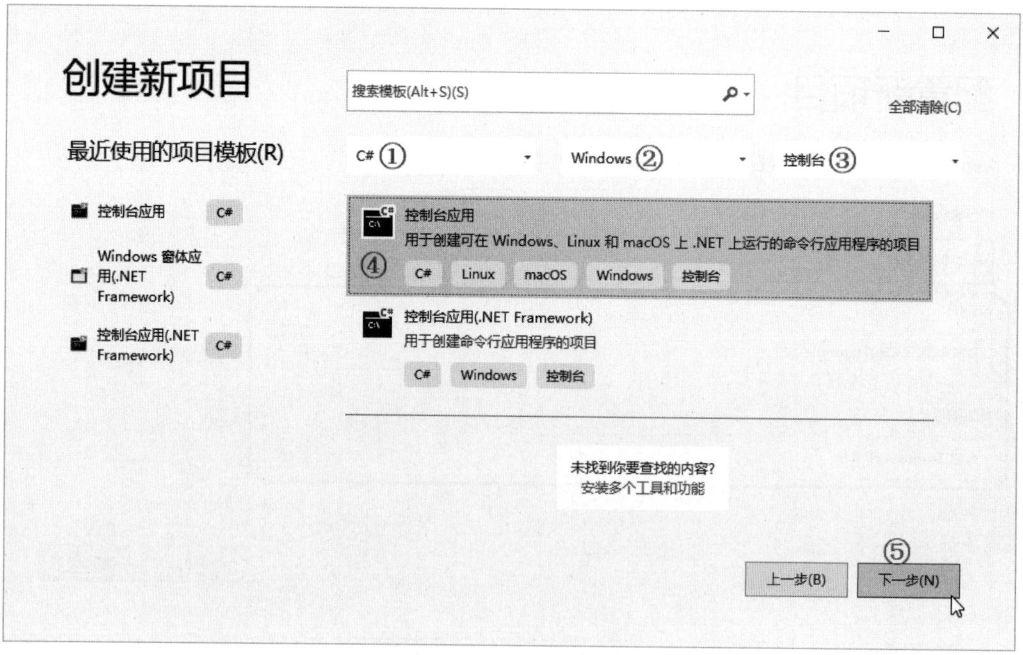

图 1-43　创建控制台应用

步骤 03 配置新项目。①项目命名为 Ex0103，②存储位置不做变更，③勾选"将解决方案和项目放在同一目录中”，④单击“下一步”按钮完成配置。

图 1-44　配置新项目

步骤 04　选择程序框架。①程序框架使用默认的.NET 6.0，②单击“创建”按钮完成项目的创建。

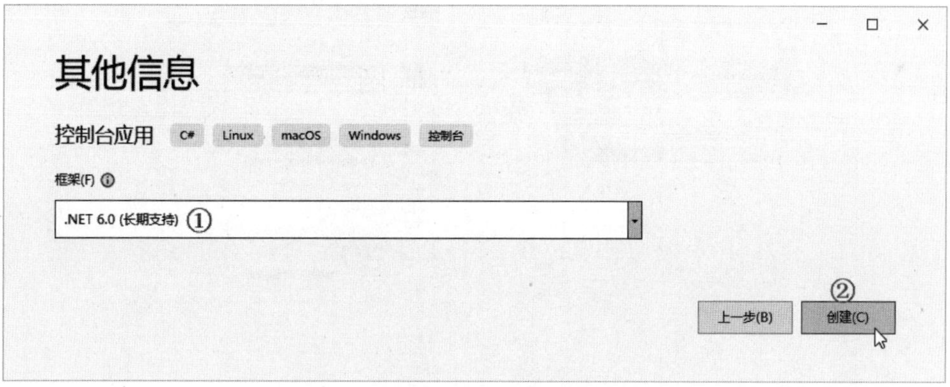

图 1-45　选择并确认程序使用的框架版本

步骤 05　直接进入 Program.cs 程序代码编辑器，只有一行程序“Hello, Word!”，如图 1-46 所示。这也是.NET 6.0 控制台应用程序的重大改变。

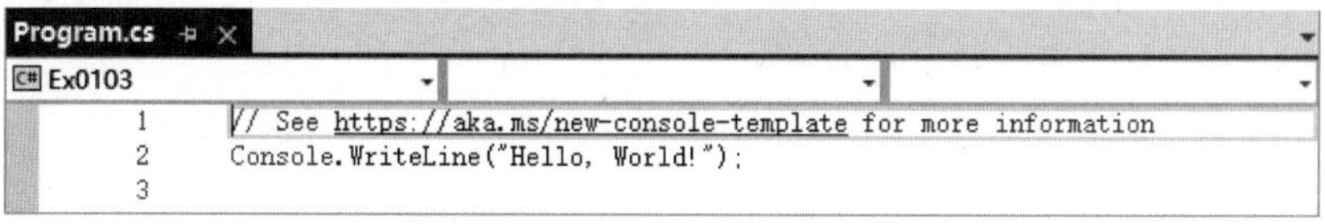

图 1-46　.NET 6.0 跨平台控制台应用程序

根据微软官方网站的文件，采用.NET 6.0 框架，若是控制台（Console）应用项目，其模板与旧版的模板有很大不同，它使用 C# 10.0 最新的功能，因而大大简化了程序代码的编写。作为程序开发人员，不能不知道.NET 的重大变革。所以，本书的范例程序以.NET 6.0 框架为主，有时会加入.NET 5.0 框架，而以.NET Framework 框架为辅。

1.4.2 打开和关闭项目

根据解决方案、项目和文件三者之间的结构来看对应的“关闭”指令。依次选择菜单选项“文件→关闭”，这时“关闭”选项的功能就是关闭当前正在使用的文件。如果当前正在使用的是项目文件，就会关闭 Program.cs 文件。若依次选择菜单选项“文件→关闭解决方案”，则会关闭当前打开的解决方案，而不会关闭 Visual Studio 2022 集成开发环境。

若要关闭 Visual Studio 2022 软件，则可以依次选择菜单选项“文件→退出”，或者单击 Visual Studio 2022 右上角的×按钮。

要打开解决方案或项目，一共有三种方法，分别说明如下：

（1）启动 Visual Studio 2022 后，在“开始”窗口的“打开最近使用的内容”中直接单击要打开的项目，例如 Sample.sln 解决方案，即可直接打开解决方案并进入 Visual Studio 2022 工作环境，如图 1-47 所示。

图 1-47 在“开始”窗口中打开最近使用过的解决方案及其项目——方法 1

（2）在“开始”窗口中，单击“打开项目或解决方案”按钮，即可进入如图 1-48 所示的对话框。解决方案 Sample.sln 在一个文件夹中，①先单击解决方案所在的文件夹，②再单击解决方案的名称，③最后单击“打开”按钮。

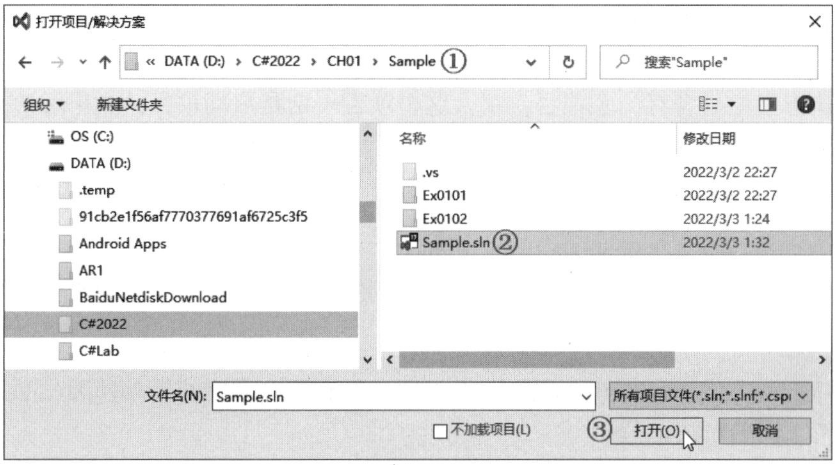

图 1-48　打开项目/解决方案——方法 2

（3）进入 Visual Studio 2022 操作界面，依次选择菜单选项“文件→打开→项目/解决方案”，打开“打开项目/解决方案”对话框，①进入项目或解决方案所在的文件夹；②单击项目或解决方案；③再单击“打开”钮，即可打开项目或解决方案，如图 1-49 所示。

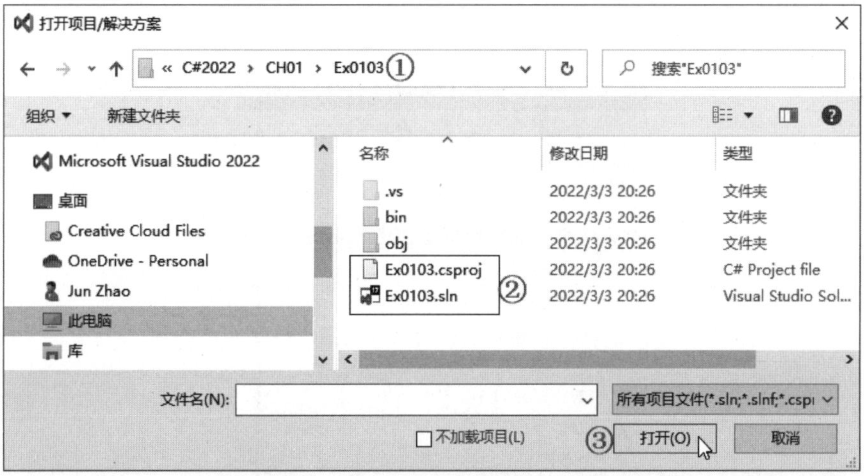

图 1-49　打开项目或解决方案——方法 3

提　示

如何打开项目或解决方案?

- 解决方案文件夹中的项目，如 Sample.sln，单击解决方案名称后，即可打开解决方案并加载项目。
- 解决方案、项目位于相同的文件夹，如 Ex0103.csproj，进入“打开项目/解决方案”对话框后，单击解决方案 Ex0103.sln 或项目文件 Ex0103.csproj 即可打开解决方案并加载项目。

1.4.3 项目的启动和卸载

如果解决方案中只含有一个项目，那么这个项目一定是启动项目；如果解决方案中有多个项目，而只能有一个启动项目，那么就需要设置其中一个为启动项目。

把 Ex0101.csproj 设为启动项目

步骤 01 确认解决方案 Sample.sln 已经打开。

步骤 02 从“解决方案资源管理器”中选取要启动的项目，再依次选择菜单选项“项目→设为启动项目”。

如果要从解决方案中移除某个项目，由于项目受到解决方案的管辖，因此必须先卸载才能移除，参考下面的做法。

把 Ex0102.csproj 项目卸载并移除

步骤 01 确认解决方案 Sample01.sln 已经打开，从“解决方案资源管理器”中选取要卸载的项目，再依次选择菜单选项“项目→卸载项目”。

步骤 02 可以进一步查看“解决方案资源管理器”，被卸载的项目 Ex0102 会显示“已卸载”信息，①直接在 Ex0102 项目上右击，②在弹出的快捷菜单中选择“移除”选项，即可移除此项目，如图 1-50 所示。

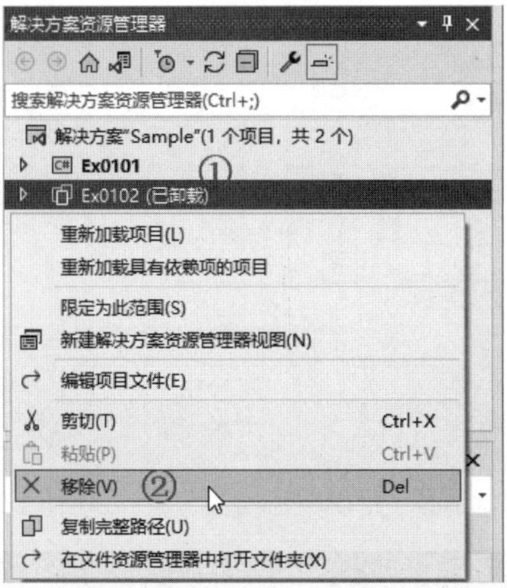

图 1-50　移除已卸载的项目

1.4.4 帮助查看器

学习 C#程序设计语言，除了参考与 C#语言相关的书籍之外，也可以打开微软的官方网站，参阅 MSDN 的文档或 C#语言的帮助文档。通过 Visual Studio 2022 获取帮助的步骤如下：

步骤 01 启动 Visual Studio 2022 软件，依次选择菜单选项“帮助→查看帮助”，默认情况下，会进入微软官方的在线帮助网站，如图 1-51 所示。

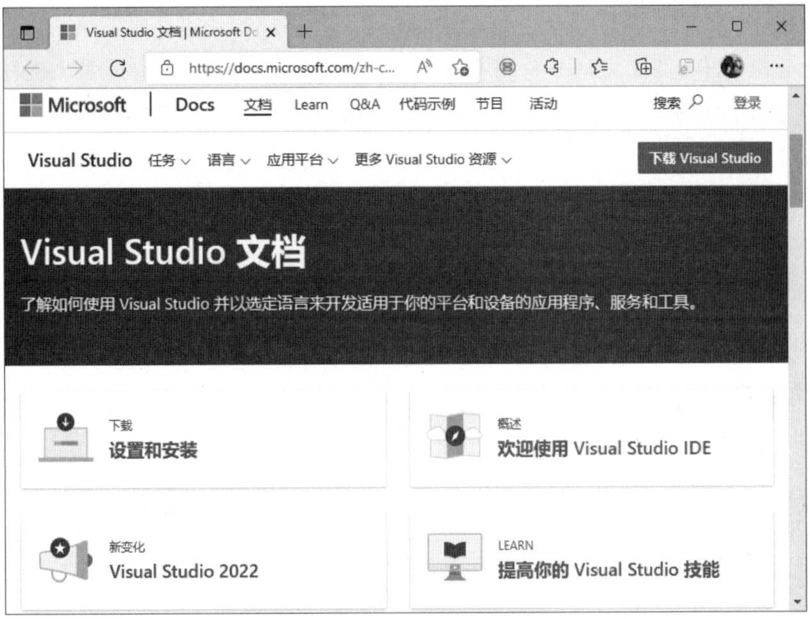

图 1-51　微软官方的在线帮助网站

步骤 02 根据自己的需要选择要查询的帮助文件即可。

重点整理

- 将.NET Framework 重写为真正跨平台的同时，微软借此机会对.NET 进行重构并删除了其非核心的部分。2014 年先发布了.NET Core，版本从 3.1 开始，为了避开与.NET Framework 版本的混淆，直接以.NET 5.0 命名，在 2021 年年底更新到了.NET 6.0。
- .NET 的应用程序框架包含三大组件：公共语言运行库、框架类库和公共语言规范。
- 经过公共语言运行库编译的程序代码被称为“托管程序代码”，公共语言运行库负责垃圾收集管理、跨语言整合，并支持异常处理，具有强制类型安全检查和简化版本管理及安装程序。
- .NET Framework 类库让不同的语言之间具有互操作性，在公共语言规范的要求下，使用.NET Framework 类型。
- .NET 以 64 位的 JIT 编译器，可以将 C#程序代码编译成 MSIL 中间语言，当已编译的程序代码要执行时，必须由 JIT 编译器将 MSIL 转译成机器码。
- Visual Studio 2022 包含专业版、企业版和适合初学者的社区版。
- Visual Studio 2022 以解决方案机制来管理多个项目。解决方案的扩展名是“.sln”，而项目的扩展名是“.csproj”。
- 位于 Visual Studio 2022 集成开发环境中间的工作区会根据项目模板的不同而有所变化。如果项目为控制台应用程序，就会直接进入程序代码编辑区；如果项目为 Windows 窗体应用程序，则会以窗体为主，加入控件之后，需要对相关事件编写响应事件的程序代码。

- 依次选择菜单选项“文件→关闭”，可关闭当前正在使用的文件。若依次选择菜单选项“文件→关闭解决方案”，则会关闭当前所打开的解决方案，而不会退出 Visual Studio 2022 集成开发环境。

课后习题

（一）填空题

1. 以.NET 为框架的 Visual Studio 2022，.NET 长期支持版本是__________，Visual C#版本则是______。

2. 公共语言运行库的简称是__________，经过其编译的程序代码被称为__________。

3. 列举三个可以使用.NET 为框架的程序设计语言：①________________、②________________、③______________。

4. 请说明 Visual Studio 2022 集成开发环境中各个组成部分的作用，参考图 1-52：
①______________，②______________，③______________，④______________，
⑤______________，⑥______________。

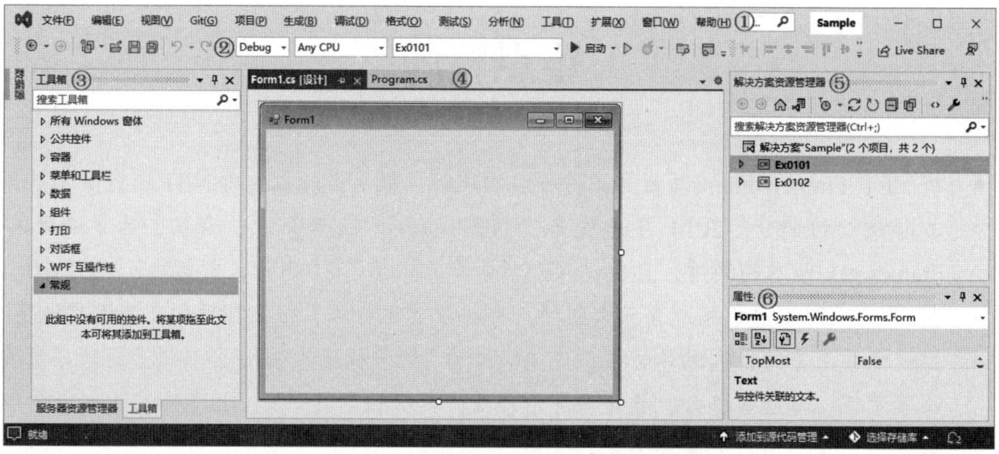

图 1-52　Visual Studio 2022 的集成开发环境

5. 在 Visual Studio 2022 集成开发环境中间的工作区（即主窗口区），如果项目为____________应用程序，就会直接进入程序代码编辑区；如果项目为______________应用程序，则会以窗体为主，加入控件之后，需要对相关事件编写响应事件的程序代码。

6. 填写“属性”窗口的各个组成部分的名称（参考图 1-53）：①________________，
②______________，③______________，④______________，⑤______________。

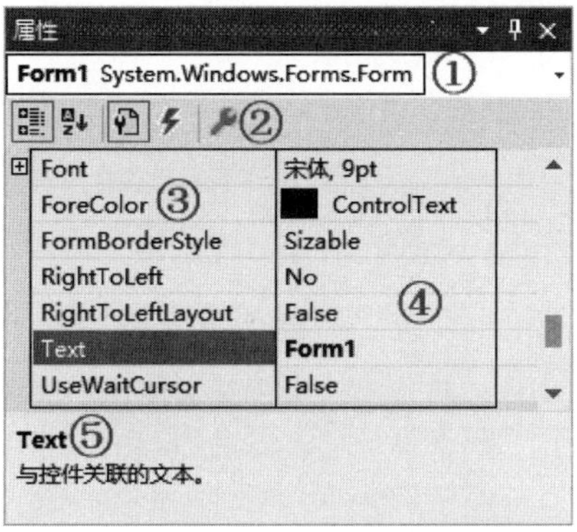

图 1-53　“属性”窗口的各个组成部分

（二）问答题与实践题

1. Visual Studio 2022 包含哪些版本，请简单说明。
2. 根据 Visual Studio 2022 提供的 C#项目模板，说明控制台应用程序有哪三种？
3. 简单说明解决方案和项目的不同。

第 2 章

Visual C#与.NET

章节重点

- 分别以.NET Framework、.NET 5.0 和.NET 6.0 编写控制台应用程序。
- 从程序语句到程序区块，适时地缩排和注释能让程序具有更好的阅读性。
- 了解在一个解决方案下，该如何设置启动项目？
- 认识 C# 10.0 新语法的顶层语句。
- 格式化输出项目时，配合格式化字符串的使用可以让变量和字符串的输出变得更简洁。

2.1 向.NET 问好

由于微软整合了.NET 技术，因此在开始学习 C#语法之前，先来说明本章内容的新旧之别，下面通过表 2-1 来简单说明。

表 2-1 范例使用的.NET 版本

<table>
<tr><th>解决方案</th><th>项目名称</th><th>.NET 版本</th><th>项目模板</th></tr>
<tr><td rowspan="3">Sample02.sln</td><td>Ex0201</td><td>.NET 5.0</td><td>控制台应用程序</td></tr>
<tr><td>Ex0202</td><td>.NET 6.0</td><td>控制台应用程序</td></tr>
<tr><td>Ex0203</td><td>.NET Framework 4.8</td><td rowspan="2">控制台应用程序（.NET Framework）</td></tr>
<tr><td>单个项目</td><td>Ex0204</td><td>.NET Framework 4.8</td></tr>
<tr><td>单个项目</td><td>Ex0205</td><td>.NET 6.0</td><td>控制台应用程序</td></tr>
</table>

利用“解决方案”并产生三个项目来认识.NET 5.0 及新版的.NET 6.0 的差异，也顺便认识它们与传统的.NET Framework 支持的主控制台程序有何不同。

由于.NET 框架能跨平台，而.NET Framework 只支持 Windows 平台，因此使用 Visual Studio 2022 提供的模板不尽相同。

- 控制台应用，能跨平台，可以进一步选择.NET 5.0 或.NET 6.0 框架，如图 2-1 所示。

图 2-1　控制台应用

- 控制台应用（.NET Framework），只能在 Windows 平台执行，可以进一步选择.NET Framework 其他版本为框架，如图 2-2 所示。

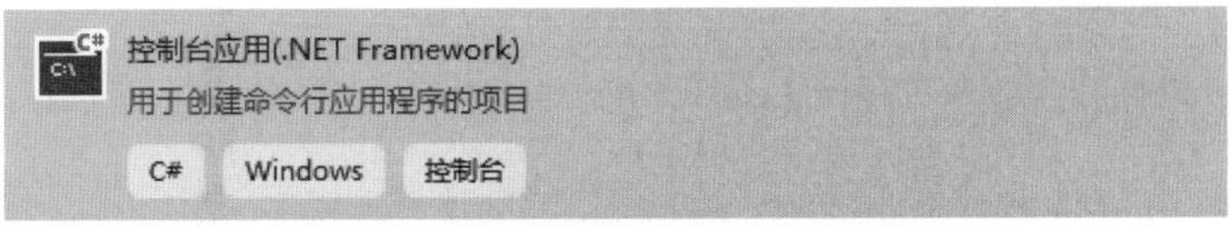

图 2-2　控制台应用（.NET Framework）

2.1.1　认识 Visual C#程序

编写程序前，先认识一下什么是 Visual C#（读成 C-sharp），Visual C#是由 Anders Hejlsberg 带领 Microsoft 团队参考 C、C++和 Java 语言的特色，创造发明的一门新语言，并交由 ECM 和 ISO 完成标准化的工作。

C#是一门面向对象的程序设计（Object-Oriented Programming，OOP）语言，具有对象、类和继承。微软称之为 Visual C#，表示它是一个简单、通用的高级程序设计语言。随着时间的推移，配合.NET Framework 和 Visual Studio 软件的发展，Visual C#目前的版本是 10.0，可以通过表 2-2 来了解它的发展史。

表 2-2　Visual C#语言的发展史

Visual Studio	.NET Framework	C#版本
2002	1.0	1.0
2003	1.1	1.2
2005	2.0	2.0
2008	3.5	3.0
2010	4	4.0
2012	4.5	5.0
2013	4.5.2	5.0
2015	4.6.1	6.0
2017	4.7	7.0
2019	4.8	8.0
2020	4.8	9.0
2021	4.8	10.0

根据微软官方的说明文件，.NET Framework 4.8 是.NET Framework 的最后一个版本。不过，针对其安全性和可靠性，每个月依然会适时提供错误修正的补丁。

2.1.2 以.NET 5.0 创建控制台程序

第 1 章介绍了控制台应用程序，我们是以.NET 5.0 来创建跨平台的应用程序的。控制台应用程序的语法和结构很简单，下面就以“Hello, World!”来编写第一个 Visual C#程序，顺便也了解一下解决方案与项目的关系。

范例 Sample02.sln/Ex0201.csproj 框架选择.NET 5.0

步骤 01 启动 Visual Studio 2022 软件，依次选择菜单选项“文件→新建→项目”，进入“创建新项目”对话框，如图 2-3 所示。

步骤 02 要创建控制台应用程序，①选择先前使用的模板“控制台”，②选择“控制台应用”，③单击“下一步”按钮进入“配置新项目”对话框。

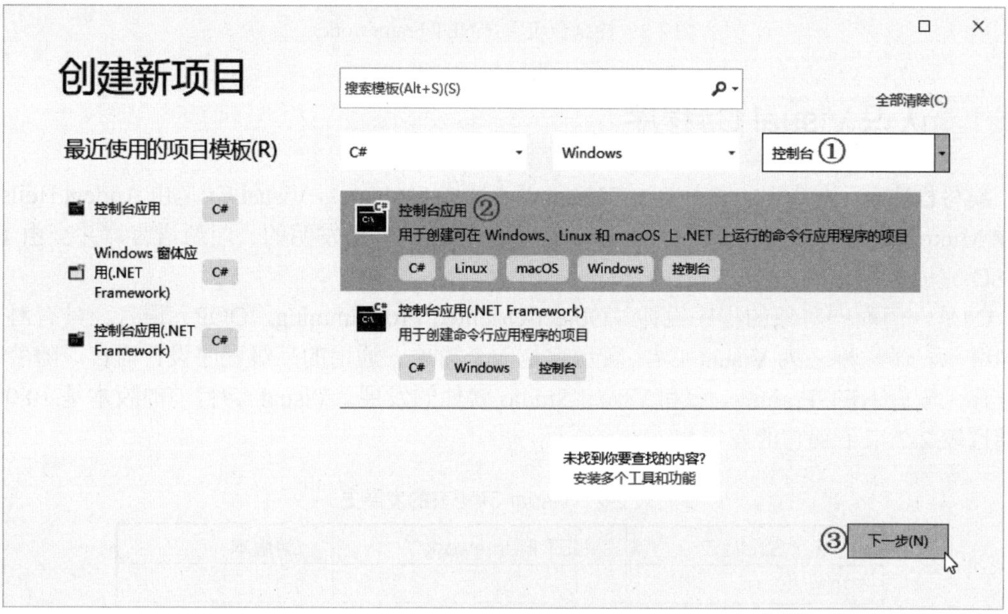

图 2-3 创建新项目

步骤 03 在“配置新项目”对话框中，如图 2-4 所示，配置新的项目，①将项目名称设置为 Ex0201，②项目的存储位置设置为“D:\C#2022\CH02\”，③解决方案名称设置为 Sample02，④取消对“将解决方案和项目放在同一目录中”复选框的勾选，⑤单击“下一步”按钮。

图 2-4　配置要创建的解决方案及其项目

步骤 04 在“其他信息”对话框中，①把框架变更为“.NET 5.0（当前）”，②单击“创建”按钮，如图 2-5 所示。

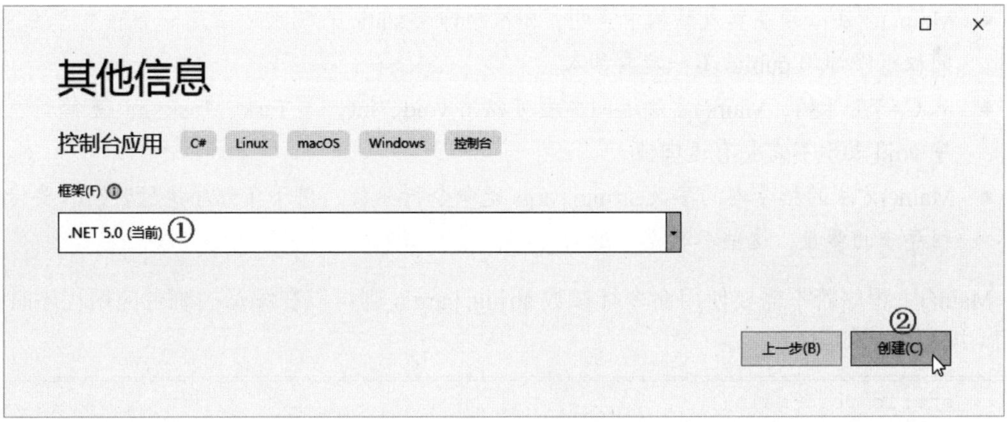

图 2-5　变更框架

步骤 05 随后启动 Visual Studio 2022，进入程序代码编辑窗口，Program.cs 文件被直接打开了，就是“Hello World！”程序，至此程序的基本框架就完成了，如图 2-6 所示。

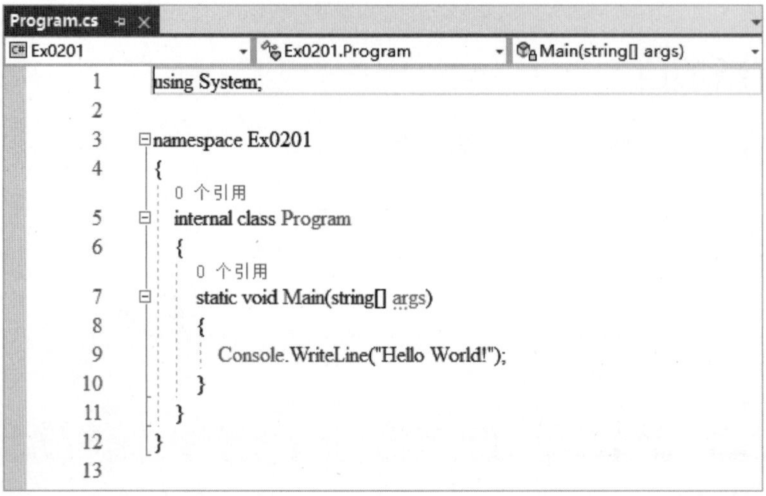
Program.cs
Ex0201
Ex0201.Program
Main(string[] args)
using System;
namespace Ex0201
{
0 个引用
internal class Program
{
0 个引用
static void Main(string[] args)
{
Console.WriteLine("Hello World!");
}
}
}

图 2-6　默认生成的“Hello World!”程序

程序代码要从何处开始编写呢？从 Main()主程序的程序区块开始，它掌控着程序的开始和结束。Main()本身是一个方法（Method，方法是面向对象程序设计的概念），也是 Visual C#应用程序的“主入口点”（Entry Point）。也就是说，执行程序时，无论是控制台应用程序还是 Windows 窗体应用程序，都从 Main()主程序开始。

```
static void Main(string[] args)
{
    //加入程序代码
}
```

- Main()方法必须在类或结构中声明，加入修饰词 static 表明该方法是一个静态方法，但访问权限修饰词 public 不一定要加入。
- 从 C# 7.1 开始，Main()方法返回类型可以用 void、int，或 Task、Task<int>来修饰，关键字 void 表示不需要有返回值。
- Main()方法的括号内的参数 string[] args 是命令行参数，用于在程序执行时输入要传递到程序中的参数，这些参数是可选的。

Main()主程序若不需要使用命令行参数 string[] args，则可以在编写控制台应用程序时省略它们，编写方式如下：

```
static void Main()
{
    //加入程序代码
}
```

```
static int Main()
{
    //加入程序代码
    return 0;
}
```

比较细心的读者可能会发现 Main()主程序的命令行参数 string[] args 的 args 会有虚线的下画线来表达它可能需要修正，如图 2-7 所示。

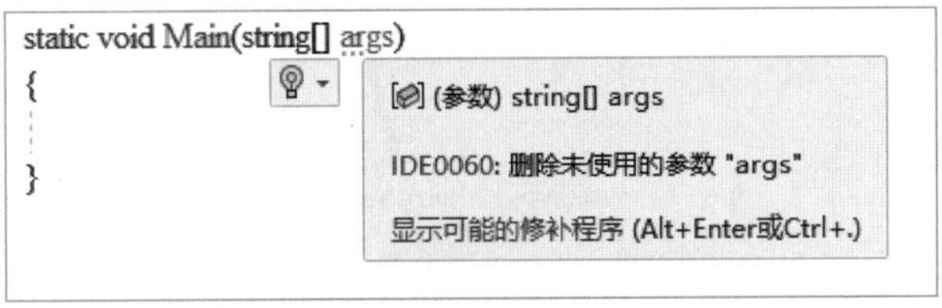

图 2-7　提示 args 可能需要修正

可以删除 Main()括号内的参数 string[] args，或者不予理会。

提　示

编写 Visual C#程序代码时，会使用不同形式的括号，介绍如下：

- ( )：即圆括号，放在方法或函数名称后面，可根据需要定义参数。
- { }：即大括号，用来表示某个程序区块，如 Main()主程序区块。
- [ ]：即方括号，使用它声明数组，表示数组的维数。
- < >：即尖括号，使用泛型会用到。

调用 Console 类的 WriteLine()方法输出整行字符串，例如：

```
WriteLine("第一个 C#程序");
```

- 输出字符串时，要在前后加双引号 “""”。

范例 Sample02.sln\Ex0201.csproj　控制台应用程序

步骤 01 使用 using static 语句导入静态类 Console，此处用 “//” 把第 1 行的 System 命名空间注释掉，在第 2 行另外导入 Console 静态类，如图 2-8 所示。

```
1  // using System;
2  using static System.Console;   //导入静态类
```

图 2-8　导入 Console 静态类

步骤 02 鼠标指针移向第 10 行的分号之后，再按 Enter 键插入新行，如图 2-9 所示。

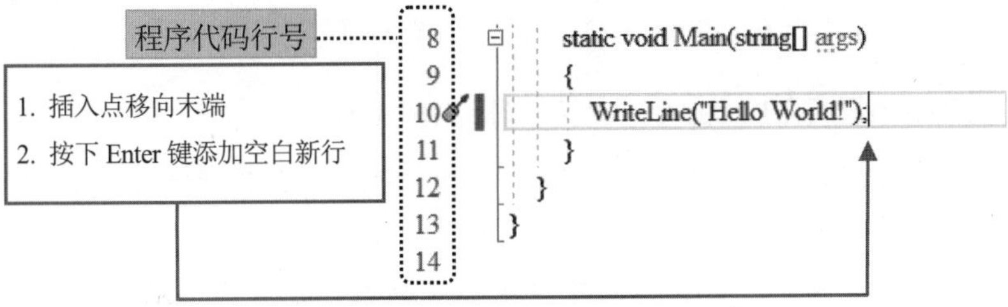

图 2-9　在程序中确定程序语句的插入点

步骤 03 添加空白行之后，再按 Tab 键就会自动加入 WriteLine()方法，如图 2-10 所示。

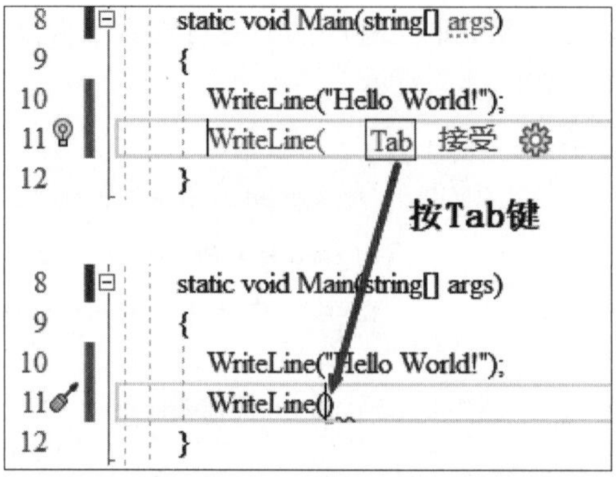
static void Main(string[] args)
{
WriteLine("Hello World!");
WriteLine(
Tab 接受
}
按Tab键
static void Main(string[] args)
{
WriteLine("Hello World!");
WriteLine()
}

图 2-10 在程序中确定输入程序语句的插入点

步骤 04 输入一行程序代码“WriteLine("Visual C#...");”。

步骤 05 将程序存盘。当程序有任何修改时，左侧行号旁边的竖直线条会以浅色显示，存盘后竖直线条会变成深色，如图 2-11 所示。

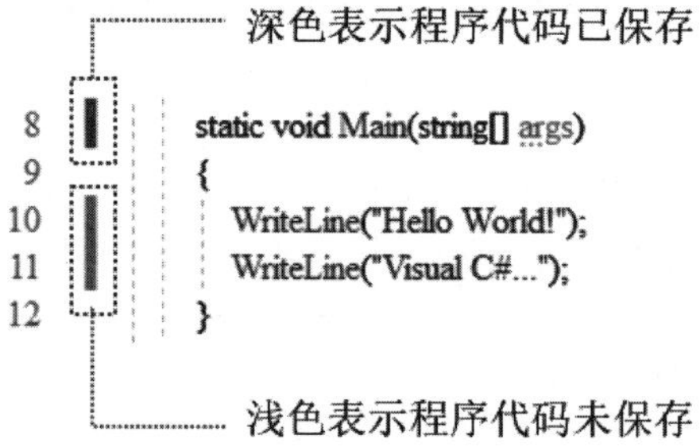
深色表示程序代码已保存
static void Main(string[] args)
{
WriteLine("Hello World!");
WriteLine("Visual C#...");
}
浅色表示程序代码未保存

图 2-11 行号旁边的竖直线条表示改动后的程序代码存盘与否

步骤说明：

由于 C#是一门结构严谨的程序设计语言，严格区分英文字母的大小写，因此 Console 不能写成 console，方法 WriteLine()中的 W 和 L 一定要写成大写。

每一行的语句之后一定要加上结尾分号“;”。

2.1.3 以.NET 6.0 创建控制台程序

前一节的范例以.NET 5.0 为框架，严格来说只编写了一行程序代码。对于跨平台的程序而言，下面来认识一下发布不久的.NET 6.0 与.NET 5.0 有何不同。

范例 Sample02.sln\Ex0202.csproj　框架选择.NET 6.0

步骤 01 加入第二个项目。依次选择菜单选项“文件→添加→新建项目”，进入“添加新项目”对话框。

步骤 02 项目模板延续前一个项目 Ex0201 步骤 02 的设置，进入“配置新项目”对话框。

步骤 03 ①把项目名称更改为 Ex0202，②存储位置使用默认值，③单击“下一步”按钮，如图 2-12 所示。

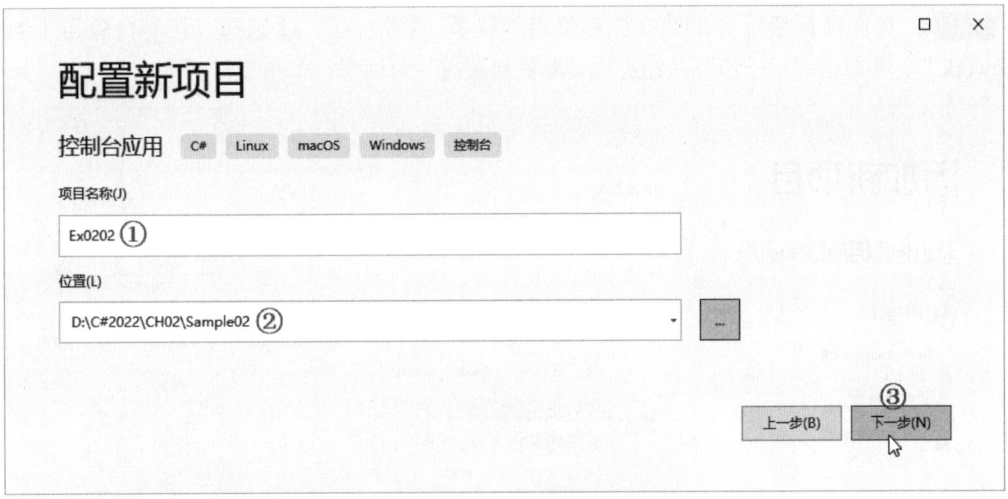

图 2-12 配置新项目

步骤04 在"其他信息"对话框中，把框架变更为.NET 6.0，单击"创建"按钮来完成新项目的添加。

步骤05 同样，Program.cs 程序被自动打开并进入程序代码编辑窗口，如图 2-13 所示。

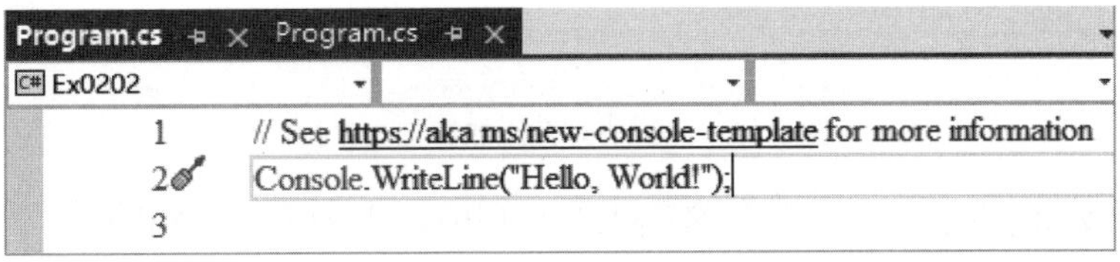

图 2-13 Program.cs 程序被自动打开并进入程序代码编辑窗口

步骤06 插入点移向程序代码第 2 行最后，①先按 Enter 键添加一行之后，②再按 Tab 键自动列出 Console.WriteLine()语句，最后完成"Console.WriteLine("我是.NET 6.0");"，如图 2-14 所示。

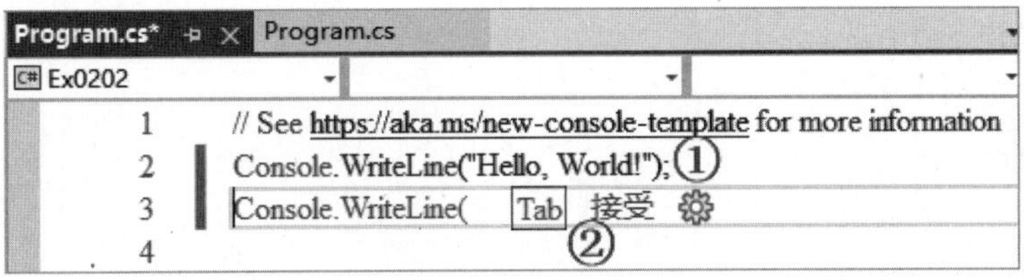

图 2-14 增加一行程序语句

2.1.4 传统的控制台程序

第三个项目使用传统的控制台应用程序。它有何不同？简单来说，它只能在 Windows 平台上执行，其核心框架是.NET Framework。

范例 Sample02.sln\Ex0203.csproj 传统控制台应用程序

步骤01 添加第三个项目。依次选择菜单选项"文件→添加→新建项目"，进入"添加新项目"对话框。

步骤02 选择项目模板。①选择先前使用的模板“控制台”，②选择“控制台应用（.NET Framework）”，③单击“下一步”按钮进入“配置新项目”对话框，如图 2-15 所示。

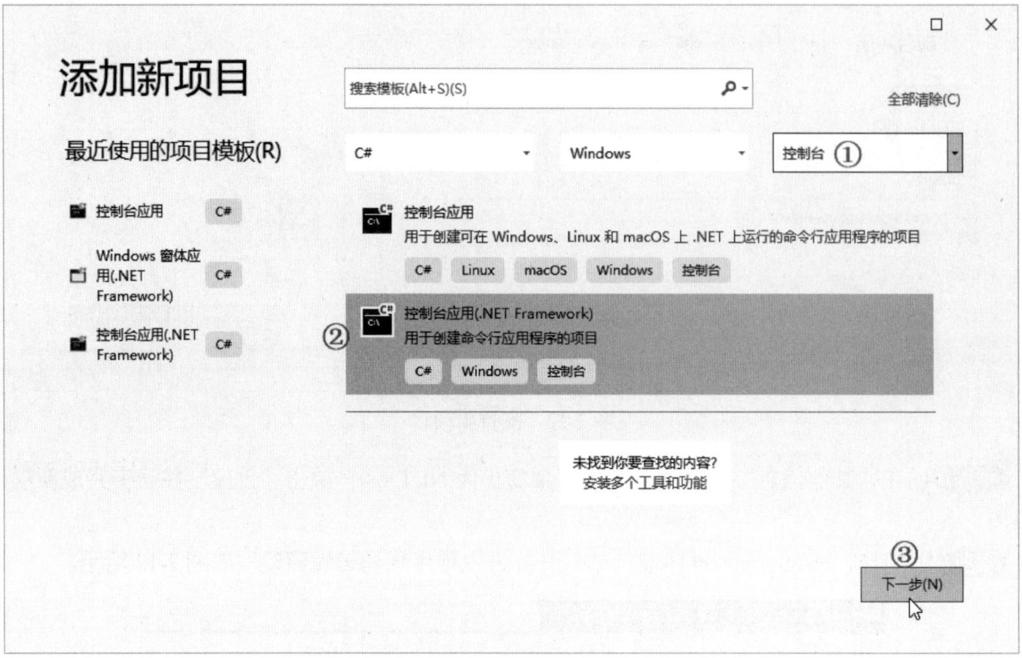

图 2-15　为解决方案添加第三个项目

步骤03 配置新项目。①把项目名称变更为 Ex0203，②存储位置保持默认位置，③框架选择.NET Framework 4.8，④单击“创建”按钮，如图 2-16 所示。

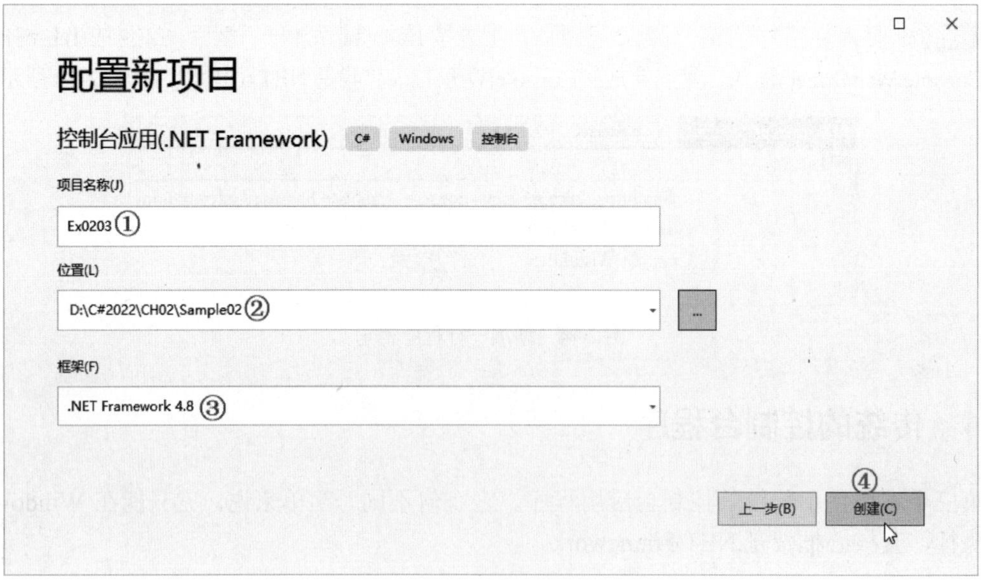

图 2-16　配置新项目

步骤04 同样，Program.cs 文件被自动打开并进入程序代码编辑器窗口，把插入点移向 Main()

主程序的左大括号“{”（程序代码第 12 行）之后，按 Enter 键添加一行空行，如图 2-17 所示。

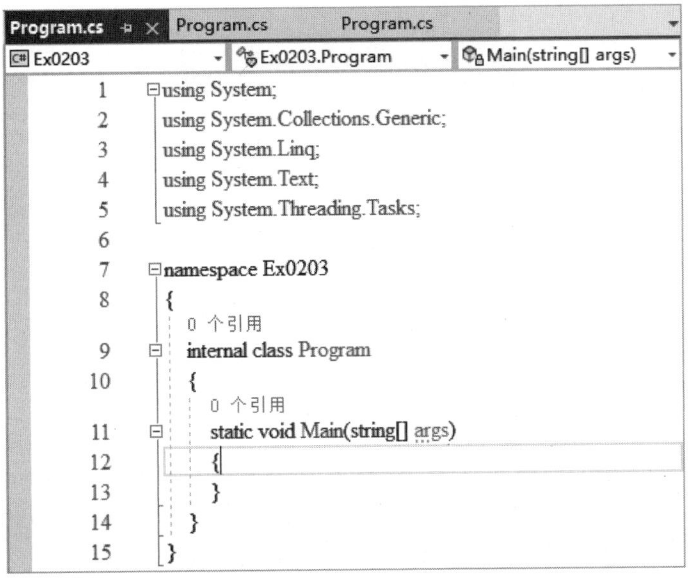
Program.cs
Program.cs
Program.cs
Ex0203
Ex0203.Program
Main(string[] args)
using System;
using System.Collections.Generic;
using System.Linq;
using System.Text;
using System.Threading.Tasks;
namespace Ex0203
{
0 个引用
internal class Program
{
0 个引用
static void Main(string[] args)
{
}
}
}

图 2-17　为解决方案添加第三个项目

步骤 05 输入部分字符串“Cons”后，连按两次 Tab 键来完成 Console.WriteLine()语句；最后完成一行语句 Console.WriteLine("Hello, .NET Framework!")，如图 2-18 所示。

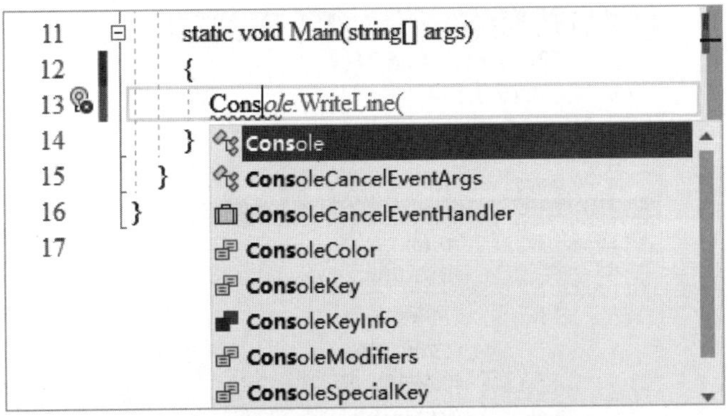
static void Main(string[] args)
{
Console.WriteLine(
}
}
}
Console
ConsoleCancelEventArgs
ConsoleCancelEventHandler
ConsoleColor
ConsoleKey
ConsoleKeyInfo
ConsoleModifiers
ConsoleSpecialKey

图 2-18　用快捷方式完成程序语句的输入

2.2　启动项目，生成、执行程序

编写完成的程序要先生成可执行程序才能执行，有两种方式：

（1）依次选择菜单选项“调试→开始调试”或按 F5 键，若程序未保存，会先存盘，再开始生成可执行程序。

（2）依次选择菜单选项“调试→开始执行（不调试）”或按 Ctrl + F5 组合键，存盘后直接生成可执行程序，如图 2-19 所示。

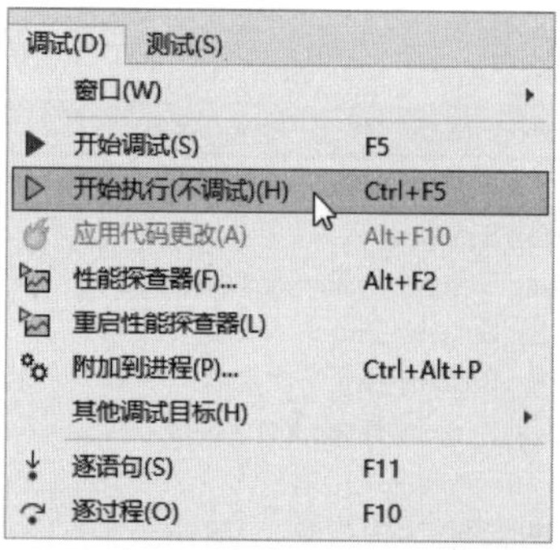

图 2-19 选择“开始执行（不调试）”

2.2.1 为程序重命名

由于解决方案 Sample02 有三个项目，都是控制台程序且都有 Program.cs 程序，下面分别把项目 Ex0201 的 Program.cs 程序改名为 Demo01.cs，把项目 Ex0202 的 Program.cs 程序改名为 Demo02.cs，把项目 Ex0203 的 Program.cs 程序改名为 Demo03.cs。

重命名 把 Program.cs 改名为 Demo01.cs

步骤 01 使用“解决方案资源管理器”展开项目 Ex0201 文件夹，找到①Program.cs，右击展开快捷菜单，②选择“重命名”选项，如图 2-20 所示。

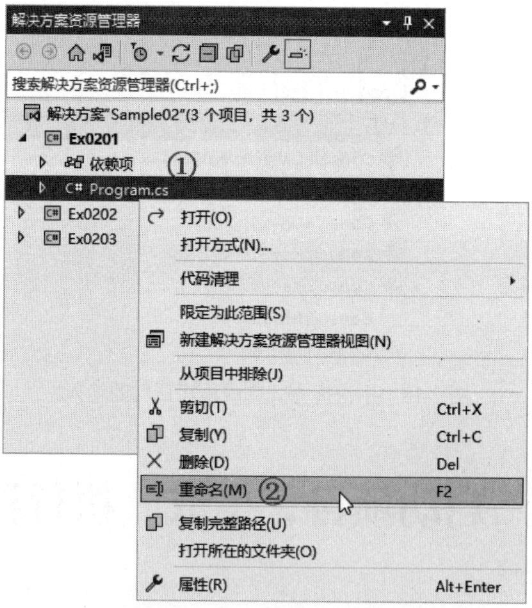

图 2-20 选择“重命名”选项

步骤 02 把 Program.cs 重命名为①Demo01.cs，然后按 Enter 键，弹出对话框之后，②单击“是”按钮，如图 2-21 所示。

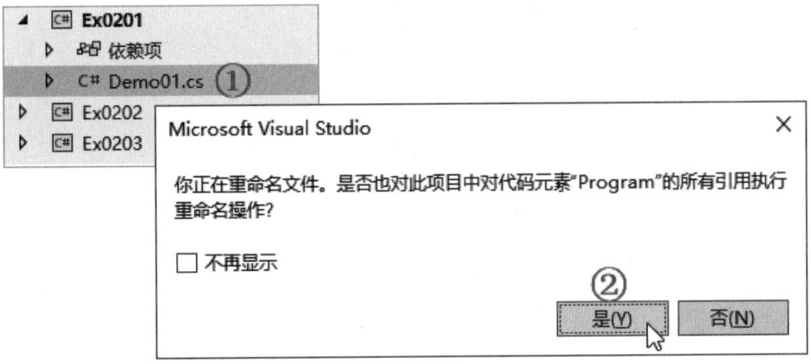

图 2-21　执行重命名的操作

步骤 03 依照步骤 01 和步骤 02 把项目 Ex0202 的 Program.cs 重命名为 Demo02.cs，把项目 Ex0203 的 Program.cs 重命名为 Demo03.cs。

2.2.2　设置启动项目

如何变更启动项目？若是单个项目，当然是以唯一的项目作为启动项目；若有多个项目，则可以指定单个项目作为启动项目，也可以设置同时启动多个项目。解决方案 Sample02 有三个项目，默认会以创建的第一个项目 Ex0201 为启动项目。若要变更启动项目，则可参照下面的操作。

启动单个项目

方式一：变更单个项目为启动项目。使用“解决方案资源管理器”，①右击 Ex0202 项目名称，②在弹出的快捷菜单中选择“设为启动项目”选项，如图 2-22 所示。

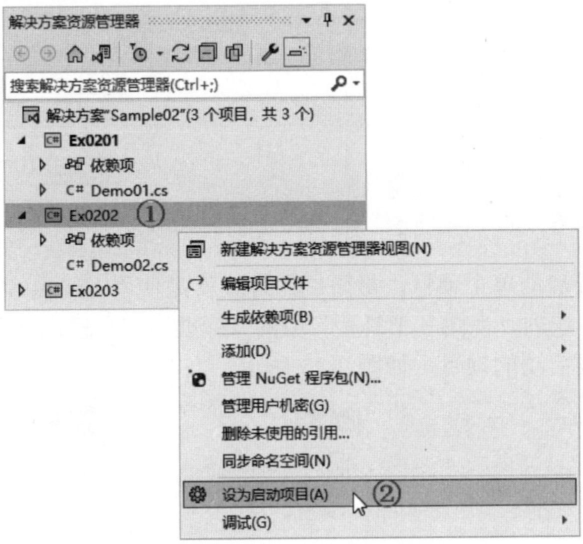

图 2-22　变更单个项目为启动项目的第一种方式

方式二：使用“解决方案资源管理器”，①右击解决方案 Sample02，②在弹出的快捷菜单中选择“设置启动项目”选项，如图 2-23 所示。随后进入该解决方案的属性页对话框。

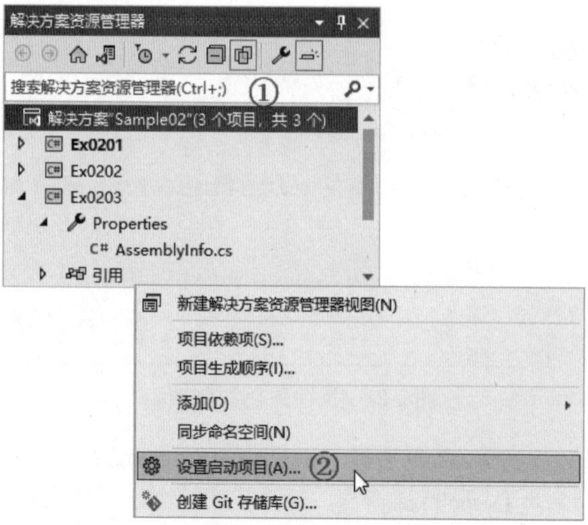

图 2-23　变更单个项目为启动项目的第二种方式

①选择“单启动项目”，②从下拉列表中选择 Ex0202，③再单击“确定”按钮，如图 2-24 所示。

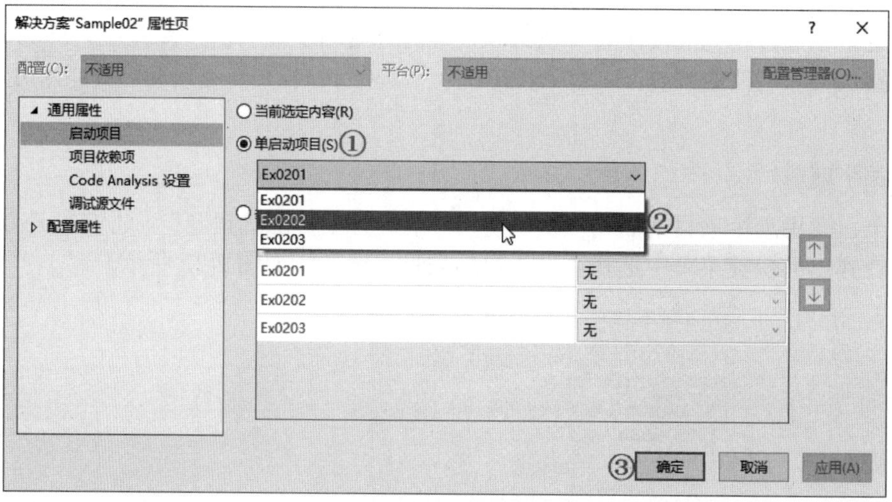

图 2-24　选择要启动的单个项目

方式三：当然，要启动单个项目，最简便的方式就是使用 Visual Studio 2022 的标准工具栏来启动。先确认菜单选项“视图→工具栏”中的“标准”工具栏选项已被勾选，从“启动项目”下拉列表中选取要启动的项目，如图 2-25 所示。

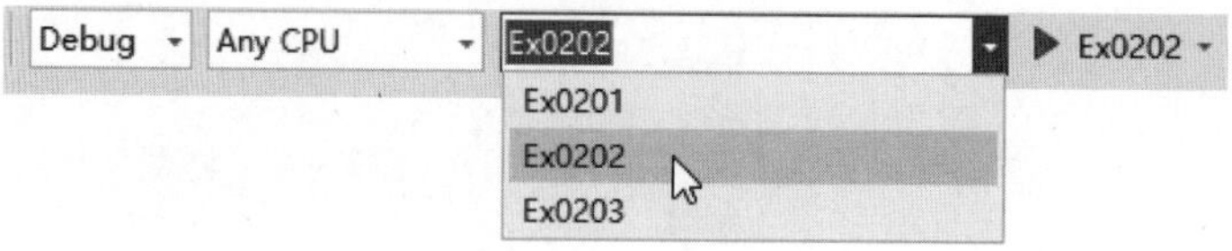

图 2-25　从工具栏列表选择要启动的单个项目

以 Ex0201 作为单个启动项目

步骤 01 按 Ctrl + F5 组合键或依次选择快捷菜单选项“调试→开始执行 (不调试)”，集成开发环境下方会弹出“输出”窗口，显示生成的可执行程序的结果，如图 2-26 所示。

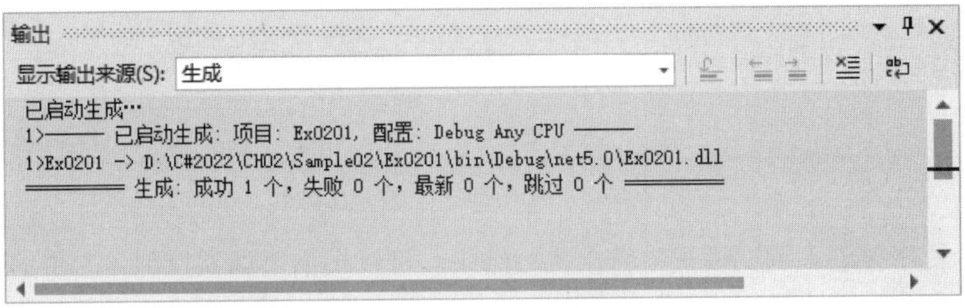

图 2-26　从工具栏列表选择要启动的单个项目

步骤 02 随后打开 Visual Studio 的调试控制台，显示项目的执行结果，如图 2-27 所示。

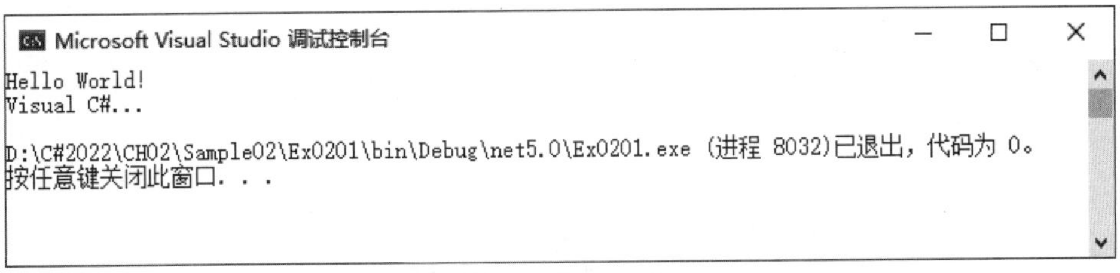

图 2-27　项目的执行结果

步骤 03 按键盘上的任意键或者单击控制台窗口右上角的 × 按钮来关闭窗口。

2.2.3　程序是否调试

生成可执行程序有两种方式：选择“开始调试”（按 F5 键）或“开始执行（不调试）”（按 Ctrl + F5 组合键），如图 2-28 所示。

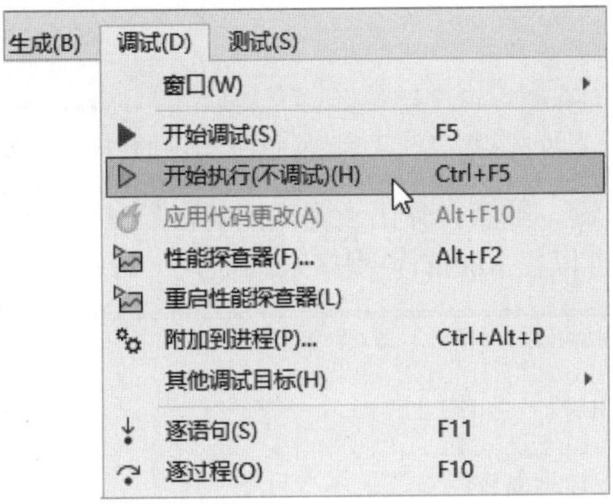

图 2-28　生成可执行程序的两种方式

方式一：使用“开始调试”来执行程序，可以依次选择菜单选项“调试→开始调试”，或按 F5 键，或单击标准工具栏上的 ▶ Ex0201 按钮，随后在弹出的“调试控制台”窗口的输出如图 2-29 所示。

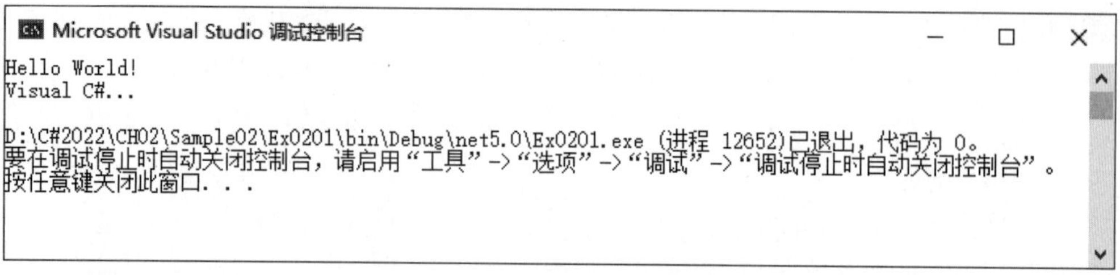

图 2-29 “调试控制台”窗口的输出

这表示程序会进入调试模式再输出执行结果。可以根据“调试控制台”中的指示“要在调试停止时自动关闭控制台……”来依次选择菜单选项“工具→选项”，进入“选项”对话框，再单击窗口左侧的“调试”列表选项，而后在窗口右侧勾选“调试停止时自动关闭控制台”复选框，最后单击对话框右下方的“确定”按钮，如图 2-30 所示。

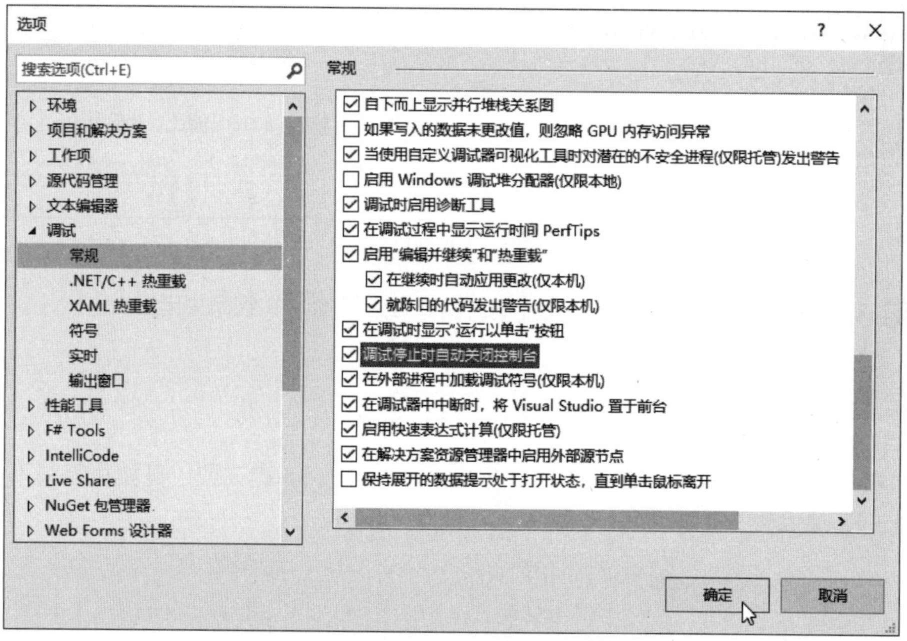

图 2-30 勾选“调试停止时自动关闭控制台”复选框

完成设置后，再按 F5 键，虽然会弹出“调试控制台”窗口，但是只会看到画面一闪而过。为了看到输出的字符串，可以在 Main()主程序末端加入一行语句：

```
static void Main(string[] args)
{
    WriteLine("Hello World!");
    WriteLine("Visual C#...");
    ReadKey();//让画面暂停
}
```

ReadKey()方法是 Console 类用来读取用户输入的任意键。执行程序时，用户未按下任意键之前，画面会暂停，直到用户按下任意键才会关闭窗口，如图 2-31 所示。

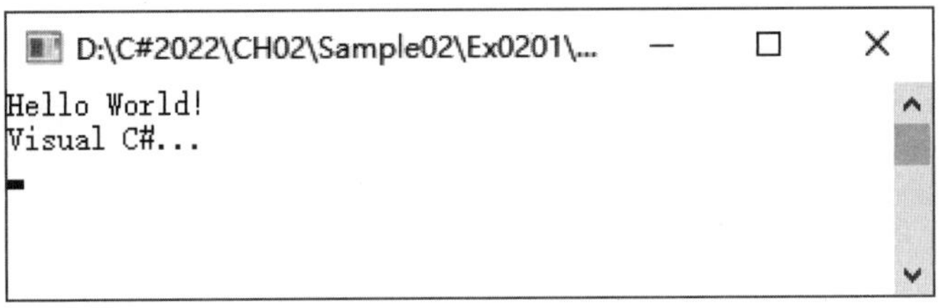

图 2-31　添加 ReadKey()方法后程序执行完成，随后需要按任意键才能结束

方式二：使用“开始执行（不调试）”来执行程序，可以依次选择菜单选项“调试→开始执行（不调试）”，或按 Ctrl + F5 组合键，或单击标准工具栏上的“开始执行（不调试）”按钮，如图 2-32 所示。

图 2-32　选择“开始执行（不调试）”

如此的话，可以省略 ReadKey()方法，控制台输出的结果如图 2-33 所示。

```
static void Main(string[] args)
{
   WriteLine("Hello World!");
   WriteLine("Visual C#...");
   //ReadKey(); //按 Ctrl + F5 组合键执行程序就不用调用此方法
}
```

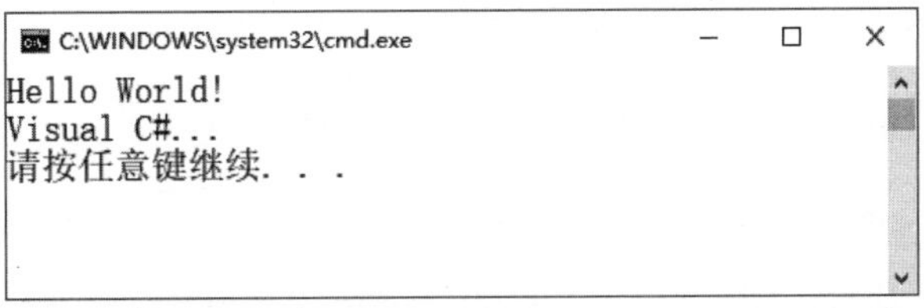

图 2-33　选择“开始执行（不调试）”后程序的执行结果

其实，方式二也可以用于同时启动多个项目，把同一个解决方案下的数个项目一起执行。

设置多个启动项目

步骤 01 参照 2.2.2 节“启动单个项目”的方式二进入“设置启动项目”选项对应的“解决方案‘Sample02’属性页”对话框，如图 2-34 所示。

步骤 02 把三个项目都变更为“开始执行（不调试）”。①选择“多个启始项目”，②展开下拉列表，③选择“开始执行（不调试）”，④再单击“确定”按钮，如图 2-34 所示。

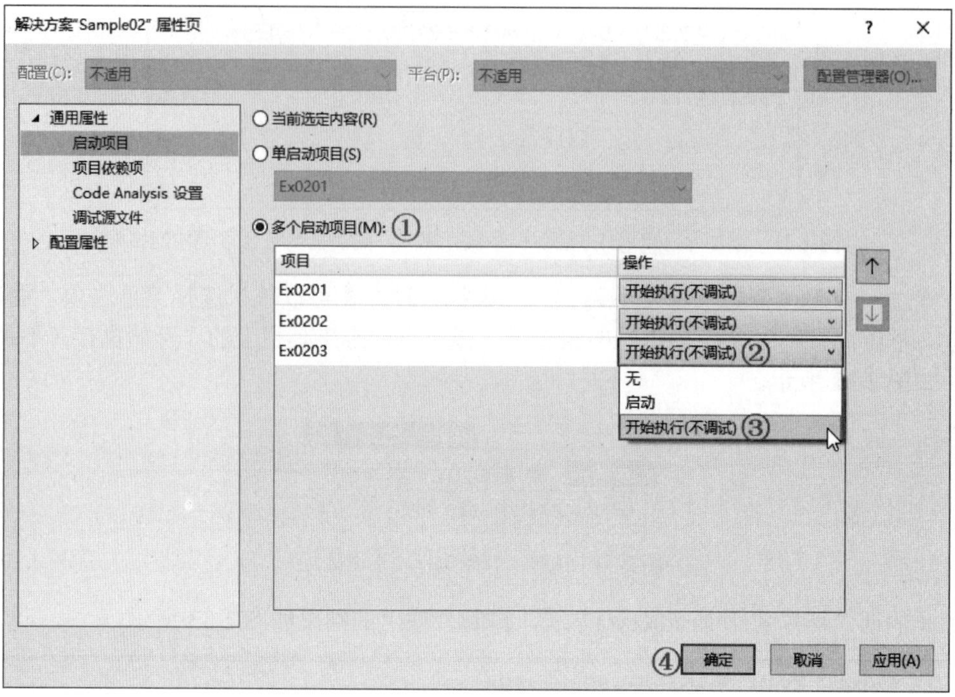

图 2-34　设置多个启动项目

步骤03 按 Ctrl + F5 组合键同时启动三个项目，再按序按任意键来关闭这些窗口，如图 2-35 所示。

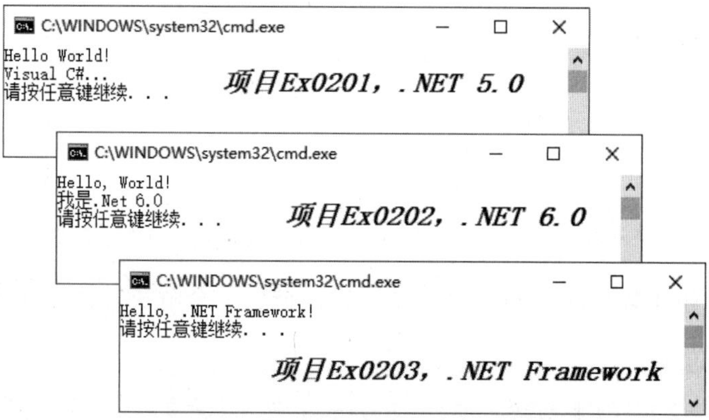

图 2-35　同时启动的三个项目

总结一下上述项目的操作过程，编写一个控制台应用的流程如图 2-36 所示。

图 2-36　编写控制台应用的流程

2.3　Visual C#的编写风格

不同的程序设计语言有不同的编写风格，即语言的规范。本节我们一起来认识一下 Visual C#有哪些程序设计语言的规范。

2.3.1　程序语句

Visual Studio 2022 的集成开发环境以解决方案为主，用于管理一个或多个项目，每一个项目又可能有一个或多个程序集（Assembly），由一个或多个程序编写和编译而成。这些程序代码可能是类（Class），也可能是结构（Structure）、模块（Module）等。无论是哪一种，它们都是一行又一行的程序“语句”（Statement）。下面先从控制台应用程序讲起，其结构如图 2-37 所示。

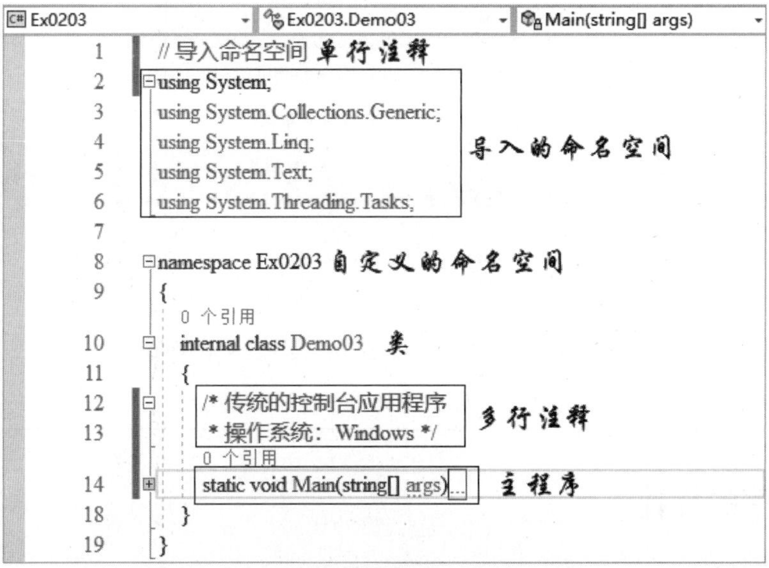

图 2-37　用 Visual C#语言编写的控制台应用程序

- 导入的命名空间（Namespace）和自定义的命名空间 Ex0203。
- 类（Class）：以类来区分程序的不同作用，使用关键字 class 开头。
- 主程序 Main()：为 Visual C#控制台应用程序或 Windows 窗体应用程序的主入口点。应用程序启动时，Main()是第一个被调用的方法。

每一行的“语句”中，可能包含方法（Method）、标识符（Identifier，程序代码编辑器以黑色字体来显示它们）、关键字（Keyword，程序代码编辑器以蓝色字体来显示它们）和其他的字符与符号。例如：

```
Console.WriteLine("Hello .NET Framework!");
```

- WriteLine()为方法。
- 完成的语句要以半角分号“;”来表示这行程序语句已结束。

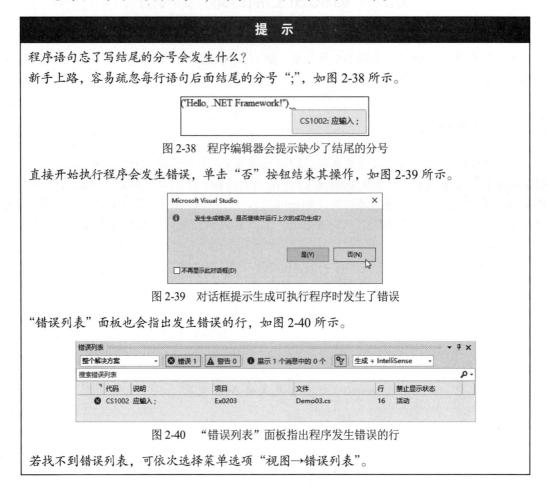

提 示

程序语句忘了写结尾的分号会发生什么？

新手上路，容易疏忽每行语句后面结尾的分号“;”，如图 2-38 所示。

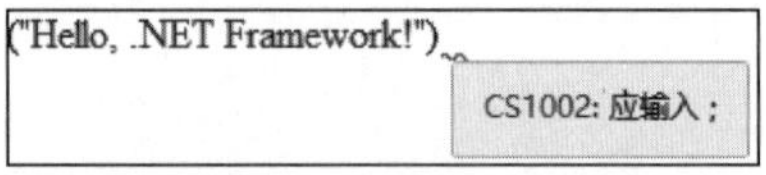

图 2-38 程序编辑器会提示缺少了结尾的分号

直接开始执行程序会发生错误，单击“否”按钮结束其操作，如图 2-39 所示。

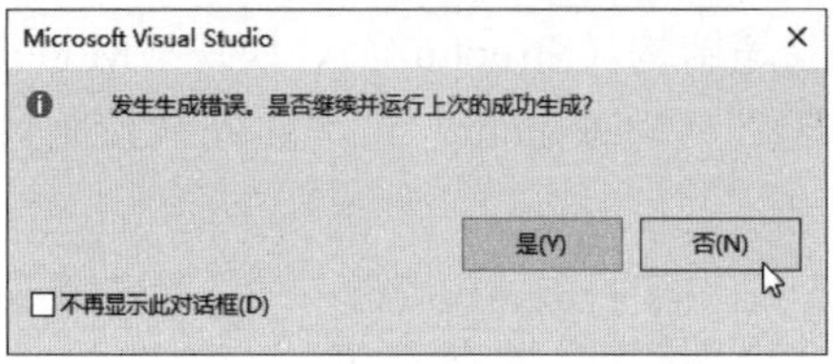

图 2-39 对话框提示生成可执行程序时发生了错误

“错误列表”面板也会指出发生错误的行，如图 2-40 所示。

图 2-40 “错误列表”面板指出程序发生错误的行

若找不到错误列表，可依次选择菜单选项“视图→错误列表”。

2.3.2 程序的编排

为了分隔不同的语句，可根据关键字的适用范围组成不同的程序区块（Block of Code，或称为代码区块、程序区段）。程序区块由一对大括号“{}”构成，从左大括号“{”开始，进入某个程序区块，而右大括号“}”表示此程序区块结束。例如由 Main()主程序组成的程序区块：

```
static void Main(string[] args)
{
   Console.WriteLine("Hello .NET Framework!");
}
```

范例 Ex0203 为控制台应用程序，可以看到三个程序区块：①自定义命名空间 namespace{}、②类 class{}和③主程序 Main(){}，如图 2-41 所示。

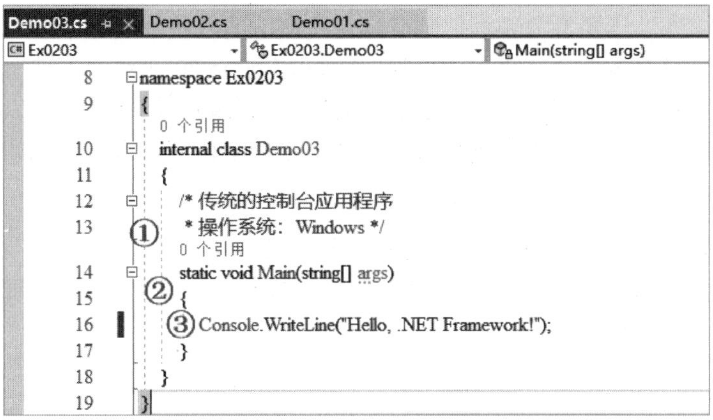

图 2-41　大括号组成的程序区块

从图 2-41 中可知，范围最大的是命名空间 Ex0203，然后是 Program 类，范围最小的是主程序 Main()。程序区块还可以展开或收合，①⊟表示 namespace 和 class 程序区块已经展开，②⊞表示 Main 主程序区块已经收合，呈□状态，将鼠标移向 Program 类时，会以浅灰色底纹背景显示其区域范围，如图 2-42 所示。

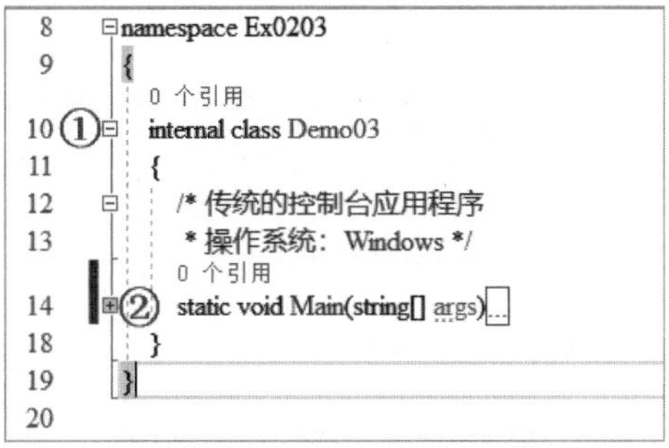

图 2-42　程序区块的收合与展开

此外，当程序区块随着程序代码语句向下延展时，Visual Studio 2022 还会提供垂直的虚线来标示对应的程序区块起止的大括号，如图 2-43 所示。

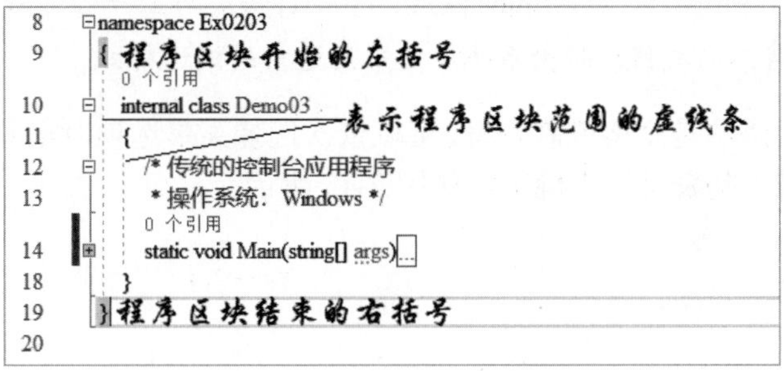

图 2-43　用垂直虚线标示对应的程序区块起止的大括号

为了突显不同的程序区块，必须根据程序区块的范围大小采用缩进格式。在上面的程序中，自定义的命名空间 Ex0203 维持不变，而 class 的程序区块必须向右侧缩进，程序区块范围更小的 Main()主程序则要进一步缩进。什么情况下要配合大括号形成的程序区块进行缩进呢？除了上述情况外，还要参考流程控制或自定义方法的区块范围等。

那么缩进时要空出多少个字符才适宜呢？Visual Studio 2022 对于缩进采用默认的方式，它会根据程序的编排方式自动缩进 4 个空格字符的位置。在编写程序时，按 Tab 键会产生缩进，而按 Shift + Tab 组合键则会减少缩进。若想改变缩进的空格字符数，方法如下：

步骤 01 依次选择菜单选项“工具→选项”，进入“选项”对话框。

步骤 02 ①展开“文本编辑器”选项，②再展开 C#选项，③选择“制表符”，④修改“制表符大小”和“缩进大小”的值，默认值为 4，⑤最后单击“确定”按钮，如图 2-44 所示。

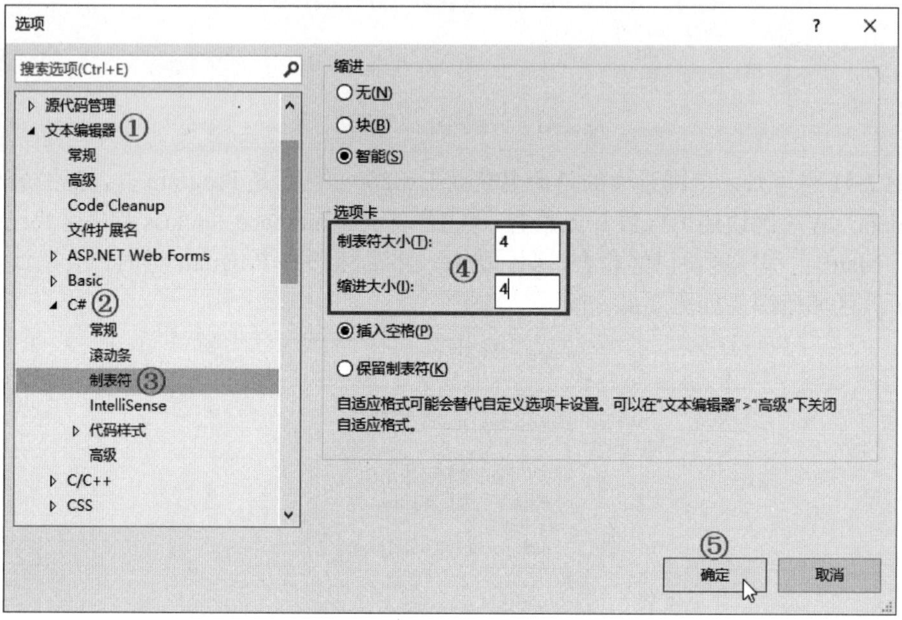

图 2-44 程序语句的缩进设置

如图 2-44 所示，程序“缩进”选项有“无”“块”“智能”三种，说明如下：

- 无：不缩进。
- 块：在编写程序代码时，按 Enter 键后，下一行语句与上一行语句对齐。
- 智能：默认值，编写程序时由系统决定采用适当的缩进样式。

按 Tab 键产生缩进的是空格或制表符，可以依次选择菜单选项“编辑→高级→设置缩进”，然后勾选“空格”或“制表符”来确定，如图 2-45 所示。

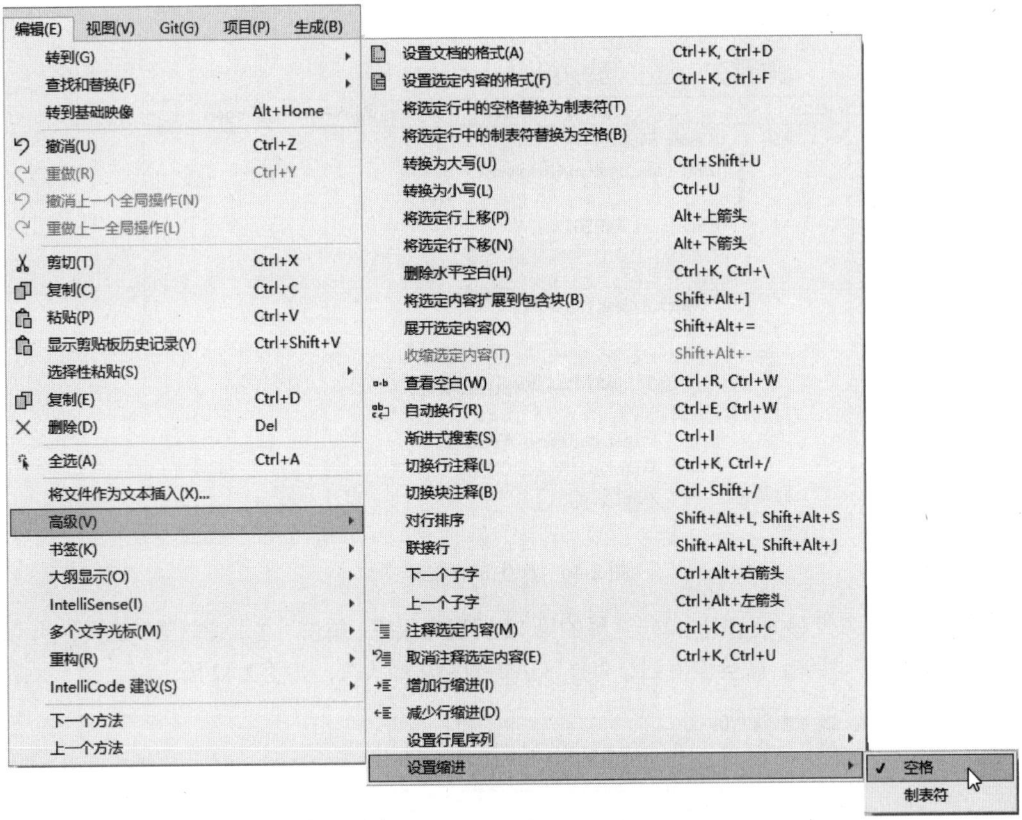

图 2-45　设置按 Tab 键产生缩进是用“空格”还是用“制表符”

2.3.3　在程序中添加注释

为了提高程序的可维护性和可阅读性，可在程序中加入注释文字。Visual C#使用“//”进行单行注释，或者以“/*”作为注释文字的开始，以“*/”作为注释文字的结束来形成多行注释，可参考图 2-46。文本编辑器会以绿色来显示注释文字，编译时编译器会忽略这些注释文字。

有时需要将某一行程序用单行进行注释，可以单击“文本编辑器”工具栏中的“注释选中行”按钮，而单击“取消对选中行的注释”按钮则会把注释行恢复原状。下面通过项目 Ex0201 来认识注释的妙用。

形成注释和取消注释

步骤 01　产生注释行。①将插入点停留在程序第 12 行，②单击“文本编辑器”工具栏中的“注释选中行”按钮之后，插入焦点所在的程序语句就会变成单行注释，如图 2-46 所示。

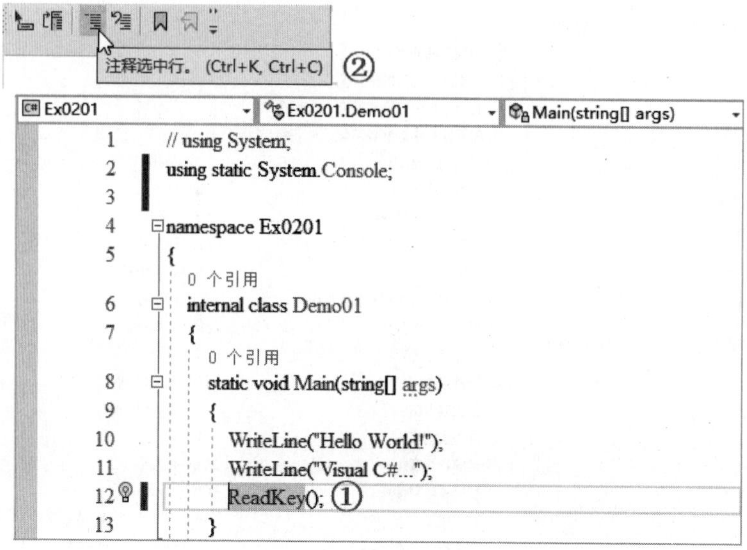

图 2-46　产生单行注释

步骤 02 把插入点移向已形成单行注释的第 12 行程序代码，单击“文本编辑器”工具栏的“取消对选中行的注释”按钮，就会恢复到原有程序语句的非注释状态，如图 2-47 所示。

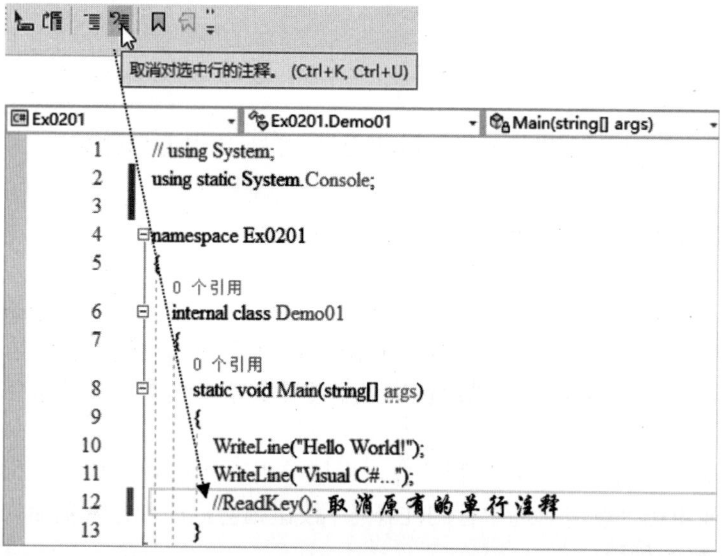

图 2-47　取消对选中行的注释

此外，还可以依次选择菜单选项“编辑→高级”，而后从中选择不同的选项来形成不同的注释方式，如图 2-48 所示。

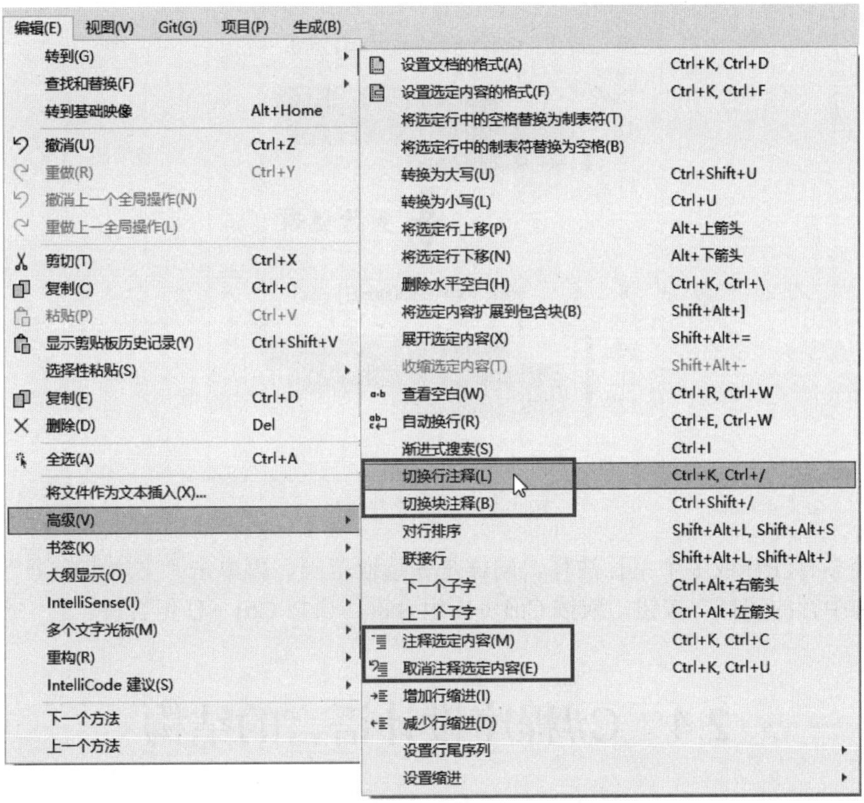

图 2-48　选择不同的选项来形成不同的注释方式

- 选取程序代码某个范围后，依次选择菜单选项“编辑→高级→切换行注释”，就会产生多个单行注释，如图 2-49 所示。

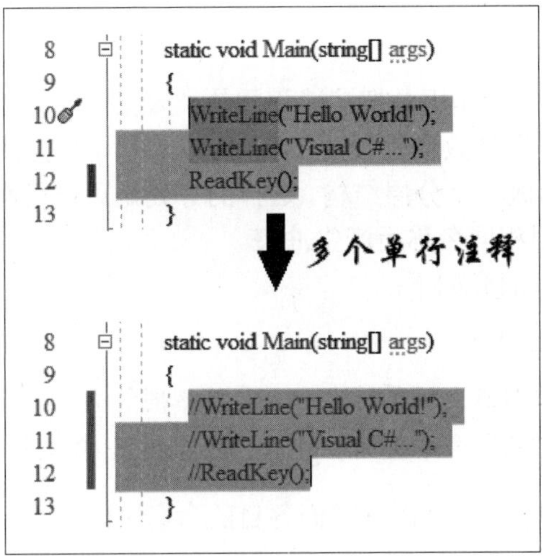

图 2-49　产生多个单行注释

- 选取程序代码某个范围后，依次选择菜单选项“编辑→高级→切换块注释”，就会产生多行注释，如图 2-50 所示。

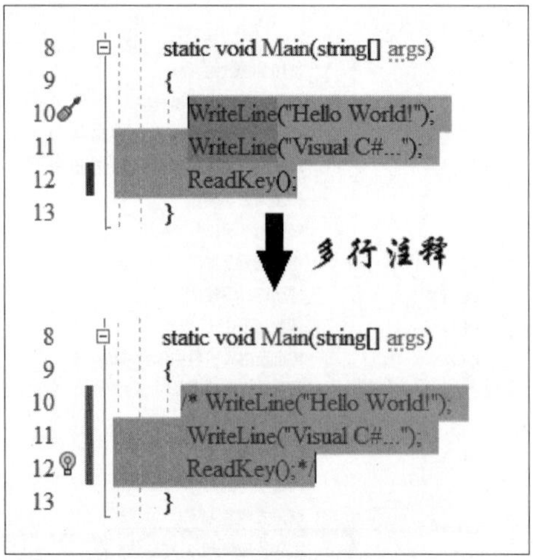
static void Main(string[] args)
{
WriteLine("Hello World!");
WriteLine("Visual C#...");
ReadKey();
}
多行注释
static void Main(string[] args)
{
/* WriteLine("Hello World!");
WriteLine("Visual C#...");
ReadKey();*/
}

图 2-50 产生多行注释

要取消多行注释或多个单行注释，同样是先选取范围，再单击“文本编辑器”工具栏的“取消对选中行的注释”按钮，或按 Ctrl + K 组合键，再按 Ctrl + U 组合键。

2.4 C#程序设计语言的结构

对 Visual C#程序设计语言的规范有了初步了解之后，再来看看控制台应用程序的基本框架。

2.4.1 命名空间

命名空间（Namespace）的作用是把功能相同的类聚集在一起。我们可以把它想象成计算机中存储数据的磁盘，根据存储数据的不同性质可以分成不同的文件夹，若有需要，则可以在文件夹下再添加文件夹，形成一个分层结构。这样的好处是可以将两个文件名相同的文件存放在不同的文件夹下，避免因相同名称而产生冲突。

命名空间有哪些特色？简介如下：

- 组织大型程序代码项目。
- 使用“.”（半角实心句点）运算符来分隔属性不同的类。
- global 命名空间是“根”命名空间，global::System 一律以.NET System 命名空间为参考。

解决方案 Sample02 的各个项目都有它们各自的命名空间：

- .NET 类库会根据不同功能组成不同的命名空间，可以使用关键字 using 来导入它们。
- 创建项目后，可使用关键字 namespace 根据项目名称来产生命名空间。

若控制台应用程序框架为 .NET Framework，则导入的 System 命名空间如下：

```
using System;
using System.Collections.Generic;
using System.Linq;
using System.Text;
using System.Threading.Tasks;
using static System.Console;  //导入静态类
```

- 使用 using 语句导入命名空间时，要将它放在程序的开头。
- using static 语句导入静态类 Console。

这些命名空间就是.NET 提供的类库。要想进一步存取 System 下的其他类，可以使用“.”运算符，如 System.Text。那么不使用 using 语句来导入命名空间会如何？由于 System 命名空间提供了 Visual C#运行的基本函数，因此使用 Console 类必须如此编写：

```
System.Console.WriteLine();
```

本书在第 10 章之前主要讲述控制台应用程序。System 命名空间的 Console 类支持控制台应用程序的标准输入、输出和错误数据流。如果未导入 System 命名空间而直接使用 Console 类，则程序会产生错误。编译程序会在 Console 类下方加上红色波浪线来标示它有错误，如图 2-51 所示。

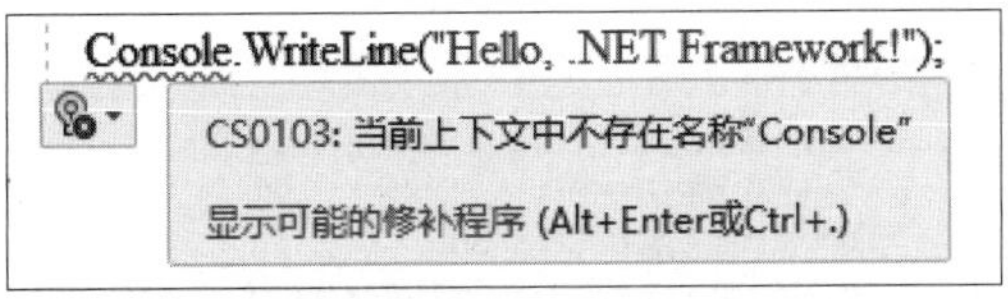

图 2-51　未引用 System 命名空间发生的错误

读者可能会觉得奇怪，项目 Ex0202（框架为.NET 6.0）的命名空间藏到哪里了？一起去瞧瞧吧！

.NET 6.0 命名空间

步骤 01 使用“解决方案资源管理器”，①先单击项目 Ex0202，②再单击其工具栏的“显示所有文件”按钮，展开项目 Ex0202 文件夹，③再展开 obj 文件夹，如图 2-52 所示。

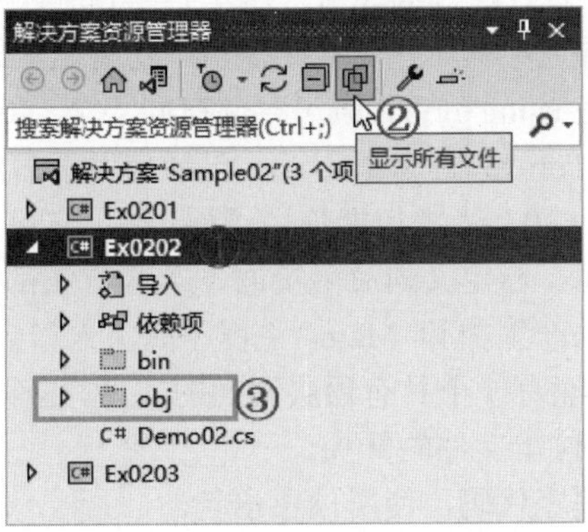

图 2-52　打开 Ex0202 项目及其文件夹

步骤 02 找到文件 Ex0202.GlobalUsings.g.cs。①展开 Debug 文件夹，②再展开 net6.0 文件夹，

③找到文件 Ex0202.GlobalUsings.g.cs 并双击，它就会呈现在程序代码编辑器中，如图 2-53 所示。

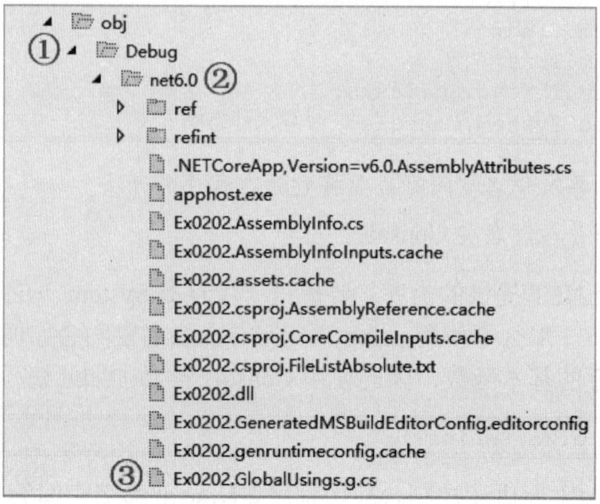

图 2-53 打开 Ex0202 项目及其文件夹

步骤03 查看文件 Ex0202.GlobalUsings.g.cs 的内容，原来的 using 语句前面加上了 global，说明它是全局作用域，如图 2-54 所示。

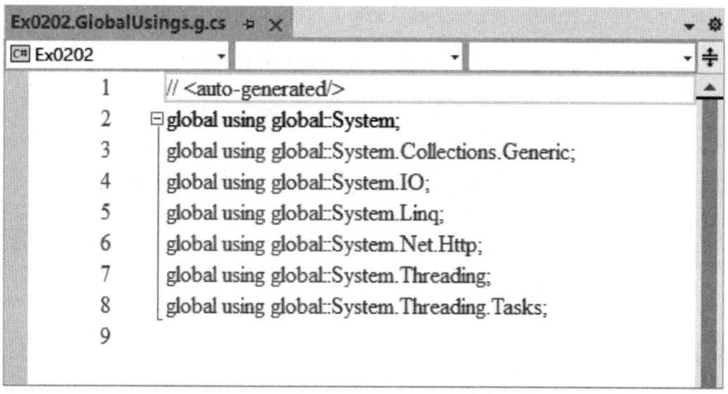

图 2-54 文件 Ex0202.GlobalUsings.g.cs 的内容

.NET 6.0 结合了 C# 10 版本，经过编译后，通常会在 obj 文件夹内的一个“.cs”文件中使用 global 语句以隐性全局来导入一些常用的命名空间。它简化了导入命名空间的程序，由于是全局作用域，因此只需将这些 using global 语句存储在同一个“.cs”文件中即可。

实际上，“顶层语句”（Top-Level Statement）已经使用于.NET 5.0 框架和 C# 9.0 版本中。同样地，在.NET 6.0 框架和 C# 10.0 版本也能使用顶层语句，它可以让我们专注于程序的编写。也就是原本需导入的命名空间、自定义的命名空间、类和方法都交给编译器自动产生。此外，应用程序经过编译后，会自动产生类和 Main()主程序的主入口点。由于应用程序必须要有一个主入口点，因此一个项目只能有一个具有顶层语句的文件，这个文件通常就是指 Program.cs。若使用 using 语句，则它必须位于文件的开头。

进一步修改 Demo01.cs 程序代码，使用顶层语句。

顶层语句

步骤01 确认文件 Demo01.cs 已在程序代码编辑器中打开，选取范围，按 Ctrl + Shift + / 组合键形成多行注释（程序代码第 4~15 行），如图 2-55 所示。

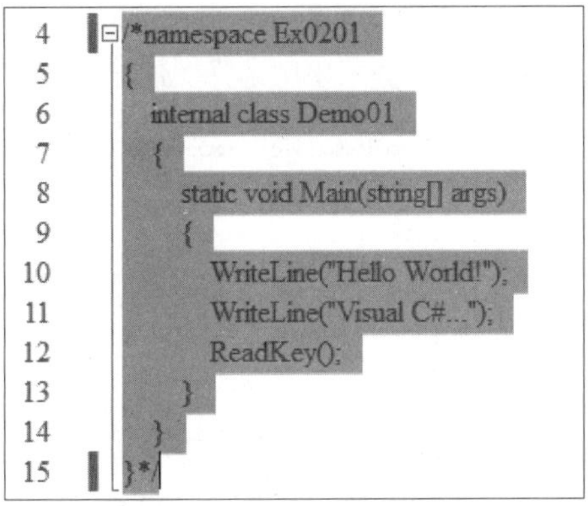
4 /*namespace Ex0201
5 {
6 internal class Demo01
7 {
8 static void Main(string[] args)
9 {
10 WriteLine("Hello World!");
11 WriteLine("Visual C#...");
12 ReadKey();
13 }
14 }
15 }*/

图 2-55　注释掉多行程序语句

步骤 02 输入如下的程序代码。

```
System.Console.WriteLine("Hi! 我是.NET 5.0...");
```

步骤 03 把 Ex0201 设为启动项目，按 Ctrl + F5 组合键以执行该程序，会输出如图 2-56 所示的结果。

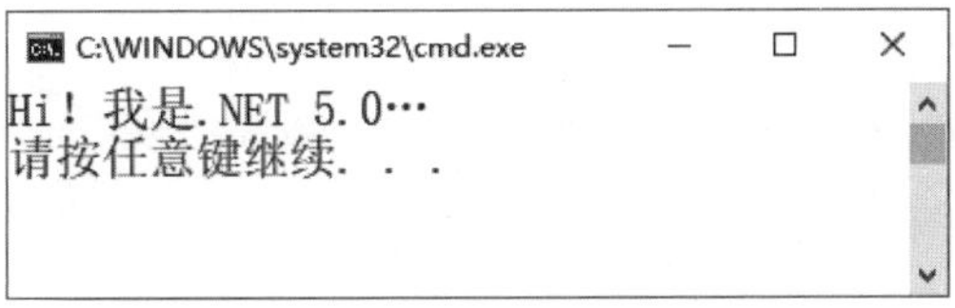
C:\WINDOWS\system32\cmd.exe
Hi！我是.NET 5.0…
请按任意键继续. . .

图 2-56　Ex0201 程序的执行结果

步骤 04 使用 using 语句导入 System 命名空间，按 Ctrl + F5 组合键重新生成可执行程序，再执行该程序，也会显示如同步骤 03 一样的结果。

```
using System;     //导入 System 命名空间
Console.WriteLine("Hi! 我是.NET 5.0...");
```

步骤 05 由于 Console 属于静态类，在 using 语句中使用 static 关键字，就修改为导入静态类语句，程序代码如下：

```
using static System.Console;        //导入静态类 Console
WriteLine("Hi! 我是.NET 5.0...");   //直接调用 WriteLine 方法
```

提　示

不过，要记得顶层语句只支持结合了.NET 的 C#程序，也就是跨平台的应用程序。传统的.NET Framework（C#版本 7.3）并不支持顶层语句，若在传统的控制台应用程序中使用了顶层语句，则系统会显示错误。

如何知道类是静态的？可以通过“速览定义”来查看。

速览定义

步骤 01 插入点移向 Console 字符串中间，①让它自动选取字符串。

步骤 02 右击 Console，②在弹出的快捷菜单中选择“速览定义”选项，如图 2-57 所示。

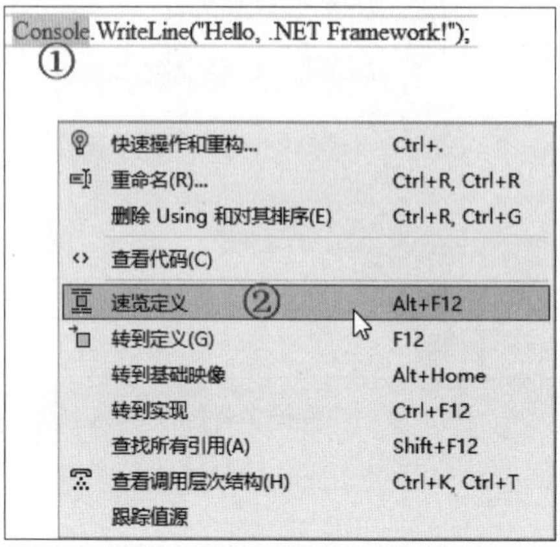

图 2-57 选择“速览定义”选项

步骤 03 随后会在 Console 字符串下方显示说明文字，如图 2-58 所示，这是视图 Console 的定义。第 14 行语句 public static class Console，其中的关键字 static 说明它是静态类。

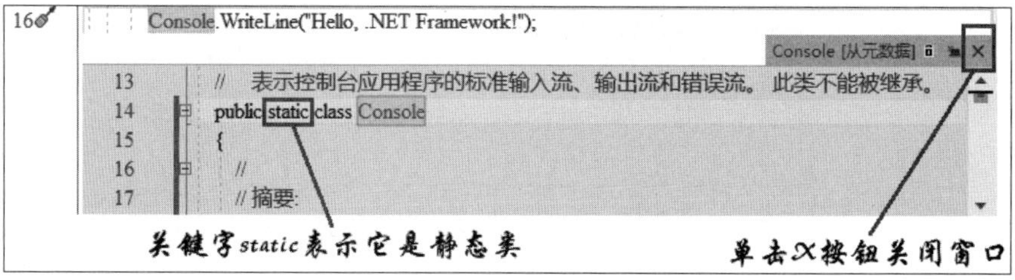

图 2-58 视图 Console 的定义

2.4.2 善用 IntelliSense 功能

程序代码编辑器提供了 IntelliSense 功能，可以简化程序代码的编写工作。依次选择菜单选项“编辑→IntelliSense”，查看支持的各项功能，如“列出成员”“参数信息”“快速信息”“完成单词”和“插入片段”等，如图 2-59 所示。

编写程序时，只要输入关键字的部分字符串，如图 2-60 所示，IntelliSense 就会列出与关键字相关的候选成员。要想选择某个成员，可移动向上或向下箭头键（方向键）选中这个成员，然后按 Enter 或 Tab 键即可。

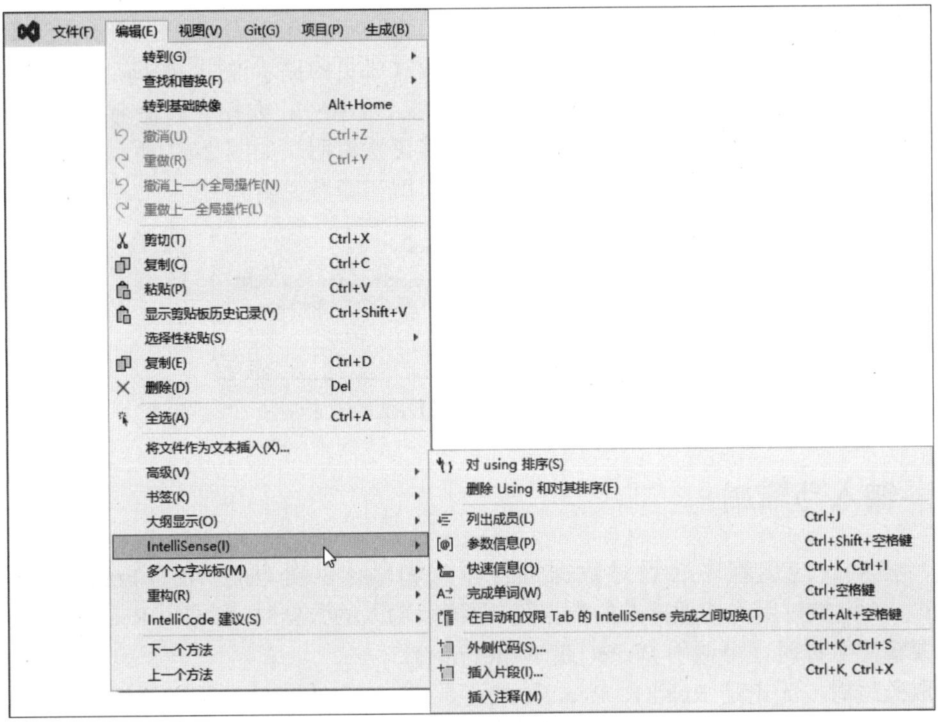

图 2-59　IntelliSense 提供的各项功能

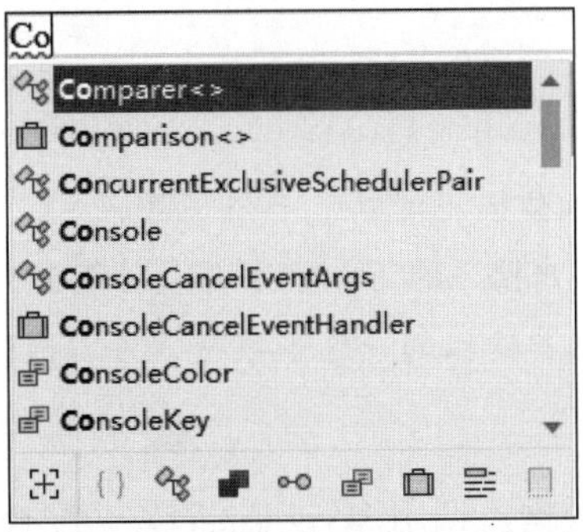

图 2-60　输入关键字的部分字符串，IntelliSense 就会列出相关的候选内容

若输入的名称无误，例如 System 命名空间有多个类，输入“.”（句点）之后，则会自动列出相关类或者与此字符串有关的命名空间、结构或枚举等，如图 2-61 所示。

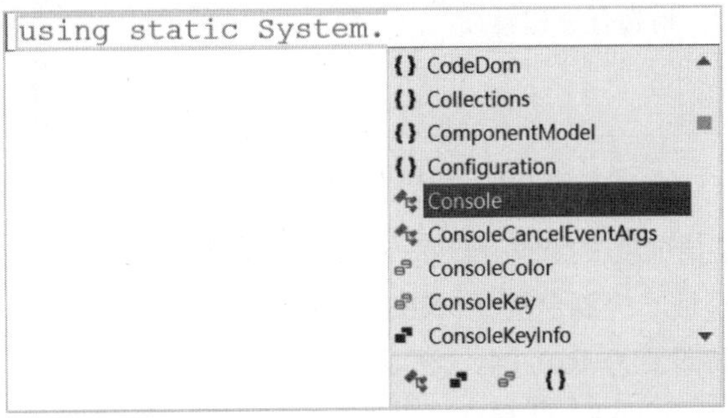

图 2-61　输入类名和“.”后，IntelliSense 会列出相关的类或与此字符串有关的命名空间、结构或枚举等

编写程序输入关键字的部分字符串之后，Visual Studio 2022 会列出相关的候选成员列表，以图 2-60 为例，最下面的一排按钮用于提供这些候选成员的提示说明，如局部变量和参数、属性、事件、方法、接口、类、结构、枚举、委托、命名空间等。

如果将鼠标移向某个方法，就能获取它的完整语法说明。如图 2-62 所示，把鼠标指针移向 WriteLine()方法后，IntelliSense 就会列出它的类型和简易说明。

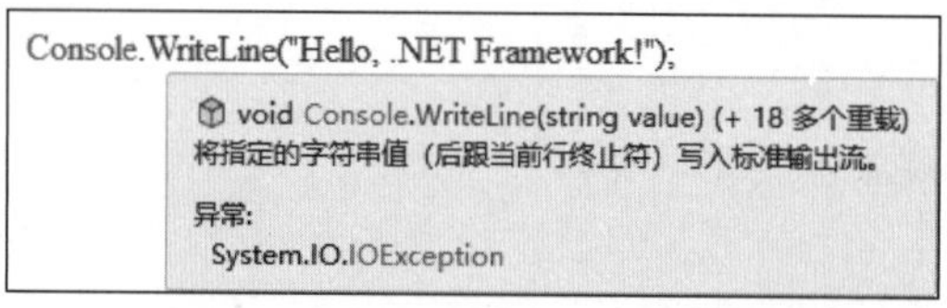

图 2-62　查询 WriteLine()方法的语法说明

2.4.3　输入与输出

编写控制台应用程序必须对数据进行输入和输出的处理，.NET Framework 类库的 System.Console 类可用于处理标准的数据流。要读取输入的数据时，可调用 Read()或 ReadLine()方法；要输出数据时，可调用 Write()或 WriteLine()方法。

读取数据时，无论是 Read()、ReadKey()还是 ReadLine()方法，都必须指定输入设备，通常键盘为默认的输入设备。这三个方法之间的差别是什么？先来看看它们的语法：

```
Console.Read();
Console.ReadKey();
Console.ReadLine();
```

- Read()方法：从标准输入数据流读取下一个字符。
- ReakKey()方法：获取用户按下的下一个字符或功能键，按键值会反馈到控制台窗口中。
- ReadLine()方法：读取用户输入的一连串字符，可以通过变量存储该字符串。

范例 Ex0204.csproj

调用 ReadLine()方法读取数据，调用 WriteLine()方法配合字符串内插的前导字符“$”输出变量 name 所存储的值，范例 Ex0204 的执行结果如图 2-63 所示。

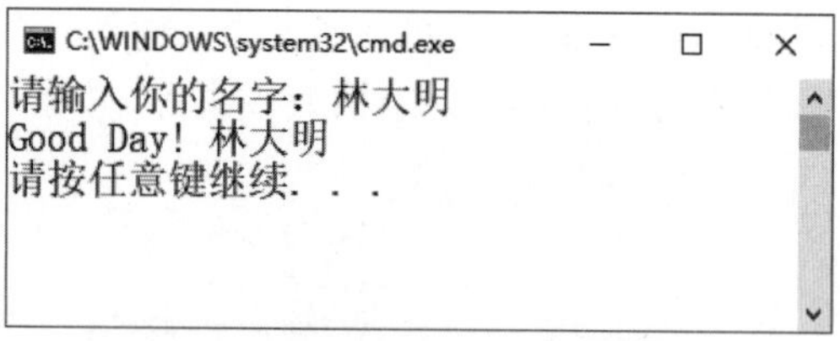

图 2-63　范例 Ex0204 的执行结果

步骤 01 依次选择菜单选项“文件→新建→项目”，进入“创建新项目”对话框。

步骤 02 选择项目模板“控制台应用(.NET Framework)”。进入“配置新项目”对话框，如图 2-64 所示，①项目名称设置为 Ex0204，②勾选“将解决方案和项目放在同一目录中”复选框，③框架设置为 .NET Framework 4.8，④单击“创建”按钮来创建新项目。

图 2-64　配置新项目

步骤 03 在主程序 Main()中编写如下的程序代码。

```
01 using static System.Console;   //导入静态类 Console
02 static void Main()
03 {
04   Write("请输入你的名字：");
05   string name = ReadLine();
06   WriteLine($"Good Day! {name}");
07 }
```

步骤 04 按 Ctrl + F5 组合键会生成可执行程序，然后执行程序。若无错误，程序执行后会打开控制台窗口，按照提示输入名字并按 Enter 键，随后会显示执行结果。焦点会停留在程序执行结果的最后一行，再按任意键关闭控制窗口即可。

程序说明

- 第 05 行：以 ReadLine()方法获取输入的名字并赋值给变量 name。

System.Console 类的 Write()和 WriteLine()方法会将写入的标准数据流的数据输出，相关语法如下：

```
Console.Write(String);
Console.WriteLine(String);
```

- Write()或 WriteLine()方法都有参数，只要是符合.NET Framework 的数据类型都能处理，像 Unicode 编码的字符，以及数值的 Int32、Single 或 Double 类型等。

Write()和 WriteLine()方法之间最大的差别是：Write()方法输出字符后不换行，也就是插入点（或称为焦点）依然停留在原行；而调用 WriteLine()方法输出字符后会把插入点移向下一行的最前端。

例一：输出字符串，必须使用双引号“""”来引住字符串，如果要串接两个以上的字符串，则可以使用运算符“+”来串接。

```
Console.WriteLine("Hello! Visual C#");
Console.WriteLine("Hi!" + "Visual C#");
```

例二：输出数字，直接将数字或算术表达式写在 WriteLine()方法中，进行数学运算后会直接输出结果。

```
Console.WriteLine(242);
Console.WriteLine(14 + 116 + 239);
```

例三：有强化输出的效果，直接调用 WriteLine()方法而不加任何参数，有换行的作用。

```
Console.WriteLine();
```

2.4.4 格式化输出

有时为了让变量按指定格式输出值，可以通过 format 参数来设置定义好的格式化项（Format Item），将对象的值转换为字符串，format 会预留零到多个下标编号与参数列表的对象逐一对应。每个格式化项会被所对应的对象值取代并将其插入字符串中，语法如下：

```
WriteLine("format{0}...{1}...", arg0, arg1, …);
```

- format：欲格式化的项要用大括号“{}”括住，索引从编号 0 开始。
- arg0, arg1：格式化项中对应的对象是要传入的变量。

再仔细观察，我们会发现字符串的输出格式与大括号“{}”中所设置的值有关，先来看看大括号“{}”是如何设置的，语法如下：

```
{ N [, M ][: 指定的格式]}
```

- N：格式项，以 0 开始的索引参数，表示要进行格式化输出的项。0 代表第一个要格式化输出的项，1 表示第二个要格式化输出的项。
- M：在字符串格式化时设置对齐方式、字段宽度。
- 指定的格式（format）：有数值、时间与用户自定义格式三种格式。

为了让 WriteLine()方法输出数据时更符合需求，String 类中的 Format()方法为 Visual C# 提供了更加丰富的格式化字符，如在输出时以数字指定字段宽度或对齐方式。表 2-3 所示为标准数值的格式化字符。

表 2-3　标准数值的格式化字符

格式化字符	说明（以数值 1234.5678 为例）
C 或 c	将数字转为表示货币金额的字符串，如{0:C}，输出“$1234.5678”
D 或 d	将数字转为十进制，如{0:D4}，输出 4 位整数“1234”，不足 4 位在左边补 0
E 或 e	以科学记数法来表示，小数默认位数是 6 位，如{0:E}，输出“1.234568+e003”
Fn 或 fn	表示含 n 位小数，如{0:F3}，输出“1234.568”
G 或 g	以常规格式表示，如{0:G}，输出“1234.5678”
N 或 n	含两位小数，并带有千分号，如{0:N}，输出“1,234.57”；{0:N3}，输出“1,234.568”
X 或 x	以十六进制表示。数值 1234，如{0:X}，输出“4D2”
Yes/No	若数值为 0，则显示 No，否则显示 Yes
True/False	若数值为 0，则显示 False，否则显示 True
On/Off	若数值为 0，则显示 Off，否则显示 On

除了使用标准数值格式外，C#也提供了自定义数值格式化字符。以 toString()方法将数值数据以指定格式输出，可参考表 2-4 的说明。

表 2-4　自定义数值的格式化字符

自定义数值的格式化字符	说明（以数值 1234 为例）
0	表示零值的占位符，如 toString("00000")，输出“01234”
#	表示数值的占位符，如 toString("#####")，输出“1234”（前端空 1 位）
.	小数点默认位数，数值 123.456，如 toString("##.00")，输出“123.46”
,	每个千分号代表 1/1,000，数值 1234567，如 toString("#,#")，输出“1,234,567”；toString("#,#,")，输出“1,235”
%	百分比默认位置，数值 0.1234，如 toString("#0.##%")，输出“12.34%”
E+0	使用科学记数法，以 0 表示指数位数，如 toString("0.##E+000")，输出“1.23E+003”
\	转义字符“\”会让下一个字符进行特殊处理，如 WriteLine("D:\\menu.txt")，输出“D:\menu.txt”

若格式化项的对象为日期或时间，则可参考表 2-5 列出的日期/时间格式化字符。

表 2-5　日期/时间格式化字符

时间字符	说明
G	使用地区设置来显示常规时间格式，可以显示时间与（或）日期，视给定的时间信息是否完整而定
g	使用地区设置来显示简短日期及简短时间
D	使用地区设置来显示完整日期格式
d	使用地区设置来显示简短日期格式
T	使用地区设置来显示完整时间格式
t	使用 24 小时制来显示时间
f	使用地区设置来显示完整日期及简短时间
F	使用地区设置来显示完整日期及完整时间

Visual C# 6.0 版本以后，WriteLine()方法可以使用“字符串内插”（String Interpolation）方式进行格式化输出，配合前导字符“$”，放入大括号的是变量名称。语法如下：

```
Console.WriteLine($"{变量}");
```

- 以$为前导字符，表示“字符串内插”，大括号的索引值以变量来取代。
- 变量必须放在双引号中，以成对的大括号括住。

范例项目 Ex0204 使用的就是“字符串内插”方式，大括号内是变量名称：

```
WriteLine($"Good Day! {name}");
```

这种“字符串内插”表达方式是不是比原来将格式项使用索引来表示更加清晰明了？本书后续编写的程序代码都会以“字符串内插”的方式来输出内容。

范例 Ex0205.csproj　使用 WriteLine()方法输出数据

以 ReadLine()方法接收输入的数据，配合 WriteLine()方法输出数据，范例 Ex0205 的执行结果如图 2-65 所示。

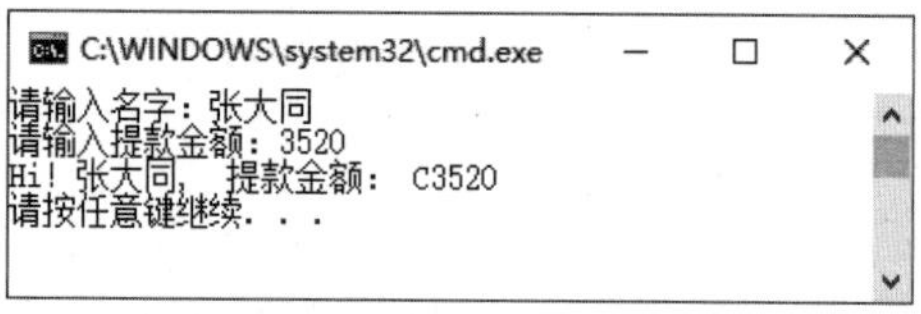

图 2-65　范例 Ex0205 的执行结果

步骤 01 依次选择菜单选项“文件→新建→项目”，进入“创建新项目”对话框。

步骤 02 选择项目模板“控制台应用”，项目名称设置为 Ex0205，项目的存储位置和框架保持默认设置，要勾选“将解决方案和项目放在同一目录中”选项，框架选择“.NET 6.0（长期支持）”。

步骤 03 该项目初始只有一行语句，请自行编写如下的程序代码。

```
01 using System;   //导入命名空间
02
03 class Demo03
04 {
05   static void Main()
06   {
07      Console.Write("请输入名字：");
08      string? name = Console.ReadLine();
09      Console.Write("请输入提款金额：");
10      int money = Convert.toInt32(ReadLine());
11      Console.WriteLine($"Hi！ {name}，提款金额：{money:C0}");
12   }
13 }
```

步骤 04 按 Ctrl + F5 组合键，会生成可执行程序，然后执行程序。若无错误，则会打开控制台窗口，按照提示分别输入名字和金额并按 Enter 键，随后会显示程序执行的结果。

程序说明

- 第 08 行：获取输入金额。由于 ReadLine()方法获取的是字符串，有可能是 null 值，因此配合“?”运算符来形成“string?”以得到非空的字符串。

- 第 10 行：由于变量 money 输入时是字符串，因此必须调用 Convert.toInt32()方法将它转换为整数类型。
- 第 11 行：使用字符串内插，{money:C0}中的变量 money 配合标准格式化字符“C”，表示以货币符号并含有千位符的格式来输出。

重点整理

- 每一个项目可能有一个或多个程序集（Assembly），由一个或多个程序编写和编译而成。这些程序代码可能是类（Class）、结构（Structure）、模块（Module）等，无论是哪一种，它们都是一行又一行的程序“语句”（Statement）。
- 为了分隔不同的语句，可根据关键字的适用范围组成不同程序区块（Block of Code，或称为代码区块、程序区段）。程序区块由一对大括号“{}”构成，从左大括号“{”开始，进入某个程序区块，而右大括号“}”则表示此程序区块结束。
- 每一行“语句”中，可能包含方法（Method）、标识符（Identifier）、关键字（Keyword）和其他的字符和符号。
- 程序代码要从何处开始编写呢？从 Main()主程序的程序区块开始。Main()本身是一个方法（Method，方法是面向对象程序的概念），也是 Visual C#应用程序的主入口点（Entry Point）。也就是说，执行程序时，无论是控制台应用程序还是 Windows 窗体应用程序都从 Main()主程序开始。
- 导入命名空间（Namespace）。使用关键字 using 来导入.NET 类库，自定义命名空间使用关键字 namespace 开头。
- 为了提高程序的可维护性和可阅读性，可在程序中加入注释（Comment）文字。Visual C#使用“//”进行单行注释，或者以“/*”作为注释文字的开始，以“*/”作为注释文字的结束来形成多行注释。
- 控制台应用程序输入输出语句。使用 System.Console 类的 Read()、ReadLine()方法来读取数据，使用 Write()、WriteLine()方法配合格式化字符来指定输出格式。
- 有时为了让变量按指定格式输出值，可以通过 format 参数来设置定义好的格式化项（Format Item），将对象的值转换为字符串，Visual C# 6.0 版本以后，WriteLine()方法可以使用“字符串内插”（String Interpolation）方式进行格式化输出。

课后习题

（一）填空题

1. 在 Visual C#项目模板中，只有文字的是__________，程序的主入口点是指__________。

2. Visual Studio 2022 提供的 C#项目模板有两种：其中的控制台应用程序__________，框架是__________或__________。

3. 传统的控制台应用程序有哪三个程序区块？①__________、②__________和③__________。

4. 导入.NET 类库的命名空间使用关键字__________，自定义命名空间使用关键字__________开头，导入静态类使用__________语句。

5. 为了提高程序的可维护性和易阅读性，Visual C#使用__________进行单行注释；多行注释则由__________开始其注释，__________结束注释内容。

6. 顶层语句是 C# __________的新语法。

（二）问答题与实践题

1. 若一个解决方案下有多个项目，如何设置启动项目，请简单列举两种方式。

2. 执行程序时，按 F5 键或者按 Ctrl + F5 组合键有何不同？

3. 在控制台应用程序中，请说明调用 Read()、ReadLine()、Write()、WriteLine()方法的不同。

第3章

数据与变量

章节重点

- 在通用类型系统中，C#的数据类型有两种：值类型和引用类型。
- 变量：经过运算后会改变其值；常数：赋予初值就不能改变。
- 为什么需要类型转换？隐式类型转换和显式类型转换如何实现？
- 运算要有操作数和运算符，C#提供了算术运算符、赋值运算符、关系运算符和逻辑运算符。

本章范例项目以“控制台应用”为模板，框架选择“.NET 5.0（当前）”，通过“开始执行（不调试）”（按 Ctrl + F5 组合键）生成可执行程序，再执行程序。

3.1 认识通用类型系统

不同数据要有适当的装载容器。举一个简单的例子，去购买 500ml 的绿茶，茶铺的贩卖人员不会拿 1000ml 的杯子来装，有浪费之嫌，更不会使用 350ml 的杯子来装，有溢出来的危险。所以，数据类型（Data Type）决定了数据的存放空间。

所有数据皆收纳于.NET 类库中，为了确保执行程序的安全性，它会以“通用类型系统”（Common Type System，CTS）为主，让所有托管的程序代码皆能强化它的类型安全。所以 Visual C#是一种强类型（Strongly Typed）语言，无论是变量和常数都要定义数据类型。以通用类型系统的观点来看，C#语言有两种数据类型：

- 值类型（Value Type）：是基本类型。数据存储于内存中（参考图 3-1），包含所有的值类型，也包括布尔类型、字符类型等，此外还包含 enum（枚举）、struct（结构）和 record

（记录）三种值类型。

图 3-1　值类型的数据存储于内存中

- 引用类型（Reference Type）：字符串、数组、委托和类等类型的变量只存储对象的内存地址（参考图 3-2）。

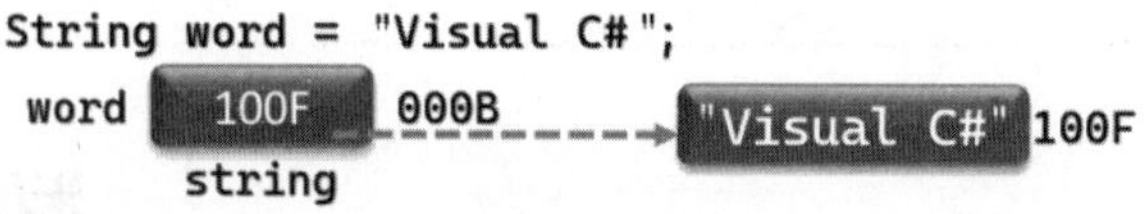

图 3-2　引用类型的变量只存储对象的内存地址

3.1.1　整数类型

整数数据类型表示数据中只有整数，不含小数部分。根据存储容量的不同，第一种整数数据类型是含正负值的有符号整数（Signed Integral），包含 sbyte（字节）、short（短整数）、int（整数）、long（长整数）。表 3-1 同时列出了 C#和.NET Framework 类库中 System 命名空间默认定义类型的别名。

表 3-1　含正负值的有符号整数类型

C#的数据类型	.NET Framework	占用空间	数值范围
sbyte（字节）	System.Sbyte	1 Byte	-128 ~ 127
short（短整数）	System.Int16	2 Bytes	-32768 ~ 32767
int（整数）	System.Int32	4 Bytes	-2147483648 ~ 2147483647
long（长整数）	System.Int64	8 Bytes	-9223372036854775808 ~ 9223372036854775807

另外，还有一种是不含负值的无符号整数（Unsigned Integral）。表 3-2 列出了 4 种：byte（无符号字节正整数）、ushort（无符号短整数）、uint（无符号整数）和 ulong（无符号长整数）。

表 3-2　无负值的无符号整数类型

C#的数据类型	.NET Framework	占用空间	数值范围
byte（无符号字节）	System.Byte	1 Byte	0 ~ 255
ushort（无符号短整数）	System.Int16	2 Bytes	0 ~ 65535
uint（无符号整数）	System.UInt32	4 Bytes	0 ~ 4294967295
ulong（无符号长整数）	System.UInt64	8 Bytes	0 ~ 18446744073709551616

这些整数类型所对照的是.NET 类型，可以使用 typeof()运算符获取 System.Type 类型的实例，typeof()的语法如下：

```
typeof(Types);
```

- 返回的是.NET 的类型，如 int 类型会返回 System.Int32。

sizeof()运算符可以配合参数来获取某个数据类型所占的内存空间，语法如下：

```
sizeof(Types);
```

- 返回值为常数，是对应数据类型所占的单位内存空间。

从 C# 7.0 开始，赋值时的数值允许使用下画线“_”字符作为数值的千位分隔符。

例一：

```
//参考范例 Ex0301
int num1 = 123456;        //原来的用法
long num2 = 456_789_123;
int num3 = 0b1011_110;    //二进制数值
```

- 声明变量 num1 为 int 类型，num2 为 long 类型，0b 代表二进制数值。

例二：下画线字符还能进一步作为二进制数或十六进制数的前导符，但它不能在十进制数中使用。

```
//参考范例 Ex0301
int num4 = 0b_0111_1010;     //0b 为二进制数的前导符
int num4 = 0b_111_110_10;    //加入下画线字符来增加可读性
```

例三：说明 C#的数据类型与.NET 的关系。

```
//参考范例 Ex0301
int num1 = 123456;
Console.WriteLine(num1.GetType());
```

- 调用 GetType()方法会返回 number 的数据类型，GetType()方法来自 System 命名空间，是 object 类的方法。

范例 Ex0301.csproj

认识内存空间大小不一的各个不同的整数类型，使用下画线字符来配合所声明的整数值，范例 Ex0301 的执行结果如图 3-3 所示。

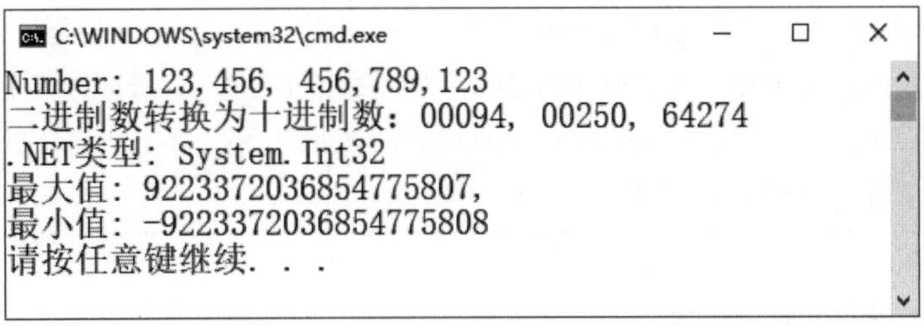

图 3-3　范例 Ex0301 的执行结果

步骤 01 创建控制台应用项目 Ex0301，要勾选"将解决方案和项目放在同一目录中"选项，框架选择".NET 5.0（当前）"。

步骤 02 在 Main()主程序中编写如下的程序代码。

```
01 using static System.Console; //导入静态类
02 static void Main(string[] args)
03 {
04   int num1 = 1_23_456;       //任意下画线
05   long num2 = 456_789_123L; //长整数加后置字符 L
06   long max = Int64.MaxValue;
07   long min = Int64.MinValue;
08   int num3 = 0b1011_110;    //二进制数
09   int num4 = 0b_1111_1010; //0b 二进制数
10   int num5 = 0x_FB12;      //0x 十六进制数
11   WriteLine($"Number: {num1:N0}, {num2:n0}");
12   WriteLine($"二进制数转换为十进制数: {num3:D5}, {num4:d5}");
13   WriteLine($".NET 类型: {num1.GetType()}");
14   WriteLine($"最大值: {max}, \n 最小值: {min}");
15 }
```

步骤 03 按 Ctrl + F5 组合键生成可执行程序，再执行程序。

程序说明

- 第 05 行：声明变量 num2 为长整数类型，并以"_"作为千位分隔字符，以便于数字的阅读。
- 第 06、07 行：长整数对应.NET 的数据类型是 Int64，利用其字段 MaxValue 和 MinValue 来获取 Int64 的最大值和最小值。
- 第 08~10 行：当数值为二进制或十六进制时，可以在前导字符后加下画线。
- 第 11 行：配合格式化字符"num1:N0"，输出的数值含有千位符号，但不含小数。
- 第 12 行：配合格式化字符"num3:D5"，把字段宽度设置为 5，数值位数不足的在其前方补 0。
- 第 13 行：调用 GetType()方法获取 int 类型的.NET 类型。

提 示

long 类型是否使用后置字符 L?

- 使用后置字符 L 时，系统会根据整数值的大小判断它是 long 类型还是 ulong 类型。若小于 ulong 的取值范围，就把它视为 long 类型。
- 声明的数值"long number = 5_300_100_500;"（超过 uint 范围），若未加后置字符 L，则编译器会参照 int、uint、log、ulong 类型找出它的适用范围。为了加速数据的处理，long 类型使用后置字符是较妥的用法。

3.1.2 浮点数类型和货币

浮点数据类型除了整数外，还包含小数部分，会以近似值的方式存储于内存中，如表 3-3

所示。

表 3-3　含有小数的浮点数据类型

C# 的数据类型	.NET Framework	占用内存空间	数值范围	精确度
float（浮点数）	System.Single	4 字节	±1.5e-45~±3.4e38	7 位数
double（双精度浮点数）	System.Double	8 字节	±5.0e-324~±1.7e308	15~16 位数
decimal（高精度浮点数）	System.Decimal	16 字节	−7.9e28~7.9e28	28~29 位数

使用浮点数据类型可以根据其数值范围来声明数据类型。如果处理的数值需要精确度且范围较小，decimal 是最佳的选择，能支持 28~29 个有效数字，如财务工作中的数值。decimal 会根据指定的数值来调整有效范围，与 float、double 相比，更加精确。

基本上，系统默认的数据处理会以 double 为主。如果要以 float 或 decimal 为数据类型，就必须加上后置字符让编译器认出其不同之处。例如：

```
float num1 = 12.4578F;
decimal num3 = 1.23456M;
```

- Float 类型使用后置字符 F 或 f，decimal 类型使用后置字符 M 或 m。

就 float 类型而言，如果声明的变量值未加后置字符，编译器就会在数值下方显示红色波浪线指出它有错误，如图 3-4 所示。

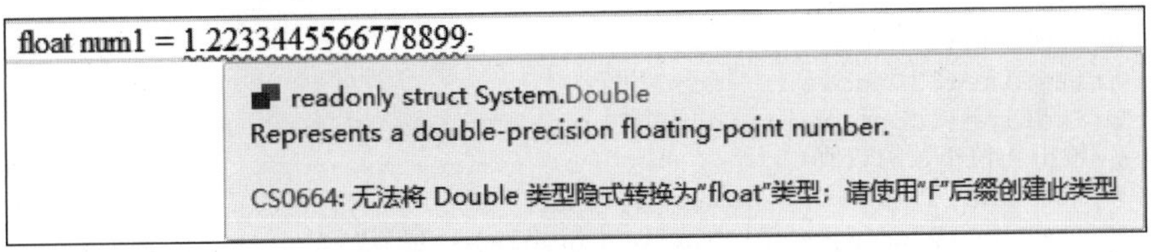

图 3-4　float 类型要有后置字符 F 或 f

提一个有趣的问题，double 类型与 decimal 类型的数据都存储了含有小数部分的数值，它们运算后有何不同？例如：

```
//参考范例 Ex0302
double x1 = 0.1, x2 = 0.2;
decimal y1 = 0.1M, y2 = 0.2M;
WriteLine($"double, x1 + x2 = {x1 + x2}");
WriteLine($"decimal, y1 + y2 = {y1 + y2}");
```

- 两个 double 类型的数值相加，输出“0.30000000000000004”。
- 两个 decimal 类型的数值相加，输出“0.3”。

范例 Ex0302.csproj

分别以 float、double、decimal 类型来处理实数，再以 sizeof()运算符分别获取 double、decimal 类型所占的内存空间大小。范例 Ex0302 的执行结果如图 3-5 所示。

```
C:\WINDOWS\system32\cmd.exe
Float  : 1.2233446
Double : 1.22334455667789
Decimal: 1.2233445566778899
Float: 1.2233
double占<8>字节
decimal占<16>字节
double, x1 + x2 = 0.30000000000000004
decimal, y1 + y2 = 0.3
请按任意键继续. . .
```

图 3-5　范例 Ex0302 的执行结果

步骤 01 创建控制台应用项目 Ex0302，勾选“将解决方案和项目放在同一目录中”选项，框架选择“.NET 5.0 (当前)”。

步骤 02 在 Main()主程序中编写如下的程序代码。

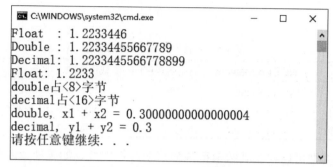

```
01 using static System.Console; //导入静态类
02 static void Main(string[] args)
03 {
04   float num1 = 1.2233445566778899F;
05   double num2 = 1.2233445566778899;
06   decimal num3 = 1.2233445566778899M;
07   double x1 = 0.1, x2 = 0.2;
08   decimal y1 = 0.1M, y2 = 0.2M;
09   WriteLine($"Float  : {num1}");
10   WriteLine($"Double : {num2}");
11   WriteLine($"Decimal: {num3}");
12   //输出 4 位小数的数值
13   WriteLine($"Float: {num1:f4}");
14   WriteLine($"double 占<{sizeof(double)}>字节");
15   WriteLine($"decimal 占<{sizeof(decimal)}>字节");
16   //省略部分程序代码
```

步骤 03 按 Ctrl + F5 组合键生成可执行程序，再执行程序。

程序说明

- 第 04~06 行：分别声明为 float、double、decimal 三种数据类型并赋予初值，其中 float 和 decimal 要加上后置字符。
- 第 07、08 行：分别声明 double、decimal 数据类型并赋予数值，看看带有后置字符和不带后置字符在处理时有何不同。
- 第 09~11 行：由于 float 数据类型只能处理 7 位小数，因此会有数值舍入的误差，只输出 1.223345，其余小数会舍弃；double 数据类型可处理 14 位小数；由于 decimal 数据类型能处理 28~29 位小数，因此会将小数部分全部输出。
- 第 14、15 行：以运算符 sizeof()查看 double 数据类型和 decimal 数据类型所占的内存空间是多少字节，运算符 sizeof()的参数是数据类型。

3.1.3　其他数据类型

还有哪些数据类型？请参考表 3-4 的说明。

表 3-4　其他的数据类型

C#的数据类型	.NET Framework	占用空间	数值范围
bool（布尔）	System.Boolean	1 字节	true 或 false
char（字符）	System.Char	2 字节	Unicode 16 位字符

布尔值可使用关键字 bool 来表示，是 System.Boolean 的别名，用于表示逻辑的 true（真）与 false（假，默认值）两种状态。要特别注意的是，布尔值无法像 C++程序设计语言那样以数值进行转换，它以 true 或 false 来返回运算的结果。

字符数据类型在 C#中以关键字 char 来表示，是.NET 用来表达 Unicode 字符的 Char 结构的实例，在内存中占有两字节的长度，若用来存储整数，则存储无符号整数的数值范围为 0～65535，每个字符可以对应一个 Unicode 编码。下面是字符类型的几种声明方式：

```
char key = 'B';        //声明字符时使用单引号
char ch2 = '\x0042';  //以十六进制数表示
```

范例 Ex0303.csproj

使用 int、char 类型来转换字符、数值，范例 Ex0303 的执行结果如图 3-6 所示。

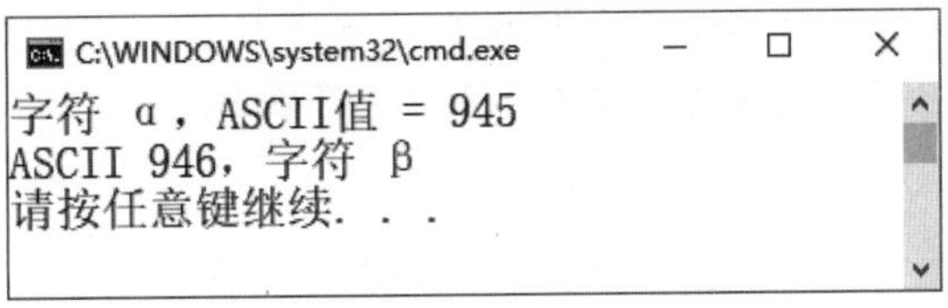

图 3-6　范例 Ex0303 的执行结果

步骤 01 创建控制台应用项目 Ex0303，勾选“将解决方案和项目放在同一目录中”选项，框架选择“.NET 5.0（当前）”。

步骤 02 在 Main()主程序中编写如下的程序代码。

```
using static System.Console; //导入静态类
static void Main()
{
    char alpha = 'α';
    int num1 = (int)alpha;
    int num2 = 946;
    char beta = Convert.ToChar(946);
    //输出结果
    WriteLine($"字符 {alpha}, ASCII 值 = {num1}");
    WriteLine($"ASCII {num2}, 字符 {beta}");
}
```

步骤 03 按 Ctrl + F5 组合键生成可执行程序，再执行程序。

程序说明

- 第 04~05 行：声明字符变量 alpha 并直接用 int 类型转换为 ASCII 值。
- 第 06~07 行：将 ASCII 值通过 Convert 类的 ToChar()方法转换为字符。

3.2 变量与常数

学习 C#程序设计语言需先了解数据的处理，数据要获取“存储空间”才能存储或运算。“存储空间”通常是指计算机的内存，占用内存空间的大小与存储的数据类型有关。使用“变量”获得此存储空间，变量中的值会随着程序的运行而改变，也就是这个存储空间中存储的值会随着程序的运行而改变。

3.2.1 标识符的命名规则

变量要赋予名称，是“标识符”（Identifier）的一种。在程序中声明变量后，系统会分配内存空间。标识符包含变量、常数、对象、类、方法等，必须遵守以下命名规则：

- 不可使用 C#关键字来命名。
- 名称的第一个字符使用英文字母或下画线“_”字符。
- 名称中的其他字符可以包含英文字母、数字和下画线。
- 名称的长度不可以超过 1023 个字符。
- 尽可能少用单一字符来命名，会增加程序阅读的难度。

对于初学者来说，只要遵循上述规定即可。不过，Visual C#有三项标识符的惯例：

- PascalCasing，例如“MyComputer”。
- camelCasing，例如“myComputer”。
- 建议避免使用分隔符，例如下画线“_”和连字符“-”。

因为 Visual C#的命名惯例是区分英文字母大小写的，所以标识符“birthday”“Birthday”“BIRTHDAY”是三个不同的名称。以下标识符对 C#来说都是不正确的。

```
Birth day     //变量不正确，中间有空格符
const        //不能以关键字为标识符
5_number     //不能以数字作为第一个字符
```

3.2.2 关键字

对编译器来说，关键字（Keyword）通常具有特殊意义，所以要预先保留，无法作为标识符。C#中的关键字如表 3-5 所示。

表 3-5　Visual C#中的关键字

关键字	关键字	关键字	关键字	关键字	关键字
abstract	as	base	bool	break	byte
case	catch	char	checked	class	const
continue	do	default	delegate	decimal	double
explicit	else	event	enum	extern	false
finally	for	float	fixed	foreach	goto
interface	if	in	int	implicit	internal
namespace	lock	long	is	new	null
operator	out	object	override	params	private
protected	ref	readonly	public	return	sbyte
stackalloc	short	sizeof	sealed	static	string
struct	try	this	throw	true	switch
unchecked	uint	ulong	typeof	unsafe	ushort
volatile	void	using	virtual	while	

另一种是上下文关键字（Contextual Keyword），必须根据上下文来进行判断，它并不是 Visual C#的关键字，但会用于 C#的类或方法，因此使用标识符名称时应该尽可能地避开它们，可参考表 3-6。

表 3-6　上下文关键字

上下文关键字	上下文关键字	上下文关键字	上下文关键字	上下文关键字	上下文关键字	上下文关键字	上下文关键字
ascending	add	async	await	alias	from	into	by
dynamic	get	global	group	equals	nameof	value	set
descending	let	join	partial	remove	select	when	on
orderby	var	where	notnull	nuint	nint	init	and
unmanagef	not	or	managet	yield	record		

3.2.3　声明变量与默认值

声明变量的作用是为了获取内存的使用空间，之后才能存储赋予的数据或运算后的数据。语法如下：

```
数据类型 变量名称;
```

一个变量只能存放一份数据，存放的数据值为“变量值”。声明变量的同时可以使用“=”（等号运算符，即赋值符号）给变量赋初值。例一：

```
int number = 25;
float result = 356.78F;
```

- 给变量赋值时，若是浮点数 float 的值，则要在数值后面加上后置字符 f 或 F。

例二：声明变量的合法语句。

```
float num1, num2;       //变量 num1 和 num2 都声明为 float 类型
num1 = num2 = 25.235F; //给变量 num1 和 num2 赋予相同的值
```

归纳以上语句，使用变量时所具备的基本属性如表 3-7 所示。

表 3-7　变量的基本属性

属　性	说　明
名称（Name）	能在程序代码中予以识别
数据类型（DataType）	决定变量值可存放的内存空间
地址（Address）	存放变量值的内存地址
值（Value）	存储在内存中的数据，可以随程序的执行而改变
生命周期（Lifetime）	变量值使用时的“存活”时间
作用域（Scope）	声明变量后能起作用的范围

变量被声明后都有默认值，可参考表 3-8。

表 3-8　数据类型的默认值

数据类型	默认值
引用类型	null
结构（struct）	null
整数类型	0（零）
浮点类型	0（零）
bool	false
字符类型（char）	'\0'（U+0000）

从 C# 7.1 开始，若编译器可以判断表达式中的数据类型，则可以使用 default 运算符来作为默认值表达式或默认常值。下列情形中，可以使用 default 运算符：

- 变量被赋值或初始化时。
- 方法中含有可选参数，设此参数的默认值。
- 作为表达式主体成员中的表达式。

如何使用 default 运算符编写程序代码？它能以类型名称为参数，产生默认值表达式。例一：

```
int number = default(int);
int isEmpty = default(bool);
```

- 返回值为 0 说明 int 类型的默认值为 0，而布尔类型的默认值为 false。

使用 default 作为常数来赋值。例二：

```
int number2 = default;
```

范例 Ex0304.csproj

利用变量获取输入的值，以 default 语句指定默认值表达式，而 Parse()方法依指定类型转

换。范例 Ex0304 的执行结果如图 3-7 所示。

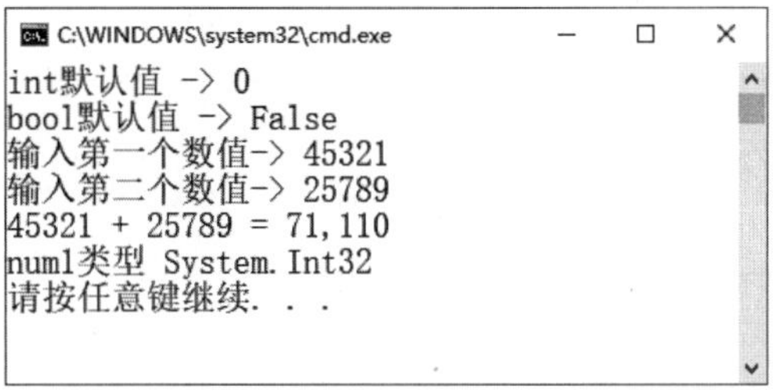
C:\WINDOWS\system32\cmd.exe
int默认值 -> 0
bool默认值 -> False
输入第一个数值-> 45321
输入第二个数值-> 25789
45321 + 25789 = 71,110
num1类型 System.Int32
请按任意键继续. . .

图 3-7　范例 Ex0304 的执行结果

步骤 01 创建控制台应用项目 Ex0304，勾选“将解决方案和项目放在同一目录中”选项，框架设置为“.NET 5.0（当前）”。在 Main()主程序中编写如下的程序代码。

```
01 using static System.Console; //导入静态类
02 static void Main(string[] args)
03 {
04    WriteLine($"int 默认值 -> {default(int)}");
05    WriteLine($"bool 默认值 -> {default(bool)}");
06    Write("输入第一个数值-> ");
07    Int num1 = int.Parse(ReadLine());
08    Write("输入第二个数值-> ");
09    Int num2 = int.Parse(ReadLine());
10    int result = num1 + num2;
11    WriteLine($"{num1} + {num2} = {(result):N0}");
12    WriteLine($"num1 类型 {num1.GetType()}");
13 }
```

步骤 02 按 Ctrl + F5 组合键生成可执行程序，再执行程序。

程序说明

- 第 04、05 行：使用 default 运算符以类型为参数，可以得知 int 类型的默认值为 0，bool 类型的默认值为 false。
- 第 07~09 行：调用 Parse()方法把输入的值从字符串类型转换为 int 类型。
- 第 10、11 行：变量 result 存储两数相加的结果，以 WriteLine()方法输出时，设置格式化字符“(result):N0”，表示数值含有千位符号，但不含小数。
- 第 12 行：由于以.NET 的数据类型为主，因此 GetType()方法获取的数据类型是 System.Int32。

以实值类型来作为声明对象，整数以 int 为主，实数则是 double 类型。若存储空间小于 int 类型，会发生什么事呢？例如把 int 类型的变量 num1、num2 相加再赋值给 short 类型的变量，编译器就会出现错误信息，如图 3-8 所示。

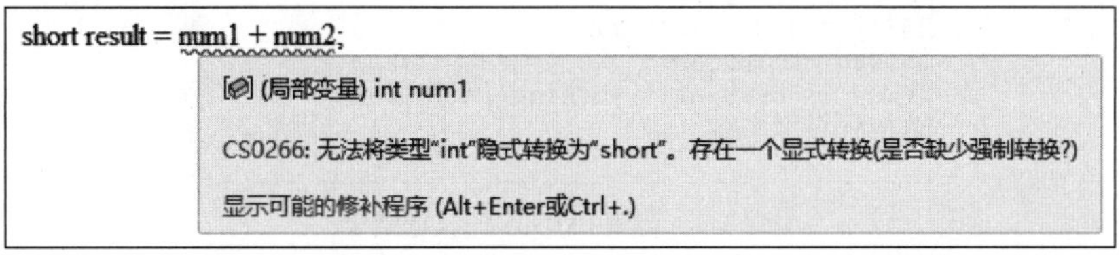
short result = num1 + num2;
(局部变量) int num1
CS0266: 无法将类型"int"隐式转换为"short"。存在一个显式转换(是否缺少强制转换?)
显示可能的修补程序 (Alt+Enter或Ctrl+.)

图 3-8　int 类型的数值相加无法直接赋值给 short 类型的变量

要如何处理？方法一：将两个数值相加的结果转换为 short 类型；方法二：将存储结果的变量声明为 int，让运算结果自动转换为 int 类型。具体如下：

```
short num1 = 300;
short num2 = 5_000;
short result = (short)(num1 + num2); //强制转换为 short 类型
int result2 = num1 + num2;           //将变量 result2 声明为 int
```

3.2.4 常数

在某些情况下，希望在执行应用程序的过程中变量的值维持不变，这时使用常数（Constant）来代替是一个比较好的方式。或许要思考这样的问题：为什么要使用常数？主要是为了避免程序代码出错。例如，有一个数值“0.000025”，运算时有可能因为打错而导致结果出错，如果以常数值处理，只要记住常数名称，就可以减少程序出错的概率。

在 C#中使用常数时要加入关键字 const，声明常数的同时要赋予初值，语法如下：

```
const 数据类型 常数名称 = 常数值;
```

常数名称也要遵守标识符的规范，以常数声明圆周率 π 的语句如下：

```
const double PI  = 3.141596;
```

声明常数后，可以参与常数表达式，语句如下：

```
public const int num1 = 5;
public const int num2 = num11 + 100;
```

此外，C# 10 版本能够以字符串内插方式来合并不同的字符串常数，如下所示：

```
//参考范例 Ex0305
const string name = "Tomas";     //字符串常数
const string city = "Kaohsiung";//字符串常数
const string work = $"{name} is currently working in {city}";
Console.WriteLine(work);
```

- *字符串常数是 C# 10 的新语法，配合.NET 6.0 框架，所以它无法在.NET 5.0 框架中使用。*

范例 Ex0305.csproj

把实数、字符串声明为常数，将输入坪数换算为平方米，使用常数表达式计算圆的面积，字符串常数配合字符串内插操作，最后输出结果。范例 Ex0305 的执行结果如图 3-9 所示。

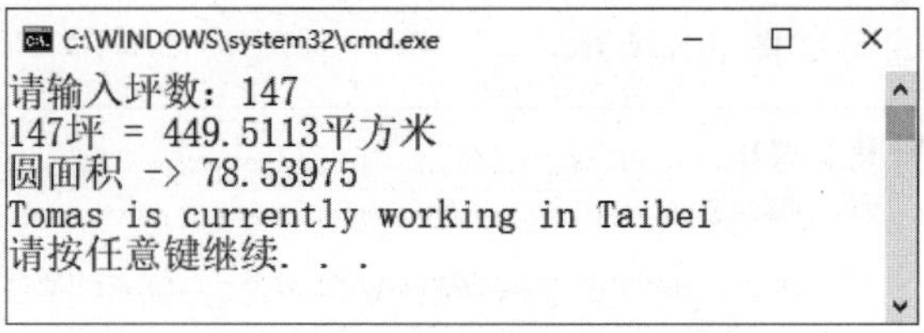

图 3-9 范例 Ex0305 的执行结果

步骤 01 创建控制台应用项目 Ex0305，框架选择为“.NET 6.0（长期支持）”。编写如下的程序代码。

```
01 using static System.Console;     //导入静态类
02 const float Square = 3.0579F;    //换算单位声明为常数
03 Write("请输入坪数：");
04 float area = Convert.ToSingle(ReadLine());
05 WriteLine($"{area}坪 = {Square * area}平方米");
06 const float PI = 3.14159F;            //声明常数
07 const float Circular = PI * 25.0F;  //常数表达式
08 WriteLine($"圆面积 -> {Circular}");
09 //省略部分程序代码
```

步骤 02 按 Ctrl + F5 组合键生成可执行程序，再执行程序。

程序说明

- 第 02 行：声明 Square 为常数并设置常数值。
- 第 04 行：由于 ReadLine()方法读进来的是字符串，因此必须调用 Convert()方法转换为浮点数。
- 第 06、07 行：声明 PI 值为常数，以常数表达式计算圆面积。

3.2.5 类型可能含 null 值

在 C# 8.0 之前，只有引用类型才允许有 null 值。这样的做法是为了避免程序代码发生错误而抛出异常。参考图 3-10，我们回头来看第 2 章的范例 Ex0205.csproj 中 Demo03.cs 文件的第 9 行程序代码。

```
9   string name = Console.ReadLine();
10  Console.Write("请输入提款金额：");
```

图 3-10 变量 name 可能含有 null 值

当变量 name 声明为 string 类型，通过 ReadLine()方法接收从键盘输入的数据时，可以看到 Console.ReadLine()语句下方有绿色波浪线，这是非错误提示，但 null 状态分析发出了警告，因为编译器会去追踪引用类型的 null 状态。通过程序代码进行取值时，所发出的 null 值警告如图 3-11 所示。

图 3-11 可能含有 null 值的警告信息

什么是 null 状态分析？编译器对可能含有 null 值的变量启用静态分析，并判断所有引用类型变量的 null 状态。

- not-null：静态分析会判断变量不含 null 值。
- 可能含 null：静态分析无法判断赋给变量的值是否有 null 值。

经过 null 状态分析，对于可能含有 null 值的变量会发出警告或抛出 System.NullReferenceException。

若声明的变量是值类型，诸如 int、double 等类型，则在未给变量赋值之前，C#允许我们使用含有 null 值的实值类型。这意味着实值类型能隐含转换成对应的 null 值而存储于堆（Heap）中当对象不再使用时，可以通过垃圾回收机制将不再使用的资源回归给系统。

有了初步认识之后，再看看图 3-10 中的第 9 行程序代码，如何把变量 name 的初值设为含有 null 值的类型？有两种方式：

```
string? name = Console.ReadLine(); //1.加入“?”运算符
var name = Console.ReadLine();      //2.使用 var 进行隐式类型声明
```

- 表示变量 name 允许有 null 值。

第一种方式是使用“?”运算符；第二种方式是以关键字 var 来声明隐式类型，它可以在方法的程序区块内使用，根据输入的变量值来分配内存空间的大小。把鼠标移近行号处的灯炮图标，单击其右下角的▼按钮来展开列表，单击“用显式类型代替"var"”，项目所显示的修正也说明使用 string?或 var 进行隐式类型声明，如图 3-12 所示。

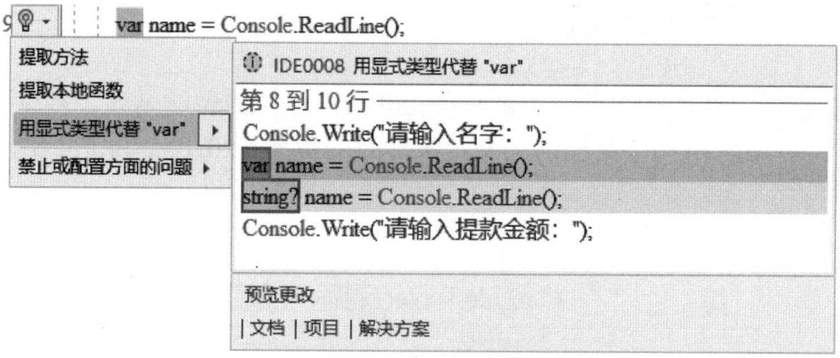

图 3-12　可能含有 null 值的警告信息

那么数值变量呢？同样使用“?”运算符配合类型的声明，就可以允许变量含有 null 值：

```
int? num = 12;   //变量 num 可能含有 null 值，设初值为 12
if (num != null) //判断变量 num 非 null 值
  Console.WriteLine($"num = {num.Value}");//输出 12
else
  Console.WriteLine("num = null");
```

所以，当我们无法确认声明变量的类型时，可以进一步使用关键字 var 进行隐式类型声明，例如：

```
var name = Console.ReadLine();
```

等到程序代码编译时，会适时给变量 name 指定合宜的数据类型 string。根据微软官方的说明文件，关键字 var 并非 variant 之意，只是表明所声明的对象为不严格的任意类型，执行时编译器会根据判断来指定最适当的数据类型。使用关键字 var 来声明变量有以下三种情况：

- 局部变量，指定其作用域在类中所定义的成员方法内。
- 在 for 或 foreach 循环中初始化变量值，如“for(var k = 1; k < 10; k++);”。
- 在 using 语句中用于读、写文件。

3.3　自定义类型与转换

除了 Visual C#提供的值类型外，我们还可以用枚举自定义常数值，或者以结构类型来设置不同类型的数据。之前已经使用过类型的转换，下面再来看看有哪些类型转换的方法。

3.3.1　枚举类型

枚举数据类型（Enumeration）提供相关整数的组合，使用 byte、short、int 和 long 为数据类型。定义的枚举成员需将常数值初始化，语法如下：

```
enum EnumerationName [: 整数类型]
{
    成员名称 1 [ = 起始值],
    成员名称 2 [ = 起始值],
    . . .
}
```

- 声明枚举常数值，必须以 enum 关键字开头。
- EnumerationName：枚举类型名称。命名规则采用 PascalCasing，也就是第一个英文字母要大写。
- 枚举数据类型只能以整数声明，默认数据类型是 int。
- 在枚举成员名称之后，可指定常数值，若未指定，则默认常数值从 0 开始。

通常在命名空间下定义枚举类型，以便于命名空间的存取。枚举类型以左大括号“{”开始，以右大括号“}”结束，枚举成员定义于大括号括起来的区块中。

例一：

```
enum Season {spring, summer, autumn, winter};
```

表示枚举成员 spring 的值从 0 开始，按序递增，所以 summer 的值是 1，winter 的值是 3。

例二：将东、西、南、北以枚举类型定义为常数值。

```
enum Location : byte
    {east  = 11, west  = 12, south = 13, north = 14};
```

将东、西、南、北以枚举类型来定义，并指定它的值类型为 byte。

定义了枚举类型的成员之后，直接使用“枚举名称.成员”来调用某个枚举成员。

```
Console.WriteLine("Location.east");                  //输出 east
Console.WriteLine($"east={(byte)Location.east}");  //输出 11
```

使用已定义的枚举来声明变量，相关语法如下：

```
EnumerationName 变量名称;
变量名称 = EnumerationName.枚举成员;
```

在上述例子中，声明了 Location 的枚举常数之后，我们就可以直接使用枚举成员或变量名来存取枚举类型的成员了。

```
Location site;           //声明枚举类型变量
site = Location.east;  //存取枚举类型
Location site = Location.east;   //将两行语句合并成一行语句
```

使用 enum 产生枚举区块，可以使用“插入代码段”功能。

插入代码段

步骤01 依次选择菜单选项“编辑→IntelliSense→插入片段”。

步骤02 展开代码段，①在列表中双击 Visual C#选项，②展开第二层列表，双击 enum 选项，插入 enum 程序区块，如图 3-13 所示。

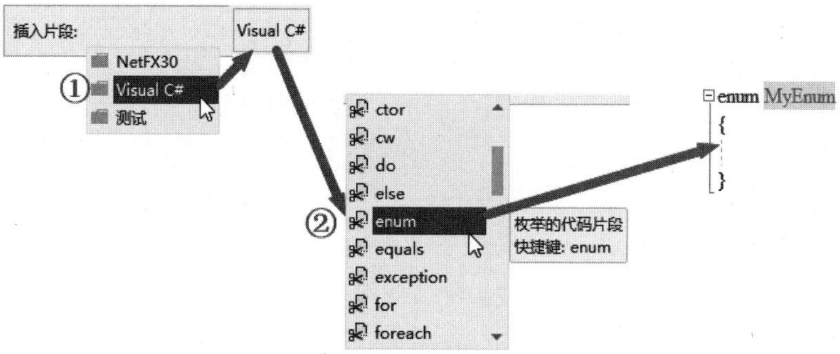

图 3-13　插入 enum 程序区块

步骤03 在哪里声明枚举？除了在命名空间下外，还可以在类程序下声明，如图 3-14 所示。

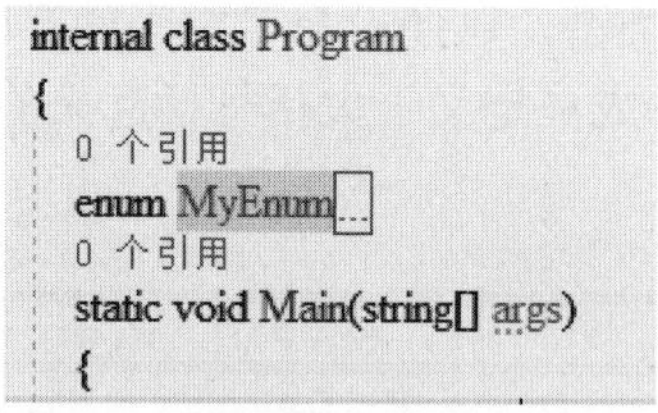

图 3-14　在类程序下声明枚举类型

范例 Ex0306.csproj

先定义枚举 City 并产生相关成员，在 Main()主程序中存取枚举成员，范例 Ex0306 的执行结果如图 3-15 所示。

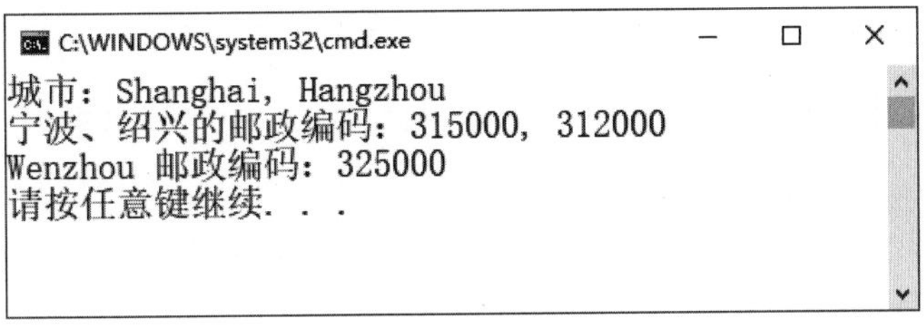

图 3-15 可能含有 null 值的警告信息

步骤 01 创建控制台应用项目 Ex0306，框架选择“.NET 5.0（当前）”。

步骤 02 在命名空间 Ex0306 下声明 enum，除了“插入片段”外，先输入 enum 关键字，按两次 Tab 键产生相关语句的程序区块，再修改 enum 的名称（默认是 MyEnum），最后定义枚举 City 相关的成员，如图 3-16 所示。

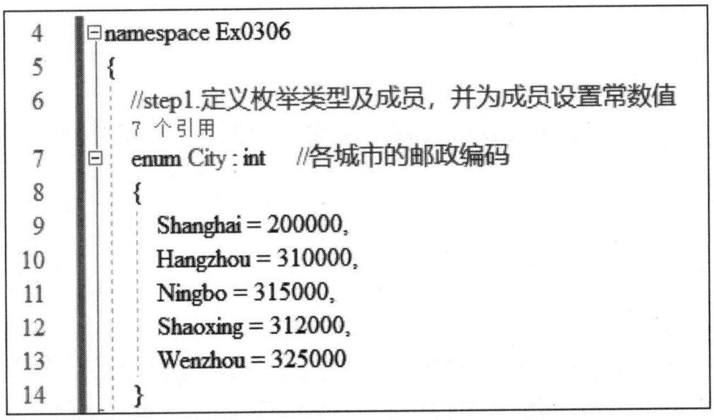

namespace Ex0306
{
//step1.定义枚举类型及成员，并为成员设置常数值
7 个引用
enum City : int //各城市的邮政编码
{
Shanghai = 200000,
Hangzhou = 310000,
Ningbo = 315000,
Shaoxing = 312000,
Wenzhou = 325000
}

图 3-16 定义枚举 City 及其相关成员

步骤 03 若声明的 enum 无误，则按下“.”（实心句点）运算符时会列出 enum 成员，移动箭头键进行选取（呈反白状态），按 Enter 键或空格键可将选中的枚举成员加入程序代码，如图 3-17 所示。

图 3-17 在编写程序代码时快速加入枚举成员

步骤 04 在 Main()主程序中编写如下的程序代码。

```
using static System.Console; //导入静态类
static void Main()
{
   City zone1, zone2;          //声明枚举变量
   int pt1, pt2;
```

```
06     zone1 = City.Shanghai;     //存取枚举成员
07     zone2 = City.Hangzhou;
08     pt1 = (int)City.Ningbo;    //输出常数值必须指定类型转换
09     pt2 = (int)City.Shaoxing;
10     WriteLine($"城市：{zone1}, {zone2}");
11     WriteLine($"宁波、绍兴的邮政编码：{pt1}, {pt2}");
12 }
```

步骤 05 按 Ctrl + F5 组合键生成可执行程序，再执行程序。

程序说明

- 第 04、05 行：声明枚举变量 zone1、zone2 和数值变量 pt1、pt2，分别用于存取枚举类型 City 的成员。
- 第 06、07 行：以枚举变量存取枚举类型成员。
- 第 08、09 行：一般变量存取枚举成员时，成员要按其类型转换为 int 类型，此处使用显式类型转换，可参考 3.3.4 节。
- 第 10、11 行：输出 enum 成员时，枚举变量只会用成员名称来输出，而变量则会输出所定义的常数值。

3.3.2 结构

在存储数据时，有时会碰到数据由不同的数据类型组成的情况。例如，学生注册时要有姓名、入学日期、缴纳费用等。以“用户自定义类型”来看，“结构”（Structure）可符合上述需求，即组合不同类型的数据项，语法如下：

```
[AccessModifier] struct 结构名称
{
   数据类型 成员名称 1;
   数据类型 成员名称 2;
}
```

- AccessModifier：是存取权限修饰词，设置结构的存取范围，包含 public、private 等。
- 必须以关键字 struct 定义结构，其中大括号“{}”表示结构的开始和结束。
- 结构名称：命名规则采用 PascalCasing，也就是第一个英文字母要大写。
- 每一个结构成员可以根据需求定义不同的数据类型。

结构类型是一种“复合数据类型”。要先创建一个结构变量才能使用此结构类型的成员，语法如下：

```
结构类型 结构变量名称;
结构变量名称.结构成员;
```

- 要存取结构成员，同样要使用“.”运算符。

范例 Ex0307.csproj

先声明结构 Computer，再以结构变量对其成员进行存取。范例 Ex0307 的执行结果如

图 3-18 所示。

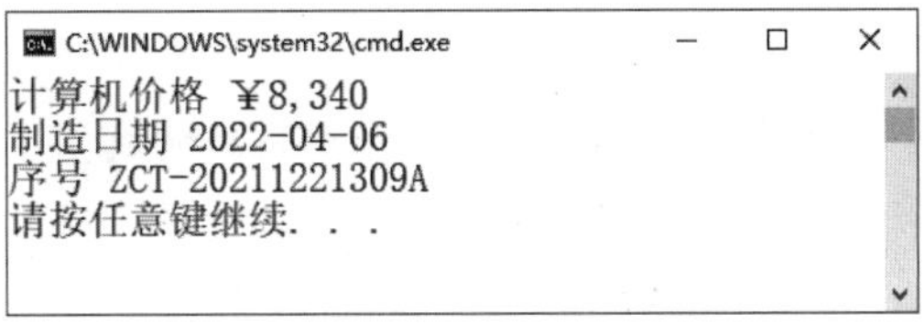
C:\WINDOWS\system32\cmd.exe
计算机价格 ￥8,340
制造日期 2022-04-06
序号 ZCT-20211221309A
请按任意键继续. . .

图 3-18　范例 Ex0307 的执行结果

步骤 01 创建控制台应用项目 Ex0307，框架选择“.NET 5.0（当前）”，并在命名空间 Ex0307 下编写结构程序代码，如图 3-19 所示。

namespace Ex0307
{
//step1.声明结构
1 个引用
struct Computer
{
//价格price, 序号serial, 制造日期madeDate
public int price;
public string serial;
public DateTime madeDate;
}

图 3-19　在命名空间 Ex0307 下编写结构程序代码

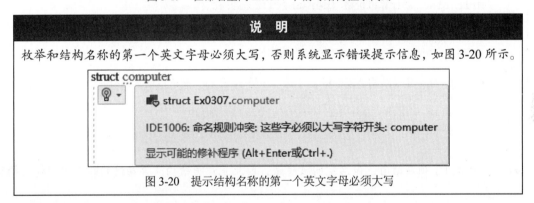

说　明

枚举和结构名称的第一个英文字母必须大写，否则系统显示错误提示信息，如图 3-20 所示。

struct computer
struct Ex0307.computer
IDE1006: 命名规则冲突: 这些字必须以大写字符开头: computer
显示可能的修补程序 (Alt+Enter或Ctrl+.)

图 3-20　提示结构名称的第一个英文字母必须大写

步骤 02 在 Main()主程序中编写如下的程序代码。

```
using static System.Console; //导入静态类
static void Main()
{
   Computer personPC;   //定义结构变量
   personPC.price = 8_750;
   personPC.madeDate = DateTime.Today;
   personPC.serial = "ZCT-20211221309A";
   WriteLine($"计算机价格 {personPC.price:c0}" +
       $"\n 制造日期 {personPC.madeDate:D}" +
       $"\n 序号 {personPC.serial}");
}
```

步骤 03 按 Ctrl + F5 组合键生成可执行程序，再执行程序。

程序说明

- 第 04 行：声明一个结构变量 personPC，用来存取结构成员。
- 第 05~07 行：用结构变量设置成员的初值，使用“.”运算符存取结构成员，DateTime.Today 能获取今天的日期，再赋值给结构成员 madeDate。
- 第 08~10 行：输出结构变量的值，price 之后 c0 会以货币加上千位分隔号来输出，madeDate 获取系统当前的日期，D 表示只输出日期。

提 示

对于 C#来说，如何给程序代码分行？只要有括号和逗号，就可以将语句折成两行。使用“字符串内插”方式时，则是把字符串折行，所以要用“+”字符进行串接。

```
WriteLine($"计算机价格-{personPC.price:C}" +
          $"\n 制造日期：{personPC.madeDay:D}" +
          $"\n 序号：{personPC.serial}");
```

C# 10 版本对结构做了调整，下面以范例 Ex0307.csproj 为例来修改程序代码：

```
//参考范例 Ex0307_N6
Computer personPC = new();  //step2：新建结构变量
WriteLine($"计算机价格 {personPC.Price:c0}" +
          $"\n 制造日期 {personPC.madeDate:D}" +
          $"\n 序号 {personPC.Serial}");
struct Computer   //step1：声明结构
{
  //C#10，定义结构字段价格 price，序号 serial，制造日期 madeDate
  public int Price = 5_288;
  public string Serial = "ZCT-20211221309B";
  public DateTime madeDate = DateTime.Today;
}
```

- 由于使用了顶层语句，命名空间被隐藏，因此先声明结构，再在结构的上方新建结构变量。
- 声明结构的同时，为结构成员设置初值。

当然，C# 10 版本也允许以接近定义类的方式来声明结构：

```
//参考范例 Ex0307_N6
struct Person  //接近定义类的编写方式
{
  public int Order { get; set; }
  public string Name { get; set; }
  public DateTime Make { get; set; }
  public Person()//声明函数并赋予初值
  {
    Order = 36_733;
    Name = "张小风";
```

```
            Make = DateTime.Now;
        }
    }
```

- 关于类的程序代码编写，请参考第 6 章。

3.3.3 隐式类型转换

“数据类型转换”就是将 A 数据类型转换为 B 数据类型。什么情况下会需要类型转换呢？例如，运算的数据同时拥有整数和浮点数。还有一种常见的情况，例如范例 Ex0306 中的语句：

```
        pt1 = (int)City.Ningbo;
```

- 将枚举常数用转换运算符()转为 int 类型。

“隐式类型转换”是指程序在运行过程中根据数据的作用自动转换为另一种数据类型。可以通过图 3-21 来说明不同类型之间的转换原则。

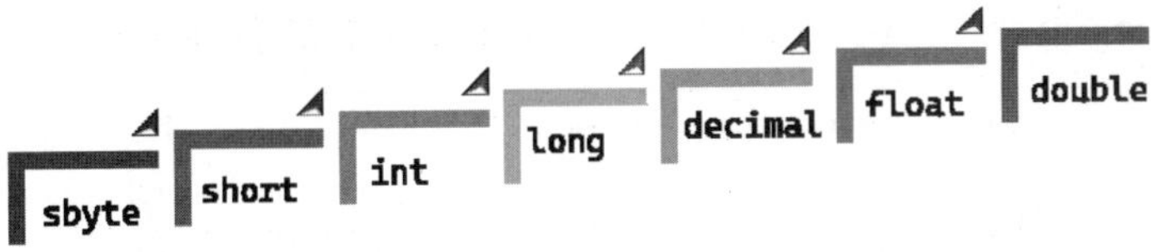

图 3-21　含有正负符号的数值类型转换

当数据含有正负值（有符号数）时，图 3-21 最左边的 sbyte 是占用内存空间最小的数据类型，最右边的 double 是占用内存空间最大的数据类型。从小空间转换成大空间是“扩展转换”，如图 3-22 所示。“缩小转换”则是从大空间转换成小空间，但有可能造成存储数值的遗失。例如，数据类型为 long 的变量，转换成 decimal、float 或 double 都为“扩展转换”，转换为 int、short、sbyte 则可能会因溢出现象（overflow）造成数据的遗失。

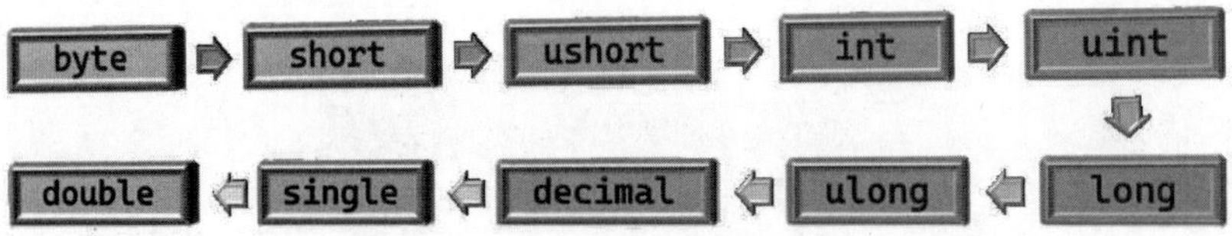

图 3-22　无符号数值的类型转换

当数据不含正负值（无符号数）时，从图 3-22 可以得知：byte 是占用内存空间最小的数据类型，double 是占用内存空间最大的数据类型。“扩展转换”就是从 byte 按箭头方向转换至大空间；“缩小转换”则是从 double 大空间按箭头反方向转换成小空间，这种情况有可能造成存储值的遗失。例如，数据类型为 uint 的变量，转换成 long、ulong、decimal、float 或 double 都为“扩展转换”，转换为 int、ushort、short、byte 可能会因溢出现象造成数据的遗失。更明确的做法可参考表 3-9 的说明。

表 3-9 隐式类型转换

类型	可以自动转换的类型
sbyte	short、int、long、float、double 或 decimal
byte	short、ushort、int、unit、long、ulong、float、double 或 decimal
short	int、long、float、double 或 decimal
ushort	int、uint、long、ulong、float、double 或 decimal
int	long、float、double 或 decimal
uint	long、ulong、float、double 或 decimal
long	float、double 或 decimal
char	ushort、int、unit、long、ulong、float、double 或 decimal
float	double
ulong	float、double 或 decimal

范例 Ex0308.csproj

类型自动转换。根据小空间换大空间的方式，让 int 类型自动转换为 float 类型，或者让 int 类型自动转换为 long 类型。范例 Ex0308 的执行结果如图 3-23 所示。

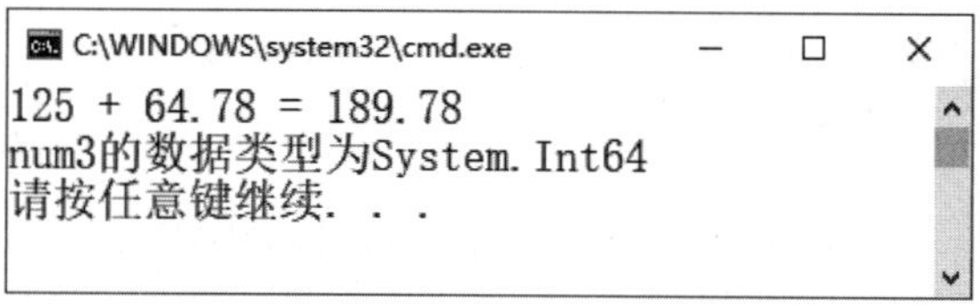

图 3-23 范例 Ex0308 的执行结果

步骤 01 创建控制台应用项目 Ex0308，框架选择“.NET 5.0（当前）”。

步骤 02 更改控制台应用项目的 Program.cs。①先直接把 Program 更改为 AutoChange，②再移向行号的提示按钮，单击右下角的▼按钮，③从下拉列表中选取“将"Program"重命名为"AutoChange"”，如图 3-24 所示。

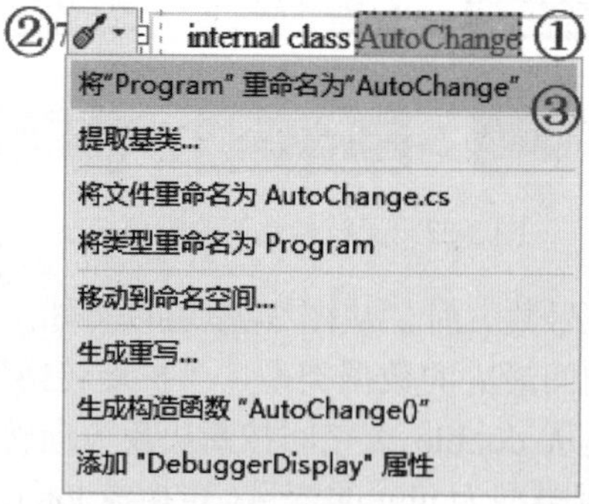

图 3-24 选择“将"Program"重命名为"AutoChange"”

步骤 03 在 Main()主程序中编写如下的程序代码。

```
using static System.Console; //导入静态类
static void Main(string[] args)
{
```

```
04    int num1 = 125;
05    float num2 = 64.78F;
06    float result = num1 + num2;    //num1 自动转换为 float
07    int num3 = 209_548_3647;
08    long bigNum = num3;   //int 类型自动转为 long 类型
09    WriteLine($"{num1} + {num2} = {result}");
10    WriteLine($"num3 的数据类型为{bigNum.GetType()}");
11 }
```

步骤 04 按 Ctrl + F5 组合键生成可执行程序，再执行程序。

程序说明

- 第 04、05 行：变量 num1 为 int 类型，变量 num2 为 float 类型。
- 第 06 行：将两个变量相加，其中的 num1 会自动转换为 float 类型，表示它从小空间换成大空间，并且数据没有遗失。
- 第 08、10 行：原是 int 类型的变量 num3 赋值给 long 类型，再调用方法 GetType()获取自动转换后的类型。

3.3.4　显式类型转换

系统的“隐式类型转换”能减轻编写程序代码的负担，相对地，有可能会让数据的类型不明确，或者转换成错误的数据类型。为了降低程序的错误，有必要对数据进行明确的“转型”（Cast）。转型是明确地告知编译器要转换的类型。若是“缩小转换”，则有可能造成数据遗失。进行类型转换时，有以下三种方法：

- 使用转换运算符“()”（括号）。
- 调用 Prase()方法。
- 用 Convert 类提供的方法进行转换。

转换数据类型时，要在变量或表达式前用转换运算符“()”指明要转换的数据类型，语法如下：

```
变量 = (要转换类型)变量或表达式;
```

这种显式类型转换的方法在前面的范例中使用过。例如：

```
pt2 = (int)City.Taijhong;
```

- 用转换运算符“()”将获取的数据转为 int 类型。

类型转换的第二种方法是指定要转换的数据类型。使用 Parse()方法的语法如下：

```
数值变量 = 数据类型.Parse(字符串);
```

- 调用 Parse()方法转换类型时，以 C#程序设计语言的数据类型为主。

在控制台应用程序中，调用 ReadLine()方法读入的数据是字符串，要通过 Parse()方法转换成指定的值类型才能进行后续的运算，示例语句如下：

```
    area = float.Parse(Console.ReadLine());
```

- 调用 Parse()方法转换为 float 类型，再赋值给 area 变量。

范例 Ex0309.csproj

把输入的字符串形式整数值以 Parse()方法从字符串类型转换为 int 类型，在运算过程中再自动转换为 double 类型。范例 Ex0309 的执行结果如图 3-25 所示。

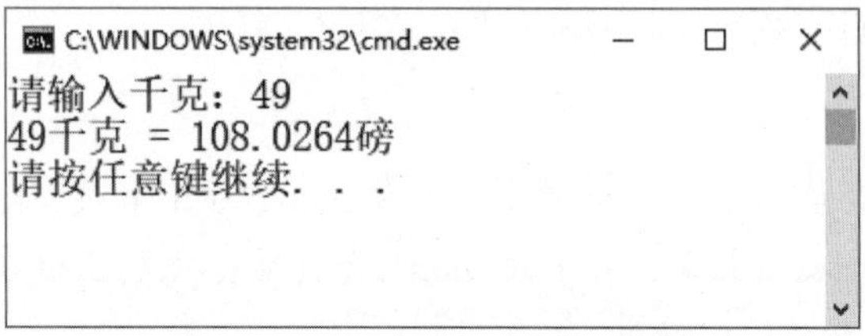

图 3-25　范例 Ex0309 的执行结果

步骤 01 创建控制台应用项目 Ex0309，框架选择".NET 5.0（当前）"，在 Main()主程序中编写如下的程序代码。

```
01 using static System.Console; //导入静态类
02 static void Main()
03 {
04    const double Pound = 2.20462D;//常数
05    Write("请输入千克: ");
06    int weight = int.Parse(ReadLine());
07    WriteLine($"{weight}千克 = {weight * Pound}磅");
08 }
```

步骤 02 按 Ctrl + F5 组合键生成可执行程序，再执行程序。执行程序时若输入的数值无误，则进行单位换算。

程序说明

- 第 04 行：声明 Pound 为常数并设置常数值。
- 第 06 行：由于 ReadLine()方法读取的是字符串，因此要调用 Parse()方法转换为 int 类型，再赋值给 weight 变量。
- 第 07 行：weight 变量虽声明为 int 类型，但经过运算后，已从 int 类型自动转换为 double 类型。

使用 Convert 类提供的方法将表达式转换为兼容的类型。以.NET 的数据类型为主，表 3-10 列出的是与字符串有关的方法。

表 3-10　Convert 类提供的方法

C#的类型	Convert 类方法	C#的类型	Convert 类方法
decimal	ToDecimal(String)	float	ToSingle(String)
double	ToDouble(String)	short	ToInt16(String)
int	ToInt32(String)	long	ToInt64(String)

（续表）

C#的类型	Convert 类方法	C#的类型	Convert 类方法
ushort	ToUInt16(String)	uint	ToUInt32(String)
ulong	ToUInt64(String)	DateTime	ToDateTime(String)

Convert 类还可以配合其他类型进行数据格式的转换。在下面的范例项目中，以 ToDateTime()方法把读取的字符串转为日期格式。ToDateTime()方法的语法如下：

```
DateTime 对象 = Convert.ToDateTime(字符串);
```

- DateTime 结构类型用来处理日期和时间。

范例 Ex0310.csproj

使用结构 DateTime 配合 Convert 类，把字符串类型的数据转换成 DateTime 类型的数据，或者把 DateTime 结构的数据转换为字符串再输出。范例 Ex0310 的执行结果如图 3-26 所示。

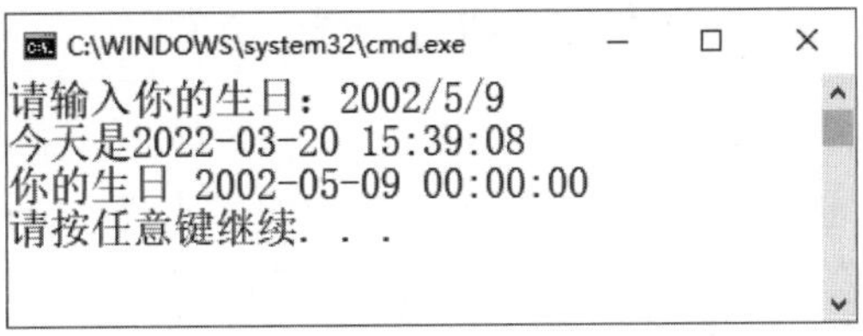

图 3-26 范例 Ex0310 的执行结果

步骤 01 创建控制台应用项目 Ex0310，框架选择“.NET 5.0（当前）”。在 Main()主程序中编写如下的程序代码。

```
01 using static System.Console; //导入静态类
02 static void Main()
03 {
04    Write("请输入你的生日：");
05    string birth = ReadLine(); //读取日期
06    DateTime special = Convert.ToDateTime(birth);
07    DateTime Atonce = DateTime.Now;
08    string thisDay = Convert.ToString(Atonce);
09    WriteLine($"今天是{thisDay} \n 你的生日 {special}");
10 }
```

步骤 02 按 Ctrl + F5 组合键生成可执行程序，再执行程序。执行程序时若输入的数值无误，则输出正确格式的日期。

程序说明

- 第 05、06 行：ReadLine()方法读取输入的字符串后，赋值给 birth 变量。Convert 类的 ToDateTiem()方法将读取的数据转换为日期后，赋值给 special 对象。
- 第 07、08 行：通过 DateTime 结构类的属性 Now 获取当前的日期和时间，再用结构类的对象 Atonce 来存储，然后调用 Convert 类的 ToString()方法把 Atonce 的内容转换为字符串，再赋值给 thisDay。

需要注意的是，执行时输入的日期格式必须是“1982/5/26”，不能输入“19820506”，编译器会认为后者是数字而抛出如图 3-27 所示的异常，说明输入的数据格式不对。

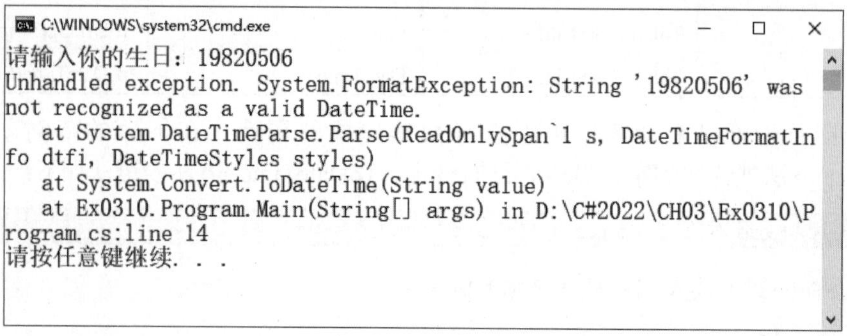

图 3-27　输入错误的日期格式导致程序抛出异常

3.4 运 算 符

在程序设计语言中，通过运算会产生新值，其中的表达式（Expression）是由操作数和运算符结合而成的。“操作数”（Operand）是被运算符处理的数据，包括变量、常数值等。“运算符”（Operator）指的是一些数学符号，如+（加）、-（减）、*（乘）、/（除）等。运算符会针对特定的操作数进行处理，例如：

```
    total = A + (B * 6);
```

在上述表达式中，操作数包含变量 total、A、B 和数值 6，包括运算符 =、+、()、*。表达式可由多个操作数配合运算符来组成，若运算符只使用一个操作数，则被称为“单目”(Unary)运算符；如果有两个操作数，就被称为“双目”（Binary）运算符。“? :”是 C#语言中唯一的三目运算符。C# 语言究竟提供了哪些运算符呢？大致分为以下几种：

- 算术运算符：用于数值计算。
- 赋值运算符：可用于为变量设置值，也可用于简化加、减、乘、除运算。
- 关系运算符：比较两个表达式，并传回 true 或 false 的比较结果。
- 逻辑运算符：用于流程控制，对操作数进行逻辑判断。

需要注意的是，“=”（等号）运算符是指“赋值、设置为”，而不是数学式中的“相等”，常见的做法是把等号右边的数值赋值给等号左边的变量使用。

3.4.1 算术运算符

算术运算符用来执行加、减、乘、除运算，有单目和双目两种算术运算符，可用于整数和浮点数。表 3-11 列出了常用的算术运算符。

表 3-11　算术运算符

算术运算符		例子	说明
单目	+	+645	表示数值为正数
单目	-	-645	表示数值为负数
单目	++	++A、A++	递增运算符，有前置和后置之分
单目	--	--A、A--	递减运算符，有前置和后置之分
双目	+	x = 20 + 30	将两个数值相加
双目	-	x = 45-20	将两个数值相减
双目	*	x = 25 * 36	将两个数值相乘
双目	/	x = 50 / 5	将两个数值相除
双目	%	x = 20 % 3	相除后取所得的余数，x = 2

表达式中有多个运算符时，运算优先级的原则就是"从左到右，先乘除后加减，有括号的优先"。单目运算符的用法较为特殊，可以配合加、减运算符构成递增或递减运算符，示例语句如下：

```
int num1 = 5; int num2 = 10;
++num1;//递增运算符：表示操作数本身会自行加 1
--num2;//递减运算符：表示操作数本身会自行减 1
```

使用递增或递减运算符时，运算符放在操作数前，称为"前置"运算；运算符放在操作数后，称为"后置"运算。以递增运算符进行运算的示例如下：

范例 Ex0311.csproj

```
//参考范例 Ex0311
int num1 = 10, num2 = 20;
WriteLine($"num1 = {num1}, num2 = {num2}");
//递增运算符进行前置运算，num1 本身加 1，再与 num2 运算
WriteLine($"前置运算, {++num1} + {num2} = {num1 + num2}");
//递增运算符进行后置运算，先与 num2 运算，num1 本身再加 1
WriteLine($"num1 = {num1}, num2 = {num2}");
WriteLine($"后置运算, {num1} + {num2} = {num1++ + num2}"
    + $" num1 = {num1}");
```

- num1 进行前置运算，自己本身先加 1，再与 num2 进行运算。
- num1 进行前置运算，先与 num2 进行运算，自己本身再加 1。结果如图 3-28 所示。

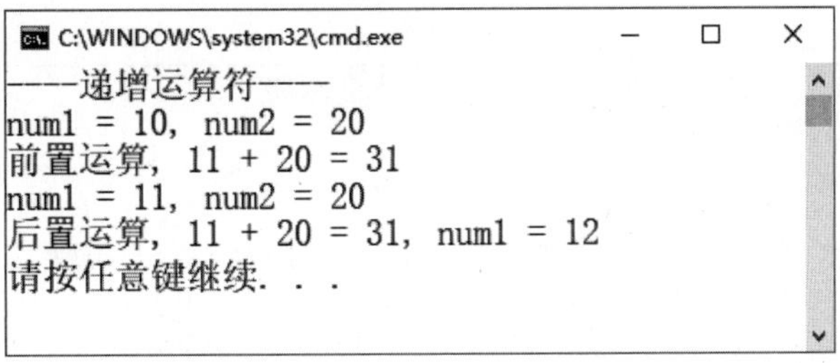

图 3-28　范例 Ex0311 执行结果 1

将递增运算符用于运算，例一：

```
//参考范例 Ex0311
num1 = 10; num2 = 20;
WriteLine($"num1 = {num1}, num2 = {num2}");
//递减运算符进行前置运算，num1 本身减 1，再与 num2 运算
WriteLine($"前置运算, {--num1} - {num2} = {num1 - num2}");
//递减运算符进行后置运算，先与 num2 运算，num1 本身再减 1
WriteLine($"num1 = {num1}, num2 = {num2}");
WriteLine($"后置运算, {num1} - {num2} = {num1-- - num2}"
        + $", num1 = {num1}");
```

- num1 进行后置运算，自己本身先减 1，再与 num2 进行运算。
- num1 进行后置运算，先与 num2 进行运算，自己本身再减 1。结果如图 3-29 所示。

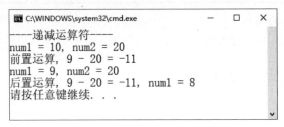

```
C:\WINDOWS\system32\cmd.exe
----递减运算符----
num1 = 10, num2 = 20
前置运算, 9 - 20 = -11
num1 = 9, num2 = 20
后置运算, 9 - 20 = -11, num1 = 8
请按任意键继续. . .
```

图 3-29 范例 Ex0311 执行结果 2

范例 Ex0312.csproj

声明两个整数变量，将它们用于基本运算的加、减、乘、除、取余数。其中的除法运算中，若为整数除法，所得商就是整数；若为浮点数除法，就得进一步将参与运算的整数显式转换成浮点数，这样所得商才是浮点数。范例 Ex0312 的执行结果如图 3-30 所示。

```
C:\WINDOWS\system32\cmd.exe
32667 + 7536 = 40203
32667 - 7536 = 25131
32667 * 7536 = 246178512
整数除法-> 32667 / 7536 = 4
浮点数除法 -> 32667 / 7536 = 4.33479
32667 % 7536 = 2523
请按任意键继续. . .
```

图 3-30 范例 Ex0312 的执行结果

步骤 01 创建控制台应用项目 Ex0312，框架选择".NET 5.0 (当前)"，在 Main()主程序中编写如下的程序代码。

```
using static System.Console; //导入静态类
static void Main()
{
   int num1 = 32_667, num2 = 7_536;
   //两数相除，若为浮点除法，则将变量 num2 转换为 float 类型
   float result = (float)num1 / num2;
   WriteLine($"{num1} + {num2} = {(num1 + num2):n0}");
   WriteLine($"{num1} - {num2} = {(num1 - num2):n0}");
   WriteLine($"{num1} * {num2} = {(num1 * num2):n0}");
   WriteLine($"整数除法-> {num1}/{num2} = {num1/num2}" +
```

```
11        $"\n 浮点数除法 -> {num1} / {num2} = {result:f5}");
12    WriteLine($"{num1} % {num2} = {(num1 % num2)}");
13 }
```

步骤 02 按 Ctrl + F5 组合键生成可执行程序，再执行程序。

程序说明

- 第 06 行：两个整数相除不一定会被整除，将变量 num1 转换为 float 类型，同时把存储运算结果的 result 变量声明为 float 类型，这样才能有效地存储含有小数的运算结果。
- 第 11 行：WriteLine()方法输出的数据会有 5 位小数。

3.4.2　赋值运算符

赋值运算符用来简化加、减、乘、除的表达式。例如，将两个操作数相加，语句如下：

```
int num1 = 25;
int num2 = 30;
num1 = num1 + num2;
num1 += numb2;          //可以使用赋值运算符简化运算语句
```

原本是 num1 与 num2 相加后，再把结果赋值给 num1 变量，但可通过赋值运算符简化语句。有哪些可用于简化语句的赋值运算符？表 3-12 列出了常用的几种。

表 3-12　赋值运算符

赋值运算符	例子	说明
=	op1 = op2	将操作数 op2 赋值给变量 op1
+=	op1 += op2	op1、op2 相加后，将所得的和赋值给 op1
−=	op1 −= op2	op1、op2 相减后，将所得的差赋值给 op1
*=	op1 *= op2	op1、op2 相乘后，将所得的乘积赋值给 op1
/=	op1 /= op2	op1、op2 相除后，将所得的商赋值给 op1
%=	op1 %= op2	op1、op2 相除后，将所得的余数赋值给 op1

范例 Ex0313.csproj

使用赋值运算符可以简化加、减、乘、除、余数运算。范例 Ex0313 的执行结果如图 3-31 所示。

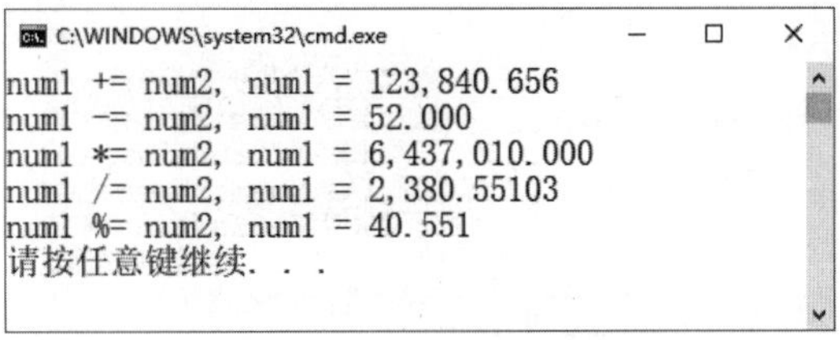

图 3-31　范例 Ex0313 的执行结果

步骤 01 创建控制台应用项目 Ex0313，框架选择".NET 5.0（当前）"。在 Main()主程序中编写如下的程序代码。

```
01 using static System.Console; //导入静态类
02 static void Main()
03 {
04    float num1 = 52.00F;
05    float num2 = 123_788.655F;
06    WriteLine($"num1 = {num1}, num2 = {num2}");
07    WriteLine($"num1 += num2, num1 = {num1 += num2:n3}");
08    WriteLine($"num1 -= num2, num1 = {num1 -= num2:n3}");
09    WriteLine($"num1 *= num2, num1 = {num1 *= num2:n3}");
10    //重设变量 num1、num2 的值
11    num1 = 123_788.655F; num2 = 52.0F;
12    WriteLine($"num1 /= num2, num1 = {num1 /= num2:n5}");
13    WriteLine($"num1 %= num2, num1 = {num1 %= num2:n3}");
14 }
```

步骤 02 按 Ctrl + F5 组合键生成可执行程序，再执行程序。

程序说明

- 第 06~13 行：对变量 num1、num2 进行运算，再把运算结果赋值给变量 num1。

3.4.3 关系运算符

关系运算符用来比较两边的表达式，包含字符串、数值等，返回 true 或 false 的结果，通常应用于流程控制中。下面通过表 3-13 来认识它们。

表 3-13 关系运算符

关系运算符	例子	结果	说明（op1=20, op2=30）
=	op1 = op2	false	比较两个操作数是否相等
>（大于）	op1 > op2	false	op1 是否大于 op2
<（小于）	op1 < op2	true	op1 是否小于 op2
≥（大于或等于）	op1≥op2	false	op1 是否大于或等于 op2
≤（小于或等于）	op1≤op2	true	op1 是否小于或等于 op2
!=（不等于）	op1 != op2	true	op1 是否不等于 op2

范例 Ex0314.csproj

使用关系运算符比较两个表达式，根据所得的结果返回布尔值 true 或 false。范例 Ex0314 的执行结果如图 3-32 所示。

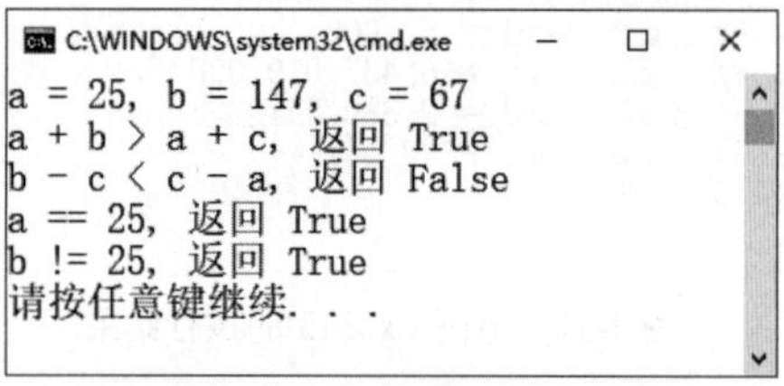

图 3-32 范例 Ex0314 的执行结果

步骤 01 创建控制台应用项目 Ex0314，框架选择“.NET 5.0（当前）”。在 Main()主程序中编写如下的程序代码。

```
01 using static System.Console; //导入静态类
02 static void Main()
03 {
04    int a = 25, b = 147, c = 67;
05    WriteLine($"a = {a}, b = {b}, c = {c}");
06    bool result = (a + b) > (a + c);
07    WriteLine($"a + b > a + c, 返回 {result}");
08    result = (b - c) < (c - a);
09    WriteLine($"b - c < c - a, 返回 {result}");
10    result = a == 25;
11    WriteLine($"a == 25, 返回 {result}");
12    result = b != 25;
13    WriteLine($"b != 25, 返回 {result}");
14 }
```

步骤 02 按 Ctrl + F5 组合键生成可执行程序，再执行程序。

程序说明

- 第 06 行：表达式 a + b 的结果确实大于表达式 a + c，所以返回 true。
- 第 10 行：变量 a 是否等于数值 25，使用“==”运算符（两个等号连起来表示“等于”），因为 25 确实等于 25，所以返回 true。
- 第 12 行：变量 b 是否不等于数值 25，使用“!=”运算符，因为 147 确实不等于 25，所以返回 false。

3.4.4 逻辑运算符

Visual C#为程序的控制流程提供了用于逻辑判断的逻辑运算符。逻辑运算符也可以用于两个关系表达式之间的逻辑运算，也就是说，可以与关系运算符配合使用，返回的结果为“真（true）”或“假（false）”。逻辑运算符分为两种：

- 单目运算符：逻辑否定运算符“!”，对布尔值取反。
- 双目条件逻辑运算符：&&（条件判断逻辑“与”）、||（条件判断逻辑“或”）运算符。

先认识使用逻辑运算符的语法：

```
结果 = 表达式 1 逻辑运算符 表达式 2
```

对操作数进行条件逻辑运算，返回 true 或 false 的结果，以表 3-14 来说明。

表 3-14　逻辑运算符

运算符	表达式 1	表达式 2	结果	说明
&&（与）	true	true	true	两边表达式为 true 才会返回 true
	true	false	false	
	false	true	false	
	false	false	false	
||（或）	true	true	true	只要一边表达式为 true 就会返回 true
	true	false	true	
	false	true	true	
	false	false	false	
!（否）	true	--	false	对表达式取反，所得结果与原来相反
	false	--	true	

逻辑运算符是如何进行运算的呢？通常采取“短路求值”（Short-Circuit Evaluation）法：

- &&（与）运算：如果表达式 1 的结果为 false，就不会继续对表达式 2 进行判断（或求值）。
- ||（或）运算：如果表达式 1 的结果为 true，就不会继续对表达式 2 进行判断（或求值）。

范例 Ex0315.csproj

使用逻辑运算符获取左、右两边表达式的比较结果后，再以布尔值返回。范例 Ex0315 的执行结果如图 3-33 所示。

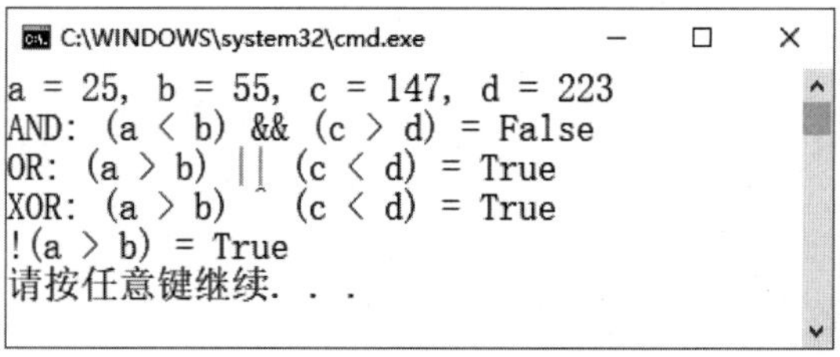

图 3-33　范例 Ex0315 的执行结果

创建控制台应用项目 Ex0315，框架选择“.NET 5.0（当前）”。在 Main()主程序中编写如下的程序代码。

```
using static System.Console; //导入静态类
static void Main()
{
   int a = 25, b = 55, c = 147, d = 223;
   //&&运算符需两边的表达式都成立才会返回 true
   WriteLine($"a = {a}, b = {b}, c = {c}, d = {d}");
   bool result = (a < b) && (c > d);
   WriteLine($"AND: (a < b) && (c > d) = {result}");;
   result = (a > b) || (c < d);
   WriteLine($"OR: (a > b) || (c < d) = {result}");
   result = (a > b) ^ (c < d);
   WriteLine($"XOR: (a > b) ^ (c < d) = {result}");
   result = !(a > b);
```

```
14     WriteLine($"!(a>b) = {result}");
15 }
```

程序说明

- 第 07 行：变量 a 的值小于变量 b，而变量 c 的值并未大于变量 d，只有左边的表达式成立，而右边的表达式不成立，因此使用&&运算符返回 false。
- 第 09 行：||运算符只要一边的表达式成立就会返回 true，变量 a 的值没有大于变量 b，而变量 c 的值确实小于变量 d，因此返回 true。
- 第 11 行：^运算符做异或运算，左边表达式不成立（false），而右边表达式成立（true），因此返回 true。
- 第 13 行：!运算符做取反运算，a 没有大于 b，结果为 false，取反后变成 true。

3.4.5　运算符的优先级

当表达式中有不同运算符时，就需要考虑运算符的优先级，采用如下原则：

- 算术运算符的优先级会高于关系运算符、逻辑运算符。
- 关系运算符的优先级都相同，且高于逻辑运算符。
- 优先级相同的运算符根据表达式的位置从左到右执行。

运算符的优先级如表 3-15 所示。

表 3-15　运算符的优先级

优先级	运算符	运算次序
1	()括号、[]下标	由内而外
2	+（正号）、－（负号）、!、++、--	由内而外
3	*、/、%	从左向右
4	+（加）、－（减）	从左向右
5	<、>、≤、≥	从左向右
6	==、!	从左向右
7	&&	从左向右
8	||	从左向右
9	?:	从右向左
10	=、+=、－=、*=、/=、%=	从右向左

重点整理

- Visual C#是一种强类型（Strongly Typed）语言，在通用类型系统（Common Type System，CTS）下有两种数据类型：值类型和引用类型。
- 整数类型可分为有符号的类型（有 sbyte、short、int、long）和无符号的类型（有 byte、ushort、uint、ulong）。
- 浮点数数据类型有 float 和 double。其他数据类型有 bool、char、decimal、enum 和 struct。
- 标识符命名规则：①不可使用 C#关键字，②第一个字符使用英文字母或下画线“_”字符，③名称中其他字符可以包含英文字符、数字和下画线，④名称长度不可超过 1023 个字符。
- 变量的基本属性有名称（Name）、数据类型（DataType）、地址（Address）、值（Value）、生命周期（Lifetime）、作用域（Scope，或称为使用范围）。
- 枚举类型（Enumeration）用一组名称来提供相关常数的组合，只能以 byte、short、int 和 long 为数据类型，定义的枚举类型成员必须以常数值初始化。
- 结构（Structure）可以在声明范围内组成不同类型的数据项。
- “隐式类型转换”是指程序在运行过程中系统会根据数据的作用自动转换为另一种数据类型。
- .NET 提供显式类型转换，如使用 ToString()、Parse()方法，或者使用 Convert 类来转换数据类型。
- 算术运算符用来执行加、减、乘、除运算，赋值运算符则用来给变量赋值，或者简化加、减、乘、除运算。
- 关系运算符用来比较两边的表达式，包含字符串、数值等，再返回 true 或 false 的结果，通常用于程序的流程控制中。
- Visual C#为程序的控制流程提供了用于逻辑判断的逻辑运算符。逻辑运算符也可以用于两个关系表达式之间的逻辑运算，也就是可以与关系运算符配合使用，返回的结果为“真（true）”或“假（false）”。

课后习题

（一）填空题

1. 在 C#语言中，根据数据存储在内存中的情况，分成两种类型：①____________和②____________。

2. 在数据类型中，无符号的整数类型有：①____________、②____________、

③____________、④____________。

3. ____________运算符获取 System.Type 类型的实例，____________运算符获取某个数据类型所占的内存空间，____________方法返回数据类型。

4. 声明变量时，default 运算符有两种用法：①______________和②____________。

5. 有一个数值为 7894562，以 int 数据类型配合下画线字符要如何表示？____________。

6. float 类型的后置字符以____________表示，long 类型的后置字符以____________表示，decimal 类型的后置字符以____________表示。

7. 声明常数以关键字____________开头，并且要赋予____________。

8. 声明枚举以关键字____________开头，默认的数据类型为____________，此外也可使用____________、____________、____________的数据类型。

9. ____________是指程序在运行过程中，系统会根据数据的作用自动转换为另一种数据类型。

10. 数据类型进行转换时，____________从小空间转换成大空间，如 byte 类型转换成 long 类型；____________从大空间转换成小空间，如 decimal 类型转换成 int 类型。

11. 使用 Convert 进行数据类型转换时，若要把数据转换为 int 类型，则要使用____________；若要把数据转换为 float 类型，则要使用____________。

12. 逻辑运算符____________必须两边表达式为 true 才会返回 true；逻辑运算符____________只要有一边表达式为 true 就会返回 true。

（二）问答题与实践题

1. 请说明标识符的命名规则。

2. 使用变量时要有哪些基本属性？请简单说明。

3. 将输入的厘米换算成英尺和英寸，“1 inch = 2.54cm”声明为常数，并用 Convert 类对输入值进行数据类型转换。

4. 定义一个以一周内各天为主的枚举常数类型，输出下列结果：

```
Mon = 周 1
Tue = 周 2
 . . .
Sun = 周 7
```

5. 参考范例 Ex0309 的方法，将输入的磅数转换为千克值，并调用 Parse()方法进行转换，将原有的 Program.cs 文件更名为 CalcKgs.cs。

第 4 章

流程控制

章节重点

- 认识结构化程序是学习程序设计语言的必备基础，借助 UML 活动图来说明流程控制的意义。
- 有条件可以选择，从单一条件到多种条件，学习使用 if、if-else、if-else-if 和 switch-case 语句。
- 循环会处理重复的语句，包含 for、while 和 do/while 循环。
- break 和 continue 语句通常会配合循环让流程控制更具弹性。

本章范例项目以“控制台应用”为模板，框架选择“.NET 6.0（长期支持）”，采用“顶层语句”，直接编写程序代码，通过“开始调试”（按 F5 键）生成可执行程序，再执行程序。

4.1 认识结构化程序

常言道“工欲善其事，必先利其器”。编写程序也要善用技巧，“结构化程序设计”是一种软件开发的基本精神，也就是开发程序时，根据从上而下（Top-Down）的设计策略将复杂的问题分解成小且简单的问题，产生“模块化”程序代码，由于程序逻辑仅有单一的入口和出口，因此能单独运行。一个结构化的程序包含以下三种流程控制。

- 顺序结构（Sequential）：从上而下的程序语句，这也是前面章节较为常见的处理方式，例如声明变量后，设置变量的初值，如图 4-1 所示。

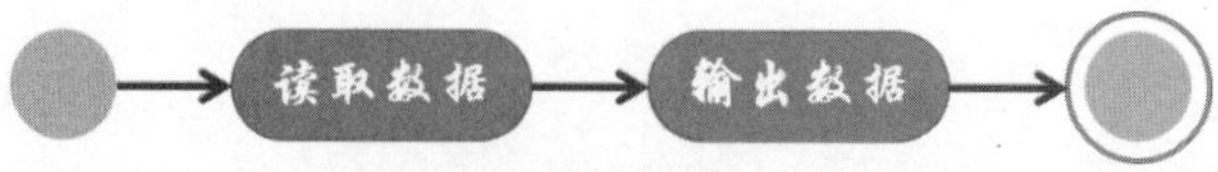

图 4-1　顺序结构

- 选择结构(Selection): 选择结构是一种条件选择语句，可以根据单一条件判断结果的“真”或“假”进行不同分支的选择，或者在多重条件下只能择一。
- 循环结构（Iteration）：循环结构就是循环控制，在条件符合时重复执行，直到条件不符合为止。例如拿了 1000 元去超市购买物品，直到钱花光了才停止购物。

后续的流程图中，我们以 UML 活动图来表达流程控制，有关 UML 活动图的元素可参考表 4-1。

表 4-1　UML 活动图元素

元素	说明
●	起始点，表示活动的开始
◉	结束点，表示活动的结束
▢	活动，表示一连串的执行细节
→	转移，代表控制权的改变
◇	判断，代表分支转移的准则

4.2　条件选择

选择结构根据其条件进行选择，条件分为“单一条件”和“多重条件”。处理单一条件时，if-else 语句能提供单向或双向的处理；多重条件的情况下，要返回单一结果，switch-case 语句是处理的法宝。

4.2.1　单一选择

例如，“如果明天下雨，就乘坐公交车吧！”。句子中指出“下雨”是单一条件，“下了雨”表示条件成立，只有一个选择“乘坐公交车”，就像 if 语句，语法如下：

```
if(条件表达式)//如果下了雨
{
    条件表达式结果为 true 时要执行的程序语句;      //就去乘坐公交车
}
```

- 使用 if 语句可用一对大括号“{}”来产生程序区块，如果只有一条语句，则不需要。
- “条件表达式”可配合使用关系运算符。若条件成立（true），则会进入程序区块执行其中的语句；若条件不成立（false），则不会进入程序区块。

例如，if 语句配合“关系运算符”判断成绩是否大于等于 60 分。

```
if(grade >= 60)
   Console.WriteLine("Passing…");
```

- 若 grade 变量的值大于或等于 60，则会输出 “Passing…”；若 grade 变量的值小于 60，则不会输出任何数据。

以 UML 活动图来表示单一条件的 if 语句，如图 4-2 所示。

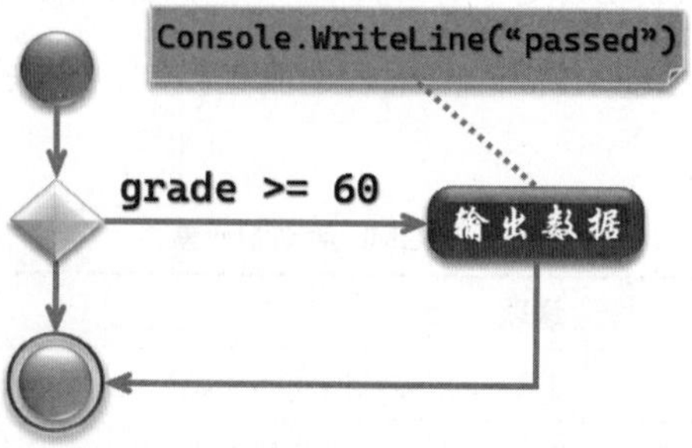

图 4-2　单一条件的 if 语句

外侧代码　输入 if 语句

步骤 01 获取 if 语句语法的协助。在程序代码编辑器中，依次选择菜单选项“编辑→IntelliSense→外侧代码”。

步骤 02 启动“外侧代码”列表，①双击 if 语句加入部分程序代码，②if 语句的 true 可以用条件表达式替换，如图 4-3 所示。

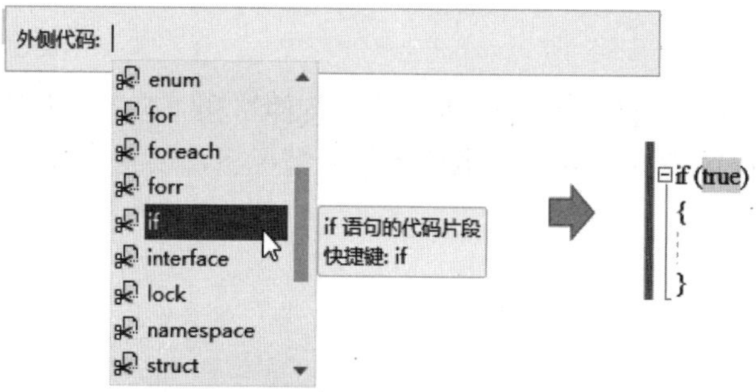

图 4-3　通过“外侧代码”输入 if 语句

提　示

快速加入语法

先输入关键字 if，再按 Tab 键两次，IntelliSense 就会补上 if 语句的其他代码段，效果和上面的步骤相同。

```
if (true) //将 true 替换为条件表达式
{
    //编写条件表达式为 true 时要执行的语句
}
```

范例 Ex0401.csproj

使用 if 语句来判断输入分数是否大于等于 60，分数大于等于 60 才会显示信息，分数小于

60 则不会显示信息。范例 Ex0401 的执行结果如图 4-4 所示。

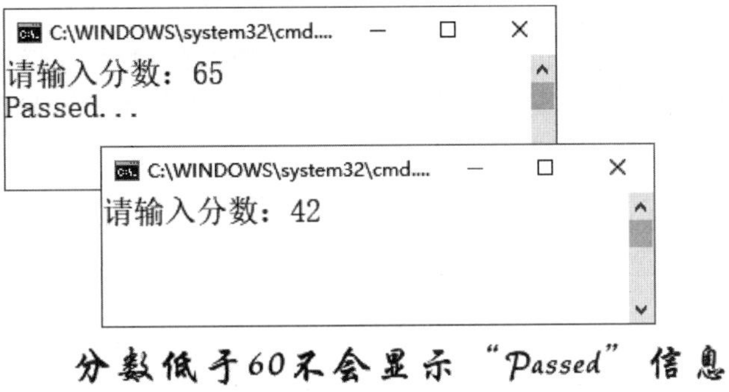
C:\WINDOWS\system32\cmd....
请输入分数：65
Passed...
C:\WINDOWS\system32\cmd....
请输入分数：42
分数低于60不会显示“Passed”信息

图 4-4　范例 Ex0401 的执行结果

步骤 01 创建控制台应用项目 Ex0401，框架选择“.NET 6.0（长期支持）”，无 Main()主程序，编写如下的程序代码。

```
01 Write("请输入分数：");
02 int score = Convert.ToInt32(ReadLine());    //转换为 int 类型
03 if (score >= 60)   //分数大于或等于 60 分才会显示"Passed..."
04 {
05    WriteLine("Passed...");
06 }
07 ReadLine();//按 Enter 键才能关闭窗口
```

步骤 02 按 F5 键生成可执行程序，再执行程序。注意，程序执行完毕后，按任意键即可关闭程序窗口。

程序说明

- 第 02 行：由于使用.NET 6.0 框架，因此从 ReadLine()读取的数据只能调用 Convert 类的 ToInt32()方法转换为 int 类型。
- 第 03~06 行：对于 if 单一条件语句，如果输入的数值不大于 60，就不会进入 if 程序区块；如果输入的数值大于 60，即表示条件成立（true），就会显示出“Passed...”字符串。

4.2.2　双重条件选择

“如果明天下雨，就乘坐公交车去上课；如果没有下雨，就骑自行车”。表示下雨是单一条件，没有下雨条件就不会成立。此时有两种选择：下了雨，符合条件（true），就乘坐公交车；不下雨，不符合条件（false），就改骑自行车。当单一条件有双向选择时，就得采用 if-else 语句，其语法如下：

```
if(条件表达式)
{
   true 程序语句;
}
else
{
```

```
        false 程序语句;
    }
```

如果条件的运算结果符合(true),就进入 if 程序区块的语句;如果运算结果不符合(false),就执行 else 程序区块的语句。如果 else 的语句有多行，则要加上大括号“{}”形成程序区块。if-else 语句的示例如下：

```
if(grade >= 60)
  Console.WriteLine("Passed…");
else
  Console.WriteLline("Failed");
```

- 如果 grade 的变量值大于或等于 60（true），就输出“Passed…”；如果 grade 变量值小于 60（false），则输出“Failed”。

以 UML 活动图来表示 if-else 单一条件的双向语句，如图 4-5 所示。

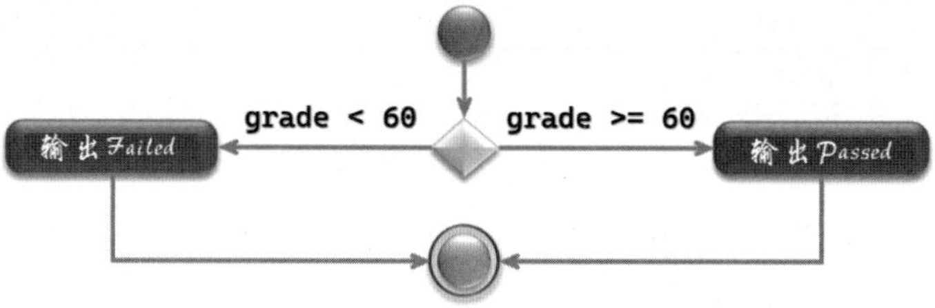

图 4-5　if-else 单一条件的双向语句

范例 Ex0402.csproj

从 C# 7.0 版本开始，可以使用 is 运算符检查表达式的结果是否与指定的类型兼容，配合 if-else 语句来判断实值类型是否含有 null 值。范例 Ex0402 的执行结果如图 4-6 所示。

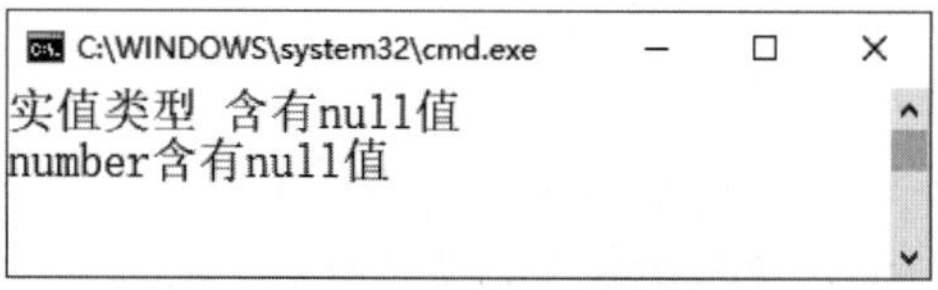

图 4-6　范例 Ex0402 的执行结果

步骤 01 创建控制台应用项目 Ex0402，框架选择“.NET 6.0（长期支持）”，无 Main()主程序，编写如下的程序代码。

```
int? number = null;  //使用“?”运算符，变量 number 含有 null 值
if (number is null)
{
   WriteLine($"实值类型{number} 含有 null 值");
}
else
{
   WriteLine("实值类型{number} 不含 null 值");
}
ReadLine();
```

步骤 02 按 F5 键生成可执行程序，再执行程序。注意，程序执行完毕后，按任意键即可关闭程序窗口。

程序说明

- 第 01 行：声明变量 number 时配合"?"运算符，它会转换成含有 null 的实值类型。
- 第 02~05 行：if-else 语句的 if 区块，条件表达式使用 is 运算符来判断 number 变量是否为 null 值，符合的话则输出相关信息。
- 第 06~09 行：条件不符合的话就由 else 语句区块输出相关信息。

if-else 语句也可以使用"? :"三目条件运算符来简化。它是 Visual C#中唯一的三目运算符，因为运算时需要三个部分而得此名，其语法如下：

```
条件表达式? true 语句 : false 语句
```

- 条件符合时，执行"?"运算符后的语句。
- 条件不符合时，则执行":"运算符后的语句。

例如，将范例 Ex0402 中的 if-else 语句以三目条件运算符来表达。

```
string result =
    (number is null) ? "number 含有 null 值" : "不含 null";
Console.WriteLine(result);
```

- 条件运算后的结果交给变量 result，再调用 WriteLine()方法输出结果。

在控制台应用程序中，条件运算符也可以配合 WriteLine()方法进行输出。下面通过范例 Ex0403 来了解。

范例 Ex0403.csproj

根据输入的数值，配合条件运算符进行运算。范例 Ex0403 的执行结果如图 4-7 所示。

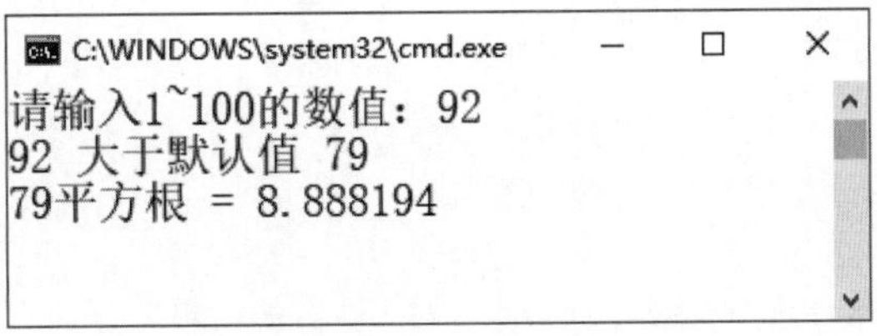

图 4-7 范例 Ex0403 的执行结果

步骤 01 创建控制台应用项目 Ex0403，框架选择".NET 6.0（长期支持）"，无 Main()主程序，编写如下的程序代码。

```
using static System.Console;
using static System.Math;
```

```
ushort guess = 79;
Write("请输入 1~100 的数值：");
ushort result = Convert.ToUInt16(ReadLine());
WriteLine(result > guess ?              //条件表达式
```

```
15     $"{result} 大于默认值 {guess}" :    //true 语句
16     $"{result} 小于默认值 {guess}");   //false 语句
17
18 WriteLine(result > guess ?                    //条件表达式
19     $"{guess}平方根 = {Sqrt(guess):f6}" :       //true 语句
20     $"{result}的 3 次方 = {Pow(result, 3):N0}"); //false 语句
21 ReadKey();
```

步骤 02 按 F5 键生成可执行程序，再执行程序。注意，程序执行完毕后，按任意键即可关闭程序窗口。

程序说明

- 第 02 行：Math 本身为静态类，提供数学计算的方法，以 using static 语句导入。
- 第 13 行：ReadLine()方法读取输入的数值，再调用 Convert 类的 ToInt16()方法转换为 ushort 类型，再赋值给变量 result。
- 第 14~16 行：WriteLine()方法输出时，配合“? :”条件运算符进行判断；若 result 的值大于 guess 的值，就输出“大于”的提示信息；反之，输出“小于”的提示信息。
- 第 18~20 行：根据前一个条件语句，如果 result 的值大于 guess 的值，就计算出 guess 的平方根，否则计算出 result 的 3 次方。

4.2.3 嵌套 if 语句

嵌套 if 语句基本上是 if-else 语句的变形，换句话说就是 if-else 语句中还含有 if-else，如同洋葱一般，一层一层由外向内包裹条件。执行时，符合第一个条件，才会进入第二个条件，一层一层进入最后一个条件。所以利用嵌套 if 语句可以让程序语句富有变化，其语法如下：

```
if(条件表达式 1)    //第一层 if
{
        if(条件表达式 2)    //第二层 if
        {
            if(条件表达式 3)    //第三层 if
            {
                //符合条件表达式 1、2、3 时要执行的语句
            }
            else
            {
                //符合条件表达式 1、2，但不符合条件表达式 3 时要执行的语句
            }
        }
        else   //第二层 else
        {
            //符合条件表达式 1，但不符合条件表达式 2 时要执行的语句
```

```
}
else   //第一层 else
{
    //不符合条件表达式 1 时要执行的语句
}
```

因为嵌套 if 语句是一层一层进入的，所以第三层 if 语句代表它符合条件表达式 1、2、3。第三层 else 语句表示符合条件表达式 1、2，但不符合条件表达式 3。由于嵌套 if 结构比较复杂，因此比较好的编写方式是使用 IntelliSense 先加入第一层 if-else 语句，填入部分程序代码后，再加入第二层 if-else 语句，以此方式往下加入下一层 if-else 语句，如图 4-8 所示。

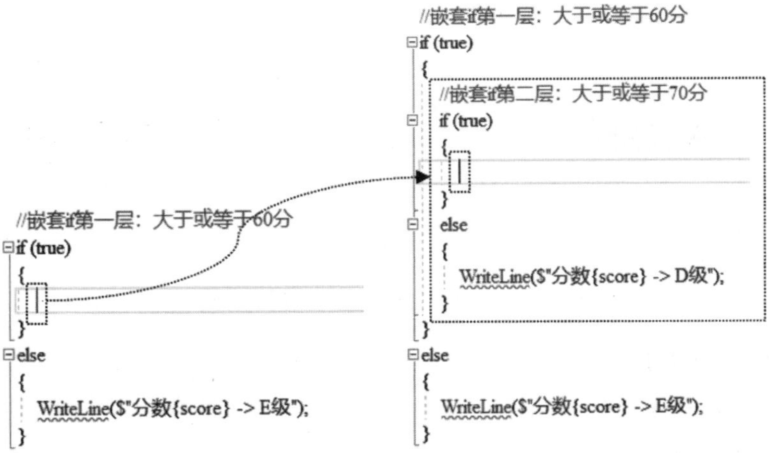
//嵌套if第一层：大于或等于60分
if (true)
{
}
else
{
WriteLine($"分数{score} -> E级");
}
//嵌套if第一层：大于或等于60分
if (true)
{
//嵌套if第二层：大于或等于70分
if (true)
{
}
else
{
WriteLine($"分数{score} -> D级");
}
}
else
{
WriteLine($"分数{score} -> E级");
}

图 4-8　编写嵌套 if 语句

程序代码的适时注释和缩排可以方便阅读和日后维护，没有缩排的程序代码有可能会造成编译错误。如图 4-9 所示，程序代码没有缩进，增加了阅读的困难度。

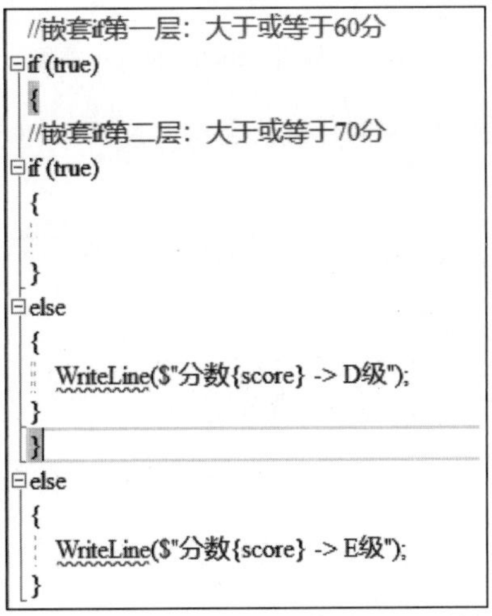
//嵌套if第一层：大于或等于60分
if (true)
{
//嵌套if第二层：大于或等于70分
if (true)
{
}
else
{
WriteLine($"分数{score} -> D级");
}
}
else
{
WriteLine($"分数{score} -> E级");
}

图 4-9　没有缩排的程序代码

我们把成绩单的分数分成 5 个等级，等级 A 为 90~100 分、等级 B 为 80~89 分、等级 C 为 70~79 分、等级 D 为 60~69 分、等级 E 为 60 分以下。使用嵌套 if 实现成绩的分级，流程控制如图 4-10 所示。

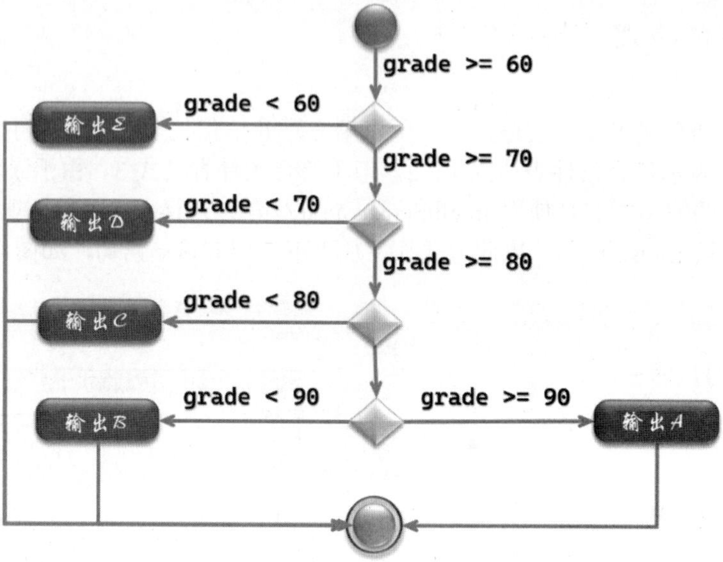

图 4-10 嵌套 if 语句实现成绩的分级

范例 Ex0404.csproj

步骤 01 输入分数后，以嵌套 if 语句设置多个条件来判断分数等级。范例 Ex0404 的执行结果如图 4-11 所示。

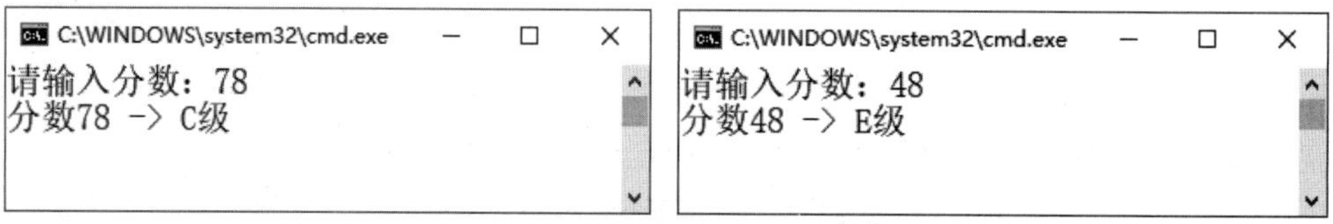

图 4-11 范例 Ex0404 的执行结果

步骤 02 创建控制台应用项目 Ex0404，框架选择".NET 6.0（长期支持）"，无 Main()主程序，编写如下的程序代码。

```
using static System.Console;   //导入静态类

Write("请输入分数：");
ushort score = Convert.ToUInt16(ReadLine());
if (score >= 60)   //第一层 if 语句
{
  if (score >= 70)//嵌套 if 第二层：大于或等于 70 分
  {
      if (score >= 80)//嵌套 if 第三层：大于或等于 80 分
      {
         //三目条件运算符：大于或等于 90 分
         WriteLine(score >= 90 ?
            $"分数{score} -> A 级" : $"分数{score} -> B 级");
```

```
14        }
15        else   //第三层 else 语句
16          WriteLine($"分数{score} -> C 级");
17      }
18      else   //第二层 else 语句
19        WriteLine($"分数{score} -> D 级");
20  }
21  else //第一层 else 语句
22      WriteLine($"分数{score} -> E 级");
23  ReadKey();
```

步骤 03 按 F5 键生成可执行程序，再执行程序。注意，程序执行完毕后，按任意键即可关闭程序窗口。

程序说明

- 第 05~22 行：第一层 if-else 语句，如果分数大于或等于 60 分，才会进入第二层 if 语句；如果小于 60 分，则进入第 22 行的 else 语句，得到评级为 E 级的结果。
- 第 07~19 行：第二层 if-else 语句，如果分数大于或等于 70 分，才会进入第三层 if 语句；如果分数小于 70 分，则进入第 19 行的 else 语句，得到评级为 D 级的结果。
- 第 09~16 行：第三层的 if-else 语句，如果分数大于等于 80 分，才会进入第三层 if 语句；如果分数小于 80 分，则进入第 16 行的 else 语句，得到评级为 C 级的结果。
- 第 12、13 行：使用条件运算符，如果分数大于等于 90 分，就得到评级为 A 级的结果；如果分数小于 90 分，则得到评级为 B 级的结果。

4.2.4 多重条件选择 if-else-if 语句

当条件是多个的情况下，if/else 语句变身为嵌套 if，会增加程序编写的难度。因此，if-else 变成 if-else-if-else 语句，它可以说是 if-else 语句的进化版本，通过如下语句来认识一下：

```
if(条件表达式 1)
{
   //符合条件表达式 1 时要执行的语句
}
else
{
   if(条件表达式 2)
   {
       //符合条件表达式 2 时要执行的语句
   }
}
```

将上述的 if-else 语句改进后，是不是就形成如下的语法：

```
if(条件表达式 1)
{
   //符合条件表达式 1 时要执行的语句
}
else  if(条件表达式 2)
```

```
    {
        //符合条件表达式 2 时要执行的语句
    }
    else
    {
        //上述条件表达式都不符合时要执行的语句
    }
```

if-else if-else 多重嵌套语句会将条件逐一过滤，经过运算找到符合的条件后就不再执行嵌套了。

范例 Ex0405.csproj

利用 if-else if-else 语句，按金额大小计算个人综合所得额税率（和现实不一致，只为了举例）。范例 Ex0405 的执行结果如图 4-12 所示。

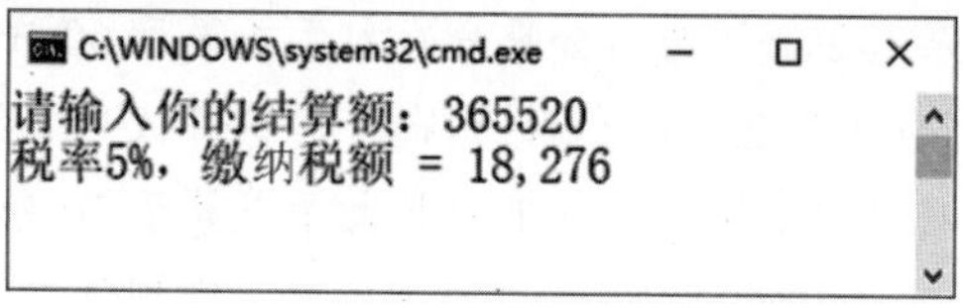

图 4-12　范例 Ex0405 的执行结果

步骤 01 创建控制台应用项目 Ex0405，框架选择“.NET 6.0 (长期支持)”。

步骤 02 使用顶层语句，无 Main()主程序，直接编写如下的程序代码。

```
//范例的完整程序代码可参考 Program.cs
if (result > 4_400_000)
{
   result = result * 0.4M - 805_000;
   WriteLine($"税率 40%，缴纳税额 = {result:N0}");
}
else if (result > 2_350_000)
{
   result = result * 0.3M - 365_000;
   WriteLine($"税率 30%，缴纳税额 = {result:N0}");
}
else if (result > 1_170_000)
{
   result = result * 0.2M - 130_000;
  WriteLine($"税率 20%，缴纳税额 = {result:N0}");
}
else if (result > 520_000)
{
   result = result * 0.12M - 36_400;
   WriteLine($"税率 12%，缴纳税额 = {result:N0}");
}
else
{
   result *= 0.05M;
   WriteLine($"税率 5%，缴纳税额 = {result:N0}");
}
ReadKey();
```

步骤03 按 F5 键生成可执行程序，再执行程序。注意，程序执行完毕后，按任意键即可关闭程序窗口。

程序说明

- 第 02~06 行：if 语句程序区块。如果变量 result 的值大于 4 400 000，就执行第一个条件表达式对应的程序语句，由于是 decimal 类型，因此第 04 行的 0.4 要加上后置字符 M。
- 第 07~11 行：else-if 语句程序区块。如果 result 的值小于等于 4 400 000，就继续前往执行第二个条件表达式；如果 result 的值大于 2 350 000，就执行该条件表达式对应的程序语句。
- 第 12~16 行：上述条件表达式都不符合，就会执行 else 语句之后的程序语句。

4.2.5 多重条件选择 switch-case 语句

如果需要采用 if-else if-else 语句，则使用 switch-case 语句来解决问题或许是不错的处理方法。先来看一下 switch-case 语句的语法：

```
switch(表达式)
{
   case 值1:
      程序区块1;
      break;
   case 值2:
      程序区块2;
      break;
...
   case 值n:
      程序区块n;
      break;
   default:
      程序区块n+1;
      break;
}
```

- switch 语句会形成一个程序区块，其表达式可为数值或字符串。
- 每个 case 标签都会指定一个常数值，但相同的值不能同时提供给两个 case 语句使用。另外，case 语句中常数值的数据类型必须和表达式计算结果的数据类型相同。
- 执行 switch 语句会进入 case 区块寻找匹配的值，执行完 case 程序区块的语句后，以 break 语句离开 switch 程序区块。
- 若没有任何值匹配各个 case 语句中的常数值，就会跳到 default 语句，执行该程序区块中的语句。

范例 Ex0406.csproj

使用枚举类型定义星期常数值，再以 switch-case 语句判断输入的数值应转换的星期数字。由于无命名空间和类，因此必须用枚举名称来替换原有的 Program.cs。范例 Ex0406 的执行结果如图 4-13 所示。

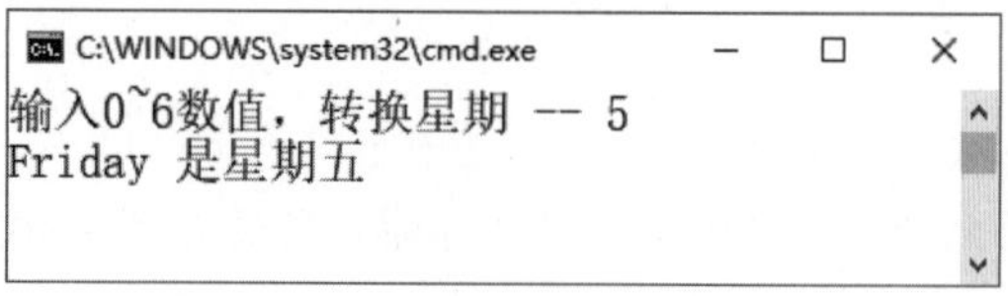

图 4-13 范例 Ex0406 的执行结果

步骤 **01** 创建控制台应用项目 Ex0406，框架选择 ".NET 6.0（长期支持）"。

步骤 **02** 通过 "解决方案资源管理器" 窗口，单击文件 Program.cs，再按 F2 键，把它更名为 Weeks.cs，如图 4-14 所示。

图 4-14 把 Program.cs 更名为 Weeks.cs

步骤 **03** 使用顶层语句，无 Main()主程序，直接编写程序代码。在程序代码编辑器中，输入部分关键字 "swit"，再连按两次 Tab 键，就能快速编写 switch-case 语句。把其中的 switch_on 修改为表达式，再补入其他语句即可，如图 4-15 所示。

```
switch (switch_on)
{
    default:
}
```

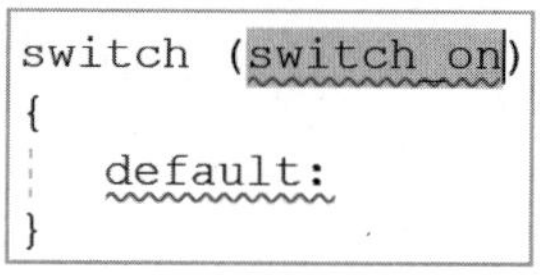

图 4-15 自动输入 switch 程序语句区块的框架

```
01  using static System.Console;  //导入静态类
02  Write("输入 0~6 数值，转换星期 -- ");
03  byte days = Convert.ToByte(ReadLine());
04  switch (days)
05  {
06    case 0: //数值 0 是星期天，存取枚举成员
07       WriteLine($"{Weeks.Sunday} 是星期天");
08       break;
09    case 1:  //数值 1 是星期一
10       WriteLine($"{Weeks.Monday} 是星期一");
11       break;
12    case 2:  //数值 2 是星期二
13       WriteLine($"{Weeks.Tuesday} 是星期二");
14       break;
15    case 3:  //数值 3 是星期三
16       WriteLine($"{Weeks.Wednesday} 是星期三");
17       break;
18    case 4:  //数值 4 是星期四
19       WriteLine($"{Weeks.Thursday} 是星期四");
```

```
20        break;
21     case 5:  //数值 5 是星期五
22        WriteLine($"{Weeks.Friday} 是星期五");
23        break;
24     case 6:  //数值 6 是星期六
25        WriteLine($"{Weeks.Saturday} 是星期六");
26        break;
27     default: //输入 0~6 以外的数值
28        WriteLine("数字不正确，请重新输入");
29        break;
30  }
31  ReadKey();
32
33  enum Weeks : byte   //以 byte 为枚举类型
34  {
35     Sunday, Monday, Tuesday,
36     Wednesday, Thursday, Friday, Saturday
37  }
```

步骤 04 按 F5 键生成可执行程序，再执行程序。注意，程序执行完毕后，按任意键即可关闭程序窗口。

程序说明

- 第 04~30 行：使用 switch 语句判断输入的 days 值，如果输入的数值在 0~6 以外，就跳到第 27 行的 default 语句，提示用户重新输入数值。
- 第 06~08 行：若 days 值为 0，则表示 weeks.Sunday（weeks 为枚举名称），于是输出星期天，并以 break 语句结束 switch 语句。
- 第 33~37 行：要把枚举类型放到 switch-case 语句之后，以 byte 类型来定义枚举 Weeks，枚举成员未定义常数值，于是默认第一个成员 Sunday 从 0 开始，第二个成员 Monday 为 1，其他成员以此类推。

4.3 循　环

循环结构（或重复结构）的流程处理的逻辑性就如同生活中的“如果…就持续…”。当程序中某一个条件成立时，重复执行某一段语句，我们把这种流程结构称为“循环”。由于重复处理的流程取决于设置的条件运算，假如条件判断表达式（简称条件表达式）设计不当，就会造成“无限循环”，因此设计时必须小心注意。一般来说，循环包含以下几种：

- for 和 for/each 循环：可计次循环，for 循环通过计数器控制循环执行的次数，for/each 循环可读取集合的每个对象。
- while 循环：前测试循环。条件表达式的结果为 true 的情况下才会进入循环体，直到条件表达式的结果为 false 才会离开循环体。
- do/while 循环：后测试循环。先进入循环体执行语句，再进行条件表达式的运算。

4.3.1 for 循环

使用 for 循环时，必须有计数器、条件表达式和控制表达式来完成重复计次的工作，其语法如下：

```
for(计数器; 条件表达式; 控制表达式)
{
   //程序语句;
}
```

- 计数器：控制 for 循环次数，声明变量后需进行初始化设置，第一次进入循环会被执行一次。
- 条件表达式：条件表达式的结果成立（即为 true）时，进入循环体内运行程序语句，不断重复执行，直到条件表达式的结果为 false 时，才会停止并离开循环体。
- 控制表达式：作为 for 循环的计数器的增减值，只有当条件表达式的结果为 true 时，在循环体内的语句执行后此控制表达式才会被执行。

注意 for 循环也要以大括号“{}”界定程序区块的起止，而计数器、条件表达式和控制表达式要以“;”分隔开。

使用 for 循环最为经典的范例就是对数字进行累加。从“1+2+3+…+10”来了解 for 循环的运行方式。for 循环的 UML 活动图如图 4-16 所示。

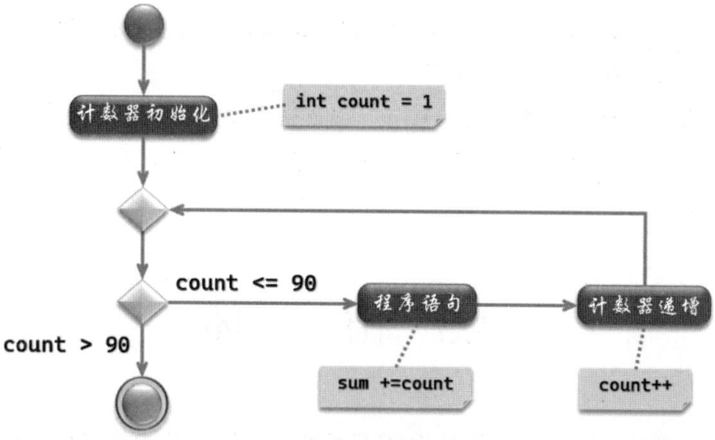

图 4-16　for 循环的 UML 活动图

for 循环究竟是如何工作的呢？参考图 4-17 的简要说明。

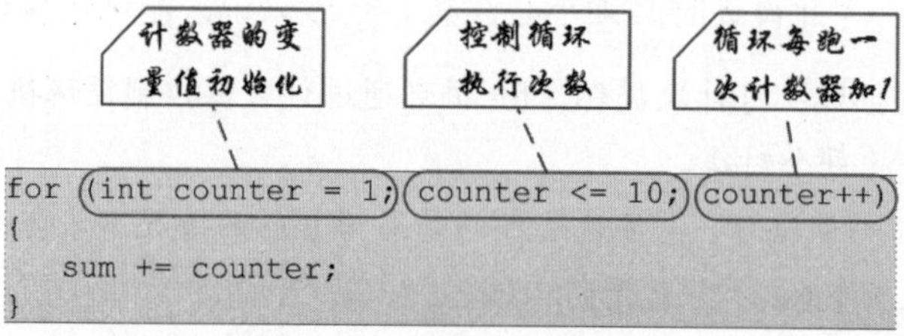

图 4-17　for 循环的示意图

- 计数器：声明变量并设置初始值，例如“int counter = 1”。由于 counter 声明在 for 循环内，是一个局部变量，因此它的作用域只在 for 循环体内，离开此循环就无法使用。
- 条件表达式“counter <= 10”：控制循环执行次数，条件成立时，就会进入 for 循环内执行循环体内的语句，直到计数器值大于 10（表示条件不成立）时才会离开循环体。
- 控制表达式“counter++”：根据计数器所给予的初始值，在条件表达式成立的情况下，每进入 for 循环体一次，就累加一次，直到循环结束为止。

如何使用编辑器的智能方式来输入 for 循环语句呢？输入关键字 for，再连续按两次 Tab 键，即可输入如图 4-18 所示的 for 循环组成的部分程序代码，其中的变量 i 为计数器，再修改变量 length 为所需的变量值。

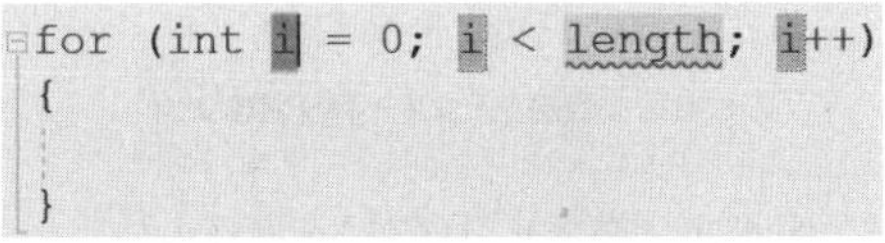

图 4-18　for 循环的代码段

范例 Ex0407.csproj

用 for 循环计算“1 + 2 + 3 + 4 + … + 10”。范例 Ex0407 的执行结果如图 4-19 所示。

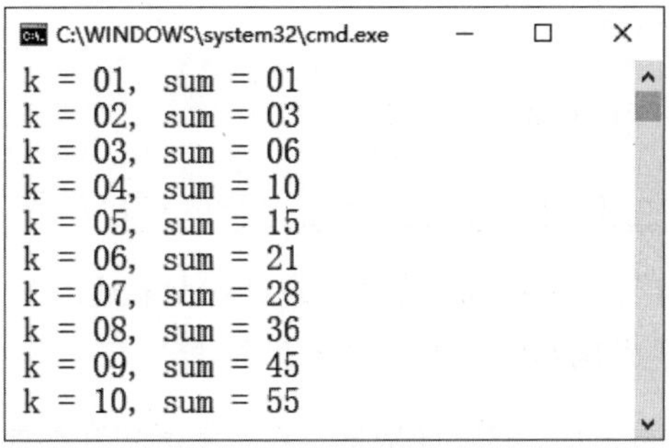

图 4-19　范例 Ex0407 的执行结果

步骤 01 创建控制台应用项目 Ex0407，框架选择“.NET 6.0（长期支持）”。无 Main()主程序，编写如下的程序代码。

```
01 int k, sum = 0;  //存储加总的结果
02 for (k = 1; k <= 10; k++)
03 {
04    WriteLine($" k = {k:d2}, sum = {sum += k:d2}");
05 }
06 ReadKey();
```

步骤 02 按 F5 键生成可执行程序，再执行程序。注意，程序执行完毕后，按任意键即可关闭程序窗口。

程序说明

- 第 02~05 行：for 循环，设置计数器的初始值为 1，条件运算为“k <= 10”，控制运算是循环每执行一次就加 1。

- 第 04 行：输出计数器和每次数值累加的结果，将 sum 变量的初始值设为 0，存储数值累加的结果。从“k =1, sum =1”开始，直到 counter 的值大于 11，表示条件运算不成立，就会结束循环。

在 for 循环中声明的变量为局部变量，离开 for 循环，若继续使用，则会发生错误。

```
int sum = 0;  //存储加总的结果
for (int k = 1; k <= 10; k++)
   sum += k;
Console.WriteLine($"k = {k}, sum = {sum}");
```

- 变量 k 的作用域只能在 for 循环内，超出其范围就会发生错误，如图 4-20 所示。

图 4-20　变量 k 只能在 for 循环内使用

要让变量 k 的作用域变大，就是把变量 k 声明在 for 循环之外。如果进一步把 WriteLine() 方法放在 for 循环之外，那么它只会输出数值累加后的结果。

```
int k, sum = 0;  //存储加总的结果
for (k = 1; k <= 10; k++)
{
   sum += k;       //存放数值的累加
}
Console.WriteLine($"k = {k}, sum = {sum}");//输出 k=11, sum=55
```

- 为什么“counter = 11”？这是因为计数器通过控制表达式加 1，由 10 变成了 11，再对比循环的条件表达式，发现条件不成立就结束了循环。

使用 for 循环进行数值的累加，调整计数器、条件表达式和控制表达式就会有不同的结果，示例如下：

```
//将偶数值 2+4+6+…相加
for (counter = 2; counter <= 10; counter += 2)
//将奇数值 1+3+5+…相加
for (counter = 1; counter <= 10; counter += 2)
```

虽然我们强调 for 循环是一个可计次的循环，但是在很多情况下，for 循环也可以形成无限循环。做法很简单，就是 for 循环不使用计数器和条件表达式，语句如下：

```
for( ; ;){
   //程序语句
}
```

范例 Ex0408.csproj

for 循环中没有计数器、条件表达式，根据输入值和选择字符来决定循环是否继续执行。范例 Ex0408 的执行结果如图 4-21 所示。

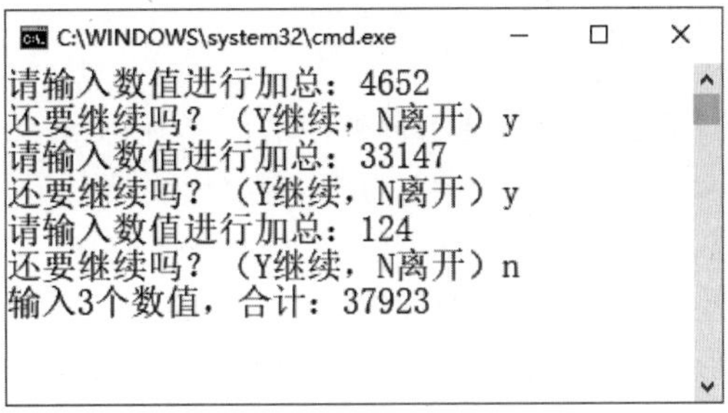

图 4-21　范例 Ex0408 的执行结果

步骤 01 创建控制台应用项目 Ex0408，框架选择“.NET 6.0（长期支持）”。无 Main()主程序，编写如下的程序代码。

```
01 int sum = 0, count = 0;
02 for (; ; )
03 {
04    Write("请输入数值进行加总：");
05    int number = Convert.ToInt32(ReadLine());
06    count++;           //计数器累计次数
07    sum += number;     //存储数值
08    Write("还要继续吗？（Y 继续，N 离开）");
09    string? endkey = ReadLine();
10    if (endkey == "y" || endkey == "Y")
11       continue;    //继续执行
12    else if (endkey == "n" || endkey == "N")
13       break;       //结束循环
14 }
15 WriteLine($"输入{count}个数值，合计：{sum}");
16 ReadKey();
```

步骤 02 按 F5 键生成可执行程序，再执行程序。注意，程序执行完毕后，按任意键即可关闭程序窗口。

程序说明

- 第 02~14 行：for 循环，不设计数器、条件表达式和控制表达式。计数器由 count 取代，用户输入“Y 或 y”就用 count 累计次数。
- 第 09 行：endkey 变量用于接收用户输入的字符，有可能含 null 值，所以使用“?”运算符，于是形成 string? endkey 语句形式。
- 第 10~13 行：使用 if-else-if 语句来判断按下的按键。“Y 或 y”表示继续，continue 语句会继续运行程序；“N 或 n”表示不再继续，break 语句中断循环，而后打印输出累加的结果。

4.3.2　while 循环

如果不知道循环要执行几次，那么 while 循环或 do-while 循环就是比较好的处理方式。语句如下：

```
while(条件表达式)
{
    条件表达式成立（True）时要执行的语句;
}
```

进入 while 循环时，必须先检查条件表达式，如果条件成立，就会执行循环体内的语句；如果条件不成立，就会跳离循环。因此，循环内的某一段语句必须以改变条件表达式的值来结束循环的执行，否则就会形成无限循环。那么 while 循环与 for 循环有什么不同？通过以下例子来说明。

```
int counter = 1;//计数器
while(counter <= 10)
{
    sum += counter;
    counter++;//将计数累加
}
Console.WriteLine("累加结果：{0}", sum);
```

使用 while 循环来处理时，counter 变量相当于 for 循环的计数器。“counter≤10”的条件表达式相当于 for 循环的条件表达式，“sum += counter”是将相加后的结果存储于 sum 变量中。控制表达式以 counter 变量进行计数累加，与 for 循环的控制表达式是一样的，如图 4-22 所示。

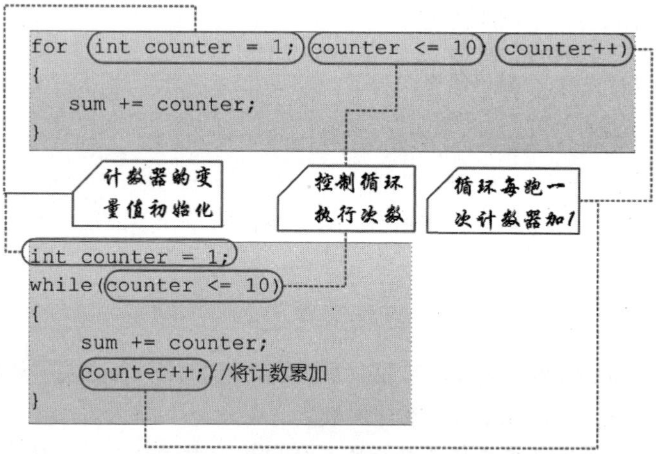

图 4-22　for 循环和 while 循环

范例 Ex0409.csproj

求取两个整数的最大公约数。使用辗转相除法配合 while 循环，让两个整数相除来获取它们的最大公约数，程序的流程控制图如图 4-23 所示。

范例 Ex0409 的执行结果如图 4-24 所示。

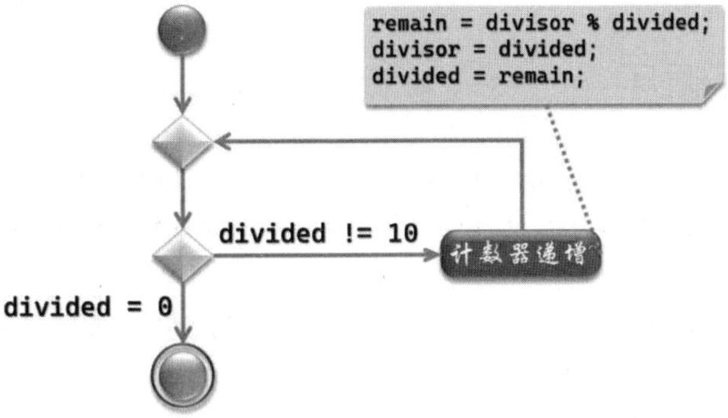

图 4-23　使用 while 循环求取最大公约数的流程图

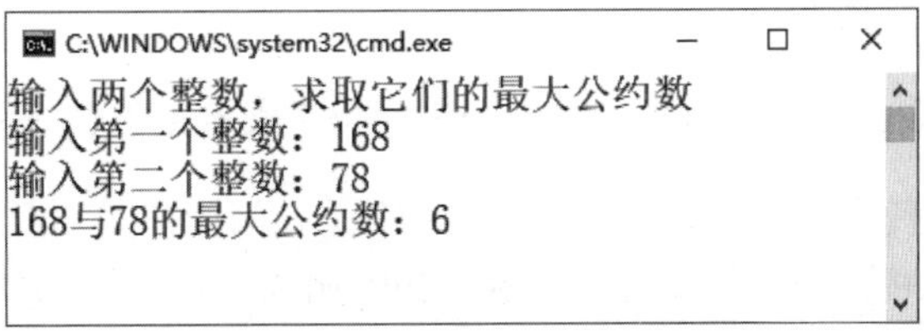

图 4-24　范例 Ex0409 的执行结果

步骤 01 创建控制台应用程序 Ex0409，框架选择“.NET 6.0（长期支持）”。无 Main()主程序，编写如下的程序代码。

```
01 //省略部分程序语句，完整范例请参考 Gcd.cd
02 while (divided != 0)    //被除数不能为 0
03 {
04    remain = divisor % divided; //求取余数
05    divisor = divided; //被除数(divided)更换成除数(divisor)
06    divided = remain;  //将前式所得余数更换为除数(divisor)
07 }
```

步骤 02 按 F5 键生成可执行程序，再执行程序。注意，程序执行完毕后，按任意键即可关闭程序窗口。

程序说明

- 第 02~07 行：while 循环。条件表达式的被除数“divided != 0”（true）的情况下，才能进入循环体执行语句。若“divided = 0”，则条件不成立，就会离开 while 循环。
- 第 04 行：将两数相除来获取余数，若余数为 0，则除数 divisor 就是这两个整数的最大公约数。
- 第 05 行：处理余数不是 0 的情况，必须将除数 divisor 更换成被除数 divided。
- 第 06 行：把第 04 行所得余数变更为除数，继续执行，直到余数为 0 为止。

4.3.3 do-while 循环

无论是 while 循环还是 do-while 循环，都是用来处理未知循环执行次数的循环语句。while 循环先进行条件表达式的运算，再进入循环体执行语句；do-while 循环恰好相反，先执行循环体内的语句，再进行条件表达式的运算。对于 do-while 循环来说，循环体内的语句至少会被执行一次；while 循环在条件表达式不成立的情况下，不会进入循环体来执行语句。do-while 循环的语法如下：

```
do{
   //程序语句;
}while(条件表达式);
```

- 不要忘记 do-while 循环语句之后要有“;”字符来表示该循环语句结束了。

那么什么情况下会使用 do-while 循环呢？通常是询问用户是否要让程序继续执行时。下面还是以“1+2+3+…+10”为例来认识一下 do-while 循环，示例语句如下：

```
int counter = 1, sum =0;    //counter 是计数器
do{
   sum += counter;           //sum 存储数值累加的结果
   counter++;                //控制表达式：让计数器累加
}while(counter <= 10);      //条件表达式
```

进入 do-while 循环体内，会先执行程序语句后，再进行条件表达式的运算，若条件成立（true），则继续执行，不断重复，直到 while 语句的条件表达式不成立（false），才会离开循环。上面示例程序的流程控制图如图 4-25 所示。

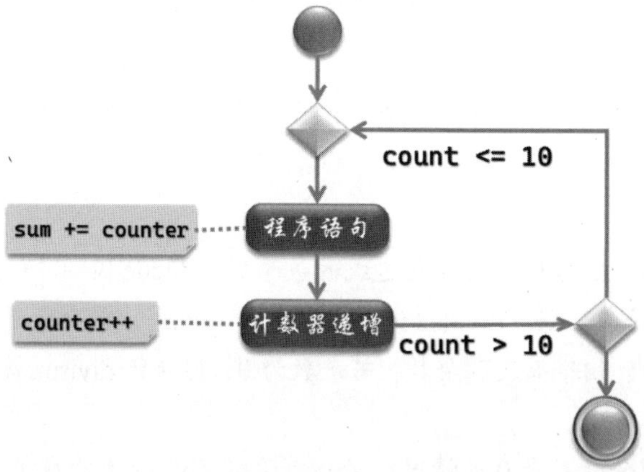

图 4-25 do-while 流程控制

范例 Ex0410.csproj

产生一个 1~100 的随机整数，以 do-while 循环来实现用户猜数的游戏，直到用户猜中，并记录猜测的总次数。执行结果如图 4-26 所示。

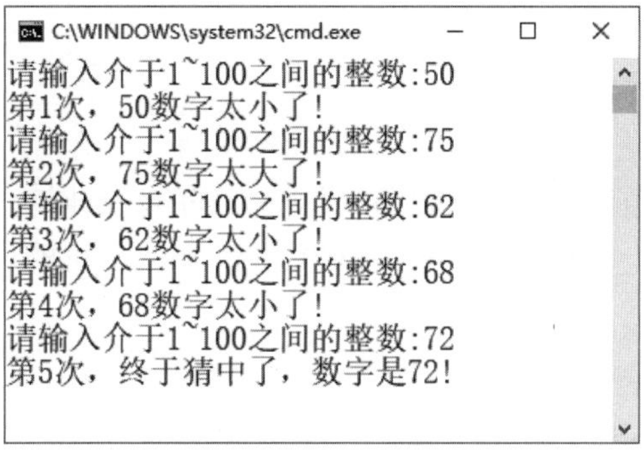

图 4-26　范例 Ex0410 的执行结果

步骤 01 创建控制台应用项目 Ex0410，框架选择“.NET 6.0（长期支持）”。无 Main()主程序，编写如下的程序代码。

```
01 //省略部分程序代码
02 Random rnd = new();   //新建随机数对象
03 int value = rnd.Next(1, 100);   //产生 1~100 的随机数
04 do
05 {
06    Write("请输入介于 1~100 之间的整数:");
07    int keyin = Convert.ToInt32(ReadLine());
08    if (keyin > value)
09       WriteLine($"第{counter}次，{keyin}数字太大了!");
10    else if (keyin < value)
11      WriteLine($"第{counter}次，{keyin}数字太小了!");
12    else
13    {
14       WriteLine(
15          $"第{counter}次，终于猜中了，数字是{keyin}!");
16       guess = true;//表示猜对了
17    }
18   counter++;//累加猜的次数
19 } while (!guess);   //以!guess 作为条件表达式
```

步骤 02 按 F5 键生成可执行程序，再执行程序。注意，程序执行完毕后，按任意键即可关闭程序窗口。

程序说明

- 第 01 行：从 C# 9.0 开始，若已知表达式的目标类，则可省略其名称。
- 第 04~19 行：do-while 循环，没有猜对（条件成立）的情况下会继续执行循环，直到用户猜对才会结束循环。
- 第 08~17 行：if-else if-else 语句。将用户输入的数值和默认值进行比较。
- 第 08、09 行：若输入的数字太大，则执行 if 程序区块的语句，并告知用户输入的数字太大。
- 第 10、11 行：若输入的数字太小，则执行 else-if 程序区块的语句，并告知用户输入的数字太小。

4.3.4 嵌套 for 循环语句

所谓嵌套循环，就是循环之内还有循环，最常看到的就是嵌套 for 循环。通常是每一层循环体都有独立的循环控制，这种做法和前面的嵌套 if 相同，也就是循环体之间不可以有程序区块的重叠。

范例 Ex0411.csproj

使用双重 for 循环绘制简单的“*”字符，外层 for 控制行数，内层 for 则在每一列输出字符“*”。嵌套 for 的特色就是内层 for 循环没有结束时，外层 for 循环不会变更计数器的值，每次进入内层 for 循环都是从设置的初始值开始的。范例 Ex0411 的执行结果如图 4-27 所示。

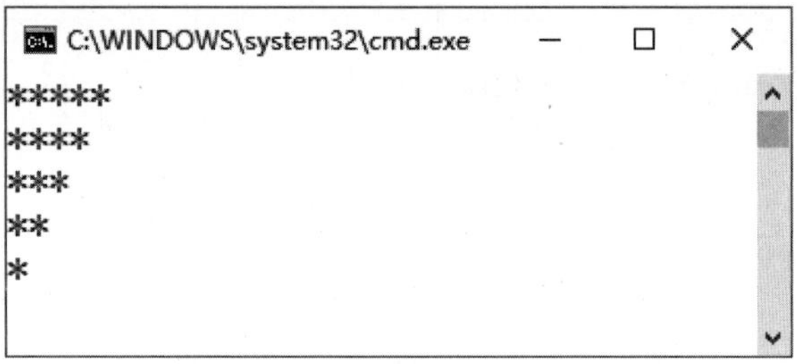
C:\WINDOWS\system32\cmd.exe
*****
****
***
**
*

图 4-27 范例 Ex0411 的执行结果

步骤 01 创建控制台应用项目 Ex0411，框架选择“.NET 6.0（长期支持）”。无 Main()主程序，编写如下的程序代码。

```
01 for (int one = 5; one >= 1; one--)    //外层 for 控制行数
02 {
03   for (int two = 1; two <= one; two++)    //内层控制输出数量
04     Write("*");
05   WriteLine();
06 }
07 ReadKey();
```

步骤 02 按 F5 键生成可执行程序，再执行程序。注意，程序执行完毕后，按任意键即可关闭程序窗口。

程序说明

- 第 01~06 行：外层 for 循环，控制行数。
- 第 03、04 行：内层 for 循环，负责输出*字符。下面通过表 4-2 来说明。

表 4-2　双层 for 循环的运行方式

外层 for 循环			内层 for 循环			备　注
循环	计数器 one	条件表达式 one≥1	循环	计数器 two	条件表达式 two≤one	Write("*")
1	5	5≥1, true	1	1	1≤5, true	*
			2	2	2≤5, true	**
			3	3	3≤5, true	***
			4	4	4≤5, true	****
			5	5	5≤5, true	*****
			6	6	6≤5, false	外层 for 换行
2	4	4≥1，true	1	1	1≤4, true	*
			2	2	2≤4, true	**
			3	3	3≤4, true	***
			4	4	4≤4, true	****
			5	5	5≤4, false	外层 for 换行
3	3	3≥1，true	1	1	1≤3, true	*
			2	2	2≤3, true	**
			3	3	3≤3, true	***
			4	4	4≤3, false	外层 for 换行
4	2	2≥1，true	1	1	1≤2, true	*
			2	2	2≤2, true	**
			3	3	3≤2, false	外层 for 换行
5	1	1≥1，true	1	1	1≤1, true	*
			2	2	2≤1, false	外层 for 换行
6	0	0≥1，false			结束循环	

- 外层 for 先停留在第一行，内层 for 循环调用 Write()方法打印出 one 个“*”字符，当 two<=one 的条件表达式为 false 时，外层 for 循环的 WriteLine()方法会换到新行。以此类推，直到外层 for 循环结束。具体执行过程中输出的分解示意图如图 4-28 所示。

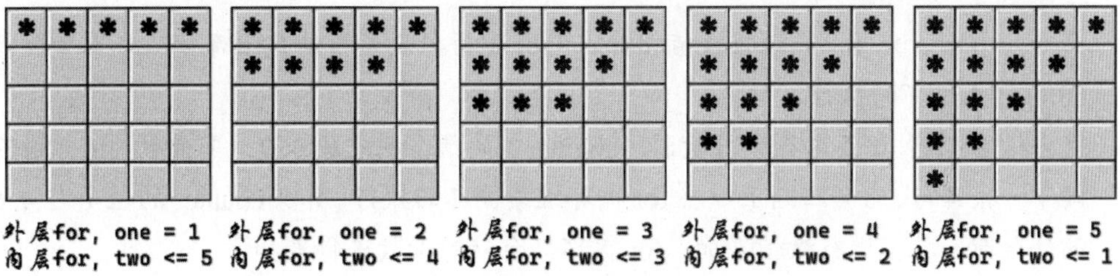

图 4-28　范例 Ex0411 执行过程中输出的分解示意图

4.3.5　其他语句

一般来说，break 语句用来中断循环的执行，continue 语句用来暂停当前执行的语句，它会回到当前语句的上一个区块，让程序继续执行下去。因此，可以在 for、while、do…while 循环的程序语句中加入 break 或 continue 语句，使用一个简单的范例来说明这两者之间的差异。

范例 Ex0412.csproj

使用 for 循环找出奇数，break 语句能中断循环的执行，而 continue 语句则用于停止此轮循环的执行，回到 for 循环继续下一轮循环的执行。范例 Ex0412 的执行结果如图 4-29 所示。

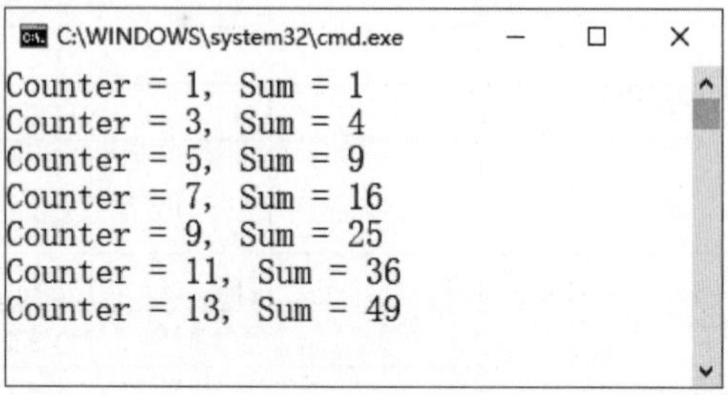

图 4-29　范例 Ex0412 的执行结果

步骤 01 创建控制台应用项目 Ex0412，框架选择“.NET 6.0（长期支持）”。无 Main()主程序，编写如下的程序代码。

```
01 int counter, sum = 0;
02 for (counter = 0; counter <= 20; counter++)
03 {
04    if (counter % 2 == 0)    //找出奇数
05       continue;              //继续循环
06    sum += counter;
07    if (sum > 60)             //第二条 if 语句
08       break;                //中断循环
09    WriteLine($"Counter = {counter}, Sum = {sum}");
10 }
11 ReadKey();
```

步骤 02 按 F5 键生成可执行程序，再执行程序。注意，程序执行完毕后，按任意键即可关闭程序窗口。

程序说明

- 第 02~10 行：以 for 循环将数值相加。使用 if 语句设置条件找出奇数，当累加数值大于 60 时停止循环的执行。
- 第 04、05 行：if 语句判断计数器（counter）的值，把它除以 2，若余数为 0，则不再继续下一条语句，它会回到上一层 for 循环继续循环的执行。所以 counter 的值是“2,4, 6, …”的偶数时，就不进行数值累加，for 循环只会针对奇数进行累加。
- 第 07、08 行：第二条 if 语句程序区块，当 sum 累加的值大于 60 时，就以 break 语句来中断整个循环的执行并结束应用程序。

重点整理

- "结构化程序设计"是一种软件开发的基本精神，根据从上而下（Top-Down）的设计策略将复杂的问题分解成小且简单的问题，产生"模块化"程序代码。"结构化程序设计"包含三种流程控制，即顺序结构、选择结构和循环结构。
- 条件选择的"单一选择"是 if 语句，若条件成立（true），则执行程序区块中的语句。"双向选择"是使用 if-else 语句，若条件成立，则执行 if 程序区块中的语句；若条件不成立（false），则执行 else 程序区块中的语句。
- 三目条件运算符"? :"简化了 if-else 语句，若条件成立，则执行"?"运算符之后的语句；若条件不成立，则执行":"运算符之后的语句。
- 嵌套 if 是 if-else 语句的变形，也就是 if-else 语句中还含有 if-else。执行时，第一个条件成立才会进入第二个条件，一层一层进入，直到最后一个条件。
- 条件选择有多重时，if-else-if 和 switch-case 语句都能处理。switch 语句的表达式可以是数值或常数，case 语句所包含数据的数据类型必须和 switch 表达式结果的数据类型相同。若 switch 表达式的结果与任何 case 语句中的数值都不匹配，则执行 default 程序区块中的程序语句。
- 重复流程结构有 for 循环、while 循环和 do-while 循环。
- for 循环是可计次循环，必须配合计数器、条件表达式和条件控制表达式进行循环控制。
- while 循环是前测试循环，指定的条件成立才会进入循环体，直到条件不成立才离开循环。do-while 循环则是后测试循环，会先进入循环体执行语句，再进行条件判断。
- break 语句用来中断循环的执行，continue 语句则是跳过当前这一轮循环尚未执行的语句，进入下一轮循环，让循环程序继续执行。

课后习题

（一）填空题

1. 请说明 UML 活动图中这些图标的作用：◉________、◇________、▢________。
2. 流程控制共有三种：①____________、②____________、③____________。
3. 下列语句执行后会输出________________。

```
int num1 = 55, num2 = 80;
Console.WriteLine(num1 > num2 ? "Passed" : "Failed");
```

4. 将下列 if-else 语句用三目条件运算符改写：______________________________。

```
int score = 75;
if(score >= 60)
   Console.WriteLine("Passed");
else
   Console.WriteLine("Failed");
```

5. 请填入以下语句中的关键字：①__________、②__________、③__________。

```
switch(表达式)
{
   ①值 1:
      程序区块 1;
      ②;
...
   ③://上述值都不匹配
      程序区块 n+1;
      break;
}
```

6. 请说明下列 for 循环语句中的标号各代表的意义：①____________________________、②________________________、③________________________。

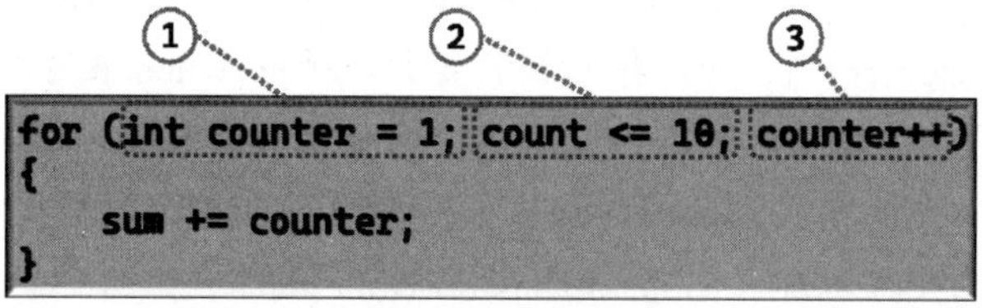

7. ______________循环进入程序区块后会先执行语句，再进行条件表达式的运算。

8.在下列 while 循环中，请指出①计数器____________，②条件运算____________，③控制运算____________。

```
int counter = 1, sum = 0;
while(counter <=10)
{
for (int counter = 1; count <= 10; counter++)
    sum += counter;
    counter++;
}
```

（二）问答题与实践题（新建解决方案并加入下列 5 个项目，框架选择“.NET 6.0（长期支持）”）

1. 将范例 Ex0405.csproj 改为 if-else-if 语句。
2. 使用 switch-case 语句输出如图 4-30 所示的结果。

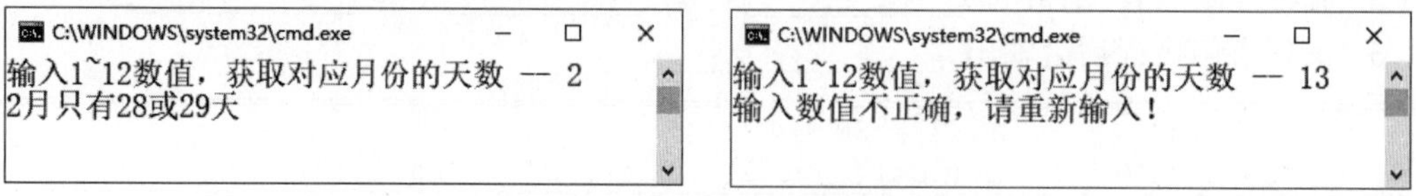

C:\WINDOWS\system32\cmd.exe
输入1~12数值，获取对应月份的天数 -- 2
2月只有28或29天
C:\WINDOWS\system32\cmd.exe
输入1~12数值，获取对应月份的天数 -- 13
输入数值不正确，请重新输入！

图 4-30　实践题 2 的执行结果

3. 请用 for 循环输出如图 4-31 所示的结果。

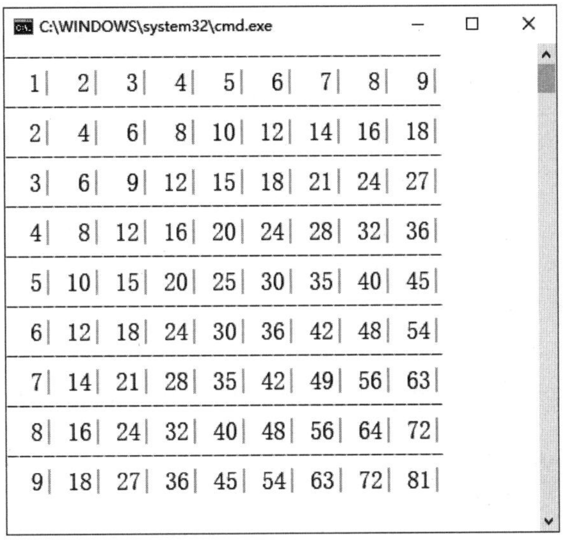

图 4-31 实践题 3 的执行结果

4. 将上面的实践题 2 加以改进，让程序可以重复执行。

5. 使用双重 for 循环输出如图 4-32 所示的星形图案。

```
C:\WINDOWS\system32\cmd.exe       —    □    ×
*
**
***
****
*****
******
*******
********
*********
**********
```

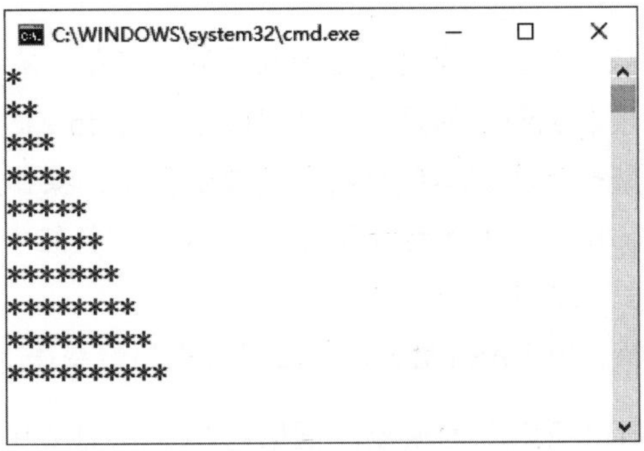

图 4-32 实践题 5 的执行结果

第 5 章

数组和字符串

章节重点

- 由一维数组开始，从声明、分配内存空间到设置初始值。有将数组初始化的简化步骤，将数组初始化；要读取数组中的元素，可以配合 for、foreach 循环。
- 认识二维数组，了解如何声明二维数组，或者以初始化操作来产生数组。
- 数组长度不固定时，使用“不规则数组”，它意味着“数组中有数组”；“隐式数组”是数组的数据类型未进行显式声明。
- 认识 String 的不变性，StringBuilder 是管理字符串的好帮手。

本章范例项目以“控制台应用”为模板，框架选择“.NET 6.0（长期支持）”，通过“开始调试”（按 F5 键）生成可执行程序，再执行程序。

5.1 数　　组

数组是由数组元素组成的。为什么要使用数组？先来了解一些实际情况。若要以程序来处理某一项“数据”，必须先设置一个变量名称，再将这项数据赋值给这个变量。举例来说，学校里要计算学生的成绩，每位学生的成绩可能有 4 或 5 科分数，如果通过程序处理，这些成绩就需要 4 或 5 个变量来存储。如果全班有 30 个学生，就需要更多变量。假设一个年级有三个班，那么统计全校学生的成绩可能还需要更多变量才能处理。

计算机的内存有限，为了让内存空间的利用率发挥到极致，使用“数组”这种特殊的数据结构可以解决上述问题。把程序中的同类信息全部记录在某一段内存中，既可以省去为同类信息逐一命名的步骤，又可以通过“下标值”（Index，也称为索引值）获取在内存中真正需要的信息。因此，数组可视为一连串数据类型相同的变量。

5.1.1　声明一维数组

变量与数组的差别在于一个变量只能存储一个数据，而数组能把类型相同的数据集合在一起，称为“数组元素”，它占用连续的内存空间。数组依照排列方式和占用的内存空间大小可分为一维数组、二维数组等。

声明变量后，内存要分配空间才能存放变量值，声明变量并给予初值，表示完成变量的“初始化”。产生一个完整的数组有三个步骤：①声明数组，②创建数组，③数组初值设置。声明一维数组的语法如下：

```
数据类型[] 数组名;
```

- 数据类型：为了获取内存空间，必须告知编译器要使用的数据类型，如 int、string、float 和 double 等。
- [] (中括号)：表示数组的维数，括号中没有任何字符，表示它是一维数组。
- 数组名：标识符名称的一种，数组名的使用方式必须遵守标识符名称的规范。

数组经过声明不代表已获得内存空间，必须以 new 运算符实例化才能进一步获得内存空间的分配。其语法如下：

```
数组名 = new 数据类型[size];
```

- size：中括号中的数值表示数组长度或大小，也就是可以存放数组元素的数量。

就如同变量一样，也可以将第一步和第二步合并：声明数组并以 new 运算符来设置数组长度。合并后的语法如下：

```
数组名 = new 数据类型[size];
```

例一：声明数组并设置其长度。

```
int[] grade;                    //声明数组
grade = new int[4];             //以 new 运算符实例化长度为 4 的数组
int[] grade = new int[4];       //可以将上述两行合并成一行
```

- 声明了一个 int 类型的数组，它的名称为 grade。
- 声明数组后，如何存放在内存中呢？使用图 5-1 来说明。

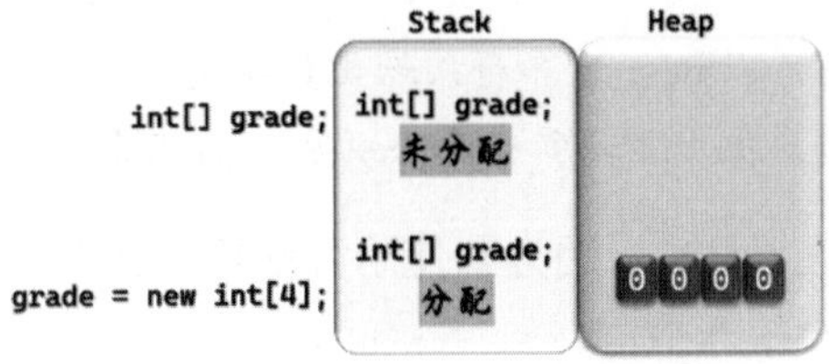

图 5-1　创建数组并获取内存分配的空间

数组经过声明，以 new 运算符获得了连续的内存空间，不过数组中并无任何元素。若是值类型，则会将初始值设为 0；若是字符串类型，则会将初始值设为空字符串。要在数组中存放数据，可以针对各个数组元素给予初始值，其语法如下：

```
数组名[下标编号] = 初值;
```

数组的下标编号从 0 开始。在[]（中括号）内标上数字代表下标编号，一个下标编号只能存放一个数组元素。例如：

```
int[] grade = new int[4];
grade[2] = 34;
```

- 声明一维数组 grade，以 new 运算符实例化之后，表示可存放 4 个元素，它的下标编号从 grade[0]到 grade[3]。
- 指定 grade[2]存放数值 34。

我们也可以在声明数组时进行初始化设置，也就是将产生数组的步骤简化成两步或一步，配合{}（大括号）填入数组元素。要怎么做呢？

方法一：声明数组并初始化，例如：

```
int[] grade1 = {92, 74, 69, 57};
int[] grade2 = new int[4] {92, 74, 69, 57};
```

- 声明一维数组 grade 并在大括号内填入数组元素，元素与元素之间用逗号隔开。

grade 变量如何存放数组元素，通过图 5-2 来说明。

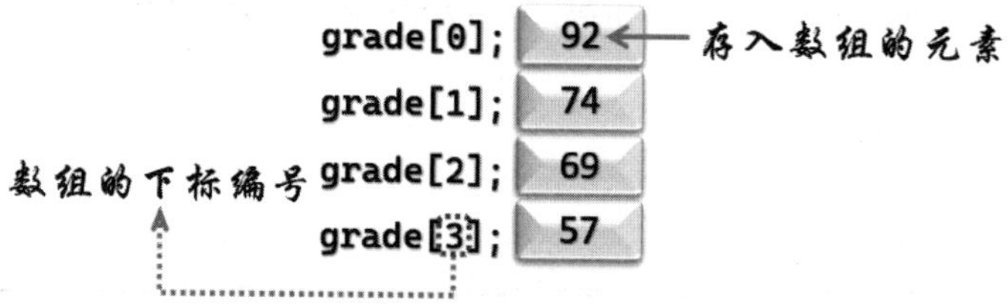

图 5-2 数组元素

方法二：声明数组并以 new 运算符完成初始化，例如：

```
int[] grade3;
grade3 = new int[]{92, 74, 69, 57};
int[] grade4 = new int[] {92, 74, 69, 57};
```

- 声明一维数组 grade3，以 new 运算符初始化数组元素。
- 声明一维数组 grade4，把上述两行语句合并成一行语句。

无论是数组 grade2 还是 grade3，因为都使用大括号“{}”来初始化数组元素，所以数据类型后的中括号“[]”可以不填入数值。

5.1.2　数组元素的存取

一个经过初始化的数组可使用 foreach 循环读取其元素，它会按照数组元素返回的顺序进行处理，从下标编号 0 开始到最后。其语法如下：

```
foreach(数据类型 对象变量 in 集合)
{
    程序区块语句;
}
```

- 对象变量：对象变量的内容包含数组或对象，数据类型必须和集合或数组相同。
- 集合：数据类型必须和对象变量相同。

foreach 循环执行区块语句时，根据数组的长度来决定循环次数，可配合 break 或 continue 语句。

范例 Ex0501.csproj

使用 foreach 循环按序读取数组的元素并加入下标，了解数组中每个元素对应的位置（下标编号）。范例 Ex0501 的执行结果如图 5-3 所示。

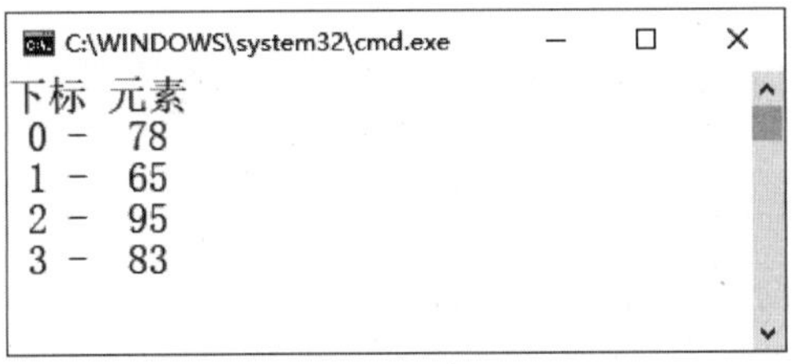

图 5-3　范例 Ex0501 的执行结果

步骤 01 创建控制台应用项目 Ex0501，框架选择“.NET 6.0（长期支持）”。无 Main()主程序，编写如下的程序代码。

```
01 int[] grade;        //step1: 声明一维数组
02 grade = new int[] { 78, 65, 92, 85 };  //step2: 初始化数组元素
03 int index = 0;     //加入下标变量，设置初始值从 0 开始
04 WriteLine("下标  元素");
05 foreach (int item in grade)   //step3: 读取数组元素
06 {
07    WriteLine($" {index} - {item,3}");  //设置 item 的字段宽度为 3
08    index += 1;      //递增
09 }
10 ReadKey();
```

步骤 02 按 F5 键生成可执行程序，再执行程序。注意，程序执行完毕后，按任意键即可关闭程序窗口。

程序说明

- 第 01、02 行：声明一维数组 grade，然后使用 new 运算符将其初始化。

- 第 05~09 行：使用 foreach 循环读取数组元素，以变量 index 的值作为下标编号，从第 0 个元素开始，直到数组元素读取完毕。

for 循环虽然也能处理数组，但必须获取数组的长度才能读取数组元素。此时要使用来自 System 命名空间的 Array 类（参考 5.2 节）所提供的属性 Length 获取数组的长度，其语法如下：

```
数组名.Length;
```

for 循环读取数组的简单示例如下：

```
for(int item =0; item < grade.Length; item++)
{
   Console.WriteLine($"数组, 下标{item} > {grade[item]}");
}
```

- for 循环中计数器“item = 0”：表示从数组的下标编号 0 开始。
- 条件表达式“item < grade.Length”：表示计数器大于数组的长度就会结束循环。
- 条件控制表达式“item++”；每读取一个数组元素，计数器就加 1，直到数组读取完毕。
- 要输出数组中的每个元素，必须以“数组名[下标编号]”来存取数据中的元素。

5.2 Array 类

Array 类属于 System 命名空间，是所有数组的基类，提供了所有数组的属性和方法。表 5-1 介绍了它的属性和方法。

表 5-1 Array 类的属性和方法

属性和方法	说明
Length	获取数组所有维度的元素总数（数组的长度）
Rank	获取数组的维数
IsFixedSize	数组的大小是否已固定，返回布尔值（true 或 false）
BinarySearch()	在已排序的一维数组中查找某项或某个元素
Copy()	将数组 A 指定其范围的元素复制到数组 B
CopyTo()	将当前一维数组的所有元素复制到指定的一维数组
GetLength()	获取指定维度的项数（长度）
GetLowerBound()	下边界值，也就是获取数组指定维度第一个元素的下标
GetUpperBound()	上边界值，也就是获取数组指定维度最后一个元素的下标
Sort()	将一维数组排序
Reverse()	将一维数组的所有元素反转其顺序
IndexOf()	查找一维数组中指定的对象，返回第一个符合条件的元素下标

（续表）

属性和方法	说明
Resize()	将一维数组的长度更改为指定大小
SetValue()	按指定的下标位置来设置某个元素的值

由于方法 GetLowerBound()、GetUpperBound()可以获取数组的上边界值和下边界值，因此可以调用它们来配合 for 循环方便数组元素的存取，例如存取一维数组：

```
Int number = {78, 125, 43, 67, 18};
int lower = number.GetLowerBound(0);    //下边界值为 0
int upper = number.GetUpperBound(0);    //上边界值为 5
for (int item = lower; item < upper; item++)
  Write(age[item]);
```

- GetLowerBound()和 GetUpperBound()方法都将参数设为 0，表示数组维数为 1。
- 一维数组 number 的下边界值和上边界值会分别返回 0 和 5。若将 GetUpperBound()方法参数设为 1，即超出下标的边界值范围，则会抛出异常 IndexOutOfRangeException。

5.2.1　排序

将数值从小到大排序称为递增，将数值从大到小排序则称为递减。Array 类的 Sort()方法可以对一维数组进行排序，即它能以一维数组为排序对象，同时可以指定排序的范围，相关语法如下：

```
Array.Sort(Array)
Array.Sort(Array, index, length)
```

- Array：要排序的一维数组。
- index：指定要排序的开始下标值。
- length：指定要排序的元素个数。

Sort()方法只能进行递增排序，若要完成递减排序，则需要两个步骤：先调用 Sort()方法完成递增排序（即升序），再调用 Reverse()方法反转升序后数组中元素的顺序。Reverse()方法的语法简介如下：

```
Array.Sort(数组 1, [数组 2]);    //将数组元素从小到大进行排序
Array.Reverse(数组);            //将升序排序后数组中的元素顺序反转过来
```

- 数组 1：用于排序的数组，以它的元素为排序的键（Key）。
- 数组 2：选项参数。表示数组 1 和数组 2 都以数组 1 的值作为键进行排序。

范例 Ex0502.csproj

建立一维数组并初始化其内容。排序前使用 foreach 循环存取数组，排序后则以 for 循环进行处理，了解这两种循环的不同之处。调用 Sort()方法完成升序排序之后，再调用 Reverse()方法把数组中元素的顺序都反转过来以完成递减排序。范例 Ex0502 的执行结果如图 5-4 所示。

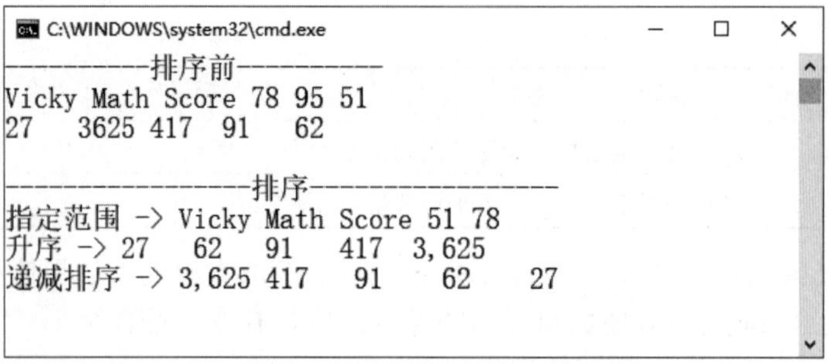

图 5-4　范例 Ex0502 的执行结果

步骤 01 创建控制台应用项目 Ex0502，框架选择“.NET 6.0（长期支持）”。无 Main()主程序，编写如下的程序代码。

```
01 //声明一维数组并初始化
02 String[] student = {
03    "Vicky", "Math", "Score", "78", "95", "51"};
04 int[] number = {27, 3625, 417, 91, 62 };
05 WriteLine("----------排序前----------");
06 foreach (String element in student)
07    Write($"{element} ");
08 WriteLine();
09 foreach (int item in number)
10    Write($"{item, -5}");
11 Array.Sort(student, 3, 3);    //从下标 3 开始取 3 个元素排序
12 Array.Sort(number);           //升序
13 WriteLine("\n\n-----------------排序-----------------");
14 Write("指定范围 -> ");
15 int lower = student.GetLowerBound(0);    //数组下边界值
16 int upper = student.GetUpperBound(0);    //数组上边界值
17 for (int item = lower; item < upper; item++)
18    Write($"{student[item]} ");
19 WriteLine();
20 Write("升序 -> ");
21 for (int item = 0; item < number.Length; item++)
22    Write($"{number[item], -5:N0}");
23 WriteLine();
24 Array.Reverse(number);    //反转数组中元素的顺序
25 Write("递减排序 -> ");
26 for (int item = 0; item < number.Length; item++)
27    Write($"{number[item], -6:N0}");
28 WriteLine();
29 ReadKey();
```

步骤 02 按 F5 键生成可执行程序，再执行程序。注意，程序执行完毕后，按任意键即可关闭程序窗口。

程序说明

- 第 06、07 行：由 foreach 循环读取未排序的数组元素并输出。
- 第 11、12 行：调用 Array 类的 Sort()方法对 student、number 两个数组进行排序。对于 student 数组，是指定范围进行排序；对于 number 数组，是对其整体进行排序。

- 第 15~18 行：调用 GetLowerBound()和 GetUpperBound()方法获取 student 数组的下边界值和上边界值，再使用 for 循环读取数组。
- 第 21、22 行：通过属性 Length 获取数组的长度，配合 for 循环输出排序后数组中的元素，“-5”表示字段宽度是 5 且向左对齐。
- 第 24 行：如果要进行递减排序，当调用 Sort()方法进行递增排序后，再调用 Reverse()方法反转数组中元素的顺序以实现递减排序。

下面来看调用 Sort()方法对两个数组进行排序的情况，相关语法如下：

```
Array.Sort(Array1, Array2)
Array.Sort(Array, Array, index, length)
```

- Array1(key)：以第一个数组为主进行排序，其下标会成为排序的键。
- Array2(value)：能对应到第一个数组的下标所存放的数组元素。

当排序有两个数组时，就形成简易的字典结构，以键（key）为主，带出对应的值（value），如同去便利店买饮料，每份商品（key）标示不同的价格（value），顾客结账时会根据商品给出所对应的金额。

范例 Ex0503.csproj

表 5-2 是一个含有名字和出生年份的表格，按下标编号的顺序分别以 name 和 born 两个数组存放其数据。第一次排序以 born 为键，第二次排序以 name 为键。范例 Ex0503 的执行结果如图 5-5 所示。

表 5-2 name 和 born 两个数组存放的数据

	下标	[0]	[1]	[2]	[3]	[4]	[5]
Array1	name(key)	Brie	Randall	Tomas	Benedict	Vicky	Meryl
Array2	born(value)	1974	1981	1967	1978	1989	1953

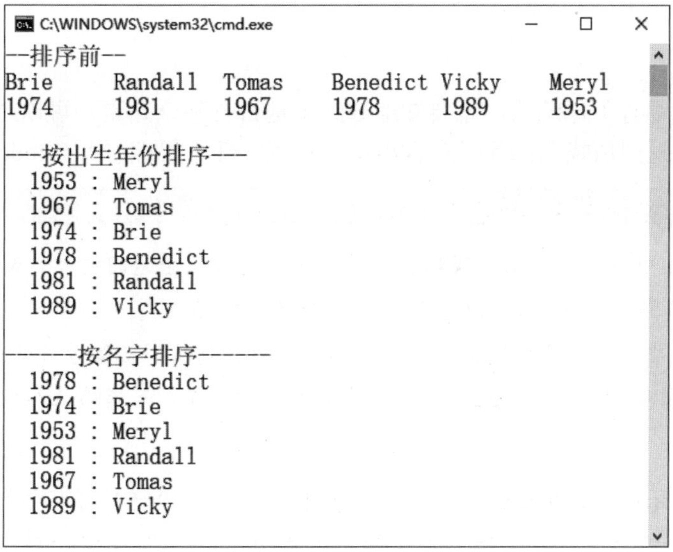

图 5-5 范例 Ex0503 的执行结果

步骤 01 创建控制台应用项目 Ex0503，框架选择".NET 6.0（长期支持）"。无 Main()主程序，直接编写如下的程序代码。

```
01 int[] born = { 1974, 1981, 1967, 1978, 1989, 1953 };
02 string[] name = { "Brie", "Randall", "Tomas",
03     "Benedict", "Vicky", "Meryl" };
04 WriteLine("--排序前--");
05 foreach (string element2 in name) //读取排序前的两个数组元素
06   Write($"{element2, -9}");
07 WriteLine();
08 foreach (int element1 in born)
09   Write($"{element1, -9}");
10 WriteLine();
11 Array.Sort(born, name); //按出生年份升序
12 WriteLine("\n---按出生年份排序---");
13 display(born, name);    //调用静态方法 display()输出结果
14 Array.Sort(name, born);
15 WriteLine("\n------按名字排序------");
16 display(born, name);
17 //省略部分程序代码
```

步骤 02 按 F5 键生成可执行程序，再执行程序。注意，程序执行完毕后，按任意键即可关闭程序窗口。

程序说明

- 第 01~03 行：声明两个数组元素并初始化，分别是存放出生年份的 born 数组和存放名字的 name 数组。
- 第 11 行：调用 Sort()方法把放入的两个数组作为参数进行排序（以 born 为键、以 name 为值）。
- 第 14 行：调用 Sort()方法以 name 为键、以 born 为值进行排序。

5.2.2 查找

每个数组元素都有下标编号，想要知道数组中是否有某个元素，可以通过 IndexOf()方法查找，该方法可以返回所找到的元素在数组中的位置（即下标编号）。IndexOf()的语法如下：

```
Array.IndexOf(数组名, value[, start, count]);
```

- value：数组中查找的对象，找到匹配的第一个元素就会返回结果。大多数数组会以 0 为下标的下边界值，找不到 value 时，将-1 作为返回值。
- start：指定要开始查找的下标值，若省略此参数，则从下标编号 0 开始查找。
- count：选项参数，配合 start 值指定要查找的元素数量，若省略此参数，则以整个数组为查找对象。

在下面的简单示例中，IndexOf()方法会返回数组中元素"354"的下标编号 3。

```
int[] number = {56, 78, 9, 354, 17};//声明数组并初始化
```

```
int index = Array.IndexOf(number, 354);
```

另一个与查找数组元素有关的方法是 BinarySearch()，不过它查找的对象是已排序的数组，它的语法如下：

```
Array.BinarySearch(Array, value)
```

- Array：要查找的数组，但是要求该数组事先已排序。
- value：要查找的值。若未找 value，则会返回负值；若找到的话，则返回该元素在数组中的下标编号。

范例 Ex0504.csproj

调用 IndexOf()方法找出数组中年龄是 24 岁的人员。若查到多笔符合条件的记录，则使用 while 循环重复查找数组中下一个年龄为 24 的人员。数组经过排序，就能调用 BinarySearch()方法查找指定的值。范例 Ex0504 的执行结果如图 5-6 所示。

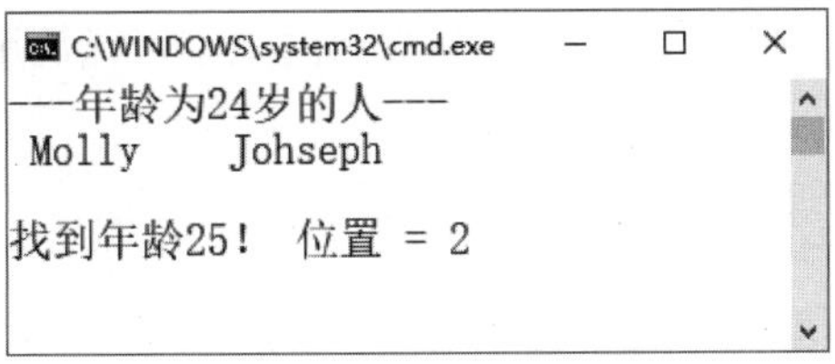

图 5-6　范例 Ex0504 的执行结果

步骤 01 创建控制台应用项目 Ex0504，框架选择“.NET 6.0（长期支持）”。无 Main()主程序，编写如下的程序代码。

```
string[] name = {"Molly", "Eric", "Johseph",
   "Peter", "Iron", "Priyanka"};
int[] age = { 24, 26, 24, 26, 28, 25 };
int index = Array.IndexOf(age, 24); //返回 24 岁的 index 值
WriteLine("---年龄为 24 岁的人---\n");
while (index >= 0)   //使用 while 循环查找年龄为 24 岁的人，打印出他们的名字
{
   Write($" {name[index], -8}");//-8 表示字段宽为 8，靠左对齐
      index = Array.IndexOf(age, 24, index + 1);//继续查找下一笔数据
}
Array.Sort(age);   //调用 BinarySearch()方法进行查找前，数组要先排序
var key = Array.BinarySearch(age, 25);
switch (key)
{
   case >= 0:
      WriteLine($"\n 找到年龄 25！ 位置 = {key}");
      break;
   default:
      WriteLine($"\n 未找到年龄 25！ 位置 = {key }");
      break;
}
ReadKey();
```

步骤 02 按 F5 键生成可执行程序，再执行程序。注意，程序执行完毕后，按任意键即可关闭

程序窗口。

程序说明

- 第 01~03 行：声明两个数组，name 用于存放名字，age 用于存放年龄。
- 第 04 行：调用 IndexOf()方法找出 24 岁的下标编号。
- 第 06~10 行：使用 while 循环查找年龄为 24 岁的人，找到后将变量 index 递增 1，而后继续移动到下一笔继续查找。
- 第 11、12 行：调用 BinarySearch()方法进行查找前，要先将数组排序。
- 第 13~21 行：C# 9.0 允许 switch 语句使用条件表达式，它会根据条件表达式的结果选取符合条件的语句来执行。

5.2.3 改变数组的大小

创建数组时通常要指定它的大小。要改变数组的大小可以调用 Resize()方法，该方法的语法如下：

```
Array.Resize(ref 数组名, newSize)
```

- ref 数组名：要在数组名前加上 ref 来引用数组，而且必须是一维数组。
- newSize：表示要重新指定数组的大小。

以 Resize()方法重新分配数组大小时，newSize 参数有以下三种情况需要注意：

- newSize 等于旧数组长度，Resize()方法不会执行。
- newSize 大于旧数组长度，旧数组的所有元素会复制到新数组。
- newSize 小于旧数组长度，旧数组元素复制填满新数组，多出的元素则被舍弃。

范例 Ex0505.csproj

先创建类型为 string 的一维数组，第一次调用 Array.Resize()方法将数组容量扩大，第二次再调用 Array.Resize()方法将数组容量缩小。通过 foreach 循环的读取来了解数组的内部变化。范例 Ex0505 的执行结果如图 5-7 所示。

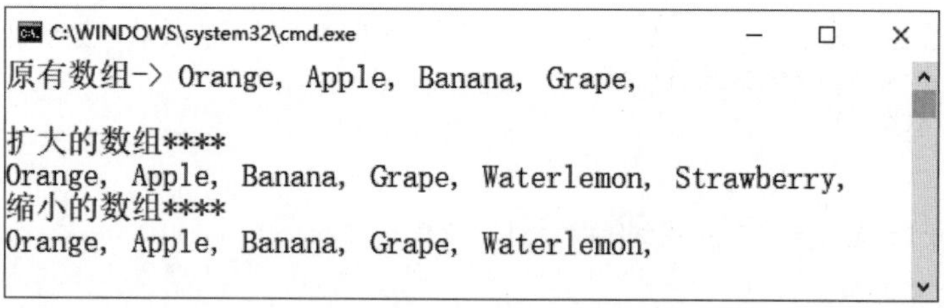

图 5-7　范例 Ex0505 的执行结果

步骤 01 创建控制台应用项目 Ex0505，框架选择“.NET 6.0（长期支持）”。无 Main()主程序，编写如下的程序代码。

```
01 //省略部分程序代码
```

```
02 Array.Resize(ref fruit, fruit.Length + 2);   //将数组扩大
03 fruit[4] = "Waterlemon";   //加入数组元素
04 fruit[5] = "Strawberry";
05 WriteLine("\n\n 扩大的数组****");
06 foreach (string item in fruit)
07   Write($"{item}, ");
08
09 Array.Resize(ref fruit, fruit.Length - 1); //将数组缩小
10 WriteLine("\n 缩小的数组****");
11 foreach (string item in fruit)
12   Write($"{item}, ");
13 ReadKey();
```

步骤 02 按 F5 键生成可执行程序，再执行程序。注意，程序执行完毕后，按任意键即可关闭程序窗口。

程序说明

- 第 02~04 行：调用 Array.Resize()方法将 fruit 数组扩大，再加入两个元素。
- 第 06、07 行、第 11、12 行：使用 foreach 循环读取数组元素，查看 fruit 数组的改变情况。
- 第 09 行：调用 Array.Resize()将数组缩小，它会舍弃多出的部分数组元素。

5.2.4 数组的复制

要复制数组，需考虑数组本身是引用类型，因而必须指定它的开始和结束范围。下面来认识 Array 类提供的第一个方法 CopyTo()，其语法如下：

```
CopyTo(array, index);
```

- array：指定的目标数组。
- index：要复制数组的开始位置。

因为使用 CopyTo()方法会将源数组的元素全部复制到目标数组，所以要用源数组来调用 CopyTo()方法。若指定要复制的元素，则调用 Array 类的静态方法 Copy()，语法如下：

```
Array.Copy(sourceArray, destinationArray, length)
```

- sourceArray：源数组。
- destinationArray：目的数组。
- length：要复制的数组元素个数，其数据类型为 Int32 或 Int64。

范例 Ex0506.csproj

调用 Copy()和 CopyTo()方法复制数组，并了解两种方法的不同之处。范例 Ex0506 的执行结果如图 5-8 所示。

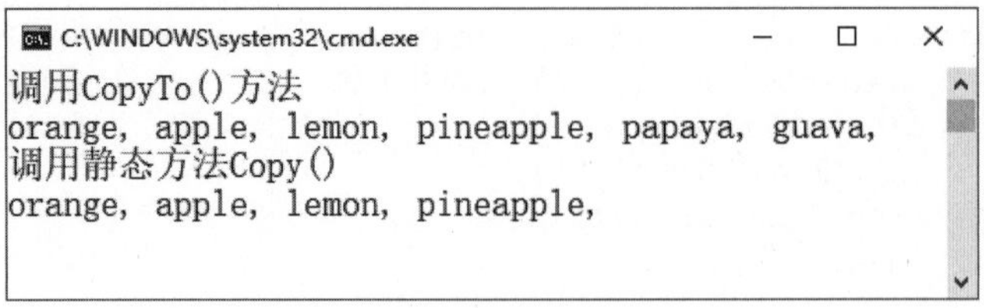

图 5-8　范例 Ex0506 的执行结果

步骤 01 创建控制台应用项目 Ex0506，框架选择“.NET 6.0（长期支持）”。无 Main()主程序，直接编写如下的程序代码。

```
01 //省略部分程序代码
02 string[] produce = new string[fruit.Length];
03 string[] product = new string[4];
04 fruit.CopyTo(produce, 0);
05 WriteLine("调用 CopyTo()方法");
06 foreach (string item in produce)
07   Write($"{item}, ");
08 WriteLine();
09
10 Array.Copy(fruit, product, 4);
11 WriteLine("调用静态方法 Copy()");
12 foreach (string item in product)
13   Write($"{item}, ");
14 WriteLine();
15 ReadKey();
```

步骤 02 按 F5 键生成可执行程序，再执行程序。注意，程序执行完毕后，按任意键即可关闭程序窗口。

程序说明

- 第 02、03 行：创建两个目的数组 produce 和 product，以便存放复制后的元素，数据类型必须与 fruit 相同。其中 produce 数组的长度必须与 fruit 相同，声明时以 fruit 数组为其长度；product 数组只存放 4 个元素。
- 第 04 行：fruit 数组调用 CopyTo()方法，会将所有元素复制给 produce 数组。
- 第 10 行：调用 Array 类的静态方法 Copy()，复制前 4 个元素到 product 数组。

5.3　数组结构面面观

数组的维数是“一”（或只有一个下标），称为“一维数组”。在程序设计需求上，一般会使用维数为 2 的“二维数组”，比较简单的例子就是 Microsoft Office 软件中的 Excel 电子表格，使用行与列的概念来表示位置。如果教室里只有一排学生，就可以使用一维数组来处理。如果有 5 排学生，每一排有 4 个座位，则表示教室里能容纳 20 个学生，这样的描述表达了二维数组的基本概念（由行、列组成）。当数组的维数是二维（含）以上时，又称“多维数组”，例如一栋建筑物含有多间教室，就构成了多维数组。

5.3.1　创建二维数组

二维数组与一维数组一样，需经由声明，以 new 运算符来分配内存空间，再给数组元素赋值，或者直接以初始化来产生二维数组。二维数组的语法如下：

```
数据类型[,] 数组名;                //step1: 声明二维数组
数组名 = new 数据类型[行数, 列数]; //step2: 分配内存
数据类型[,] 数组名 = new 数据类型[行数, 列数];
```

- 声明二维数组后，以 new 运算符来分配内存空间。
- 将 step 1 和 step 2 合并来声明二维数组，并以 new 运算符分配行数、列数。

声明二维数组，以[]（中括号）内加上逗号来表示它有行有列，同时行、列都有长度或大小。例如，声明一个 4×3 的整数类型数组，示例语句如下：

```
int[,] number;            //声明二维数组
number = new int[4, 3]; //创建 4 行 3 列的数组
```

创建一个 4 行 3 列的二维数组 number，它由下标编号表示的存储位置如图 5-9 所示。

	第0列	第1列	第2列
第0行	number[0, 0]	number[0, 1]	number[0, 2]
第1行	number[1, 0]	number[1, 1]	number[1, 2]
第2行	number[2, 0]	number[2, 1]	number[2, 2]
第3行	number[3, 0]	number[3, 1]	number[3, 2]

图 5-9　二维数组 number 的下标编号

5.3.2　二维数组初始化

以 new 运算符分配二维数组的内存空间后，必须进行数组元素的初始值设置。其语法如下：

```
数组名[行下标编号, 列下标编号] = 初始值;
```

SetValue()方法可用于设置二维数组的值，其语法如下：

```
SetValue(value, index1, index2)
```

- value：按下标编号指定位置给二维数组的元素设置值。
- index1, index2：在二维数组中，index1 表示行的下标编号，index2 表示列的下标编号。

例一：声明二维数组 number 并以 new 运算符获取 4 行 3 列的内存空间。

```
int[,] number = new int[4, 3];
number[0, 0] = 64;
```

```
number.SetValue(123, 0, 1);
```

- 指定第 1 行（下标编号为 0）第 1 列（下标编号为 0）的数组位置存放数值 64。
- 指定第 1 行（下标编号为 0）第 2 列（下标编号为 1）的数组位置存放数值 123。

例二：声明二维数组的同时进行初始化。

```
int[,] number = {
   {75, 64, 96}, {55, 67, 39}, {45, 92, 85}, {71, 69, 81}};
int[,] number2 = new int[4, 3]
   {{75, 64, 96}, {55, 67, 39}, {45, 92, 85}, {71, 69, 41}};
```

- 声明二维数组 number 的同时将数组元素初始化，大括号内有 4 组大括号，表示行的长度为 4。每一行存放 3 个数组元素，所以它是一个 4 行 3 列的二维数组。
- 二维数组以 new 运算符创建并初始化数组元素，它的存放位置如图 5-10 所示。

	第0列	第1列	第2列
第0行	number[0, 0] = 75	number[0, 1] = 64	number[0, 2] = 96
第1行	number[1, 0] = 55	number[1, 1] = 67	number[1, 2] = 39
第2行	number[2, 0] = 45	number[2, 1] = 92	number[2, 2] = 85
第3行	number[3, 0] = 71	number[3, 1] = 69	number[3, 2] = 41

图 5-10　初始化二维数组的元素

如果数组是二维以上，要获取数组的长度，可调用 GetLength()方法来获取指定维数的长度，其语法如下：

```
数组名.GetLength(dimension);
```

- dimension：获取数组维度。

例三：调用 GetLength()方法获取数组维度的值后再赋值给变量使用。

```
int[,] score = {{75, 64, 96}, {55, 67, 39}};
int row = score.GetLenght(0);
int column = score.GetLength(1);
```

- 表示 score 数组是一个 2×3 的二维数组，行数为 2，列数为 3。
- 获取行数值（第 1 维数组），变量 row 返回值是 2。
- 获取列数值（第 2 维数组），变量 column 返回值是 3。

SetValue()方法用于设置数组的值，而 GetValue()方法用于获取数组在指定位置（某个元素）的值，其语法如下：

```
GetValue(index)
```

- index：数组指定的位置。

例四：声明一维数组后，按指定位置赋值。

```
int[] number
new int[3];   //一维数组能存放 4 个元素
number.SetValue(12, 0);
number.SetValue(25, 1);
number.SetValue(38, 2);
number.GetValue(0);   //返回第一个元素的值，应该是 12
```

例五：声明二维数组后，按指定位置赋值。

```
int[,] number = new int[3, 3];      //声明 3×3 的二维数组
number.SetValue(11, 0, 0);          //将数组第 0 行第 0 列的值设置为 11
number.SetValue(12, 0, 1);          //将数组第 0 行第 1 列的值设置为 12
number.SetValue(13, 0, 2);          //将数组第 0 行第 2 列的值设置为 13
WriteLine(number.GetValue(0, 0));   //返回数组第 0 行第 0 列元素的值
```

- *先声明二维数组 number 后，调用 SetValue()方法按位置赋值，再调用 GetValue()方法获取指定位置的元素值。*

程序发生错误

步骤 01 在前面的语句中，把 GetUpperBound()方法的参数设为 1 就会发生“未处理的异常”，而让执行中的程序中断并进入调试模式，如图 5-11 所示。

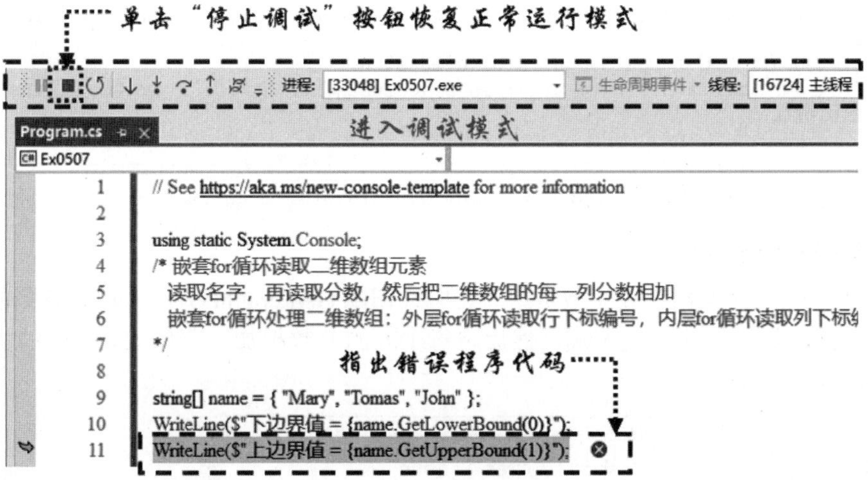

图 5-11　进入调试模式

步骤 02 发生“异常”后会一并弹出“未处理的异常”消息框。①单击“查看详细信息”进入“快速监视”对话框查看，②单击“关闭”按钮即可关闭“快速监视”对话框，再单击“未处理的异常”消息框右上角的 × 按钮即可关闭消息框，如图 5-12 所示。

步骤 03 单击工具栏上的“停止调试”按钮让程序恢复正常的编辑模式，这样我们就可以修正错误的程序代码。

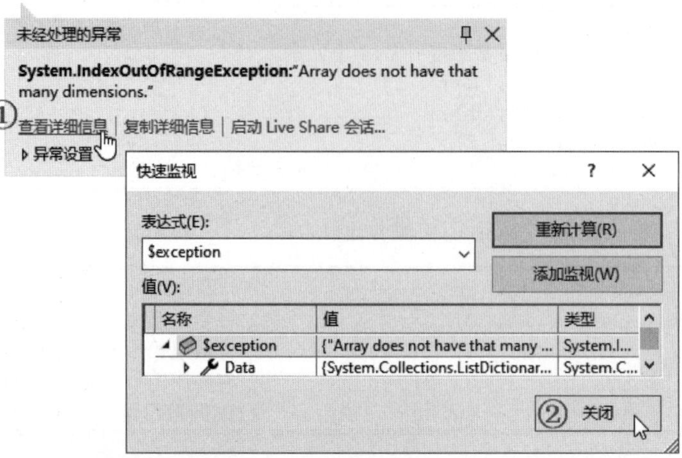

图 5-12 未经处理的异常

此外，若是按 Ctrl + F5 组合键生成可执行程序而发生错误，则显示的情况就不太相同，它不会进入调试模式，而是在控制台窗口输出错误信息，如图 5-13 所示，有时还会弹出消息框说明程序已停止运行。

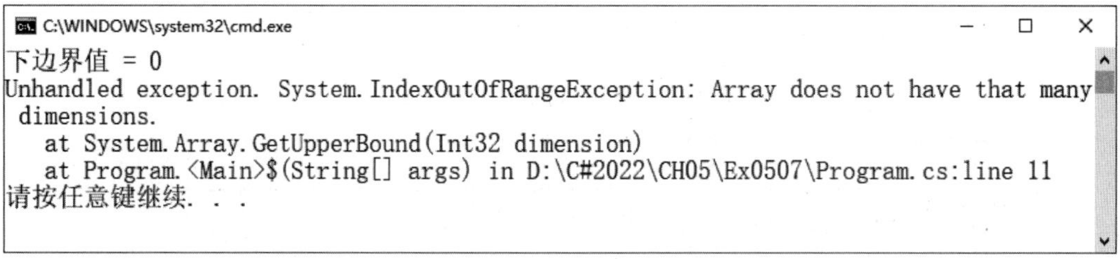

图 5-13 控制台窗口显示程序执行的情况和报错的信息

范例 Ex0507.csproj

score 是一个二维数组，要读取数组元素时，调用 GetLength() 方法获取行和列的长度，采用双重 for 循环是较好的处理方式，然后将每个人的分数相加。范例 Ex0507 的执行结果如图 5-14 所示。

```
C:\WINDOWS\system32\cmd.exe               —   □   ×
        Mary    Tomas    John
          75      64      96
          55      67      39
          45      92      85
          71      69      81
        —————————————————————
    Sum: 246     292      301
```

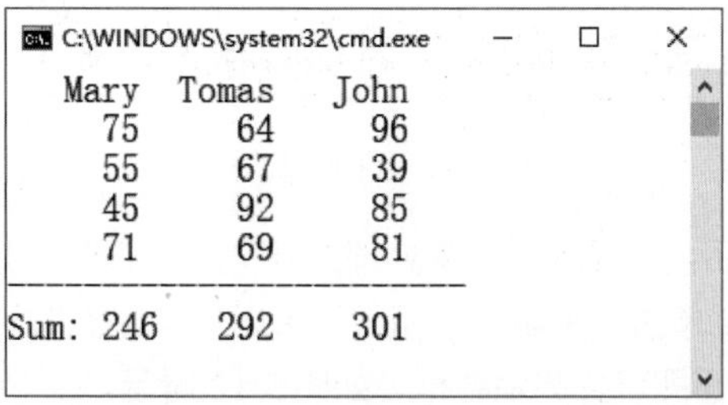

图 5-14 范例 Ex0507 的执行结果

步骤 01 创建控制台应用项目 Ex0507，框架选择 ".NET 6.0（长期支持）"。无 Main() 主程序，编写如下的程序代码。

```
01 int outer, inner;//嵌套 for 循环的计数器
02 int[] sum = new int[3];//存放每个人的总分
```

```
03 string[] name = { "Mary", "Tomas", "John" };
04 //读取名字并输出，{0,7}表示预设 7 个字段来存放
05 foreach (string item in name)
06     Write("{0,7}", item);
07 WriteLine();
08 int[,] score = {{75, 64, 96}, {55, 67, 39},
09                 {45, 92, 85}, {71, 69, 81} };
10 int row = score.GetLength(0);
11 int column = score.GetLength(1);
12
13 for (outer = 0; outer < row; outer++)//读取行
14 {
15     for (inner = 0; inner < column; inner++)//读取列的元素
16         Write($"{score[outer, inner],7}");
17     WriteLine();
18     sum[0] += score[outer, 0];//第 1 列分数相加
19     sum[1] += score[outer, 1];//第 2 列分数相加
20     sum[2] += score[outer, 2];//第 3 列分数相加
21 }
22 WriteLine("------------------------");
23 WriteLine($"Sum: {sum[0]} {sum[1],5} {sum[2],6}");
24 ReadKey();
```

步骤 02 按 F5 键生成可执行程序，再执行程序。注意，程序执行完毕后，按任意键即可关闭程序窗口。

程序说明

- 第 08、09 行：声明 4×3 的二维数组 score 并初始化，存放每个人的成绩。
- 第 10、11 行：以 GetLength()方法来获取指定数组的维数。GetLength(0)会获取数组的行数（行的长度），GetLength(1)会获取数组的列数（列的长度）。
- 第 13~21 行：使用外层 for 循环读取行。
- 第 15~16 行：使用内层 for 循环读取每行数组中每列的元素。
- 第 18~20 行：sum[0]会将第 1 列分数相加得到 Mary 的总分数，第 2、3 列则是得到 Tomas 和 John 的总分数。

提　示

foreach 循环读取二维数组

利用 foreach 循环读取二维数组是没有问题的，语句如下：

```
foreach (int one in score)
    Console.Write("{0}", one)
```

要注意的是，它其实读取了二维数组中所有的元素。

5.3.3 多维数组

二维数组以行、列来表示，就像一间教室排放桌椅后可能容纳 20~30 位学生，那么更多的学生就需要更多间教室。当数组超过二维，就习惯以多维数组来称呼它们。以三维数组为例，代表它有三个下标，是一个 M×N×O 的多维数组。声明三维数组的语法如下：

```
数据类型[, ,] 数组名;
```

- M 表示二维数组的个数，N 表示二维数组的行数，O 表示二维数组的列数。
- 数据类型后的中括号内要有两个逗号来表示它是一个三维数组。

例一：声明一个 2×2×3 的三维数组，即“M = 2，N = 2，O = 3”，或者说 2×3 的二维数组有两个，其数组结构示意图如图 5-15 所示。

```
int[, ,] Ary = new int[2, 2, 3];
```

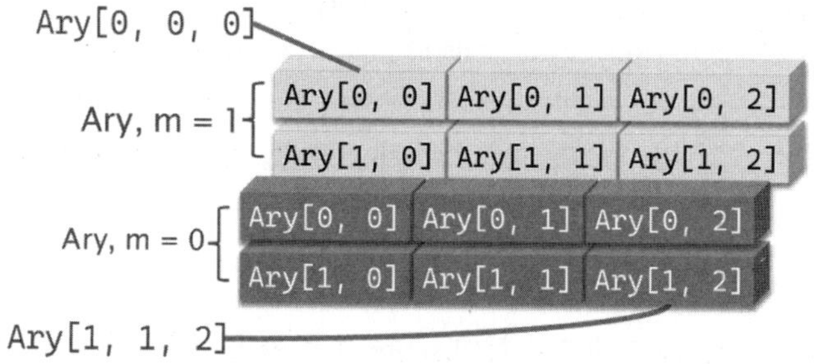

图 5-15　三维数组结构的示意图

三维数组究竟是如何组成的？以上课的教室为例，一间教室可以容纳 2×3 = 6 位学生，当上课学生的人数超过 6 人时，就要有第二间教室来容纳更多学生。所以 2×2×3 的三维数组中第一个 2 可视为有两个 2×3 的二维数组。

范例 Ex0508.csproj

创建一个 2×2×3 的三维数组并以三重 for 循环来读取数组的元素，这个三维数组的示意图如图 5-16 所示。范例 Ex0508 的执行结果如图 5-17 所示。

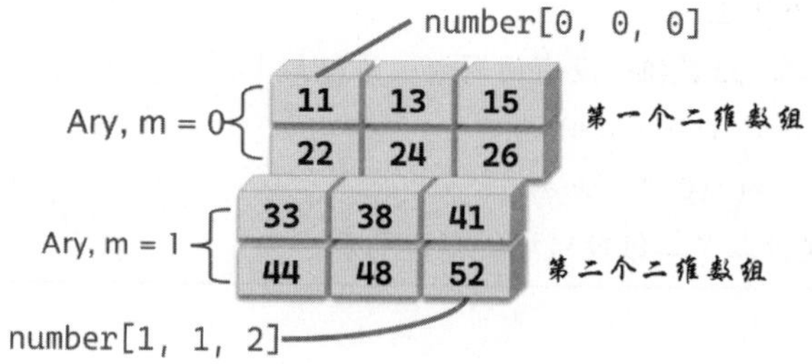

图 5-16　三维数组的示意图

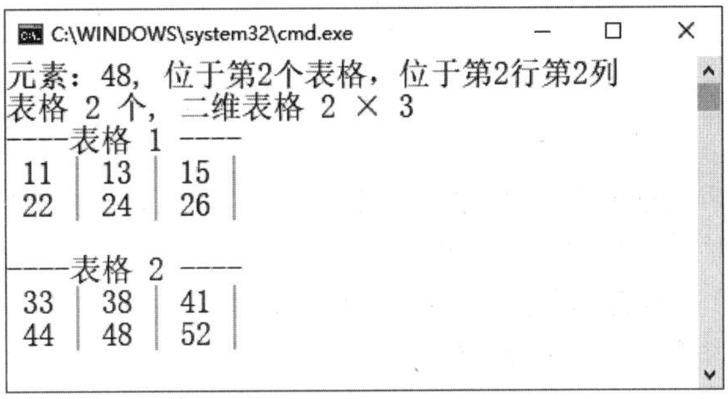

图 5-17　范例 Ex0508 的执行结果

步骤 01 创建控制台应用项目 Ex0508，框架选择“.NET 6.0（长期支持）”。无 Main()主程序，编写如下的程序代码。

```
01 int[, , ] num3D = new int[2, 2, 3] {
02          {{11, 13, 15 }, { 22, 24, 26 }},
03          {{33, 38, 41 }, { 44, 48, 52 }}};
04 Write($"元素: {num3D[1, 1, 1]}, " +
05       $"位于第 2 个表格，位于第 2 行第 2 列\n");
06 //调用 GetLength()方法获取多维数组的 Table(M)、Row(N)、Column(O)
07 int table = num3D.GetLength(0);
08 int row = num3D.GetLength(1);
09 int column = num3D.GetLength(2);
10 Write($"表格 {table} 个，二维表格 {row} × {column}\n");
11
12 for (int first = 0; first < table; first++)
13 {
14    WriteLine($"----表格 {first + 1} ----");
15    for (int second = 0; second < row; second++)
16    {
17       for (int third = 0; third < column; third++)
18          Write($"{num3D[first, second, third], 3} |");
19       WriteLine();   //换行
20    }//end second for-loop
21    WriteLine();      //换行
22 }//end first for-loop
23 ReadKey();
```

步骤 02 按 F5 键生成可执行程序，再执行程序。注意，程序执行完毕后，按任意键即可关闭程序窗口。

程序说明

- 第 01~03 行：创建 2×2×3 的三维数组并初始化，必须用三重 for 循环来读取数组元素。
- 第 04、05 行：直接按照下标编号输出数组的元素值。
- 第 12~22 行：第一层 for 循环，配合表格变量 table 来读取多维数组的表格下标编号。
- 第 15~20 行：第二层 for 循环，配合行变量 row 来读取三维数组的行下标编号。
- 第 17、18 行：第三层 for 循环，配合列变量 column 来读取三维数组的列下标编号，调用 Write()方法输出数组元素。

5.3.4 不规则数组

前面介绍的是经过声明的数组，数组大小是固定的。不过有些情况无法固定数组的大小，例如从数据库读取数据时，并不知道有多少笔数据。这种情况下可采用“不规则数组”（Jagged Array，或称为交错数组），也就是数组中的元素也是数组，也有人把它称为“数组中的数组”。由于数组元素采用引用类型，因此初始化时为 null。数组的每一行长度也有可能不同，这意味着数组的每一行必须实例化才能使用。使用不规则数组和其他数组一样，声明并以 new 运算符获取内存空间，设置数组长度。声明语法如下：

```
数据类型[][] 数组名 = new 数据类型[数组大小][];
数组名[0] = new 数据类型[]{...};
数组名[1] = new 数据类型[]{...};
```

方式一：声明不规则数组，每行有 3 个元素，然后以 new 运算符为每行分配内存空间，再存取各个数组元素，语句如下：

```
int[][] number = new int[3][];//声明数组
number[0] = new int[4]; //初始化第一行数组，分配用于存储 4 个元素的内存空间
number[1] = new int[3];
number[2] = new int[5];
number[0][1] = 12;   //给数组元素赋值
```

方式二：声明不规则数组 number2，每行有 3 个元素，以 new 运算符初始化每一行数组并给数组赋值。

```
int[][] number2 = new int[3][];
number2[0] = new int[] {11, 12, 13, 14};
number2[1] = new int[] {22, 23, 24};
number2[2] = new int[]{31, 32, 33, 34, 35};
```

方式三：声明数组的同时完成初始化。

```
int[][] number3 = new int[][]
{
    new int[] {11,12,13,14},
    new int[] {22,23,24},
    new int[] {31,32,33,34,35}
};
```

方式四：声明二维数组时未给每行数组声明长度，因此使用 new 运算符进行初始化。

```
int[][] number4 =
{
    new int[] {11,12,13,14},
    new int[] {22,23,24},
    new int[] {31,32,33,34,35}
};
```

范例 Ex0509.csproj

使用不规则数组存放选修者的名字和选修的科目，再以嵌套 for 循环读取数组内容，范例 Ex0509 的执行结果如图 5-18 所示。

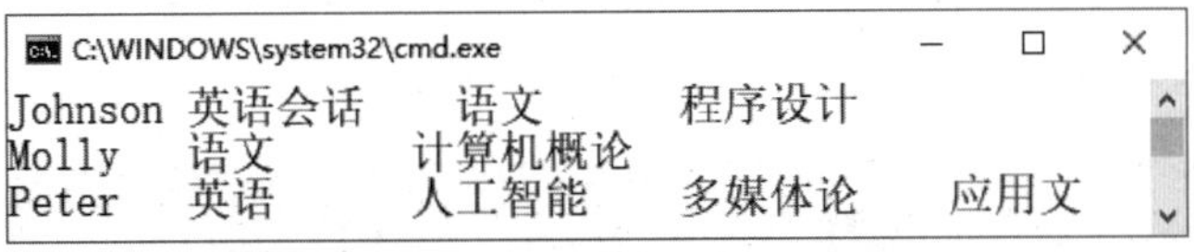

图 5-18　范例 Ex0509 的执行结果

步骤 01 创建控制台应用项目 Ex0509，框架选择“.NET 6.0（长期支持）”。无 Main()主程序，编写如下的程序代码。

```
01 string[][] subject = new string[3][]; //步骤 1：声明不规则数组
02 subject[0] = new string[] //步骤 2：以 new 运算符将每行的数组元素初始化
03    {"Johnson","英语会话","语文","程序设计"};
04 subject[1] = new string[]
05     {"Molly", "语文", "计算机概论"};
06 subject[2] = new string[]
07     {"Peter", "英语", "人工智能", "多媒体论","应用文"};
08 for (int one = 0; one < subject.Length; one++)   //步骤 3：使用双重 for
   循环，外层 for 循环获取行，内层 for 循环读取行内的每个元素
09 {
10    for (int two = 0; two < subject[one].Length; two++)
11       Write($"{subject[one][two],-8}");
12    WriteLine();
13 }
14 ReadKey();
```

步骤 02 按 F5 键生成可执行程序，再执行程序。注意，程序执行完毕后，按任意键即可关闭程序窗口。

程序说明

- 第 01 行：步骤 1，声明不规则数组 subject，表示它有 subject[0]~subject[2]的 3 行数组。
- 第 02~07 行：步骤 2，将每行数组以 new 运算符进行初始化。
- 第 08~13 行：步骤 3：使用双重 for——外层 for 循环获取行，内层 for 循环读取行内的每个元素，外层 for 循环，使用 Length 属性来获取行的下标编号。
- 第 10、11 行：内层 for 循环，根据每行数组的长度来读取每行的数组元素，并以字段宽度为 8、靠左对齐方式来输出结果。

5.3.5　隐式类型数组

先了解“隐式”的意义，相对于“显式”，它有“不明确表示”的含义。创建数组时要显式声明它的数据类型，隐式类型是不明确表示数组的数据类型。其语法如下：

```
var 数组名 = new[]{…};
```

声明一个隐式类型数组时，以 var 来取代原有的数据类型，同样必须以 new 运算符来获取内存空间。我们以下面的范例来认识隐式类型数组。

```
var data = new[] {11, 21, 310, 567 }; //int[]
```

- 使用关键字 var 来声明一个隐式类型数组并初始化。

提 示

在声明数组时须采用一致的数据类型，否则编译器会发出错误提示信息，如图 5-19 所示。

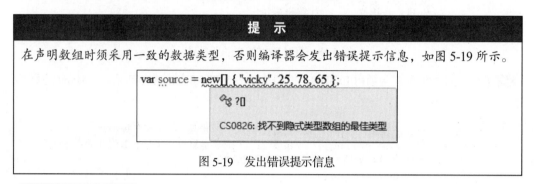

图 5-19 发出错误提示信息

范例 Ex0510.csproj

创建一个隐式类型的不规则数组，再以嵌套 for 循环来读取数组元素，范例 Ex0510 的执行结果如图 5-20 所示。

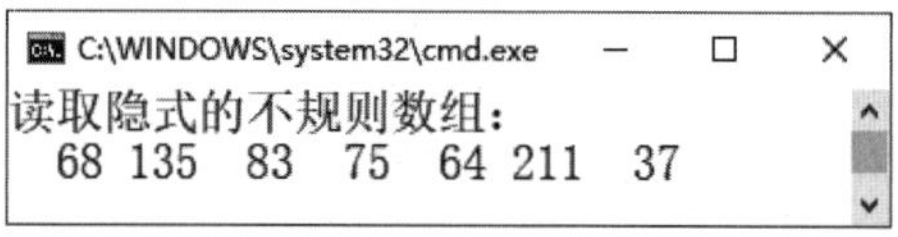

图 5-20 范例 Ex0510 的执行结果

步骤 01 创建控制台应用项目 Ex0510，框架选择“.NET 6.0（长期支持）”。无 Main()主程序，编写如下的程序代码。

```
01 var number = new[]
02    { new[]{68, 135, 83}, new[]{75,64,211,37}};
03 WriteLine("读取隐式的不规则数组：");
04 for (int one = 0; one < number.Length; one++)
05 {
06    for (int two = 0; two < number[one].Length; two++)
07       Write($"{number[one][two],4}");
08 }
09 WriteLine();
10 ReadKey();
```

步骤 02 按 F5 键生成可执行程序，再执行程序。注意，程序执行完毕后，按任意键即可关闭程序窗口。

程序说明

- 第 01、02 行：以 var 关键字声明一个隐式类型的不规则数组，然后初始化每行的数组元素。
- 第 04~08 行：外层 for 循环以 Length 属性获取数组的长度，内层 for 循环也以同样的方式获取每行的总列数，读取并进行输出。

5.4　字符和字符串

字符串代表文字对象。字符串从字面上可以解释成“把字符一个个串起来”，它们可对应到.NET 类库 System 命名空间的 String 类和 Char 结构。Char 结构本身是指 UTF-16 的 Unicode 字符，中文又称为“统一码”“万国码”或“单一码”。那么字符串又是什么？可以把它视为“Char 对象的按序只读集合”，所以组成字符串对象的 Char 和表示单个字符的 Unicode 不能混为一谈。

5.4.1　转义字符序列

位于 System 命名空间下的 Char 类型的大小采用 Unicode 16 位字符值，可用来表示字符常值、十六进制转义字符序列或 Unicode。

转义字符是指“\”这个特殊字符，紧跟在它后面的字符要进行特殊处理。表 5-3 列出了一些常用的转义字符序列。

表 5-3　转义字符序列常用字符

转义字符序列	字符名称	范例	运行结果
\'	单引号	Write("ABCs\' Book");	ABCs’ Book
\"	双引号	Write("C\"#\"升记号");	C “#” 升记号
\n	换行字符	Write("Visual \nC#");	Visual C#
\t	Tab 键	Write("Visual\t C#");	Visual C#
\r	回车字符	WriteLine("Visual\rC#");	C#sual
\\	反斜杠	Write("D:\\范例");	D:\范例

“\t”就如同在两个字符间按下键盘的 Tab 键，将两个字符分隔开。“\r”会让 C#这两个字符回到此行的开始位置，取代 Vi 变成“C#sual”。

除了转义字符序列外，还可以利用 Char 类型的方法来判断字符串中的字符，表 5-4 列出了简单说明。

表 5-4　Char 类型中用于判断字符的方法

方法	说明
IsPunctuation(Char)	指定的 Unicode 字符是否为标点符号
IsLower(Char)	指定的 Unicode 字符是否为小写字母
IsUpper(Char)	指定的 Unicode 字符是否为大写字母
IsWhiteSpace(Char)	指定的 Unicode 字符是否为空格符

5.4.2 String 类创建字符串

字符串的用途相当广泛，它能传达比数值数据更多的信息，例如一个人的名字、一首歌的歌词，甚至整个段落的文字。在前面的范例中，其实已经将字符串派上用场了。下面复习一下它的声明语法：

```
string 字符串变量名称 = "字符串内容";
```

- 关键字 string 是 String 类的别名。
- 字符串变量名称同样遵守标识符的命名规则。
- 字符串的前后要加上双引号。

例一：创建字符串。

```
string strNull = null;            //把字符串的初值设置为 null
string strEmpty = String.Empty;  //初始化为空字符串
string strVacant = "";            //一个空字符串
string word = "Hello World! ";   //声明字符串并赋予初始值
```

- Empty 为 String 类的字段，表示一个空白的文字字段，状态为只读。
- 空字符串 strEmpty、strVacant 表示 String 对象，存放零个字符；属性 Length 会返回 0 值。

例二：利用布尔值判断字符串是否为 null。

```
bool isEmpty = (strEmpty == strVacant); //返回 true
bool isNull = (strNull == strEmpty);     //返回 false
```

- strNull 并非空字符串，若调用属性 Length，则会抛出异常 NullReferenceException。

如果要在字符串中绘制长线条，比较简单的方法是调用 Console 类的方法 WriteLine()进行输出，其语句如下：

```
Console.WriteLine("------------");
```

还有更简洁的方式，就是借助 String 类的构造函数来设置。下面先来认识其语法：

```
String(char c, int count);
```

- char：以字符表达，使用时要以单个字符来表示。
- count：字符重复的个数。

修改前面 WriteLine()方法表示的长线条，以 String 类的构造函数绘制长线条：

```
String ch = new String('-', 35);
Console.WriteLine(ch);   //输出 35 个“-”字符
```

- 由于 char 为字符，因此使用时它的前后要加单引号。

因为 Visual C#的字符串没有结尾字符，所以字符串的 Length 属性获取的是 Char 对象数，而不是 Unicode 字符个数。String 类有两个常用属性，简介如下：

- Chars：获取字符串中指定下标位置的字符。
- Length：获取字符串的长度（Char 中字符的总个数）。

由于字符串来自字符对象，因此它的每个字符都有自己的位置，也就是下标编号。它的语法如下：

```
String.Chars[index]
```

下标编号从 0 开始，依此特性，通过 Chars 属性可返回指定位置的字符。不过要注意的是，Chars 属性并不是直接使用的，我们通过下面的范例来具体了解一下。

范例 Ex0511.csproj

通过 Chars 属性来了解字符串与字符的关系，指定下标编号，使用 for 循环来读取字符。范例 Ex0511 的执行结果如图 5-21 所示。

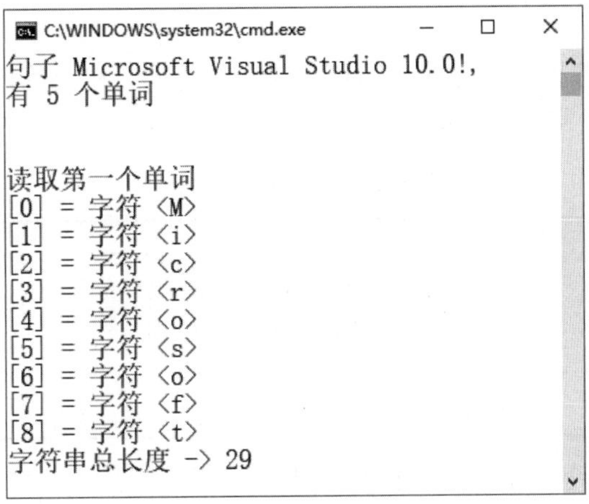

图 5-21　范例 Ex0511 的执行结果

步骤 01 创建控制台应用项目 Ex0511，框架选择“.NET 6.0（长期支持）”。无 Main()主程序，编写如下的程序代码。

```
string word = "Microsoft Visual Studio 10.0!";
int index;      //字符串下标编号
int numWd = 0; //计算单词个数
word = word.Trim();  //删除字符串中的空白
for (int item = 0; item < word.Length; item++)
{
   if (Char.IsPunctuation(word[item]) |
         Char.IsWhiteSpace(word[item]))
      numWd++;
}
WriteLine($"句子{word}, \n 有 {numWd} 个单词");
WriteLine("\n\n 读取第一个单词");
for (index = 0; index < 9; index++)
   WriteLine($"[{index}] = 字符 <{word[index]}>");
WriteLine($"字符串总长度 -> {word.Length}");
```

```
16 ReadKey();
```

步骤 02 按 F5 键生成可执行程序，再执行程序。注意，程序执行完毕后，按任意键即可关闭程序窗口。

程序说明

- 第 01 行：声明 word 字符串并初始化其内容。
- 第 05~10 行：使用 for 循环读取字符串中的字符，进一步以 if 语句配合 IsPunctuation()或 IsWhiteSpace()方法来判断是否有标点符号或空格符。
- 第 13、14 行：使用 for 循环读取字符串中的字符，配合 Chars 属性的特质，由下标编号 0（index＝0）开始，到下标编号 8（index＝8）结束，显示读取的部分字符。
- 第 15 行：使用 Length 属性获取 word 字符串变量中字符串的总长度是 29。

5.4.3 字符串常用方法

使用字符串时，不外乎对两个字符串进行比较、将字符串进行串接，或者将字符串分割、表 5-5 列出了一些字符串常用方法。

表 5-5 字符串常用方法

方法名称	说明
CompareTo()	比较实例与指定的 String 对象排序顺序是否相等
Split()	以字符数组提供的分隔符来分割字符串
Insert()	在指定的下标位置插入指定字符
Replace()	指定字符串来取代字符串中符合条件的字符串

CompareTo()方法可进行字符串的比较，语法如下：

```
CompartTo(String strB)
```

- strB：要比较的字符串，其比较所得的结果以表 5-6 进行说明。

表 5-6 CompartTo()方法

值	条件
小于 0	表示实例的排序顺序在 strB 之前
0	表示实例的排序顺序和 strB 相同
大于 0	表示实例的排序顺序在 strB 之后

CompartTo()方法并不是比较两个字符串的内容是否相同，以下面的例子来说明。

例一：

```
string str1 = "abcd";
string str2 = "aacd"; //str1 的排序顺序在 str2 之后
int result = str1.CompareTo(str2); //result = 1
```

例二：

```
string str1 = "abcd";
string str2 = "accd"; //str1 的排序顺序在 str2 之前
int result = str1.CompareTo(str2);//result = -1
```

例三：

```
string str1 = "abcd";
string str2 = "ab\u00Adcd"; // str2 "ab-cd"
int result = str1.CompareTo(str2);//result = 0
```

Split()方法会根据字符数组所提供的符号字符将字符串分割。例如：

```
char[] separ = {',', ':' };
string str1 = "Sunday,Monday:Tuesday";
string[] str2 = str1.Split(separ);
foreach(string item in str2)
   Console.WriteLine("{0}", item);
```

- str1 字符串配合 separ 字符数组以 Split()方法分割后，变成三行字符串：Sunday、Monday、Tuesday。

要在原有字符串中插入其他字符串，可以调用 Insert()方法，其语法如下：

```
Insert(int startIndex, string value)
```

- startIndex：插入的下标位置，下标编号一般从 0 开始。
- value：要插入的字符串。

如何插入字符串？以下面的例子来学习它的用法。声明字符串变量 str 并初始化其内容，将 wds 字符串变量中的字符串以 Insert()方法插入 str 字符串变量中。

```
string str = "Learning programing";
string wds = " visual C#";
string sentence = str.Insert(str.Length, wds);
Console.WriteLine(sentence);
```

- wds 字符串变量中的字符串要从何处插入呢？就从 str 字符串变量中的字符串尾端插入，使用 Length 属性获取 str 字符串变量中字符串的长度来作为 Insert()方法插入的位置。

Replace()方法可用新字符串来替换旧字符串，其语法如下：

```
Replace(string oldValue, string newValue);
```

- oldValue：要被替换的字符串。
- newValue：替换为符合条件的指定字符串。

字符串 "She is a nice girl" 变成 "She is a beautiful girl"，意味着其中的 "nice" 要被 "beautiful" 所替换，示例语句如下：

```
string str = "She is a nice girl";
```

```
    string wds = "beautiful";
    string sentence = str.Replace("nice", wds);
    Console.WriteLine(sentence);
```

- 声明并初始化 wds 字符串变量。
- 调用字符串的 Replace()方法，其参数 oldValue 的值指定为 "nice"，参数 newValue 的值则由 wds 字符串变量来赋予。

范例 Ex0512.csproj

调用字符串方法 Insert()在字符串中插入新的字符串，Replace()方法以 "Programming" 替换原有的 "Code" 字符串，最后调用 Split()方法进行字符串的分割。范例 Ex0512 的执行结果如图 5-22 所示。

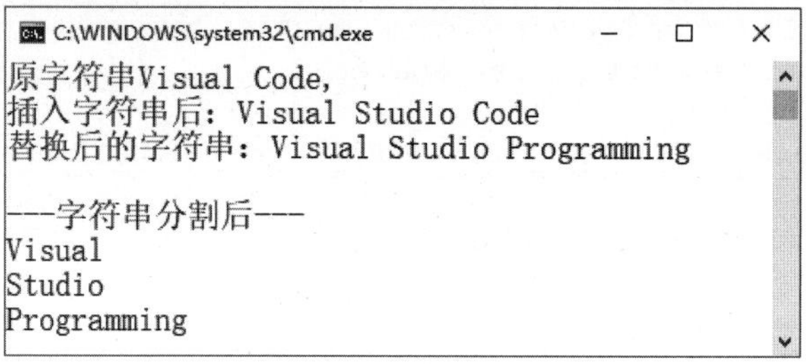

图 5-22　范例 Ex0512 的执行结果

步骤 01 创建控制台应用项目 Ex0512，框架选择“.NET 6.0（长期支持）”。无 Main()主程序，编写如下的程序代码。

```
01 string source = "Visual Code";//原字符串
02 string wds = "Studio ";         //欲插入的字符串
03 string sentence = source.Insert(7, wds);
04 WriteLine($"原字符串{source}, \n 插入字符串后: {sentence}");
05 string word = "Programming";   //用于替换的字符串
06 sentence = sentence.Replace("Code", word);
07 WriteLine($"替换后的字符串: {sentence}");
08
09 char[] separ = { ' ' };   //以空白符来分割
10 string[] str2 = sentence.Split(separ);
11 WriteLine("\n---字符串分割后---");
12 foreach (string item in str2)
13   WriteLine($"{item}");
```

步骤 02 按 F5 键生成可执行程序，再执行程序。注意，程序执行完毕后，按任意键即可关闭程序窗口。

程序说明

- 第 03 行：调用 Insert()方法将第 02 行所创建的 wds 字符串在指定位置插入 source 字符串。
- 第 06 行：调用 Replace()方法，用 "Programming" 字符串替换掉 "Code" 字符串。
- 第 10~13 行：分割字符串，以空格符为依据，再使用 foreach 循环执行读取操作。

查找字符串的概念就是设置条件，返回字符串的下标编号，共有 4 个方法可供调用，其中 SubString()方法可从字符串中提取部分字符串，它们的语法很相似，如下：

```
IndexOf(string value);
LastIndexOf(string value);
```

- IndexOf()、LastIndexOf()方法的参数 value，它的下标位置从 0 开始，没有找到时返回-1；LastIndexOf()方法返回指定字符串最后一次出现的位置。

```
StartsWith(string value);
EndsWith(string value);
```

- StartsWith()方法的 value，若符合此字符串的开头，则返回 true，否则返回 false。
- EndsWith()方法的 value，若符合此字符串的结尾，则返回 true，否则返回 false。

Substring()方法用于提取字符串中的子字符串，其语法如下：

```
Substring(int startIndex, length)
```

- startIndex：提取子字符串起始字符的位置，子字符串以 0 为起始。
- length：提取子字符串的字符数。

范例 Ex0513.csproj

StartsWith()和 EndsWith()方法用于对比开头和结尾的字符串，而 Substring()方法根据指定位置来提取部分字符数。范例 Ex0513 的执行如图 5-23 所示。

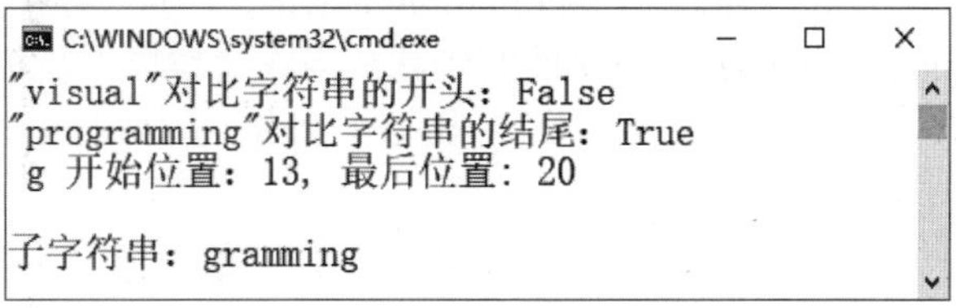

图 5-23　范例 Ex0513 的执行结果

步骤 01 创建控制台应用项目 Ex0513，框架选择“.NET 6.0（长期支持）”。无 Main()主程序，编写如下的程序代码。

```
string str = "Visual C# programming";//原字符串
bool begin = str.StartsWith("visual");
WriteLine($"\"visual\"对比字符串开头：{begin}");
bool finish = str.EndsWith("programming");
WriteLine($"\"programming\"对比字符串结尾：{finish}");
int start = str.IndexOf("g");//找到字符第一次出现时对应的下标编号
int last = str.LastIndexOf("g");
WriteLine($" g 开始位置：{start}，最后位置：{last}");

string secondStr = str.Substring(start, 8);//提取子字符串
WriteLine($"\n 子字符串：{secondStr}");
```

步骤 02 按 F5 键生成可执行程序，再执行程序。注意，程序执行完毕后，按任意键即可关闭程序窗口。

程序说明

- 第 02 行：调用 StartsWith()方法比较字符串开头的 "Visual" 和 "visual" 是否相同，再把对比结果存储到 bool 类型的变量 begin 中，由于第一个字母有大小写的不同，因此返回 false。
- 第 04 行：调用 EndsWith()方法比较结尾的字符串 "programming"，再把比较结果存储到 bool 类型的变量 finish 中，因为两个字符串相同，所以返回 true。
- 第 06、07 行：调用 IndexOf()方法来查找字符串中的"g"，找到第一个匹配的位置，返回下标编号 13；调用 LastIndexOf()方法来查找字符串中最后一个匹配"g"的位置，返回下标编号 20。
- 第 10 行：调用 IndexOf()方法获取的下标编号值存储在变量 start 中，作为 Substring()方法提取子字符串的起始值，提取 8 个字符的子字符串。

5.4.4 StringBuilder 类修改字符串内容

对于 Visual C#而言，字符串是“不可变的”（Immutable）。也就是说，字符串创建后，就不能改变其值。声明一个字符串变量 str 并初始化其内容为 "Programming"，将内容变更为 "Programming language"，系统会创建新字符串并放弃原来的字符串，变量 str 会指向新的字符串并返回结果。这是因为字符串属于引用类型，声明 str 变量时，会创建实例来存储 "Programming" 字符串，变更内容为 "Programming language"时，会新建另一个实例。所以变量 str 指向 "Programming language"，原来的实例就被当作“垃圾”收集了。

要修改字符串内容，另一个方法是借助 System.Text.StringBuilder 类，它提供了字符串的附加、删除、替换和插入功能。

使用 StringBuilder 类时，必须以 new 运算符来创建它的对象（也就是实例），它的语法如下：

```
StringBuilder 对象名称;//创建 StringBuilder 对象
对象名称 = new StringBuilder();//以 new 运算符初始化对象
StringBuilder 对象名称 = new StringBuilder();//合并上述语句
```

如同我们先前创建数组的概念，创建 StringBuilder 对象前要先声明，再以 new 运算符来获取内存的使用空间，也可以将创建对象和获取内存空间以一行语句来完成。下面通过以下示例语句来说明。

```
using System.Text;     //导入 System 命名空间的 Text 类
StringBuilder strb;    //声明 StringBuilder 对象
strb = new StringBuilder(); //获取内存空间
StringBuilder strb = new StringBuilder(); //合并上述两行语句
```

创建 StringBuilder 对象之后，就可以进一步使用“.”运算符来存取 StringBuilder 的属性和调用该对象的方法。

StringBuilder 常用属性如表 5-7 所示。

表 5-7　StringBuilder 常用属性

属性	说明
Capacity	获取或设置 StringBuilder 对象的最大字符数（即存储字符的最大容量）
Chars	获取或设置 StringBuilder 对象中指定位置的字符
Length	获取或设置当前 StringBuilder 对象的字符总数
MaxCapacity	获取 StringBuilder 对象的最大容量

对于 StringBuilder 来说，属性 Capacity 的默认容量是 16 个字符，若加入的字符串大于 StringBuilder 对象的默认长度，则内存会根据总字符来调整 Length 属性，让 Capacity 属性的值加倍。下面通过示例语句来说明。

```
StringBuilder strb = new StringBuilder();    //①
string word = "If we are determined to fight for it.";
strb.Append(word);
```

- ①未加入字符串，Capacity 为 16 个字符。
- word.Length 会获取长度值 37。
- 调用 Append()方法附加的字符串已超过 16 个字符，会以字符串变量 word 的长度 37 为 Capacity 的容量。

Append()方法将字符串附加到 StringBuilder 对象，语法如下：

```
Append(string value);
```

调用 Append()方法是从字符串尾端加入新的字符串，还可以调用 AppendLine()方法加入行字符串结束符。或者以 AppendFormat()加入格式化字符串，让 StringBuilder 对象在插入字符串时更具弹性。

Insert()方法在指定位置插入 StringBuilder 对象，语法如下：

```
Insert(int index, string value)
```

- index：开始插入的位置。
- value：插入的字符串。

要从 StringBuilder 对象删除指定的字符串，可以调用 Remove()方法，语法如下：

```
Remove(int startIndex, int length)
```

- startIndex：欲删除字符串的起始下标位置。
- length：删除的字符数。

Replace()方法使用指定字符串替换掉 StringBuilder 对象中匹配的字符串。

```
Replace(string oldValue, string newValue)
```

- oldValue：要被替换的旧字符串。
- newValue：替换用的新字符串。

任何字符串对象都能通过 ToString()方法转换为 String 对象，语法如下：

```
ToString();    //转换为 String 对象
```

使用 String 类和 StringBuilder 类的差别如下：

- 字符串的变动性：如果不需要经常修改字符串的内容，就以 String 类为主；若要经常变更字符串的内容，则采用 StringBuilder 类会更合适。
- 若使用字符串常值或者创建字符串后要进行大量查找，则采用 String 类会更恰当。

范例 Ex0514.csproj

使用 StringBuilder 类，它可以根据给予的字符串获取字符长度和 Capacity 的容量。范例 Ex0514 的执行结果如图 5-24 所示。

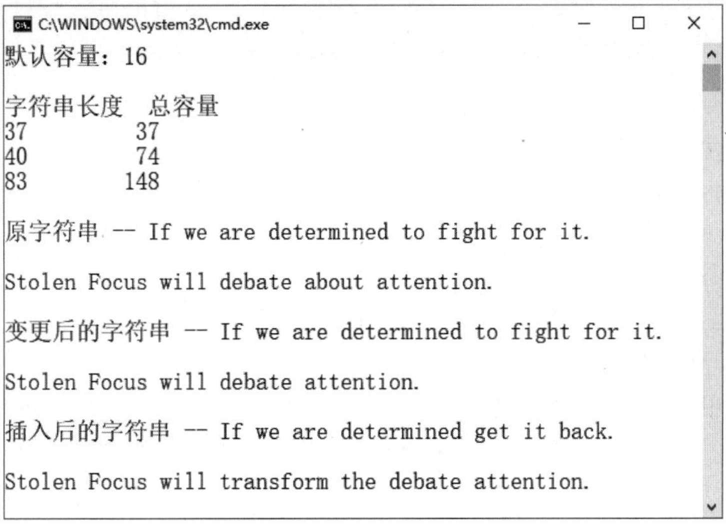

图 5-24　范例 Ex0514 的执行结果

步骤 01 创建控制台应用项目 Ex0514，框架选择“.NET 6.0（长期支持）”。无 Main()主程序，编写如下的程序代码（完整范例代码请参考本书提供下载的范例程序）。

```
using System.Text;
StringBuilder strb = new();
WriteLine($"默认容量：{strb.Capacity}");
strb.Append("If we are determined to fight for it.");
WriteLine("\n 字符串长度  总容量");
WriteLine($"{strb.Length, -10} {strb.Capacity}");
strb.AppendLine("\n");
WriteLine($"{strb.Length, -10} {strb.Capacity}");
strb.AppendLine("Stolen Focus will debate about attention.");
WriteLine($"{strb.Length, -9} {strb.Capacity}");

WriteLine($"\n 原字符串 -- {strb}");
string text = "about ";   //调用 Remove()方法删除字符串
int index = strb.ToString().IndexOf(text);
if (index >= 0)
  strb.Remove(index, text.Length);
```

```
17 WriteLine($"变更后的字符串 -- {strb}");
18 strb.Replace("to fight for it", "get it back");
   ……
```

步骤 02 按 F5 键生成可执行程序，再执行程序。注意，程序执行完毕后，按任意键即可关闭程序窗口。

程序说明

- 第 01 行：导入 System 命名空间的 Text 类。
- 第 02、03 行：创建 StringBuilder 对象 strb，再以 Capacity 属性来查看未存放字符串时的默认字符长度。
- 第 04~10 行：调用 Append()、AppendLine()方法将字符串从尾端附加到 strb 对象中。配合属性 Length 来观察 Capacity 容量的变化。第一次调用 Append()时，Length 的字符长度和 Capacity 的容量相同。第二次调用 AppendLine()加入换行符，Length 的字符数为 37，而 Capacity 的容量加倍，为 $37 \times 2 = 74$。第三次调用 AppendLine()时，Capacity 的容量是 $74 \times 2 = 148$。
- 第 13~17 行：要删除 strb 对象中的 "about" 字符串，先以 ToString()方法将 strb 对象转换为 String 对象，再以 IndexOf()方法获取欲删除字符串的下标编号，并存储在 index 变量中，然后调用 Remove()方法将其删除。
- 第 18 行：调用 Replace()方法以新字符串 "get it back" 替代旧字符串 "to fight for it"。

重点整理

- 计算机的内存是有限的，为了节省内存空间，C#程序语言中提供了“数组”这种特殊的数据结构。
- 变量与数组的差别在于一个变量只能存储一个数据，而一个数组可以连续存储数据类型相同的多个数据。
- 创建数组的三个步骤：①声明数组，②分配内存，③设置数组初值。
- 使用 foreach 循环存取数组元素，会按照数组的顺序来读取，从下标编号 0 开始直到最后；for 循环虽然也可以用来存取数组元素，但必须要获得数组的长度。
- 使用 Array 类的 Length 属性能获取数组长度，而 Rank 属性能获取数组的维数。Sort()方法可用于将一维数组排序，Reverse()方法可用于反转数组元素，IndexOf()方法可返回数组某个元素的位置，而 GetLength()方法可用于获取数组指定维数的长度。
- 复制数组时，Array 类的 CopyTo()方法会将源数组的元素全部复制到目标数组。若指定要复制的元素，则可以调用静态方法 Copy()。
- 二维数组以维数 2 来表示。它必须通过声明并以 new 运算符来分配内存空间，而后再给数组元素赋值，或者以初始化方式来创建二维数组，以嵌套 for 循环来存取数组元素是较好的方式。

- 所谓“不规则数组”（Jagged Array），就是数组中的元素也是数组，所以又称为“数组中的数组”。由于这种数组每行的长度可能不一样，因此数组的每一行必须实例化才能使用。
- “隐式”是相对于“显式”来定义的，隐式类型就是不明确声明数组的数据类型，声明时使用关键字 var。
- 字符串可以解释成“把字符一个一个串起来”，这里的字符是指 Unicode 字符，中文又称为“统一码”“万国码”或“单一码”。
- .NET 类库 System 命名空间的 String 类提供了属性和方法。属性 Chars 用于获取字符串中指定下标位置的字符，Length 用于获取字符串的长度，方法 Insert()可以在字符串中插入指定的字符串，Replace()用于以新字符串替换指定的旧字符串，Split()用于进行字符串的分割。
- 字符串具有不变性，要管理字符串，可借助 System.Text.StringBuilder 类，它提供了字符串的附加、删除、替换和插入功能。

课后习题

（一）填空题

1. 创建数组的三个步骤：①____________，②___________，③____________。

2. 依据下列语句填入数组元素。

```
int[] score = new int[] {56, 78, 32, 65, 43};
```

score[1]=______，score[2]=______，score.Length = ______。

3. 存取数组元素：以__________循环，它会按照数组的顺序；__________循环也用于存取数组元素，但必须要获取数组的长度。

4. ____________就是将数值从小到大排序；Array 类提供了___________方法进行排序；____________方法会把数组元素反转；要获取数组长度，使用__________属性。

5. 复制数组时，Array 类的__________方法会将源数组的元素全部复制到目标数组。若指定要复制的元素，则可以调用静态方法__________。

6. 声明一个二维数组如下：

```
int[,] num = {{11, 12, 13}, {22, 24, 23}, {33, 36, 39}};
```

它是一个____×____的数组，num[1,1] = _____，属性 Rank：____，属性 Length：______，GetLength(1)：______。

7. 下列语句属于哪种数组结构？___________又称____________或___________。

```
int[][,] number = new int[2][,]
{
   new int[,] { {11,23}, {25,27} {32, 65}},
```

```
        new int[,] { {22,29}, {14,67} }
    };
```

8. 写出下列转义字符序列的作用：①\t__________，②\n__________，③\"__________，④\r__________。

9. 声明字符串时，若“string word = String.Empty;”，则变量 word 是__________，而__________为 String 类的字段，状态为__________。

10. 将下列语句以 String 类的构造函数来表达：

```
    Console.WriteLine("*************");
```

____

11. 请写出下列字符串属性的作用：①Chars__________________，②Length__________________。

12. 在字符串中插入字符串调用__________方法，以新字符串替换旧字符串则可调用__________方法，分割字符串可调用__________方法。

13. 根据字意，请填入这些查找字符串的方法：①__________：匹配指定字符串第一次出现的下标编号；②__________：匹配指定字符串最后一次出现的下标编号；③__________：判断此字符串的开头是否匹配指定的字符串；④__________：判断此字符串的结尾是否匹配指定的字符串。

14. 创建 StringBuilder 对象后，尚未存放字符串前，它的 Capacity 默认是______个字符；调用__________方法附加 10 个字符，它的 Capacity 是________个字符，Length 是________。

15. 从 StringBuilder 对象删除指定的字符要调用__________方法，将 StringBuilder 对象转换成 String 对象要调用__________方法。

（二）问答题与实践题

1. 请分别用 for 和 foreach 循环来读取下列数组元素，并说明两者有何不同？创建的数组如下：

```
    string[] num = {"One", "Two", "Three", "Four", "Five"};
```

2. 有一个数组“int[] number = {21, 271, 148, 125, 43 };”，请找出它的最大值。

```
    int[] number = { 21, 271, 148, 125, 43 };
```

3. 读取下面的二维数组并输出如图 5-25 所示的执行结果。

```
    int[,] number = {{96, 64, 533}, {125, 617, 39},
                    {38, 214, 385}, {43, 169, 81} };
```

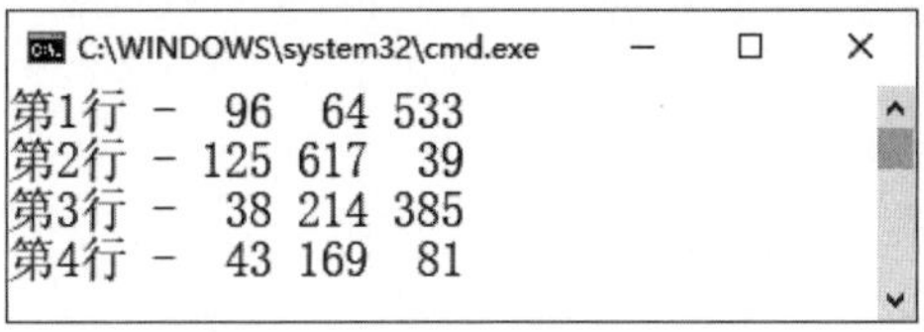

图 5-25　实践题 3 的执行结果

4. 有一个不规则数组，声明如下，编写程序代码并输出如图 5-26 所示的执行结果。

```
int[][,] number = new int[3][,]
{
  new int[,] { {141, 231}, {25, 427} },
  new int[,] { {517, 146}, {314, 67}, {314, 47} },
  new int[,] { {23, 62}, {99, 128}, {20, 269} }
};
```

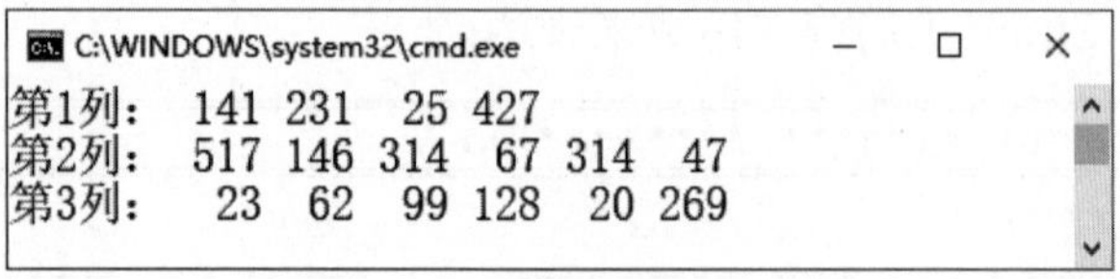

图 5-26　实践题 4 的执行结果

5. String 和 StringBuilder 类在使用上有什么不同，请简要说明。

第6章

学习面向对象

章节重点

- 从面向对象程序设计的观点来认识类和对象。
- 如何定义类？如何实例化对象？通过实际范例来认识。
- 对象的旅程从构造函数开始，而析构函数则是对象的终点。在同一个类中，根据需求重载构造函数。
- 声明类的静态成员要使用 static 关键字。

6.1 面向对象的基础

所谓面向对象（Object Oriented），是将真实世界的事物模块化，主要目的是提供软件的可重用性和可读性。最早的面向对象程序设计（Object Oriented Programming，OOP）是 1960 年在 Simula 语言中提出的，它导入对象（Object）的概念，这其中也包含类（Class）、继承（Inheritance）和方法（Method）。数据抽象化（Data Abstraction）在 1970 年被提出来开始探讨，派生出了抽象数据类型（Abstract Data Type）的概念，提供了信息隐藏（Information Hiding）的功能。1980 年，Smalltalk 程序设计语言对于面向对象程序设计发挥了最大的作用。它除了汇集 Simula 的特性外，还引入了消息（Message）的概念。

在面向对象的世界中，通常通过对象和传递的信息来表现所有操作。简单来说，就是将脑海中描绘的概念以实例的方式表现出来。

6.1.1 认识对象

何谓对象？以我们生活的世界来说，人、车子、书本、房屋、电梯、大海和大山等都可视为对象。对象具有属性，例如手机有品牌、尺寸和外观等，这些描述手机的特征都是对象的属性。

随着科技的普及，手机具有照相、上网、实时通信等功能，从对象的视角来看，这些就是对象的方法。属性表现了对象的静态特征，方法则是对象的动态特写。这说明面向对象技术能模拟真实世界，一个系统也是由多个对象组成的。

对象除了具有属性和方法外，还具有“生命”，表达对象内涵还包含对象的行为（Behavior）或沟通方式。人与人之间通过语言的沟通来传递信息。那么对象之间如何进行信息的传递呢？以手机来说，拨打电话时，按键会有提示音让使用的人知道是否按下了正确的数字，最后按下“拨打”按键，才会进行通话。以面向对象程序设计的概念来看，数字按钮和拨打按钮分属两个不同的对象，按下数字按钮时，“拨打”功能会接收这些数字，按下“方法”的“通话”，才会把接收的数字传送出去，建立通话机制。进一步来说，借助方法可以传递信息，如果号码正确，并且传送了信息，就可以得到对方的响应。

6.1.2 提供蓝图的类

面向对象应用于分析和系统设计时，称为面向对象分析（Object Oriented Analysis）和面向对象设计（Object Oriented Design）。面向对象设计包含三个特性：封装（Encapsulation）、继承（Inheritance）和多态（Polymorphism）。对于应用程序的开发来说，随着面向对象程序设计语言的发展，在程序设计中融入了面向对象的概念，如 Visual Basic、Visual C#和 Java 等程序设计语言就融入了面向对象的概念。

Visual C#是一种面向对象的程序设计语言。一般来说，类（Class）提供了实现对象的模型，编写程序时，必须先定义类，设置成员的属性和方法。例如，盖房屋前要有规划蓝图，标示坐落位置，楼高多少，什么地方有大门、阳台、客厅和卧室。蓝图规划的主要目的就是反映出房屋建造后的真实面貌。因此，可以把类视为对象原型，产生类后，还要具体化对象，称为实例化（Instantiation），通过实例化的对象，称为实例（Instance）。类能产生不同状态的对象，每个对象也都是独立的实例，如图 6-1 所示。

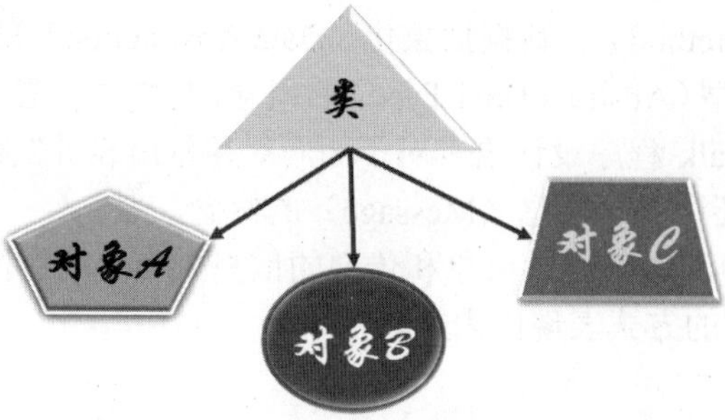

图 6-1　类产生的不同的对象

6.1.3 抽象化概念

若要模拟真实世界，必须把真实世界的东西抽象化为计算机系统的数据。数据抽象化（Data Abstraction）是以应用程序为目的来决定抽象化的角度，基本上就是“简化”实体。数据抽象化的目的是方便日后的维护，应用程序的复杂性越高，数据抽象化做得越好，越能提高程序的再利用性和阅读性。

再来看看手机的例子。抽象化后，手机的操作界面会有不同的按键，将显示数字的属性和操作按键的行为结合起来就是封装。按数字 5，不会变成数字 8。使用手机只能通过操作界面，外部无法变更它的按键功能，如此一来就能达到信息隐藏的目的。对于使用手机的人来说，并不需要知道数字如何显示，确保按下正确的数字键就好。

创建抽象数据类型时有两种存取范围：公有和私有。在公有范围，所定义的变量都能自由存取；在私有范围，定义的变量只适用于它本身的抽象数据类型。外部无法存取私有范围的变量，这就是信息隐藏的一种表现方式。

想要进一步了解对象的状态，必须通过其“行为”，这也是封装概念的由来。在面向对象技术中，对象的行为通常使用方法来表示，它会定义对象接收信息后应执行的操作。对于 C#来说，处理的方法大概分为两种：一种用来存取类实例的变量值，另一种调用其他方法与其他对象产生互动。

6.2 类程序和.NET 框架

对面向对象的概念有所认识后，要以 C#程序设计语言的观点来深入探讨类和对象的实现，配合面向对象程序设计的概念，了解类和对象的创建方式。

6.2.1 定义类

每个定义的类都会由不同的类成员（Class Member）组成，包含字段、属性、方法和事件。字段和属性表达对象的信息，它们是类的数据成员（用来存储数据）；方法负责数据的传递和运算。

- 字段：可视为任意类型的变量，可直接存取，通常会在类或构造函数中声明。
- 属性：用来描述对象的特征。
- 方法：定义对象的行为。
- 事件：提供不同类与对象之间的沟通。

使用类之前，必须以关键字 class 为开头进行声明，它的语法如下：

```
class 类名称
{
    [访问权限修饰词] 数据类型 数据成员;
```

```
        [访问权限修饰词] 数据类型 方法
        {
            ...
        }
    }
```

- 类名称：创建类使用的名称，必须遵守标识符的命名规范。类名称后要以一对大括号来产生程序区块。
- 访问权限修饰词：共有 5 个，分别是 private、public、protected、internal 和 protected internal（参考 6.2.3 节）。
- 数据成员：包含字段和属性，可将字段视为类内所定义的变量，一般以英文小写作为识别名称的开头。

创建一个 Student 类，只有一个公有的字段变量，语句如下：

```
class Student //声明类
{
    public string name;//声明类的字段
}
```

- 类名称的第一个英文字母必须大写，若未大写，则会在第一个类名称的下方显示绿色虚线，如图 6-2 所示。

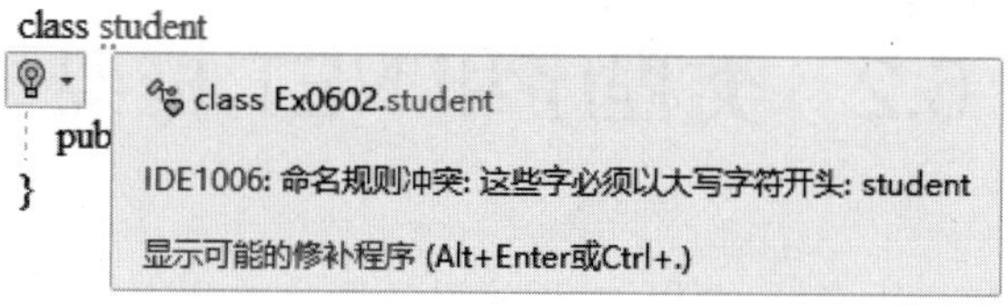

图 6-2　类名称的第一个英文字母若不大写，则会出现提示信息

如何以 UML 类图表示 Student 类及其字段？可参考图 6-3。

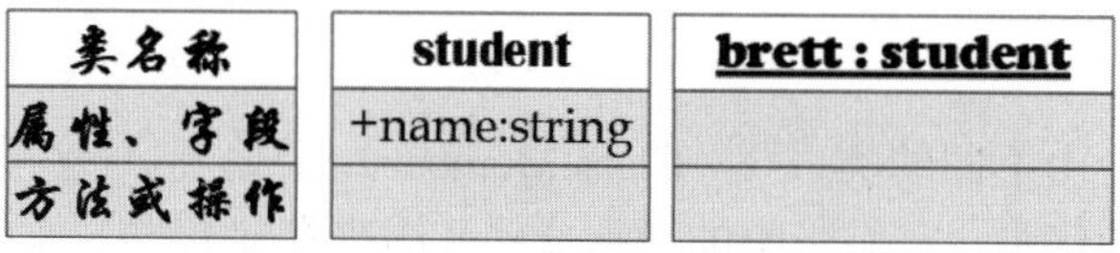

图 6-3　UML 类图

- 由上而下分成三个部分：类名称、属性或字段以及方法或操作。
- 表示属性、方法时以“访问权限修饰词 属性名称 : 数据类型[= 初值]”进行描述。
- 访问权限以“+”表示 public，“-”表示 private，“#”表示 protected。
- “brett : student”表示声明对象 brett 为 Student 类实例化的名称。

6.2.2 .NET 5.0 编写类程序

使用.NET 5.0 编写控制台应用时，必须将新加入的类放在命名空间下，也就是控制台应用所产生的 Program 类之前，参考图 6-4 的方式，否则编译会发生错误。

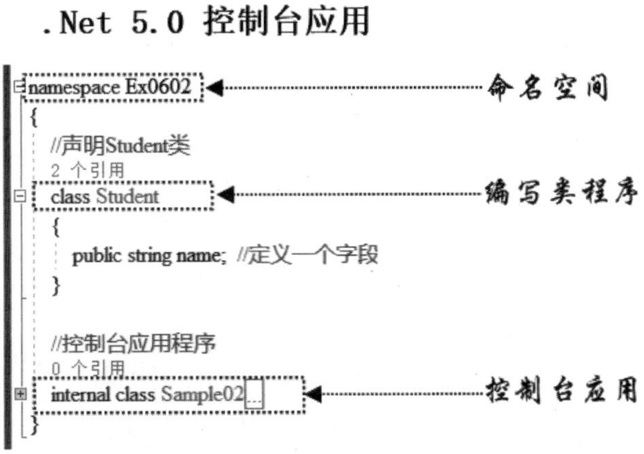

图 6-4　.NET 5.0 编写类程序的位置

6.2.3 .NET 6.0 编写类程序

参考图 6-5，.NET 6.0 编写控制台应用的第一种情况，由于它采用顶层语句，不需要自行定义命名空间，因此程序框架是①先定义类，②再实例化类的相关程序代码。

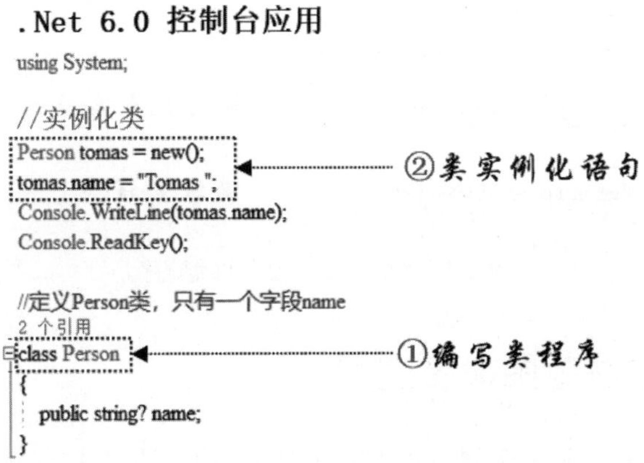

图 6-5　.NET 6.0 使用顶层语句来编写类程序

参考图 6-6，以.NET 6.0 编写控制台应用的第二种情况，直接添加类程序或者在命名空间下定义类。自上而下的程序框架是①实例化类的相关程序代码，②定义类，③自行定义命名空间 Ex0601，在此命名空间下也定义了一个 Student 类。

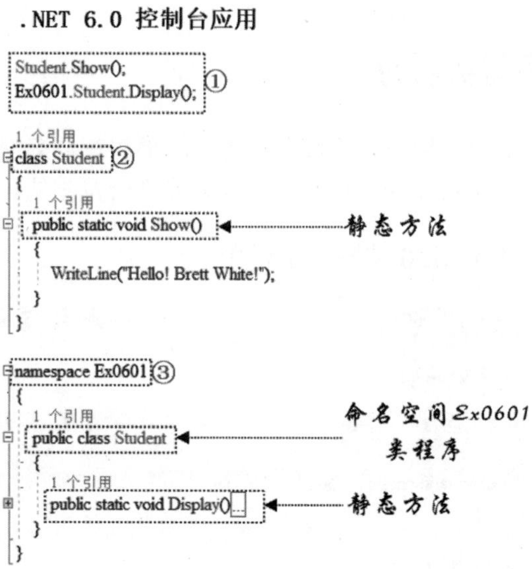

图 6-6 .NET 6.0 定义类程序的第二种情况

此外，使用.NET 6.0 编写控制台应用，是在项目中另外添加类程序，由于它是一个独立的文件，会导入有关的命名空间，并以项目名称为自定义的命名空间，因而被称为“文件范围命名空间”（File-Scoped Namespace），它是 C# 10.0 的新语法。这种方式的程序框架如图 6-7 所示。

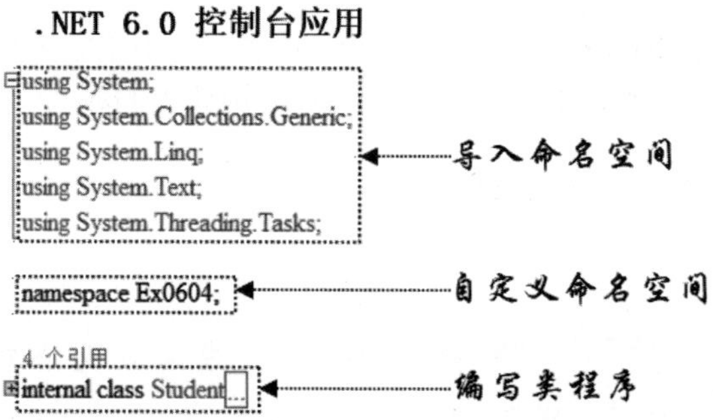

图 6-7 .NET 6.0 与独立的类程序

6.2.4 C# 10.0 文件范围命名空间

顾名思义，“文件范围命名空间”说明是创建 C#项目所产生的命名空间，其适用范围就是整个项目。参考图 6-7，若要实例化 Student 类，相关程序代码就回到 Program.cs 文件中，以顶层语句来编写。在实例化对象时，必须导入此文件范围命名空间 Ex0604，否则会发生如图 6-8 所示的错误。

//创建两个对象并实例化
Student tomas = new();
Student emily = new();
CS0246: 未能找到类型或命名空间名"Student"(是否缺少 using 指令或程序集引用?)
显示可能的修补程序 (Alt+Enter或Ctrl+.)

图 6-8　类程序必须导入文件范围命名空间

所以在 Program.cs（未变更名称的情况下）文件中必须导入此类的命名空间，才能把类实例化。

```
//参考范例 Ex0604
Ex0604.Student tomas = new(); //命名空间.类名称
```

可以选择导入 Ex0604 命名空间，语句如下：

```
using Ex0604;   //导入命名空间
Student tomas = new();
```

对于“文件范围命名空间”，C# 10.0 也有一个不错的改变，先查看独立的类文件 Student.cs，其程序框架如下：

```
using System;     //导入的命名空间
namespace Ex0604 //自定义的命名空间
{
   internal class Student  //类
   {
      //程序语句
   }
}
```

这是一个标准的 C#程序。不过，在 C# 10.0 的新语法中，此“文件范围命名空间”可以省略用于产生程序区块的一对大括号，只要在程序区块结尾加分号即可，形成如下结构：

```
using System;      //导入的命名空间
namespace Ex0604; //文件范围命名空间，省略一对大括号
internal class Student  //类
{
   //程序语句
}
```

此外，一个项目可能有多个文件，为了输出，常常要导入 System 命名空间下的 Console 类，为了达到一致性的效果，可以加入“全局”作用域，使用 global 语句。

```
global using static System.Console;   //导入静态类
```

表示在此项目中，无论有多少个程序文件都适用，不过建议把此行语句放在 Program.cs 文件的开头。

6.3 类、对象和其成员

对于.NET 6.0 和 C# 10.0 新语法有了基本认识之后，本节开始面向对象之旅，把类实例化，了解访问权限修饰词的适用范围。

6.3.1 实例化对象

由于类属于引用类型，因此要实例化对象必须使用 new 运算符，语法如下：

```
类名称 对象名称;
对象名称 = new();
类名称 对象名称 = new();    //合并前面两行语句
```

- *从 C# 9.0 开始，如果表达式是已知类，则可以省略类名称。*

如何创建一个 Student 对象，从何处编写程序？很简单，采用.NET 5.0 框架可以在 Main() 主程序区块中编写。

```
Student brett; //创建 Student 类的对象 brett
brett = new(); //以 new 运算符将 brett 实例化
Student brett = new(); //将前面两行语句合并成一行语句
```

创建对象后，对象的状态如何改变，如何调用方法进行操作？必须使用“.”运算符存取类所产生的对象成员，语法如下：

```
对象名称.数据成员;
```

创建了 Student 类的对象 tomas 之后，声明为公有（public）访问权限的数据成员 name 可以通过对象 tomas 直接存取，参考图 6-9。

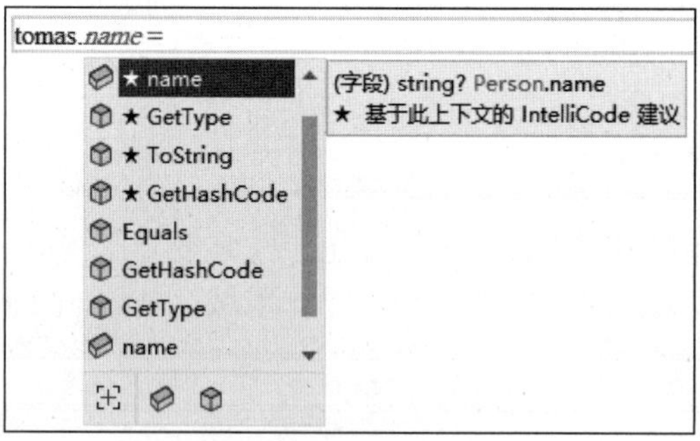

图 6-9 存取类的字段

范例 Ex0603.csproj

声明 Person 类并包含一个公有字段 name，使用该类来创建两个对象 tomas 和 peter。范例

Ex0603 的执行结果如图 6-10 所示。

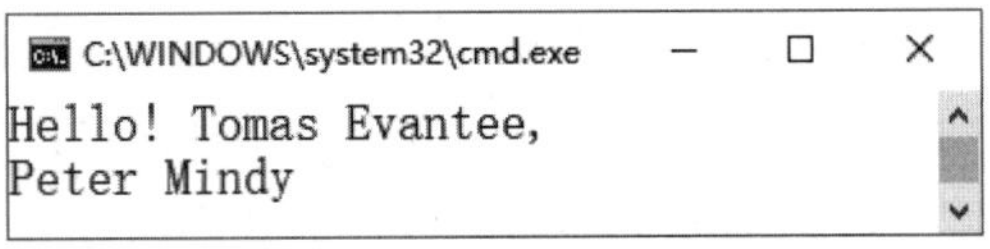

图 6-10　范例 Ex0603 的执行结果

步骤 01 创建控制台应用项目 Ex0603，框架选择“.NET 6.0（长期支持）”。先定义 Person 类。

```
class Person
{
   public string? name; //声明类字段
}
```

步骤 02 类实例化。

```
01 Person tomas = new();   //第一个对象
02 Person peter = new();   //第二个对象
03 tomas.name = "Tomas Evantee";
04 peter.name = "Peter Mindy";
05 Console.WriteLine($"Hello! {tomas.name}, {peter.name}");
```

步骤 03 按 F5 键生成可执行程序，再执行程序。

程序说明

- 第 01~04 行：以 new 运算符实例化两个 Student 对象 tomas 和 peter，以点运算符“.”存取字段 name 并为其赋值。
- 第 05 行：调用 WriteLine()方法输出字段 name 的值。

6.3.2　访问权限

声明类时，它的数据成员和方法会因为访问权限修饰词而有不同等级的访问权限。访问权限修饰词的存取范围如表 6-1 所示。

表 6-1　访问权限修饰词及其存取范围

访问权限	作用	存取范围或访问范围
public	公有的	所有类都可存取
private	私有的	只适用于该类的成员函数
protected	受保护的	产生继承关系的类
internal	内部的	只适用于当前项目（组件）
protected internal	受保护内部的	只限于当前组件或派生自包含类的类型

- public：表示任何类都可存取，适用于公有的数据（对外公开）。
- private：当对象的数据不想对外公开时，只能被类内的方法存取，同一个类的其他对象也能存取该对象的数据，即私有的。
- protected：只有类自身或继承此类的子类对象（参考 8.2.2 节）才能存取。

- internal：在命名空间下声明的类和结构会以 public 或 internal 为默认的存取范围。若没有指定访问权限修饰词，则默认为 internal。

在面向对象技术的世界中，为了达到“信息隐藏”的目的，可以通过“方法”来封装对象的成员。访问权限的作用是让对象掌握成员，控制对象在被允许的情况下才能让外界使用。为了保护对象的字段不被外界其他类存取，通常会将数据成员声明为 private。但是范例 Ex0603 将字段存取范围声明为 public，表示数据未受保护。如何提高数据的安全性？请继续认识类的方法。

6.3.3 定义方法成员

将字段声明为公有的虽然很方便，但是有潜在的危险。为了确保数据成员的安全，通过“方法”是比较好的做法，这样才能达到前文所提到的“由于外部无法存取私有范围的变量，因此这是信息隐藏的一种表现方式”。将字段 name 的存取变更为 private，再以两个方法来设置和获取 name 字段的值。方法成员的语法如下：

```
[访问权限修饰词] 返回值类型 方法名称(数据类型 参数列表){
    程序语句;
    [return 表达式;]
}
```

- 返回值类型：定义方法要返回的类型，必须与 return 语句返回值的类型相同。若方法没有返回任何数据，则设为 void。
- 方法名称：命名同样遵守标识符的规范。
- 数据类型：定义方法时要传递参数的数据类型。
- 参数列表：可根据需求设置多个参数来接收数据，每个接收的参数都必须清楚地声明其数据类型。无任何传入值时，保留括号即可。
- return 语句：返回运算结果。

方法成员如何传递参数？setName()方法没有使用 return 语句返回运算结果，所以它的返回值类型是 void。当它接收对象 brett 所传递的参数值为 Brett Dalton 后，再赋值给字段 name，如图 6-11 所示（有关方法中参数的传递机制请参考第 7 章）。

```
brett.setName( "Brett Dalton" )
```

```
public void setName( String title )
{
    name = title;
}
```

图 6-11　方法成员传递参数

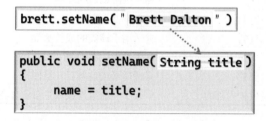

加入方法的 Student 类，如何用 UML 类图来表示？Student 类有两个公有的方法，前面以“+”表示，其中 setName()方法有参数，所以括号内以“参数名称:类型”来表示；不需要返

回值，所以冒号之后的类型以 void 来表示，如图 6-12 所示。

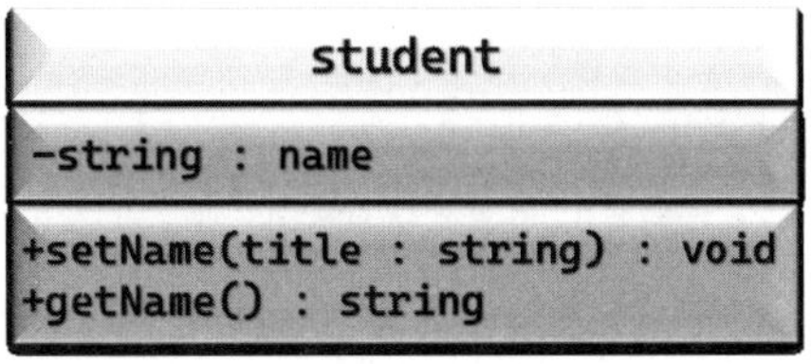

图 6-12　UML 类图

如何调用类内的方法？同样使用“.”（句点）运算符，语法如下：

```
对象名称.方法名称(参数列表);
```

利用模块化将类的程序代码独立存放到另一个独立文件中，所以下面的范例 Ex0604 会有两个 C#文件：

- Student.cs：新建控制面板应用后，添加的类文件 Student.cs 可以存放自定义的类，展开后可以看到所定义的一个字段和两个方法，参考图 6-13。
- ShowApp.cs：控制台主程序。采用顶层语句创建 Student 的两个对象：tomas 和 emily。

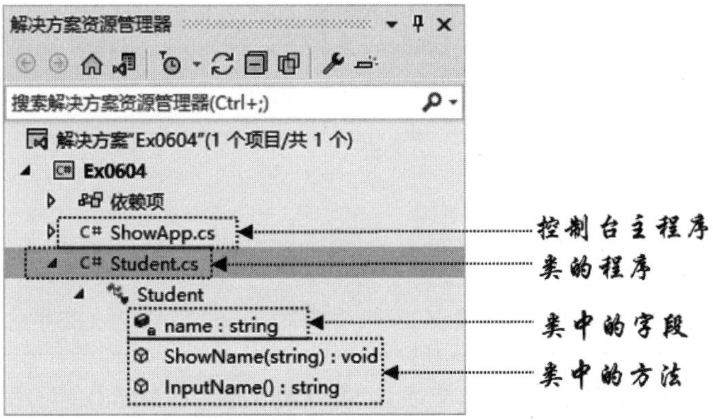

图 6-13　自定义的类存放到独立的文件中

范例 Ex0604.csproj

对于 Student 类，先声明一个字段 name，访问权限修饰词变更为 private，以两个方法 ShowName()和 InputName()读取字段。范例 Ex0604 的执行结果如图 6-14 所示。

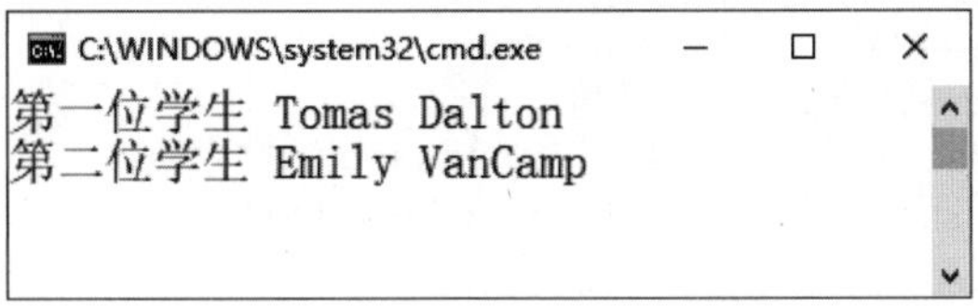

图 6-14　范例 Ex0604 的执行结果

步骤 01 创建控制台应用项目 Ex0604，框架选择“.NET 6.0 (长期支持)”。

步骤 02 添加一个类文件。依次选择菜单选项“项目→添加类”，进入“添加新项”对话框。

步骤 03 添加类。①选择“类”，②把名称变更为 Student.cs，③单击“添加”按钮，如图 6-15

所示。

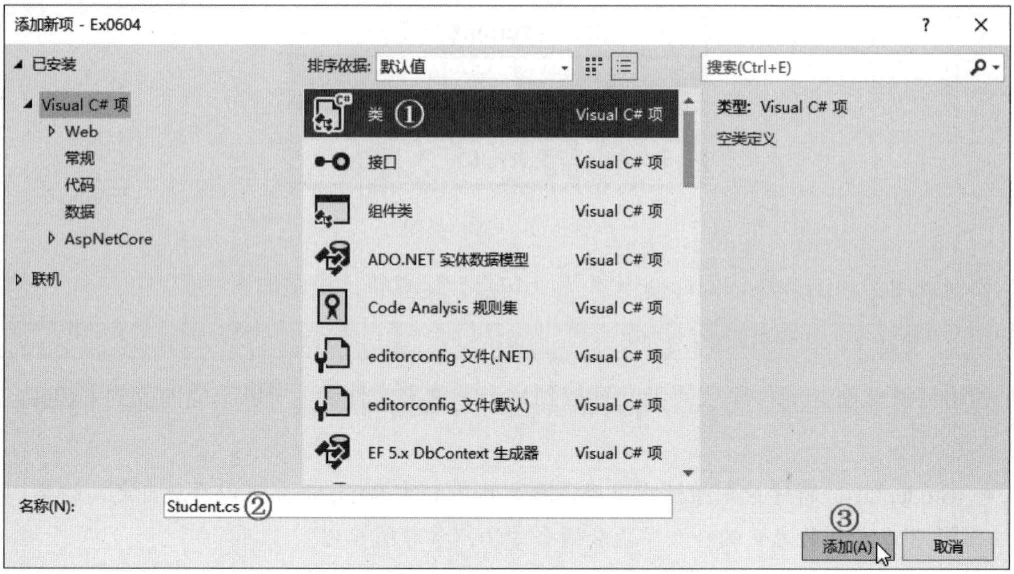

图 6-15　添加类

步骤 04 在程序代码编辑区中新增了 Student.cs 页签，在 class Student 程序区块中编写如下的程序代码。

```
namespace Ex0604;  //C# 10.0 语法
internal class Student
{
   private string name = "";   //类的字段为空字符串
   public void ShowName(string title) => name = title;
   public string InputName() => name;
}
```

步骤 05 把控制台主程序 Program.cs 更名为 ShowApp.cs，无 Main()主程序，编写如下的程序代码。

```
using static System.Console;     //导入静态类
using Ex0604;    //导入定义类的文件范围命名空间
Student tomas = new();    //创建两个对象并实例化
Student emily = new();
tomas.ShowName("Toams Dalton");
emily.ShowName("Emily VanCamp");
//调用 InputName()方法返回参数值
WriteLine($"第一位学生 {tomas.InputName()}");
WriteLine($"第二位学生 {emily.InputName()}");
ReadKey();
```

步骤 06 保存程序文件，由于程序文件有两个，因此按 Ctrl + Shift + S 组合键或依次选择菜单选项“文件→全部存储”。

步骤 07 按 F5 键生成可执行程序，再执行程序。注意，程序执行完毕后，按任意键即可关闭程序窗口。

程序说明

- 第 05 行：因为方法成员 ShowName()为公有的存取范围，所以 ShowApp.cs 程序可以直接存取，传入参数值后，再赋值给字段 name。
- 第 06 行：定义 InputName()方法，return 语句返回字段 name 的值。
- 第 13、14 行：由于 Student 是一个独立的程序文件，且定义于 Ex0604 命名空间下，因此存取时必须使用“自定义命名空间.类名称”的方式或者导入此命名空间才能存取。
- 第 15、16 行：ShowName()方法分别传入参数"Tomas Dalton"、"Emily VanCamp"给字段 name。
- 第 18、19 行：调用 WriteLine()方法输出 InputName()方法所返回的值。

6.3.4 类属性和存取器

类的成员有字段（Field）和属性（Attribute）。字段也称为“实例字段”（Instance Field），属性（Property）是对象静态特征的呈现。在前面的范例中，将字段的存取范围设为 public，外界可直接存取，会使类内的数据成员无法受到保护。建议改变字段的访问权限修饰词，再使用类内的方法存取字段值。就字段而言，它所声明的位置需在类内、方法外（方法内所声明的变量称为“局部变量”），可视为类内的“全局变量”。

为了不让外部存取字段内容，更弹性的做法是将字段改成属性的副本，通过公有的属性来存取私有的字段，这种做法称为“支持存放”。就是配合“存取器”（Accessor）的 get 或 set 对私有（private）字段进行读取、写入或计算。让类在“信息隐藏”机制下，既能以公有的方式提供设置或获取属性值，又能提升方法的安全性和弹性。声明属性的语法如下：

```
private 数据类型 字段名;
public 数据类型 属性名称
{
    get
    {
        return 字段名;
    }
    set
    {
        域名 = value;
    }
}
```

- 存取器 set 把新值赋值给属性时要使用关键字 value，同样要有程序区块。
- 存取器 get 用来返回属性值，属性被读取时会执行其程序区块。
- 若属性中只有存取器 get，则表示是一个“只读”属性；若只有存取器 set，则表示是一个“只写”属性；若二者都有，则表示能读能写。

需要注意的是，属性不能归类为变量，它与字段不同。使用属性时，①要以访问权限修饰词指定字段的存取范围，②设置属性的数据类型和名称，③使用存取器 get 和 set。

那么属性的存取器 get 和 set 又是如何设置新值及返回属性值的呢？通过图 6-16 可知，执

行 "chris.Name="Chris Mindy"" 语句时，Name 属性会经由外部赋予新值。存取器 set 会以 value 这个隐含变量来接收并赋值给字段_name，然后存取器 get 会以 return 语句返回_name 的字段值。

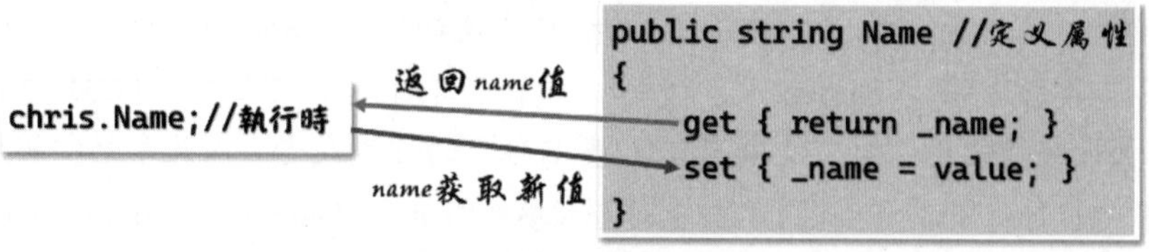

图 6-16 存取器 get 和 set 的运行过程

类内以公有的属性来表达私有的字段，如图 6-17 所示，在 UML 类图中属性以<<property>>来表示，前面的 "+" 表示它是公有的，关键字 void 说明方法 Display()不具有返回值。

```
              Person

-string : _name
+<<property>>Name : string

+Display() : void
```

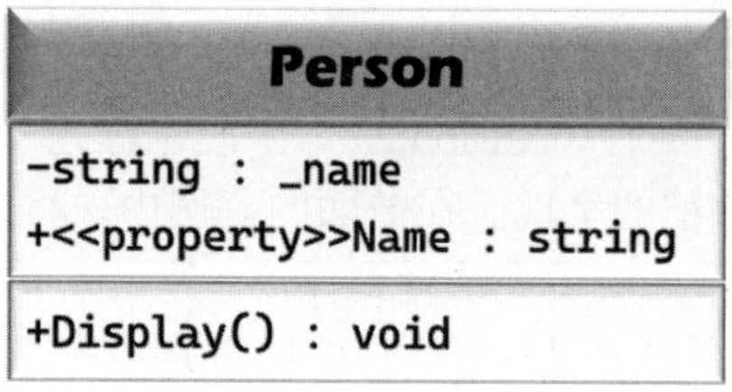

图 6-17 UML 类图中的公有属性

范例 Ex0605.csproj

在类中，以公有的属性存取私有的字段。范例 Ex0605 的执行结果如图 6-18 所示。

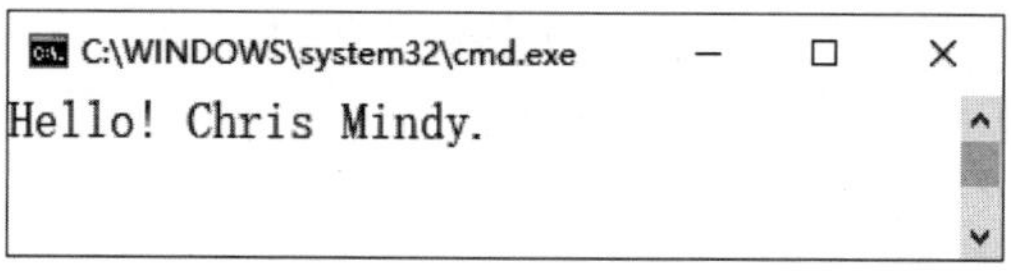

图 6-18 范例 Ex0605 的执行结果

步骤01 创建控制台应用项目 Ex0605，框架选择 ".NET 6.0（长期支持）"。

步骤02 添加一个类文件，命名为 Person.cs，编写如下的程序代码。

```
01 namespace Ex0605;   //C# 10.0 语法，文件范围命名空间
02 internal class Person   //自定义类 Person
03 {
04    private string _name = ""; //定义字段来获取输入的名称
05    public string Name //定义属性
06    {
07      get { return _name; }
08        set { _name = value; }
09    }
10    public void Display() =>
11      Console.WriteLine($"Hello! {Name}.");
12 }
```

步骤03 使用顶层语句在 Program.cs 程序文件中编写如下的程序代码。

```
21 global using static System.Console;//C# 10.0 语法
```

```
22 Ex0605.Person chris = new();
23 chris.Name = "Chris Mindy"; //给予名称 Chris Mindy
24 chris.Display();//显示名称信息
25 ReadKey();
```

步骤 04 按 F5 键生成可执行程序，再执行程序。注意，程序执行完毕后，按任意键即可关闭程序窗口。

程序说明

- 第 02~12 行：Person 类定义了私有字段 name，以公有的属性 Name 配合存取器 set 和 get 获取外部数据，再调用方法成员 Display()显示内容。
- 第 04 行：将字段_name 的存取范围设为 private，表示只有 Person 类能存取。
- 第 05~09 行：定义属性 Name 的存取范围为 public，存取器 get 获取字段_name 的值并返回，set 以 value 存储获取的字段值，再赋值给字段_name 存储（参考图 6-16）。
- 第 10、11 行：Display()为方法成员，public 为公有的存取范围。由于不需要返回结果，因此数据类型设为 void，获取字段值并输出。
- 第 21 行：将 global 修饰词加到 using 指示词前面，定义为“全局”使用，即表示适用于整个项目。
- 第 22 行：创建 Person 对象 chris，声明时要加上命名空间 Ex0604 才能存取。
- 第 23、24 行：设置名字存储于 Name 属性，调用 Display()方法输出。

当程序中添加类时，可利用 Visual Studio 2022 提供的类视图和对象浏览器查看其内容。依次选择菜单选项“视图→类视图”，随后会启动“类视图”窗口，它的默认显示位置与“解决方案资源管理器”相同，如图 6-19 所示。

图 6-19　类视图

从图 6-19 得知，展开项目 Ex0604 会有两个 C#文件（*.cs）：Person 和 Program。单击 Person 文件，可以进一步看到定义的方法 Display()、属性 Name、字段_name，由于_name 不是公有的，而是私有的（访问权限修饰词为 private），因此它左边图标的右下角有上锁的小图标。

那么对象浏览器呢？依次选择菜单选项“视图→对象浏览器”，“对象浏览器”以页签形式打开于窗口中间。参考图 6-20 的步骤，展开项目 Ex0605，①单击 Person 类，其方法和属性就显示在右侧的窗格，②选取 Name 字段之后，下方的窗格会显示它的数据类型和访问权限修饰词 private。

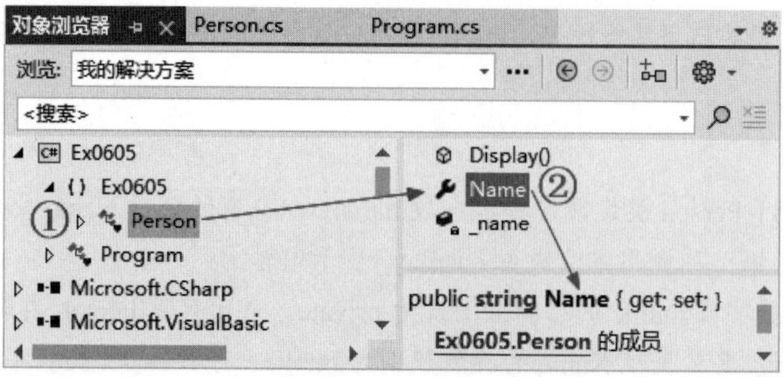

图 6-20　对象浏览器

在某些情况下，可能要排除某个存取器，形成只读或只写状态。只读属性表示执行程序时，只能读取而无法修改其值，如果将范例 Ex0605 改写成只读属性，就只保留存取器 get，编写如下：

```
public string title{  //只读属性
   get{return _name;}
}
```

只写属性表示执行程序时，只能写入数据而无法读取。将范例 Ex0605 改写成只写属性，即只保留存取器 set，编写如下：

```
public string title{  //只写属性
   set{_name = value;}
}
```

编写类程序，为了让声明的属性更简洁，其程序区块中只保留存取器 get 和 set，不加任何程序代码，编译器会自动设置为私有字段。

```
private string name;    //定义字段
public string title{    //定义属性
   get{return name;}
   set{name = value;}
}
public string title {get; set;}//采用自动实现属性
```

也就是经过自动实现属性，原有的私有字段 name，编译器会以匿名方式自动支持，只能由属性的存取器 get、set 存取字段的数据。

从 C# 7.0 开始，使用表达式主体定义来实现属性的 get 和 set 存取器，所以上述示例的属性除了“自动实现属性”之外，也能以表达式主体来表示：

```
private string _name;    //定义字段
public string Title{     //定义属性
   get => _name;
   set => _name = value;
```

```
    }
```

范例 Ex0606.csproj

在 Student 类中，原来的私有字段 name 和 age 被匿名了，公有属性 Title 和 Ages 采用自动实现属性，配合存取器 get 和 set 读写数据，然后由方法成员 ShowMessage()显示相关信息。范例 Ex0606 的执行结果如图 6-21 所示。

图 6-21　范例 Ex0606 的执行结果

步骤 01 创建控制台应用项目 Ex0606，框架选择“.NET 6.0（长期支持）”。

步骤 02 添加一个类文件，命名为 Student.cs，编写如下的程序代码。

```
01 namespace Ex0606; //C#10.0 文件范围命名空间
02 internal class Student
03 {
04    public string? Title { get; set; }
05    public short Ages { get; set; }
06    public void ShowMessage() =>
07       Console.WriteLine($"Hello! {Title}, 年龄: {Ages}.");
08 }
```

步骤 03 使用顶层语句在 Program.cs 中编写如下的程序代码。

```
11 Ex0606.Student luke = new();        //创建 Student 对象
12 Write("请输入你的名字: ");            //读取输入的名字和年龄
13 luke.Title = ReadLine();
14 Write("请输入你的年龄: ");
15 luke.Ages = Convert.ToInt16(ReadLine());//转换为 short 类型
16 luke.ShowMessage();
```

步骤 04 按 F5 键生成可执行程序，再执行程序。注意，程序执行完毕后，按任意键即可关闭程序窗口。

程序说明

- 第 04、05 行：自动实现属性。声明两个字段 Title、Ages，存取范围设为 public，只有存取器 get、set，未加任何程序代码。
- 第 06、07 行：ShowMessage()为方法成员，public 为公有的存取范围。由于不需要返回结果，因此数据类型设为 void，获取字段值并输出。
- 第 11 行：创建 Student 对象 luke 并实例化，需加入命名空间，形成 Ex0606.Student。
- 第 13、15 行：使用属性 Title 存储输入的名字，Ages 存储输入的年龄，调用 ShowMessage()方法来输出名字和年龄。

通常属性采用自动实现时，其初值的设置有以下两种方式：

- 使用构造函数传入参数值，请参考范例 Ex0604。
- 将自动实现属性赋初值。

自动实现属性赋初值是 Visual C# 6.0 的做法，而且允许使用 get 存取器将值初始化。修改前面的范例 Ex0604，给属性设置初值。

```
//参考范例 Ex0607 / Student.cs
internal class Student
{
   //自动实现属性并赋初值
   public string Title { get; set; } = "Poe Dameron";
   public short Ages { get; set; } = 22;
   public DateTime enrolled { get; } = DateTime.Now;
   //省略部分程序代码
}
```

- 给 Title、Age、entrolled 三个属性赋初值，其中 enrolled 只有 get 存取器，表示获取日期之后就无法更改了。

```
//Program.cs
Ex0607.Student poe = new();
poe.ShowMessage();
```

- Program.cs 主程序也很简单，就是创建对象并调用 showMessage()方法输出属性的相关值。

6.4 对象旅程

类孕育了对象，对象的生命旅程究竟何时展开？要初始化对象就得使用构造函数（Constructor），它对于对象的生命周期有更丰富的描述。对象的生命起点由构造函数开始，析构函数则为对象画上句号，并从内存中清除。至于有哪些构造函数，将会在本章中说明。

6.4.1 产生构造函数

如何在类内定义构造函数，声明如下：

```
[访问权限修饰词] 类名称(参数列表)
{
   //程序语句;
}
```

在类内定义构造函数，与声明类的方法很相似，不过要注意三点：

- 构造函数必须与类同名，访问权限修饰词使用 public。
- 构造函数虽然有参数列表，但是它不能有返回值，也不能使用 void。

- 可根据需求在类内定义多个构造函数。

在 UML 类图中，如何表示构造函数？由于构造函数属于类的操作，可参考图 6-22。由于构造函数与类同名，需以“<<constructor>>”加上其名称，若有参数，则以“参数名 : 类型”放在括号之内。

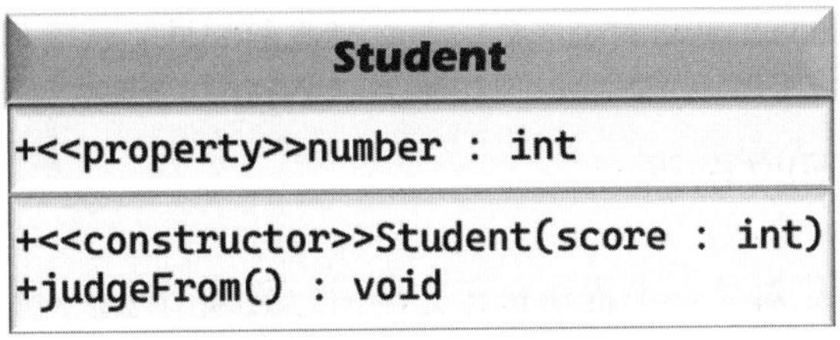

图 6-22　UML 类图的构造函数

范例 Ex0608.csproj

属性 number、Name 采用自动实现属性，构造函数的参数接收到数据后会分别赋值给相关属性。构造函数初始化对象时以 Console.WriteLine()输出信息。方法成员 judgeFrom()依据属性值进行等级判断。范例 Ex0608 的执行结果如图 6-23 所示。

图 6-23　范例 Ex0608 的执行结果

步骤 01 创建控制台应用项目 Ex0608，框架选择“.NET 6.0（长期支持）”。

步骤 02 添加一个类文件，命名为 Student.cs，并在其中编写如下的程序代码。

```
namespace Ex0608;   //C# 10.0 文件范围命名空间
internal class Student
{
  private int _score;//私有字段
  public int Score   //公有属性，init 将值赋给属性或存取器元素
  {
    get => _score;
    init => _score = value;
  }
  public string Name { get; set; }//自动实现属性
  public Student(string _name, int _score)
  {
    WriteLine("调用了构造函数！");
    Score = _score; //将接收的值赋给属性
    Name = _name;
  }
  //省略部分程序代码
}
```

步骤 03 按 F5 键生成可执行程序，再执行程序。注意，程序执行完毕后，按任意键即可关闭程序

窗口。

程序说明

- 第 04~09 行：C# 9.0 可以使用 init 关键字在属性或索引器中定义其方法。通过构造函数将值赋给属性或存取器元素。
- 第 11~16 行：Student 类的构造函数，参数接收到数据会赋给属性 Number 和 Name。

6.4.2 析构函数回收资源

使用构造函数初始化对象，当程序执行完毕后，必须清除该对象所占用的系统资源，即释放内存空间。如何清除对象？需借助析构函数（Destructor），其语法如下：

```
~类名称()
{
    //程序语句;
}
```

- 析构函数必须在类名称之前加上“~”符号，它不能使用访问权限修饰词。
- 一个类只能有一个析构函数，它不含任何参数，也不能有任何返回值，无法被继承或重载。
- 析构函数无法直接调用，只有对象被清除时才会被调用执行。

范例 Ex0609.csproj

构造函数初始化对象，析构函数清除对象。为了查看析构函数的作用，使用.NET Framework 4.8 框架来创建项目。范例 Ex0609 的执行结果如图 6-24 所示。

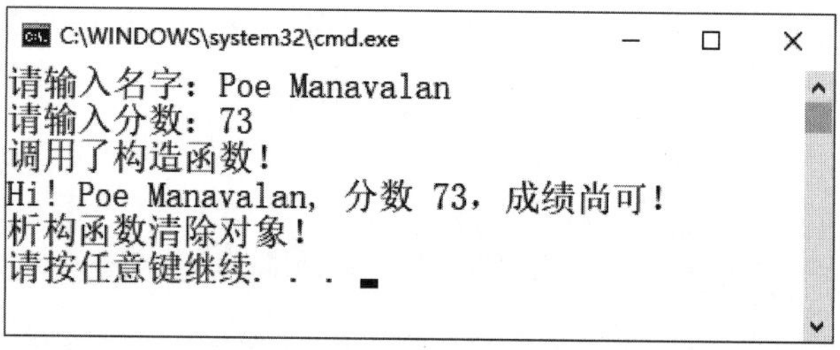

图 6-24　范例 Ex0609 的执行结果

步骤01 创建控制台应用项目 Ex0609，框架选择“.NET Framework 4.8”。

步骤02 添加一个类文件，命名为 Student.cs，在其中编写如下的程序代码。

```
internal class Student
{
   public int Grade { get; set; }//自动实现属性
   public string Name { get; set; }
   public Student(string _name, int _grade)
   {
      WriteLine("调用了构造函数！");
      Name = _name;
      judgeFrom(_grade);  //调用 judgeFrom()方法
```

```
10      }
11
12      ~Student()     //析构函数
13      { WriteLine("析构函数清除对象！"); }
14      //省略部分程序代码
15  }
```

步骤 **03**　按 Ctrl + F5 组合键生成可执行程序，再执行程序。

程序说明

- 第 09 行：在构造函数中直接调用 judgeFrom()方法并以分数为参数进行传递。
- 第 12、13 行：定义析构函数。按 Ctrl + F5 组合键生成可执行程序并执行，这样对象初始化和清除对象时的信息才能看到。

6.4.3　调用默认构造函数

相信大家会觉得奇怪，在前面的几个小节中并没有声明构造函数，那么对象是如何进行初始化操作的呢？一般来说，使用 new 运算符实例化对象便会调用默认的构造函数。不含任何参数的构造函数称为默认构造函数（Default Constructor）。倘若程序中自行定义了构造函数，此时编译器就不会提供默认构造函数。

范例 Ex0610.csproj

默认构造函数无参数，被调用时显示当前时间。范例 Ex0610 的执行结果如图 6-25 所示。

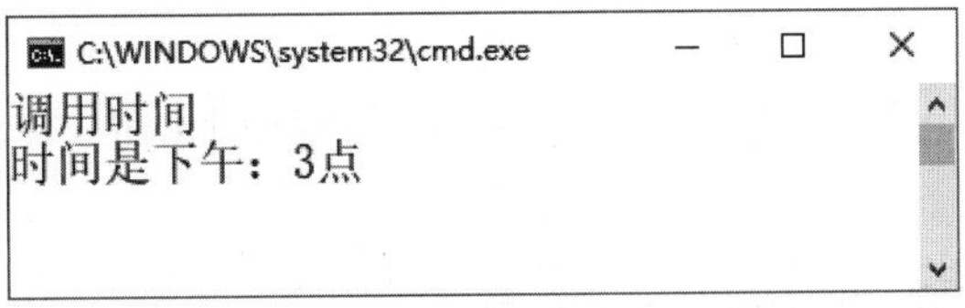

图 6-25　范例 Ex0610 的执行结果

步骤 **01**　创建控制台应用项目 Ex0610，框架选择 ".NET 6.0（长期支持）"。

步骤 **02**　添加一个类文件，命名为 TimeInfo.cs，在其中编写如下的程序代码。

```
01  namespace Ex0610;   //C# 10.0 文件范围命名空间
02  internal class TimeInfo
03  {
04      public TimeInfo() { WriteLine("调用时间"); }
05      public int Hrs { get; set; } //自动实现属性 Hrs
06      public void ShowTime(int tm)
07      {
08          Hrs = tm;
09          if (Hrs > 12)
10          {
11              Hrs %= 12;
12              WriteLine($"时间是下午：{Hrs}点");
13          }
14          else
15              WriteLine($"时间是上午：{Hrs}点");
```

```
16     }
17  }
```

步骤 03 按 F5 键生成可执行程序，再执行程序。

程序说明

- 第 04 行：定义了无参数的默认构造函数，它被调用时会“调用时间”字符串。
- 第 06~16 行：定义方法成员 showTime()，根据属性 Hrs 获取的时间来显示“时间是上午”或“时间是下午”。

6.4.4 构造函数的重载

重载（Overloading）的概念是“名称相同，但参数不同”。就像在学校选修课程一样，每位学生可根据自己的需求来选修不同的课程，例如：

```
Mary();    //可能没有选修
Tomas(语文, 英语);
Eric(计算机概论, 数学, 语文, 程序设计语言);
```

转化为程序代码时，如果为每位学生设计选修课程的方法，那么需要很多方法，这不符合模块化的要求。如果使用同一个方法名而携带的参数类型或者数量不同，那么在执行时编译器可根据不同参数类型或数量来调用所对应的不同构造函数，这样不但能简化程序的设计，还能降低设计的难度。

范例 Ex0611.csproj

构造函数可以重载，根据传入的参数来决定调用哪一个构造函数。范例 Ex0611 的执行结果如图 6-26 所示。

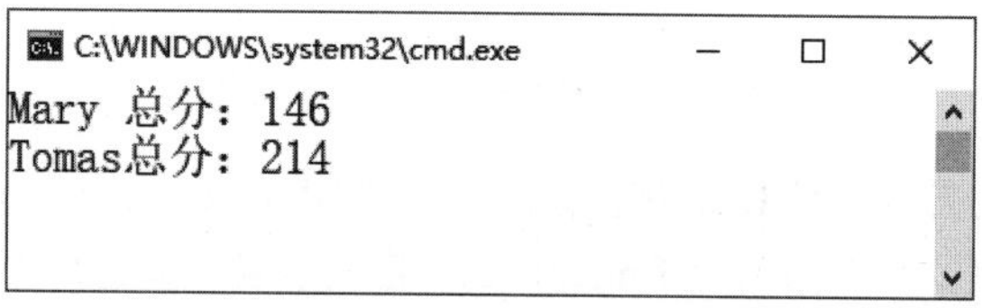
C:\WINDOWS\system32\cmd.exe
Mary 总分: 146
Tomas总分: 214

图 6-26　范例 Ex0611 的执行结果

步骤 01 创建控制台应用项目 Ex0611，框架选择“.NET 6.0（长期支持）”。

步骤 02 添加一个类文件，命名为 Student.cs，在其中编写如下的程序代码。

```
namespace Ex0611;    //C#10.0 文件范围命名空间
internal class Student
{
   private int Math { get; set; }
   private int Eng { get; set; }
   private int Comp { get; set; }
   public Student(int sb1, int sb2)
   {
      Math = sb1; Eng = sb2;
      int total = Math + Eng;
```

```
11       sum(total); //调用方法成员
12     }
13     public Student(int sb1, int sb2, int sb3)
14     {
15       Math = sb1; Eng = sb2; Comp = sb3;
16       int total = Math + Eng + Comp;
17       sum(total); //调用方法成员
18     }
19     //表达式主体——方法成员，返回总分
20     public void sum(int result) =>
21       WriteLine($"总分: result}");
22 }
```

步骤03 使用顶层语句，在 Program.cs 文件中编写如下的程序代码。

```
31 global using static System.Console;  //全局，适用于整个项目
32 using Ex0611; //导入声明类的命名空间
33 Console.Write("Mary ");
34 Student mary = new(79, 67);
35 Console.Write("Tomas");
36 Student tomas = new(55, 85, 74);
```

步骤04 按 F5 键生成可执行程序，再执行程序。

程序说明

- 第 04~06 行：定义 3 个自动实现属性。
- 第 07~12 行、第 13~18 行：第一个构造函数有两个参数，第二个构造函数有 3 个参数。
- 第 20、21 行：定义方法成员 sum()，构造函数会调用它输出计算的总分。
- 第 34~36 行：创建 Student 对象。Mary 对象以构造函数初始化时有两个参数，Tomas 对象以构造函数初始化时有 3 个参数。

6.4.5 对象的初始化设置

Visual C#提供了对象初始化（Object Initializer）的用法。通常创建类后，会以 new 运算符将对象实例化，或者使用构造函数携带参数来初始化对象。什么是对象初始化？使用数组时，可以在声明的过程中使用大括号初始化数组元素，也可以用相同的方法来给对象赋值，通过类中的字段或属性进行存取，而不调用构造函数。

```
class Person {   //创建一个类，属性 Name、Age 采用自动实现属性
   public int Name { get; set; }
   public string Age { get; set; }
}
//声明对象时采用对象初始化的方法，根据属性赋予相关初值
Person mary = new Person { Name = "Mary", Age = 3 };
```

范例 Ex0612.csproj

在对类的对象实例化时，进行初始化设置。范例 Ex0612 的执行结果如图 6-27 所示。

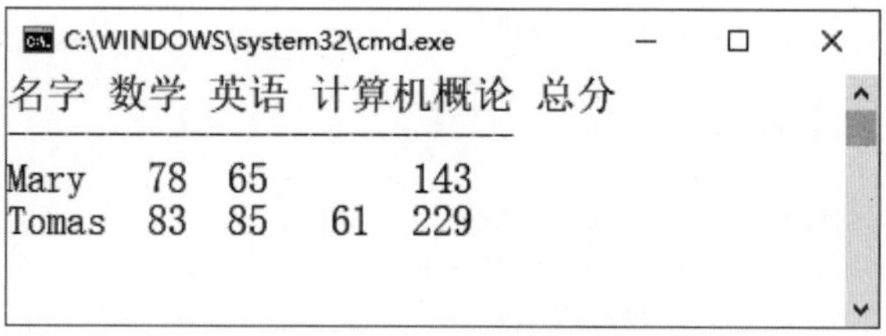

图 6-27 范例 Ex0612 的执行结果

步骤 01 创建控制台应用项目 Ex0612，框架选择“.NET 6.0（长期支持）”。

步骤 02 添加一个类文件，命名为 Student.cs，在其中编写如下的程序代码。

```
01 namespace Ex0612;   //C# 10.0 文件范围命名空间
02 internal class Student
03 {
04    public int Math { get; set; } //数学
05    public int Eng { get; set; }  //英语
06    public int Comp { get; set; } //计算机概论
07    //表达式主体——类方法，返回总分
08    public int Total() => Math + Eng + Comp;
09 }
```

步骤 03 使用顶层语句，在 Program.cs 中编写如下的程序代码。

```
11 Ex0612.Student Mary = new() { Math = 78, Eng = 65 };
12 Ex0612.Student Tomas = new()
13 { Math = 83, Eng = 85, Comp = 61 };
14 WriteLine("名字 数学 英语 计算机概论 总分");
15 string line = new ('-', 25);
16 WriteLine(line);
17 Write($"Mary {Mary.Math, 4}{Mary.Eng, 4}");
18 Write($"{Mary.Total(), 10}");
19 Write($"\nTomas {Tomas.Math, 3}{Tomas.Eng, 4}" +
20   $"{Tomas.Comp, 5}{Tomas.Total(), 5}");
```

步骤 04 按 F5 键生成可执行程序，再执行程序。

程序说明

- 第 04~06 行：定义 3 个自动实现属性，分别存放语文、英语和计算机概论的成绩。
- 第 08 行：定义方法 Total()，使用表达式主体方法返回加总的分数。
- 第 11~13 行：创建 Student 对象 Mary 和 Tomas，采用对象初始化表达式，把分数分别赋值给语文、英语和计算机概论对应的属性（即成员变量），然后调用 sum()方法输出总分。

6.5 静态类

前面的范例中定义了类后，都是针对对象成员来进行描述的。静态类和常规类最大的差异就是静态类不能使用 new 运算符来实例化类，为了有所区别，加上了“静态”，静态类的

属性、方法也必须定义成"静态"才能使用。

为了与一般对象成员区分，定义类成员时会加上 static 关键字，称为静态成员。那么静态类成员和对象成员的差别在哪里？

- 不能使用 new 运算符将静态类实例化。
- 静态类的成员和方法都为静态，属于密封类（Sealed Class），无法继承。
- 静态类不会有实例，只能使用私有的构造函数，或者配合静态构造函数。
- 静态成员存取时只能使用静态类名称。

一般类也能使用 static 关键字让其成员成为静态成员，它为所有对象共同拥有，让独立的各对象间具有"沟通的渠道"，如此一来就不需要全局变量作为对象成员间的暂存空间，避免内存空间的浪费。此外，存取静态成员只能以类名称，无法以实例执行存取操作。

6.5.1　静态属性

在类中声明"静态属性"，其作用主要是让编译器知道在执行时期"仅为每个类分配一份该属性的内存空间"。为了进一步说明，先了解静态属性的声明，语法如下：

```
class 类名称 {
    访问权限修饰词 static 返回值类型 类成员名称;
    ...
}
```

静态属性有两个常见的作用，即计算已实例化的对象个数和存储所有实例间的共享值。

范例 Ex0613.csproj

以静态类属性来统计产生的对象个数。范例 Ex0613 的执行结果如图 6-28 所示。

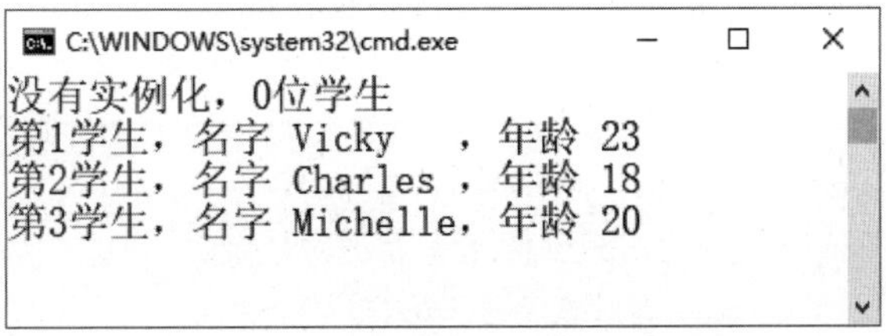

图 6-28　范例 Ex0613 的执行结果

步骤 01　创建控制台应用项目 Ex0613，框架选择".NET 6.0（长期支持）"。

步骤 02　添加一个类文件，命名为 Student.cs，在其中编写如下的程序代码。

```
namespace Ex0613;   //C# 10.0 文件范围命名空间
internal class Student
{
    public static int Count { get; private set; }
    //自动实现成员属性：Name 和 Age
    public string Name { get; set; }
    public int Age { get; set; }
    public Student(string stuName, int stuAge)
    {
```

```
10        Name = stuName; Age = stuAge;
11        Count++;//创建对象时就累计
12        WriteLine(
13           $"第{Count}学生, 名字 {Name, -8}, 年龄{Age, 3}");
14     }
15  }
```

步骤 03 使用顶层语句，在 Program.cs 中直接编写如下的程序代码。

```
21 using static System.Console;   //导入静态类
22 namespace Ex0613;   //C# 10.0 文件范围命名空间
23 WriteLine($"没有实例化, {Student.Count}个学生");
24 Student one = new ("Vicky", 23);
25 Student two = new ("Charles", 18);
26 Student three = new ("Michelle", 20);
```

步骤 04 按 F5 键生成可执行程序，再执行程序。

程序说明

- 第 04 行：static 声明 Count 为静态类属性，自动实现属性，只要生成对象就会进行记录。其中的 set 存取器使用 private 为访问权限修饰词。
- 第 08~14 行：定义含有两个参数的构造函数，放入类静态属性 Count。由于构造函数用来初始化对象，因此每生成一个对象，Count 值就会累加一次。
- 第 23 行：直接以类名 Student 来存取静态属性 Count。
- 第 24~26 行：生成含有参数的对象。

6.5.2 类静态方法

与静态属性类似，若要使用类静态方法，则必须以 static 关键字声明类方法为类静态方法，其语法如下：

```
class 类名称 {
    访问权限修饰词 static 返回值类型 类成员名称;
    访问权限修饰词 static 返回值类型 类方法名称{...};
}
```

- 经过 static 声明的静态成员都属于全局变量的作用域，无论类产生多少对象，都会共享这些静态成员。
- 因为静态成员在内存中只会保留一份，所以能在同类的对象间传递数据，记录类的状况，不像其他的数据成员，会伴随对象而分别产生。

范例 Ex0614.csproj

创建类 Circle 之后，声明两个类静态方法，分别计算圆的周长和圆面积。范例 Ex0614 的执行结果如图 6-29 所示。

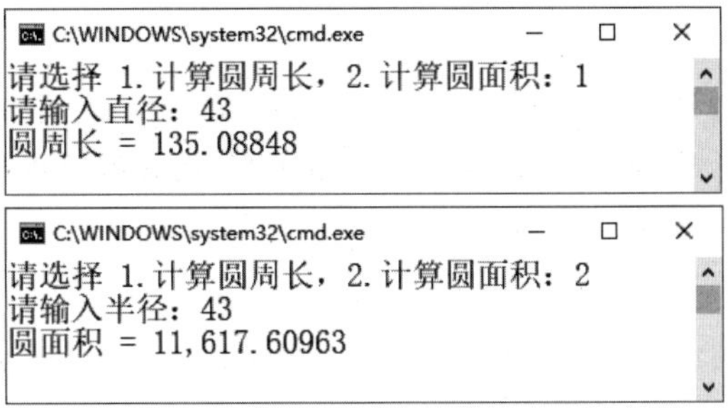

图 6-29 范例 Ex0614 的执行结果

步骤 01 创建控制台应用项目 Ex0614，框架选择“.NET 6.0（长期支持）”。

步骤 02 添加一个类文件，命名为 Circle.cs，在其中编写如下的程序代码。

```
namespace Ex0614;   //C# 10.0 文件范围命名空间
internal class Circle
{
   public static double calcPeriphery(string one)
   {
      double periphery = double.Parse(one);
      double result = periphery * Math.PI;
      return result;
   }
   //类的第二个静态方法——计算圆面积
   public static double CalcArea(string two)
   {
      double area = double.Parse(two);
      double circleArea = 2 * area * area * Math.PI;
      return circleArea;
   }
}
```

步骤 03 使用顶层语句，在 Program.cs 中直接编写如下的程序代码。

```
//省略部分程序代码
switch (wd)//根据输入值进行计算
{
   case "1":
      Write("请输入直径：");
      //直接调用类进行计算
      double caliber = Circle.calcPeriphery(ReadLine()!);
      WriteLine($"圆周长 = {caliber:N5}");
      break;
   case "2":
      Write("请输入半径：");
      var ridus = Circle.CalcArea(ReadLine()!);
      WriteLine($"圆面积 = {ridus:N5}");
      break;
   default:
      WriteLine("选择错误");
      break;
}
```

步骤 04 按 F5 键生成可执行程序，再执行程序。

程序说明

- 第 04~09 行：类的第一个静态方法 calcPeriphery()，传入直径值计算圆的周长，return 语句返回计算后的结果。由于参数 one 是 string 类型，因此调用 Parse()方法将它转换为 double 类型，再赋值给 periphery 变量。
- 第 11~16 行：类的第二个静态方法 CalcArea(string two)，传入半径值计算圆的面积，return 语句返回计算后的结果。由于参数 two 是 string 类型，因此 Parse()方法将它转换为 double 类型，再赋值给 area 变量。
- 第 22~38 行：switch-case 语句判断 wd 变量的值。若输入 1，则获取用户输入的直径值，调用静态方法 Circle.calcPeriphery()输出圆的周长。若输入 2，则获取用户输入的半径值，直接调用静态方法 Circle.calcArea()输出圆的面积。
- 第 27 行："!"运算符置于操作数之后，表示允许 null 值，所以"ReadLine()!"表示 ReadLine()方法接收的输入值可以含有 null 值。

提　示
null 允许运算符"!"在运行时没有任何作用，它只会变更表达式的 null 状态。

6.5.3 私有的构造函数

已经知道构造函数用来初始化对象。那么类呢？产生类后，定义它的静态字段和静态方法，同样也会有"静态构造函数"用来初始化静态成员，或者以私有构造函数来防止对象初始化。定义的类只要有静态成员存在，都会自动调用静态构造函数。它的特性如下：

- 由于静态构造函数无参数，也不使用访问权限修饰词，因此无法直接调用它。
- 在静态构造函数运行时期无法用程序进行控制。
- 静态构造函数可被视为类使用的记录文件，将项目写入其中。

范例 Ex0615.csproj

使用关键字 static 产生静态构造函数，配合 DateTime 结构记录对象产生的时间。因为静态构造函数只会执行一次，所以 DateTime 使用结构作为只读静态字段，Now 属性获取系统时间。构造函数使用 TimeSpan 结构为时间间隔，以毫秒为单位，记录对象的创建时间。范例 Ex0615 的执行结果如图 6-30 所示。

图 6-30　范例 Ex0615 的执行结果

步骤 01 创建控制台应用项目 Ex0615，框架选择“.NET 6.0（长期支持）”。

步骤 02 添加一个类文件，命名为 Student.cs，在其中编写如下的程序代码。

```
01 namespace Ex0615;    //C# 10.0 文件范围命名空间
02 internal class Student
03 {
04    static readonly DateTime startTime;
05    //静态属性——记录生成的对象
06    public static int Count { get; private set; }
07    //自动实现成员属性：Name, Age
08    public string Name { get; set; }
09    public int Age { get; set; }
10    static Student()
11    {
12       //获取系统当前的日期和时间，ToLongTimeString()只显示时间
13       startTime = DateTime.Now;
14       WriteLine($"静态构造函数执行的时间：" +
15          $"{startTime.ToLongTimeString()}");
16    }
17    public Student(string _name, int _age)
18    {
19       //TimeSpan 为时间间隔，以毫秒为间隔单位
20       TimeSpan initTime = DateTime.Now - startTime;
21       Name = _name; Age = _age;
22       Count++;    //创建对象时就累计
23       WriteLine($"第{Count}位学生，" +
24             $"{initTime.TotalMilliseconds / 60, 18}" +
25             $"{Name, 8} {Age,3}");
26    }
27 }
```

步骤 03 按 F5 键生成可执行程序，再执行程序。

程序说明

- 第 04 行：以 DateTime 结构创建 startTime，加上 static 和 readonly（只读）关键字，表示它具有静态只读的特性，用来存储系统当前的日期和时间。
- 第 10~16 行：定义静态构造函数，只要它被执行，通过 DateTime 结构的 Now 属性来获取时间戳，显示系统当前的时间。它与初始化的构造函数并不相同，只会执行一次，不会随着对象的增加来累计。
- 第 17~26 行：定义含有两个参数的构造函数。以 TimeSpan 结构为时间间隔，以毫秒为间隔单位。每次构造函数实例化对象时就会扣除系统时间，记录创建对象的间隔毫秒数。

综合范例的演练，对比初始化对象生命的构造函数和只会执行一次的静态构造函数，如表 6-2 所示。

表 6-2　构造函数和静态构造函数的对比

	构造函数	静态构造函数
与类同名	是	是
初始化对象	是	否

（续表）

	构造函数	静态构造函数
访问权限修饰词	public	不能使用
是否有参数	可以选择	不能有参数
执行次数	可以多次调用	只会执行一次

常规类会用构造函数来初始化对象，即使没有定义构造函数，也会分配默认的构造函数来完成初始化。类有了静态成员才会使用私有的构造函数，也就是其访问权限修饰词使用 private。所以，类中有私有的构造函数时，程序代码以 new 运算符来初始化对象会提示如图 6-31 所示的信息。

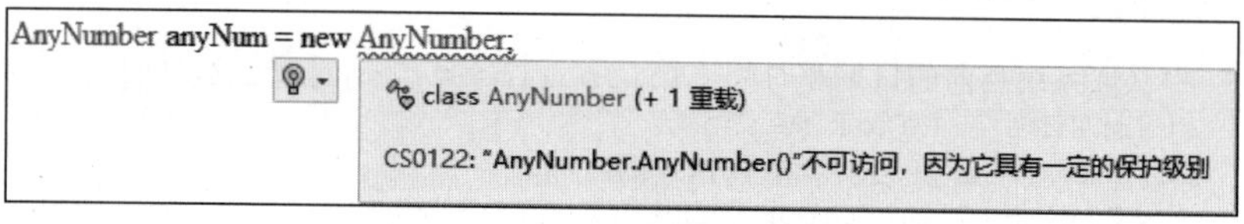

图 6-31　私有的构造函数无法初始化对象

范例 Ex0616.csproj

AnyNumber 类以静态字段、私有构造函数配合类的静态方法随机产生一个数字。范例 Ex0616 的执行结果如图 6-32 所示。

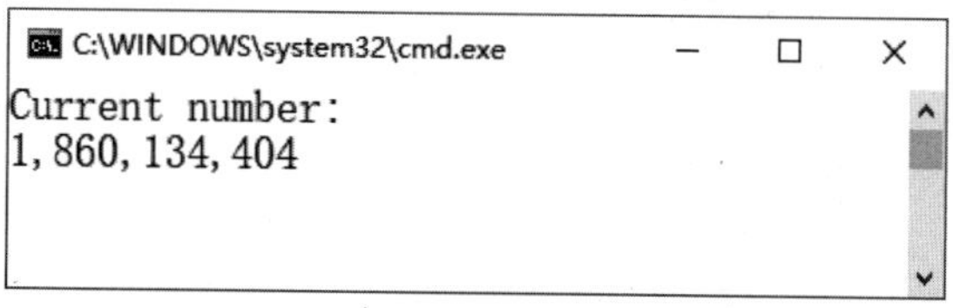

图 6-32　范例 Ex0616 的执行结果

步骤 01 创建控制台应用项目 Ex0616，框架选择“.NET 6.0（长期支持）”。

步骤 02 使用顶层语句，在 Program.cs 中编写如下的程序代码。

```
AnyNumber.Randnum(); //类调用静态方法
WriteLine("Current number:" +
   $"\n{AnyNumber.currentNum:N0} ");
ReadKey();

class AnyNumber   //AnyNumber 为常规类，但成员都为静态
{
   private AnyNumber() { }          //私有构造函数
   public static int currentNum;    //静态字段
   static readonly Random rand = new();
   public static int Randnum()      //类静态方法
   {
      currentNum = rand.Next();     //产生随机数
      return currentNum;
   }
}
```

程序说明

- 第 01 行：直接以类名称调用其静态方法。
- 第 02、03 行："{AnyNumber.currentNum:N0}"表示 currentNum 产生的值不含小数，以加上千位分号的格式来输出。
- 第 08 行：声明一个私有的构造函数，也是空的构造函数，这是为了不让它自动产生默认的构造函数，也就无法将对象用 new 运算符进行初始化。
- 第 06~16 行：类静态方法 Randnum()、静态字段 currentNum 将产生的随机数值以 return 返回。
- 第 09 行：前面加上 static 关键字，它会产生静态字段数值。
- 第 10 行：把 Random 类的对象 rand 加上修饰词 readonly 表示是只读对象。

重点整理

- 1960 年，在 Simula 语言中提出了面向对象程序设计（Object Oriented Programming，OOP），引入了对象（Object）、类（Class）、属性（Property）和方法（Method）的概念。数据抽象化（Data Abstraction）在 1970 年被提出来探讨，之后派生了抽象数据类型（Abstract Data Type）的概念，提供了信息隐藏（Information Hiding）功能。
- 面向对象设计包含三个特性：封装、继承和多态。
- 类是对象的原型，类下的实例可以各自拥有不同的状态。声明类之后，类内必须包含数据成员（字段、属性）和方法成员。
- 定义方法成员时，若括号中有参数列表，则必须声明类型。return 语句用于返回运算结果，返回值的类型必须与 return 语句声明的返回值类型相同，若声明为 void，则表示无任何返回值。
- 属性（Property）用来表现对象的静态特征。配合存取器（Accessor）的 get 或 set 对私有字段进行读取、写入或计算。让类在"信息隐藏"的机制下，既能以公有的方式设置或获取属性值，又能提升方法的安全性和弹性。
- 初始化对象就得使用构造函数（Constructor）。对象的生命起点从构造函数开始，析构函数则为对象画上句号，并从内存中清除。
- 定义构造函数必须与类同名，访问权限修饰词使用 public。虽然有参数列表，但是它不能有返回值，也不能使用 void。可根据需求在类内使用多个构造函数。
- 一个类只能有一个析构函数。定义时必须在类名称之前加上"~"符号，它不含任何参数，不能使用访问权限修饰词，不能有任何返回值，也无法被继承或重载。
- C#提供对象初始化的方法。创建对象进行初始化时不需要调用构造函数，而以大括号来给对象的赋值，通过类中的字段或属性进行存取。
- 定义类时加上 static 关键字就是静态类。静态类和常规类的差别在哪里？①不能使用 new

运算符将静态类实例化；②静态类属于密封类（Sealed Class），无法继承；③静态类没有实例，只能使用私有的构造函数或者静态构造函数；④静态成员存取时只能使用静态类名称。

- 静态构造函数的特性：①无参数，不使用访问权限修饰词，因此无法直接调用它；②执行时期无法以程序来控制；③当作类使用的记录文件，将项目写入其中。
- 类中有静态成员时才会使用私有的构造函数，其访问权限修饰词使用 private。所以，类中有私有的构造函数时，程序代码用 new 运算符来初始化对象会发生错误。

课后习题

（一）填空题

1. 面向对象程序设计的三个特性：__________、__________、__________。

2. 类由类成员组成，包含：①________、②________、③________、④________。

3. 定义类以关键字__________创建后，必须以__________运算符实例化对象，经过实例化的对象，称为___________。

4. 访问权限修饰词中声明为公有的，使用关键字________；只适用于所定义的类，要用关键字________。

5. 定义方法时，要返回运算结果使用________语句；若无任何返回值，则数据类型以关键字______取代。

6. 请填写类中公有属性的语句。

```
class Person
{
   private string _name;   //私有字段
   //加入公有属性的程序代码


}
```

7. 将第 6 题的私有属性变更为公有属性，并以表达式主体来编写程序代码。

```
class Person
{
   private string _name;   //私有字段
   //公有属性以表达式主体来编写程序代码

}
```

8. 将第 6 题的私有属性变更为公有属性，并采用自动实现属性。

```
class Person
{
   private string _name;   //私有字段
   //自动实现属性的程序代码
```

```
    }
```

9. 给第 8 题的公有自动实现属性赋予初值。

```
    class Person
    {
        private string name;    //私有字段
        //自动实现属性的程序代码

    }
```

10. 不含任何参数的构造函数被称为________________。重载的概念是________________。

11. 静态字段有两个作用：①________________，②________________。

12. 静态构造函数的特性：①________________，②________________，③________________。

13. 类有静态成员时会使用私有的构造函数，它的访问权限修饰词使用__________。

（二）问答题与实践题

1. 请说明定义构造函数有哪些注意事项，析构函数有什么作用？

2. 请说明构造函数与静态构造函数有什么不同？

3. 定义一个“员工”类，字段有名字、年龄，并把今天设为到职日。

   ①以构造函数传入这些参数再输出相关信息。

   ②使用自动实现属性并赋初值。

4. 接续第 3 题，将构造函数重载，第一个构造函数不含参数但能输出信息，第二个构造函数有名字和年龄两个参数，第三个构造函数则有名字、年龄和到职日。

5. 接续第 4 题，将名字、年龄和到职日采取“对象初始化”并输出结果。

第 7 章

方法和传递机制

章节重点

- 从.NET 类库提供方法（Method）讲起，以面向对象的观点来认识方法（函数）有哪些运行机制。
- 定义方法，理解方法中的参数如何传递。传“值”表示以数值为传递对象，传“址”则以内存地址为传递对象，所以要有方法参数 ref、out 和 params。
- 进一步讨论以对象、数组作为参数传递时，要如何处理？命名参数、可选参数有何妙用？

本章范例项目 Ex0701~Ex0703 选择框架“.NET 6.0（长期支持）”为模板，其余都选择框架“.NET 5.0（当前）”为模板。

7.1 方法是什么

读者一定使用过闹钟吧！无论是手机上的闹铃设置，还是撞针式的传统闹钟，功能都是定时调用。只要定时功能没有被解除，它就会随着时间的循环，不断重复响铃的动作。以程序的观点来看闹钟的定时调用功能，就是所谓的方法，在传统程序设计语言中，称它为函数。两者的差别在于：方法是从面向对象程序设计的视角来看，函数则是结构化程序设计的用语，如 Visual C++。在第 6 章中已经介绍过 Visual C#程序设计语言的方法，执行时必须调用方法的名称，然后它会根据运行的程序返回结果或不返回结果。那么使用方法有什么优点呢？现在列举如下：

- 使用方法可以建立信息模块化。
- 方法能重复使用，方便日后的调试和维护。

- 从面向对象的概念来看，提供操作接口的方法可以起到数据隐藏的作用。

按程序的设计需求，方法可分为以下两种：

- 系统内建，由.NET 类库提供。
- 程序设计者根据需求自行定义。

7.1.1 系统内建的方法

.NET Framework 类库提供了 Random（随机数）、String（字符串）、Math（数学）和 DateTime（日期/时间）等类，我们可以直接引用它们的属性和方法。String 和 DateTime 类在前面的章节陆续使用过，所以针对 Math 和 Random 类再简单讲解一下。首先介绍 Math 类，它来自于 System 命名空间，用于提供数学计算，一些常用的字段和方法可以参考表 7-1。

表 7-1 Math 类常用的字段和方法

字段和方法	说明
PI 字段	圆周率，就是常数 π
Pow()方法	返回 x 的 y 次幂的值，如 $5\times5\times5 = 5^3$ = Pow(5, 3) 语法：public static double Pow(double x, double y) x：底数；y：指数
Round()方法	舍入到指定的小数位数最接近的数值，未指定小数位数就是舍入到最接近的整数 语法：public static double Round(double value, int digits) value：要舍入的数值；digits：指定的小数位数
Sqrt()方法	返回指定数值的平方根 语法：public static double Sqrt(double d) d：要求平方根的数值
Max()方法	返回两个数值中较大的一个 语法：public static short Max(int val1, int val2) val1：比较的第 1 个数值；val2：比较的第 2 个数值

由于 Math 为静态类，因此使用时直接以类名称进行存取，即“Math.属性”或“Math.方法()”。

范例 Ex0701.csproj

计算圆面积的公式为“πR^2”，之前的范例要以自定义常数 PI 再乘以“半径×半径”来进行计算，而使用 Math 类就简单多了。范例 Ex0701 的执行结果如图 7-1 所示。

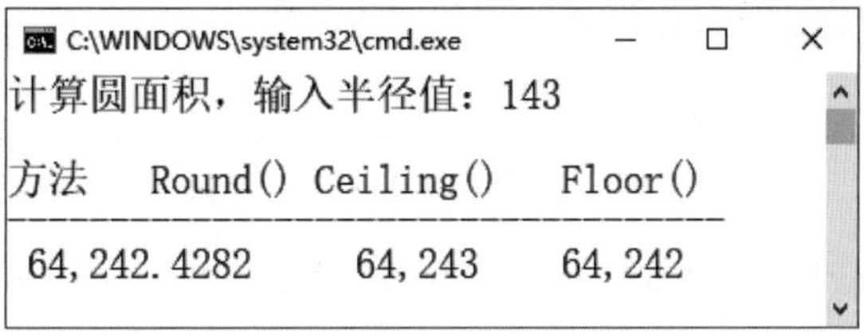

图 7-1 范例 Ex0701 的执行结果

步骤 01 创建控制台应用项目 Ex0701，框架选择“.NET 6.0（长期支持）”。使用顶层语句，编写如下的程序代码。

```
01 Write("计算圆面积，输入半径值：");
02 double radius = Convert.ToDouble(ReadLine());
03 double area = Math.PI * Math.Pow(radius, 2);
04 string line = new('-', 35);
05 WriteLine($"\n 方法{"Round()", 10}" +
06    $"{"Ceiling()", 10}{"Floor()", 10}");
07 WriteLine(line);
08
09 Write($"{ Math.Round(area, 4), 12:N4}" +
10       $"{Math.Ceiling(area), 10:N0}" +
11       $"{ Math.Floor(area), 10:N0}");
```

步骤 02 按 F5 键生成可执行程序，再执行程序。注意，程序执行完毕后，按任意键即可关闭程序窗口。

程序说明

- 第 01、02 行：输入半径值后，调用 Convert.ToDouble 方法把该值转换为 double 类型再存储于 radius 变量中。
- 第 03 行：计算圆面积“PI*半径*半径”，借助 Math 类提供的 PI 字段值和 Pow()方法。
- 第 09~11 行：输出圆面积时，分别调用 Math 类提供的 Round()、Ceiling()、Floor()方法进行输出，观察输出数值的变化。

Random 类提供随机产生的随机数，其常用的方法如表 7-2 所示。

表 7-2 Random 类的常用方法

方法	说明
Next()	返回非负值的随机整数，ex:Next(10, 100)产生 10~100 的随机数值 语法：public virtual int Next(int minValue, int maxValue) minValue 为下限，maxValue 为上限
NextBytes()	产生字节数组的随机数

范例 Ex0702.csproj

使用 DateTime 结构的 Ticks 字段的值来作为随机数种子以产生随机数。范例 Ex0702 的执行结果如图 7-2 所示。

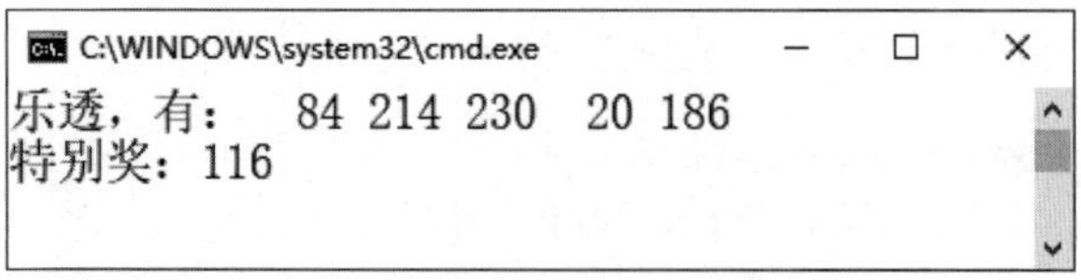
C:\WINDOWS\system32\cmd.exe
乐透，有： 84 214 230 20 186
特别奖：116

图 7-2 范例 Ex0702 的执行结果

步骤 01 创建控制台应用项目 Ex0702，框架选择“.NET 6.0（长期支持）”。使用顶层语句，编写如下的程序代码。

```
01 Random lotto = new ((int)DateTime.Now.Ticks);
02 byte[] item = new byte[6];   //存储随机数
03 lotto.NextBytes(item);
04 Write("乐透，有: ");
05 for (int count = 0; count < item.Length; count++)
06 {
07   if (count == 5)   //将第 6 个数组元素作为特别奖
08   {
09     byte special = item[count];
10     WriteLine($"\n 特别奖: {special}");
11   }
12   else
13     Write($"{item[count],4}");
14 }
15 WriteLine();//换行
16 ReadKey();
```

步骤 02 按 F5 键生成可执行程序，再执行程序。注意，程序执行完毕后，按任意键即可关闭程序窗口。

程序说明

- 第 01 行：先创建 Random 对象 lotto，再使用 DateTime 结构的 Ticks 字段的值作为随机数种子，避免产生有次序的随机数。Ticks 为时间刻度，1 毫秒有 10 000 个刻度，或者是千万分之一秒。
- 第 02 行：以数组 item 来存储随机产生的 6 个随机数。
- 第 03 行：lotto 对象调用 NextBytes()方法来产生 0~255 的随机数组。
- 第 05~14 行：用 for 循环读取 item 的数组元素。在 for 循环中再以 if-else 语句进行条件判断。第 09 行以 special 变量来存储数组的第 6 个元素作为特别奖，所以 for 循环只会输出 5 个数组元素。

7.1.2 方法的声明

如何自定义方法？其实在第 6 章讲述类时，已介绍过类中的方法，它包含方法成员、初始化对象的构造函数和专属于类的静态类方法。此处复习一下声明方法的语法。

```
[修饰词] [static] 返回值类型 methodName([parameterList]){
  ...
  [return 计算结果;]
}
```

- 修饰词：就是访问权限修饰词，限定方法的存取范围。常用的有 private、public 和 protected，省略修饰词时，默认以 private 为存取范围。
- 返回值类型：定义方法之后，要有返回值类型。如果方法不返回任何数据，则使用 void 关键字。
- methodName：方法名称。其命名必须遵守标识符的规范。

- parameterList：参数列表。若定义的方法没有参数列表，则可加上“()”（左、右括号），而且不能省略。若括号中的参数有多个，则每一个使用的参数都要清楚地声明类型，然后再以“,”分隔每个参数。
- 程序区块（方法主体）：将方法的处理语句放在{}程序区块内，也包含return语句。
- return语句：将方法运算的结果返回，返回时它的类型必须和返回值类型相同。此外，return语句一定是方法程序区块（主体）内最后一条语句。

方法定义之后，要在其他程序中调用函数，它的语法如下：

```
[变量名称] = methodName(argumentList)
```

- 直接调用方法名称（methodName）或将方法的返回结果赋值给变量。
- argumentList：参数列表，将数据传递给方法定义的参数。

若定义的方法中有返回值，则要在方法主体的最后一行使用return语句返回结果。
例一：定义Multiply()方法需返回计算结果。

```
double Multiply(double num1, double num2) {
        return num1 * num2;    //返回两数相乘的结果
}
```

- Multiply()方法把num1、num2两个数值相乘后，再以return语句返回相乘后的结果。

例二：定义display()方法使用void关键字，表示它无须返回值。

```
private static void display(string title) {
   Console.WriteLine("Hello! {0}", title);
   return;
}
```

- 在方法主体中使用return语句并加上“;”来结束此行语句，让方法将程序的控制权明确地返回给方法的调用者。

由于Visual C#并未支持全局变量，因此方法的声明一定要在类内。在方法主体内声明的变量，它的作用域（Scope）仅限于方法主体，这是局部变量（Local Variable）的概念。主程序与方法的互动如图7-3所示。

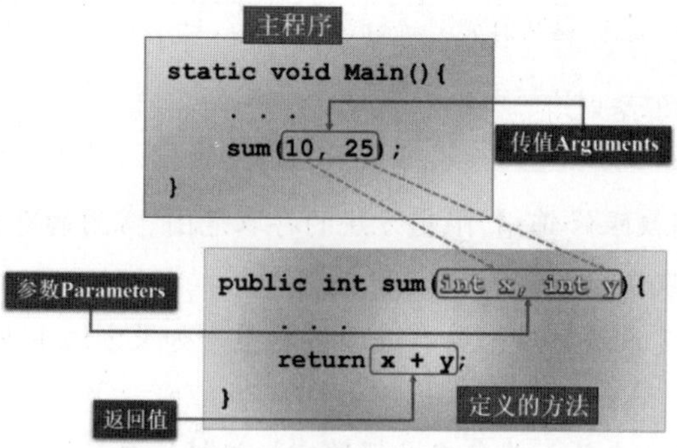

图7-3 主程序调用方法

在 Main()主程序中调用 sum()方法时，会将变量 10 和 25 分别传递给 sum()方法的参数 x 和 y。所以方法定义和调用方法是两件事，可以归纳如下：

- 方法定义：sum()方法以形式参数 x、y 来接收数据。
- 调用方法：主程序调用方法时会把实际参数 10、25 传递到方法内。
- 程序调用方法时程序的控制权会转移给 sum()方法，完成运算后由 return 语句返回结果，控制权才会回到主程序。
- 方法签名：表示定义方法要有名称，具有类型的参数在类或结构中声明，以访问权限修饰词指定存取范围，完成运算后要有返回值。

如何定义方法呢？可参考下面的范例语句。

```
public int addition(int num1, int num2)
{
   return num1 + num2;
}
```

- 定义 addition()方法，参数 num1、num2 都要声明数据类型，return 语句返回两个数相加的结果。

例三：定义静态方法 display()，若没有使用访问权限修饰词，则默认以 private 作为它的存取范围。

```
static void display(string name)
{
  Console.WriteLine("Hello! Your name is { name }");
}
```

- 使用 void 关键字，表示无返回值，方法主体可以省略 return 语句。

Visual C# 6.0 之后，在定义方法时，若只有一条语句，则可以采用“表达式主体定义”。若方法定义的内容只需要返回计算结果，则可以配合运算符“=>”来简化方法主体，省略大括号和 return 语句，语法如下：

```
定义方法 => 方法主体;
```

定义方法的“[修饰词] [static]返回值类型 函数名称([参数列表])”还是维持原来的声明方式，放在运算符“=>”左侧。下面通过一个简单的例子来说明“表达式主体”所定义的方法。

```
public int addition(int num1, int num2)   //定义方法的常规方法
{
   return num1 + num2;
}
//变更为表达式主体
int addValue(int num1, int num2) => num1 + num2; //表达式主体
```

- 虽然没有 return 返回结果，但方法主体会自动返回参数 num1、num2 相加后的结果。

除了方法外，还有哪些地方可以使用表达式主体？表 7-3 列出了相关信息。

表 7-3 类成员与表达式主体

类成员	C#版本
方法	6.0
只读属性	6.0
属性	7.0
构造函数	7.0
析构函数	7.0
存取器 get、set	7.0

对方法有了基本概念之后，我们来进一步了解 Main()主程序如何与方法互动。创建静态方法后，调用方法（主程序）与方法定义位于同一个类 Program 下，例如从主程序（调用者）调用静态方法，语法如下：

```
静态方法名称(参数列表);
变量 = 静态方法名称(参数列表);
```

什么是静态方法？表示产生类之后，不经过对象实例化，直接调用类方法。为了有效区分，会以 static 关键字为访问权限修饰词。

- public 是访问权限修饰词，表示任何类都可以存取。
- static 表示它属于静态类的方法。
- void 用于 Main()方法时表示没有返回值。

当 Program 类未创建实例（对象）时，必须定义静态方法才能使用。从图 7-4 得知，return 语句返回的计算结果在主程序中用变量 avg 来接收。此处静态方法 Average()返回的数据类型、存储计算结果的变量 total 的数据类型和主程序的变量 avg 的数据类型必须一致。

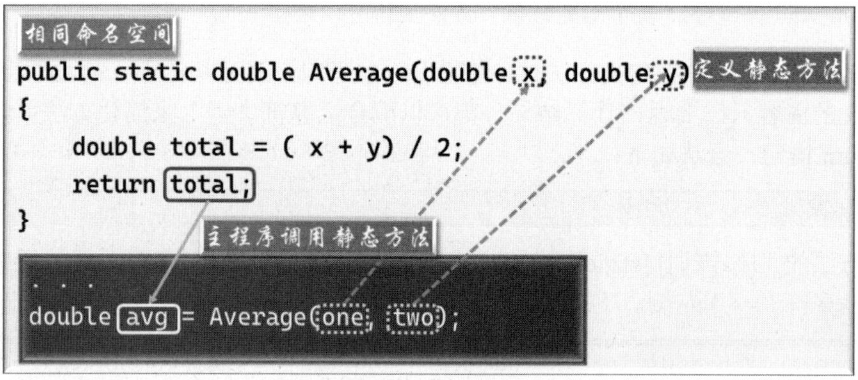

图 7-4 调用静态方法

那么静态类方法编写在什么地方？若使用.NET 6.0，由于采用顶层语句，因此静态类方法可以放在顶层语句之后或者定义了静态类方法之后再调用。

先定义静态类方法，再从主程序调用静态方法，如图 7-5 所示。

```
 5      //定义静态方法
 6      static double CalcAverage(double Chin_score,
 7   ⊞      double Eng_score, double Math_score)…
14
26      //直接调用静态方法——计算平均分
27      equal = CalcAverage(chinese, english, math);
28      WriteLine($"{studentName}! 你好! " +
29          $" 3科平均分 = {equal:N3}");
```

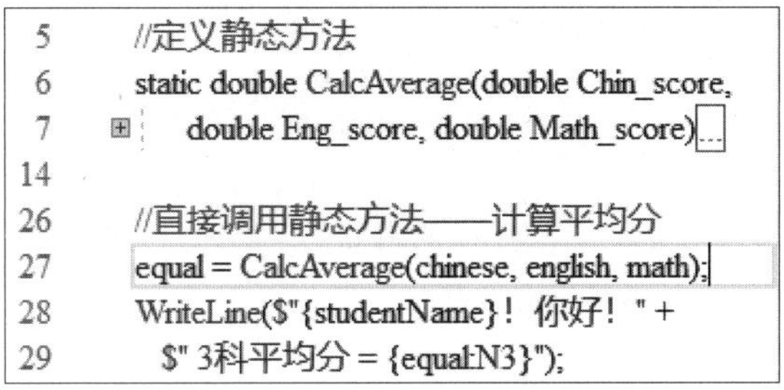

图 7-5　先定义静态方法，再从主程序调用静态方法

如果不使用静态类方法，那就按照第 6 章所介绍的自行定义类并实例化对象，再通过对象来调用方法。

范例 Ex0703.csproj

在程序中直接调用 CalcAverage() 静态方法时，要传递的参数个数必须和定义 calcAverage() 方法时所接收的参数个数一致。范例 Ex0703 的执行结果如图 7-6 所示。

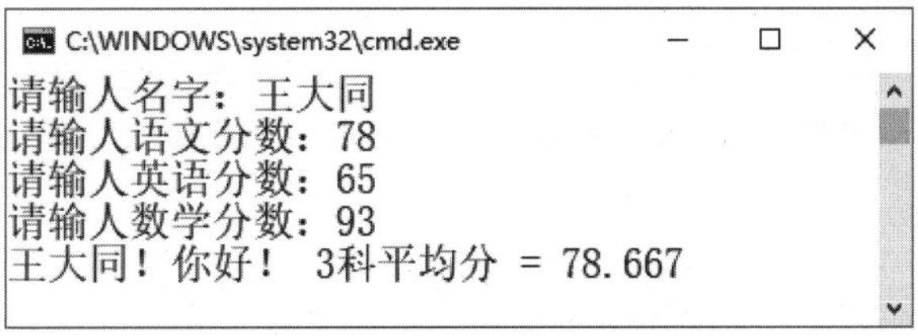

图 7-6　范例 Ex0703 的执行结果

步骤 01 创建控制台应用项目 Ex0703，框架选择 ".NET 6.0（长期支持）"。使用顶层语句，编写如下的程序代码。

```
01  static double CalcAverage(double Chin_score,
02      double Eng_score, double Math_score)
03  {
04    //变量 Average_score 用于存储平均分
05    double Average_score = (
06      Chin_score + Eng_score + Math_score) / 3;
07    return Average_score;   //返回计算后的平均分
08  }
09  double chinese, english, math, equal;//各科分数
10  Write("请输入名字: ");
11  string? studentName = ReadLine();
12  Write("请输入语文分数: ");
13  //省略部分程序代码
14
15  equal = CalcAverage(chinese, english, math);
16  WriteLine($"{studentName}! 你好! " +
17      $" 3科平均分 = {equal:N3}");
```

步骤 02 按 F5 键生成可执行程序，再执行程序。注意，程序执行完毕后，按任意键即可关闭程序窗口。

程序说明

- 第 01~08 行：定义静态类方法 CalcAverage()接收传入的参数，计算平均分后，再以 return 语句返回结果。
- 第 15 行：由于位于同类之下，直接调用静态类方法 CalcAverage()传入参数，再把 return 语句返回的结果存储到变量 equal 中。

7.1.3 方法的重载

实际上，重载的用法已在第 6 章介绍构造函数时介绍过了。接下来复习一下“重载”的概念，也就是方法名称相同，设置长短不一的参数列表。由于名称相同，因此编译器根据参数来调用适用的方法。

范例 Ex0704.csproj

定义一个 DoWork()方法并重载。范例 Ex0704 的执行结果如图 7-7 所示。

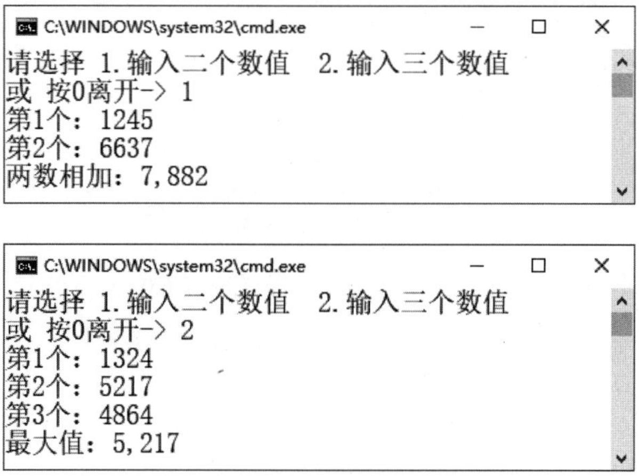

图 7-7 范例 Ex0704 的执行结果

步骤 01 创建控制台应用项目 Ex0704，框架选择“.NET 5.0（当前）”。

步骤 02 Main()主程序调用 DoWork()方法时，由于 DoWork()方法并不存在，因此其名称会显示红色波浪线提示错误，①将鼠标移向此错误处，②单击“显示可能的修补程序”，③再单击“生成方法 ‘DoWork’”加入程序代码，如图 7-8 所示。

步骤 03 DoWork()方法会加入 Program 类区块中，在 Main()主程序之后，把访问权限修饰词修改为 public，如图 7-9 所示。

步骤 04 主程序中含有参数的 DoWork()方法也参照步骤 02 的操作加入 Program 类中，再把 private 更改为 public，如图 7-10 所示。

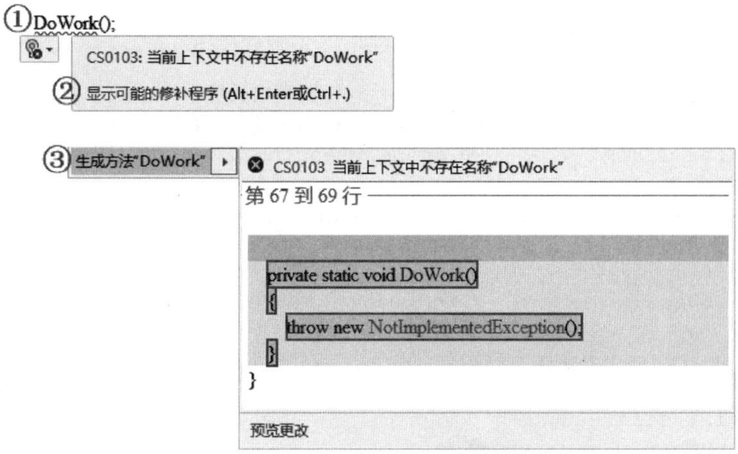

图 7-8　加入程序代码

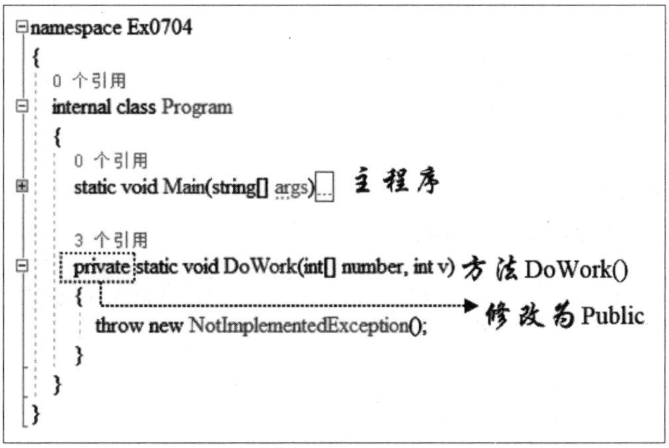

图 7-9　把访问权限修饰词从 private 修改为 public

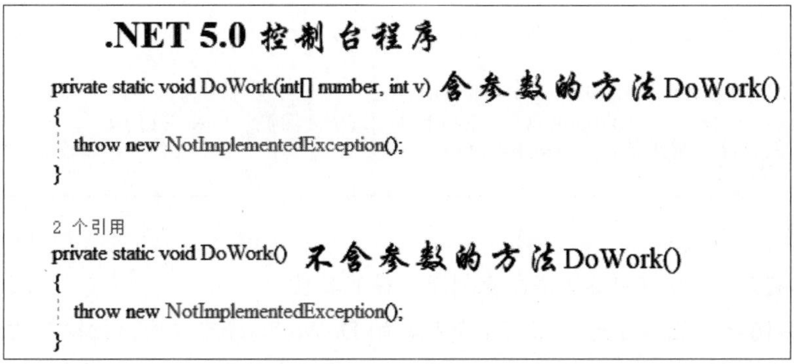

.NET 5.0 控制台程序
private static void DoWork(int[] number, int v) 含参数的方法 DoWork()
{
throw new NotImplementedException();
}
2 个引用
private static void DoWork() 不含参数的方法 DoWork()
{
throw new NotImplementedException();
}

图 7-10　加入 DoWork()方法并把访问权限修饰词从 private 修改为 public

步骤 05 Main()主程序代码如下。

```
static void Main()
{
   //省略部分程序代码
   if (outcome == 0)
```

```
05       DoWork(); //调用方法，没有参数
06     else if (outcome == 1)
07     {
08       int size = 2;              //设置数组长度
09       number = new int[size];    //根据长度重设数组大小
10       for (int i = 0; i < number.Length; i++)
11       {
12         Console.Write($"第{i + 1}个: ");
13         number[i] = int.Parse(ReadLine());
14       }
15       DoWork(number);   //调用方法，以数组为参数进行传递
16     }
17     else if (outcome == 2)
18     {
19       int size = 3;
20       number = new int[size];
21       for (int i = 0; i < number.Length; i++)
22       {
23         Write($"第{i + 1}个: ");
24         number[i] = int.Parse(ReadLine());
25       }
26       doWork(number, 0);   //调用方法
27     }
28 }
```

步骤06 重载方法 DoWork()的程序代码。

```
31 public static void DoWork()=>WriteLine("没有输入任何数值");
32 public static void DoWork(int[] one)
33 {
34   int total = 0;
35   for (int i = 0; i < one.Length; i++)
36     total += one[i];
37   Write($"两数相加: {total:n0}", total);
38 }
39 public static void DoWork(int[] one, int max)
40 {
41   //调用 Math.Max 找出 3 个数中的最大值
42   max = Math.Max(one[0], Math.Max(one[1], one[2]));
43   Write($"最大值: {max:n0}");
44 }
```

程序说明

- 第 04~27 行：以 if-else-if 语句来判断选择的数值。
- 第 06~16 行：选择 1 时调用有 1 个参数的 DoWork()静态方法，把输入的两个数值相加。第 09 行重设 number 数组的大小，再以 for 循环来读取。
- 第 17~27 行：选择 2 时，调用有两个参数的 DoWork()静态方法，从输入的三个数值中找出最大值。第 20 行重设 number 数组，并以 for 循环读取。
- 第 31 行：使用表达式主体定义一个无参数的 DoWork()方法，运算符“=>”右侧的方法主体直接调用 WriteLine()方法输出提示信息。
- 第 32~44 行：方法重载，共有 3 个：不含参数、含 1 个参数和含 2 个参数的 DoWork()

方法。

- 第 32~38 行：定义含有 1 个参数的 DoWork()方法，接收的是数组，以 for 循环读取数组元素，再把两个数值相加。
- 第 39~44 行：定义含有两个参数的 DoWork()方法，用 for 循环读取数组元素，再调用静态类 Math 的 Max()方法来判断输入的 3 个数值中哪一个最大。由于 Max()方法一次只能判断两个数值，因此调用了两次 Max()方法。

7.2　参数的传递机制

调用方法时，若要获取返回的结果，则必须通过 return 语句，但是 return 语句只能返回一个结果。若调用的方法要返回多个参数值，则必须进一步了解方法中参数的传递方式。Visual C#提供了传值（Passing by Value）和传引用（Passing by Reference，即传变量的地址，简称传址）两种方法。方法定义时若括号内有指定的对象，则对象被称为参数，调用方法才会有传递数据的操作，所以也称之为自变量。在说明传递机制之前，先来了解两个名词的含义：

- 实际参数（Actual Argument）：程序中调用方法时用于传递数据的变量或值。
- 形式参数（Formal Parameter）：方法定义时用于接收数据，进入方法主体后参与语句的执行或运算。

传递机制要探讨的就是实际参数传递变量时要用哪一种传递方式。如果变量是值类型，传值或传址会有相同结果吗？或者变量是引用类型，传值或传址的不同之处又在哪里？接下来一起学习吧。

7.2.1　传值调用

传值调用是指实际参数调用方法时，会先复制变量内容（值），再把副本传递给被调用方法的形式参数。要注意的是，实际参数所传递的参变量和形式参数（方法）必须是相同的类型，否则会引发编译错误。由于实际参数和形式参数分占不同的内存位置，因此被调用的方法所接收的是变量值，而非变量本身。执行方法中的程序代码时，形式参数有改变并不会影响原来实际参数的内容。

范例 Ex0705.csproj

如何进行传值调用？用 Arithmetic.cs 替代原有的 Program.cs，再定义一个类的静态方法 Progression()，再生成一个 Main()主程序，并调用此静态方法进行等差数列的求和运算。范例 Ex0705 的执行结果如图 7-11 所示。

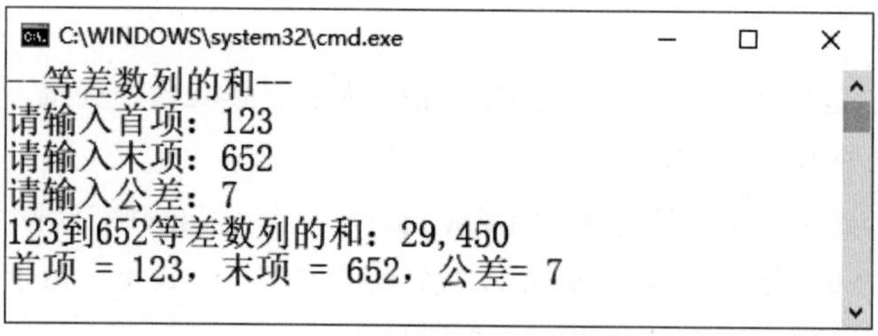

图 7-11　范例 Ex0705 的执行结果

步骤01 创建控制台应用项目 Ex0705，框架选择".NET 5.0（当前）"。在 Main()主程序中编写如下的程序代码。

```
static void Main(string[] args)
{
   WriteLine("--等差级数的和--");//输入各项参数
   Write("请输入首项：");
   int first_value = int.Parse(ReadLine()!);
   Write("请输入末项：");
   int last_value = int.Parse(ReadLine()!);
   Write("请输入公差：");
   int item = int.Parse(ReadLine()!);
   int total = Progression(   //调用类的静态方法
      first_value, last_value, item);
   WriteLine($"{first_value}到{last_value}" +
      $"的差数和：{total:N0}");//输出等差级数的和
   //输出实际参数的值
   WriteLine($"首项 = {first_value}, " +
      $"末项 = {last_value}, 差值 = {item}");
   ReadKey();
}
```

步骤02 定义静态方法 Progression()，编写如下的程序代码。

```
static int Progression(int first, int last,
      int diversity)
{
   int temp, number;
   if (first < last)   //检查传入的首项是否大于末项
   {
      temp = first;     //首项小于末项则予以置换
      first = last;
      last = temp;
   }
   number = (first - last) / diversity + 1;  //计算项数
   int sum = (number * (first + last)) / 2;   //计算等差数列的和
   return sum; //返回计算结果
}
```

步骤03 按 F5 键生成可执行程序，再执行程序。注意，程序执行完毕后，按任意键即可关闭程序窗口。

程序说明

- 第 10、11 行：调用 Progression()方法并传入参数，由于采用传值调用，因此传入的是变量值，最后以 total 变量存储计算结果。
- 第 21~34 行：定义类的静态方法 Progression()，有 3 个参数：首项、末项和公差。它们会接收主程中第 10、11 行所传递的数值。
- 第 25~30 行：if 语句判断所接收的 3 个参数值，如果首项小于末项，就利用 temp 变量进行置换的操作。
- 第 31、32 行：根据等差数列求和的数学公式为“项数×（首项+末项）/2”，所以第 31 行先计算出项数，第 32 行求等差数列的和，再以 return 语句把计算结果返回给主程序的 total 变量。

7.2.2 传址调用

传递参数的另一种机制是传址调用。何谓传址？“址”指的是内存的地址。从图 7-12 可以得知，实际参数调用方法时会传递内存的地址给形式参数，连同内存存储的数据也会一同传送，这就形成了实际参数、形式参数共享相同的内存地址。当形式参数的值被改变时，也会影响实际参数的值（见图 7-13）。什么时候会使用传址调用呢？通常是方法内要将多个处理结果返回，而且 return 语句只能返回一个结果的情况下。使用传址调用要注意以下两件事：

- 无论是实际参数还是形式参数，其类型前必须加上方法参数 ref 或 out。
- 实际参数所指定的变量必须给予初值。

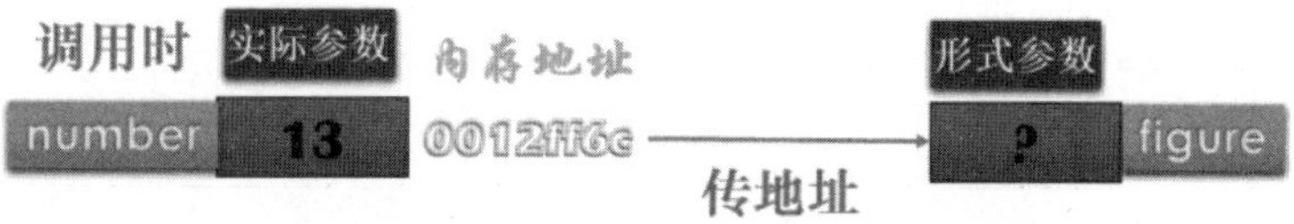

图 7-12　实际参数传递地址给形式参数

图 7-13　传址调用中实际参数、形式参数共享相同的地址

范例 Ex0706.csproj

如何进行传址调用呢？同样是以 Difference 类替换原有的 Program 类，再调用静态方法 CalcNum()和 CalcNumeral()来认识传值和传址调用的不同之处。范例 Ex0706 的执行结果如图 7-14 所示。

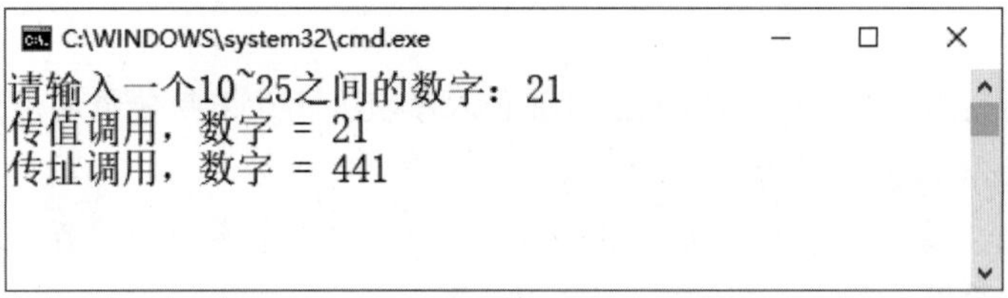

图 7-14　范例 Ex0706 的执行结果

步骤 01 创建控制台应用项目 Ex0706，框架选择“.NET 5.0（当前）”。在 Main()主程序中编写如下的程序代码。

```
01 static void Main()
02 {
03    Write("请输入一个 10~25 数值：");
04    double number = double.Parse(ReadLine()!);
05    if (number is < 10 or > 25)
06       Write("超出范围，不进行计算");
07    else
08    {
09       CalcNum(number);           //传值调用
10       WriteLine($"传值调用，数字 = {number}");
11       CalcNumeral(ref number); //传址调用
12       WriteLine($"传址调用，数字 = {number}");
13    }
14    ReadKey();
15 }
```

步骤 02 定义两个静态方法 CalcNum()和 CalcNumeral()，编写如下的程序代码。

```
21 static void CalcNum(double figure) =>
22    figure = Math.Pow(figure, 2);
23 static void CalcNumeral(ref double figure) =>
24    figure = Math.Pow(figure, 2);
```

步骤 03 按 F5 键生成可执行程序，再执行程序。注意，程序执行完毕后，按任意键即可关闭程序窗口。

程序说明

- 第 05、06 行：使用运算符 is 配合逻辑运算符进行对比，检查输入的数字是否在特定范围内（10~25）。从 C# 9.0 开始，可以使用 not、and 和 or 逻辑运算符形成组合逻辑，以进行逻辑比较。
- 第 09 行：调用 CalcNum()方法进行参数传递，由于采用传值调用，因此输出的 number 值依然是 21，并未改变。
- 第 11 行：调用 CalcNumeral()方法进行参数传递，由于采用传址调用，因此变量 number 的前端必须加上 ref 关键字。因为实际参数 number 和形式参数 figure 共享相同的内存地址，所以输出的 number 值是计算结果，表明值已改变。
- 第 21、22 行：CalcNum()方法中的参数采用传值调用，没有返回值，所以数据类型为 void，参数 figure 接收数值后，调用 Math 类的 Pow()方法计算它的幂次方。

- 第 23、24 行：CalcNumeral()方法的参数采用传址调用，也以 void 表示没有返回值，参数 figure 的类型前必须加上 ref 关键字，figure 接收数值后，同样调用 Math 类的 Pow()方法计算它的幂次方。

7.2.3　方法的传递对象

方法中要传递的对象可能是值类型，也可能是引用类型。以它们为对象进行传递时要注意哪些事项？传址调用要配合方法的相关参数，它们有 ref、out、params。ref 已在前面使用过，那么 out 和 ref 的差别在哪里呢？params 对于传址调用能提供什么协助？下面一同来了解吧。

7.2.4　以对象为传递对象

当方法中要传递的目标是对象时，下面分别以传值调用和传址调用来进行讨论。

范例 Ex0707.csproj

如何以对象为传递目标？同样以 Score 类替换原有的 Program 类，再调用静态方法 ShowMsg()进行传址调用，由于共享相同的内存地址，因此会改写原先的值。范例 Ex0707 的执行结果如图 7-15 所示。

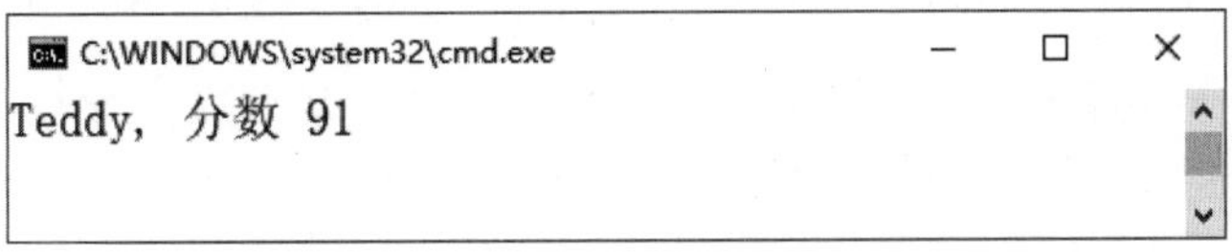
C:\WINDOWS\system32\cmd.exe
Teddy，分数 91

图 7-15　范例 Ex0707 的执行结果

步骤 01 创建控制台应用项目 E0707，框架选择“.NET 5.0（当前）”。使用顶层语句，先编写 Score 类，再生成 Main()主程序，编写如下的程序代码。

```
01 static void Main()
02 {
03    Score first = new()    //创建对象
04    { Name = "Janet", Mark = 95 };
05    ShowMsg(first);        //以对象作为传递目标
06    WriteLine($"{first.Name}，分数 {first.Mark}");
07    ReadKey(); //程序执行暂停，等待输入任意键
08 }
09 //声明静态方法
10 static void ShowMsg(Score one) => one = new()
11       { Name = "Peter", Mark = 73 };   //指定名字、分数
12 //Score 类请参考范例 Ex0707
```

步骤 02 按 F5 键生成可执行程序，再执行程序。注意，程序执行完毕后，按任意键即可关闭程序窗口。

程序说明

- 第 01~08 行：在主程序中实例化另一个对象 first，设置它的属性值之后，调用静态类方

法 showMsg()，以 first 为传递对象。因为采用传值调用，所以只会输出主程序所实例化的对象和它的属性值。

- 第 09~11 行：定义静态方法，接收的对象是 Score 类所实例化的对象。方法主体内的 new 运算符实例化一个新的对象，并重新指定新的属性值。

范例 Ex0707 的程序代码修改如下：将静态方法 showMsg()加上关键字 ref，而主程序中调用静态类 showMsg()的实际参数也加上关键字 ref，表示使用传址调用，调用方法中参变量的任何变更都会反映在调用方法中，所以它会输出静态方法的属性值，而非主程序中原有的设置值。

范例 Ex0708.csproj

```
internal class Program
{
   static void Main(string[] args)
   {
      ModifyScore ted = new()    //创建对象
      { Name = "Teddy", Mark = 91 };
      ShowMsg(ref ted);          //以对象作为传递目标
      Console.WriteLine($"{ted.Name}, 分数 {ted.Mark}");
      Console.ReadKey(); //程序执行暂停，等待输入任意键
   }
   static void ShowMsg(ref ModifyScore one)//参数 ref，传址调用
   {
      one = new ModifyScore()//重新创建一个对象，指定名字和分数
      { Name = "Peter", Mark = 73 };
   }
}
class ModifyScore   //字段：Name、Mark 自动实现属性
{
   public string Name { get; set; }
   public int Mark { get; set; }
}
```

- 被传递目标无论是实值类型还是引用类型，传递方式不同，结果也就不同，所以范例 Ex0708 的执行结果为“Peter, 分数 73”。

7.2.5 参数 params

进行参数传递时，在参数不是固定数目的情况下，可使用方法参数 params。当方法中已使用了方法参数 params 时，就无法再使用其他方法参数了，而且只能使用一个 params 关键字。什么情况下会使用方法参数 params？通常是处理数组元素的时候，由于数组的长度可能不一致，因此配合 for 循环能更灵活地读取数组元素。

范例 Ex0709.csproj

每位学生选修的科目不同，将选修的分数存储在数组中，传递对象为数组。由于数组长度不一，定义静态方法所接收的参数以数组为主，并且在数据类型前加入方法参数 params。

范例 Ex0709 的执行结果如图 7-16 所示。

```
C:\WINDOWS\system32\cmd.exe          —    □    ×
Peter 选修了4科
总分 = 252，平均分 = 63.000
Robecca 选修了7科
总分 = 542，平均分 = 77.429
```

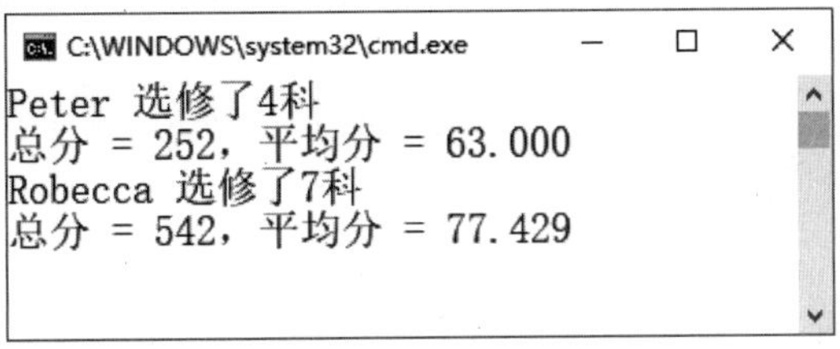

图 7-16　范例 Ex0709 的执行结果

步骤01 创建控制台应用项目 Ex0709，框架选择 ".NET 5.0（当前）"。在 Main()主程序中编写如下的程序代码。

```
01  static void Main()
02  {
03      int[] score1 = { 78, 96, 45, 33 }; //声明数组并初始化
04      Write("Peter 选修了{0}科\n", score1.Length);
05      CalcScore(score1); //调用静态方法
06      //省略部分程序代码
07  }
08  static void CalcScore(params int[] one)
09  {
10      int sum = 0;
11      for (int count = 0; count < one.Length; count++)
12          sum += one[count]; //加总数组元素
13      double average = (double)sum / one.Length; //求平均分
14      WriteLine($"总分 = {sum}，平均分 = {average:f3}");
15  }
```

步骤02 按 F5 键生成可执行程序，再执行程序。注意，程序执行完毕后，按任意键即可关闭程序窗口。

程序说明

- 第 01~07 行：主程序。创建两个数组，score1 有 4 个数组元素，score2 有 7 个数组元素（上面的程序语句省略了，具体查看完整的 Ex0709 程序代码）。
- 第 05 行：调用静态方法 CalcScore()并以数组为传递对象，完成运算后再输出结果。
- 第 08~15 行：定义静态方法 CalcScore()，方法参数 params 接收长度不一致的数组。Length 属性获取数组大小，再用 for 循环读取数组元素后加总计算总分，最后求平均分。

7.2.6　关键字 ref 和 out 的不同

在传递机制中采用传址调用时，方法参数 ref 或 out 都必须加在实际参数和形式参数的前端。这两个关键字的最大差异是加上 ref 关键字的实际参数必须先进行初始化，而 out 关键字则不用将变量初始化，但必须在方法内完成变量的赋值操作。下面通过以下示例语句来佐证。

范例 Ex0710.csproj

```
static void Main()   //主程序
{
   InitArray(out int[] two);   //调用处理数组的静态方法
   Write("数组元素: ");
   for (int i = 0; i < two.Length; i++)
     Write(two[i] + " ");
}
//定义静态方法
static void InitArray(out int[] one) =>
     one = new int[5] {21, 12, 32, 14, 5};
```

- 虽然主程序 Main()声明了一个数组 two，但没有进行初始化，而是调用静态类方法 InitArray()的主体将数组初始化。
- 实际参数所传递的数组要加上方法参数 out。同样，形式参数的 InitArray()方法接收数组时，数据类型前端也要加方法参数 out。这表示使用传址机制配合 out 时不进行初始化操作是可行的。

范例 Ex0711.csproj

定义静态方法 CalcScore()，以传址调用来传递参数，各科成绩的参变量使用方法参数 ref，表示主程序中这些参变量要赋予初值。但是参变量 sum 必须统计各科分数后才会产生值，因此使用方法参数 out，声明时不用赋予初值。范例 Ex0711 的执行结果如图 7-17 所示。

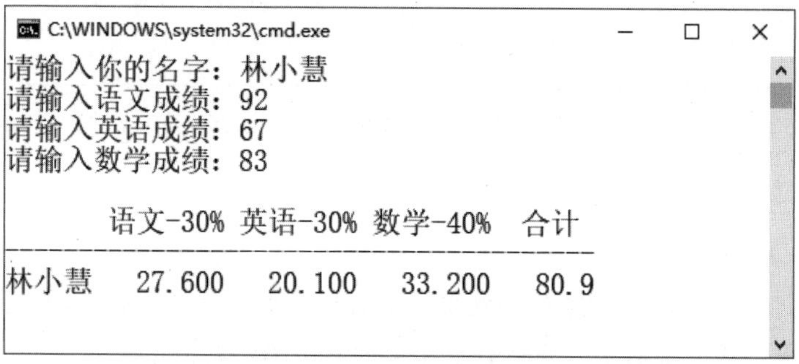

图 7-17　范例 Ex0711 的执行结果

步骤 01 创建控制台应用项目 Ex0711，框架选择".NET 5.0（当前）"。在 Main()主程序中编写如下的程序代码。

```
static void Main()
{
   //省略部分程序代码
   CalcScore(ref chinese, ref english,
         ref mathem, out double total);
   WriteLine($"{name}");
   WriteLine($"语文 30% {chinese}, 英语 30% {english}, "
        + $"数学 40% {mathem} \n 合计 = {total}");
}
static void CalcScore(ref double chin, ref double eng,
   ref double math, out double sum)
```

```
12 {
13    chin *= 0.3;
14    eng *= 0.3;
15    math *= 0.4;
16    sum = chin + eng + math;
17 }
```

步骤 02 按 F5 键生成可执行程序，再执行程序。注意，程序执行完毕后，按任意键即可关闭程序窗口。

程序说明

- 第 01~09 行：在 Main()主程序中，调用 CalcScore()方法以实际参数传递参数值。由于实际参数和形式参数共享相同的内存地址，因此未使用 return 语句依旧得到总分。
- 第 10~17 行：定义静态方法 CalcScore()，以传址调用接收传入的参数，在方法主体中根据各科成绩所占的百分比进行计算并存储于 sum 参数中。

7.2.7　更具弹性的命名参数

一般情况下，实际参数传递变量的顺序必须根据方法中所示的顺序，而命名参数（Named Argument）提供更弹性的应用。命名表示指定名称，所以传递参数时，可以指定要传递的参变量名称，而不是根据方法中已定义好的参数顺序，这就是命名参数的做法。传递参变量时，将参变量与参数的名称建立关联，而不是根据参数列表中的参数位置。也就是实际参数进行调用时，使用参数名，再以“:”指定参变量名。

```
[修饰词] 返回值类型 方法名称(类型 参数 1, 类型 参数 2) {. . .}
方法名称(参数 2:参变量 2, 参数 1: 参变量 1);
```

如图 7-18 所示，实际参数调用 calcFee()方法时，先指定参数名，再给予参变量值，中间以“:”分隔开，例如“y: two”。

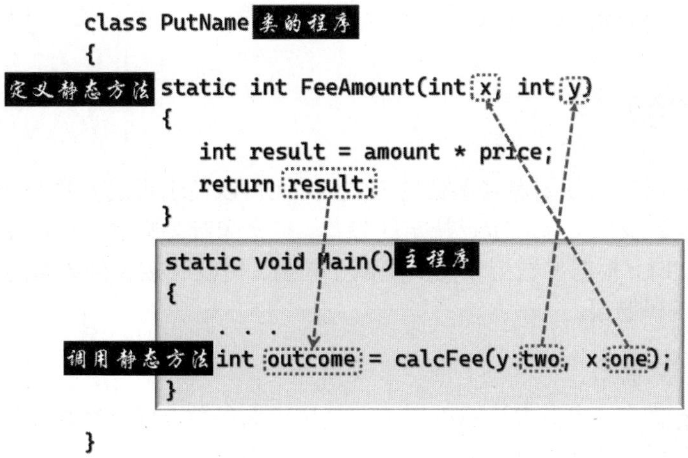

图 7-18　命名参数的调用

范例 Ex0712.csproj

使用命名参数来传递参数值。范例 Ex0712 的执行结果如图 7-19 所示。

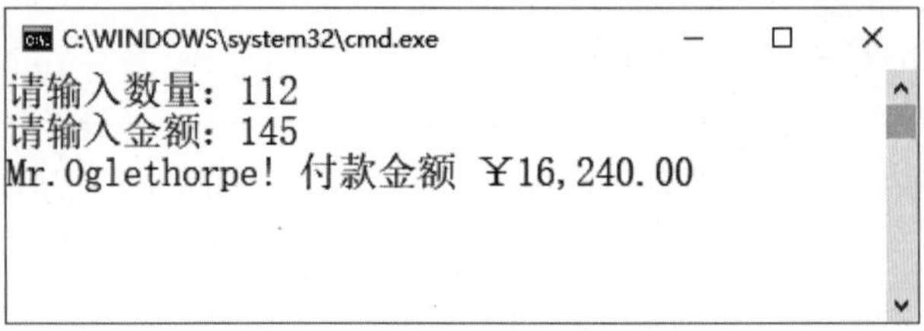

图 7-19　范例 Ex0712 的执行结果

步骤 01 创建控制台应用项目 Ex0712，框架选择“.NET 5.0 (当前)”。在 Main()主程序中编写如下的程序代码。

```
01 static void Main()
02 {
03    //省略部分程序代码
04    int outcome = FeeAmount(price: bill, amount: unit);
05    WriteLine($"{user.Name}! 付款金额 {outcome:c}");
06    ReadKey();
07 }
08 static int FeeAmount(int amount, int price)
09       => amount * price;
```

步骤 02 按 F5 键生成可执行程序，再执行程序。注意，程序执行完毕后，按任意键即可关闭程序窗口。

程序说明

- 第 04 行：因为调用方法时采用命名参数的方式进行实际参数传递，所以 price: bill 先命名参数，再指定参变量进行传递。
- 第 08、09 行：定义静态类方法，有两个参变量，顺序是 amount、price，方法主体计算为“数量(amount)*价钱(price)”，再以 return 语句返回计算结果。

7.2.8　可选参数

实际参数调用时除了使用命名参数的方式外，还可以使用可选参数（Optional Argument）。“可选”的作用是让我们传递时指定特定的参数，也意味着某些参数可以省略。要如何做呢？很简单，定义方法时，根据参数列表的类型赋予初值，而没有接收到数据的参数就可以保留初值，不至于产生编译错误。

范例 Ex0713.csproj

在 ChoiceArg 类中，成员方法 CalcScore()使用可选参数，每个参数都赋予初值，再根据传入的参数值进行计算。范例 Ex0713 的执行结果如图 7-20 所示。

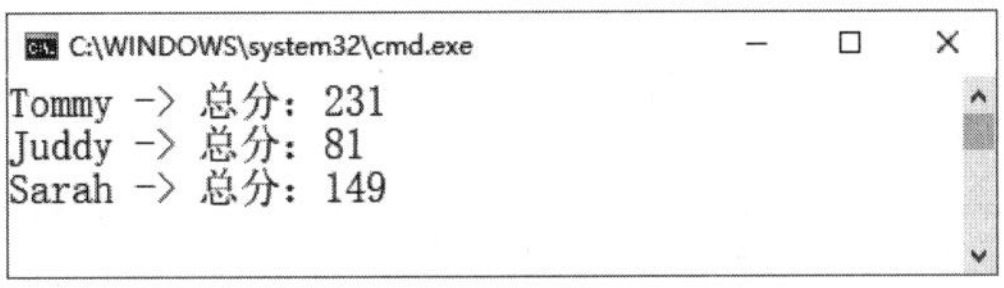

图 7-20 范例 Ex0713 的执行结果

步骤 01 创建控制台应用项目 Ex0713，框架选择“.NET 5.0（当前）”。在 Main()主程序中编写如下的程序代码。

```
01 class ChoiceArg
02 {
03    private readonly string _name;  //私有字段
04    ChoiceArg(string Name = null)   //构造函数
05       { _name = Name; }
06    public void CalcScore(int eng = 0, int math = 0,
07          int chin = 0)
08    {
09       int result = eng + math + chin;
10       WriteLine($"{_name} -> 总分: {result}");
11    }
12 }
13 internal class Program
14 {
15    static void Main()   //主程序
16    {
17       ChoiceArg tommy = new("Tommy");   //创建对象
18       tommy.CalcScore(67, 72, 92);      //传递 3 个参变量
19       ChoiceArg juddy = new("Juddy");
20       juddy.CalcScore(81);              //传递 1 个参变量
21       ChoiceArg sarah = new("Sarah");
22       sarah.CalcScore(84, 65);          //传递 2 个参变量
23       ReadKey();
24    }
25 }
```

步骤 02 按 F5 键生成可执行程序，再执行程序。注意，程序执行完毕后，按任意键即可关闭程序窗口。

程序说明

- 第 06~11 行：定义方法成员 CalcScore()，有 3 个参数。将这三个参数设为可选参数，每个参数都设置初值。
- 第 17~22 行：对象 tommy、juddy 和 sarah 分别调用方法成员 CalcScore()传递不同个数的参变量。

7.3 了解变量的作用域

我们陆续使用了 Visual C#定义的各种变量，有静态变量、实例变量（Instance Variable，

就是不经 static 修饰词声明的字段）、数组元素、数值参数、引用参数、输出参数和局部变量。下面以示例来进行说明。

```
class Program {
  public static int one;    //one 是静态变量
  int count;                //字段，也是实例变量
  //num[0]是数组元素，a 是数值参数，b 是引用参数
  void calcSt(int[] num, int a, ref int b, out int c) {
    int sum = 1;           //位于方法内，是局部变量
    outcome = a + b++;     //outcome 是输出参数
  }
}
```

这里先探讨局部变量。望文生义，局部表示在程序中某个范围内使用，称为程序区块或程序段。那么程序区块或程序段又代表什么呢？它可能是 for 循环体、switch 语句区块，或者方法主体。变量只要声明就可以在所处的程序区块或程序段中使用，这样的变量被称为局部变量。

无论是哪一种变量都有适用的范围（Scope，通常称为变量的作用域）和生命周期（Lifetime，或称为存留期）。下面通过 for 循环来说明。

```
static void Main() {
  int countA = 0, sum = 0;
  for(int countB =0; countB < 10; countB++){
    countA++;
    sum += countB;
  }
  Console.Write(countB); //变量 countB 离开 for 循环的范围（即作用域）
}
```

- 变量 countA 和 countB 都是局部变量，countA 的作用域是 Main()主程序，countB 的作用域是 for 循环，参考图 7-21。更明确地说，变量 countB 离开 for 循环就无法使用，可以通过图 7-22 进一步了解。
- 进入 Main()主程序，开始变量 countA 的生命周期，进入 for 循环，则开始变量 countB 的生命周期，它会一直留存到 for 循环结束。若在 for 循环以外的地方来使用变量 countB，则系统会提示“当前上下文中不存在名称 countB”。

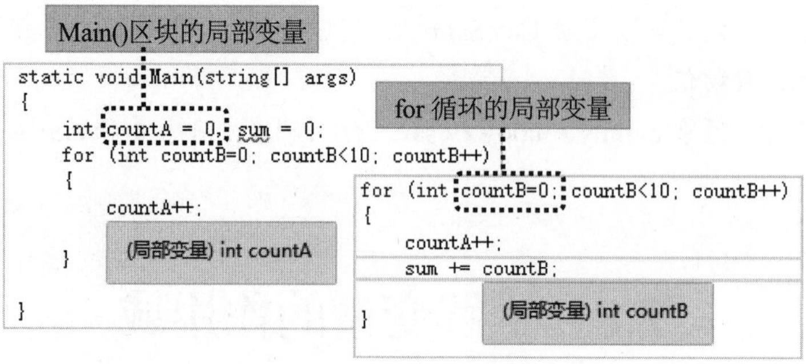
Main()区块的局部变量
static void Main(string[] args)
{
int countA = 0; sum = 0;
for (int countB=0; countB<10; countB++)
{
countA++;
(局部变量) int countA
}
}
for 循环的局部变量
for (int countB=0; countB<10; countB++)
{
countA++;
sum += countB;
}
(局部变量) int countB

图 7-21　countA 和 countB 都是局部变量

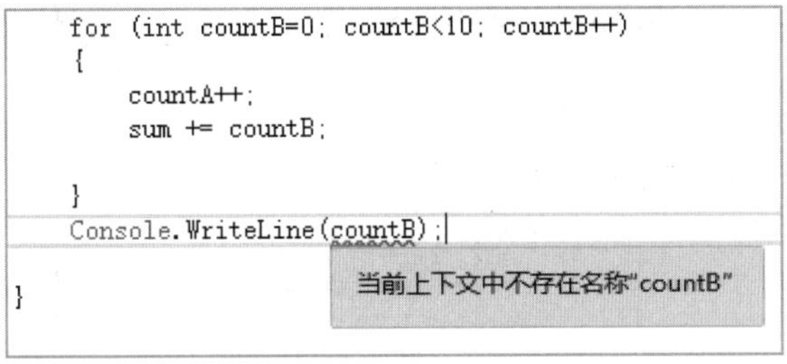
for (int countB=0; countB<10; countB++)
{
countA++;
sum += countB;
}
Console.WriteLine(countB);
}
当前上下文中不存在名称"countB"

图 7-22　离开 for 循环范围的变量，系统会提示 countB 有错误

在传值调用时，无论是传递参变量的实际参数，还是接收参数值的形式参数，所声明的参数都是数值参数。进一步来说，就是不加方法参数 ref、out 或 params。一般数值参数完成了传递操作，它的生命周期也就结束了。

使用传址调用的参数，添加方法参数 ref、out 或 params 后，就是引用参数（传址参数）。由于实际参数和形式参数这时共享了相同的存储位置（相同的内存地址），因此引用参数不会创建新的存储位置。

重点整理

- 在.NET 类库中，静态类 Math 提供了一些数学运算的方法。要处理随机产生的随机数，可以使用 Random 类。
- 方法定义（Method Definition）和调用方法（Calling Method）是两件事。①方法定义是以形式参数接收数据；②调用方法是以实际参数进行参数传递。
- 方法签名（Method Signature）表示定义方法时要有名称，具有类型的参数在类或结构中声明，以访问权限修饰词指定存取范围，完成运算后要有返回值。
- Visual C# 提供传值（Passing by Value）和传址（Passing by Reference）两种调用。
- 传值调用是指实际参数调用方法，先将参变量的值复制，再把复制的值传递给形式参数。要注意的是，实际参数传递的参变量和形式参数必须是相同的类型，否则会引发编译错误。
- 传递参数的另一种机制是“传址”，指的是内存地址。实际参数调用方法会把内存地址传递给形式参数，连同内存存储的数据也会一同传送，形成实际参数和形式参数共享相同的内存地址，当形式参数的值被改变时，也会影响实际参数的值。
- 传址调用要配合方法参数：ref、out、params。参数数目未固定时，可以使用方法参数 params；方法参数 ref 必须在实际参数中进行初始化；方法参数 out 在方法内完成变量值的赋值操作。
- 方法传递时，实际参数传递的顺序必须根据方法中所设置的参数顺序而定，而对命名参数（Named Argument）进行命名可以直接指定参数名称，所以在传递参数时，只要指定了要传递的参数名称，就可以不按照方法中已定义好的参数顺序进行参数的传递。

- 使用可选参数（Optional Argument）。“可选”的作用是让我们传递时指定特定的参数，也意味着某些参数可以省略。

课后习题

（一）填空题

1. 在 Math 静态类中，求取平方根使用_________方法，依指定位数将小数舍入使用__________方法，要让数值产生随机值使用__________类。

2. 方法签名包含：定义方法的__________，具有类型的在___________中声明，以_____________指定存取范围，完成运算后要有____________。

3. 请根据下列程序语句填入正确的答案。

```
static void Main(){
   Sum(10, 25);
}
static int Sum(int x, int y){
   return x + y;
}
```

在 Main()主程序中，Sum()为_____________，10 和 25 被称为__________；定义方法 Sum()时使用了 static 作为访问权限修饰词，表明它的存取范围是____________，x、y 被称为__________；return 语句的作用是_____________。

4. 将第 3 题的 Sum()方法以表达式主体来实现。

5. 对于方法中的参数，Visual C#提供了两种传递机制：①__________、②__________。

6. 在方法的传递机制中，在程序中调用方法，作为数据传递者，被称为___________。在定义方法时，用来接收所传递的数据，被称为___________。

7. 在传址调用中，“址”是指__________________，传递时要加上方法参数________、________、________的任意一个。

8. 将下列定义方法改为表达式主体：___________________________________。

```
public static void display()
{
    Console.WriteLine("没有输入任何数值");
}
```

9. 在哪种情况下会使用方法参数 params？____________________，只能在方法中___________。

10. 参考下列程序代码来填写答案。showMsg()是_______________，传递机制是________________，参变量 one 是__________，输出结果是__________________。

```
static void Main() {
   Score first = new Score();
   first.Name = "Mary";
```

```
        first.Mark = 95;
        showMsg(first);
        Console.WriteLine("{0}, {1}", first.Name, first.Mark);
    }
    static void showMsg(ref Score one){
        one = new Score();
        one.Name = "Peter";
        one.Mark = 73;
    }
```

11. 在定义方法传递参变量时，命名参数来指定名称，被称为____________；“可选”的作用是传递指定的参变量，也意味着某些参变量可以省略，被称为________________。

12. 填写下列变量所代表的意义。①one________________，②count________________，③sum__________。

```
    class Program {
        public static int one;//①one
        int count;//②count
        void addNumbers(int[] num, int a, ref int b, out int c) {
            int sum = 1; //③sum
            outcome = a + b++;
        }
    }
```

（二）问答题与实践题

1. 在 Main()主程序中，通常有 public static void Main()，其中的 public、static 和 void 各代表什么意义？

2. 请以一个简单的范例来说明传值和传址的不同之处。

3. 请简单说明方法参数 ref 和 out 的相同点和不同点。

4. 表 7-3 为某企业员工的出勤情况，编写程序输出如图 7-23 所示的结果。

表 7-3　某企业员工的出勤情况

	应出勤日	事假	病假
王小美	26	1	1
林大同	25	0	0
陈明明	26	2	1

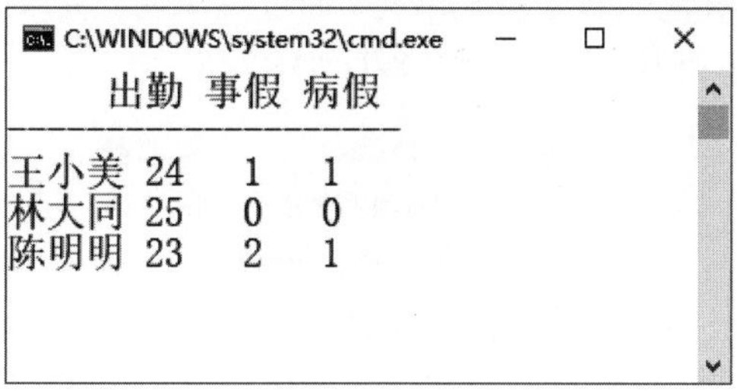

图 7-23　输出结果

第 8 章

继承、多态和接口

章节重点

- 从面向对象的视角分析，继承关系有 is_a（是什么）、has_a（组合）的不同。
- 在 C#的单一继承机制下，子类配合 base 和 new 关键字来存取父类的成员。
- 讨论多态的概念，子类如何与父类在重载（Overload）和覆写（Override）下携手合作。
- 由抽象类的定义和接口的实现来分辨它们的不同之处。

8.1 了解继承

面向对象程序设计的三个主要特性：继承（Inheritance）、封装（Encapsulation）和多态（Polymorphism），它们的特别之处究竟在哪里？一起来认识一下它们吧。

继承是面向对象技术中一个重要的概念。Visual C#程序设计语言以单一继承机制为主，使用现有类派生出新的类所建立的分层式结构。通过继承为已定义的类添加、修改原有模块的功能。使用 UML 类图表示继承关系，如图 8-1 所示。

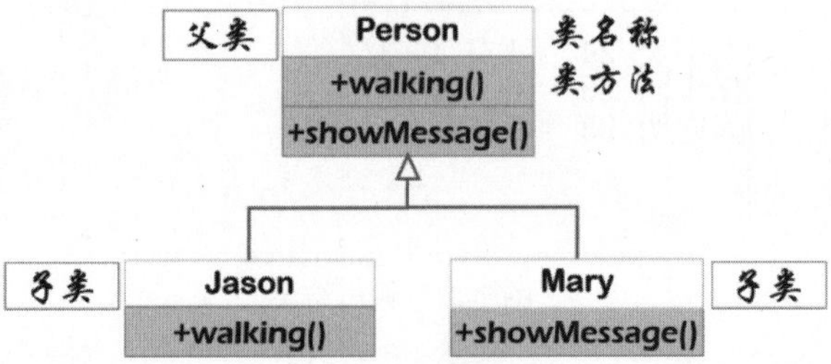

图 8-1　类的继承

在 UML 类图中，白色空心箭头指向父类，表示 Jason 和 Mary 类继承了 Person 类。Person 类是一个基类，Jason 和 Mary 则是派生类（Derived Class）。Person 有两个公有的方法，即 walking()和 showMessage()，能分别被子类继承。

8.1.1　特化和泛化

就概念而言，派生类是基类的特制化项目。当两个类建立了继承关系，表示派生类会拥有基类的属性和方法。图 8-2 中基类和派生类是一种上下对应的关系，此处先有基类（电脑），然后派生平板电脑和个人电脑的过程就被称为泛化（Generalization）。另一方面，平板电脑和个人电脑因为功能不同，分别是电脑类的特化（Specialization）表现。

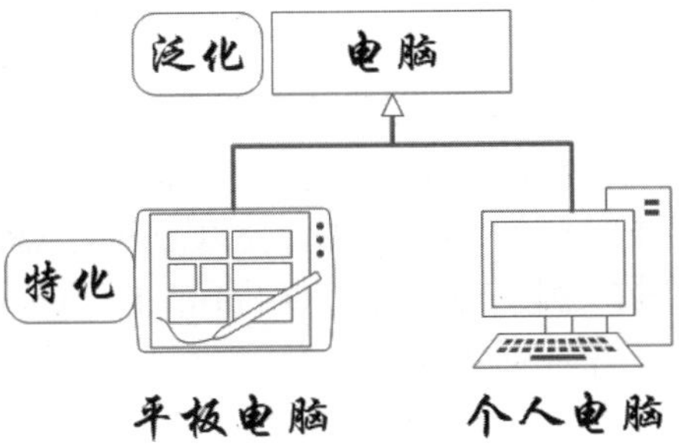

图 8-2　特化和泛化

泛化表达了基类和派生类“是一种什么”（is a kind of，is_a）的关系。图 8-2 所示的是“个人电脑是电脑的一种”，继承的派生类能够进一步阐述基类要表现的模型概念。因此，根据白色箭头来读取，平板电脑也“是”电脑的一种。

继承的关系可以继续往下推移，表示某个继承的派生类还能往下再派生出子类（即孙子类）。如果派生类继承了基类已定义的方法，还能修改基类某一部分特性，这种青出于蓝的方法称为覆写（Override，也称为“重写”或“覆盖”）。

与继承有关的名词：

- 基类：表示它是一个被继承的类。
- 派生类：表示它是一个继承他人的类。
- 类层次结构（Class Hierarchy）：类产生继承关系后所形成的继承框架（结构）。
- 继承机制：派生类所拥有的基类仅有一个时，就是“单一继承机制”；派生类同时拥有两个（含）以上的基类时则是“多重继承机制”。

一般来说，派生类除了继承基类所定义的数据成员和成员方法外，还能自行定义本身使用的数据成员和成员方法。从面向对象程序设计的观点来看，在类架构下，层次越低的派生类，特化的作用就会越强；同样地，基类的层次越高，表示泛化的作用也越高。

8.1.2 组合关系

另一种继承关系是组合（Composition），称为 has_a 关系，表示在模块概念中，对象是其他对象模块的一部分。如图 8-3 所示，学校是由学生、老师、课程等对象组合而成的，所以派生类会以连接处的连接外的菱形来表示它与父类的关系。

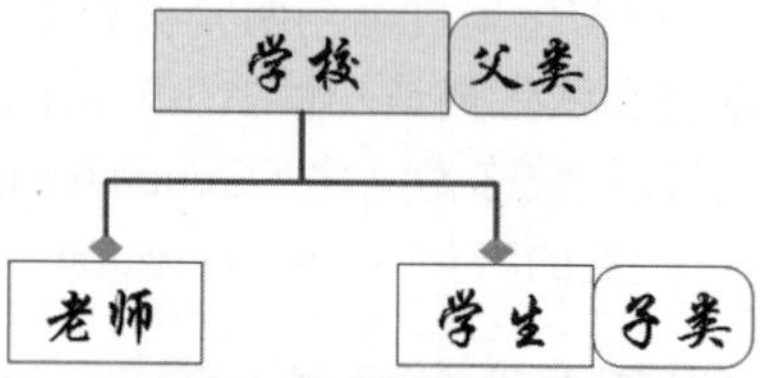

图 8-3 对象的组合关系

在组合概念中，经常听到的 whole-part，表达一个“较大”类的对象（整体）是由另一些“较小”类的对象（组件）组成的。在 C#语言中，会以部分类（Partial Class）来组合一个类，例如编写 Windows 窗体程序时，会以 Form1.cs 和 Form1.Designer.cs 来组成一个 Form1 类，只要这两个文件同属于一个命名空间即可。

8.1.3 为什么要有继承机制

从程序代码使用的观点来看，继承提供了软件的可重用性。当我们编写一个运行较为复杂的系统时，如果以面向对象技术来处理，那么使用继承至少有以下两个优点：

- 减少系统开发的时间：让系统在开发过程中使用模块化概念，加入继承机制，让对象能集中管理。由于程序代码能够重复使用，因此不但能缩短开发过程，后面的维护也较为方便。
- 扩充系统更为简单：新的软件模块可以通过继承建立在现存的软件模块上。声明新的类时，可从现有类的方法重复定义，达到共享程序代码和软件架构的目的。

8.2 单一继承机制

在继承关系中，如果只有一个基类，就称为单一继承。简单来说，子类只能有一个爸爸或妈妈（单亲）。同时拥有双亲和义父、义母的类称为多重继承（Multiple Inheritance）。Visual C#程序设计语言基本上采用单一继承机制，也就是派生类只会有一个基类，而基类会有多个派生类。

8.2.1　继承的存取

声明类时，C#会以访问权限修饰词来限定访问权限。常用的访问权限修饰词有三种：public、protected 及 private。实现继承时，子类会继承父类的 public、protected 和 private 成员。类之间产生继承的语法如下：

```
class 派生类 : 基类{
    //定义派生类本身的数据成员和方法成员
}
```

- “:” 后指定要继承的类名称，产生继承关系后，派生类能继承基类所有成员，包含字段、属性和方法。
- 派生类无法继承基类的构造函数和析构函数。
- 基类的成员使用了 private 访问权限修饰词时，派生类无法继承。

private 的存取范围只适用于它所声明的类，可视为基类所具有的特质，不能被继承。通过图 8-4 中范例提供的佐证，编译器会告知此成员无法存取。

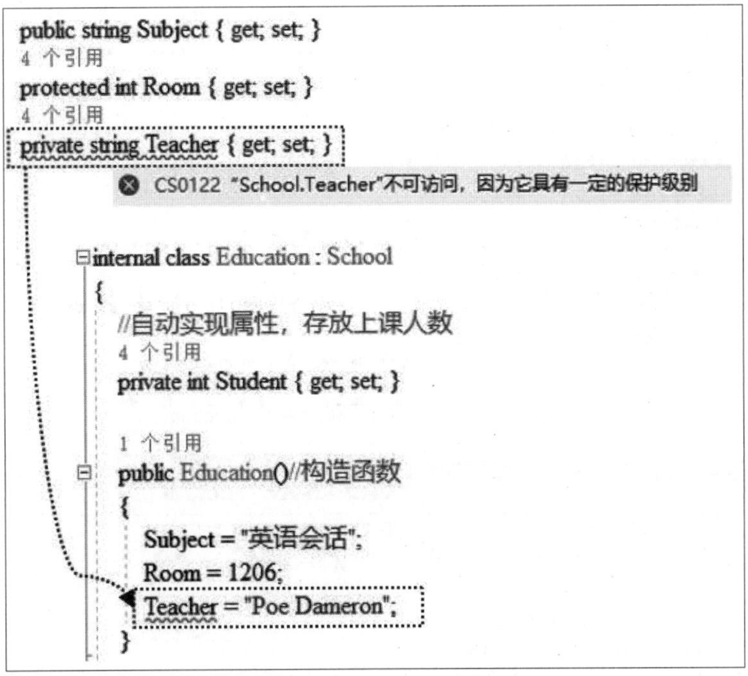

图 8-4　private 的成员不能继承

- 基类 School 有三个属性，分别是 Subject（科目）、Room（教室编号）和 Teacher（教师），访问权限修饰词分别是 public、protected 和 private。
- 因为 Education 继承了 School 类，所以是一个派生（子）类，它使用父类的属性 Subject、Room 没有问题，但是使用 Teacher 时，会以红色波浪线表示有误，这表示父类的 private 成员无法被存取。

基类的“生”与“死”由构造函数与析构函数掌管，理所当然，它们都不能被继承。了解继承的限制与原理后，再通过范例来了解如何编写继承类。

范例 Ex0801.csproj

父类 School 定义了三个属性，即科目、教室编号和教师，这三个属性组成了上课。子类 Education 继承这三个属性，并以自己定义的方法来判断选修此科目的学生人数是否大于 15 人，大于 15 人才开课。

Education 继承父类 School 的三个属性：Subject、Room、Teacher，同样在构造函数中设置新值，Display()方法则用于输出信息。范例 Ex0801 的执行结果如图 8-5 所示。

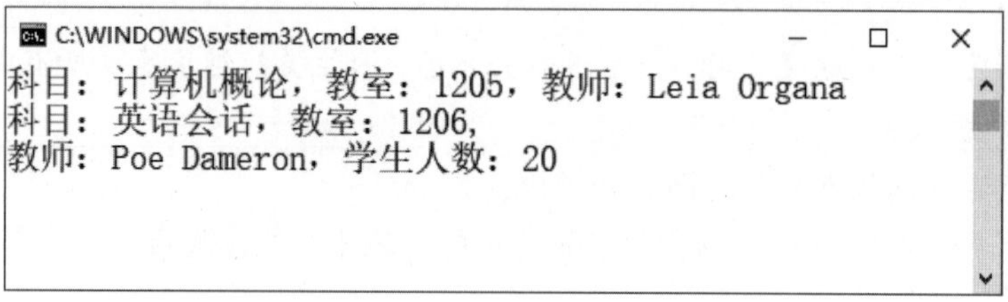

图 8-5　范例 Ex0801 的执行结果

步骤 01 创建控制台应用项目 Ex0801，框架选择“.NET 6.0（长期支持）”。添加两个类：基类 School 和派生类 Education，如图 8-6 所示。

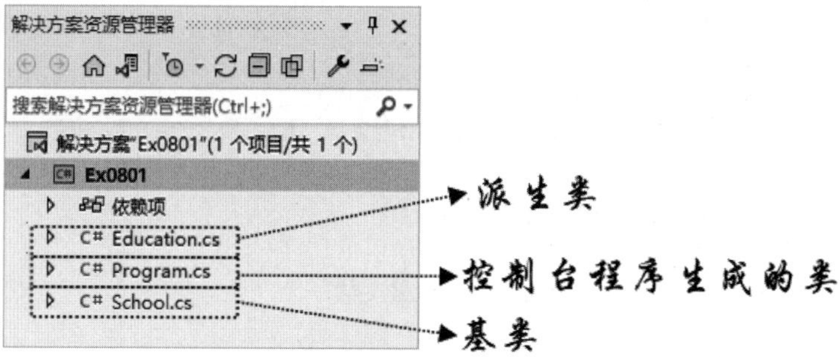

图 8-6　加入基类 School 和派生类 Eduction

步骤 02 在基类 School.cs 中编写如下的程序代码。

```
namespace Ex0801;   //C# 10.0 文件范围命名空间
internal class School   //基类
{
   public string subject { get; set; }
   protected int room { get; set; }
   protected string teacher { get; set; }
   public School() //构造函数设置属性的新值
   {
      subject = "计算机概论";
      room = 1205;
      teacher = " Leia Organa";
   }
   public void ShowMsg() => WriteLine(
        $"科目：{subject}，教室：{room}，教师：{teacher}");
}
```

步骤 03 在派生类 Education.cs 中编写如下的程序代码。

```
21 internal class Education : School
22 {
23    public Education()   //构造函数
24    {
25       subject = "英语会话";
26       room = 1206;
27       teacher = "Poe Dameron";
28    }
29    public void Display(int people)
30    {
31       student = people;
32       if (student < 15)
33          WriteLine($"只有{student}人，不会开课");
34       else
35       {
36          WriteLine($"科目：{subject}，教室：{room}，" +
37             $"\n 教师：{teacher}，学生人数：{student}");
38       }
39    }
40 }
```

步骤 04 使用顶层语句，无 Main()主程序，编写如下的程序代码。

```
41 //基类的对象
42 School ScienceEngineer = new();
43 ScienceEngineer.ShowMsg();
44 //派生类的对象
45 Education choiceStu = new();
46 choiceStu.Display(20);
```

步骤 05 按 F5 键生成可执行程序，再执行程序。

程序说明

- 第 04~06 行：在 School 类中，三个属性采用自动实现，属性 subject 存放科目名称，room 获取教室编号，teacher 为授课教师。
- 第 07~12 行：在构造函数中设置各属性的新值。
- 第 13、14 行：定义方法成员 ShowMsg()，接收参数值后负责输出属性的相关信息。
- 第 23~28 行：派生类 Education 本身定义的构造函数，虽然继承了父类的属性，但可以覆写新值。
- 第 29~39 行：定义子类本身的方法成员 Display()，接收参数值后会进行判断，学生人数大于 15 人才会开课并输出相关信息。
- Program.cs 就是实现父类、子类来创建对象，父类对象 ScienceEngineer 调用自己的方法成员 ShowMsg()，子类对象 choiceStu 调用自己的方法成员 Display()。

结论：通过继承机制，子类不但能使用父类的成员，还能进一步“扩充”自己的属性和方法，达到程序代码再利用的目的。

8.2.2 访问权限修饰词 protected

访问权限修饰词使用过 private 和 public，对于其存取范围也有所认识。这里要讨论的是另一个常用的访问权限修饰词——protected。当基类的成员以 protected 为存取范围时，只限于继承的类使用基类的成员。

图 8-7 是以 UML 元素绘制的类图，白色箭头由 Jason 指向 Person，表示类 Jason 继承了类 Person。

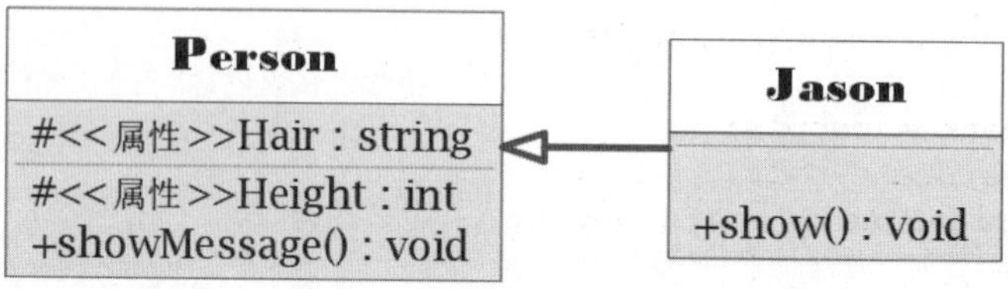

图 8-7　类 Person 和子类 Jason

- 基（父）类 Person 有两个属性，其数据类型分别是 string 和 int。前面的“#”表示存取范围是 protected。
- 定义了 showMessage()方法，前面的“+”表示使用访问权限修饰词 public，无返回值，所以方法名称后面先加“:”，再接 void。
- 类 Jason 是派生（子）类，由于只定义了一个公有的方法 Show()，也没有返回值，因此使用 void。

this 关键字可以引用对象本身所属类的成员。简单地说，当我们实例化一个类 A 的对象 B 时，使用 this 关键字就是指向对象 B，或者与对象有关的成员，但不包括初始化对象的构造函数。所以属于静态类的字段、属性或方法是无法使用 this 关键字的。下述范例中除了使用 protected 访问权限修饰词来建立继承外，在子类中还使用了 this 关键字来获取父类的成员。

```
class Human : Person {
   public Human {
      this.Hair = Hair //获取父类的属性
   }
}
```

- this 关键字用来获取父类原有的属性值。

```
class Person { //父类
   protected string Hair {get {return “棕色”;}}
}
class Human : Person { //子类
   public string this [string Hair]
      { get {return Name ;}}
}
```

- 将 this 关键字用于获取父类属性“this [类型 父类属性名称]”，以中括号“[ ]”括住父类的类型和属性名称。

范例 Ex0802.csproj

使用 this 关键字声明 Person 类的对象 Peter，再调用它的方法成员 showMessage()，而 Human 也实例化一个 Junior 对象，再调用它的方法成员 Show()。范例 Ex0802 的执行结果如图 8-8 所示。

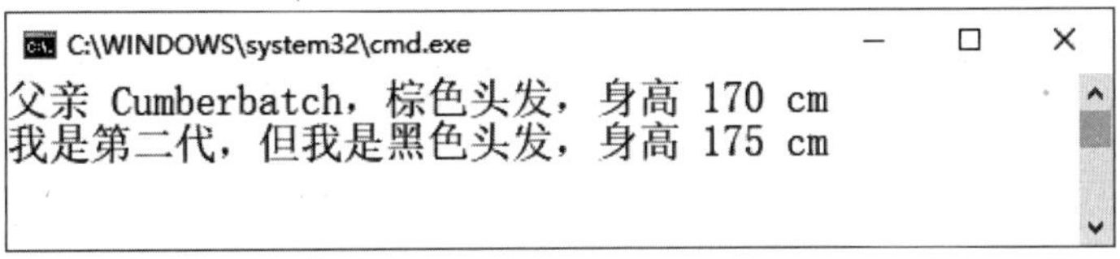

图 8-8　范例 Ex0802 的执行结果

步骤 01 创建控制台应用项目 Ex0802，框架选择“.NET 6.0（长期支持）”。添加两个类：基类 Person 和派生类 Human。

步骤 02 在基类 Person.cs 中编写如下的程序代码。

```
namespace Ex0802;    //C#10.0 文件范围命名空间
internal class Person    //基类
{
   protected int Height { get; set; }//自动实现属性
   protected string Hair { get; set; }
   protected string Surname
      { get => "Cumberbatch";  }
   public Person()    //构造函数
   {
      Height = 170;
      Hair = "棕色";
   }
   public void showMessage() => WriteLine(
         $"父亲 {Surname}，头发{Hair}，身高 = {Height} cm");
}
```

步骤 03 在派生类 Human.cs 中编写如下的程序代码。

```
class Human : Person //继承了 Person 类
{
   public string this[string Surname]
      { get => Surname; }
   public Human(string hair)
   {
      Height = 175; //设置新的身高
      this.Hair = hair; //获取基类的属性
   }
   public void Show() => WriteLine(
      $"我是第二代，但我是{Hair}头发，身高 ={Height} cm");
}
```

步骤 04 使用顶层语句，编写如下的程序代码。

```
41 global using static System.Console;    //全局，适用于整个项目
42 global using Ex0802;                     //全局，导入文件范围命名空间
43 Person Peter = new();                   //声明基类的对象
44 Human Junior = new("黑色");              //声明派生类的对象
45 Peter.showMessage();
46 Junior.Show();
```

程序说明

- 第 04、05 行：Height、Hair 自动实现属性，使用 protected 为访问权限修饰词。
- 第 06、07 行：使用表达式主体，因为属性 Surname 只以存取器 get 来获取，所以是一个只读属性。
- 第 08~12 行：定义 Person 类的构造函数，设置 Height、Hair 属性值。
- 第 13、14 行：以表达式主体定义 showMessage()方法，无返回值，只输出属性值的信息。
- 第 23、24 行：以 this 关键字来获取父类已写入的 Surname 值。
- 第 25~29 行：定义 Human 构造函数，从基类继承的属性 Height 重设新值（覆写的概念），另一个属性 Hair 则以 this 关键字来获取基类的属性值。
- 第 30、31 行：以表达式主体定义 Show()方法，无返回值，输出属性值。

结论：派生类能继承基类的所有成员，其构造函数可以重设属性值，也可以使用 this 关键字获取父类原有的属性值。

8.2.3 调用基类成员

类之间可以产生继承机制，但是构造函数却是各自独立的，无论是基类还是派生类，都有自己的构造函数，用来初始化该类的对象。由于它与对象本身的生命周期有极密切的关系，主宰着对象的生与死，因此不会产生继承机制。如果想要使用基类的构造函数，就必须使用 base 关键字。如何从派生类以 base 关键字调用基类的构造函数，下面进行简单介绍。

```
class 派生类 : 基类
{
   public 构造函数() : base()
   {
      //构造函数程序区块
   }
}
```

- 派生类使用了 base 关键字，才能存取基类成员，如此才能引用父类的成员。
- 基类定义了构造函数，派生类也必须编写其构造函数。
- 父类的构造函数含有参数时，继承的子类必须显式声明类型和参数，再以 base()方法带入声明的参数名。父类的构造函数没有参数时，子类可以选择构造函数是否实现，是否要使用 base()方法。

base()方法如何调用基类含有参数的构造函数？示例如下：

```
class Father{ //父类
   public Father(string fatherName){
      //父类构造函数的程序区块
   }
}
class Son : Father { //子类 Son 继承类 Father
   public Son(string sonName) : base(sonName) {
      //子类构造函数的程序区块
   }
}
```

- 表示子类 Son 实例化时就得调用父类 Father 的构造函数。

虽然 base 关键字可以在关键时刻使用，但是不能在静态方法中使用 base 关键字。基类已定义的方法被其他方法覆写时，派生类也可以使用 base 关键字来调用父类的成员。

基类的构造函数含有参数，而派生类的构造函数以关键字 base 调用时，若没有任何参数，系统就会提示错误信息，如图 8-9 所示。

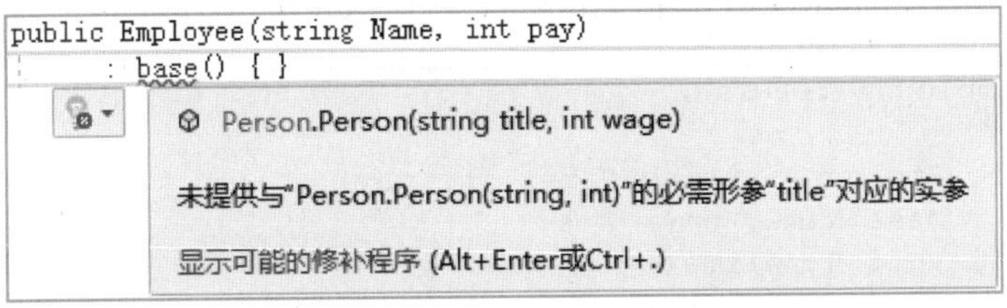

图 8-9　调用父类的构造函数可能会发生的错误

范例 Ex0803.csproj

Person 类定义构造函数有两个参数（title、salary），它接收参数后赋值给 Name 和 BaseSalary。接收数据后，这两个属性会采用自动实现属性，再调用 ShowTime()方法输出名字和薪资信息。派生类则调用 base()方法来调用基类 Person 类的构造函数。范例 Ex0803 的执行结果如图 8-10 所示。

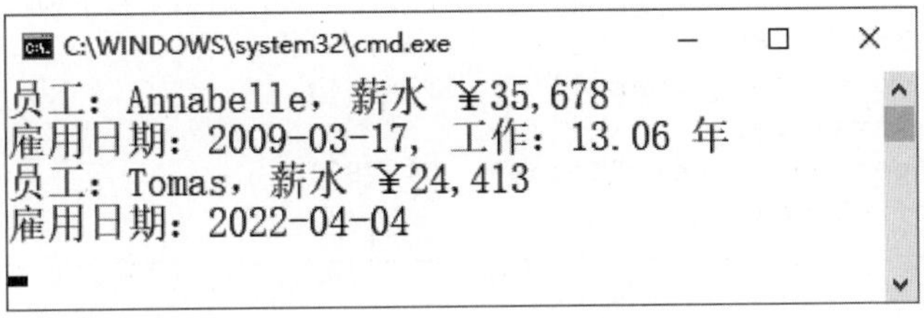

图 8-10　范例 Ex0803 的执行结果

步骤 01 创建控制台应用项目 Ex0803，框架选择".NET 6.0（长期支持）"。添加基类 Person 和派生类 Employee。

步骤 02 在基类 Person.cs 中编写如下的程序代码。

```
namespace Ex0803;    //C# 10.0 文件范围命名空间
internal class Person    //基类
{
   protected int BaseSalary { get; set; }//自动实现属性
   protected string Name { get; set; }    //自动实现属性
```

```
06    //定义基类的构造函数：传入名字和薪资
07    public Person(string _name, int wage)
08    {
09       Name = _name;
10       BaseSalary = wage;
11       WriteLine($"员工：{Name}，薪水 {baseSalary:C0}");
12    }
13    public void ShowTime()
14    {
15       DateTime hireDate = new(2009, 3, 17);
16       DateTime justNow = DateTime.Today;
17       TimeSpan jobDays = justNow - hireDate;
18       double work = (double)(jobDays.Days) / 365;
19       WriteLine($"雇用日期：" +
20          $"{hireDate.ToShortDateString(),10}, " +
21          $"工作：{work:F2} 年");
22    }
23 }
```

步骤 03 在派生类 Employee.cs 中编写如下的程序代码。

```
31 class Employee : Person
32 {
33    public Employee(string Name, int pay)
34         : base(Name, pay) { }
35    public void HireTime()
36    {
37       DateTime startDate = DateTime.Today;
38       WriteLine($"雇用日期：" +
39          $"{startDate.ToShortDateString()}");
40    }
41 }
```

步骤 04 使用顶层语句，直接编写相关程序代码。

```
51 global using static System.Console;//全局，适用于整个项目
52 global using Ex0803;   //导入文件范围命名空间，全局
53 Person anna = new("Annabelle", 35_648);
54 anna.showTime();
55 Employee partOne = new("Tomas", 24_782);
56 partOne.hireTime();
```

程序说明

- 第 13~22 行：定义方法成员 showTime()，无返回值，用来计算工作年资。
- 第 15、16 行：使用 DateTime 结构创建对象 hireDate 存放雇佣日期，创建 justNow 则以属性 Today 获取系统当前日期。
- 第 17、18 行：使用 TimeSpan 结构创建对象 jobDays 获取工作总天数（以当前日期减去就职日期），再除以 365 来计算出年薪。
- 第 19~21 行：调用 DateTime 结构的 ToShortDateString()方法将 hireDate 转成字符串，以短日期类型输出。

- 第 33、34 行：定义派生类的构造函数，由于 Person 的构造函数含有参数，因此以 base()方法调用时括号内要放入相关参数值。
- 第 35~40 行：定义方法成员，以 DateTime 结构对象 startDate 来获取系统当前日期成为雇佣日期。
- 第 53 行：创建基类 Person 的对象 anna，并传入参数值为构造函数所使用。
- 第 55 行：创建派生类 Employee 的对象 partOne，加入指定参数。

范例 Ex0803 处理日期时使用了 System 命名空间下的两个结构：DateTime 和 TimeSpan。DateTime 结构用来处理日期和时间，表 8-1 列出其相关的属性和方法。

表 8-1　DateTime 相关的属性和方法

属性/方法	说明
Now	获取系统的日期和时间，以当地时间返回，如“2016/10/26 下午 12:47:11”
Today	返回系统当前的日期，以如下格式“2016/10/26 上午 12:00:00”返回。 DateTime.Today.ToShortDateString()会返回“2016/10/26”
Year	获取系统当前的年份
Month	获取系统当前的月份
Day	获取系统获取的天数
Hour	获取系统当前的时
Minute	获取系统当前的分
ToString()	将 DateTime 对象转换为字符串
ToShortDateString()	将 DateTime 对象转换为字符串，输出“2016/10/26 “
ToLongDateString()	将 DateTime 对象转换为字符串，输出“2016 年 10 月 26 日”
ToShortTimeString()	将 DateTime 对象转换为字符串，输出“下午 12:47”

TimeSpan 用来获取时间间隔，如果要计算相隔的天数，第一个方式就是调用 DateTime 结构的 Subtract()方法，其语法如下：

```
Subtract(Datetime)
```

Subtract()方法中的参数可以使用 Datetime 或 TimeSpan 对象，DateTime 结构指定两个日期，示例语句如下：

```
DateTime hireDate = new DateTime(2009, 3, 17); //指定日期
DateTime justNow = DateTime.Today; //当前的日期
//方式一：调用 Subtract()方法时会以当前日期减去指定日期而计算出时间间隔
TimeSpan jobDays = justNow.Subtract(hireDate);
//方式二：以 TimeSpan 为时间间隔，将两个日期相减
TimeSpan jobDays = justNow - hireDate;
```

派生类要存取基类的成员时，必须是派生类在声明时指定的基类，而且只能在构造函数、实例方法或实例属性存取器中存取。

```
class Person {  //基类
   public void Show() { . . . }
}
```

```
class Employee : Person   //派生类
{
   public void Display(){
      base.Show();//调用父类的 Show()方法
   }
}
```

范例 Ex0804.csproj

派生类 Employee 可以使用 base 关键字去存取基类 Person 的成员。范例 Ex0804 的执行结果如图 8-11 所示。

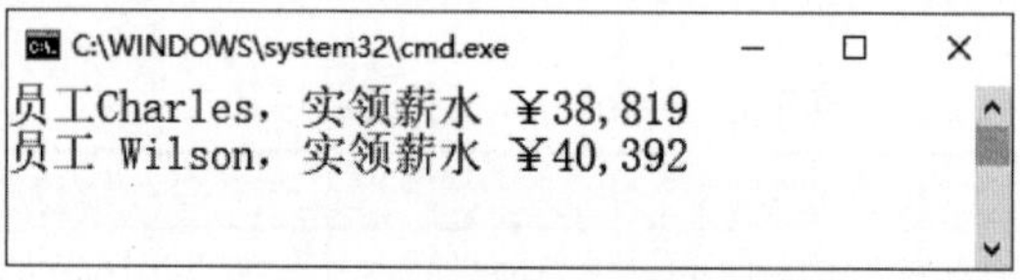

图 8-11　范例 Ex0804 的执行结果

步骤 01 创建控制台应用项目 Ex0804，框架选择“.NET 6.0（长期支持）”。添加基类 Person 和派生类 Employee。

步骤 02 在基类 Person.cs 中编写如下的程序代码。

```
namespace Ex0804;   //C# 10.0 文件范围命名空间
class Person                              //基类
{
   private int _baseSalary;            //私有属性
   protected string Name { get; set; }//自动实现属性
   public int BaseMoney               //实现属性，扣除保险费
   {
      get => _baseSalary;   //返回扣除费用的薪资
      set //根据薪资等级扣除保险费
      {
         if (value >= 25_800 && value <= 58_300)
         {
            if (value < 25_800)
               _baseSalary = value - 256;
            else if (value < 28_200)
               _baseSalary = value - 584;
            else if (value < 32_800)
               _baseSalary = value - 612;
            else if (value < 35_300)
               _baseSalary = value - 726;
            else if (value < 43_300)
               _baseSalary = value - 866;
            else if (value < 58_300)
               _baseSalary = value - 1226;
         }
         else
               WriteLine("无法计算");
      }
   }
   public Person()   //构造函数
   {
```

```
32      Name = "Charles";
33      BaseMoney = 39_685;
34    }
35    public void Show() =>   //定义方法成员，输出信息
36      WriteLine($"员工{Name, 7}，实际薪水 {BaseMoney:C0}");
37 }
```

步骤 03 在派生类 Employee.cs 中编写如下的程序代码。

```
41 class Employee : Person
42 {
43   public Employee()//构造函数
44   {
45     Name = "Taylor";
46     BaseMoney = 28000;
47   }
48   public void Display() => base.Show();//调用基类方法
49 }
```

步骤 04 使用顶层语句，直接编写相关程序代码。

```
51 global using static System.Console;//全局，适用于整个项目
52 global using Ex0804;   //全局，导入文件范围命名空间
53 Person pernOne = new();//父类对象
54 pernOne.Show();
55 Employee empWorker = new();//子类对象
56 empWorker.Display();
```

程序说明

- 第 11~27 行：第一层 if-else 语句进行条件判断，判断薪资是否在 25800~58300 元，如果是，就扣除保险费部分。
- 第 13~24 行：if-else-if 多重条件判断，value 会先扣除保险额，再赋值给_baseSalary 属性，最后由 get 存取器的 return 语句返回结果。
- 第 30~34 行：构造函数用来设置属性值。
- 第 43~47 行：定义构造函数，设置属性 Name、BaseMoney 的值。
- 第 53~56 行：产生父类对象 personOne，调用 Show()方法输出扣除险费的实际薪资。子类对象 emWorker 也是调用 Dispaly()方法输出实际薪资信息。

8.2.4 隐藏基类成员

前面所介绍的 new 运算符都是用来实例化对象的。什么情况下把 new 关键字当作修饰词来使用呢？有可能是这样的情况：

```
class Person { //基类
  public void show() { ... }
}
class Employee : Person ( //派生类
```

```
    public void show() { ... }
  }
```

父类、子类定义的成员方法名称相同而造成冲突，编译器会发出如图 8-12 所示的警告信息。

internal class Employee
{
0 个引用
public void Show();
void Employee.Show()
CS0108: "Employee.Show()"隐藏继承的成员"Person.Show()"。如果是有意隐藏，请使用关键字 new。

图 8-12　父类、子类方法成员同名而产生错误

修正的办法就是加上 new 关键字，其作用是隐藏继承自基类的成员，并以相同名称创建新成员。如此一来，派生类的成员就会取代基类成员。new 修饰词要加在哪里呢？就是定义方法时，原有的访问权限修饰词前面再加上 new 修饰词，范例如下：

范例 Ex0805.csproj

```
class DiffNum   //基类
{
  //静态字段变量
  public static int num1 = 45;
  public static int num2 = 125;
}
class AddNumbers : DiffNum    //继承 DiffNum 类
{
  new public static int num1 = 175;   //隐藏字段变量
  static int result1 = num1 + num2;
  static int result2 = DiffNum.num1 + DiffNum.num2;
  static void Main(string[] args)     //主程序
  //省略部分程序代码
```

- 字段变量 num1 加上 new 修饰词，表示它是派生类所定义的。
- 如果要调用 num1 原有的设置值，必须冠以基类名称 DiffNum.num1。

范例 Ex0806.csproj

以 new 修饰词隐藏基类方法。范例 Ex0806 的执行结果如图 8-13 所示。

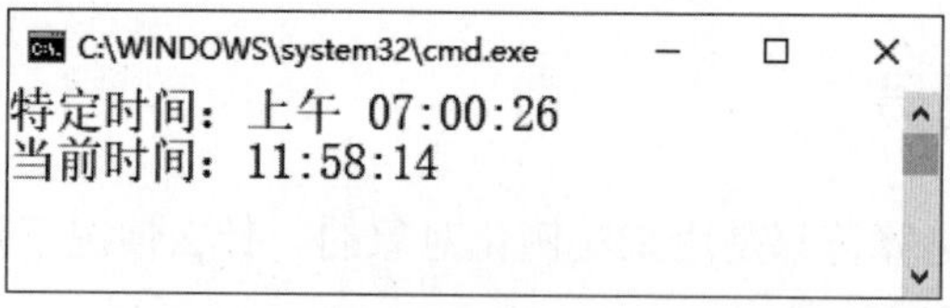
C:\WINDOWS\system32\cmd.exe
特定时间：上午 07:00:26
当前时间：11:58:14

图 8-13　范例 Ex0806 的执行结果

步骤 01 创建控制台应用项目 Ex0806，框架选择“.NET 6.0（长期支持）”。添加基类 Time 和派生类 diffTime。

步骤 02 在基类 Time.cs 中编写如下的程序代码。

```
namespace Ex0806;       //C# 10.0 文件范围命名空间
internal class Time    //基类
{
   private int hour;
   private int minute;
   private int second;
   public int Hour //实现属性 Hour
   {
      get => hour;   //使用表达式主体
      set   //小时值取值范围在 0~24
      {
         if (value >= 0 && value < 24)
            hour = value;
      }
   }
   //省略部分程序代码
   public string ShowTime()
   {
      string am = "上午"; string pm = "下午";
      if (hour == 0 || hour == 12)   //采用 12 小时制
         hour = 12;
      else
         hour %= 12;
      //Format()方法返回时制格式
      return string.Format($"{(hour < 12 ? am : pm)} " +
         $"{hour:D2}:{minute:D2}:{second}");
   }
}
```

步骤 03 在派生类 demoTime.cs 中编写如下的程序代码。

```
class DemoTime : Time
{
   //省略部分程序代码
   public DemoTime(int hr, int mn, int sc)
   {
      ExHour = hr;
      ExMinute = mn;
      ExSecond = sc;
   }
   new public string ShowTime()
   {
      return string.Format(
         $"{exHour:D2}:{ exMinute:D2}:{exSecond:D2}");
   }
}
```

步骤 04 使用顶层语句，直接编写相关程序代码。

```
global using static System.Console;   //全局，适用于整个项目
global using Ex0806;   //全局，导入文件范围命名空间
DateTime moment = DateTime.Now;   //获取系统时间
int Hr = moment.Hour;        //时
int Mun = moment.Minute;   //分
int Sed = moment.Second;   //秒
```

```
57 Time oneTime = new()
58 {
59    Hour = Hr + 8,
60    Minute = Mun + 14,
61    Second = Sed + 12
62 };
63 WriteLine($"特定时间: {oneTime.ShowTime()}");
64 Ex0806.DemoTime TwentyFour = new DemoTime(Hr, Mun, Sed);
65 WriteLine($"当前时间: {TwentyFour.ShowTime()}");
```

程序说明

- 第 04~06 行：定义私有字段，获取 hour（时）、minute（分）、second（秒）。
- 第 07~15 行：实现 Hour 属性，存取器 get 返回 hour 值，而 set 程序区块中加入 if 语句来判断“时”是否在 0~24。
- 第 17~27 行：定义成员方法 ShowTime()，if 条件判断表达式让“时”采用 12 小时制，然后调用 Format()方法设置输出的格式字符串是上午或下午的时间。
- 第 34~39 行：定义构造函数，有 3 个参数（时、分、秒），分别接收传入的值并赋值给相关的属性进行初始化。
- 第 40~44 行：以 new 修饰词隐藏基类的方法（即 showTime()方法），调用 string.Format()方法来输出设置的时间格式。
- 第 53 行：创建 DateTime 结构对象 moment 来获取系统时间。
- 第 54~56 行：分别以 DataTime 结构的属性 Hour、Minute 和 Second 来获取时、分、秒，然后存储于变量 Hr、Mun、Sed 中。
- 第 57~62 行：创建 Time 类对象 oneTime，以大括号方式设置初始值。
- 第 64 行：创建 DemoTime 类的 TwentyFour 对象，含有 3 个参数（时、分、秒）。

在控制台应用程序中，先前的范例都是以 Console.WriteLine()来输出信息的。上述范例是调用 String 类的 Format()方法，配合复合格式字符串，也能输出信息，其语法如下：

```
public static string Format(string format, Object arg0)
```

- static：表示它是一个静态方法，无须实例化对象就能使用。
- format：复合格式字符串，配合复合格式输出。

一般来说，复合格式功能会采用对象列表和复合格式字符串作为输入，就如同先前使用的 Console.WriteLine("{0}", 变量)一样。复合格式字符串指的就是每对大括号指定的下标替代符号，要配合一个变量来使用（也就是每个变量要对应到列表内对象的格式项）。配合字符串内插方式的范例语句如下：

```
string.Format(
   $"{exHour:D2}:{ exMinute:D2}:{exSecond:D2}");
```

要快速输出当前日期和时间，可以使用如下语句：

```
string tm = String.Format($"今天的日期是: {DateTime.Now:d} " +
  $"时间: {DateTime.Now:t}");
```

```
Console.WriteLine(tm);
//输出　今天的日期是：2022/1/11 时间：下午 02:55
```

- 先以变量获取 DateTime 结构的属性 Now，再配合格式{:d}设置日期、{:t}设置时间，再调用 WriteLine()方法输出。

8.3　探讨多态

想必读者都使用过遥控器，单一的操作接口，根据它的用途，可能用于电视机、空调或其他电器，这就是“多态”，也称为“同名异式”（多种形态）。“同名”是都称为遥控器，“异式”则指的是功能不同。从面向对象的观点来看，“同名”就是单一接口，“异式”就是以不同方式来存取数据。读者可能会想到，Visual C#就是先前学过的“重载”。它的“同名”是指相同的方法名称或函数名称，“异式”则是变量不同，处理的对象也有可能不同。那么 C#如何编写多态程序呢？可以从以下三点来探讨：

- 子类的新成员使用 new 修饰词来隐藏父类成员，请参考 8.2.4 节。
- 父类、子类使用相同的方法，但参数不同，由编译器调用适当的方法来执行，请参考 8.3.1 节。
- 创建一个通用的父类，定义虚拟方法，再由子类适当覆写，请参考 8.3.2 节。

8.3.1　父类、子类产生方法重载

以继承机制来说，Visual C#的派生类会继承基类的成员，使用 base 关键字调用基类成员，使用 new 修饰词可以隐藏基类成员。此处要进一步探讨派生类定义的方法名称究竟能不能与基类方法相同。答案是可以的。先来认识第一种情况，即基类、派生类产生方法重载，修改范例 Ex0806 的程序代码。

```
class Time {
   . . .
   public string ShowTime(int h){
      hour = h;
      . . .
   }
}
```

- 基类 Time 原来的 showTime()方法是没有参数的，为它加入一个参数 h，获取值之后，判断它是否大于 12 小时。

派生类 DemoTime 所定义的 ShowTime()方法以 new 修饰词来表示它是一个与基类无关的方法。示例如下：

```
class DemoTime : Time {
   new public string ShowTime(){
      . . .
   }
}
```

- 此时，基类、派生类有相同名称的方法，但参变量不同，所以产生重载的情况。进行编译时，编译器也不会因为基类、派生类的成员方法名称相同而发出警告。

8.3.2 覆写基类

继承机制的另一种情况是“青出于蓝”，将基类原有的方法扩充，也就是通过派生类来进一步修改它所继承的方法、属性、索引器（Indexer）或事件声明，加上 override 关键字声明覆写的方法。同样地，基类必须加上 virtual 关键字，当基类有 virtual 关键字，派生类有 override 关键字时，必须注意以下事项：

- 派生类的方法前面加上 override 关键字，表示调用自己的方法，而非基类方法。
- 静态方法不能覆写，被覆写的基类方法需冠上 virtual、abstract 或 override 关键字。
- override 覆写时不能变更 virtual 方法的存取范围。简单地说，就是使用相同的访问权限修饰词。
- 覆写属性声明必须指定与所继承属性完全相同的访问权限修饰词、类型和名称，且被覆写的属性必须是 virtual、abstract 或 override。

如何在方法中加入 virtual、override 关键字呢？以下面的示例来说明。

```
class Person //基类
{
   . . .
   public virtual void showMessage() { . . . }//虚拟方法
}
class People //派生类
{
   . . .
   public override void showMessage() { . . . }//方法覆写
}
```

- 修饰词 virtual 和 override 放在访问权限修饰词之后，返回数据类型的前面。
- virtual 和 override 方法必须有相同的存取范围。在上面的示例中，父类的 showMessage() 方法使用 public 访问权限修饰词，子类的 showMessage()方法同样也使用 public。
- virtual 修饰词不能与 static、abstract、private 或 override 等修饰词一起使用。

范例 Ex0807.csproj

父类、子类实现的对象调用的是同名的 ShowMessage()方法，但是对象 Peter 调用的是自己所定义的方法，对象 Junior 调用的方法是一个经过扩充的方法。所以 override 修饰词会“扩充”基类的方法，而 new 修饰词则“隐藏”了基类成员。范例 Ex0807 的执行结果如图 8-14

所示。

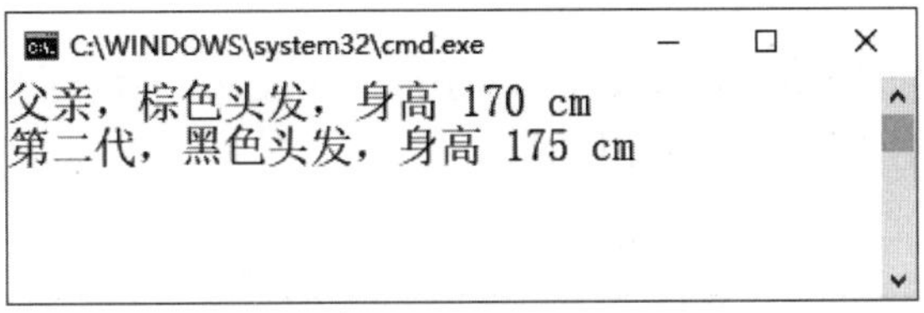

图 8-14　范例 Ex0807 的执行结果

步骤 01 创建控制台应用项目 Ex0807，框架选择“.NET 6.0（长期支持）”。添加基类 Person 和派生类 Human。

步骤 02 在基类 Person.cs 中编写如下的程序代码。

```
01 namespace Ex0807;   //C# 10.0 文件范围命名空间
02 class Person //基类
03 {
04    //省略部分程序代码
05    public virtual void ShowMessage()=>Console.WriteLine(
06       $"父亲，头发{Hair}，身高 {Height} cm");
07 }
```

步骤 03 在派生类 Human.cs 中编写如下的程序代码。

```
11 class Human : Person
12 {
13    public new int Height { get => 175; }
14    public new string Hair { get => "黑色"; }
15    public override void ShowMessage() => WriteLine(
16       $"第二代，{Hair}头发，身高 ={Height} cm");
17 }
```

步骤 04 使用顶层语句，直接编写相关程序代码。

```
21 Ex0807.Person Peter = new();//声明基类的对象
22 Peter.ShowMessage();
23 E0807.Human Junior = new();
24 Junior.ShowMessage();//派生类的对象调用自己的方法
```

程序说明

- 第 05、06 行：以 virtual 修饰词定义虚拟成员方法 ShowMessage()，输出身高和发色的信息。
- 第 13、14 行：属性 Height、Hair 原是基类所声明的，此处使用 new 修饰词隐藏原来的值，配合存取器 get 读取新的身高、发色。
- 第 15、16 行：由于父类已将 ShowMessage()方法以 virtual 修饰词声明，因此此处子类使用 override 修饰词来定义同名的方法，表示子类实例化的对象是调用自己的 ShowMessage()方法，而不是父类的方法。

8.3.3 实现多态

在继承机制下，会使用修饰词 virtual、override 和 new，有时还会加上 base。使用表 8-2 做了一下整理，使读者能更清楚它的使用时机。

表 8-2 使用不同的修饰词

基类	派生类	作用
virtual	override	调用子类的方法
		覆写父类的方法
	new	实现子类的方法
		隐藏父类的虚拟方法
	base	调用父类的成员

范例 Ex0808.csproj

以 Staff 为基类来定义一个方法 CalcMoney()，并以关键字 virtual 作为修饰词，再由继承的类 FullWork 和 Provisional 配合关键字 override、new 实现多态。范例 Ex0808 的执行结果如图 8-15 所示。

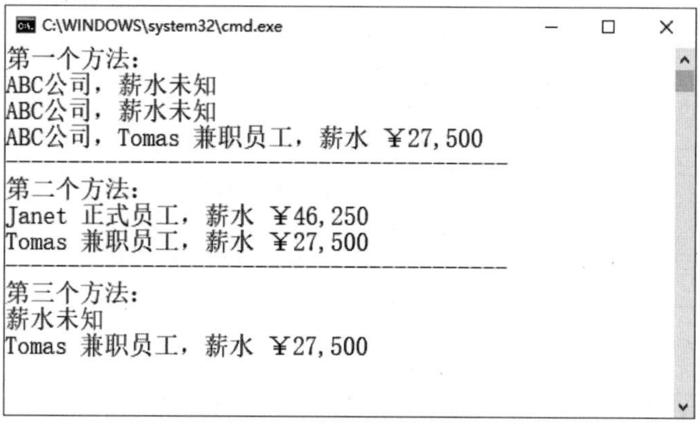

图 8-15 范例 Ex0808 的执行结果

步骤 01 创建控制台应用项目 Ex0808，框架选择".NET 6.0 (长期支持)"。添加基类 Staff，以及派生类 FullWork 和 Provisional。范例 Ex0808 的类图层级结构如图 8-16 所示。

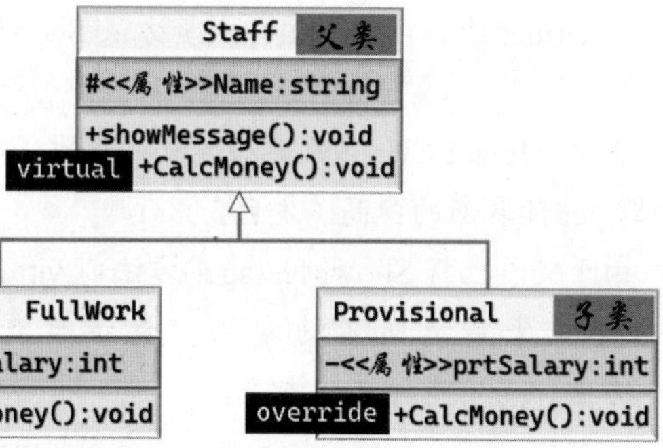

图 8-16 范例 Ex0808 的类图层级结构

步骤 02 在基类 Staff.cs 中编写如下的程序代码。

```
namespace Ex0808;   //C# 10.0 文件范围命名空间
internal class Staff
{
   protected new string Name { get; set; }   //属性
   public void ShowMessage()                 //方法成员
   {
      Write("ZCT 公司，");
      CalcMoney();
   }
   public virtual void CalcMoney()=>WriteLine("薪水未知");
}
```

步骤 03 在派生类 FullWorker.cs 中编写如下的程序代码。

```
class FullWork : Staff
{
   private int salary;   //字段——获取计算的月薪
   protected new string Name { get => "Janet" }
   public new void CalcMoney()
   {
      int dayMoney = 1_850;
      salary = dayMoney * 25;
      WriteLine($"{Name} 正式员工，薪水 {salary:C0}");
   }
}
```

步骤 04 在派生类 Provisional.cs 中编写如下的程序代码。

```
class Provisional : Staff
{
   //省略部分程序代码
   public override void CalcMoney()
   {
      int hourMoney = 275;
      prtSalary = hourMoney * 5 * 20;
      WriteLine($"{Name} 兼职员工，薪水 {prtSalary:C0}");
   }
}
```

步骤 05 使用顶层语句，直接编写相关程序代码。

```
global using Ex0808;   //全局，导入文件范围命名空间
//省略部分程序代码
static void NonDisplay()        //方法一
{
   Staff Peter = new();
   Peter.ShowMessage();
   FullWork fullWorker = new();
   fullWorker.ShowMessage();
   Provisional partWork = new();
   partWork.ShowMessage(); //使用覆写，计算出时薪
}
static void SecDisplay()//方法二
```

```
63 {
64     FullWork fullWorker = new();
65     fullWorker.CalcMoney();
66     Provisional partWork = new();
67     partWork.CalcMoney();
68 }
69 static void ThreeDispaly()//方法三
70 {
71     Staff Peter = new();
72     Staff fullWorkder = new Provisional();
73     Peter.CalcMoney();         //调用父类的方法
74     fullWorkder.CalcMoney(); //调用子类的方法
75 }
```

程序说明

- 第 05~09 行：定义方法成员 ShowMessage()方法，输出公司名称。
- 第 10 行：定义虚拟方法 CalcMoney()，无返回值，用来计算员工薪资。
- 第 24 行：表达式主体，只读属性 Name 以存取器 get 来获取名字 Janet。
- 第 25~30 行：来自父类的成员 CalcMoney()方法，以修饰词 new 来隐藏父类所声明的虚拟方法，再以自己定义的方法计算正式员工的薪资。
- 第 44~49 行：以修饰词 override 覆写继承的虚拟方法 CalcMoney()，实现其内容来计算兼职员工的时薪。
- 第 53~61 行：定义第一个静态方法 NonDisplay()，分别实现各类的对象，都调用了父类的虚拟方法 ShowMessage()。
- 第 55、56 行：Staff 类的 Peter 对象，因为调用了本身的虚拟方法，所以输出信息“ABC 公司，薪水未知”。
- 第 57、58 行：FullWork 类的 fullWorker 对象调用了父类的 showMessage()方法，由它来调用 CalcMoney()时，因为本身所定义的 CalcMoney()方法加了 new 修饰词，而不是覆写声明，所以输出与父类相同的信息“ABC 公司，薪水未知”。
- 第 59、60 行：Provisional 类的 partWork 对象虽然调用了 ShowMessage()方法，进而调用了 CalcMoney()方法，但是由于加了 override 修饰词声明为覆写，因此执行本身的方法计算出兼职员工的时薪。
- 第 69~75 行：定义第三个静态方法 ThreeDisplay()。实例化对象时以父类为类，以子类为其值的类型，所以 Peter 对象调用了父类的虚拟方法，不进行薪资计算，而 fullWorker 对象则调用了覆写的 CalcMoney()方法，计算出兼职员工的时薪。

8.4 接口和抽象类

抽象化的作用是为了让描述的对象具体化、简单化。编写面向对象程序时，抽象化是一个很重要的步骤，其将细节隐藏，保留使用的接口。为了让程序更具可读性，Visual C#可以使用 abstract 关键字将类或方法进行抽象化。由于 C#不支持多重继承，因此通过接口为类定义不同的行为。

8.4.1 定义抽象类

一般来说，定义抽象类是以基类为通用定义，提供给多个派生类共享。也就是声明为抽象类的基类无法实例化对象，必须由继承的派生类来实现。此外，也可以根据实际需求在抽象类中定义抽象方法，相关语法如下：

```
abstract class 类名称{
   //定义抽象成员
   public abstract 数据类型 属性名称 {get; set;}
   public abstract 返回值类型 方法名称 1(参数串行);
   public 返回值类型 方法名称 2(参数串行) {. . . }
}
```

- 定义抽象类时不能使用 private、protected 或 protected internal 访问权限修饰词，也不能使用 new 运算符来实例化对象，static 或 sealed 这些关键字也无法使用。
- 抽象类可同时定义一般的成员方法和抽象方法。
- 抽象方法无任何实现，方法后的括号会紧接着一个分号，而不像一般方法的括号后紧随着的是程序区块。
- 声明抽象属性时必须指出属性中要使用哪一个存取器，但不能实现它们。
- 继承抽象类的子类必须配合 override 关键字来实现抽象方法，抽象类的实现方法可以被覆写。

范例 Ex0809.csproj

在基类 Staff 中定义一个抽象方法 ShowMessage()，由派生类 Worker、Provisional 类来覆写这个方法。范例 Ex0809 的执行结果如图 8-17 所示。

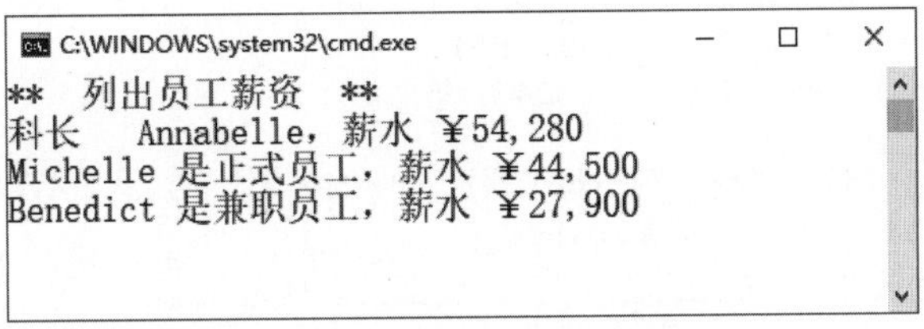

图 8-17　范例 Ex0809 的执行结果

步骤 01 创建控制台应用项目 Ex0809，框架选择“.NET 6.0（长期支持）”。添加基类 Staff，以及派生类 Worker、Provisional 和 Team。ABCWorker.cs 程序文件则是顶层语句所在。

步骤 02 在基类 Staff.cs 中编写如下的程序代码。

```
namespace Ex0809;   //C# 10.0 文件范围命名空间
abstract class Staff
{
   private string? name;              //私有字段
```

```
05    public Staff(string staffName) => Name = staffName;
06    protected string Name
07    {
08      get => name!; //C# 7.0 属性采用表达式主体
09      set => name = value;
10    }
11    public abstract int Salary { get; }//只读
12    public abstract void ShowMessage();//抽象方法
13 }
```

步骤 03 在派生类 Worker.cs 中编写如下的程序代码。

```
21 class Worker : Staff
22 {
23    private readonly int daymoney;   //属性 daymoney 为日薪
24    private readonly int dayworks;   //属性 dayworks 为工作天数
25    public Worker(string name, int daymoney,
26        int dayworks) : base(name)
27    {
28      this.daymoney = daymoney;
29      this.dayworks = dayworks;
30    }
31    public readonly int Daymoney => daymoney;//只读属性
32    public readonly int Dayworks => dayworks;//只读属性
33    public override int Salary
34      { get => daymoney * dayworks; }
35    public override void ShowMessage() =>
36      WriteLine($"{Name} 是正式员工，" +
37      $"薪水 {daymoney * dayworks:C0}");
38 }
```

步骤 04 使用顶层语句，直接编写相关程序代码，省略派生类 Provisional、Team 中的程序代码。

```
41 global using static System.Console;//全局，适用于整个项目
42 global using Ex0809;   //全局，导入文件范围命名空间
43 Staff[] staffs = {
44    new Team("Annabelle", 35_000, 1_800),
45    new Worker("Janet", 1_500, 25),
46    new Provisional("Tomas", 242, 5, 18)
47 };
48 Console.WriteLine("**  列出员工薪资  **");
49 foreach (Staff sf in staffs)
50    sf.ShowMessage();
```

程序说明

- 第 05 行：定义属性 Name，通过构造函数获取参数值。
- 第 11 行：定义抽象属性 Salary，因为只有存取器 get，所以是只读属性。
- 第 12 行：定义抽象方法 ShowMessage()，不能加程序区块用的大括号。
- 第 25~30 行：加入构造函数。调用 base()方法获取父类的属性 Name，再使用 this 关键字获取传入的参数值。
- 第 31、32 行：只读属性 Daymoney 和 Dayworks 使用表达式主体来获取私有字段 daymoney

和 dayworks 的返回值。

- 第 33、34 行：以 override 修饰词覆写父类所定义的抽象属性 Salary。由于它是一个只读属性，因此获取构造函数传入的参数值，计算“日薪*工作天”后，返回每月的薪资。
- 第 35~37 行：以 override 修饰词覆写父类所定义的抽象方法 ShowMessage()，输出正式员工的名字和薪水。
- 第 43~47 行：以数组初始化要声明的对象，所以大括号内是已定义的子类，再根据所定义的构造函数，配合 new 运算符进行初始化。
- 第 49、50 行：使用 foreach 循环读取数组元素（初始化的对象），并调用 ShowMessage() 来输出相关信息。

提　示

哪里要使用 readonly 修饰词？

字段：把字段变成只读，声明赋予初值或通过构造函数获取其值。

结构或结构成员：表示结构或结构成员不可变或不可修改。

关键字 readonly 与 const 有什么不同？

const 字段是编译时期的常数，readonly 字段是执行时期的常数。

8.4.2　认识密封类

密封类（Sealed Class）的意义是不能被继承，简单地说，就是无法产生派生类，又称为最终类（Final Class）。通常密封类不能当作基类使用，从程序实现的观点来看，能提高运行时的性能。此外，密封类也不能声明为抽象类。这是为什么呢？因为抽象类要有继承它的派生类并实现抽象方法。如何定义一个密封类呢？使用下述例子来说明。

```
sealed class Person : Provisional   //密封类
{
   public sealed override void showMessage() {//密封方法
      //程序区块
   }
}
class Student : Person   //密封类无法被继承，会显示错误
{
   //程序区块
}
```

- 声明密封类要使用 sealed 关键字，必须放在 class 之前或访问权限修饰词之后。
- 如果要声明为密封方法，则需加在访问权限修饰词之后和返回数据类型之前。

当密封类 School 被派生类 Subject 继承时，编译器会显示如图 8-18 所示的错误信息。

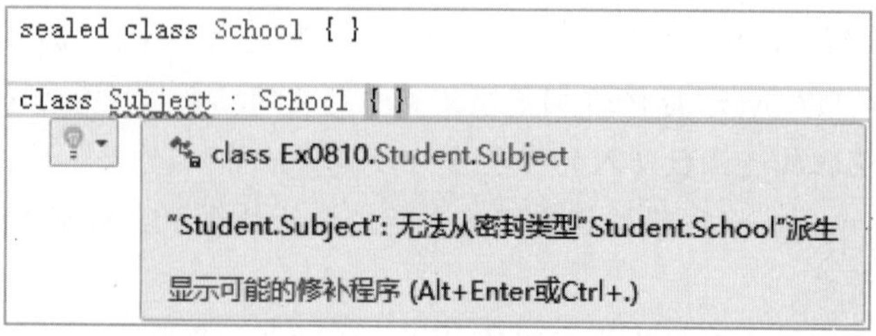

图 8-18　密封类被继承时产生的错误信息

8.4.3　接口的声明

为了提高程序的重复使用率，基类的层越高，泛化的作用也越高。这说明建立类时，能将共同功能定义在抽象类中，以派生类重新定义某一部分方法，创建实例化对象。另一种情况就是以接口定义共享功能，再以类实现接口所定义的功能。如果类提供了对象实现的蓝图，那么接口可视为一种模板，两者的异同之处可参考表 8-3。

表 8-3　抽象类和接口的异同

比较	抽象类	接口
功能	建立共享功能	建立共享功能
语法	不完整语法	不完整语法
实现	继承的派生类才能实现	实现接口
时机	具有继承关系的类	不同的类

接口包含方法、属性、事件和索引器，或者这 4 个成员类型的任意组合。但是接口不能有常数、字段、运算符、构造函数和析构函数，所以接口不能有任何访问权限修饰词，它的成员是自动设置为公有的，无法设立静态成员。

当我们打开 Word 软件时，会一个空白文件，是一个已经规划好的模板，输入文字，设置好段落格式，再存盘就是一份文件，这份文件的样式继承了模板。接口也是运用相同的道理，只不过我们不是在文件上“涂鸦”，而是进一步来定义模板。接口的语法如下：

```
interface 接口名称 {
   数据类型 属性名称 {get; set;}//属性采用自动实现
   返回值类型 方法名称(参数列表);//定义方法原型，无程序区块
}
```

- 定义接口要使用关键字 interface。
- 接口名称也需遵守识别名称的规范，习惯以英文字母 I 来代表接口的第一个字母。
- 接口内只定义属性、方法和事件，不提供实现，也不能有字段，所以它不能实例化，更不会使用 new 运算符。
- 子类只能有一个父类，但多个接口能由一个类实现。
- 实现接口的类或结构必须提供给所有成员。接口不提供继承，当基类实现某个接口时，派生的类也能实现其继承的基类。
- 如同抽象基类，继承接口的类或结构都必须实现它所有的成员。

范例 Ex0810.csproj

步骤 01 创建控制台应用项目 Ex0810，框架选择“.NET 6.0（长期支持）”。依次选择菜单选项“项目→添加新项”。

步骤 02 进入“添加新项”对话框，①选择“接口”，②输入名称 ISchool.cs，③单击“添加”按钮，如图 8-19 所示。

图 8-19　“添加新项”对话框

步骤 03 添加 Ischool.cs 文件之后，进入程序代码编辑器并建立接口 ISchool 程序区块，如图 8-20 所示。

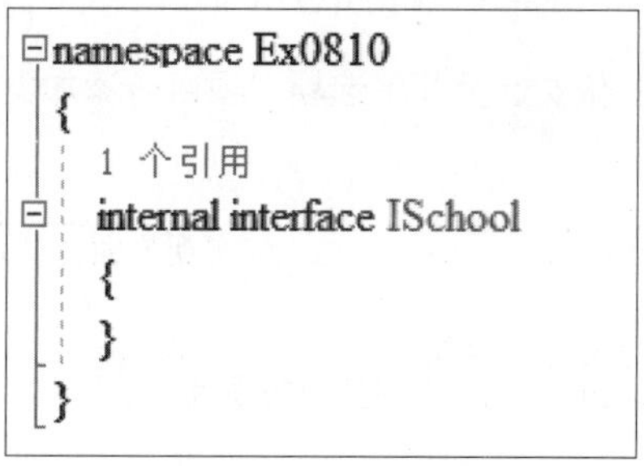

图 8-20　建立接口 ISchool 程序区块

步骤 04 编写 interface ISchool 的程序代码。

```
namespace Ex0810;    //C# 10.0 文件范围命名空间
internal interface ISchool
{
```

```
    //统计学生人数，显示信息
    int Subject { get; set; }
    void ShowMessage();
}
```

8.4.4 如何实现接口

接口当然要实现才能产生作用。实现接口的目的就是把接口内已定义的属性和方法通过实现的类来完成。先来看看它的语法。

```
class 类名称:接口名称 {
   private 数据类型 字段名;
   public 数据类型 属性名称 { //定义于接口的属性
      get { return 字段名; }
      set { 字段名 = value; }
   }
   数据类型 方法名称(参数列表);
   //其他的程序代码
}
```

- 类名称之后同样要以“:”（冒号）指定实现的接口名称。
- 接口定义的属性和方法需由指定的类来实现。

范例 Ex0810.csproj

实现接口 ISchool，包含定义的属性和方法，由构造函数传入参数值（学分），再计算学分费用。范例 Ex0810 的执行结果如图 8-21 所示。

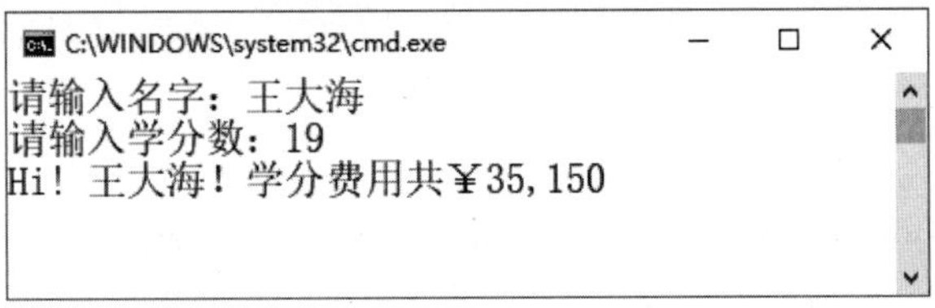

图 8-21　范例 Ex0810 的执行结果

步骤 01 延续范例 Ex0810，依次选择菜单选项“项目→添加类”，类文件命名为 Student.cs，然后编写如下的程序代码。

```
internal class Student : ISchool //实现界面
{
   private int subject; //字段
   public int Subject    //实现接口的属性
   {
      get => subject;
      set => subject = value;
   }
   public Student(int subj) => Subject = subj;
   public void ShowMessage()//实现接口的方法
   {
      int account = 1 850;
```

```
13        int total = Subject * account;//计算学分费用
14        Console.WriteLine($"! 学分费用共{total:C0}");
15    }
16 }
```

步骤 02 使用顶层语句，直接编写相关程序代码。

```
21 Write("请输入名字：");
22 string? name = ReadLine();
23 Write("请输入学分数：");
24 int total = Convert.ToInt32(ReadLine());
25 Ex0810.Student first = new(total);
26 Write($"Hi! {name}");
27 first.ShowMessage();
```

程序说明

- 第 04~08 行：实现接口定义的属性，获取构造函数传入的参数值，存取器 set 将 value 赋值给 subject 字段，再由存取器 get 返回其值。
- 第 09 行：含有参数的构造函数。获取学分数后，初始化 Subject 属性值。
- 第 10~15 行：实现接口定义的方法 ShowMessage()，计算学分费用并输出其信息。
- 第 21~27 行：获取输入的名称和学分数，存储到指定变量后，再将 Student 类实例化，创建 first 对象并传入参数值，调用 ShowMessage()方法。

8.4.5　实现多个接口

定义多个接口之后，也能通过单个类来实现。如何实现呢？使用下述语法。

```
interface Ione { . . . } //定义接口 Ione
interface Itwo { . . . } //定义接口 Itwo
//表示类 three 实现接口 Ione、Itwo
class three : Ione , Itwo { . . . }
```

- 类 three 实现接口 Ione 和 Itwo 时必须以“,”（逗号）来隔开。
- 类 three 必须实现这两个接口的所有成员。

范例 Ex0811.csproj

定义两个接口：ISchool、IGrade，再由类 Student 使用构造函数传入 identity、course 参数值，并初始化属性 Subject 和 Status，最后调用 showMessage()方法输出信息。范例 Ex0811 的执行结果如图 8-22 所示。

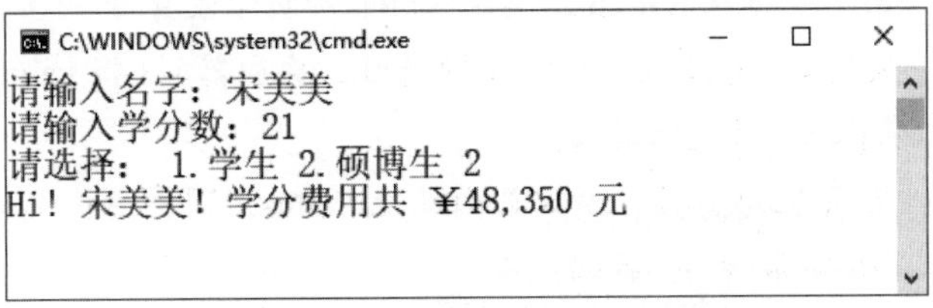

图 8-22　范例 Ex0811 的执行结果

步骤 01 创建控制台应用项目，框架选择“.NET 6.0（长期支持）”。添加两个文件：接口 ISchool 和实现类 Student。

步骤 02 在接口 ISchool.cs 中编写如下的程序代码。

```
01 namespace Ex0811;   //C# 10.0 文件范围命名空间
02 internal interface ISchool   //接口一
03 {
04    int Subject { get; set; }
05    void ShowMessage();
06 }
07 interface IGrade   //接口二
08 {
09    int Status { get; set; }//学生身份
10 }
```

步骤 03 在类 Student.cs 中编写如下的程序代码。Program.cs 中的程序代码请参考本书提供下载的范例项目。

```
11 internal class Student : ISchool, IGrade
12 {
13    private int subject;   //字段 1——存放选修分数
14    private int status;    //字段 2——学生身份
15    public int Subject     //实现接口 ISchool 属性
16    {
17       get => subject;
18       set => subject = value;
19    }
20    public int Status //实现接口 IGrade 属性
21    {
22       get => status;
23       set => status = value;
24    }
25    public Student(int identity, int course)
26    {
27       Subject = course;
28       Status = identity;
29    }
30    //省略部分程序代码
31 }
```

程序说明

- 第 02~06 行：第一个接口 ISchool，属性 Subject 用来存放学分数，方法 ShowMessage() 输出信息。
- 第 07~10 行：第二个接口 IGrade，属性 Status 辨明学生身份。
- 第 15~19 行：实现 ISchool 接口所定义的属性，存取器 set 将 value 获取的值赋值给字段 subject，再以存取器 get 返回其值。
- 第 20~24 行：实现 IGrade 接口所定义的属性 Status，同样由构造函数传入识别学生身份的 status 值，再由存取器 get 返回结果。
- 第 25~29 行：构造函数传入两个参数值，再赋值给属性 Subject 和 Status。

8.4.6　接口实现多态

接口除了可以实现类外，还可以使用接口所定义的架构来实现多态。在下述范例中定义了一个 IShape 接口，同时定义了 Area 属性，通过它来实现圆形、梯形和矩形，并计算出它们的面积，可参考图 8-23 来了解一下。

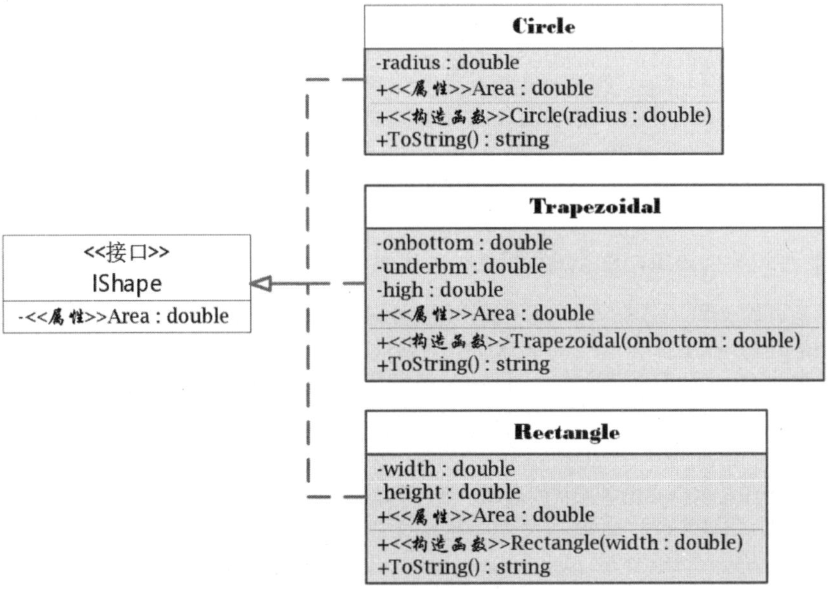

图 8-23　以接口实现多态

范例 Ex0812.csproj

以接口实现多态。先定义接口 IShape，它有只读属性 Area（没有存取器 set），用来存储面积的计算结果，不同形状的面积会有不同的计算方法。例如，Circle（圆）实现接口 IShape，使用构造函数获取参数值来初始化只读属性 Area，由存取器 get 中的 return 语句返回计算结果，再由覆写方法 ToString()输出结果。范例 Ex0812 的执行结果如图 8-24 所示。

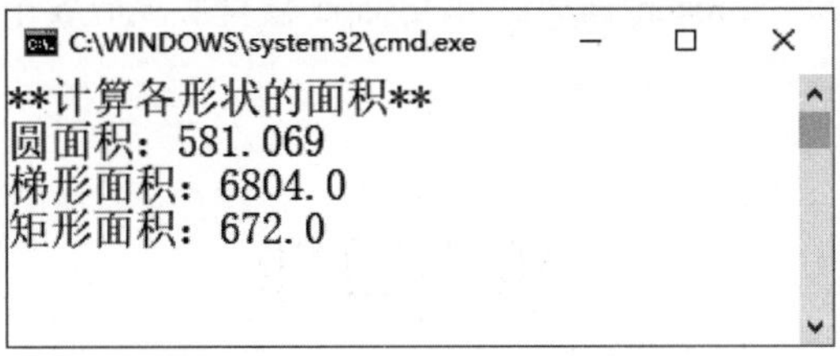

图 8-24　范例 Ex0812 的执行结果

步骤 01 创建控制台应用项目 Ex0812，框架选择“.NET 6.0（长期支持）”。添加接口 IShape，以及实现类 Circle、Trapezoidal 和 Rectangle。

步骤 02 在接口 IShape.cs 中编写如下的程序代码。

```
namespace Ex0812;   //C# 10.0 文件范围命名空间
internal interface IShape    //定义接口
```

```
03 {
04   double Area { get; }      //只读属性——存储计算得到的面积
05 }
```

步骤 03 在类 Circle.cs 中编写如下的程序代码，用于其他形状类的程序代码可参考本书提供下载的范例项目。

```
11 class Circle : IShape
12 {
13   private readonly double radius; //圆半径
14   public Circle(double radius) => this.radius = radius;
15   public double Area
16   { get => Math.Pow(radius, 2) * Math.PI; }
17   public override string ToString() =>
18      "圆的面积：" + string.Format($"{Area:F3}");
19 }
```

步骤 04 使用顶层语句，直接编写相关程序代码。

```
21 global using Ex0812; //全局，导入文件范围命名空间
22 IShape[] molds = {     //初始化各实现类
23   new Circle(15.8),                       //圆
24   new Trapezoidal(15.0, 17.0, 11.0),   //梯形
25   new Rectangle(14.0, 15.0)            //矩形
26 };
27 WriteLine("**求出各形状的面积**");
28 foreach (IShape item in molds)
29   WriteLine(item);
```

程序说明

- 第 14 行：Circle 类的构造函数传入参数值（半径）。
- 第 15、16 行：实现接口 IShape 只读属性 Area，由构造函数获取参数值，再以存取器 get 返回圆面积，这里使用 Math 类的 PI 属性和 Pow()方法进行计算。
- 第 17、18 行：覆写 ToString()方法，显示计算后的结果。
- 第 22~26 行：将 IShape 接口声明为数组类型，初始化各实现类并设置参数值。
- 第 28、29 行：使用 foreach 循环遍历 IShape 接口实现的各个类，调用 ToString()方法输出各个信息。

重点整理

- 两个类建立了继承，表示子类会拥有基类的属性和方法，所以它会有 is_a（是什么）或 has_a（组合）关系。
- 继承名词：基类是一个被继承的类，派生类是一个继承他人的类。
- 在继承机制中，派生类只有一个基类，称为单一继承；有两个以上的父类就是多重继承。C#采用单一继承机制。

- 当基类成员以访问权限修饰词 protected 声明存取范围时，只有继承的派生类才能存取这种成员。this 关键字可引用对象本身所属类的成员，但属于静态类的字段、属性或方法是无法使用 this 关键字的。
- 基类或派生类都有自己的构造函数，用来初始化该类的对象，它主宰着对象的生与死，无法被继承。想要使用基类的构造函数，必须使用 base 关键字。
- 将基类原有方法扩充要注意的事项：①基类方法必须定义为 virtual；②派生类的方法要加上 new 关键字，此方法定义的内容与基类的方法无关；③派生类方法加上 override 关键字，表示它会调用自己的方法，而不是基类的方法。
- C#编写多态可参考三点：①子类的新成员使用 new 修饰词来隐藏父类成员；②父类、子类调用名称相同但参数不同的方法，由编译程序调用适当的方法；③建立一个通用的父类，定义虚拟方法，再由子类进行覆写。
- 定义抽象类是以基类为通用定义，提供给多个派生类共享。当基类声明为抽象类时，必须由继承的派生类来实现其对象。
- 密封类（Sealed Class）又称为最终类（Final Class），表示它不能被继承，简单地说就是无法产生派生类。
- 定义接口要使用关键字 interface，只定义属性、方法和事件，不实现和使用 new 运算符，更不能有字段。

课后习题

（一）填空题

1. ________________表示它是一个被继承的类，________________表示它是一个继承其他类的类，C#采用__________机制。

2. 从面向对象程序设计的观点来看，在类的层级结构下，层次越低的派生类，________的作用就会越强；同样地，基类的层次越高，表示________的作用也越强。

3. 在继承机制下，子类在哪两种情况下使用关键字 base？①____________________，②____________________。

4. 访问权限修饰词为__________，只有继承的派生类才能拥有父类的成员，但无法继承父类的________；关键字__________只会引用某类的对象和其成员。

5. 请根据下列简短的程序代码填入：①关键字_________调用父类的成员。

```
class Father     //父类
{
   public void Display() {}
}
class Son : Father   //子类
{
   ①.Display();
}
```

6. 要获取今天的日期，以 DateTime 结构的属性__________获取，将 DateTime 对象转换为字符串要调用____________方法。

7. 请根据下列简短程序代码填入：Person 是___________类，而 Human 是_________类。①_________、②_________、③____________。

```
class Human {
   public Human(string HumanName){
      //构造函数程序区块;
   }
}
class Person : ①{
   public ②(string personName) : base(③) {
      //构造函数程序区块
   }
}
```

8. 派生类想要使用自己定义的方法，必须使用___________关键字来隐藏父类的成员，以___________关键字来覆写父类的成员。

9. 请根据下列简短程序代码填入：Display 方法在父类是①______________，在子类是②______________，virtual 和 override 有___________存取范围。

```
class Father     //父类
{
    public virtual void Display() {}//①
}
class Son : Father   //子类
{
    public override void Display() {}//②
}
```

10. 定义一个抽象类，填入下列部分程序代码。①______________、②______________、③______________、④_____________。

```
① class Person {    //抽象类
   //配合存取器将 Title 定义成只读属性
   public abstract int Salary { ②; }
   //定义抽象方法 Display
   public ③ void ④;
```

11. 定义抽象类不能使用①______________，②不能使用________运算符实例化对象，③关键字___________或___________也无法使用。

12. 请根据下列简短程序代码填入：ISchool 是____________，而 Subject 是_________，showMessage()是___________。

```
interface ISchool
{
   int Subject {get; set;}
   void showMessage();
}
```

（二）问答题与实践题

1. 请说明在继承机制下，什么是 is_a？什么是 has_a？请以 UML 进行简易说明。

2. 参考范例 Ex0801，如果 Main()主程序所声明的对象如下，那么子类 Education 的构造函数要如何编写？可以配合 this 修饰词。

```
static void Main(string[] args)
{
   //基类的对象
   School ScienceEngineer = new School();
   //派生类的对象
   Education choiceStu = new
      Education("英文写作", 1208, "Jeffrey");
   . . .
}
```

3. 请实现下列程序代码。当加班在 2 小时之内，“加班费=薪资/30/2×1.25”，加班在 3 小时之内，“加班费=薪资/30/2×1.3”，以这两个条件来覆写 CalcOverWork()方法。

```
class Person
{
   protected int workhr {get; set;}
   protected string name {get; set;}
   //定义虚拟方法
   public virtual void CalcOverWork()
   {
      Console.WriteLine("没有加班费");
   }
}
```

第 9 章

泛型、集合和异常处理

章节重点

- 介绍命名空间 System.Collections.Generic 的泛型（Generic）和集合。
- 泛型类具有重复使用性、类型安全和高效率的优点。
- 使用集合时能顺序访问其元素，也可以进行“键-值（Key-Value）”配对。
- 以委托方式把方法作为参变量进行传递，Visual C# 6.0 之后将 Lambda 表达式纳为成员。
- 使用 try-catch 语句捕获错误，try-catch-finally 在发生异常的情况下，可以让程序继续执行。

9.1 泛　　型

随着程序设计语言的发展，.NET 为了提高数据的安全性，由非泛型集合走向泛型集合。本章后续的讨论会以泛型集合为主，也会让非泛型的 ArrayList 随之亮相。除此之外，将方法当作参数来传递的委托（Delegate），就成为 Visual C# 6.0 支持的在成员上使用的 Lambda 表达式。

9.1.1 认识泛型与非泛型

泛型是.NET Framework 2.0 引入的类型参数。有了类型参数，即使无法得知用户会填入哪一种类型，运用泛型，无论是整数、浮点数还是字符串都能“手到擒来”。那么 Visual C#何时才把泛型“收入囊中”呢？是在 Visual Studio 2005 才有了初次接触，由.NET 类库的 System.Collections.Generic 命名空间支持泛型。它定义了泛型集合的接口和类，使用强化类型，提供比非泛型更好的类型安全和性能。因此，根据其版本的发展，泛型分为两大类：

- 非泛型集合：存放于 System.Collections 命名空间，以集合类为主，包括 ArrayList、Stack、Queue、Hashtable、SortedList。
- 泛型集合：以 System.Collections.Generic 命名空间为主。

什么是泛型？“泛”有广泛之意，泛型是不意味着有广泛的类型可使用呢？在认识泛型之前，先来认识一下泛型相关的名词：

- 泛型类型定义（Generic Type Definition）：声明泛型时以类、结构或接口为模板。
- 泛型类型参数（Generic Type Parameter）：简称“类型参数”，定义泛型时所开放的数据类型，它属于变动的数据。
- 构造的泛型类型（Constructed Generic Type），或称“构造的类型”：是定义泛型所制定的模板，无法实例化泛型对象。
- 条件约束（Constraint）：对泛型类型参数的限制。

下面通过图 9-1 来认识所定义的泛型。

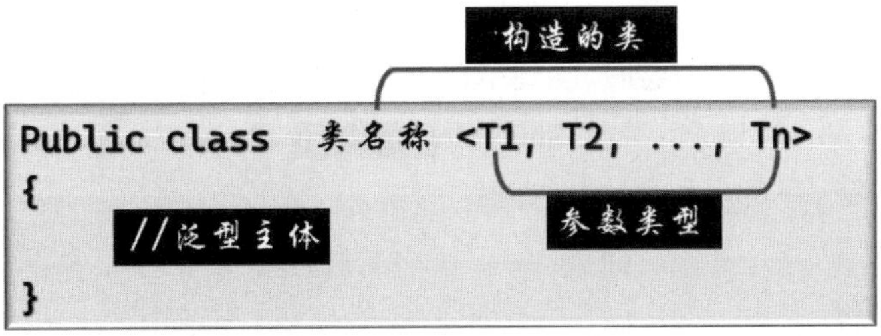

图 9-1　以泛型为模板

9.1.2　为什么使用泛型

此处只是概念性地介绍泛型。由于泛型的主题应用广泛，也能通过.NET API 来认识它。下面先认识两种泛型：

- 泛型类型（Generic Type）：包括类、结构、接口与方法，能指定类型用于数据处理。
- 泛型方法（Generic Method）：定义其方法作为类型的替代。

或许读者会很奇怪，为什么要使用泛型呢？它具有重复使用性、类型安全和高效率的优点，能实现非泛型的类型和方法无法提供的功能。泛型集合类能针对所存储的对象类型，使用类型参数作为占位符，将相关数据聚合为集合对象。在尚未弄清楚泛型的用途之前，先来看看下面的例子。

范例 Ex0901.csproj

步骤 01　创建控制台应用项目 Ex0901，框架选择“.NET 6.0（长期支持）”。无 Main()主程序，直接编写如下的程序代码。

```
ushort[] one = { 11, 12, 13, 14, 15 };
```

```
02 string[] two = { "Eric", "Andy", "Johon" };
03 ShowMessage1(one);//静态方法读取数组
04 ShowMessage2(two);
05 ReadKey();
06
07 static void ShowMessage1(ushort[] arrData)
08 {
09   foreach (ushort item in arrData)
10     Write($"{item,-6}");
11   WriteLine();
12 }
13 static void ShowMessage2(string[] arrData)
14 {
15   foreach (string item in arrData)
16     Write($"{item,-6}", item);
17   WriteLine();
18 }
```

步骤02 按 F5 键生成可执行程序，再执行程序。注意，程序执行完毕后，按任意键即可关闭程序窗口。

程序说明

- 第 01、02 行：声明两个数组，类型不同，长度也不一样。
- 第 07~12 行、第 13~18 行：定义 ShowMessage1()和 ShowMessage2()方法，分别以 foreach 循环读取整数、字符串类型的数组。

9.1.3 定义泛型

前面的范例如果有更多不同类型的数组要处理，是不是要编写更多的程序代码呢？当然可以这样做，但可能有点费力不讨好。泛型的功能就是用来减化重复的程序。如此一来，既不用为不同的参数类型编写相同的程序代码，同时又提高了数据类型的安全性，让不同的类型做相同的事，让对象彼此共享方法成员。双重效果合一之后，更能提高程序的效率。如何定义泛型类呢？语法如下：

```
class 泛型名称 <T1, T2,..., Tn>
{
   //程序区块
}
```

- 定义泛型以 class 开头，紧跟着是泛型名称，它其实就是泛型的类名称。
- 尖括号之内放入类型参数列表，每个参数代表一个数据类型名称，以大写字母 T 来表示，参数间以逗号隔开。

如同盖房子一样，必须要有蓝图来确定房子样式，才能一步一步施工。下面先定义一个简单的泛型类。

```
class Student<T> {}
```

创建了一个泛型类 Student，只有一个类型参数以 T 表示。若有两个参数类型，则参考 9.1.4 节使用的类 Dictionary<TKey, TValue>。定义了泛型类之后，当然要使用 new 运算符创建不同数据类型的实例对象，语法如下：

```
泛型类名称<数据类型> 对象名称 = new 泛型类名称<数据类型>();
```

使用泛型创建对象时，必须明确指定类型参数的数据类型，例如：

```
Student<string> persons = new Student<string>();
```

范例 Ex0902.csproj

创建一个泛型类，分别填入两种不同的数据类型。范例 Ex0902 的执行结果如图 9-2 所示。

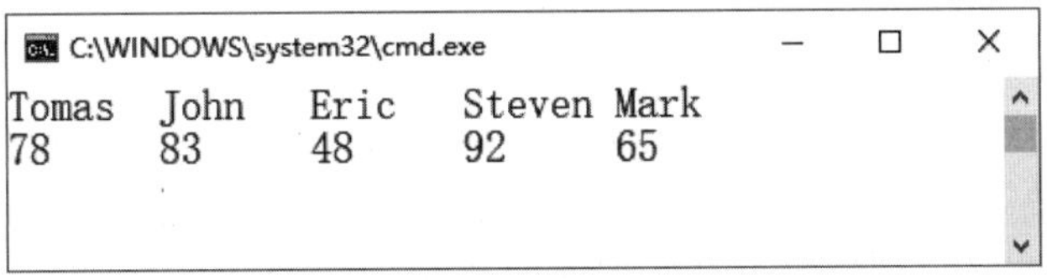

图 9-2　范例 Ex0902 的执行结果

步骤 01 创建控制台应用项目，框架选择“.NET 6.0（长期支持）”。添加 Student 类，编写如下的程序代码。

```
namespace Ex0902;   //C# 10.0 文件范围命名空间
internal class Student<T>
{
   private int index;//数组下标值
   private T[] multi_group = new T[5]; //存储 6 个元素
   public void StoreArray(T arrData)
   {
      if (index < multi_group.Length)
      {
         multi_group[index] = arrData;
         index++;
      }
   }
   public void ShowMessage()
   {
      foreach (T item in multi_group)
      {
         Write($"{item, -6} ");
      }
      WriteLine();
   }
}
```

步骤 02 使用顶层语句，在 Program.cs 中编写如下的程序代码。

```
global using static System.Console;    //全局，适用于整个项目
using Ex0902;   //导入文件范围命名空间
Student<string> persons = new();
persons.StoreArray("Tomas");
persons.StoreArray("John");
```

```
36 //省略部分程序代码
37 Student<int> Score = new();
38 Score.StoreArray(78);
39 //省略部分程序代码
```

程序说明

- 第 05 行：创建含有 T 类型参数的数组，可以存储 5 个元素。
- 第 06~13 行：StoreArray()方法使用 T 类型参数接收不同类型的数组元素，使用 if 语句以 index 来进行判断，将读取的元素放入数组中。
- 第 14~21 行：ShowMessage()方法以 foreach 循环来输出数组元素。
- 第 33、37 行：以泛型类创建两个对象，类型参数<string>、<int>分别以字符串、整数为其数据类型，调用 StoreArray()方法来传入名称和分数。

由上面的范例项目可知，泛型类 Student<T>提供的是模板。实现对象时，必须通过类型参数来指定其数据类型，让编译器可以辨认。从泛型到泛型类，可以归纳为如图 9-3 所示的方法：①构思泛型，②定义泛型模板，③实现泛型对象。

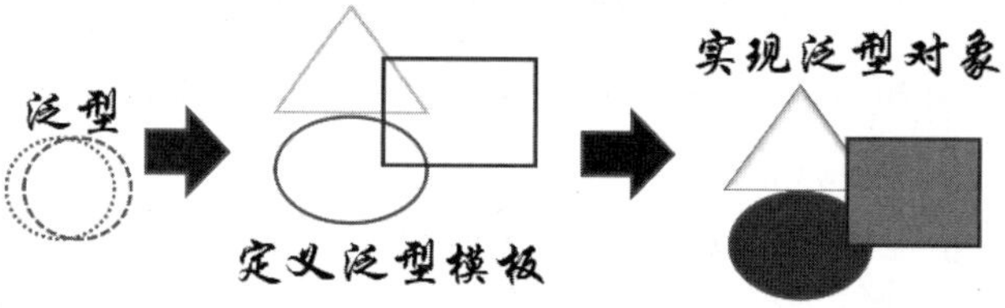

图 9-3　从泛型到泛型对象

9.1.4　泛型方法

泛型的另一种用法就是使用类型参数的泛型方法。定义泛型之后，要进一步定义公有的方法成员，可将类型参数视为声明泛型类型的参数，语法如下：

```
public void 方法名称<T>(T 参数名称){
   //泛型方法主体
}
```

- 方法名称后面要用尖括号标示<T>，并且参数名称也要加上关键字 T 来表示它是一个类型参数。

所以范例 Ex0901 的 ShowMessage()方法可以使用泛型方法改进如下：

范例 Ex0903.csproj

```
static void ShowMessage<T>(T[] arrData)
{
   foreach (T item in arrData)
      Write($"{item, -6} ");
   WriteLine();
}
```

- ShowMessage()方法之后加入<T>，使用类型参数 T 取代原有的 int 或 string 类型，进一步来说，它可以代表任何数据类型。
- 使用 foreach 循环读取数组元素时，原来的 int/string 类型就被 T 取代了。当 arrData 接收的是 int 类型时，foreach 循环就读取整数类型；当 arrData 数组接收的是 string 类型时，就以字符串来处理。

如此一来，无论有多少不同类型的数组，使用泛型的写法可以大大改善原有的问题，这也是泛型的魅力所在。

定义泛型方法时可以加上条件约束（Constraint），让它对类型参数的使用有所制约。通常这个条件约束与命名空间 System.Collections.Generic 的 IComparer<T>泛型接口有关，必须以它来实现比较两个对象的方法。比较两个对象时会调用方法 CompareTo(T)方法来处理，其语法如下：

```
int CompareTo(T other);
```

- other：与实例进行比较的对象。

参数 other 会将当前的实例与相同类型的另一个对象进行比较，然后以整数返回，以此整数来表示当前实例的排序。有以下三种情况：

- 小于零：表示实例的排序在 other 之前。
- 零：实例的排序和 other 在相同位置。
- 大于零：实例的排序在 other 之后。

范例 Ex0904.csproj

定义泛型方法并加入条件约束，配合类型参数实现 IComparable<T>接口。范例 Ex0904 的执行程序如图 9-4 所示。

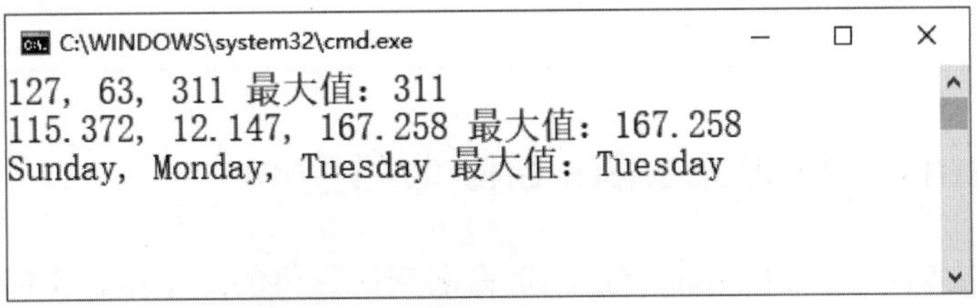

图 9-4　范例 Ex0904 的执行结果

创建控制台应用项目 Ex0904，框架选择“.NET 6.0（长期支持）”。使用顶层语句，在 Program.cs 中编写如下的程序代码。

```
//省略部分程序代码
static T checkData<T>(T one, T two, T three)
    where T : IComparable<T>
{
   T max = one;//假定第一个参数是最大值

   //调用 CompareTo()方法对第一个参数和第二个、第三个参数分别进行比较
   if (two.CompareTo(max) > 0)
```

```
09        max = two;
10     if (three.CompareTo(max) > 0)
11        max = three;
12     return max;
13  }
```

程序说明

- 第 05 行：先假定第一个类型参数是最大值。
- 第 08~11 行：将第二个、第三个类型参数使用 if 语句并调用 CompareTo()方法与第一个类型参数比较大小，如果比第一个类型参数大，就是最大值。

9.2 浅谈集合

集合（Collection）可视为对象容器，以特定方式将相关数据聚集为群组。我们在第 5 章已经学习过数组，乍看之下，集合的结构和数组非常相似（可将数组视为集合的一种），如有索引（或下标），也能通过 For Each…Next 循环来读取集合中的各个表项。以泛型集合来说，它们都实现 System.Collections.Generic 命名空间的 IEnumerable<T>接口，作为“可查询类型”。根据非泛型和泛型的集合类型，参照表 9-1 进行对照。

表 9-1　常用集合的类和接口

非泛型类	泛型类	说明
ArrayList	List<T>	将数组进行动态调整
Hashtable	Dictionary<TKey, TValue>	成对键-值组成的集合
CollectionBase	Collection<T>	集合基抽象类
Queue	Queue<T>	队列，先进先出
Stack	Stack<T>	堆栈，先进后出

9.2.1 System.Collections.Generic 命名空间

使用集合时以 System.Collections.Generic 命名空间提供的泛型集合类能得到较佳的性能。为了让下标和项目的处理更具弹性，其命名空间提供了集合类和接口，可参考表 9-2 的说明。

表 9-2　System.Collection.Generic 命名空间提供的泛型集合类和接口

泛型集合	说明
ICollection<T>接口	定义管理泛型集合的方法
IComparer<T>接口	实现两个对象比较的方法
IDictionary<TKey, TValue>接口	表示索引键-值组的泛型集合
IEnumerable<T>接口	公有指定类型集合的枚举值
IList<T>接口	各个由索引存取的对象集合
ICompare<T>类	提供基类执行的 IComparer<T>泛型接口

（续表）

泛型集合	说明
Dictionary<TKey, TValue>类	表示索引键-值的集合
LinkedList<T>类	代表双向链表
List<T>类	按照索引存取的强类型对象提供查找、排序和管理列表的方法
SortedList<TKey, TValue>类	根据关联的 IComparer<T>实现，按索引键排序的索引键-值组集合

9.2.2　认识索引键-值

使用集合时，其集合项（或表项）会有变动，要存取这些集合时，必须通过索引（Index，或称为下标）来指定集合项。更好的方式是把将这些集合项存入集合，使用对象类型的索引键（Key）提取所对应的值（Value）。

“索引键-值”是配对的集合，值存入时可以指定对象类型的索引键，以便于使用索引键来提取对应的值。表 9-3 介绍泛型集合的 Dictionary<TKey, TValue>类，参照此表来了解“索引键-值”存取对象的方法。

表 9-3　Dictionary<TKey, TValue>成员

Dictionary 成员	说明
Compare	获取 IEqualityComparer<T>，判断字典索引键是否相等
Count	获取索引键-值组数量
Items[TKey]	获取或设置索引键相关联的值
Keys	获取表项的索引键
Values	获取表项的值
Add()方法	将指定的索引键和值加入字典
Clear()方法	删除所有索引键和值
ContainsKey[TKey]	判断是否包含特定索引键
ContainsValue[TValue]	判断是否包含特定值
GetEnumerator()	返回逐一查看的枚举值
Remove()方法	删除指定索引键的值
TryGetValue()	获取指定索引键所对应的值

调用 TryGetValue()方法时，是以键找值，它的语法如下：

```
bool TryGetValue(TKey key, out TValue value)
```

- key：要获取的索引键。
- value：当调用这个方法时，如果找到索引键，就会返回索引键对应的值，以 out 关键字来表示参数时，会以未初始化状态进行传递。

使用 foreach 循环读取 dictionary 的索引键或值，再配合 KeyValuePair<TKey, TValue>结构执行读取操作。

```
foreach(KeyValuePair<string, int> item in dictionary)
{
   Console.Write($"{item.Key}  ");  //只会输出字典的 Key
}
```

另一个与 Dictionary<TKey, TValue>类有关的就是 SortedDictionary<TKey, TValue>，它能根据索引键对索引键-值组的集合进行排序。它的构造函数语法如下：

```
public SortedDictionary<TKey, TValue>();
public SortedDictionary(
      IDictionary<TKey, TValue> dictionary);
```

- 产生空的 SortedDictionary。
- dictionary：把其他的 Dictionary<TKey, TValue>集合对象复制到新的 SortedDictionary <TKey, TValue>。

提　示

SortedList<TKey, TValue>类同样具有排序功能，比 SortedDictionary<TKey, TValue>类占用更少的内存空间。两者之间的使用方法很相似，如果是一个已基本排序的集合，SortedList<TKey, TValue>类会提供更好的性能。

范例 Ex0905.csproj

使用 Dictionary 类创建学生数据，配合索引键-值读取内容。范例 Ex0905 的执行结果如图 9-5 所示。

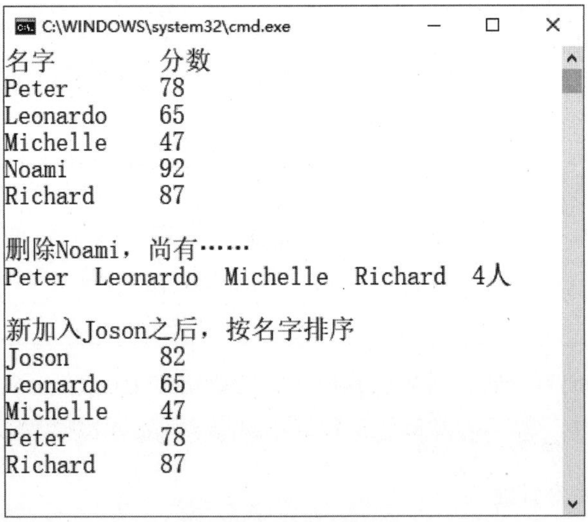

图 9-5　范例 Ex0905 的执行结果

创建控制台应用项目 Ex0905，框架选择“.NET 6.0（长期支持）”。使用顶层语句，在 Program.cs 中编写如下的程序代码。

```
Dictionary<string, int> student = new ()
      {
```

```
03          ["Peter"] = 78,
04          ["Leonardo"] = 65,
05          ["Michelle"] = 47,
06          ["Noami"] = 92,
07          ["Richard"] = 87
08      };
09 WriteLine($"{"名字", -8} {"分数", 3}");
10 foreach (var item in student)   //读取字典方式一
11    WriteLine($"{item.Key, -10} {item.Value, 3}");
12 if (student.TryGetValue("Noami", out int value))
13    student.Remove("Noami");
14 WriteLine("\n 删除 Noami，尚有……");
15
16 foreach (KeyValuePair<string, int> item in student)  //读取字典方式二
17    Write($"{item.Key}  ");
18 Write($"{student.Count}人\n");
19 SortedDictionary<string, int> sortedStud =
20       new (student) { { "Joson", 82 } };
21 WriteLine("\n 新加入 Joson 之后，按名字排序");
22 foreach (var item in sortedStud)
23    WriteLine($"{item.Key, -10} {item.Value, 3}");
24 ReadKey();
```

程序说明

- 第 01~08 行：创建 Dictionary<TKey, TValue>集合对象 student 并初始化其内容。
- 第 10、11 行：使用 foreach 循环配合属性 Key 和 Value 读取 Dictionary 的表项。
- 第 12、13 行：用 if 语句判断 TryGetValue()方法是否找到 Key “Noami”，若找到，则将其删除。
- 第 16、17 行：读取字典的第二种方式。foreach 循环配合 KeyValuePair 结构只读取 Key，属性 Count 获取表项数。
- 第 19、20 行：创建 SortedDictionary<TKey, TValue>集合对象 sortedStud，并以构造函数获取原有 Dictionary 的表项以初始化集合表项，添加一个表项到 sortedStud。

9.2.3 使用索引

数组经过初始化之后，索引是静态的，这意味着数组中的某一个元素并不能被删除，或因实际需求再插入其他元素。要改变此数组，只能将数组重新清空，或重设数组大小。如果使用集合，调用 CopyTo()方法就可以把集合表项复制到其他数组。不同的一点是，新数组一定是一维数组，索引从 0 开始，其元素顺序会根据元素的值进行排列。

要让数组进行动态调整，需借助索引存取其元素，可使用非泛型集合的 Array 或 ArrayList 类，以及支持泛型集合的 List<T>类。由于 Array 类已在第 5 章介绍过了，下面就来了解一下 ArrayList 类和 List<T>类。

- ArrayList 类：来自于 System.Collections 命名空间，可动态调整数组的大小，实现 IList 接口。
- List<T>类：来自 System.Collections.Generic 命名空间，可按照索引进行存取，提供查找、

排序和管理列表的方法。

读者一定很好奇，Array 类和 ArrayList 类有什么差异性？表 9-4 进行了简单的对比。

表 9-4 Array 类和 ArrayList 类

	Array	ArrayList
数据类型	声明时要指定类型	任何对象
数组大小	调用 Resize()调整数组大小	自动调整
数组元素	不能动态改变	使用 Insert()添加，使用 Remove()删除
数组维度	可以多维	只能是一维
命名空间	System	System.Collections

ArrayList 有哪些属性和方法？可参照表 9-5 的简单说明。

表 9-5 ArrayList 常用成员

ArrayList 成员	说明
Capacity	获取或设置 ArrayList 的容量（能包含的表项数）
Count	获取 ArrayList 实际的表项数
Item	指定索引或下标位置来获取或设置表项
Add(Object)	将对象加到 ArrayList 末尾
AddRange()	将 ICollection 表项加到 ArrayList 的末尾
Clear()	删除 ArrayList 所有表项
CopyTo()	将 ArrayList 对象复制到另一个兼容的一维数组
IndexOf()	查找指定表项，返回第一个匹配的元素
Sort()	将 ArrayList 的表项进行排序
Remove()	将匹配的第一个元素从 ArrayList 删除
Reverse()	反转 ArrayList 元素的顺序

属性中的容量（Capacity）和计数（Count）稍有不同。集合的容量会包含元素个数（即集合表项的个数），集合的计数是实际的元素个数。在某些情况下，容量达到上限时，大多数集合会自动扩大容量，ArrayList 类也具有此特性，它会重新分配内存，并将集合元素从旧集合复制到新集合。下面先来认识一下 ArrayList 类的构造函数。

```
public ArrayList(int capacity);
public ArrayList(ICollection c);
```

- 指定列表能存储的表项或元素个数。
- 从指定集合复制的表项作为初始容量。

使用 ArrayList 类的 Add()方法加入表项数据时，它的特色就是加入末尾处，而且允许加入不同类型的表项。

```
ArrayList tomasList = new();
tomasList.Add("Tomas");//Add()方法添加元素
tomasList.Add(25);
tomasList.Add(false);
ArrayList tomasData = new() {"Tomas", 25, false};
```

```
foreach(var item in tomasData)
   Console.Write($"{itme}");
```

- 创建 ArrayList 集合对象（作为 List 对象时称为列表更为合适，下文同理），再以 foreach 循环读取列表。

范例 Ex0906.csproj

调用 ArrayList 类提供的方法配合定义的静态方法对两个数组进行数据的删除。范例 Ex0906 的执行结果如图 9-6 所示。

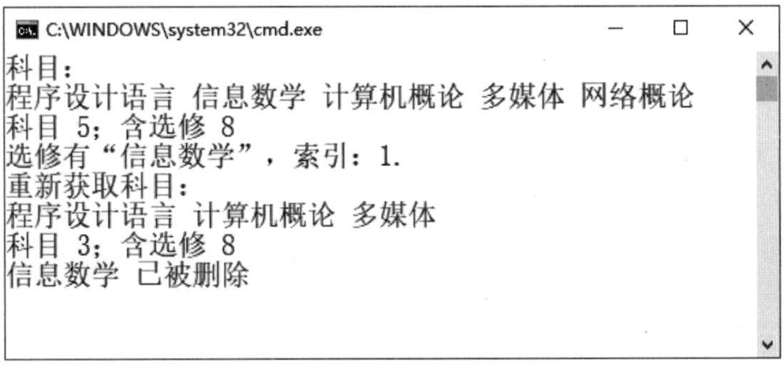

图 9-6 范例 Ex0906 的执行结果

步骤 01 创建控制台应用项目 Ex0906，框架选择“.NET 6.0（长期支持）”。使用顶层语句，在 Program.cs 中编写如下的程序代码。

```
using System.Collections;
string[] Subjects =
   {"程序设计语言", "信息数学", "计算机概论", "多媒体", "网络概论"};
string[] choiceSubject =
   {"英文会话", "信息数学", "网络概论"};
ArrayList list = new(1);
foreach (var item in Subjects)
   list.Add(item);
ArrayList selectCourse = new(choiceSubject);
WriteLine("科目：");
Display(list);//调用 Display()方法
removeSubject(list, selectCourse);
WriteLine("重新获取科目：");
Display(list);
ReadKey();
static void Display(ArrayList Courses)
{
   foreach (var item in Courses)//读取 ArrayList 的元素
      Write($"{item} ");
   WriteLine($"\n 科目 {Courses.Count}; " +
      $"含选修 {Courses.Capacity}");
   string word = "信息数学";
   int index = Courses.IndexOf(word);
   if (index != -1)
      WriteLine(
         $"选修有"{word}", 索引: {index}.");
```

```
27   else
28      WriteLine($"{word} 已被删除");
29 }
30 static void removeSubject(ArrayList one, ArrayList two)
31 {
32   for (int item = 0; item < two.Count; item++)
33      one.Remove(two[item]);
34 }
```

步骤02 按 F5 键生成可执行程序，再执行程序。注意，程序执行完毕后，按任意键即可关闭程序窗口。

程序说明

- 第 01 行：导入 System. Collections 命名空间，才能使用 ArrayList 类。
- 第 06~08 行：创建第一个 ArrayList 对象 list，其 Capacity 为 1，在 foreach 循环中调用 Add()方法把 Subjects 数组中的元素加入对象 list。
- 第 09 行：创建第二个 ArrayList 对象 selectCourse，指定整个数组 choiceSubject 为初始容量。
- 第 16~29 行：定义静态方法 Display()，以 ArrayList 对象为参数，接收之后用 foreach 循环读取其中的表项并输出。
- 第 20、21 行：引用 ArrayList 的属性 Count 来获取当前的实际表项，引用属性 Capacity 即可引用容量值。
- 第 23~28 行：调用 ArrayList 的方法 IndexOf()，找出表项中是否有“信息数学”，用 if-else 语句判断返回的索引值是否为-1。
- 第 30~34 行：定义静态方法 removeSubject()，参数 1 为 ArrayList 对象 list，参数 2 为 ArrayList 对象 selectCourse，根据 selectCourse 表项来调用 Remove()方法删除对象 list 中的表项。

当数组需要动态增加其大小时，第二种选择就是使用泛型集合中的 List<T>类，它实现了 IList<T>泛型接口。下面先来认识定义它们的相关语法。

```
public class List<T> : ICollection<T>, IEnumerable<T>,
  IList<T>, IReadOnlyList<T>, IReadOnlyCollection<T>, IList
```

- IReadOnlyCollection<T>表示它是一个只读集合、强类型表项。
- IReadOnlyList<T>表示能按照索引存取其表项的只读列表。

创建 List<T>列表对象时可调用它的构造函数，其语法如下：

```
List<T>();    //创建空的 List<T>类
List<T>(IEnumerable<T>);   //①
List<T>(int 32);   //②
```

- ①初始化 List<T>类的实例，可以从指定的集合复制其表项。
- ②List<T>以元素个数为其容量，创建时指定其容量大小，直到添加表项时，视其需要重新调整容量大小。

如同初始化数组一般，创建 List<T>类对象时，可以使用列表初始化器。

例一：

```
List<int> numbers = new List<int>()
    {25, 68, 112, 74, 87};
```

- numbers 对象初始化时可以是简单的数值，必须配合所声明的类型参数<int>。

配合 new 运算符，表示 Student 类已创建，以它为类型参数，指定名字和分数进行初始化。

例二：

```
List<Student> students = new List<Student>{
     new Student { Name = "Mary", Score = 78.25 },
     new Student { Name = "Emily", Score = 85.47},
     new Student { Name = "Steven", Score = 93.8}};
```

一般来说，泛型集合采用“集合初始化器”时会实现 IEnumerable 的集合类或类的扩充方法 Add()，以指定一个或多个表项的初始化。表项能以简单的值、表达式或配合 new 运算符进行对象的初始化。

IList<T>泛型接口是 ICollection<T>泛型接口的子接口，也是所有泛型列表的基类接口。无论是 List<T>类还是 IList<T>接口，都会实现 ICollection<T>和 IEnumerable<T>泛型接口，它们都有扩充方法。表 9-6 列出了 List<T>类的一些扩充方法，这些扩充方法也可以用于相关的泛型集合。

表 9-6　List<T>类的扩充方法

List<T>类的扩充方法	说明
Average()	计算列表元素的平均值
Contains()	判断列表是否包含指定的表项
Count()	返回列表中表项的个数
GroupBy()	列表表项按选取器函数指定的键进行分组
Max()	找出泛型列表中的最大值
Min()	找出泛型列表中的最小值
Select()	将列表的每个元素规划成一个新的表单
Sum()	计算列表元素的总和
Where()	根据叙述词来筛选值的列表

上述这些方法都有重载机制。定义 Average()方法的语法及调用该方法时的相关参数如下：

```
Average<TSource>(IEnumerable<TSource>,
    Func<TSource, Double>)
public static double Average<TSource>
    (this IEnumerable<TSource> source,
    Func<TSource, double> selector);
```

- source：用来计算平均值的值列表。
- selector：运用于每个表项的转换函数，可使用 Lambda 函数来替代。

例三：说明 Average()方法的使用。

```
int[] score = { 147, 36, 921, 421 };   //数组
double average = score.Average(
    grade => Convert.ToDouble(grade));   //Lambda 表达式
```

- 调用 Lambda 表达式进行运算，将数组以 Convert 类的 ToDouble()方法转换为 Double 类型。有关于 Lambda 的用法，请参考 9.3.2 节。

再来看另一个用于加总的 Sum()方法，语法如下：

```
public static int Sum<TSource>(
    this IEnumerable<TSource> source,
    Func<TSource, int> selector)
```

可以发现它的参数与 Average()方法是一样的，参数 source 就是获取值列表，而 select or 是以 Lambda 函数来进行运算的。

范例 Ex0907.csproj

使用 List<T>类和其扩充方法。范例 Ex0907 的执行结果如图 9-7 所示。

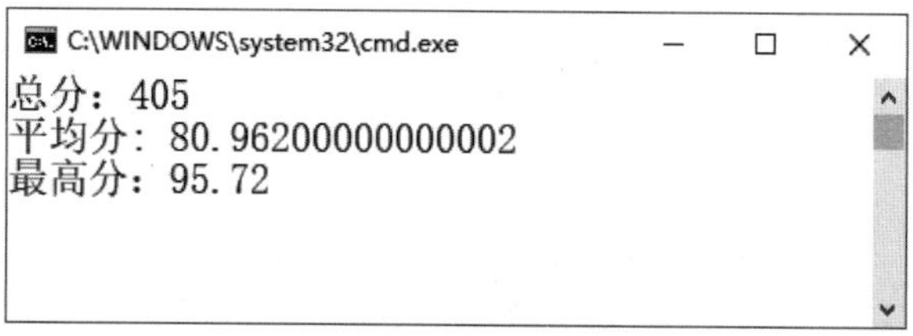

图 9-7　范例 Ex0907 的执行结果

步骤 01 创建控制台应用项目 Ex0907，框架选择“.NET 6.0（长期支持）”。使用顶层语句，无 Main()主程序，直接编写如下的程序代码。

```
01 List<Student> students = new List<Student>{
02            new Student { Name = "Mary", Score = 78.25 },
03            new Student { Name = "Emily", Score = 85.47},
04            new Student { Name = "Tomas", Score = 88.7},
05            new Student { Name = "Joson", Score = 69.0},
06            new Student { Name = "Steven", Score = 93.8}};
07 double totalScore = students.Sum(total => total.Score);
08 double average = students.Average(avg => avg.Score);
09 double maxScore = students.Max(max => max.Score);
10 WriteLine($"总分：{totalScore:N0}");
11 WriteLine($"平均分：{average}");
12 WriteLine($"最高分：{maxScore}");
```

步骤 02 按 F5 键生成可执行程序，再执行程序。注意，程序执行完毕后，按任意键即可关闭程序窗口。

程序说明

- 第 01~06 行：创建 List<T>类的列表对象，初始化时设置名字和分数。

- 第 07~09 行：分别调用 Sum()、Average()和 Max()方法来计算总分、平均分和最高分，全部用 Lambda 表达式来完成函数运算。

9.2.4　顺序访问的集合

若集合中没有索引或索引键，则提取表项时必须按顺序提取，例如使用 Queue<T>类或 Stack<T>类。此时，集合表项处理数据有两种方式：先进先出（First In First Out，FIFO）和后进先出（Last In First Out，LIFO）。采用泛型集合的 Queue<T>（队列）类，也就是第一个加入的表项，也会第一个从队列中移出。Queue<T>类具有的属性和方法可以参考表 9-7 中的说明。

表 9-7　Queue 类的成员

Queue 类的成员	说明
Count	获取队列中的表项个数
Clear()	从队列中删除所有对象
Contains()	判断表项是否在队列中
CopyTo()	指定数组下标，将表项复制到现有的一维数组中
Dequeue()	返回队列前端的对象并把它从队列中删除
Enqueue()	将对象加入队列末端
Equals()	判断指定的对象和当前的对象是否相等
GetEnumerator()	返回队列中逐一查看的枚举值
Peek()	返回队列的第一个对象

队列处理数据的方式就如同去排队买票一般，最前面的人可以第一个购得票，最后面的人就必须等待前面的人购完票之后才能前进。下面来看队列的构造函数：

```
public Queue<T>();    //①
public Queue(IEnumerable<T> collection)    //②
```

- ①无任何参数，初始化 Queue<T>类的新实例。
- ②从指定的集合复制表项来初始化 Queue<T>类的新实例。

使用 Queue<T>泛型集合类操作，添加或删除表项时，有以下三个常用的方法：

- Enqueue()方法：将表项添加在 Queue<T>类末尾。
- Dequeue()方法：从 Queue<T>类开头删除第一个表项。
- Peek()方法：返回第一个表项，但不会把该表项从 Queue<T>类中删除。

通过 foreach 循环来读取枚举值，会简化读取表项时的复杂情况。调用 GetEnumerator()方法也能逐一读取枚举值，不过情况比较复杂。下面以简单的例子来说明。

```
//参考范例 Ex0908 读取 Queue<T>元素
foreach (var item in queue){
   Console.WriteLine($"[{index}] - {item, -10}");
   index++;    //索引或下标
```

```
    }
    IEnumerator<string> list = plant.GetEnumerator(); //①
    while (list.MoveNext()){
        string item = list.Current.ToString(); //②
        Console.WriteLine($"[{index}] - {item,-10}");
        index++;
    }
```

- 使用 foreach 循环读取 Queue<T>类的元素即可。
- ①调用 GetEnumerator()方法获取 IEnumerator<T>的对象，再调用 MoveNext()方法来达到读取枚举值的目的。
- ②要读取枚举表项时，必须用 Current 属性将枚举值移至集合的第一个表项之前，再调用 MoveNext()方法。
- Current 属性会返回对象值，MoveNext()方法会将 Current 设置为下一个表项。

范例 Ex0908.csproj

创建 Queue<T>类的对象 fruit，调用 Peek()方法显示第一个表项。Enqueue()方法是将表项加入队列末端，Dequeue()方法则是从队列最前端删除表项。范例 Ex0908 的执行结果如图 9-8 所示。

图 9-8　范例 Ex0908 的执行结果

步骤 01 创建控制台应用项目 Ex0908，框架选择".NET 6.0（长期支持）"。使用顶层语句，无 Main()主程序，直接编写如下的程序代码。

```
Int32 one, index = 6;
Queue<string> fruit = new();
string[] name = {"Strawberry", "Watermelon", "Apple",
        "Orange", "Banana", "Mango"};
foreach (var item in name)
   fruit.Enqueue(item);    //将表项加入队列末端
if (fruit.Count > 0)       //调用 Peek()方法显示第一种水果
```

```
08 {
09     one = index - fruit.Count + 1;
10     WriteLine($"第{one}种水果 - {fruit.Peek()}");
11 }
12 itemPrint(fruit);
13 if (fruit.Count > 0)    //调用 Dequeue()从队列最前端删除表项
14 {
15     one = index - fruit.Count + 1;
16     WriteLine($"\n 删除第{one}种水果 - {fruit.Dequeue()}");
17 }
18 itemPrint(fruit);
```

步骤 02 按 F5 键生成可执行程序，再执行程序。注意，程序执行完毕后，按任意键即可关闭程序窗口。

程序说明

- 第 02~06 行：创建空的队列 fruit，再以 foreach 循环调用 Enqueue()方法，往队列中加入表项。
- 第 07~11 行：if 语句配合 Count 属性进行判断，如果表项存在，就调用 Peek()方法显示队列中的第一个表项。
- 第 13~17 行：调用 Dequeue()方法删除队列的第一个表项。

Stack（堆栈）类数据表项的进出可以想象成堆盘子，从底部向上堆叠，想要拿到底部的盘子，只能从上方把后面堆叠上去的盘子先拿走之后才行，这就形成了后进先出的方式。调用 Push()方法将表项加到堆栈的上方，而 Pop()方法用来删除堆栈最上方的表项。Stack<T>类的常用属性和方法可参考表 9-8 的简要说明。

表 9-8　Stack<T>类的成员

Stack<T>类的成员	说明
Count	获取堆栈的表项个数
Clear()	从堆栈中删除所有表项
Peek()	返回堆栈最上端的表项
Push()	将表项加到堆栈的上方
Pop()	将堆栈最上方的表项删除

9.3 委　托

委托派生自.NET API 中的 Delegate 类，属于密封类，无法再派生其他类，也不能从 Delegate 类派生出自定义类。所谓委托，就是调用方法执行一些程序的处理。另外，本节还将介绍 Lambda 表达式的一些简单的用法（与 LINQ 有关的部分请参考第 16 章）。

9.3.1 认识委托

什么是委托？在职场上，如果要请假，你的工作可能要找职务代理来继续，诸如买房子有可能找中介代理来处理相关事宜。程序中调用方法进行参数的传递会有所限制，只能使用常数、变量、对象或数组，但是无法把方法当作参数来传递。委托就是扮演代理的角色，能把“方法”视为参数，也就是程序调用方法时，将实例通过委托来执行方法的调用。

可以把委托视为类型，它具有特定参数列表和返回类型的方法引用。例如，Windows 窗体控件触发的事件处理程序就是以委托方式来处理的，将方法作为参数传递给其他方法。因为实现个体是委托对象，所以它可以作为参数传递或赋值给属性。如此，方法才能以参数方式接受委托并调用。

使用委托有什么好处？下面通过范例来说明。

范例 Ex0909.csproj

使用委托类 FindNumbers 定义三个方法，分别找出数组中的奇数、偶数和被 3 整除的数值。范例 Ex0909 的执行结果如图 9-9 所示。

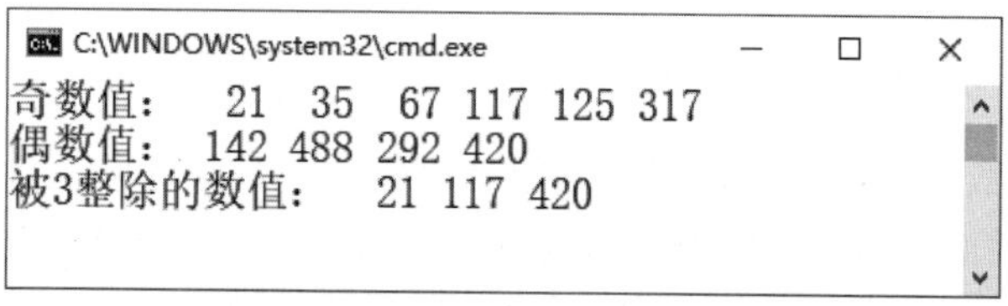

图 9-9　范例 Ex0909 的执行结果

步骤 01 创建控制台应用项目 Ex0909，框架选择“.NET 6.0（长期支持）”，添加一个类 FindNumbers，在其中编写如下的程序代码。

```
namespace Ex0909;    //C# 10.0，文件范围命名空间
internal class FindNumbers
{
   public void IsEven(params Int32[] numerical)
   {
      Write("偶数值：");
      for (int k = 0; k < numerical.Length; k++)
      {
         if (numerical[k] % 2 == 0)    //余数为 0
            Write($"{numerical[k],4}");
      }
      WriteLine();    //换行
   }
   //其余方法请参考本书提供下载的范例项目中的完整程序代码
}
```

步骤 02 使用顶层语句，在 Lookfor.cs 中编写如下的程序代码。

```
//创建一个数组
Int32[] figures =
   {21, 35, 67, 142, 117, 125, 317, 488, 292, 420};
```

```
24 //以对象调用相关方法
25 FindNumbers searchNum = new();
26 searchNum.IsEven(figures);
```

步骤 03 按 F5 键生成可执行程序，再执行程序。注意，程序执行完毕后，按任意键即可关闭程序窗口。

程序说明

- 第 04~13 行：定义方法 IsEven()找出数组中的偶数值，使用 for 循环读取数组，若余数为 0，则表示它是偶数。

如何使用委托？以四部曲来完成它：①定义委托，②定义相关方法，③声明委托对象、④调用委托方法。首先，定义委托时以关键字 delegate 进行声明，语法如下：

```
访问权限修饰词 delegate 数据类型 委托名称(参数列表);
```

- 数据类型：引用方法的返回值类型。
- 委托名称：用来指定方法的委托名称。

首部曲：根据上述语法声明一个委托及其方法，它的位置必须在类之下，而且不能放在主程序中，如图 9-10 所示。

```
namespace Ex0910;  //C# 10.0 文件范围命名空间

//1.定义委托，含有一个参变量（数值）
public delegate void Speculation(Int32[] numerical);

2 个引用
⊞internal class FindNumbers...
```

图 9-10　声明一个委托及其方法

二部曲：定义相关方法，此处使用范例 Ex0908 中 FindNumbers 类的三个方法：IsEven()、IsOdd()和 IsDivide3()。

三部曲：定义委托后，还要声明一个委托对象，用它来传递方法。

```
//范例 Ex0909 中 FindNumbers 类所创建的对象
      FindNumbers searchNum = new();
Speculation evenPredicate =
   new Speculation(searchNum.IsOdd);
```

终曲：调用委托对象，并以数组作为参数。

```
evenPredicate(figures);
```

范例 Ex0910.csproj

修改范例 Ex0909，一个委托对象只能代理一项业务。把 Ex0909 中定义的三个方法以多重委托来执行。

步骤 01 创建控制台应用项目 Ex0910，框架选择“.NET 6.0（长期支持）”，添加一个类

FindNumbers。

步骤 02 在类 FindNumbers.cs 中定义委托。

```
01 namespace Ex0910;   //C# 10.0 文件范围命名空间
02 //1.定义委托，含有一个参变量（数值）
03 public delegate void Speculation(Int32[] numerical);
04 //省略部分程序代码
```

步骤 03 使用顶层语句，在 Lookfor.cs 中编写如下的程序代码。

```
11 //省略部分程序代码
12 Ex0910.FindNumbers searchNum = new();   //创建对象
13 //2.FindNumbers 类所列示的方法成员，3.声明委托对象——单个任务
14 Ex0910.Speculation evenPredicate = new(searchNum.IsEven);
15 evenPredicate += searchNum.IsOdd;   //3.1 委托多重任务
16 evenPredicate += searchNum.IsDivide3;
17 evenPredicate(figures);   //4.调用委托方法并以数组作为参数
```

步骤 04 按 F5 键生成可执行程序，再执行程序。注意，程序执行完毕后，按任意键即可关闭程序窗口。

程序说明

- 第 14 行：一个委托对象只能代理一个任务。
- 第 15、16 行：将委托对象加入多个任务，其中的 searchNum.IsOdd 由对象 searchNum 调用 FindNumbers 类所定义的方法成员。

9.3.2 Lambda 表达式

Visual C# 6.0 之后可以使用 Lambda 表达式，其实前面的章节中介绍类的方法时已悄悄用上了它。Lambda 也被称为匿名方法（Anonymous Method，或称为匿名函数），可用来创建委托或表达式树状结构类型。使用 Lambda 表达式可以编写局部函数，这些函数可以当作参数传递，或者当作函数调用的返回值。编写 LINQ 查询表达式时有了 Lambda 表达式这个帮手，就变得特别管用。

> **提　示**
>
> 回顾匿名方法
>
> • C# 2.0 引进了匿名方法。
>
> • C# 3.0（含）之后的版本，则以 Lambda 表达式取代匿名方法来作为编写内联（Inline）程序代码的惯用方式。
>
> 在某些特定情况下，匿名方法能提供 Lambda 表达式没有的功能。匿名方法让省略的参数列表转换为具有各种签名的委托，这是 Lambda 表达式无法做到的。

使用 Lambda 声明运算符“=>”，大致分为两种形式：Lambda 表达式和 Lambda 语句，语法如下：

```
(input parameters) => expression    //表达式为主体
(input-parameters) => { <sequence-of-statements> }   //语句
```

- 要编写 Lambda 表达式，在 Lambda 运算符（=>）的左边指定输入参数（如果有的话），并将表达式或语句区块放在 Lambda 运算符的右边。

在泛型集合调用扩充方法时，大部分情况下都能调用 Lambda 表达式。回顾一下范例 Ex0907 使用过的 Lambda 表达式。

```
double totalScore = students.Sum(total => total.Score);
double average = students.Average(avg => avg.Score);
```

- Lambda 表达式 total => total.Score：运算符（=>）左边是 total 参数，运算符右边的表达式就很简单，用于直接获取对象名称。

使用 Lambda 表达式取代原来必须定义的委托方法，简单示例如下：

范例 Ex0911.csproj

```
// 参考范例 Ex0911
Write("请输入 1~100 之间的数值：");
int num = Convert.ToInt32(ReadLine());
if (num > 100 || num < 1)
   WriteLine("数值不对");
else
{
   //2.Lambda 表达式取代委托方法，3.声明委托对象 deputation
   Appoint deputation = number => number * number;
   //4.调用委托
   WriteLine($"运算结果：{deputation(num):n0}");
}
delegate int Appoint(int i);   //1.声明委托
```

- 声明委托对象之后，使用 Lambda 表达式取代“=”右侧的委托方法，将变量值相乘。

9.3.3　委托与代理

Lambda 表达式是否要转换为委托类型，取决于参数和返回值的类型，于是就要用到代理，大致分为两类：

- 无须返回值：使用 Action 委托类型。
- 要有返回值：使用 Func 委托类型。

对于范例 Ex0911 中的 Lambda 表达式具有一个参数且必须有返回值的，可以将它转换成 Func<T, TResult>成为委托的代理，其语法如下：

```
Func <T, TResult>
```

- T：委托所封装方法的类型参数，也就是逆变量的类型参数，可以自行指定派生程度较低的类型。

- TResult：委托所封装方法的返回值类型，也就是协变量的类型参数，可以自行指定派生程度较高的类型。

所以，范例 Ex0911 还可以进行如下修改：

范例 Ex0912.csroj

```
// 参考范例 Ex0912
//1.实例化委托来简化此程序代码
Func<int, int> Square = number => number * number;
WriteLine($"现代委托 -> {Square(num)}");
//2.搭配匿名方法使用委托
Func<int, int> Square2 = delegate (int number)
{ return number * number; };
WriteLine($"使用匿名 -> {Square2(num)}");
//3.将 Lambda 表达式委托赋值给 Func<T, TResult>
Func<int, int> Square3 = num => num * num;
WriteLine($"使用委托 -> {Square3(num)}");
```

- 方式 1：没有使用委托，直接使用代理 Func<int, int>，Square 为代理名称，使用获取的变量 num 配合实例化的委托来计算数值的平方。
- 方式 2：使用匿名方法配合委托来计算数值的平方。
- 泛型 Func 委托属于 Lambda 表达式的基本类型，所以将 Lambda 表达式作为参数进行传递，不需要再使用委托。

再看另一个实例，有两个数 A、B，若 A > B 则两个数相加，若 A < B 则两个数相乘。

范例 Ex0913.csproj

```
// 参考范例 Ex0913
//1.实例化委托来简化此程序代码
Func<int, int, int> Square = CalcNum;
WriteLine($"现代委托 -> {Square(num1, num2)}");
//2.搭配匿名方法使用委托
Func<int, int, int> Square2 =
     delegate (int number1, int number2)
     { return number1 > number2 ? (number1 + number2) :
     (number1 * number2); };
WriteLine($"使用匿名 -> {Square2(num1, num2)}");
//3.将 Lambda 表达式直接委托给 Func<T, TResult>
Func<int, int, int> Square3 = (num1, num2) =>
  num1 > num2 ? (num1 + num2) : (num1 * num2);
WriteLine($"Lambda 为参数 -> {Square3(num1, num2)}");
```

- 程序中的各个参数可参考图 9-11。
- 方式 1：输入两个数值后，可以调用静态方法 CalcNum()来决定两个数是相加或相乘，所以其返回值类型必须与 Func<>第三个参数的类型相同。
- 方式 2：输入两个数值后，使用三元运算符“?:”判断两个数值的大小并进行运算，再以

return 语句返回结果，所以委托所定义的两个参数类型必须与 Func<>的第一个、第二个参数类型一样。

- 方式 3：获取输入的两个数值，同样是以三元运算符“? :”配合 Lambda 运算符“=>”返回两个数的计算结果。

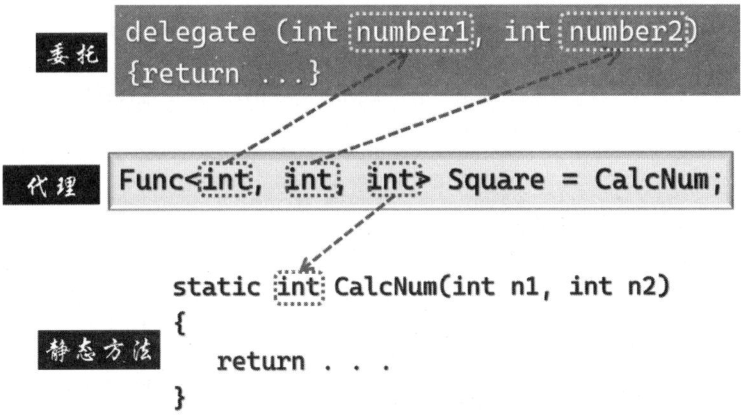

图 9-11　程序中使用的各个参数

9.4　异常情况的处理

处理结构化异常情况称为结构化异常处理。它包含异常情况的控件结构、隔离的程序代码块及筛选条件创建的异常处理机制，可以区分不同的错误类型并且根据情况做出反应。

9.4.1　认识 Exception 类

.NET API 提供了 Exception 类，发生错误时，系统或当前正在执行的应用程序会通过抛出异常情况来发出通告，并通过异常处理程序处理异常情况。Exception 类是所有异常情况的基类，根据异常情况又可分成以下两类：

- SystemException 类：用来处理公共语言运行时（Common Language Runtime，或通用语言运行时）所产生的异常情况，其中的 ArithmeticException 类用来处理数学运算产生的异常情况，共有三个派生类，可参考表 9-9。

表 9-9　SystemException 类

类	说明
DivideByZeroException	除数为 0 时
NotFiniteNumberException	浮点数无限大、负无限大或非数字（NaN）时
OverflowException	产生溢出情况

- ApplicationException 类：应用程序产生异常情况，用户可自行定义异常情况。

处理异常情况时，Exception 类具有的属性可参考表 9-10。

表 9-10　Exception 类提供的属性

属性	说明
HelpLink	获取异常情况相关说明文件的链接
Message	获取当前异常情况的错误描述及更正信息
Source	获取造成应用程序错误的对象名称
StackTrace	追踪当前所抛出的异常情况，调用堆栈程序
TargetSite	获取当前抛出异常情况的方法

9.4.2　简易的异常处理程序

程序有可能产生错误，当然要想办法来防患未然。C#提供了异常处理机制来避免程序中产生的错误。程序产生错误时，要使用异常处理机制来拦截错误。先来认识下列三个指令：

- throw：抛出异常情况并进行异常处理。
- try：发生异常情况时，用来判别是否要进行异常处理的程序区块。
- catch：拦截异常情况，负责处理异常情况的程序区块。

提　示

有关 exception 的中文称呼

exception 中文可译为"异常"或"例外"，此处配合微软官方网站的用法，称为"异常情况"或"例外情况"。

要进行异常情况的处理，可使用异常处理程序（或称为异常处理器），也就是使用 try-catch 语句。使用 try 语句进行错误的处理，发生异常情况时，控制流程会跳至与程序代码有关联的异常处理程序。

catch 语句定义异常情况处理程序。它会根据异常情况筛选条件来处理。由于异常情况都是从Exception类型派生而来的，因此为了保持异常情况的最佳处理方式，通常不会把Exception指定为异常情况筛选条件，而是它底下的派生类。下面先来认识它们的语法。

```
try{
   //进行异常情况的拦截
}
catch(数据类型参数){
   //异常情况的处理，显示错误信息
}
```

- try 或 catch 都是关键字。使用时，无论是 try 语句还是 catch 语句所使用的程序区块（大括号"{}"）都不能省略。
- 异常情况全都派生自 System.Exception 类，除非情况特殊，才以 Exception 类来拦截所有异常情况。
- try 程序区块处理可能抛出的异常情况。catch 语句定义异常情况变量，可以使用该变量来详细分发生异常情况的类型。

- 如果指定的异常情况并没有异常处理程序，那么程序会停止执行并出现错误信息。
- 程序可配合 throw 关键字明确地抛出异常情况。

Visual C# 6.0 做了小小的改变。

```
try
{
    //异常情况
}
catch (<exceptionType> e) when (filterIstrue)
{
    <await 方法名称(e);>
}
```

- when 关键字用来过滤异常情况条件，可配合 catch 语句使用，参考范例 Ex0914。
- await 关键字本来是用来处理异步方法的，可暂停执行方法，直到等候的工作完成（本书未将它纳入讨论范围）。

为什么要使用异常处理？下面先来看一个很常见的例子。

范例 Ex0914.csproj

```
//参考范例 Ex0914 /ErrorApp.cs
double numA = 56.0, numB = 0.0;
double result = numA / numB;
Console.WriteLine(result);
```

- 由于除数为 0，因此会输出字符∞（无穷大）。

为了防范除数为 0，比较简单的做法就是以 if 语句做进一步的判断，程序代码修改如下：

范例 Ex0915.csproj

```
//参考范例 Ex0915 / ErrorMd.cs
double numA = 56.0, numB = 0.0;
double result = 0.0;
if (numB == 0)
   WriteLine("除数为 0，不能计算");
else
{
   result = numA / numB;
   WriteLine(result);
}
```

- 由于对 numB 是否为 0 进行了条件判断，因此执行后会输出"除数为 0，不能计算"的信息。

如果程序代码很少，使用 if 语句就能进行程序代码的简易调试。使用 try-catch 语句如何修改上述的程序代码，以便进行错误的异常情况处理呢？就是把可能发生错误的表达式纳入 try 语句的程序区块内，在碰到除数为 0 时以 catch 语句抛出错误信息。

范例 Ex0916.csproj

除数为 0 的情况下，使用 try-catch 语句捕获错误。范例 Ex0916 的执行结果如图 9-13 所示。

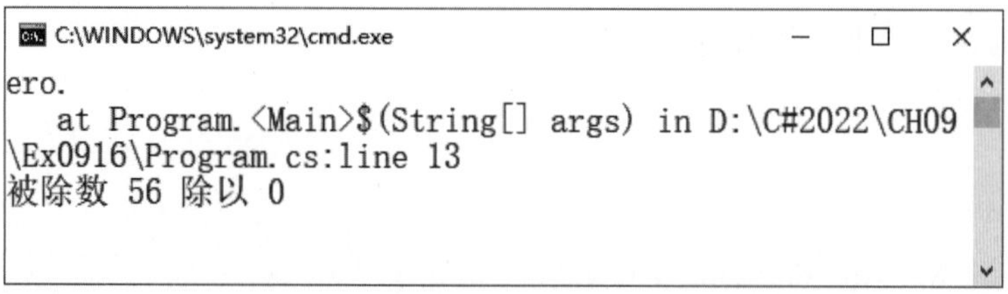

图 9-12　范例 Ex0916 的执行结果

步骤 01 创建控制台应用项目 Ex0916，框架选择“.NET 6.0（长期支持）”。使用顶层语句，在 ErrorTry.cs 中编写如下的程序代码。

```
01 int numA = 56, numB = 0;
02 try //除数为 0 时进行错误处理
03 {
04    if (numB == 0)
05       WriteLine("除数是 0");
06    WriteLine(numA / numB);
07 }
08 catch (DivideByZeroException ex)   //发生异常情况的处理
09 {
10    WriteLine(ex.ToString());
11 }
12 WriteLine($"被除数 {numA} 除以 {numB}");
```

步骤 02 按 F5 键生成可执行程序，再执行程序。注意，程序执行完毕后，按任意键即可关闭程序窗口。

程序说明

- 第 02~07 行：try 语句，同样以 if 语句来判断除数 numb 是否为 0，如果是的话，则显示其信息，否则进行运算。
- 第 08~11 行：catch 语句，如果发现除数为 0，则调用 WriteLine()方法输出错误信息。

> **提 示**
>
> DivideByZeroException 抛出异常情况是除数为 0 的情况，如果除数本身是浮点数，则无法抛出 DivideByZeroException 异常情况。

可以根据不同的异常情况来使用多个 catch 程序区块进行条件的筛选。当 try 语句捕捉到异常情况时，会将 catch 语句自上而下进行筛选，再把符合的异常情况以 catch 语句抛出。

使用 try-catch 处理异常情况时，还可以加入 when 关键字来进行异常情况的过滤。下面的范例还是以除数为 0 的情况来说明。

```
//参考范例 Ex0917 / ErrorZero.cs——部分程序代码
try
```

```
{
    result = num1 / num2;
    WriteLine($"Result = {result}");
}
//配合 catch 语句进行异常情况的过滤
catch (DivideByZeroException ex) when (num2 == 0)
{
    WriteLine(ex.Message);//输出错误信息
}
```

- try 语句区块，对两个数相除的异常情况进行拦截。
- catch 语句区块，以关键字 when 进行异常情况的过滤。num2 == 0（即除数为 0）就以属性 Message 抛出信息。

9.4.3 finally 语句

finally 程序区块是 try-catch-finally 语句最后执行的程序区块，也是一个具有选择性的程序区块。使用 finally 程序区块时，无论 catch 程序区块中的程序代码是否已执行，在异常情况处理程序区块结束之前，一定会调用 finally 程序区块。什么情况下会使用 finally 程序区块呢？例如读取文件发生异常情况时，借助 finally 程序区块会让文件读取完毕，并释放使用的资源。语法如下：

```
try{
    //进行异常情况的处理
}
catch(数据类型参数){
    //显示异常情况的信息
}
finally
{
    //有无异常情况发生，程序区块一定会被执行
}
```

范例 Ex0918.csproj

声明一个含有 5 个元素的数组，使用 for 循环读取，故意让它读取 6 个元素来导致抛出异常情况。下面来看加入 finally 语句和不加 finally 语句有什么不同，只使用 try-catch 语句来捕捉错误。范例 Ex0918 的执行结果如图 9-13 所示。

使用 try-catch-finally 语句，也设定了捕获器，但把程序代码执行完毕了。没有使用 finally 语句会抛出错误；而加入 finally 语句会把第 6 个数组元素读出，只是没有元素，这时范例 Ex0918 的执行结果如图 9-14 所示。

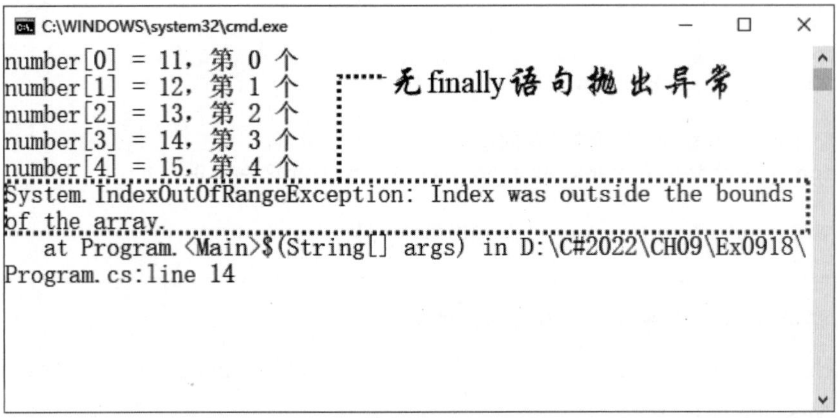

图 9-13　范例 Ex0918 的执行结果（无 finally 语句）

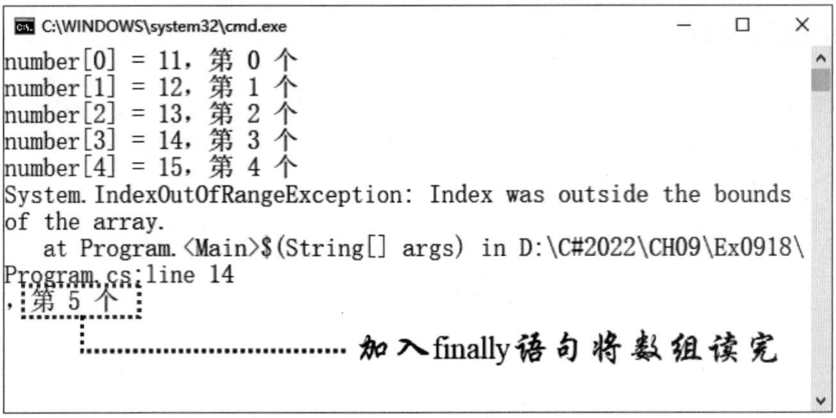

图 9-14　范例 Ex0918 的执行结果（有 finally 语句）

步骤 01 创建控制台应用项目 Ex0918，框架选择“.NET 6.0（长期支持）”。使用顶层语句，在 Program.cs 中编写如下的程序代码。

```
int[] number = new int[] { 11, 12, 13, 14, 15 };
int count;
for (count = 0; count <= 5; count++)
{
   try   //设定捕捉器
   {
      Write($"number[{count}] = {number[count]}");
   }
   catch (IndexOutOfRangeException ex)
   {
      WriteLine(ex.ToString());
   }
   finally
   {
      WriteLine($"，第 {count} 个 ");
   }
}
ReadKey();
```

步骤 02 按 F5 键生成可执行程序，再执行程序。注意，程序执行完毕后，按任意键即可关闭程序窗口。

程序说明

- 第 05~08 行：try 语句。当 for 循环读取数组时进行错误的捕捉。
- 第 09~12 行：catch 语句。当数组超出界值时，会以 IndexOutOfRangeException 类来抛出异常情况。
- 第 13~16 行：finally 语句会把数组读取完毕，无论有没有发生异常情况。

9.4.4　使用 throw 语句抛出错误

throw 语句能指定异常处理类或用户自行定义的异常处理类，配合结构化异常处理（try-catch-finally）来抛出异常情况。语法如下：

```
throw exception
```

- 配合 exception 类的实例化对象来抛出异常处理。

范例 Ex0919.csproj

使用 throw 语句来捕获输入的月份数值不在 1~12 的异常。范例 Ex0919 的执行结果如图 9-15 所示。

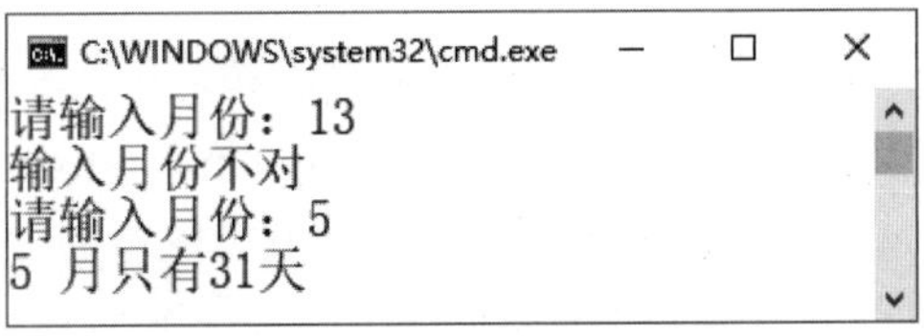

图 9-15　范例 Ex0919 的执行结果

创建控制台应用项目 Ex0919，框架选择“.NET 6.0（长期支持）”。使用顶层语句，在 FindMonth.cs 中编写如下的程序代码。

```
01 int month = 0;
02 do
03 {
04    try
05    {
06       CheckMonth(month); //调用静态方法
07       break;
08    }
09    catch (ArgumentOutOfRangeException)
10    {
11       WriteLine("输入月份不对");
12    }
13 } while (true);
14
```

```
21 static int CheckMonth(int mon)
22 {
```

```
23     Write("请输入月份：");
24     mon = int.Parse(Console.ReadLine());
25     if (mon > 12)
26        throw new ArgumentOutOfRangeException();
27     //省略部分程序代码
28     return mon;
29 }
```

程序说明

- 第 02~13 行：do-while 循环，执行时会以 try-catch 语句捕获错误。
- 第 04~08 行：try 语句用于捕获静态方法 checkMonth()是否发生异常情况。获取月份正确天数就以 break 语句来中断程序的执行。
- 第 09~12 行：catch 语句以 ArgumentOutOfRangeException 类来捕获超出数值范围的异常情况，它接受第 26 行 throw 语句抛出的异常情况，并以信息显示出来。
- 第 21~29 行：定义静态方法 checkMonth()接收传入的数值来判断月份。
- 第 25、26 行：当数值大于 12 时，会以 throw 语句抛出异常情况，由 catch 程序区块输出异常情况的提示信息。

重点整理

- 非泛型集合存放于 System.Collections 命名空间，以集合类为主，包括 ArrayList、Stack、Queue、Hashtable、SortedList。泛型集合则以 System.Collections.Generic 命名空间为主。
- 定义泛型以 class 开头，紧跟泛型名称，它其实就是泛型的“类名称”。尖括号内放入类型参数列表，每个参数代表一个数据类型名称，以大写字母 T 来表示，参数之间以逗号分隔。
- 从泛型到泛型类，过程可归纳为①构思泛型，②定义泛型模板，③实现泛型对象。
- 泛型方法（Generic Methods）以类型参数（Type Parameter）来声明，并定义为公有的方法成员，可将类型参数视为声明泛型类型的变量。同样要用尖括号标示<T>，并在参数名称前加上关键字 T 来表示它是一个类型参数。
- “索引键（Key）/值（Value）”是配对的集合，值存入时可以指定对象类型的索引键，便于使用时以索引键提取对应的值。
- ArrayList 是实现 System.Collection 的 IList 接口，会根据数组大小动态增加容量，提供添加、插入、删除元素的方法，使用上比数组更具弹性。
- 数组需要动态增加其大小时，泛型集合 List<T>实现 IList<T>泛型接口。它以元素个数为其容量，在保存新增元素时，能视其需要来重新调整数组的大小。它具有 Average()、Sum()、Count()、Max()等扩充方法。
- 使用 Queue（队列）时，Enqueue()方法用于将对象加入队列的末尾，Dequeue()方法则用于返回队列最前端的对象并把它从队列中删除。

- 使用 Stack（堆栈）时，Peek()方法用于返回堆栈最上端的表项，Push()方法用于把表项加到堆栈的最上端，Pop()方法则用于把堆栈最上端的表项删除掉。
- 委托就是把“方法”视为参数来传递。所以委托是一种类型，代表具有特定参数列表和返回类型的方法引用。它派生自.NET API 中的 Delegate 类。委托类型是密封类的，不能作为其他类型的派生类来源，也不能从 Delegate 派生自定义类。
- Lambda 也称为匿名方法（Anonymous Method，或称为匿名函数），用来创建委托或表达式树状结构类型。使用 Lambda 表达式可以编写局部函数，这些函数可以当作参数传递，或者作为函数调用的返回值。
- .NET 提供 Exception 类，发生异常情况时，当前正在执行的应用程序会通过抛出的异常情况来告知系统，可以通过异常处理程序（Exception Handler）处理异常情况。
- SystemException 类用于处理公共语言运行时（Common Language Runtime，或通用语言运行时）所产生的异常情况，而 ApplicationException 类用于用户自行定义异常情况的处理。
- finally 程序区块是 try-catch-finally 语句最后执行的程序区块，也是一个具有选择性的程序区块。使用 finally 程序区块时，无论 catch 程序区块中的程序代码是否已执行，在异常情况处理程序区块结束之前，最后一定会调用 finally 程序区块。

课后习题

（一）填空题

1. 非泛型集合存放于__________命名空间，以集合类为主。泛型集合则以__________命名空间为主。

2. 根据下述的泛型语法，填入相关名词：尖括号中的 T1 被称为__________，类名称和其尖括号所含的 T 被称为__________。

```
class 类名称 <T1, T2,..., Tn>
{
   //程序区块
}
```

3. 参考下述简单的例子来填写：Student 为__________，string 为__________，persons 为__________。

```
Student<string> persons = new Student<string>();
```

4. 将数组进行动态调整，泛型集合使用__________，非泛型集合则使用__________。

5. 在 System.Collections.Generic 命名空间中，__________接口用来管理泛型集合，__________接口实现两个对象的比较方法，而__________类能按照索引键将索引键-值集合分组。

6. 对于 ArrayList 类，________属性获取其容量，________属性获取实际表项个数，________方法将表项加入集合末尾，________方法能清除集合中的所有元素或表项，________方法能对表项进行排序，________方法能查找指定的表项并返回第一个匹配的表项。

7. 在泛型集合的扩充方法中，计算平均值可调用________方法，计算总和可调用________方法，找出最大值可调用________方法，获取表项个数可调用________方法。

8. 在 Dictionary<TKey, TValue>类中，________属性获取索引键，________属性获取表项的值，________方法用来判断是否含有特定的索引键。

9. 泛型集合的 Queue<T>（队列）类的数据进出采用________，Stack（堆栈）类的数据的进出则采用________。

10. 使用 Queue<T>时，________方法会返回队列最前端的对象并删除该对象，________方法将对象加入队列的末尾，________方法会返回队列的第一个对象。

11. 使用 Stack<T>时，________方法返回堆栈最上端的表项，________方法能将表项加到堆栈的最上端，________方法则是把堆栈最上端的表项删除。

12. 使用委托时，有哪 4 个步骤？①________、②________、③________、④________。

13. 请问下列程序代码会发生什么异常情况？________。

```
sbyte count;
short sum;
for (count = 0; count < 127; count++)
{
   sum += count;
   Console.WriteLine("计数器 = {0}", count);
}
```

14. 请问下列程序代码会发生什么异常情况？________。

```
sbyte[] arr = new sbyte[]{11, 12, 13};//声明数组并初始化
for (int index = 0; index <=3 ; index++)
{   //读取数组元素
    Console.Write("{0},", arr[index]);
}
```

（二）问答题与实践题

1. 想想看，ArrayList 与 Array 都可以创建数组，它们之间有什么差别？
2. 利用委托的概念设计一个能计算三角形面积和矩形面积的委托对象。
3. 参考范例 Ex0912，以“匿名方法配合委托”和 Lambda 计算三角形面积和矩形面积。
4. 请列举 SystemException 类下的三个派生类，并简单说明它们用于哪一种异常处理。

- DivideByZeroException：整数或小数零除时。
- NotFiniteNumberException：浮点数无穷大、负无穷小或非数字（NaN）时。
- OverflowException：产生溢出情况。

第 10 章

Windows 窗体的运行

章节重点

- 创建 Windows 窗体项目，框架选择“.NET 6.0（长期支持）”，认识窗体的运行机制。
- 从 Windows 窗体结构中认识部分类。
- 认识静态类 Application，进而了解窗体的属性、方法和事件。
- 显示信息的 MessageBox，调用 Show()方法进行信息响应。

10.1 Windows 窗体的基本操作

Windows 应用程序是环绕着 .NET Framework 来创建的，它不同于前面章节所使用的控制台应用程序。一般而言，控制台应用程序以文字为主，编译后是一个可执行文件（EXE），所有运行结果都会调用“命令提示符”窗口来显示。Windows 窗体应用程序会以窗体（Form）为主，使用工具箱放入控件，最大的优点是没有编写任何程序代码也能调整输入输出界面。

10.1.1 创建 Windows 窗体项目

同样以项目方式来创建 Windows 窗体应用程序，Visual Studio 2022 提供了两种项目模板。

- 传统的 Windows 窗体应用程序，框架为“.NET Framework 4.8”，如图 10-1 所示。

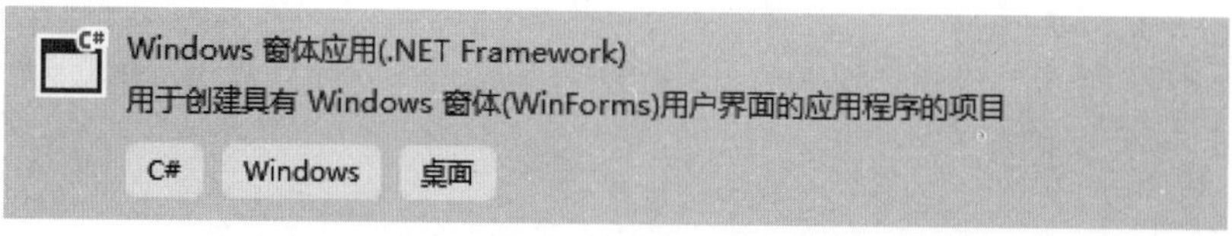

图 10-1　用于创建传统 Windows 窗体应用的项目模板

- Windows 窗体应用程序，框架为“.NET 5.0（当前）”或“.NET 6.0（长期支持）”，如图 10-2 所示。

图 10-2　用于创建 Windows 窗体应用的项目模板

Windows 窗体应用程序的运行方式与控制台应用程序的运行方式不太一样。除了窗体之外，还多了控件和相关属性的设置，还要用事件处理程序来处理某个控件所触发的事件。

范例 Ex1001.csproj　创建 Windows 窗体应用项目

步骤 01 依次选择菜单选项“文件→新建→项目”，进入“创建新项目”对话框，如图 10-3 所示。

步骤 02 创建 Windows 窗体应用项目 Ex1001。①语言选择 C#，平台选择 Windows，②项目类型选择“桌面”，③模板选择“Windows 窗体应用”，④单击“下一步”按钮，如图 10-3 所示。

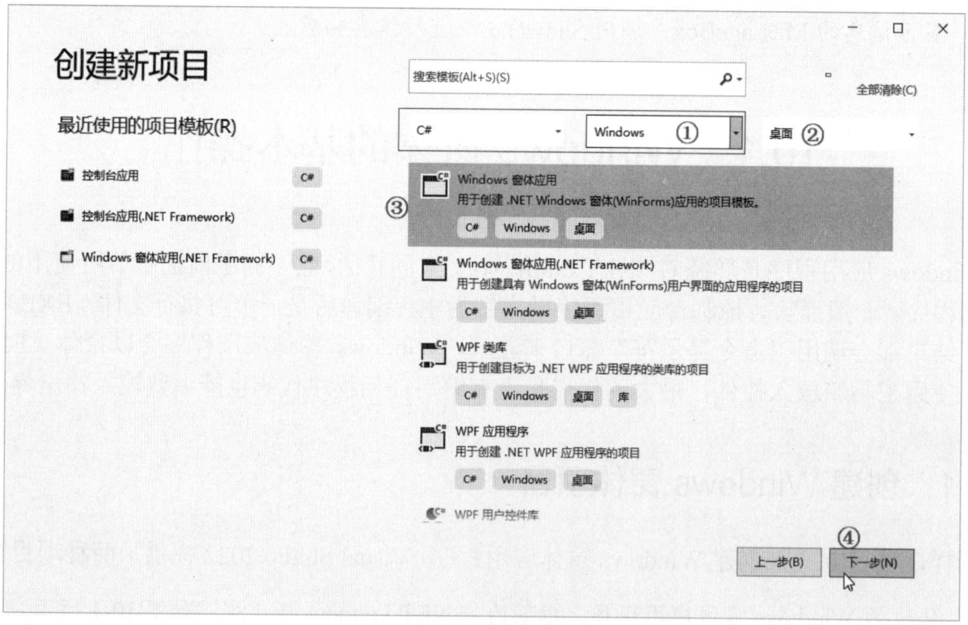

图 10-3　创建 Windows 窗体应用项目

步骤 03 打开“配置新项目”对话框，①将项目命名为 Ex1001，②设置存储的位置，③勾选“将解决方案和项目放在同一目录中”复选框，④单击“下一步”按钮，如图 10-4 所示。

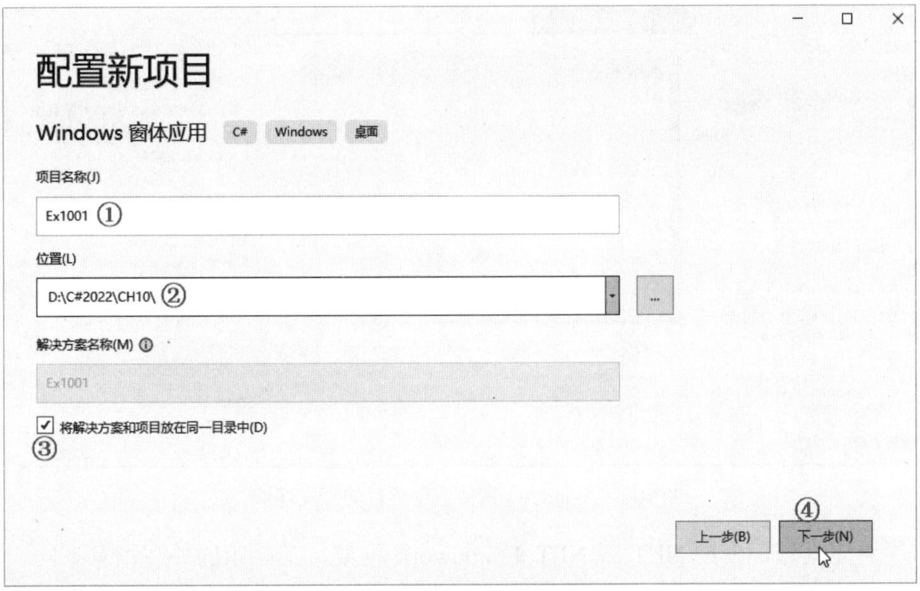

图 10-4　配置新项目

步骤 04 打开“其他信息”对话框，①将框架变更为“.NET 6.0（长期支持）”，②单击“创建”按钮，如图 10-5 所示。

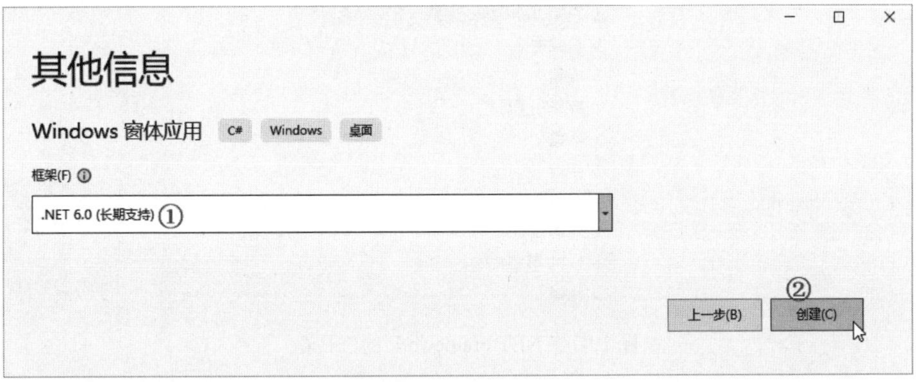

图 10-5　其他信息

10.1.2　编写 Windows 窗体应用项目的开发环境

完成 Windows 窗体应用项目的创建之后，会看到①主窗口区创建了一个默认名称为 Form1 的窗体，“解决方案资源管理器”会有一个 Form1.cs 文件；②窗口左侧有工具箱，所有窗体上使用的控件都列于此；③“属性”窗口位于“解决方案资源管理器”的下方，可以用来设置控件相关的设置，如图 10-6 所示。

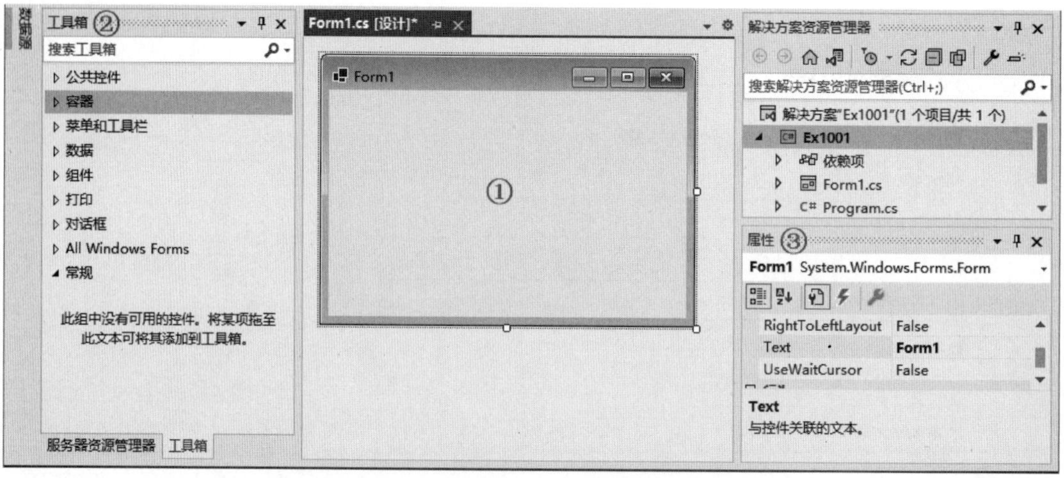

图 10-6 Windows 窗体应用项目的开发环境

先来看看工具箱，使用.NET 或.NET Framework 框架，工具箱的外观稍有不同。图 10-7 是.NET Framework 框架对应的工具箱，它比.Net 框架的工具箱多了“所有 Windows 窗体”和“WPF 互操作性”两组工具。

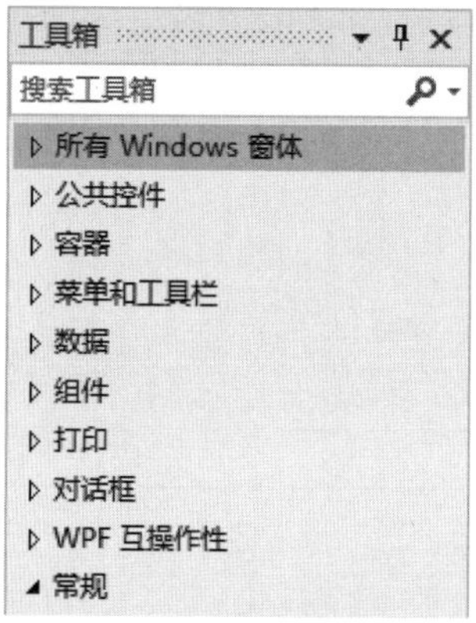

图 10-7 .NET Framework 的工具箱

通常，工具箱隐藏于 Visual Studio 2022 集成开发环境的左侧，单击“工具箱”按钮之后会从左侧滑出，如图 10-8 所示。

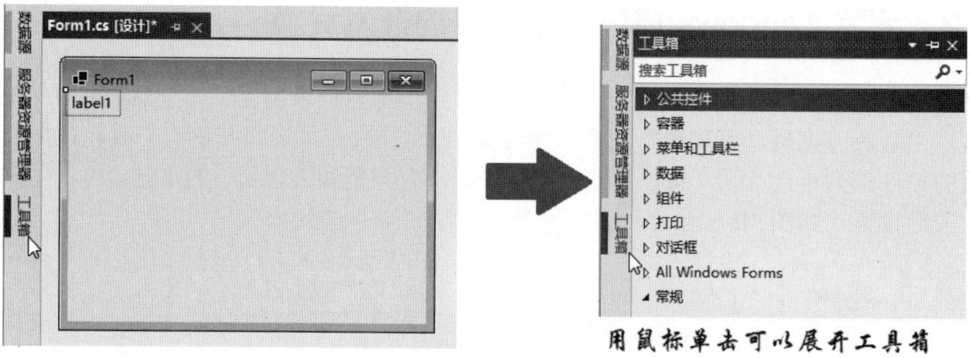

图 10-8 单击“工具箱”按钮从左侧滑出工具箱

要把工具箱固定在开发环境的界面中，可以单击工具箱标题栏的“图钉”按钮，使该“图钉”呈直立状，如图 10-9 所示。

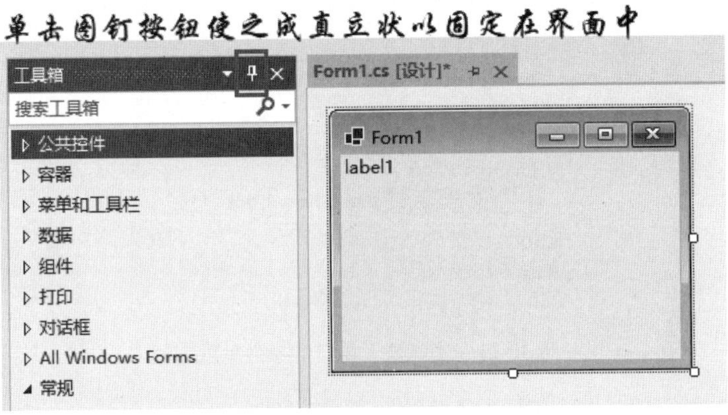

图 10-9　将工具箱固定在开发环境中

创建了 Windows 窗体应用项目之后，“属性”窗口才能发挥它的作用。下面先来认识“属性”窗口的基本操作。“属性”窗口用于设置窗体对象或控件的属性，参考图 10-10，有两种功能：属性和事件，配合工具栏的“按分类顺序”和“按字母顺序”决定属性或事件的呈现方式。

- “按分类顺序”和“属性”工具栏按钮呈现按下状态时，表示“属性”窗口会把属性按其性质的设计、焦点分类显示出来。
- “按字母顺序”和“属性”工具栏按钮呈现按下状态时，表示“属性”窗口会把属性按字母顺序显示出来。

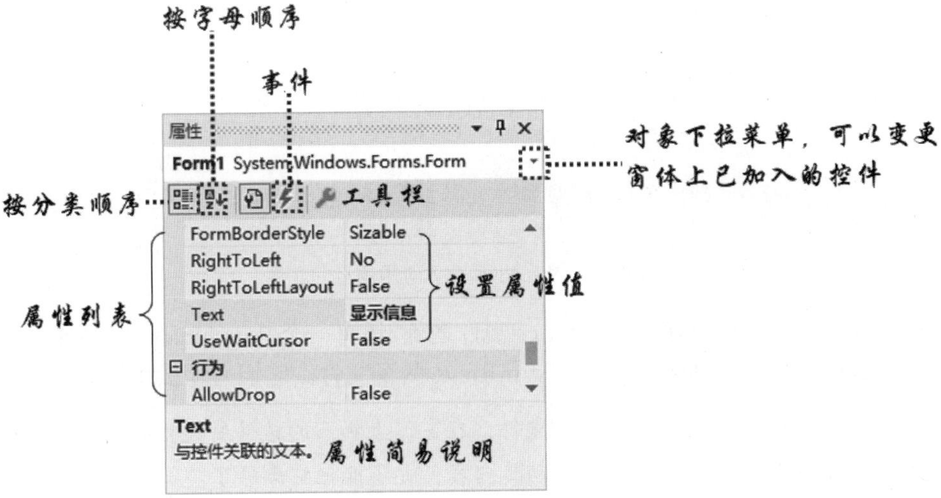

图 10-10　“属性”窗口

- “按字母顺序”和“事件”工具栏呈现按下状态，表示“属性”窗口会把事件按字母顺序显示出来。如图 10-11 所示的 Click 事件是 btnShow_Click，表示 Button 控件已编写相关程序代码。

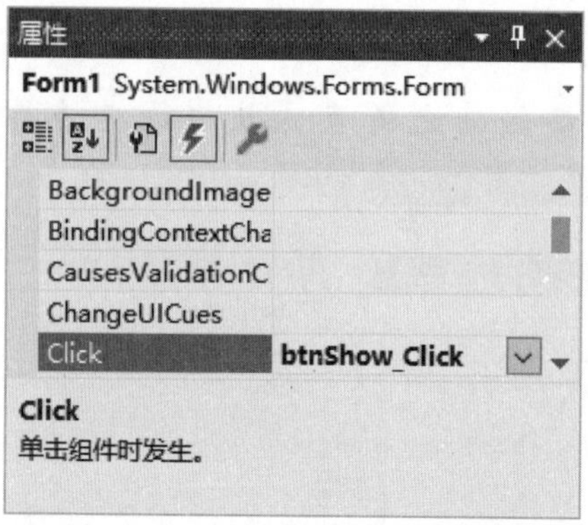

图 10-11 “属性”窗口的事件呈现方式

根据图 10-11 的示意，要为某个事件编写程序代码，必须把鼠标指针移向该事件（或者把插入焦点移到该事件），再双击就会进入程序代码编辑区，然后为此事件创建程序区块。

10.1.3 认识 Windows 窗体应用项目的文件

从“解决方案资源管理器”来查看 Windows 窗体应用项目的文件。从前面的章节可知，控制台应用项目只有一个 Program.cs 文件，那么 Windows 窗体应用项目呢？下面通过图 10-12 来了解。

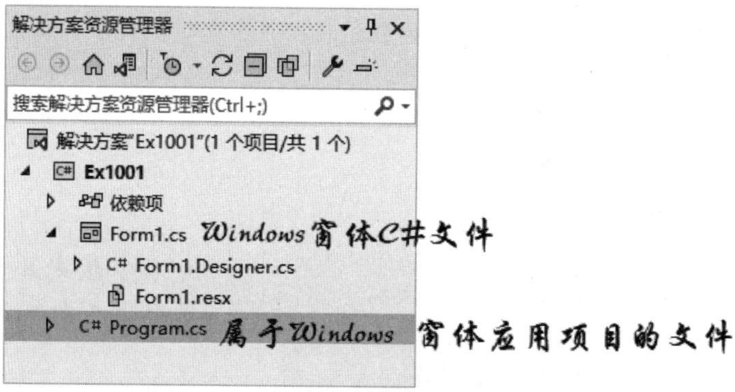

图 10-12 Windows 窗体应用项目的文件

Windows 窗体应用项目除了 Forms1.cs 文件之外，还有一个 Program.cs 文件。展开 Form1.cs 之后，还可以看到 Form1.Designer.cs、Form1.resx 两个文件。它们有什么用途？

- Form1.Designer.cs：它是一个 C#文件，在窗体上加入的控件所设置的属性会以程序代码方式存放于此，因此不要任意变动其内容，更不能把它删除了。
- Form1.resx：它是一个资源文件，窗体加载外部图片或其他文件时会存放于此。

创建 Windows 窗体应用项目之后，主窗口区域会有两个页签可供切换，如图 10-13 所示。

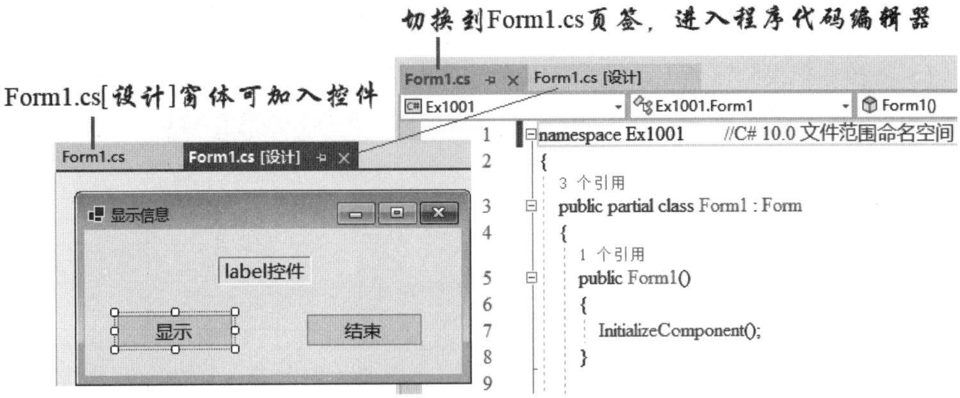

图 10-13　通过页签可以在 Form1.cs[设计]和 Form1.cs 之间来回切换

10.2　创建用户界面

Windows 窗体应用程序和控制台应用程序最大的不同就是前者能产生用户界面，而不是纯文本界面的执行结果。继续使用范例 Ex1001 来更多地认识 Windows 窗体应用程序。

10.2.1　在窗体上加入控件

以 Windows 窗体来编写用户界面，控件是主角。下面先介绍一些常用的控件。

- Label（标签）：用来显示文字内容（更多内容请参考 11.1.1 节）。
- TextBox（文本框）：让用户输入文字（更多内容请参考 11.2.1 节）。
- Button（按钮）：单击可以执行某个事件过程。
- RadioButton（单选按钮）：可以由多个单选按钮组成单选按钮分组，但只能从多个按钮中选择一个。

在范例 Ex1001 中要在窗体上加入三个控件：一个 Label 控件和两个 Button 控件。程序执行时，单击“显示”按钮会在 Label 上显示当前的日期和时间，单击“结束”按钮则会关闭窗口结束程序。无论是窗体还是控件，对 Windows 窗体应用程序而言都是对象，因此要进行属性相关的设置。表 10-1 为范例项目 Ex1001 中窗体所需控件及其相关属性的设置。

表 10-1　范例项目 Ex1001 中窗体所需控件及其相关属性

控件	属性	属性值	控件	属性	属性值
Form1	Text	显示信息	Button1	Name	btnShow
	Font	微软雅黑，12		Text	显示
Label	Name	lblDisplay	Button2	Name	btnEnd
	ForeColor	蓝色		Text	结束

表 10-1 所列的控件都位于工具箱的“公共控件”分类下，如何把它们加入窗体中并进行

属性设置呢？有以下两种方法：

（1）将控件拖曳到窗体上，即单击某个控件再拖曳到窗体上，如图 10-14 所示。

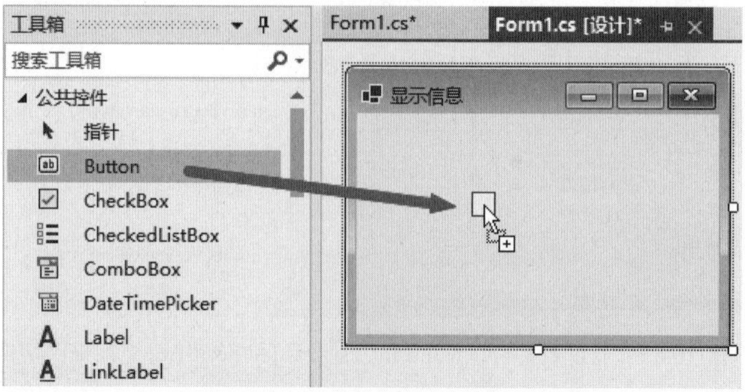

图 10-14　以拖曳方式把控件添加到窗体上（方法 1）

（2）①展开工具箱的“公共控件”，②直接在 Label 控件上双击，该控件就会显示在窗体的左上角，如图 10-15 所示。

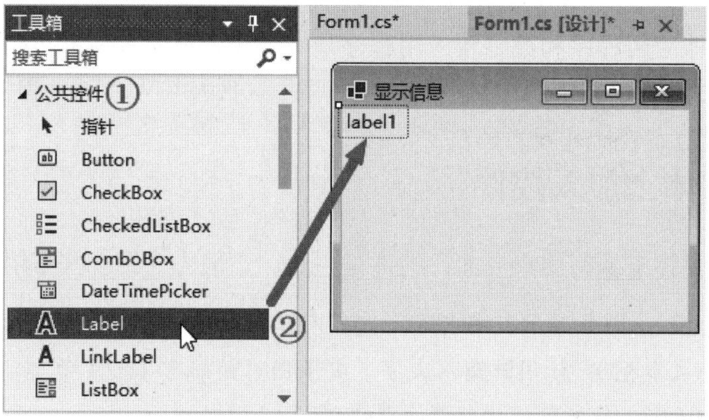

图 10-15　以双击方式把控件添加到窗体上（方法 2）

窗体上排列两个控件时，还可以借助红色或蓝色的参考线将控件对齐，如图 10-16 所示。选取两个以上的控件，借助“布局”工具栏的各种对齐钮来对齐。

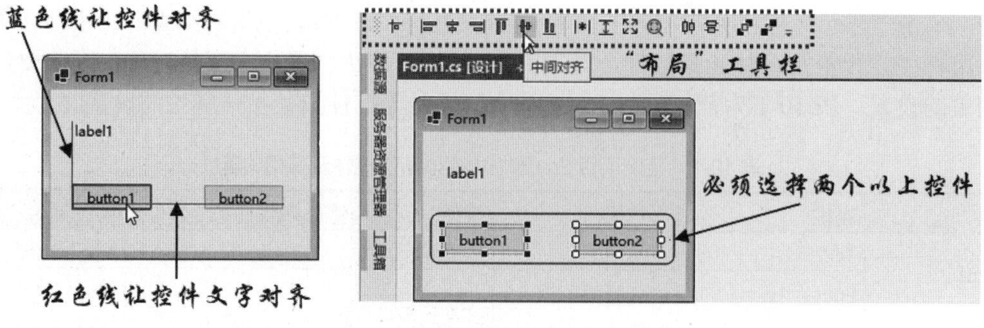

图 10-16　运用参考线协助控件对齐

一般来说，每个加入窗体的控件都具有各种各样的属性，“属性”窗口会把性质相近的属性排列在一起，以“按分类顺序”来显示。例如，与控件外观有关的属性有 BorderStyle（边框样式）、Font（字体）以及 ForeColor（前景颜色），它们会放在“外观”属性中。此外，窗体具有容器的作用，当我们把窗体的字体放大时，窗体上所放入的控件也会跟着调整。延续范例 Ex1001，加入控件后，把窗体的字体放大，为标签加入单线边框（默认是无边框的）。

在窗体中加入标签控件，默认是没有边框的。要加入边框时，必须调用 System.Windows.Forms 命名空间的 BorderStyle 枚举类型，它共有三种类型（见图 10-17）：

- FixedSingle：单线边框。
- Fixed3D：3D 边框（即立体边框）。
- None：默认值，为无边框。

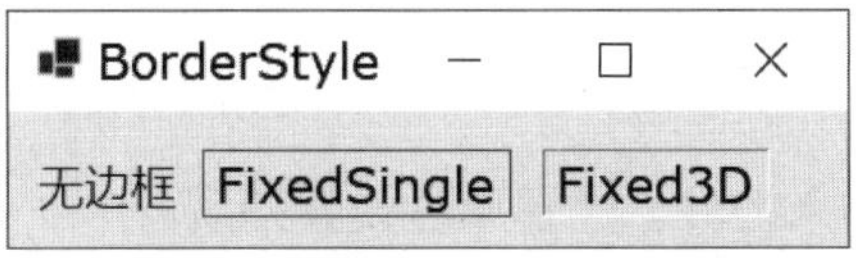

图 10-17　BorderStyle 的属性值

要将 Label 控件的边框改为单线边框，可以编写如下程序代码：

```
    label1.BorderStyle = BorderStyle.FixedSingle;
```

要设置窗体的字体，有两种设置方式：

（1）单击“属性”窗口 Font 右侧的...按钮（见图 10-18），进入“字体”对话框，选取所需的字体、字形和大小，最后单击“确定”关闭对话框，如图 10-19 所示。

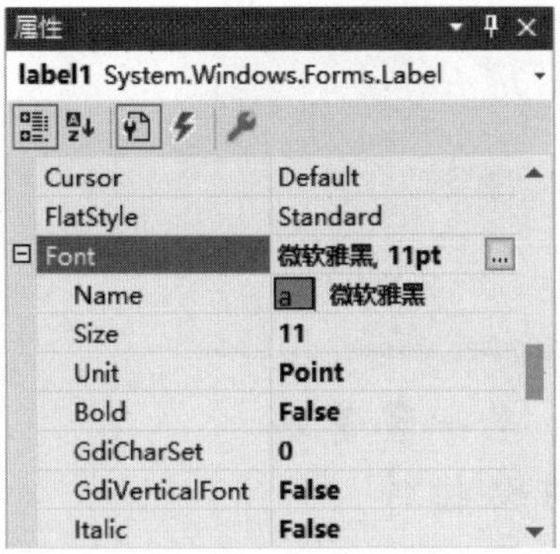

图 10-18　“属性”窗口

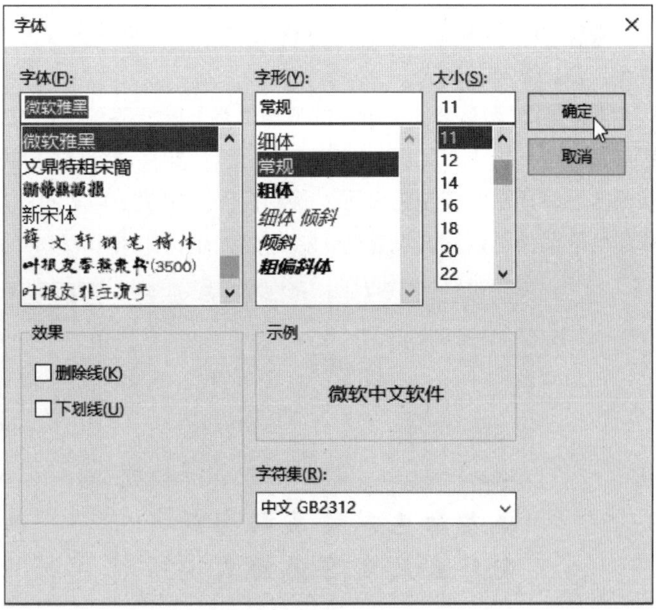

图 10-19　“字体”对话框

（2）展开 Font 列表（左侧的+变成-），逐项进行设置，例如 Size（字体的大小）直接更改为 11，如图 10-20 所示。

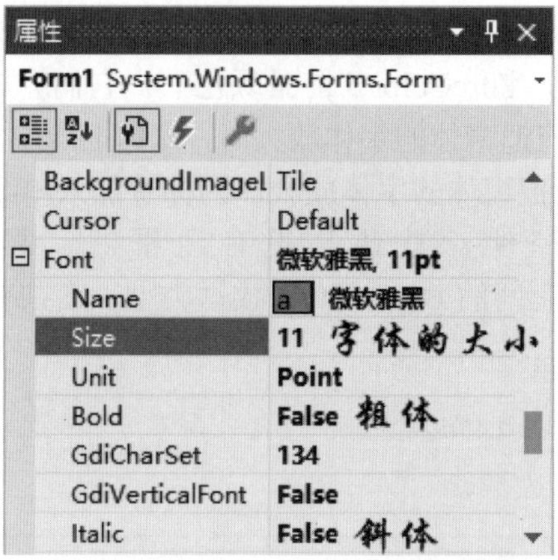

图 10-20　展开 Font 列表逐项进行设置

范例 Ex1001（续）　加入控件，通过属性设置外观

步骤 01 确认窗体上已加入表 10-1 列出的那些控件，如图 10-21 所示。

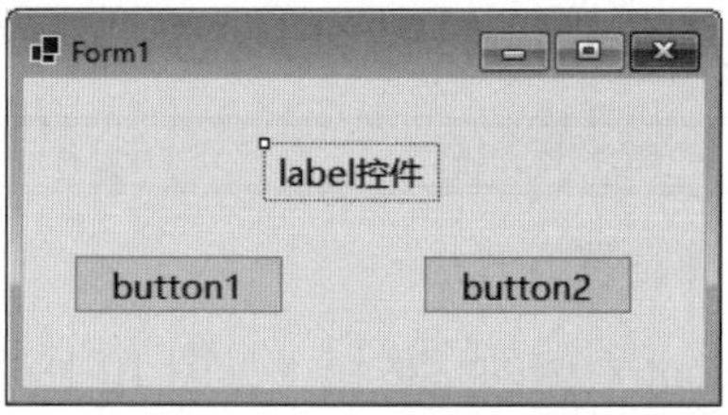

图 10-21　在窗体上加入表 10-1 列出的那些控件

步骤 02 参考前文把窗体的 Font 属性中的 Size 更改为 11，窗体上 3 个控件的文字大小会跟随放大，窗体本身也变大。

步骤 03 调整窗体大小。选取窗体后，鼠标移到操控点，等出现白色双箭头后，用鼠标拖曳它即可调整窗体大小，如图 10-22 左图所示；要移动窗体内的控件，将鼠标移向控件，等出现白色十字箭头后，用鼠标拖曳它就可以移动控件，如图 10-22 右图所示。选中两个控件之后，利用操控点和白色双箭头可以同时调整两个控件的大小，如图 10-23 所示。

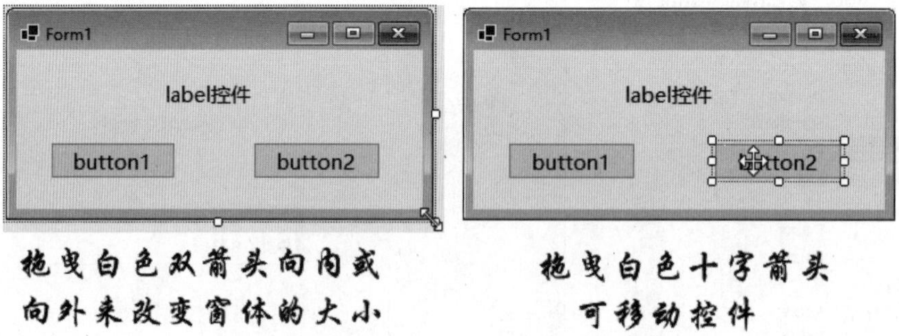

图 10-22　调整窗体大小和移动窗体内的控件

步骤 04 label 控件对应的控件名为 Label1。要给该控件加外框，①选中 label 控件，②在“属性”窗口中找到 BorderStyle 属性，③单击▼按钮展开列表后，选择 Fixed3D，如图 10-24 所示。

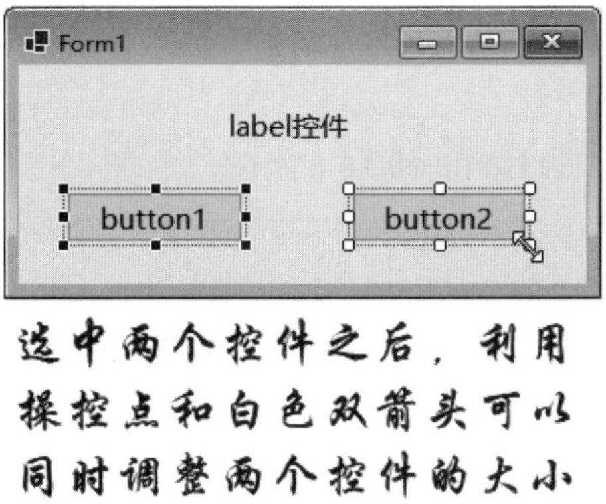

图 10-23　调整窗体大小和移动窗体内的控件

图 10-24　为 label 控件加上立体边框

步骤 05 使用 ForeColor（前景色）属性为 label 控件变更字体颜色。选中 label 控件后，①单击 ForeColor 属性，②单击▼按钮展开列表，③单击“自定义”调色板，④单击蓝色色块后就会自动关闭调色板，如图 10-25 所示。

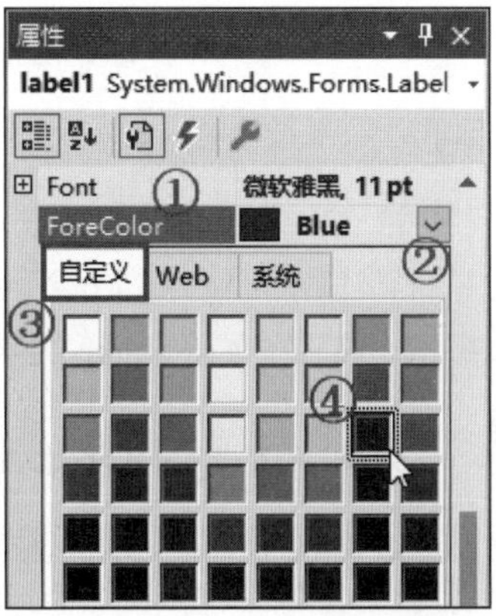

图 10-25　更改 label1 控件字体的颜色

每个加入的控件都有 Name 属性，它是控件用来对外的实体名称，编写程序代码时以它为识别名称。窗体的 Name 属性值是 Form1，加入两个 Name 是 Button1 和 Button2 的按钮。程序代码越复杂，这样的名称越会加大维护上的难度，所以将 Name 修改成符合实际需求的名称是较好的方法。另一个易与 Name 属性混淆的是 Text 属性。以窗体来说，很凑巧的是它的默认名称也叫 Form1。但是 Text 属性代表控件的文字或标题。延续前面的范例 Ex1001，若要修改窗体、控件的 Name 和 Text 属性，还是要通过“属性”窗口来进行，单击控件后，从“外观”部分找到 Text 属性。

范例 Ex1001　设置控件的 Name 和 Text 属性

步骤 01 参照表 10-1 来修改 Text 属性。①在窗体空白处单击鼠标来选取窗体，②找到属性 Text，输入“显示信息”，③输入的内容会立即反映在窗体的标题栏中，如图 10-26 所示。

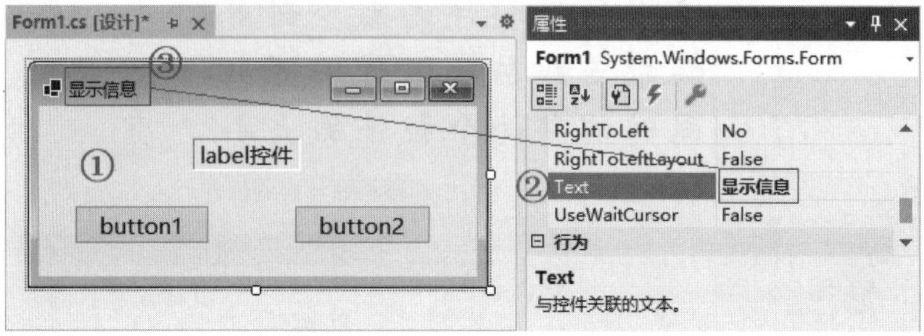

图 10-26　修改控件的标题栏文字

步骤 02 以相同的方式修改两个 Button 的 Text 属性。①找到属性 Text，分别输入“显示”“结束”，再按 Enter 键，②这些文字会立即反映在按钮表面，如图 10-27 所示。

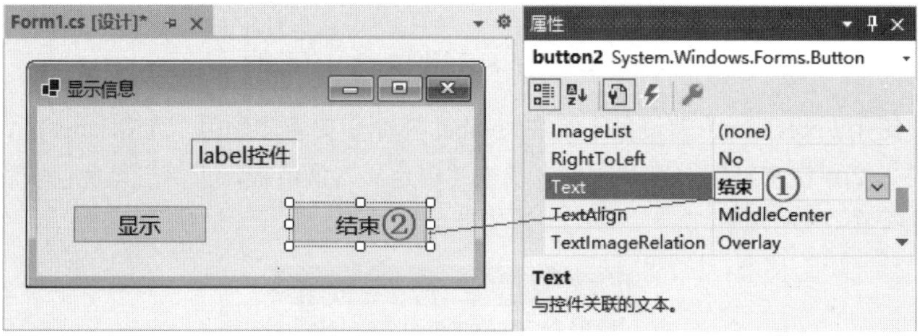

图 10-27　修改按钮控件上的文字

步骤 03 选中 label1，①单击“属性”窗口的滚动条，找到属性 Name 并将它的属性值修改为 lblDisplay，再按 Enter 键，②选择左侧的“显示”按钮，以相同的方式将属性 Name 的属性值改为 btnShow，③再单击右侧的“结束”按钮，将它的属性 Name 的值改为 btnEnd，如图 10-28 所示。

图 10-28　修改控件的 Name 属性值

10.2.2　编写程序代码

窗体配合控件已经完成了用户界面的基本设置。接着加入程序代码，让“显示”和“结束”按钮能够起作用。用户单击“显示”按钮，label 控件就会显示字符串，也就是 label 控件显示出它的 Text 属性的内容。这种通过程序代码“响应”或“处理”的操作就是事件处理程序，其语法如下：

```
private void 控件名称_事件(object sender, EventArgs e)
{
     //程序语句
}
```

如果事件是 btnShow 按钮，就通过鼠标 Click（单击）事件来触发，编写如下程序：

```
private void btnShow_Click(object sender, EventArgs e)
{
   //程序区块;
}
```

当事件触发时，通常是以事件处理程序内的程序代码来进行事件的处理。每个事件处理程序都提供两个参数，第一个参数 sender 提供触发事件的对象引用，第二个参数 e 用来传递要处理事件的对象。

范例 Ex1001　编写 Click 事件程序代码

步骤 01 按 F7 键，进入程序代码编辑器，Windows 窗体应用的 Form 类的程序代码如下。

```
namespace Ex1001;    //C# 10.0 文件范围命名空间
public partial class Form1 : Form
{
   public Form1()
   {
      InitializeComponent();
   }
}
```

步骤 02 按 Shift + F7 组合键回到窗体（Form1.cs[设计]）。如何进入事件处理程序呢？方式①：直接双击“显示”按钮；方式②：在“属性”窗口的工具栏单击“事件”按钮，再双击 Click 事件即可。无论用哪种方式，都会进入程序代码编辑器，如图 10-29 所示。

图 10-29　进入事件处理程序

步骤03 为 btnShow_Click 事件输入程序代码。输入 lbl 部分字符串会带出完整的内容，连按两次 Tab 键就能带出 lblDisplay.Text 部分程序代码，如图 10-30 所示。

private void btnShow_Click(object sender, EventArgs e)
{
lblDisplay.Text =
Tab
Tab
接受
}
lblDisplay
(字段) Label Form1.lblDisplay

图 10-30　为 btnShow_Click 事件输入程序代码

步骤04 更改为表达式主体，完成以下程序代码。

```
private void btnShow_Click(object sender, EventArgs e)
      => lblDisplay.Text = DateTime.Now.ToString();
```

步骤05 为“结束”按钮加入程序代码。①切换到 Form1.cs[设计]页签，②双击“结束”按钮，再一次进入程序代码编辑区，如图 10-31 所示。

Form1.cs [设计]*
①
显示信息
label控件
显示
②
结束

图 10-31　为“结束”按钮加入程序代码

步骤06 把 btnEnd_Click 事件的处理程序变更为表达式主体，编写如下的程序代码。

```
private void btnEnd_Click(object sender, EventArgs e)
      => Application.Exit();   //结束应用程序
```

步骤07 两个按钮的程序代码在文件 Form1.cs 的 class Form1 类中，如图 10-32 所示。

public Form1()
{
InitializeComponent();
}
// 使用表达式主体
1 个引用
private void btnShow_Click(object sender, EventArgs e)
=> lblDisplay.Text = DateTime.Now.ToString();
// 使用表达式主体
1 个引用
private void btnEnd_Click(object sender, EventArgs e)
=> Application.Exit(); //结束应用程序

图 10-32　“显示”和“结束”两个按钮对应的程序代码

步骤08 按 F5 键，若顺利生成可执行程序，则程序启动后就会开启“窗体”界面。

步骤 09 单击“显示”按钮，上面原本只显示“label 控件”的标签，会显示出当前的日期和时间，如图 10-33 所示。单击“结束”按钮就会关闭这个窗体程序。

图 10-33　单击“显示”按钮后范例 Ex1001 的执行结果

程序说明

- 虽然这是一个 Windows 窗体应用程序，但是结构上它是一个类程序，继承了 Form 类，并且构造函数调用了 InitializeComponent()方法将控件初始化。
- 第 02~08 行：为 Form1 类程序，它是一个继承 Form 类的子类。
- 第 04~07 行：构造函数，调用 InitializeComponent()方法将控件初始化。
- 第 11、12 行：btnShow 按钮的 Click 事件。将 DateTime.Now 获取的属性值赋给 lblshow（label 控件）的 Text 属性，在用户单击“显示”按钮之后，label 控件就会显示出日期和时间信息。
- 第 31、32 行：在用户单击“结束”按钮之后，就会结束该应用程序。

提　示

以 Windows 窗体为主体来编写应用程序时，必须对窗体内每个控件对象编写程序代码。有以下几个方式可以进入程序代码编辑器来为控件对象编写程序代码：

- 依次选择菜单选项“视图→代码”（实际对应 F7 快捷键）。
- 在窗体上右击，在弹出的快捷菜单中选择“查看代码”选项，如图 10-34 所示。

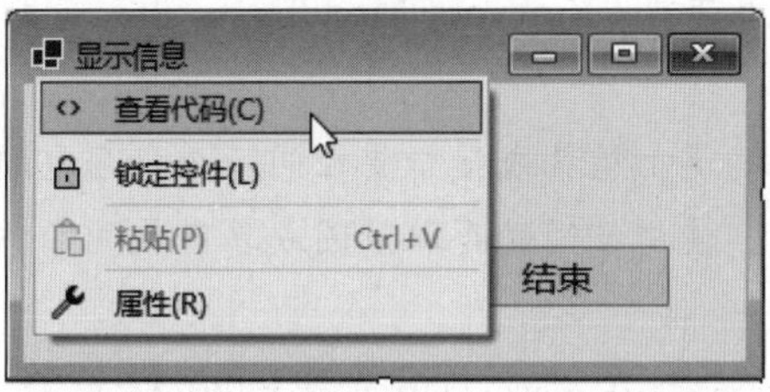

图 10-34　通过快捷菜单进入程序代码编辑器

10.2.3　存储程序的位置

范例项目 Ex1001 完成编译后，所有文件都会存放在以项目名称命名的 Ex1001 文件夹下，通过文件资源管理器可以看到解决方案文件 Ex1001.sln、项目文件 Ex1001.csproj、窗体文件 Form1.cs 等。而编译后的可执行程序会存放在\bin\Debug\net6.0-windows 文件夹下，如图 10-35 所示。当双击 Ex1001.exe 可执行文件时，就会启动范例 Ex1001 对应的 Windows 窗体。

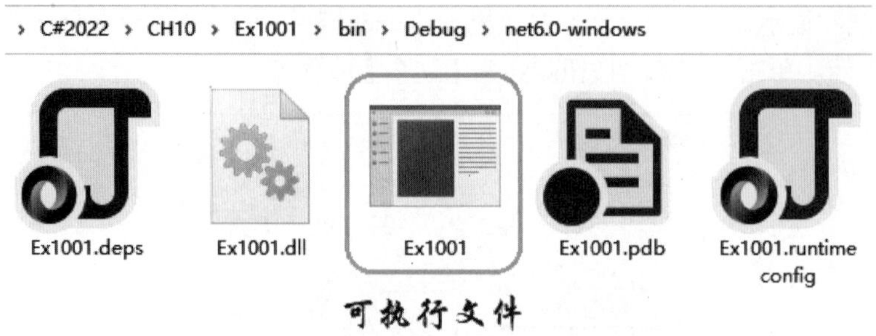

图 10-35　存储应用程序及其相关文件的位置

10.3　Windows 窗体应用程序的运行

虽然前面的范例 Ex1001 只在窗体上加了一个标签和两个按钮，严格来说也只编写了两行语句，但这正是 Windows 窗体应用程序的迷人之处。在 Windows 窗体应用程序的运行模式中，读者一定很好奇为什么会有部分类（Partial Class）？常用的主程序 Main()跑哪里去了？通过后续章节来了解更多内容吧！

10.3.1　部分类是什么

先来看范例 Ex1001 程序代码第 3 行的语句。

```
public partial class Form1 : Form {
   //程序区块;
}
```

- 表示 Form1 是一个派生类，它继承了 Form 类，包含与 Form 类有关的属性和方法。
- partial 被称为关键字修饰词（Keyword Modifier），用来分割类，表示 Form1 是一个部分类。
- partial 关键字所定义的类、结构或接口要在同一个命名空间中。也就是同名的类得加上 partial 关键字修饰词，使用相同的存取范围或具有相同的作用域（访问权限修饰词也要一样）。
- partial 关键字修饰词只能放在 class、struct 或 interface 前面。

什么是部分类？在解释它之前先了解一下压缩文件。不知道读者有没有用过压缩文件的软件？当源文件过于庞大时，可能会对它进行部分压缩，将一个文件分割成好几个部分，只要设置好编码格式，解压缩时再将多个文件置于相同的文件夹中就不会产生问题。

部分类也就是将一个类存放于不同文件，只要位于相同的命名空间即可。一般来说，Visual Studio 会先创建 Windows 窗体的相关程序代码。当我们创建 Windows 窗体应用程序时，它就会把这些程序代码自动加入程序中，用户只需通过继承就可以使用这些类的程序代码，而不需要修改 Visual Studio 所创建的文件。

创建 Windows 窗体应用之后，会产生三个文件：Form1.cs（存放 Form1 类的成员）、Form1.Designer.cs 和 Form1.resx（定义资源文件）。既然 Form1 子类是部分类，那么其他与 Form1 有关的程序又在哪里呢？另一个部分类文件就是 Form1.Designer.cs。

Form1.Designer.cs 文件用来存放 Windows 窗体控件的相关设置。双击打开该文件之后，这个程序文件会以页签方式在窗口中间的程序代码编辑器中打开。参考图 10-36，第 1 行的程序代码使用的是相同的命名空间，而第 3 行的 Form1 类最前端加入了 partial 关键字。

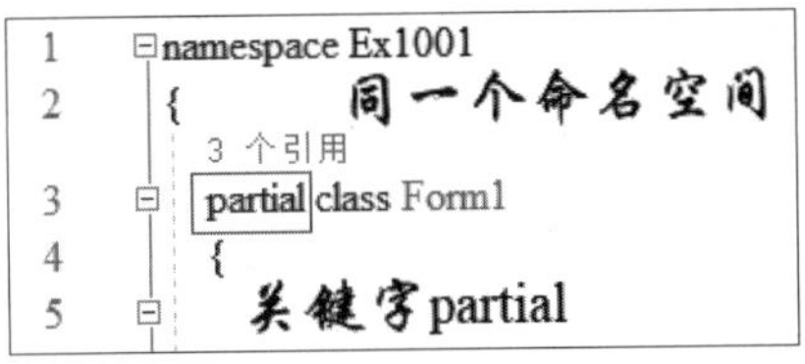

图 10-36　Form1.Designer.cs 部分程序代码 1

继续往下找到一行语句 Windows Form Designer generated code（可能是第 23 行语句），单击行号右侧的“+”把它展开，如图 10-37 所示。

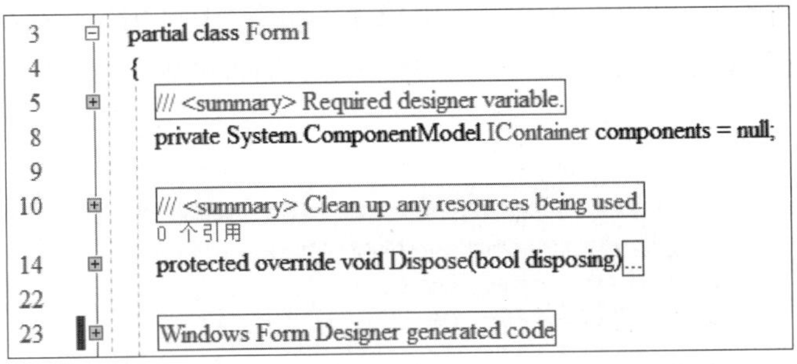

3 partial class Form1
4 {
5 /// <summary> Required designer variable.
8 private System.ComponentModel.IContainer components = null;
9
10 /// <summary> Clean up any resources being used.
0 个引用
14 protected override void Dispose(bool disposing)...
22
23 Windows Form Designer generated code

图 10-37　单击行号右侧的“+”来展示收合的程序代码

展开后，可在第 29 行找到 InitializeComponent()方法（Form1 类构造函数所调用的方法，由系统自动生成，这些生成的代码在程序代码编辑器中通常都以收合方式显示）。只要是对 Windows 窗体进行的设置，都会呈现在这里，如图 10-38 所示。

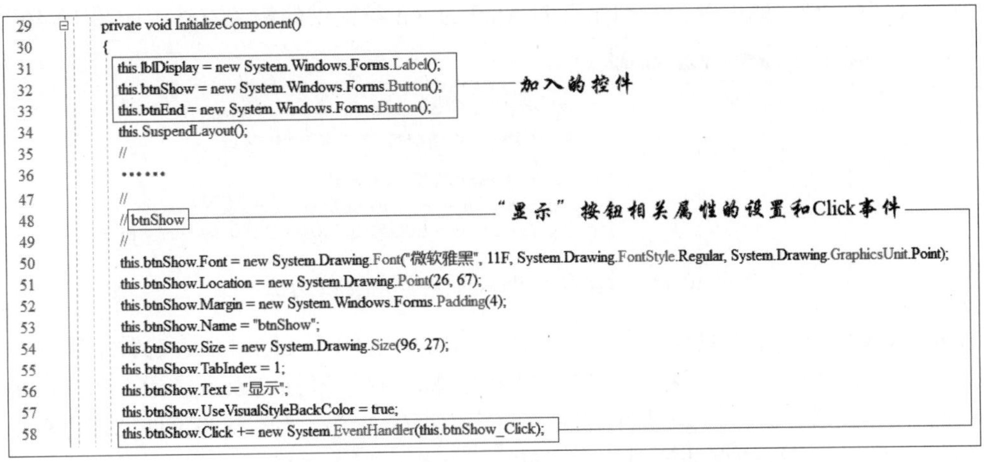

29 private void InitializeComponent()
30 {
31 this.lblDisplay = new System.Windows.Forms.Label();
32 this.btnShow = new System.Windows.Forms.Button();
33 this.btnEnd = new System.Windows.Forms.Button();
加入的控件
34 this.SuspendLayout();
35 //
36 ••••••
47 //
48 // btnShow
“显示”按钮相关属性的设置和Click事件
49 //
50 this.btnShow.Font = new System.Drawing.Font("微软雅黑", 11F, System.Drawing.FontStyle.Regular, System.Drawing.GraphicsUnit.Point);
51 this.btnShow.Location = new System.Drawing.Point(26, 67);
52 this.btnShow.Margin = new System.Windows.Forms.Padding(4);
53 this.btnShow.Name = "btnShow";
54 this.btnShow.Size = new System.Drawing.Size(96, 27);
55 this.btnShow.TabIndex = 1;
56 this.btnShow.Text = "显示";
57 this.btnShow.UseVisualStyleBackColor = true;
58 this.btnShow.Click += new System.EventHandler(this.btnShow_Click);

图 10-38　Form1.Designer.cs 部分程序代码 2

由于每个控件本身都代表着一个类，因此窗体中加入控件就是实例化某个类。如果再进一步查看，加入 Label 控件，就会有这样的语句：

```
//图 10-38，程序代码第 31 行
this.lblDisplay = new System.Windows.Forms.Label();
```

- lblDisplay 由 new 运算符实例化为对象（新的实例）。

“显示”按钮设置了 Name 和 Text 属性，可以从图 10-38 所示的程序代码的第 53、56 行看到这两个属性的设置。加入的 Click 事件对应第 58 行程序代码。不建议修改这些已生成的程序代码，除非读者对 Visual C#的编写已非常熟悉。

10.3.2 Main()主程序在哪里

控制台应用程序都有 Main()主程序来作为程序的主入口点。那么 Windows 窗体程序的进入点在哪里呢？或者 Main()又藏在哪一个文件里呢？还是得借助“解决方案资源管理器”来查看。它会有一个 Program.cs 文件（熟悉吗？编写控制台应用程序时是以它为主角的），打开它之后可以查看程序代码中是否有 Main()主程序，如图 10-39 所示。同样，它是应用程序执行时的主入口点，会针对 Windows 窗体应用提供相关的程序代码，用于显示第一个窗体。

```
9   static void Main()
10  {
11      // To customize application configuration such as set high DPI settings or default font,
12      // see https://aka.ms/applicationconfiguration.
13      ApplicationConfiguration.Initialize();
14      Application.Run(new Form1());
15  }
```

图 10-39　Program.cs 文件中的 Main()主程序

- 第 13 行：ApplicationConfiguration 是程序编译时自动生成的，它会去调用原有的 Application 静态类的相关方法。

把鼠标移向它时，就可以查看到原有的 Application 类提供的相关方法，如图 10-40 所示。

```
ApplicationConfiguration.Initialize();

void ApplicationConfiguration.Initialize()
Bootstrap the application as follows:

Application.EnableVisualStyles();
Application.SetCompatibleTextRenderingDefault(false);
Application.SetHighDpiMode(HighDpiMode.SystemAware);
```

图 10-40　原有的 Application 类提供的相关方法

Windows 窗体应用程序具有图形用户界面，当用户与 GUI 互动时，通过事件驱动（Event Driven）产生事件（Event）。这些事件包含移动鼠标、单击鼠标、双击鼠标、选择指令（或选项）和关闭窗口等。对于现阶段的 Windows 应用程序来说，要触发的事件大部分事件都是鼠标的 Click 事件。要创建事件处理程序，可分为两个步骤来执行。

（1）在窗体中创建事件处理程序的控件，当前会以按钮控件为主。

（2）在事件处理程序中加入适用的程序代码。

以范例项目 Ex1001 的操作过程来说明，单击“显示”按钮时，会触发一个 Click 事件，此事件传递给“事件处理程序”，“事件处理程序”的程序代码就会改变 Label 控件的显示内容。

通常控件都有它默认的事件处理程序。以窗体来说，当我们在窗体空白处双击时，会进入窗体的加载事件（Form1_Load()）。如果双击按钮（Button），就会产生 button1_Click()事件。不同的控件要编写其事件处理，可使用此方式来进入程序代码编辑器去编写对应的事件处理程序。

10.3.3 消息循环

窗口程序中还有消息循环（Message Loop）的处理。System.Windows.Forms 命名空间提供了丰富的用户接口，是我们构建 Windows 窗体应用程序不能缺少的支持。Application 类提供了静态方法和属性来管理应用程序，例如提供方法来启用、停止消息循环，使用属性获取有关应用程序的消息。表 10-2 列举了静态类 Application 的常用成员。

表 10-2　静态类 Application 的常用成员

静态类 Application 的常用成员	说明
AllowQuit	是否要终止此应用程序
MessageLoop	用来判断消息循环是否存在于线程中
OpenForms	获取应用程序已打开的窗体
VisualStyleState	指定可视化样式应用到窗口应用程序
AddMessageFilter()	在消息中加入筛选器，监视传送至目的端的消息
DoEvents()	用来处理 Windows 中当前消息队列的消息
EnableVisualStyle()	启用应用程序的可视化外观
Exit()	消息处理完成后结束所有应用程序
ExitThread()	结束当前线程的消息循环，使用窗口全部关闭
OnThreadException()	截取产生错误的线程并抛出异常情况
Restart()	关闭应用程序并启动新的实例
Run()	开始执行标准应用程序消息循环并看见指定窗体
SetCompatibleTextRenderingDefault()	判断是否能提供优于 GDI 的表现能力
SetSuspendState()	让系统暂停或休眠

Run()方法的语法如下：

```
public static void Run(Form mainForm)
```

- mainForm：要显示的窗体。

Run()方法通常是由 Progrma.cs 的 Main()主程序来调用的，并显示应用程序的主窗口。要停止消息循环的处理，就需要调用 Application 类的 Exit()方法。

10.3.4 控件与颜色值

我们已经知道在窗体中加入的控件是某个类实例化后的表现，所以它的属性大部分都可以通过“属性”窗口进行设置。除此之外，也可以通过程序代码来编写。下面先来看一行语句。

```
lblDisplay.Text = DateTime.Now.ToString();
```

利用 Text 属性获取新值，最简单的方法就是在“=”右边给予字符串，即赋值。由于是以 DataTime 结构获取日期和时间的，因此必须调用 ToString()方法转换成字符串。如何设置控件的属性？语法如下：

```
对象名称.属性 = 属性值;
```

- 属性值可根据属性的类型来设置，可能是字符串，也可能是数值。

范例 Ex1002.csproj

（1）程序规划

在窗体中分别加入两个标签和两个文本框，执行时第一个文本框输入名字，第二个文本框输入密码。启动窗体后，在文本框中输入①账号和②密码，③单击“显示”按钮会显示信息对话框，④再单击“确定”按钮就会关闭对话框，如图 10-41 所示。

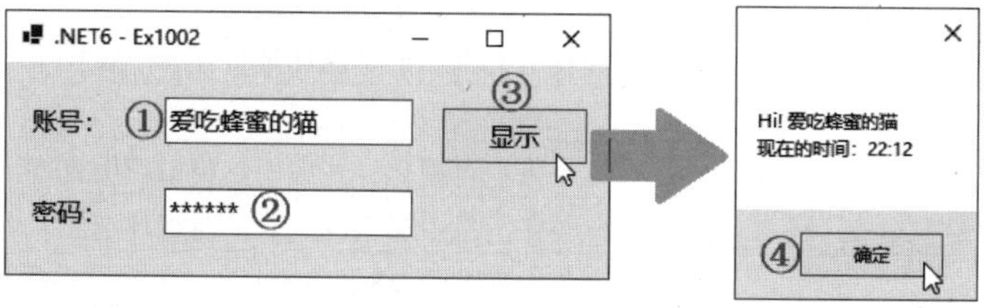

图 10-41 输入账号和密码

（2）控件属性设置和相关程序代码

步骤 01 创建 Windows 窗体应用项目 Ex1002，框架选择“.NET 6.0（长期支持）”，并按照表 10-3 所示在窗体上加入标签、文本框和按钮等控件。

表 10-3 范例项目 Ex1002 使用的控件、属性及设置的属性值

控件	属性	属性值	控件	属性	属性值
Form1	Text	Ex1002	Label1	Text	账号：
Button	Name	btnShow	Label2	Text	密码：
	Text	显示	TextBox2	Name	txtPassword
TextBox1	Name	txtAccount		PasswordChar	*

步骤 02 完成的窗体如图 10-42 所示。通过 PasswordChar 属性，将输入的密码以“*”字符显示，单击“显示”按钮，会把这些获取的信息通过调用 MessageBox 类的 Show()方法显示在对话框中。

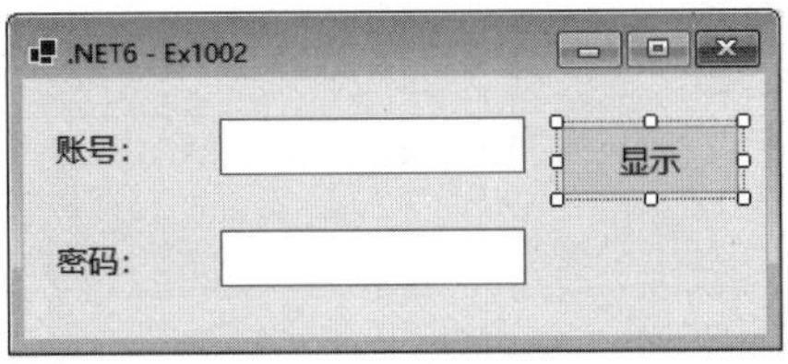

图 10-42　完成的窗体

步骤 03 双击“显示”按钮，进入程序代码编辑器，在 Form1.cs 中编写如下的程序代码。

```
01 private void btnShow_Click(object sender, EventArgs e)
02 {
03    string userAccount = txtAccount.Text;
04    DateTime showTime = DateTime.Now;   //获取当前时间
05    string saveTime = showTime.ToShortTimeString();
06    if (txtAccount.Text == "")
07      MessageBox.Show("请输入名字");
08    else if (txtPassword.Text == "")
09      MessageBox.Show("请输入密码");
10    else
11    {
12      MessageBox.Show($"Hi! {userAccount}" +
13         $"\n 现在的时间: {saveTime}");
14    }
15 }
```

步骤 04 按 F5 键，若顺利生成可执行程序，则启动窗体程序。单击窗体右上角的按钮就能关闭窗体。

程序说明

- 第 03 行：将第一个文本框输入的名字用变量 userAccount 来存储。
- 第 05 行：调用 ToShortTimeString()方法将使用 DateTime 结构获取的系统时间转换为字符串格式。
- 第 06~14 行：用 if-else if-else 语句判断两个文本框是否输入了字符串，以一对双引号（""）表示空字符串。若为空字符串，则调用 MessageBox 类的 Show()方法显示提示信息；若输入了文字，则同样调用 MessageBox 类的 Show()方法将获取的信息输出。

控件最重要的属性之一是颜色。例如，标签的前景颜色（ForeColor）使用“属性”窗口的调色板，再用鼠标直接单击其中的色块即可完成设置。调色板有三种页签可供选择：“自定义”、Web 和“系统”。选择 Web 和“系统”页签时会直接显示颜色的名称。而选择“自定义”页签时，通常会有两种情况：

- 直接显示颜色名称，如 Blue。
- 将颜色以数值“192, 0, 192”或十六进制数的 RGB 方式来表示。

如果要直接以颜色名称来进行设置，就必须调用来自命名空间的 System.Drawing 下的 Color 结构。

要使用枚举成员时，语法如下：

```
对象.属性名称 = 枚举类型.成员;
```

要设置这些颜色，例如前景颜色或背景颜色（BackColor），可以调用 Color 的成员，语句如下：

```
对象.ForeColor = Color.成员;
```

常见的 Color 结构成员可参考表 10-4。

表 10-4　常见的 Color 结构成员

成员	颜色	RGB	成员	颜色	RGB
Black	黑	#000000	White	白	#FFFFFF
Red	红	#FF0000	Blue	蓝	#0000FF
Brown	棕	#A52A2A	Cyan	青绿	#00FFFF
Green	绿	#00FF00	Gold	金黄	#FFD700
Gray	灰	#808080	Navy	海蓝	#000080
Olive	橄榄	#808000	Orange	橘	#FFA500
Pink	粉红	#FFC0CB	Purple	紫	#800080
Silver	银	#C0C0C0	Yellow	黄	#FFFF00

表示颜色的第二种方式是 ARGB，以 32 位（Bit）的数值来表示，各以 8 位来代表 Alpha、Red（红色）、Green（绿色）和 Blue（蓝色）。也可以使用 R（红）、G（绿）、B（蓝）的色阶原理组成颜色数值，每一个色阶由 0~255 的数值产生。如果 R(0)、G(0)、B(0)（会以 RGB(0, 0, 0)表示）的数值都为 0 就是黑色，RGB(255, 255,255)则是白色。Color 结构的 FromArgb()方法就是以这种概念来调色的，其语法如下：

```
对象.ForeColor = Color.FromArgb(int alpha, int red, int green, int blue);
```

- Alpha 代表颜色的透明值，也就是颜色与背景颜色混合的程度。要设置不透明的颜色，就得把 alpha 设为 255。
- red、green、blue 代表红、蓝、绿的颜色设置，设置值为 0~255。

RGB 的色阶也能以 16 位的 0~F 来表示，以两个字节数表示色阶值中的每种主色“#RRGGBB”，颜色值“#000000”为黑色，红色则是“#FF0000”。要把 Label 控件的文字（前景）颜色设为蓝色，可以编写如下程序代码。

```
label1.ForeColor = Color.Blue;    //调用成员
label1.ForeColor = Color.FromArgb(0, 255, 0);    //调用方法
```

10.3.5 环境属性

前文提及窗体是一个容器，当窗体的字体有变化时，窗体上的控件字体也会一同变化。也就是它会接收父控件的属性，称为环境属性（Ambient Property）。它包含 4 个要素：ForeColor（前景颜色）、BackColor（背景颜色）、Cursor（光标）、Font（字体）。

比较特别的地方是，Font 是不可变动的。如果窗体上的控件要设置新的字体，就必须通过 new 修饰词覆写 Font 的构造函数（new 修饰词会隐藏父类成员）。它的通用语法如下：

```
对象.属性名称 = new 类的构造函数(参数列表);
```

以 Font 来说，要使用构造函数来重新定义的不外乎是字体（FontFamily）、字体的大小（FontSize）和字形（FontStyle）。FontStyle 也是枚举类型，包含 Bold（粗体）、Italic（斜体）、Regular（常规）、Strikeout（字有删除线）和 Underline（字有下画线）。

```
Botton1.Font = new Font("微软雅黑", 11, FontStyle.Underline);
```

- 表示按钮的字体选择了“微软雅黑”，字体的大小为 12 且有下画线。

10.4　窗体与按钮

Windows 应用程序的 GUI 界面将窗体以“对话框”来处理，通过 Form 类来创建标准窗口、工具窗口、无边框窗口和浮动的窗口，产生 SDI（单文档界面）或 MDI（多文档界面）。在窗口环境工作时，虽然打开了 Word 软件，也可能打开了浏览器进行网页浏览，但是永远只有一个活动的窗口（Active Window）会获取焦点（Focus），获取焦点的窗口才能接受鼠标或键盘输入的相关信息。

10.4.1　窗体的属性

与所有的控件一样，窗体也可以使用它的属性设置字体、前景颜色或背景颜色，参考表 10-5 的简单说明。

表 10-5　窗体的属性

Form 类属性	说明
BackColor	背景颜色
BackgroundImage	获取或设置控件中显示的背景图像
Cursor	获取或设置鼠标指针移至控件上时显示的光标
Font	设置字体、大小
ForeColor	默认窗体上所有控件的前景颜色
FormBorderStyle	获取或设置窗体的框线样式
RightToLeft	支持字体从右到左，获取/设置控件组件是否对齐
Text	用来改变窗口的标题
Enabled	获取或设置控件是否响应用户的互动
AcceptButton	用户按下 ENTER 键，获取或设置所按下的按钮
CancelButton	用户按下 ESC 键来获取按钮控件
DesktopLocation	获取或设置窗体在 Windows 桌面的位置

（续表）

Form 类属性	说明
MaximizeBox	是否在窗体显示“最大化”按钮
MinimizeBox	是否在窗体显示“最小化”按钮
StartPosition	获取或设置窗体在运行时间的开始位置
Size/AutoSize	获取或设置窗体大小
Opacity	用来控制窗口的透明度（值为 0.0~1.0）

在设计阶段，窗体的大小（Size）属性可以直接使用数字来表示它的宽（Width）和高（Height），如图 10-43 所示。或者将鼠标移向窗体右下角，向右下方拖曳来改变其大小。在程序运行时，要让窗体根据填装的控件进行大小的改变，就要配合 AutoSize 和 AutoSizeMode 属性。

图 10-43　窗体的宽和高

将 AutoSize 设置为 True 才能进一步以 AutoSizeMode 属性来指定窗体的大小模式，运行时根据其属性值来指定它的大小。AutoSizeMode 有两个枚举成员：

- GrowAndShrink：窗体无法以手动方式调整，它会根据控件的排列自行决定放大或缩小。
- GrowOnly：默认值。窗体会根据控件排列来放大一倍，但会小于它原来的 Size 属性值。

StartPosition 属性用来决定窗体运行时的位置从哪里开始，所以设置它是在窗体显示之前，也就是调用 Show()方法或 ShowDialog()方法之前就需先设置好，或者直接使用窗体的构造函数进行设置。设置时会调用 FormStartPosition 枚举类型，它的成员如下：

- CenterParent：根据父窗体的界限将子窗体置中。
- CenterScreen：窗体根据屏幕大小显示在中央位置。
- Manual：窗体的位置由 Location 属性来决定。
- WindowsDefaultBounds：窗体会按 Windows 的默认范围以及指定大小来显示。
- WindowsDefaultLocation：窗体会按 Windows 的默认范围以及指定大小来显示。

10.4.2　窗体的常用方法

要关闭窗体，可直接调用窗体的 Close()方法。窗体还有哪些常用的方法呢？可以参考表 10-6 中的简要介绍。

表 10-6　窗体的方法

Form 类方法	说明
Activate()	激活窗体并给予焦点
ActivateMdiChild()	激活窗体的 MDI 窗体
AddOwnedForm()	将指定的窗体加入附属窗体
CenterToParent()	将窗体的位置置于父窗体范围的中央
CenterToScreen()	将窗体置于当前屏幕的中央位置
Close()	关闭窗体
Focus()	设置控件的输入焦点
OnClose()	触发 Closed 事件
OnClosing()	触发 Closing 事件
ShowDialog()	将窗体显示为模式对话框

10.4.3　窗体的事件

除了窗体的属性、方法之外，还有窗体的事件，比较常见的有以下三种：

- Load()：程序开始运行，第一次加载窗体时所触发的事件，能进行变量、对象等的初始值设置，因为它只会执行一次，而且在窗体事件执行过程中拥有最高的优先权。
- Activated()：启动窗体时，更新窗体控件中所显示的数据，一般设置为“活动中的窗体”，它的优先权仅次于 Load 事件。窗体第一次加载时，会先执行 Load 事件过程，接着打开窗体来执行 Activated 事件过程。
- Click()：用户用鼠标在窗体上单击所触发的事件过程。

范例 Ex1003.csproj

（1）程序规划

第一个窗体有一个按钮控件用来结束窗体。利用 Form_Load()事件，程序执行时会先加载此事件。再以程序代码产生第二个半透明窗体和一个按钮，使用属性 Opacity（值越小，透明度越高）让窗体呈半透明状。单击第二个窗体的“取消”按钮或者右上角的按钮都可以关闭第二个窗体回到第一个窗体。

（2）窗体操作

启动程序后，先载入第二个透明窗体，①单击“取消”按钮会关闭窗体并加载第一个窗体，②单击“结束”按钮关闭窗体，如图 10-44 所示。

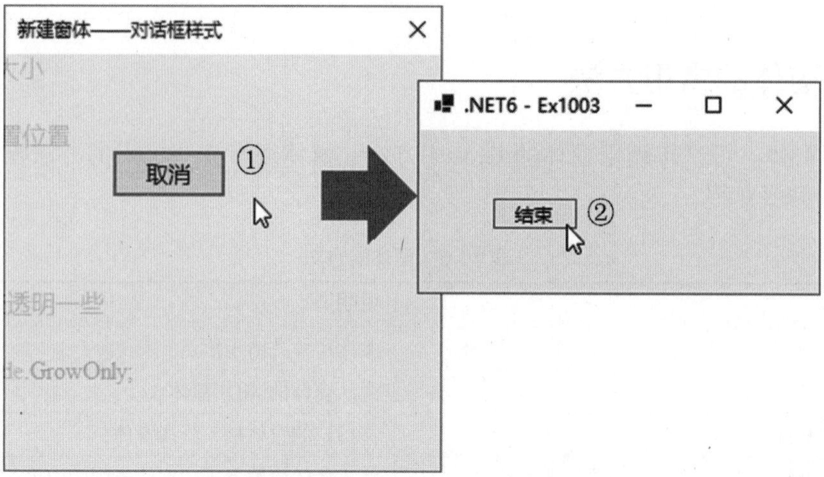

图 10-44　范例项目 Ex1003 的运行过程和结果

（3）控件属性设置和相关程序代码

步骤 01 创建 Windows 窗体应用项目 Ex1003，框架选择“.NET 6.0（长期支持）”，并按表 10-7 在窗体上加入控件并进行设置。

表10-7　范例项目Ex1003的控件

控件	属性	属性值	控件	属性	属性值
Form1	Text	Ex1003	Button	Name	btnClose
	Font	微软雅黑，11		Text	结束

步骤 02 完成的窗体如图 10-45 所示。

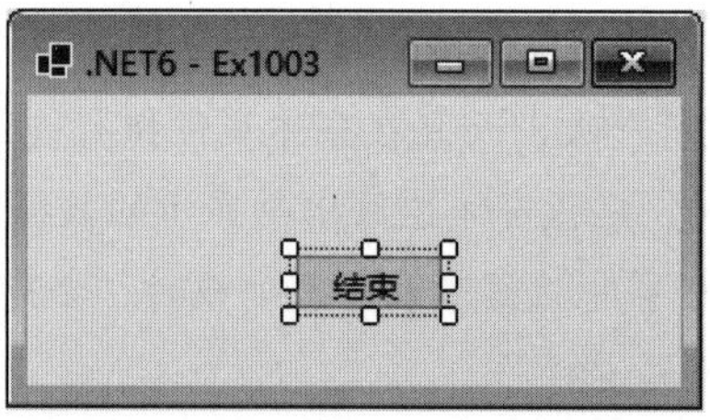

图 10-45　项目 Ex1003 完成的窗体

步骤 03 在窗体空白处双击进入 Form1.cs 程序文件的编辑状态，在自动加入的 Form1_Load() 事件处理程序中编写如下的程序代码。

```
private void Form1_Load(object sender, EventArgs e)
{
   Form frmDialog = new();
   frmDialog.Text = "新建窗体——对话框样式";
   Button btnCancle = new(); //新建按钮
   btnCancle.Font = new("微软雅黑", 12);
   btnCancle.AutoSize = true;//自行重设大小
   btnCancle.Text = "取消";
   btnCancle.Location = new(70, 80);  //设置位置
```

```
10     frmDialog.FormBorderStyle =
11       FormBorderStyle.FixedDialog;
12     frmDialog.Opacity = 0.85;     //将窗体变透明一些
13     frmDialog.AutoSize = true;
14     frmDialog.AutoSizeMode = AutoSizeMode.GrowOnly;
15     frmDialog.MaximizeBox = false;   //不设置最大化
16     frmDialog.MinimizeBox = false;   //不设置最小化
17     frmDialog.CancelButton = btnCancle;
18     frmDialog.StartPosition =
19       FormStartPosition.CenterScreen;
20     frmDialog.Controls.Add(btnCancle);
21     frmDialog.ShowDialog(); //显示窗体
22  }
```

步骤 04 切换到 Form1.cs[设计]页签，双击“结束”按钮，再一次进入程序代码编辑器，在 btnClose_Click 事件处理程序区块中编写如下的程序代码。

```
31 private void btnClose_Click(object sender, EventArgs e)
32 {
33    Close();    //关闭窗体
34 }
```

步骤 05 按 F5 键，若顺利生成可执行程序，则程序启动后会加载第二个窗体。

程序说明

- 第 03、05 行：用 new 运算符创建一个窗体和按钮实例。
- 第 06~08 行：以 new 修饰词调用 Font 类的构造函数，重设按钮的字体及文字的大小，并将 AutoSize 设为 true，它会按文字的大小来调整本身的宽和高。
- 第 09 行：同样以 new 修饰词调用 Point 结构的构造函数，重设 X 和 Y 的坐标位置，通常以窗体的左上角为原点。
- 第 10、11 行：将第二个窗体的属性 FormBorderStyle 设为单线边框。
- 第 12 行：将窗体设成半透明状，值为 0.0~1.0，值越小，透明度越高。
- 第 13、14 行：将属性 AutoSize 设为 t rue 时，才能进一步以属性 AutoSizeMode 进行设置，属性值 GrowOnly 表示窗体会按控件的排列来放大。
- 第 17 行：将“取消”按钮指定给窗体右上角的按钮，只要用户单击其中一个就能关闭窗体。
- 第 18、19 行：运行窗体时，使用属性 StartPosition 来调用 FormStartPosition 枚举类型的成员 CenterScreen，将窗体显示在屏幕中央。
- 第 20 行：由于窗体的控件是一群控件的集合，因此以 Controls 属性来调用 ControlCollection 类的 Add()方法，将实例化的按钮加入才能在窗体上显示。
- 第 21 行：调用窗体的 ShowDialog()方法，让第二个窗体以对话框样式来呈现。
- 第 31~34 行：btnClose_Click 事件比较简单，调用 Close()方法来关闭窗体。

10.4.4 Button 控件

与 Windows 窗体互动最密切是 Button（中文称“按钮”）控件。在编写 Windows 应用程序时，最常以 Click 事件来执行相关程序。Button 本身也是类，下面参考表 10-8 来认识它的相关成员。

表 10-8 按钮控件的成员

成员	默认值	说明
Anchor	Top, Left	获取或设置控件的容器边缘，可由父容器来重设大小
AutoSize	False	是否根据内容自动调整，设置为 False 表示不自动调整
BackColor	Control	设置按钮背景色
Dock	None	是否停驻于父容器
Enabled	True	按钮被按下时是否起作用，True 表示起作用
Font		设置按钮的字体
ForeColor	ControlText	设置按钮的前景颜色，就是字体颜色
Image		设置按钮的显示图像
Size		确定按钮的宽和高
Text	button1	按钮上要显示的文字
Visible	True	确定按钮是显示还是隐藏，设置为 True 表示显示
Show()		显示按钮控件
Click()事件		单击按钮会触发此事件

在某些情况下，要让按钮按下不起作用，可将程序代码编写如下：

```
    button1.Enabled = false;
```

表示按钮不起作用，以灰色状态呈现，如图 10-46 左侧的按钮所示。

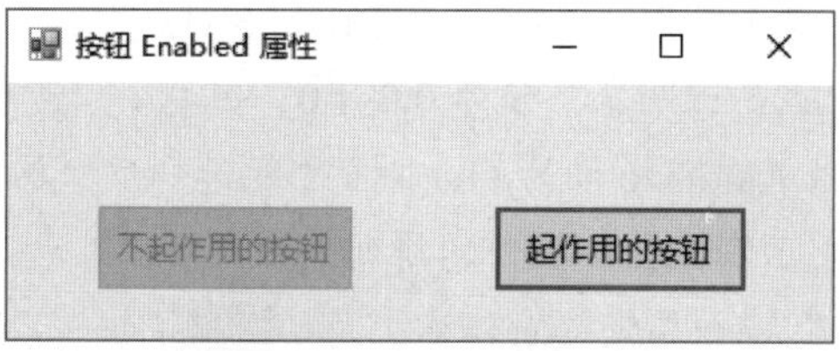

图 10-46 按钮是否起作用，显示时也是有区别的

10.5 MessageBox 类

MessageBox 用来显示消息以及和用户交互。在先前的范例中，我们使用 Show()方法产生消息框来显示消息。本节来介绍它更多的用法。一个完整的消息框如图 10-47 所示，包括①消息内容、②标题栏、③按钮和④图标。

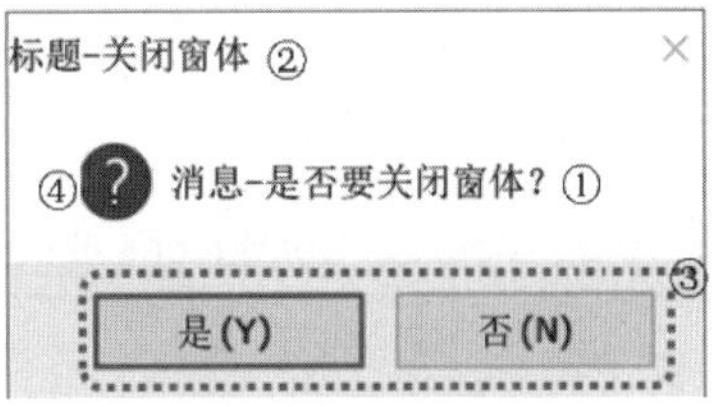

图 10-47　消息框

10.5.1　显示信息

MessageBox 的 Show()方法提供信息的显示，大致分为以下两种：

- 一种是单纯地显示消息，就像我们之前用过的，表示“我知道了”，所以消息框只有一个，按钮则可能是“确定”按钮或“是”按钮。
- 另一种是“知道了之后还要有进一步的操作”，所以按钮会有两种以上，单击不同的按钮要有不同的响应方式。

MessageBox 的 Show()方法的语法如下：

```
MessageBox.Show(text, [, caption[, buttons[, icon]]]);
```

- text（文字，即消息）：在消息框显示的文字，为必要参数。
- caption（标题）：位于消息框标题栏的文字。
- buttons（按钮）：它会调用 System.Windows.Forms 命名空间，使用 MessageBoxButtons 枚举类型，提供按钮，用于与用户进行不同的消息响应，可参考 10.5.2 节。
- icon（图标）：同样会调用 System.Windows.Forms 命名空间，使用 MessageBoxIcon 枚举类型，表明消息框的用途。

10.5.2　按钮的枚举成员

如何调用消息框的 Show()方法？下面以简单的语句来说明它的基本用法，也可以参考图 10-48 来了解。

```
MessageBox.Show("是否要关闭文件"); //只有消息
MessageBox.Show("是否要关闭文件", "关闭窗体"); //消息和标题
```

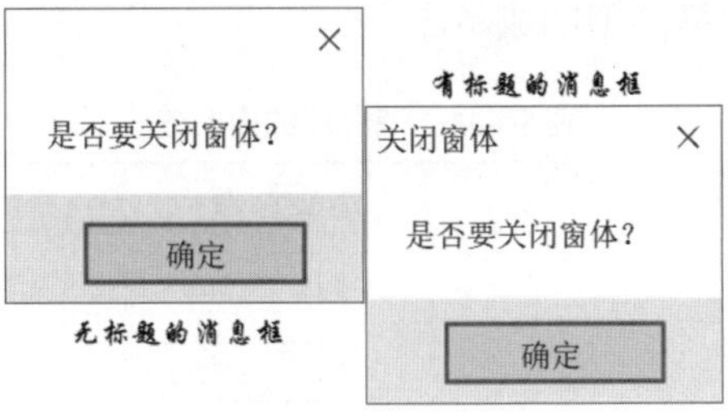

图 10-48　简单的消息框

消息框的响应按钮能与用户进行不同的响应，通过 buttons 指定在消息框中要显示哪些按钮。表 10-9 说明了 MessageBoxButtons 枚举类型的成员。

表 10-9　MessageBoxButtons 成员

按钮成员	响应按钮
OK	确定
OKCancel	确定　取消
YesNo	是(Y)　否(N)
RetryCancel	重试(R)　取消
YesNoCancel	是(Y)　否(N)　取消
AbortRetryIgnore	中止(A)　重试(R)　忽略(I)

10.5.3　图标枚举成员

消息框中显示在内容左侧的图标可通过 Icon 来加入，常见图标如表 10-10 所示，它们是 MessageBoxIcon 的常用成员。

表 10-10　MessageBoxIcon 成员

图标成员	图标含义
None	没有图标
Information	信息、消息
Error	错误
Warning	警告
Question	疑问

10.5.4　DialogResult 如何接收

用户单击消息框的按钮进行消息的响应时，由于每个按钮都有自己的返回值，因此可以在程序代码中使用 if-else 语句进行判断，根据单击的按钮来产生响应操作。其返回值可参考表 10-11，为 DialogResult 枚举类型的成员。

表 10-11　消息框的返回值

按钮	返回值
Abort	中止(A)
OK	确定
Cancel	取消

（续表）

按钮	返回值
Retry	重试(R)
Yes	是(Y)
YesNoCancel	否(N)
Ignore	忽略(I)
None	表示模式对话框会继续执行

范例 Ex1004.csproj

（1）程序规划

输入账号、密码和性别，以 if-else 语句配合文本框的属性 Length（长度）来进行判断，账号和密码都不能少于 5 个字符。RadioButton 以属性 Checked 来检查性别是否被选中。如果一切无误，则调用 MessageBox 的 Show()方法显示结果。

（2）窗体操作

输入账号和密码，如果密码字符数小于 5，那么单击“确认”按钮会有消息框提示密码字符数不对，单击消息框的“取消”按钮会清除刚刚输入的密码，如图 10-49 所示。

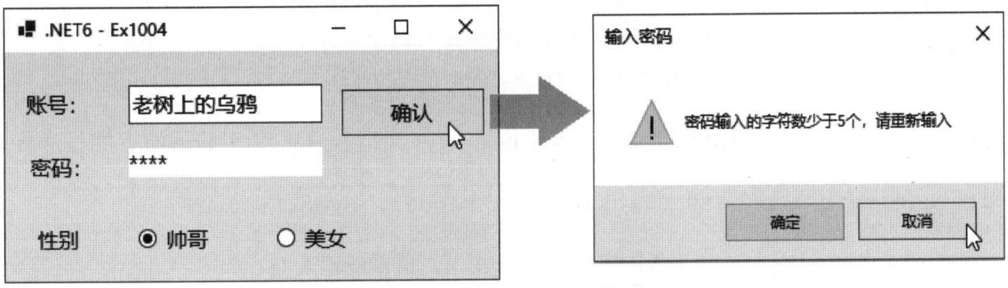

图 10-49　输入账号和密码

重新输入大于 5 个字符的密码，单击“确定”按钮之后，会以消息框显示相关信息，再次单击“确定”按钮就会关闭应用程序，如图 10-50 所示。

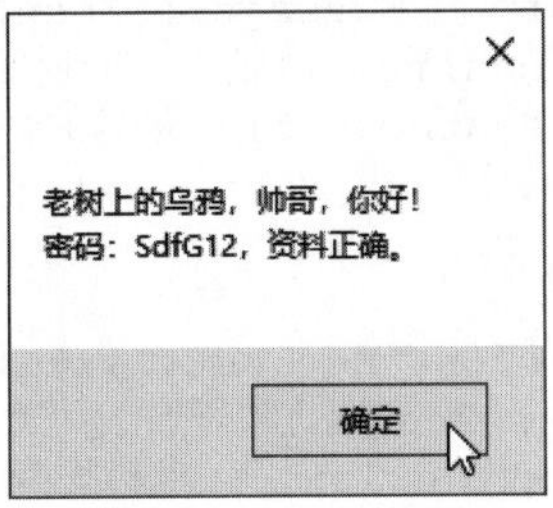

图 10-50　关闭应用程序

（3）控件属性设置和相关程序代码

步骤 01 创建 Windows 窗体应用项目 Ex1004，框架选择“.NET 6.0（长期支持）”，并按照表 10-12 在窗体上完成控件的设置。

表10-12　范例项目Ex1004使用的控件、属性及设置的属性值

控 件	属性	属性值	控件	属性	属性值
Form1	Text	Ex1004	Label2	Text	密码：
	Font, Size	10	Label3	Text	性别：
TextBox1	Name	txtAccount	RadioButton1	Name	rabMale
	MaxLength	20		Text	帅哥
TextBox2	Name	txtPwd	RadioButton2	Name	rabFemale
	MaxLength	10		Text	美女
	PasswordChar	*	Button	Name	btnCheck
	BorderStyle	None		Text	确认
Label1	Text	账号：			

步骤02 完成的窗体如图 10-51 所示。

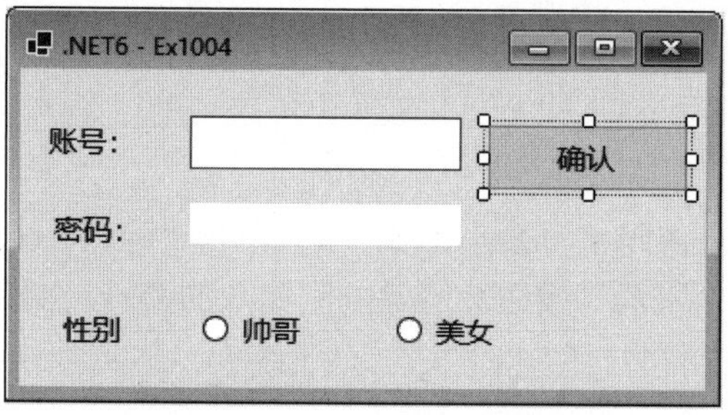

图 10-51　项目 Ex1004 完成的窗体

步骤03 双击“确认”按钮进入 btnCheck_Click()事件处理程序区块，编写如下的程序代码。

```
private void btnCheck_Click(object sender, EventArgs e)
{
  String message = "输入的字符数少于 5 个，请重新输入";
  String account = "输入账号";
  String password = "输入密码";
  MessageBoxButtons btnName = MessageBoxButtons.YesNo;
  MessageBoxButtons btnPwd = MessageBoxButtons.OKCancel;
  MessageBoxIcon iconInfo = MessageBoxIcon.Information;
  MessageBoxIcon iconWarn = MessageBoxIcon.Warning;
  DialogResult result, confirm;//消息框的返回值
  if (txtAccount.Text.Length >= 5)//账号的字符数必须大于等于 5
  {
    if (txtPwd.Text.Length >= 5)
    {
      string verify = $"{txtAccount.Text}, " +
        $"{(rabMale.Checked ? "帅哥" : "美女")}，你好！"
        + $"\n 密码：{txtPwd.Text}，资料正确。";
      confirm = MessageBox.Show(verify);
      ResultMsg(confirm); //传入参数值用于后续处理
    }
    else  //密码字符数小于 5 个字符时，显示提示消息
    {
      result = MessageBox.Show("密码" + message,
```

```
24             password, btnPwd, iconWarn,
25             MessageBoxDefaultButton.Button2);
26           ResultMsg(result);
27         }//第二层 if-else
28     }
29     else   //账号（名字）字符数小于 5 个时显示提示消息
30     {
31         result = MessageBox.Show("名字" +
32           message, account, btnName, iconInfo);
33         ResultMsg(result);
34     }//第一层 if-else
35 }
```

```
41 //ResultMsg()方法请参考本书提供下载的范例项目中的完整程序代码
```

步骤 04 按 F5 键，若顺利生成可执行程序，则程序启动后就会开启“窗体”界面。

程序说明

- 第 03~05 行：设置消息框的标题。
- 第 06、07 行：根据 MessageBoxButton 来设置响应按钮。
- 第 08、09 行：根据 MessageBoxIcon 来设置图标的常数值。
- 第 11~34 行：第一层 if-else 语句，配合文本框的属性 Length（字符长度）来判断账号的字符串长度是否大于等于 5 个字符。如果符合，就进入第二层的 if-else 条件判断；如果不符合，就调用 getMessage()方法清除文本框的文字并调用 Focus()方法重新获取输入焦点。
- 第 13~27 行：第二层 if-else 语句，判断输入的密码字符数是否大于等于 5，如果不符合，就调用 getMessage()方法清除输入密码的文本框。
- 第 15~18 行：RadioButton 控件以属性 Checked 来判断是否被选中。如果被选中，就调用 MessageBox 类的 Show()方法显示账号、密码和性别的相关信息。此处使用字符串内插并以条件运算符“? :”来判断选中的性别。

重点整理

- 每个事件处理程序都提供两个参数：第一个参数 sender 提供触发事件的对象引用，第二个参数 e 用来传递要处理事件的对象。
- System.Windows.Forms 命名空间提供了丰富的用户界面（或用户接口），是构建 Windows 窗体应用程序不能缺少的支持。Application 类提供了静态方法和属性管理应用程序。
- 用 partial 关键字修饰词所定义的类，代表它可以把类进行分割，但类必须存放在同一个命名空间、使用相同的存取范围或具有相同的作用域（访问权限修饰词也要一样）。它只能放在 class、struct 或 interface 前面。
- Windows 窗体应用程序具有图形用户界面（Graphical User Interface，GUI），当用户与

GUI 界面互动时，通过事件驱动（Event Driven）产生事件（Event）。这些事件包含移动鼠标、单击鼠标、双击鼠标、选择指令和关闭窗口等。

- 环境属性（Ambient Property）会接收父控件的属性。它包含 4 个要素：ForeColor（前景颜色）、BackColor（背景颜色）、Cursor（光标）、Font（字体）。
- 表示颜色的 ARGB，以 32 位（Bit）数值来表示，各以 8 位来代表 Alpha、Red、Green 和 Blue。使用 R（红）、G（绿）、B（蓝）的色阶原理组成颜色数值，每一个色阶由 0~255 的数值产生。当 RGB (0, 0, 0)数值都为零时就是黑色，RGB(255, 255, 255)则是白色。
- 窗体的 Load()事件在窗体事件执行过程中拥有最高的优先权，它只会执行一次，可以对变量、对象等设置初始值。
- 一个完整的消息框包含：①信息内容、②标题栏、③按钮和④图标。按钮可通过设置 MessageBoxButtons 枚举类型的不同成员来提供不同的按钮，图标也由 MessageBoxIcon 枚举成员来提供。

课后习题

（一）填空题

1. 编写 Windows 窗体应用程序要导入.NET 类库的____________命名空间。

2. 每个事件处理程序都有两个参数：第一个参数 sender____________，第二个参数____________用来传递要处理事件的对象。

3. 控件属性中用来编写程序代码的识别名称是____________属性，显示在窗体标题栏的文字是____________属性。

4. 编写 Windows 窗体应用程序时，会产生 3 个文件，分别是：①________________、②____________和③____________。

5. Application 类提供的静态方法中，________方法会结束所有应用程序，________方法开始执行标准应用程序并显示出指定窗体。

6. 在窗体中加入控件后，____________属性可以更改控件的字体颜色，要改变控件的背景色则使用____________属性。

7. Color 结构表示颜色，ARGB 色阶的 A 表示____________，R 表示____________，G 表示____________，B 表示____________。以 RGB 表示白色，即 RGB(____________，____________，____________)。

8. 设置控件的外框时，可以使用 BorderStyle 枚举类型，设置单线边框时为____________，3D 边框则要用____________。

9. 要将按钮控件的字体设为楷体并加粗，字号为 14，程序代码要如何编写？____。

10. 设置窗体的起始位置要通过____________属性，____________属性决定窗体大小，____________属性用来控制窗体的透明度。第一次加载窗体所触发的事件为____________。

11. 请填写图 10-52 中消息框各个部分的作用：①____________，②________________，

③______________，④______________。

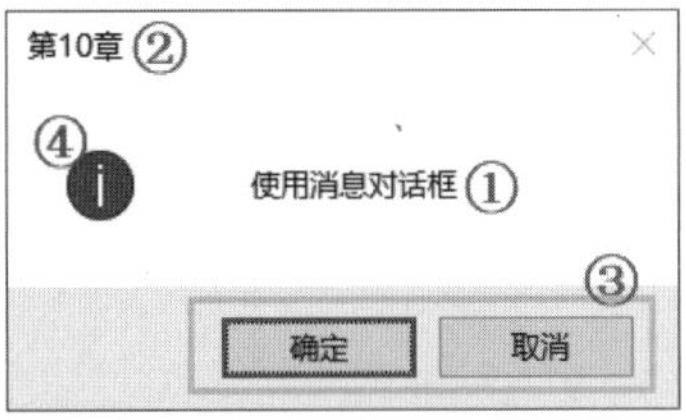

图 10-52　消息框

（二）问答题与实践题

1. 请简单说明什么是部分类？

2. 参考范例 Ex1001，单击按钮让标签只显示当前的时间，①把标签的前景改为白色，背景改为蓝色，并将边框线改为 3D 边框；②把标签字体设置为粗体 Arial，字号为 20。

3. 参照图 10-53 实现 Windows 窗体应用程序，输入两个数字进行加、减、乘、除运算，使用 Button 制成运算按钮，计算结果以消息框输出，单击消息框的“确认”按钮，会清除窗体上文字块的内容。

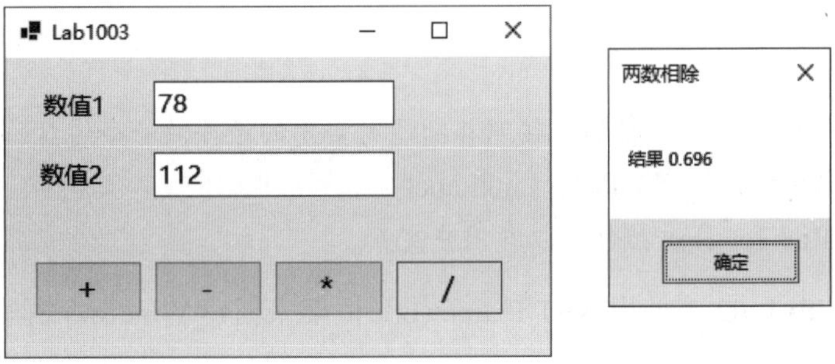

图 10-53　Windows 窗体应用——简单计算器

4. 使用文本框和标签控件配合数组，计算出总分、平均分并找出最高分，窗体对话框如图 10-54 所示。

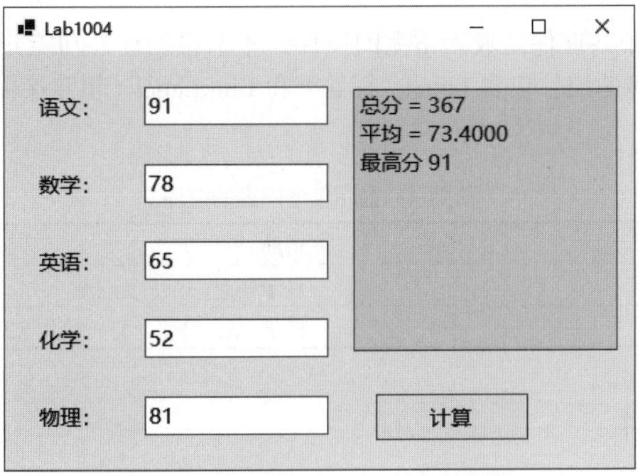

图 10-54　窗体对话框——科目成绩统计

第 11 章

公共控件

章节重点

- Windows 窗体提供众多控件，按照其功能对常用的控件做一个通盘的认识。
- 显示信息内容的控件有 Label、LinkLabel。
- TextBox、RichTextBox 控件可以与用户交互。

本章范例项目 Ex1102 是使用.NET Framework 框架来创建 Windows 窗体应用项目的。

11.1 显示信息

工具箱窗口中的公共控件是较为常见的控件，本节根据控件功能介绍它们的功能与常见的属性。显示信息内容的控件包含 Label（标签）和 LinkLabel（超链接标签）两种，如表 11-1 所示。

表 11-1 显示信息内容的控件

控件	用途
Label	显示信息，用户无法输入
LinkLabel	提供 Web 链接，打开应用软件

11.1.1 标签控件

第 10 章使用过标签控件，对于 BorderStyle、Font 和 ForeColor 属性也做过一番探讨。Text 和 Name 属性几乎是每个控件都会拥有的属性。除此之外，还有哪些常用属性呢？参考表 11-2。

表 11-2　Label 控件的常见属性

属性	默认属性值	作用
AutoSize	True	随字符串长度自动调整大小
TextAlign	TopLeft	文字对齐为垂直向上，水平靠左
Visible	True	显现

AutoSize（自动调整大小）属性的默认属性值可以根据字符串的多少来调整标签的宽度。如果将它的属性值设置为 false，就不会自动调整标签的宽度了。程序代码编写如下：

```
label1.AutoSize = true;    //标签宽度会随字符串长度进行调整
label1.AutoSize = false;   //标签宽度不随字符串长度进行调整
```

与 AutoSize 有关的是 Size 属性。当 AutoSize 为 true 时，Size 无法改变其 Width 和 Height 的值。在设计阶段，可以使用“属性”窗口 Size 的 Width 和 Height 属性进行调整。如果要以程序代码来编写，该如何编写呢？

```
label1.AutoSize = false;    //不进行自动调整，使用 Size 才能调整
label1.Size = new(10, 10); //重新设置大小
```

- 要设置 Size 属性，必须调用 Size 结构的构造函数来重新设置宽和高的值。

在标签控件中，要让文字对齐，就要通过 TextAlign 属性，它共有 9 种方式，使用“属性”窗口一目了然，如图 11-1 所示。

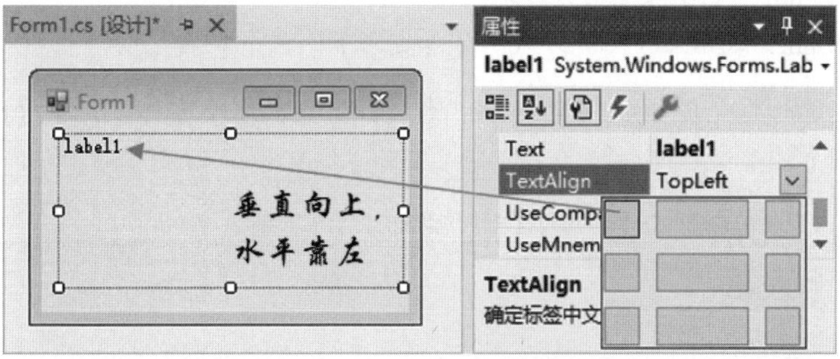

图 11-1　TextAlign 的默认位置

Label 控件　改变 TextAlign 的位置

步骤 01 选择 Label 控件，从“属性”窗口找到 TextAlign 属性。

步骤 02 单击▼按钮展开下拉列表，①用鼠标选取 MiddleCenter，②随后标签控件的文字会以“垂直居中，水平居中”的方式对齐，如图 11-2 所示。

若要以程序代码控制 TextAlign 属性，语句如下：

```
Label1.TextAlign = ContentAlignment.TopLeft;
```

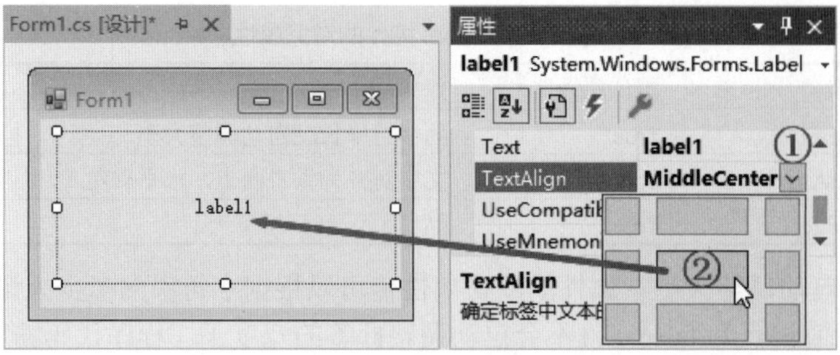

图 11-2 对齐文字

由上述程序代码可知，将文字对齐时会调用 ContentAlignment 枚举类型，其枚举的常数值如下：

- TopLeft：表示文字对齐方式为“垂直向上，水平靠左”。
- TopMiddle：表示文字对齐方式为“垂直向上，水平居中”。
- TopRight：表示文字对齐方式为“垂直向上，水平靠右”。
- MiddleLeft：表示文字对齐方式为“垂直居中，水平靠左”。
- MiddleCenter：表示文字对齐方式为“垂直居中，水平居中”。
- MiddleRight：表示文字对齐方式为“垂直居中，水平靠右”。
- BottomLeft：表示文字对齐方式为“垂直向下，水平靠左”。
- BottomMiddle：表示文字对齐方式为“垂直向下，水平居中”。
- BottomRight：表示文字对齐方式为“垂直向下，水平靠右”。

设置控件在运行时是否显现，若为 true，则运行时会显现于窗体上；若为 false，则被隐藏。程序代码编写如下：

```
Label1.Visible = false; //运行时标签控件会被隐藏
```

范例 Ex1101.csproj

（1）程序规划

在文本框中输入名称和提款额，单击“显示”按钮，会从窗体底部的 Label 控件输出信息，通过这个范例进一步认识 TextAlign 属性的文字对齐作用。范例 Ex1101 的执行结果如图 11-3 所示。

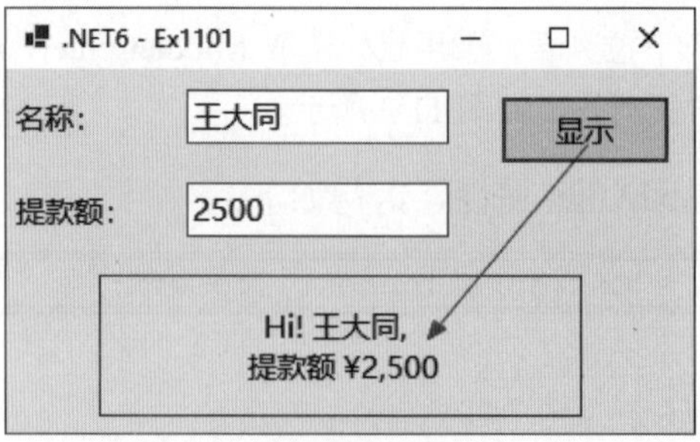

图 11-3 范例 Ex1101 的执行结果

（2）控件属性设置和相关程序代码

步骤 01 创建 Windows 窗体应用项目 Ex1101，框架选择“.NET 6.0（长期支持）”。在窗体上加入如表 11-3 所示的控件并设置它们的属性值。

表11-3　范例项目Ex1101使用的控件、属性及设置的属性值

控件	属性	属性值	控件	属性	属性值
Form1	Text	Ex1101	Label2	Text	提款额：
	Font	微软雅黑，11	Label3	Name	lblMsg
TextBox1	Name	txtName		TextAlign	MiddleCenter
TextBox2	Name	txtMoney	Button	Name	btnShow
Label1	Text	名称：		Text	显示

步骤 02 完成的窗体如图 11-4 所示。

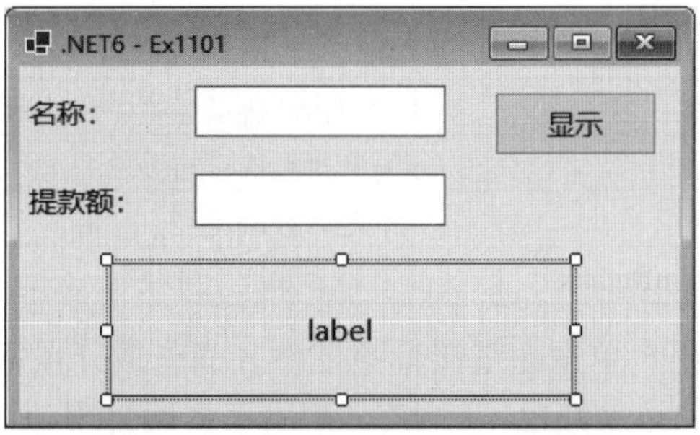

图 11-4　范例 Ex1101 中完成的窗体

步骤 03 双击“显示”按钮，编写 btnShow_Click()事件处理程序的代码。

```
01 private void btnShow_Click(object sender, EventArgs e)
02 {
03    string name = txtName.Text;
04    int money = int.Parse(txtMoney.Text);
05    lblMsg.Text = $"Hi! {name}, \n 提款额 {money:c0}";
06 }
```

步骤 04 按 F5 键，若顺利生成可执行程序，则程序启动后就会开启“窗体”界面。

程序说明

- 第 04 行：调用 Parse()方法将文本框获取的字符串转换为 int 类型。
- 第 05 行：使用标签控件的属性 Text，配合字符串内插方式输出结果。

11.1.2　超链接控件

在网络上冲浪时，有了超链接，“书本”是立体的，图片也可以形成图与图之间相连相续。不过这里的超链接是以超链接标签（LinkLabel）控件将 Web 网页、电子邮件和应用程序加入 Windows 窗体中的。在窗体中加入超链接标签的方式如图 11-5 所示。

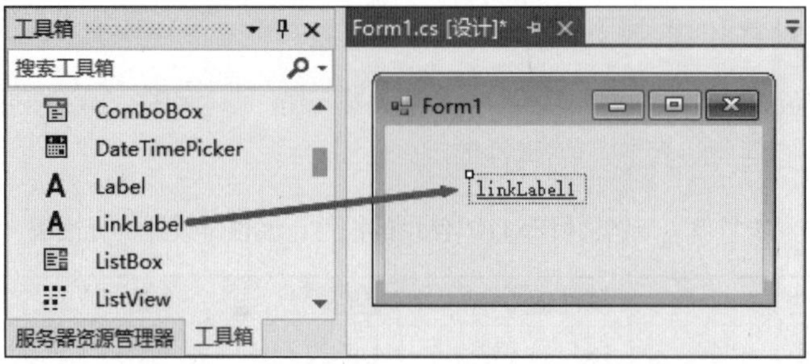

图 11-5 在窗体中加入超链接标签控件

除了拥有标签控件的属性外，超链接控件常见的属性都与超链接有关。在链接的文字上单击时，是否要改变文字颜色？已使用过的链接该如何呈现？先看看超链接控件相关的属性及其属性值，如表 11-4 所示。

表 11-4 超链接控件的属性及其属性值

属性	默认属性值	作用
ActiveLinkColor	红色	用户单击超链接标签控件且尚未放开鼠标按键之前
LinkColor	蓝色	设置常规超链接的颜色
LinkVisited	false	判断是否被浏览过
LinkBehavior	SystemDefault	文字是否要加下画线

ActiveLinkColor 是指用户单击超链接标签控件且尚未放开鼠标按键之前，这时其超链接文字所显示的颜色，系统默认是红色。LinkColor 用来设置常规超链接的颜色，系统默认是蓝色，如图 11-6 所示。

要以程序代码来重新设置颜色，就意味着要调用 System.Drawing 命名空间下的 Color 结构进行颜色设置，设置颜色的名称即可。

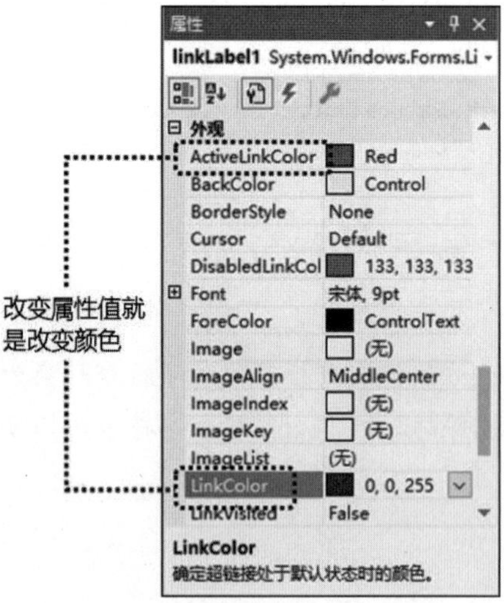

图 11-6 与超链接有关的属性设置

```
linkLabel1.ActiveLinkColor = Color.Yellow;   //设为黄色
linkLabel1.LinkColor = Color.Limegreen;       //设为绿色
```

要判断是否被浏览过，LinkVisited 属性能够进行这种判断，它是一个布尔值。默认的属性值为 false，表示即使已经被浏览过也看不出来；若设为 true，则超链接标签被单击时已经被浏览过。

LinkVisited 属性设成 true，才能进一步指定已浏览过的超链接标签控件的颜色，配合 VisitedLinkColor 属性发生变化，它的默认值是紫色。要编写的语句如下：

```
linkLabel1.LinkVisited = true;//单击时表示已被浏览
//已被浏览后超链接显示的颜色
linkLabel1.VisitedLinkColor = Color.Maroon;
```

LinkBehavior 属性用来设置超链接标签控件中的文字是否要加下画线，它的属性值说明如下：

- SystemDefault：系统默认值。
- AlwaysUnderline：表示永远要加下画线。
- HoverUnderline：表示鼠标停留时加下画线。
- NeverUnderline：永远不加下画线。

通过编写程序代码来让控件在鼠标停留时加下画线，采用如下程序语句：

```
linkLabel1.LinkBehavior = LinkBehavior.HoverUnderLine;
```

将超链接标签控件的 Enable（启用）属性设置为 false 时，可使用 DisabledLinkColor 属性（默认为灰色）表示链接未起作用时所显示的颜色，程序代码如下：

```
linkLabel1.DisableLinkColor = Color.White;
```

操作 LinkLabel 控件

设置 LinkArea 属性时必须先有文字，再给文字设置超链接。

步骤 01 选择 LinkLabel 控件，在“属性”窗口中找到 LinkArea 属性。

步骤 02 LinkArea 属性的默认值是“0, 10”，表示第一个字符开始的索引值为 0，共 10 个字符具有超链接功能。

步骤 03 ①单击[…]按钮打开其编辑器，②输入文字，例如“Windows 窗体的程序设计”，再选择“程序设计”，③单击“确定”按钮关闭编辑器，如图 11-7 所示，回到“属性”窗口。

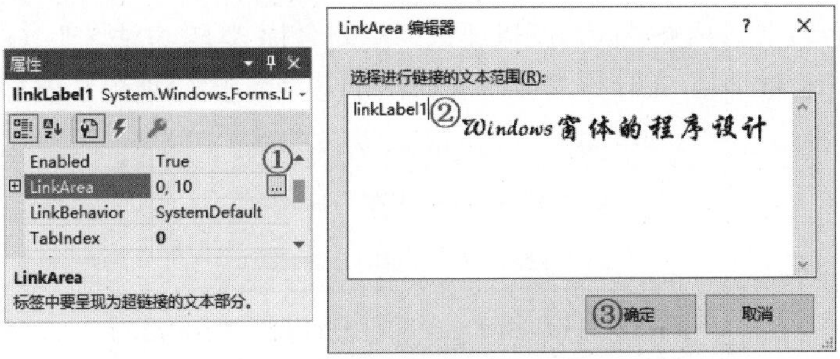

图 11-7　为设置超链接先输入文字

步骤 04 展开 LinkArea 属性会看到 Start 和 Length，参考图 11-8 所示的数字，表示从下标编号第 11 个字符开始，共有 4 个字符来作为超链接。

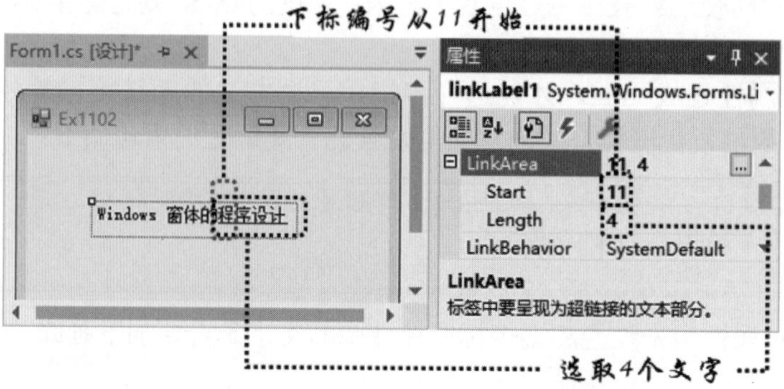

图 11-8　选择作为超链接的文字

以部分文字作为超链接的对象，下面先认识 LinkArea()方法的语法。

```
LinkArea(Start, Length);
```

- Start：起始字符值从 0 开始（注意：一个中文文字算一个字符）。
- Length：要设置为超链接时选择的字符长度。

若要以程序代码来设置属性，则先用 Text 属性设置文字内容，再使用 LinkArea 属性设置要链接的文字。范例程序语句如下：

```
linkLabel1.Text = "Windows 窗体的程序设计";
linkLabel1.LinkArea = new LinkArea(11, 4);
```

- 要以 new 运算符调用 LinkArea 结构的构造函数，重新设置它要链接的文字。

用户在超链接标签控件上单击时，会触发 LinkClicked()事件处理程序。超链接标签控件可链接的对象包含执行文件、网址和电子邮件信箱。进行链接时，必须引用 System.Diagnostics 命名空间作为程序监控，通过此命名空间 Process 类的 Start()方法启动要执行的处理程序。语法如下：

```
System.Diagnostics.Process.Start("String");
```

- String 表示欲链接的对象，如应用软件、网址和电子邮件。

此处引用的命名空间并未导入，所以要以“空间名称.类名.方法名”（System.Diagnostics. Process）来调用。直接调用 Start 方法会出现如图 11-9 所示的错误提示信息。

图 11-9　未引用命名空间引发的错误提示信息

直接在 Form1.cs 程序代码的开头处，使用 using 关键字加入 System.Diagnostics 命名空间，语句如下：

```
    using System.Diagnostics;
```

范例 Ex1102.csproj

（1）程序规划

在窗体加入两个超链接标签控件。单击第一个控件会进入 Visual Studio 网站，单击第 2 个控件会打开本章的范例 Ex1101。

（2）窗体操作

步骤 01 启动程序，鼠标移向第一行文字的 Visual，鼠标指针改变成手指形状时，单击就会进入微软官方网站，如图 11-10 所示。

图 11-10　范例 Ex1102 的执行结果 1——第一个超链接

步骤 02 启动程序，鼠标移向第二行文字的“程序设计”，鼠标指针改变成手指形状时，单击就会打开范例 Ex1101，如图 11-11 所示。

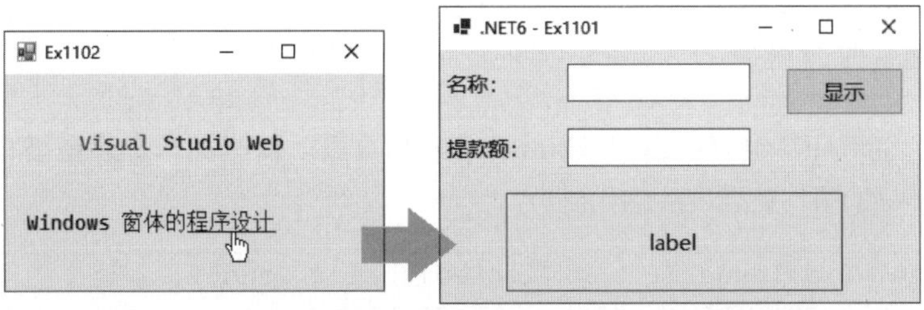

图 11-11　范例项目 Ex1102 的执行结果 2——第 2 个超链接

（3）控件属性设置和相关程序代码

步骤 01 创建 Windows 窗体应用项目 Ex1102，框架选择“.NET Framework 4.8”。在窗体上加入如表 11-5 所示的控件并设置它们的属性值。

表 11-5　范例项目 Ex1102 使用的控件、属性及设置的属性值

控件	属性	属性值
linkLabel2	Name	lnkGetIP
linkLabel1	Name	lnkOpenApp
	LinkVisited	True
	LinkBehavior	HoverUnderline
Fomr1	Font	微软雅黑，11

步骤02 完成的窗体如图 11-12 所示。

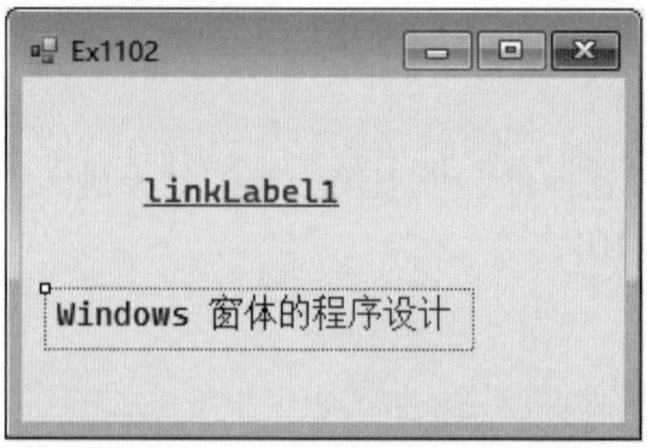

图 11-12　范例 Ex1102 中完成的窗体

步骤03 在窗体空白处双击进入 Form1.cs 程序文件，在其中编写 Form1_Load()事件处理程序的代码。

```
private void Form1_Load(object sender, EventArgs e)
{
   //设置第一个超链接标签控件的属性，链接网页，设置超链接颜色
   lnkGetIP.LinkColor = Color.DarkOrchid;
   //设置单击超链接且尚未放开鼠标按键之前所显示的颜色
   lnkGetIP.ActiveLinkColor = Color.Yellow;
   lnkGetIP.LinkVisited = true; //如果已被浏览过
   //已被浏览过的超链接会改变颜色
   lnkGetIP.VisitedLinkColor = Color.Maroon;
   //鼠标指针停留时才显示下画线
   lnkGetIP.LinkBehavior = LinkBehavior.HoverUnderline;
   //从第 1 个字符开始设置超链接，字符长度为 6
   lnkGetIP.Text = "Visual Studio Web";
   lnkGetIP.LinkArea = new LinkArea(0, 6);
}
```

步骤04 按 Shift+F7 组合键回到 Form1.cs[设计]页签，双击第一个超链接标签控件，编写 lnkGetIP_LinkClicked()事件处理程序的代码。

```
private void lnkGetIP_LinkClicked(object sender,
      LinkLabelLinkClickedEventArgs e)
{
   Process.Start("https://visualstudio.microsoft.com/zh-hans/");
}
```

步骤05 切换到 Form1.cs[设计]页签，双击第二个超链接标签控件，编写 lnkOpenApp_LinkClicked()事件处理程序的代码。

```
private void lnkOpenApp_LinkClicked(object sender,
      LinkLabelLinkClickedEventArgs e)
{
   Process.Start("D:\\C#2022\\CH11\\Ex1101\\bin" +
      "\\Debug\\net6.0-windows\\Ex1101.exe");
}
```

步骤06 按 F5 键，若顺利生成可执行程序，则程序启动后就会开启“窗体”界面。

程序说明

- 第 01~15 行：窗体 Form1_Load()事件处理程序。加载窗体时先变更第一个超链接标签控件的相关属性。
- 第 21~25 行：第一个超链接标签的 lnkLinkIP_LinkClicked()事件处理程序，它以命名空间 System::Diagnostics 中的 Process 类来监控集成网络的处理程序，再通过 Process 类的静态方法 Start()来打开要访问的网址。
- 第 31~36 行：第二个超链接标签的 lnkOpenApp_LinkClicked()事件处理程序，Start()方法要启动的是应用程序，所以要指明路径，每个路径之间必须以“\\”双斜线进行区分。

11.2　编辑文字

文字编辑控件和显示信息控件的最大不同在于用户能在程序执行时输入文字。除此之外，它也能根据程序需求来显示信息。下面介绍常用的 TextBox 和富有格式的 RichTextBox 这两种控件，表 11-6 简要说明了这些控件的作用。

表 11-6　用于文字编辑的控件

控件	用途
TextBox	提供用户输入文字
RichTextBox	能运用文件的概念直接打开，创建 RTF 格式的文件

11.2.1　TextBox 控件

TextBox 控件在前面的几个章节已经陆续对用了一些属性。它除了提供文字的输入外，还能显示信息。此外，还可以根据程序的需求设置对单行文字或多行文字进行编辑，还提供密码字符的屏蔽功能。除了 Text 属性外，文本框还有哪些常见属性、方法和事件呢？先来看表 11-7 的简要说明。

表 11-7　文本框的属性

文本框属性	默认值	说明
MaxLength	32767	设置文本框输入的最大字符数
PasswordChar	空字符	不想显示输入的字符，以其他符号代替
MultiLine	False	文本框是否要多行显示（默认为单行）
ScrollBars	None	是否要有滚动条
WordWrap	True	超过栏宽时能自动换行（True 表示自动换行）
ReadOnly	False	是否为只读状态（False 才能输入文字）
CharacterCasing	Normal	英文字母一律大写或小写
CanUndo		能否撤销文本框先前的操作
SelectionLength		获取或设置文本框中所选择的字符数

一般来说，可以应用 MaxLength 的特性在文本框上限定输入字符的长度。若不想在文本框中显示所输入的内容，PasswordChar 属性就派上用场了，以密码字符屏蔽来代替实际输入的密码。最常见的情况是在文本框中输入密码，通常会以“*”（星号）来取代输入的密码字符。此外，结合 MaxLength、PasswordChar 这两个属性限定密码长度为 6 个字符，程序代码编写如下：

```
textBox1.MaxLength = 6;                  //表示最多只能输入 6 个字符
textBox1.PasswordChar = ‘$’;           //以$取代输入字符
```

文本框一般是单行的。MultiLine 属性能决定文本框是否要以多行显示，默认值 False 表示是单行文本框；设为 True 时，文本框的文字如果超过方框本身宽度的设置，就会自动移到下一行继续显示。当文本框为多行时，就得考虑下面两种情况：

- 超过一行时是否加入换行符号？配合 Lines 属性以字符串数组表示是否可行？
- 多行文字超过文本框的宽或长时，加入滚动条是否较好？

加入文本框后（参考图 11-13），①可单击控件右上角的▶按钮（▶表示收合，◀表示展开）打开其任务列表，②勾选 MultiLine 复选框，让文本框从单行变成多行，也会更新“属性”窗口中的 MultiLine 属性值。

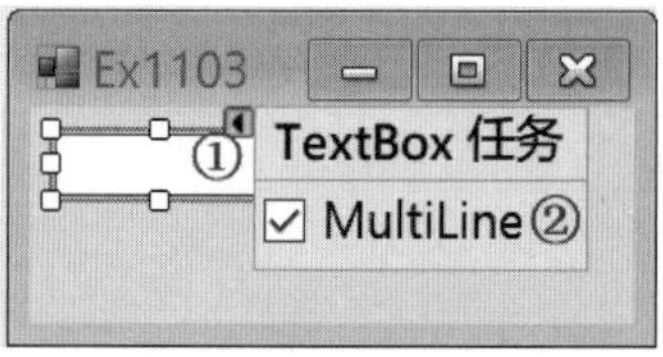

图 11-13　设置文本框的 MultiLine 属性

当文本框的内容为多行时，ScrollBars 属性还提供滚动条来滚动内容。所以 Multiline 属性在为 True 的情况下，滚动条才起作用，它共有 4 个属性值：

- None（默认值）：没有水平和垂直滚动条。
- Horizontal：具有水平滚动条。
- Vertical：具有垂直滚动条。
- Both：水平和垂直滚动条都具有。

文本框的文字超过宽度时，是否要产生换行操作呢？WordWrap 属性的值 True 或 False 会影响其表现。属性值为 False 时不会进行换行操作，属性值为 True 才能使换行起作用。配合 ScrollBars 属性，可编写以下程序代码：

```
textBox1.MultiLine = true;                         //文本框为多行
textBox1.ScrollBars = ScrollBars.Vertical; //垂直滚动条
```

当文本框为多行时，可使用 Text 属性配合换行字符：

```
textBox1.Text ="书封以鸟的意象表征女主角的从容气质，" +
    Environment.NewLine + //换行符号
    "在如雾似幻的人生迷林中寻找心的方向，唯有通过实现愿望，" +
```

```
        Environment.NewLine +
        "穿越重重枝叶挑战后，才能找到属于自己的广阔天空。";
```

- 字符串要断行，必须以双引号引住，再用“+”字符加入 Environment.NewLine 以进行换行操作。

参考图 11-14 的操作步骤，输入多行文字（属性 MultiLine 设为 True），可以从“属性”窗口的 Text 属性着手，具体步骤为：①单击▼按钮展开方块内容，输入文字，②要换新行时，可在前一行的末端按 Enter 键来移到下一行继续输入文字。

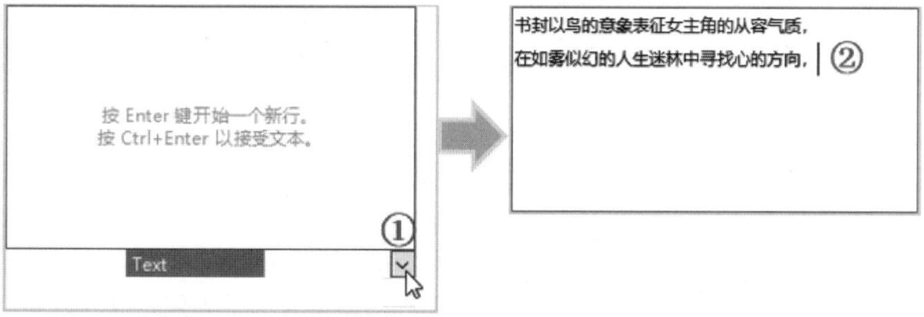

图 11-14　Text 属性可输入多行文字

第二种方法是利用 Lines 属性以字符串数组初始化方式加入字符串。

```
    textBox1.Lines = new string[] {
        "书封以鸟的意象表征女主角的从容气质，",
        "在如雾似幻的人生迷林中寻找心的方向，唯有通过实现愿望，"
    };
```

使用“属性”窗口设置时，找到 Lines 属性，①单击右侧的…按钮，打开“字符串集合编辑器”对话框，可以看到先前输入的文字，②输入文字后按 Enter 键即可换行，③单击“确定”按钮关闭窗口，④回到“属性”窗口，展开属性 Lines 进一步查看，可以看到两行文字形成了[0]和[1]两个数组，如图 11-15 所示。

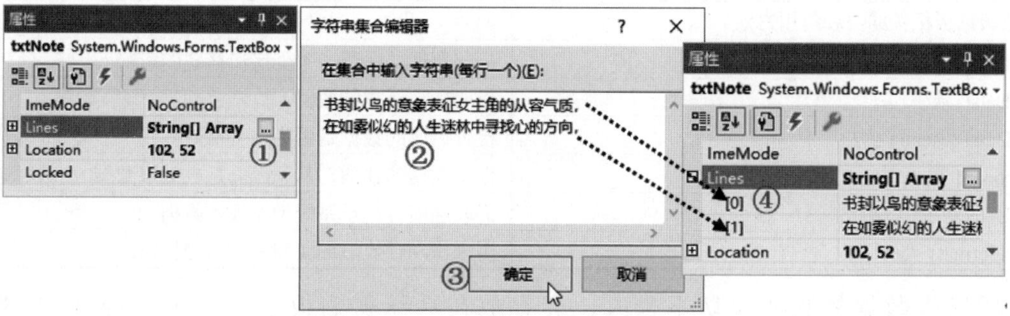

图 11-15　查看 Lines 属性在输入文字前后的不同

当文本框有内容时，还可以使用 ReadOnly 属性设置文本框的内容是否为只读状态，设为 True 表示是只读状态，无法修改；False 表示非只读状态（默认值），这个设置才能输入或修改文字。表 11-8 列出了文本框控件的一些常用方法。

表 11-8 文本框控件的一些常用方法

文本框控件常用方法	说明
Clear()	清除文本框中的所有文字
Focus()	将焦点（插入点）切换到指定的控件
ClearUndo()	将最近执行的操作从文本框的撤销缓冲区清除
Copy()	将文本框选择的文字范围复制到“剪贴板”
Cut()	将文本框选择的文字范围搬移到“剪贴板”
Paste()	用剪贴板的内容取代文本框的选择范围
Undo()	撤销文本框中上次的编辑操作

TextChange()事件是指文本框的 Text 属性被改变时所触发的事件。当文本框的 Text 属性被修改或变更时，如果希望相关的控件也进行改变，就可以通过此事件处理程序来处理。

在 Windows 操作系统中，读者对于剪贴板的功能一定不陌生，通常剪贴板是暂存数据的地方，通过 Clipboard 类所提供的方法与 Windows 操作系统的剪贴板互动。数据放入剪贴板时，会存放与数据有关的格式，以便使用该格式的应用程序能够识别。当然，也可以将不同格式的数据放入剪贴板中，方便其他应用程序的处理。

使用文本编辑器时，复制、剪切和移动是避免不了的操作，此时 IDataObject 接口能提供不受数据格式影响的传送接口。所有 Windows 应用程序都共享“系统剪贴板”，配合 Clipboard 类提供了两个方法：SetDataObject()方法将数据存放在剪贴板中，通过 GetDataObject()方法来提取剪贴板的数据。

在操作过程中，如果要保存原有的数据格式，Clipboard 类可配合 DataFormats 类，借助 IDataObject 接口的数据格式。如果是标准的 ANSI 格式，就以 DataFormats.Text 表示；若为 Unicode 字符，则使用 DataFormats.UnicodeText 语句。相关的类和常用方法列于表 11-9 中供读者参考。

表 11-9 与系统剪贴板相关的类和常用方法

系统剪贴板相关的类和常用方法	说明
IDataObject 接口	提取数据并保留，不受接口格式的影响
GetData()方法	提取指定格式的数据
GetDataPresent()方法	检查提取的数据是否为原有格式
Clipboard 类	提供数据的存放，从系统剪贴板提取数据
GetDataObject()方法	提取当前存放于系统剪贴板的数据
DataFormats 类	用来识别存放 IDataObject 的数据格式

所以将数据复制或剪切下来时，会存放在系统剪贴板中，调用 Clipboard 类的 GetDataObject()方法存放在 IDataObject 接口中。如果要取出数据并保持格式，就得调用 IDataObject 接口的 GetData()方法，并指定 DataFormats 类来保持数据格式。

```
IDataObject buff = Clipboard.GetDataObject();
buff.GetData(DataFormats.Text);
```

- Clipboard 对象调用 GetDataOjbect()方法从系统剪贴板获取数据。

范例 Ex1103.csproj

（1）程序规划

以文本框的相关属性来创建一个简易的文本编辑器。使用系统的剪贴板进行基本操作，例如复制、剪切、粘贴和撤销操作。

（2）窗体操作

步骤 01 窗体启动后，在文本框中输入文字。①选择要复制的内容，②单击“复制”按钮，把插入点移向文本框的末端，如图 11-16 所示。

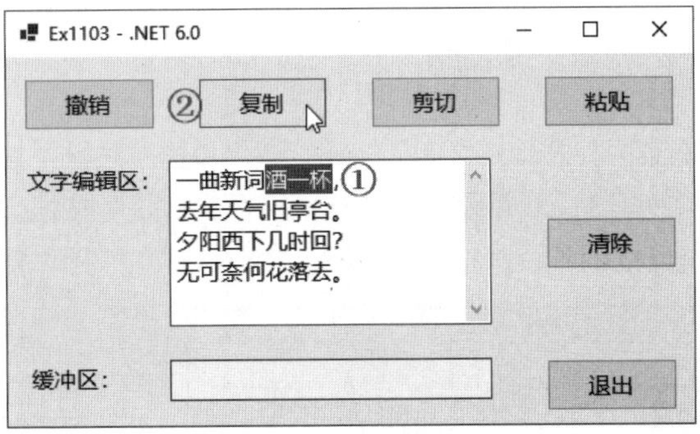

图 11-16　复制操作

步骤 02 复制的内容会显示在下方的缓冲区（浅色文本框）中，如图 11-17 所示。单击“粘贴”按钮会把复制的内容“酒一杯”粘贴在末端并清空缓冲区，如图 11-18 所示。单击“撤销”按钮就会发现文本框的文字恢复原状，如图 11-19 所示。

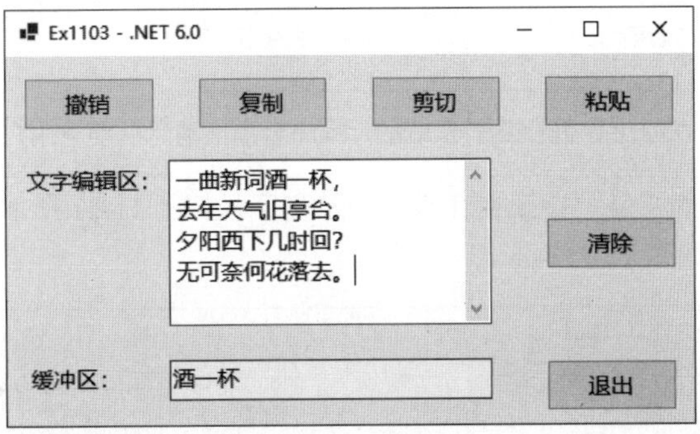

图 11-17　复制的内容显示在下方的缓冲区中

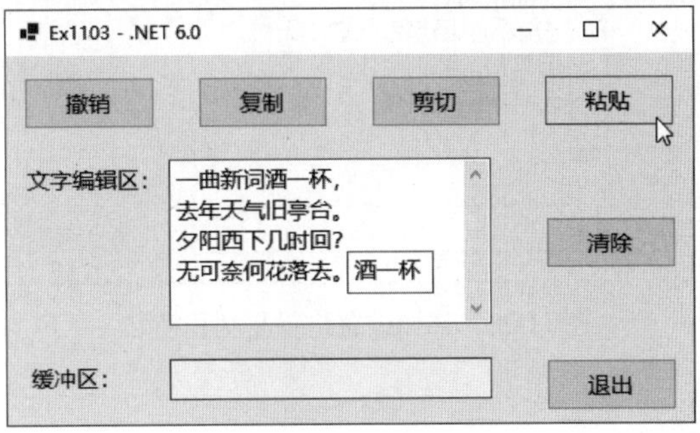

图 11-18　粘贴操作

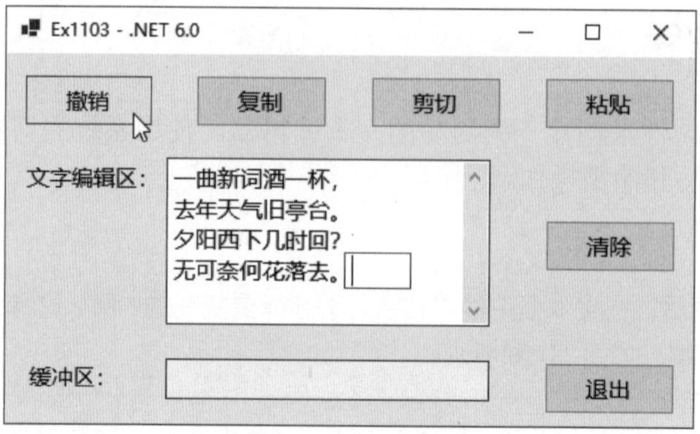

图 11-19　撤销操作

步骤 03 ①再一次选取文字，②单“复制”按钮，③再单击“粘贴”按钮，由于没有移动插入焦点，因此会弹出消息框，如图 11-20 所示，④单击消息框的“是”按钮，就会在原有位置粘贴文字并关闭消息框，若单击消息框的“否”按钮，则不会执行“粘贴”操作并关闭消息框。

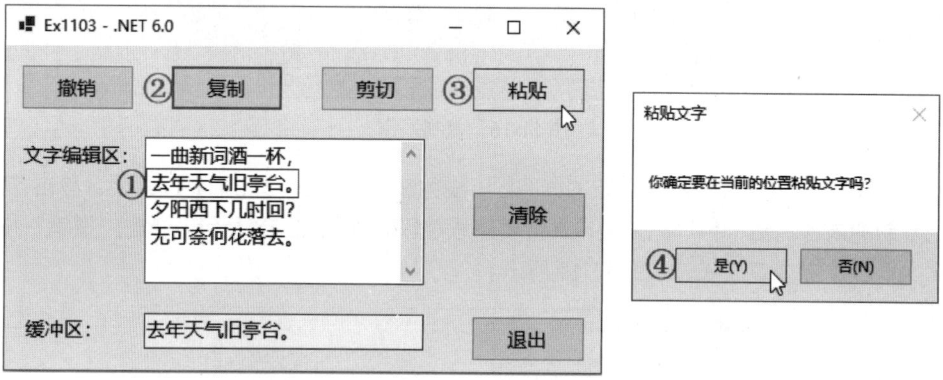

图 11-20　在原位置进行复制和粘贴，程序会弹出消息框要求用户确认操作

步骤 04 单击消息框的“是”按钮会在原处粘贴文字，如图 11-21 所示；单击“清除”按钮会清空文本框的文字内容，如图 11-22 所示。

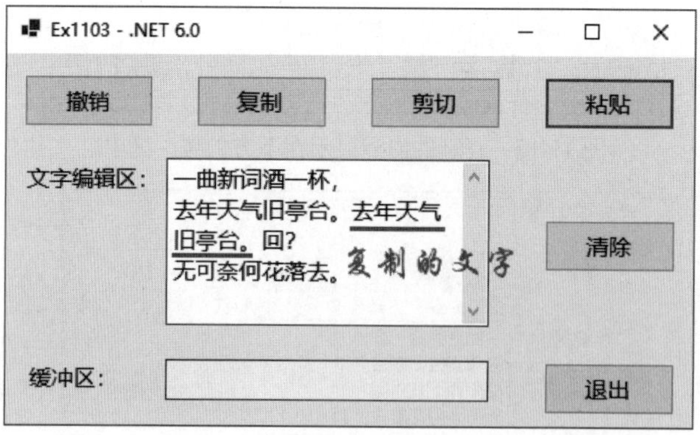

图 11-21　在原位置进行复制和粘贴

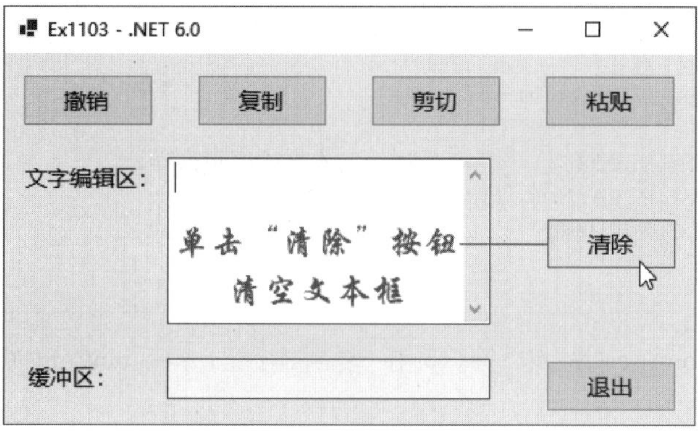

图 11-22　清空文本框

（3）控件属性的设置和相关程序代码

步骤 01 创建 Windows 窗体应用项目 Ex1103，框架选择“.NET 6.0（长期支持）”。在窗体上加入如表 11-10 所示的控件并设置其属性值。

表 11-10　范例项目 Ex1103 使用的控件、属性及设置的属性值

控件	属性	属性值	控件	属性	属性值
Button1	Name	btnUndo	Button2	Name	btnCopy
	Text	撤销		Text	复制
Button3	Name	btnCut	Button4	Name	btnPaste
	Text	剪切		Text	粘贴
Button5	Name	btnExit	Button6	Name	btnClear
	Text	退出		Text	清除
Label1	Text	文字编辑区：	Label2	Text	缓冲区：
TextBox1	Name	txtNote	TextBox2	Name	txtBuffer
	MultiLine	True		BorderStyle	FixedSingle
	ScrollBars	Vertical		BackColor	PaleGreen
				ReadOnly	True

步骤 02 完成的窗体如图 11-23 所示。

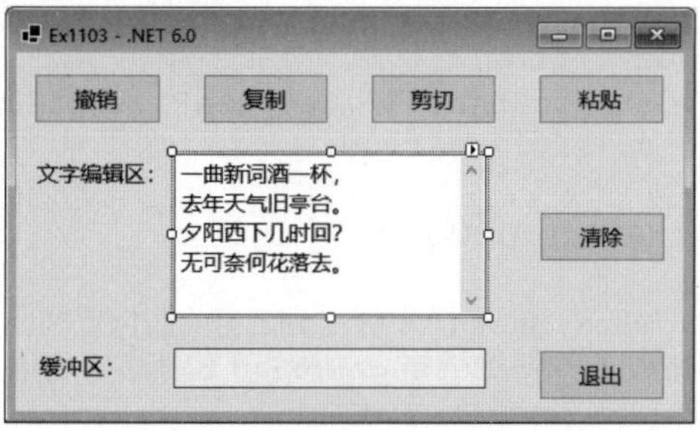

图 11-23　范例 Ex1103 中完成的窗体

步骤 03 双击“撤销”按钮进入程序代码编辑区（打开 Form1.cs 程序文件），编写 btnUndo_Click 事件处理程序的代码。

```
private void btnUndo_Click(object sender, EventArgs e)
{
   if (txtNote.CanUndo == true)
   {
      txtNote.Undo();        //撤销文本框的编辑操作
      txtNote.ClearUndo(); //清除撤销缓冲区
      txtNote.Focus();       //获取文本框的输入焦点
   }
}
```

步骤 04 切换到 Form1.cs[设计]页签。双击“复制”按钮，编写 btnCopy_Click 事件处理程序的代码。

```
private void btnCopy_Click(object sender, EventArgs e)
{
   if (txtNote.SelectionLength > 0)
   {
      txtNote.Copy();   //将数据复制到缓冲区
      //IDataObject 提取文字内容并保留，不受接口格式的影响
      IDataObject buff = Clipboard.GetDataObject();
      //检查从系统剪贴板提取的数据，是否为原有格式
      if (buff.GetDataPresent(DataFormats.Text))
      {
         txtBuffer.Text = (String)
            (buff.GetData(DataFormats.UnicodeText));
      }
   }
   else
   {
      MessageBox.Show("没有选取一段文字！", "进行复制",
         MessageBoxButtons.OK, MessageBoxIcon.Warning);
   }
}
```

步骤 05 回到 Form1.cs[设计]页签，双击“粘贴”按钮，编写 btnPaste_Click 事件处理程序的代码，其余程序代码请参阅本书提供下载的完整范例项目。

```
private void btnPaste_Click(object sender, EventArgs e)
{
   txtBuffer.Clear();
   btnClear.Enabled = true;
   if (Clipboard.GetDataObject().GetDataPresent(
         DataFormats.Text) == true)
   {
      if (txtNote.SelectionLength > 0)
      {
         if (MessageBox.Show("你确定要在当前的位置粘贴文字吗？"
               , "粘贴文字", MessageBoxButtons.YesNo)
               == DialogResult.Yes)
         {
            //设置字符的起点来粘贴文字
            txtNote.SelectionStart =
               txtNote.SelectionStart +
               txtNote.SelectionLength;
```

```
48           }
49           else
50              //如果单击消息框的“否”按钮，则清除剪贴簿内容
51              Clipboard.Clear();
52        } //第二层 if 语句
53        txtNote.Paste();//调用粘贴方法
54     } //第一层 if 语句
55 }
```

步骤06 按 F5 键，若顺利生成可执行程序，则程序启动后就会开启“窗体”界面。

程序说明

- 第 03~08 行：“撤销”按钮的 Click()事件。if 语句用于条件判断，当文本框控件的 CanUndo 为 true 时才能执行撤销操作，Undo()方法将文本框的内容恢复原状。ClearUndo()方法清除撤销缓冲区中的文字内容，并调用 Focus()方法获取输入焦点。
- 第 11~30 行：“复制”按钮的 Click()事件。要将文本框选择的文字复制到系统剪贴板，被复制的文字能显示在另一个文本框缓冲区(txtBuffer)，共有两个 if 语句用于条件判断。
- 第 13~29 行：第一层 if-else 语句。SelectionLength 属性判断是否有选取的文字，大于 0 时(选取好了文字)，Copy()方法会将选取的文字复制到“系统剪贴板”，存于 IDataObject 的 buff 对象中。
- 第 19~23 行：单击“复制”按钮时，提取系统剪贴板中的文字内容并显示在另一个文本框 txtBuffer 中。在第二层 if 语句中，调用 GetDataPresent()方法判断要传送的 buff 对象是否存在，如果存在，以 DataFormats 来指定 ANSI 标准格式，通过字符串方式显示在 txtBuffer 文本框中。
- 第 31~55 行：单击“粘贴”按钮，以系统剪贴板的文字内容取代原来选取的文字。
- 第 35~54 行：第一层 if 语句，先调用 GetDataPresent()方法判断是否从系统剪贴板提取到了文字内容，如果提取到了，则调用 Paste()方法执行粘贴操作。
- 第 38~52 行：第二层 if 语句进一步判断文本框是否有文字。
- 第 40~51 行：第三层 if 语句，以消息框来询问用户是否要执行粘贴操作。当用户单击消息框中的“是”按钮时，使用 SelectionStart 属性获取光标所在位置，进而执行粘贴操作。当用户单击消息框中的“否”按钮时，就会清除系统剪贴板中的内容。

11.2.2 RichTextBox 控件

RichTextBox 控件也能提供文字的输入和编辑。以 Rich 为开头，表示它比 TextBox 控件提供了更多格式化的功能。在窗体上加入 RichTextBox 控件，由于它支持多行文字功能，因此使用右上角的▶按钮（展开后变成◀按钮）来打开下拉列表，以进行简易的属性设置，如图 11-24 所示。

图 11-24　属性设置

单击如图 11-24 所示的“编辑文本行”选项，打开“字符串集合编辑器”对话框，以便输入内容（按 Enter 键换行）。当我们输入文字后，它们会反映在“属性”窗口的 Text 和 Lines 属性上，如图 11-25 所示。

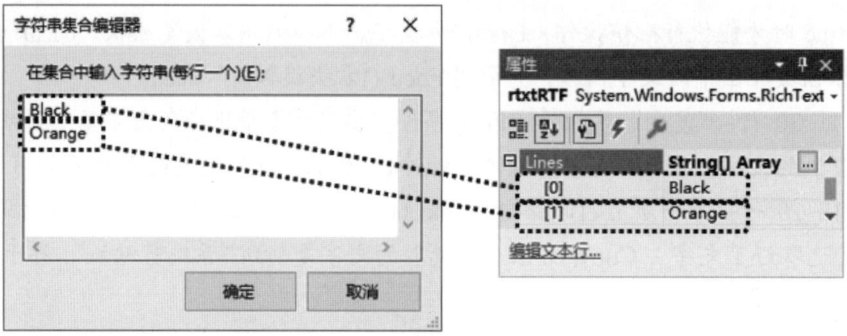

图 11-25　“字符串集合编辑器”对话框

单击 RichTextBox 控件任务列表的“在父容器中停靠”，会让控件填满整个窗体，再单击“取消在父容器中停靠”会恢复到原来的大小。此处的“父容器”是指窗体，它使用了 Dock 属性，如图 11-26 所示。

图 11-26　Dock 属性值会按父容器进行调整

如图 11-26 所示的设置可以反映到 Dock 属性，属性值为 Fill。参考图 11-27，从“属性”窗口找到 Dock 属性，单击 按钮展开相关属性值，中间的 Fill 属性值颜色不同。下方是默认值 None，就是原来控件的大小，当 Dock 属性被改变时，也会影响它的 Size 属性。

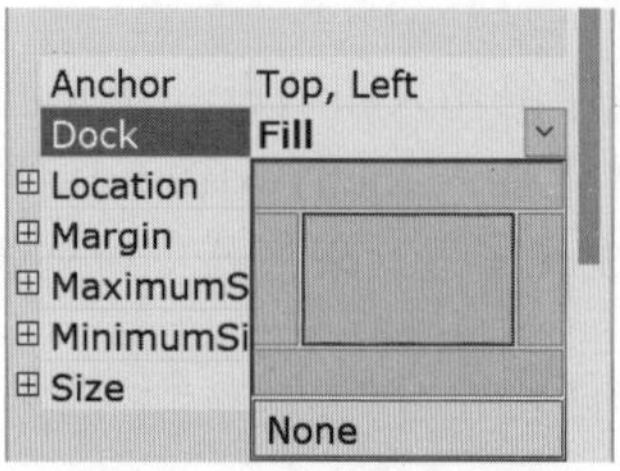

图 11-27　设置 Dock 属性

Dock 属性值还有哪些？这些属性值都属于 DockStyle 枚举类型，简要说明如图 11-28 所示。

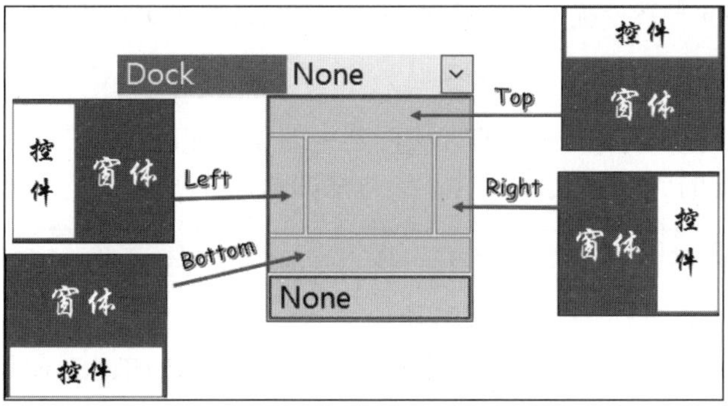

图 11-28　DockStyle 枚举值

TextBox 方块一般会以纯文本为主，选取文字之后并不能改变文字格式；但使用 RichTextBox 就不同了，选取文字后，可以将文字设成粗体或改变字体的颜色。先介绍 RichTextBox 与字体、颜色有关的两个属性：

- SelectionFont：将选取的文字变成粗体或斜体。
- SelectionColor：改变选取的文字的颜色。

使用 RichTextBox 控件输入文字后，要改变文字的格式，必须先选取文字。设置相关属性的示例程序语句如下：

```
richTextBox1.SelectionFont = new Font(“楷体”, 12);
richTextBox1.SelectionFont = new Font(this.Font,
  FontStyle.Bold);   //将选取的文字变成粗体
richTextBox1.SelectionColor = Color.Blue;//设置文字的颜色
```

由于系统本身已经指定了原有的字体和颜色，因此引用了 System.Drawing 命名空间下的 Font 类，实例化对象后才能变更属性。

要让 RichTextBox 的文字更具条理性，配合使用下面两个属性有更好的效果：

- SelectionBullet：在文字中加入表项符号列表。
- SelectionIndent：文字有缩进效果。

使用 SelectionBullet 属性创建表项列表符号时，必须将属性设为 true 才会启用，然后将属性设回 false，以便关闭表项列表符号的功能。

```
//启用表项符号列表
richTextBox1.SelectionBullet = true;
//加入表项列表符号
  richTextBox1.SelectedText = "Visual C++ 2013\n";
  richTextBox1.SelectedText = "Visual Basic 2013\n"
  richTextBox1.SelectedText = "Visual C# 2013\n";
//结束表项符号列表
richTextBox1.SelectionBullet = false;
richTextBox.SelectionIndent = 20;   //文字缩排
```

- 使用表项符号时，指定的文字之后要加上 "\n" 进行换行操作，否则会没有效果。
- SelectionIndent 用来设置文字左边沿和控件之间的距离文字左边缘和控件之间的距离，以像素为单位。

RichTextBox 控件也有一些常用的方法，其中的 LoadFile()方法具有打开文件的功能，并支持 RTF 格式或标准的 ASCII 文本文件，该方法的语法如下：

```
void LoadFile(String path);
```

- path 字符串用于指定加载文件的路径。
- LoadFile()方法加载文件时，加载的文件内容会取代 RichTextBox 控件的原有内容，所以它的 Text 和 Rtf 属性的值会改变。

如果要存储文件，RichTextBox 控件提供了 SaveFile()方法。它可以指定文件存储的位置和文件存储的类型，可用来存储现有的 RTF 格式或标准 ASCII 文本文件，它的语法如下：

```
void SaveFile(String path, RichTextBoxStreamType fileType);
```

- path 代表文件的路径。若文件名已经存在于指定目录，则源文件会被直接覆盖而不进行任何通知。
- fileType：指定输入/输出的文件类型，它会使用 RichTextBoxStreamType 枚举类型所提供的成员，相关说明请参考表 11-11。

表 11-11　RichTextBoxStreamType 枚举类成员

成员	说明
PlainText	代表 OLE 对象的纯文本数据流，文字中允许有空格
RichNoOleObjs	OLE 对象的 Rich Text 格式（RTF）数据流，文字中能包含空格
RichText	RTF 格式的数据流
TextTextOleObjs	OLE 对象的纯文本数据流
UnicodePlainText	文字以 Unicode 编码为主，包含空字符串的 OLE 对象文字数据流

要在 RichTextBox 文字内容中查找特定的字符串，可调用 Find()方法，它支持 RichTextBox。其语法如下：

```
int Find(String str, RichTextBoxFinds options);
```

- str：代表要查找的字符串，返回控件中第一个字符的位置。若返回负值，则表示控件中找不到要查找的文字字符串。
- options：表示查找字符串需指定的值，由 RichTextBoxFinds 枚举类提供 5 个参数值，可参照表 11-12 的说明。

表 11-12　RichTextBoxFinds 枚举类的成员

RichTextBoxTinds	说明
None	查找出相近的文字
MatchCase	找出大小写相同的目标文字

（续表）

RichTextBoxTinds	说明
NoHighlight	找到的字符串不会反白显示
Reverse	查找方向从文件结尾开始，并搜索至文件的开头
WholeWord	只找出整句拼写完全相符的文字

范例 Ex1104.csproj

（1）程序规划

调用 LoadFile()方法来加载文件，加载过程调用 Find()方法来查找特定的字符串，并为此特定字符串设置格式，显示在 RichTextBox 文本框中，最后调用 SaveFile()方法把文本框中的内容另存到指定的文件中。

（2）窗体操作

步骤 01 执行程序加载窗体（见图 11-29）。单击“打开文件”按钮后，自行加载文件并进入查找状态，第一个被找到的字符串会用消息框显示其字符串的下标编号。

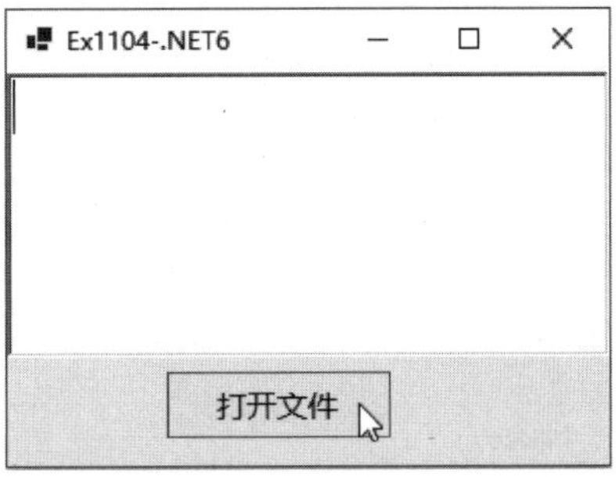

图 11-29　范例 Ex1104 执行程序后加载窗体

步骤 02 单击“确定”按钮后，会继续往下查找直到找到全部匹配的字符串，并用消息框来逐一显示，将找到的文字以橘红色标示出来。单击消息框中的“确定”按钮，再单击窗体右上角的☒按钮关闭窗体，如图 11-30 所示。

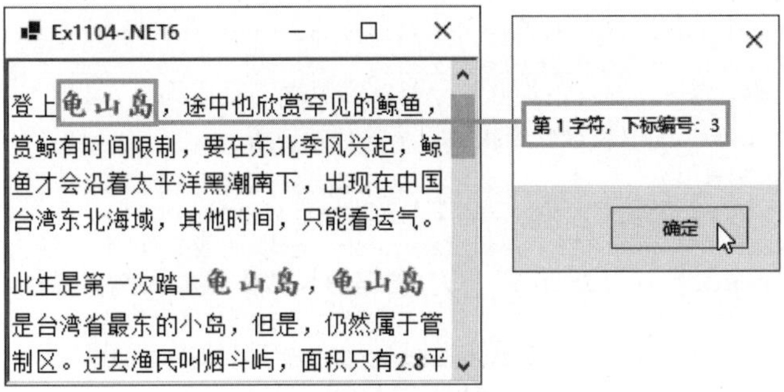

图 11-30　消息框显示找到的文字

步骤 03 查找并标示找到的文字，最后会把所有文字内容另存到一个名为 Change.rtf 的文件中，打开这个新创建的文件，看看是否将找到的字符串字体放大了且改变了颜色，如图 11-31 所示。

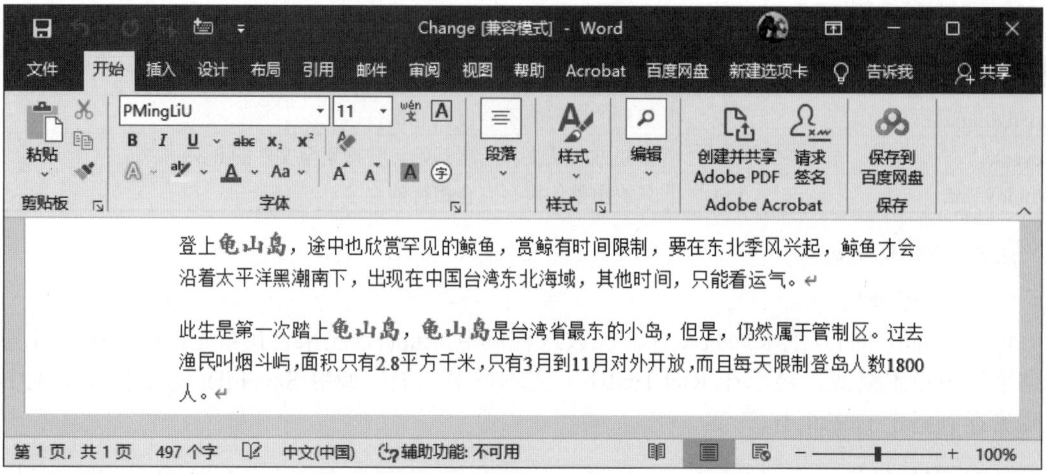

图 11-31　放大字体并改变颜色

（3）控件属性的设置和相关程序代码

步骤 01 创建 Windows 窗体范例项目 Ex1104，在窗体上加入如表 11-13 所示的控件并设置它们的属性值。

表11-13　范例项目Ex1104使用的控件、属性及设置的属性值

控件	属性	属性值
RichTextBox	Name	rtxtRTF
	Dock	Top
Button	Name	btnOpen
	Text	打开文件

步骤 02 双击“打开文件”按钮，编写 btnOpen_Click()事件处理程序的代码。

```
private void btnOpen_Click(object sender, EventArgs e)
{
  btnOpen.Visible = false;   //隐藏按钮控件
  //文本框大小根据窗体来填满
  rtxtRTF.Dock = DockStyle.Fill;
  string target = "龟山岛"; //查找字符串
  int begin = 1;//设置要查找字符串的起始位置
  int count = 1;
  rtxtRTF.LoadFile("D:\\C#2022\\Demo\\Demo.rtf");
  int result = rtxtRTF.TextLength;//获取加载文件的总字符串长度
  while (result > begin)   //字符串总长度是否大于字符位置
  {
    //调用 SearchText()方法来返回第一个字符串的下标位置
    int outcome = SearchText(target, begin);
    string strHave =   //字符串内插方法
      $"第 {count} 字符，下标编号：{outcome}";
    MessageBox.Show(strHave);
    begin += outcome;//更改要寻找的字符串的下标位置
    count++;
  }
```

```
21    rtxtRTF.SaveFile("D:\\C#2022\\Demo\\Change.rtf",
22       RichTextBoxStreamType.RichText);
23 }
```

步骤 03 在 SearchText()方法中编写如下的程序代码。

```
31 public int SearchText(string word, int start)
32 {
33    int result = -1;//没有找到匹配的字符串时返回-1
34    if (word.Length > 0 && start >= 0)
35    {
36       int MatchText = rtxtRTF.Find(word, start,
37          RichTextBoxFinds.None);
38       //找到匹配的字符串，将字体大小设置为14，字体加粗，重设字体颜色
39       rtxtRTF.SelectionFont = new Font(
40          "楷体", 14, FontStyle.Bold);
41       rtxtRTF.SelectionColor = Color.OrangeRed;
42       if (MatchText >= 0)
43          result = MatchText;
44    }
45    return result;
46 }
```

步骤 04 按 F5 键，若顺利生成可执行程序，则程序启动后就会开启“窗体”界面。

程序说明

- 第 01~23 行：按钮的 Click 事件，单击按钮后，按指定路径加载 Demo.rtf 文件。
- 第 09 行：调用 LoadFile()方法加载指定路径的文件，此处只能加载 RTF 格式的文件。
- 第 10 行：使用 TextLength 属性来获取加载文件的总字符数。
- 第 11~20 行：while 语句。当字符总长度大于查找字符的起始位置时，调用 SearchText()方法并传入要查找字符串和字符的位置。由于 Find()方法只会将找到的第一个匹配的字符串给予反白，因此找到字符串返回下标位置后，使用 begin 变量更改下标位置，直到字符串的下标值大于总字符长度时停止。获取信息后，调用 Message 类的 Show()方法输出。
- 第 21、22 行：调用 SaveFile()方法将更改过的文字（即字符串）存盘，同样要指定路径，并以 RichText 格式来存储。
- 第 31~46 行：SearchText()方法，传入两个参数：要查找的字符串和字符串的起始位置。找到匹配的字符串就使用 return 语句返回下标编号。
- 第 34~44 行：第一层 if 语句，判断是否传入了参数值。如果传入了，就进一步进行查找。
- 第 36、37 行：使用 Find()方法查找字符串，None 表示只要找到相似的即可，然后获取字符串的下标编号，以 MatchText 来存储。
- 第 39、40 行：Find()方法找到字符串时会给予反白，这里取消反白，使用 SelectionFont 属性改变此字符串的字体和字体大小，SelectionColor 属性值修改为 OrangeRed 颜色。
- 第 42、43 行：第二层 if 语句，确认找到字符串的下标编号要大于 0，再存放到 result 变量中，然后以 return 语句返回找到的字符串的下标编号。

11.2.3 计时的 Timer 控件

Timer 控件是一个非常特殊的控件，它是 Windows 窗体专有的，可用来处理计时的操作。例如，每隔一段时间改变画面上的图片位置，让它具有动画效果。使用 Timer 来控制时间，表 11-14 列出了其相关成员的简要说明。

表 11-14 Timer 控件的成员

Timer 控件的成员	默认属性值	说明
Enabled	false（不启动）	是否启动定时器（true 表示启动定时器并计时）
Interval	0（不计时）	设置定时器的间隔时间，以千分之一秒（毫秒）为单位，“Interval = 1000”表示 1 秒
start()		启动定时器
stop()		停止定时器
Tick()事件		间隔时间内所触发的事件

由于 Timer 控件是一个组件，程序在运行时是看不到它的（在后台运行），因此设计阶段它不会和控件一起出现在窗体上，而是显示在设计工具底部的“匣”中。如何加入 Timer 控件呢？展开工具箱的组件，找到 Timer 控件并双击，会发现它在窗体的底部，而非窗体上，如图 11-32 所示。

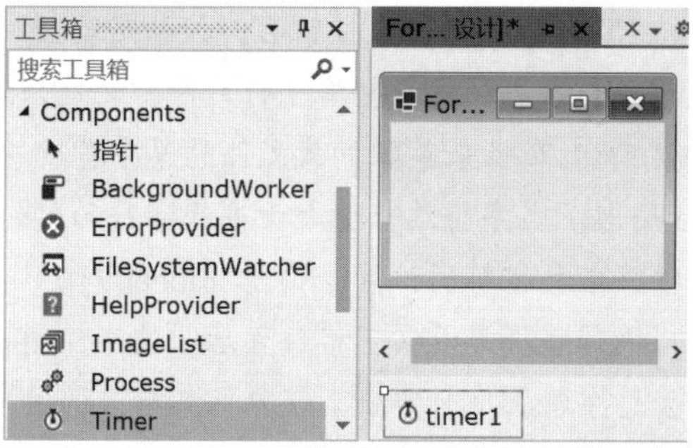

图 11-32 找到 Timer 控件

Tick()事件会以 Interval 的属性值为时间周期并根据其时间周期来更新画面。此外，下面的范例项目会加入 ProgressBar 控件，常用的几个成员如下：

- Value 属性：获取或设置进度条的值，默认值为 0。
- Step 属性：设置进度条每次递增的步长，默认值为 10。
- Maximum 属性：获取或设置进度条范围的最大值，默认值为 100。
- Minimum 属性：获取或设置进度条范围的最小值，默认值为 0。
- Increment()方法：进度条移动时指定的移动量。

范例 Ex1105.csproj

（1）程序规划

用 ProgressBar 控件来模仿下载文件的过程，以标签控件显示已完成进度的信息，Timer

组件的 Start()方法会启动定时器。

（2）窗体操作

单击“开始计时”按钮后，让窗体下方的两个按钮不起作用，随着进度条的完成，这两个按钮才恢复作用，单击“结束”按钮来关闭窗体，如图 11-33 所示。

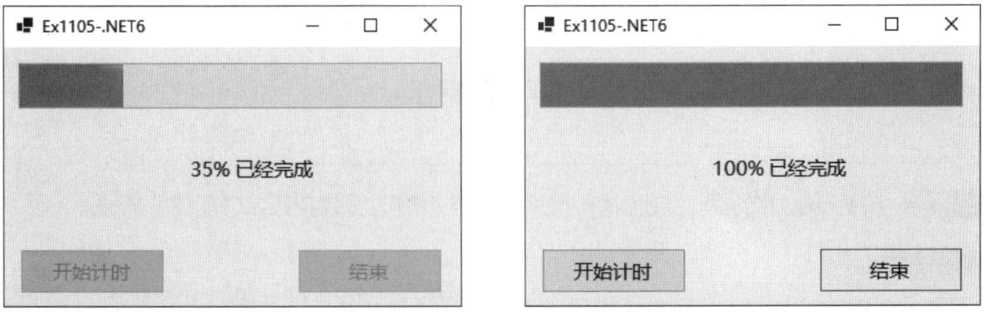

图 11-33　范例 Ex1105 的执行过程和结果

（3）控件属性设置和相关程序代码

步骤 01 创建 Windows 窗体项目 Ex1105，在窗体上加入两个 Button 和一个 Program 控件，并参照表 11-15 完成相关的属性设置。

表 11-15　范例项目 Ex1105 使用的控件、属性及设置的属性值

控件	属性	属性值	控件	属性	属性值
Label	Name	lblInfo	Button1	btnStart	开始计时
Timer	Name	tmrReckon	Button2	btnExit	结束
	Interval	250	ProgressBar	psbTimeBar	

步骤 02 完成的窗体如图 11-34 所示。

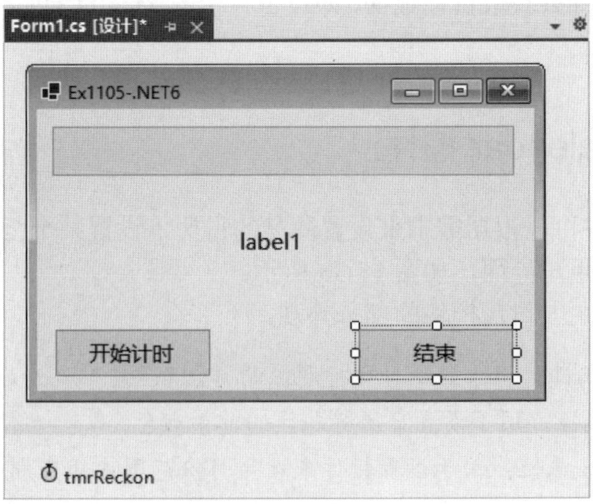

图 11-34　范例 Ex1105 完成的窗体

步骤 03 双击 Timer 组件，编写 tmrReckon_Tick()事件处理程序的代码，两个按钮相关的程序代码请参考本书提供下载的完整范例项目。

```
01 private void tmrReckon_Tick(object sender, EventArgs e)
02 {
03    prbTimeBar.Increment(5);  //显示进度条的当前位置
04    lblInfo.Text = String.Format
05       ($"{prbTimeBar.Value}% 已经完成");
06    if (prbTimeBar.Value == prbTimeBar.Maximum)
07    {
08       btnStart.Enabled = true;   //恢复按钮的作用
09       btnExit.Enabled = true;
10       tmrReckon.Stop();   //停止定时器
11    }
12 }
```

步骤 04 按 F5 键，若顺利生成可执行程序，则程序启动后就会开启“窗体”画面。

程序说明

- 第 01~12 行：根据 Interval 属性值来触发 Timer 控件的 Tick()事件，表示每间隔 0.25 秒就会让进度条的刻度值前移，配合进度条的 Increment()方法来显示进度条的位置。
- 第 04 行：标签控件配合 String 类的 Format()方法来提取进度条的 Value 属性值，显示进度条的变化。
- 第 06~11 行：以 if 语句对进度条的 Value 属性值进行条件设置，当它和进度的最大值相等时，就让两个按钮恢复作用，调用 Stop()方法来停止定时器的计时功能。

11.3 日期处理

获取日期数据，前面各个章节的范例都是使用 DataTime 结构。实际上，.NET Framework 提供了两个图形化的控件来获取日期数据，即设置月份的 MonthCalendar 控件和可以选择日期的 DateTimePicker 控件。

11.3.1 MonchCalendar 控件

MonthCalendar 控件可以根据需求来设置简易的日历，设置某个范围的日期，提供一个具有“亲和力”的可视化用户界面，如图 11-35 所示。

使用下列属性可以更改日历控件的部分外观：

- TitleBackColor 属性：用于显示日历标题区的背景颜色。
- TitelForeColor 属性：用于设置日历标题区的前景颜色。
- TrailingForeColor 属性：用于设置控件未在主月份范围内的日期颜色。

此外，CalendarDimensions 属性用来设置 MonthCalendar 控件要显示的月份的行列数目，属性默认值“1, 1”表示只显示单月份，变更属性值为“2, 1”会以水平方向展现双月内容，如图 11-36 所示。

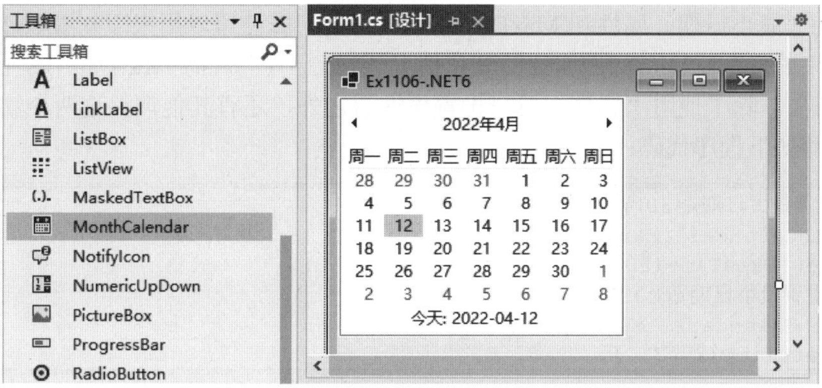

图 11-35　MonthCalendar 控件

图 11-36　设置 MonthCalendar 控件显示的行数和列数

使用 MonthCalendar 控件来设置连续选取某个日期区间的最多天数：

- MaxSelectionCount 属性，默认值为 7。
- SelectionRange 属性的默认值为当天对应的日期。

若属性 MaxSelectionCount 的值为 7，则表示 SelectionRange 属性值的 Start 和 End 之差不能大于 7。例如，将 SeletionRange 的 Start 修改为“2022/04/02”，End 就会自动修改为“2022/04/08”，而 MonthCalendar 控件自动以灰色背景标示连续选取的日期区期，如图 11-37 所示。

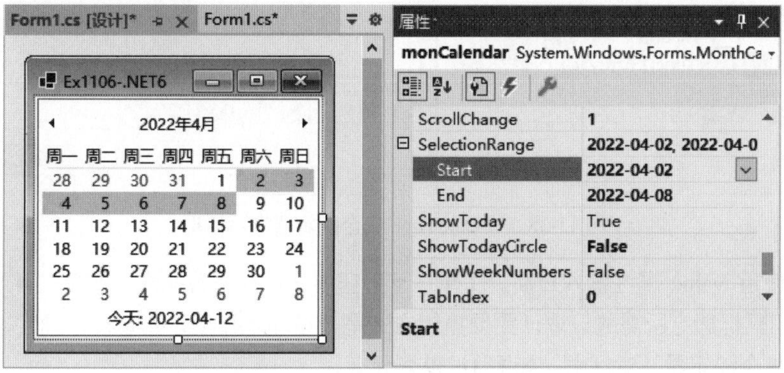

图 11-37　连续选取某个日期区间

MinDate（最小日期）属性和 MaxDate（最大日期）属性可以用来限制 MonthCalendar 控件开始和结束的日期。MinDate 属性的默认值为“1753/1/1”，而 MaxDate 属性的默认值为“9998/12/31”。除了使用“属性”窗口设置属性值之外，还有其他调整这两个属性值的方法吗？可以编写如下程序代码：

```
//设置最大日期是 2022 年 12 月 31 日
monthCalendar1.MaxDate =
  new DateTime(2022, 12, 31, 0, 0, 0, 0);
// 设置最小日期是 2022 年 1 月 1 日
monthCalendar1. MinDate = new
  DateTime(2022, 1, 1, 0, 0, 0, 0);
```

- 引用 DataTime 结构的构造函数，以 new 运算符重新设置新值。

所谓“特定的日期”，是把日历中某个特定的日期加到备忘录中，或者将它标示出来，而 MonthCalendar 控件中提供下列属性来设置特定的日期：

- BoldedDates 属性：显示非循环的特定日期，采用集合方式，以粗体表示。例如，学校的期中考日期。
- MonthlyDoldedDates 属性：每月循环的日期，采用集合方式，以粗体表示。例如，每月初 5 的领薪日。
- AnnuallyBoldedDates 属性：设置每年固定的日期，采用集合方式，以粗体表示。例如，法定假日、好朋友的生日等。

如何设置这些特定的日期呢？下面通过在“属性”窗口中设置 BoldedDates 属性来简单说明。

MonthCalendar 控件

步骤 01 ①单击 BoldedDates 右侧的 按钮，进入“DateTime 集合编辑器”对话框，②单击“添加”按钮，会在窗口左侧加入 DataTime 结构，如图 11-38 所示。

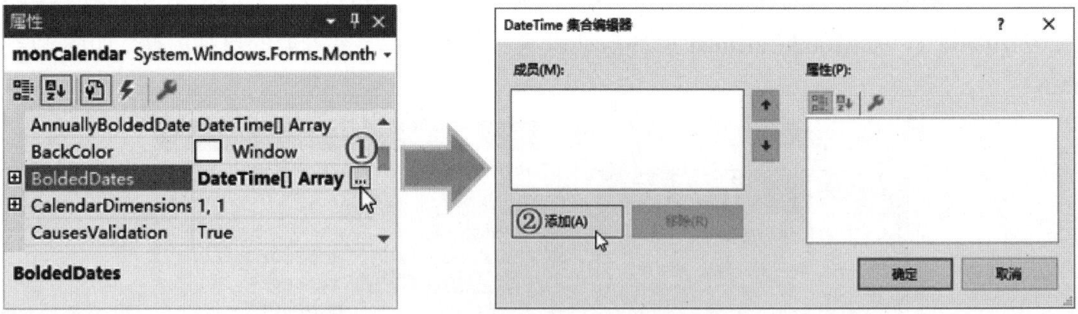

图 11-38 “DateTime 集合编辑器”对话框

步骤 02 使用 Value 属性输入日期。①单击▼按钮展开日期下拉列表，②单击◀或▶按钮来调整月份，③再用鼠标选定所需的日期，更便捷的方式是直接输入日期，④单击“确定”按钮即可关闭“DateTime 集合编辑器”对话框，如图 11-39 所示。

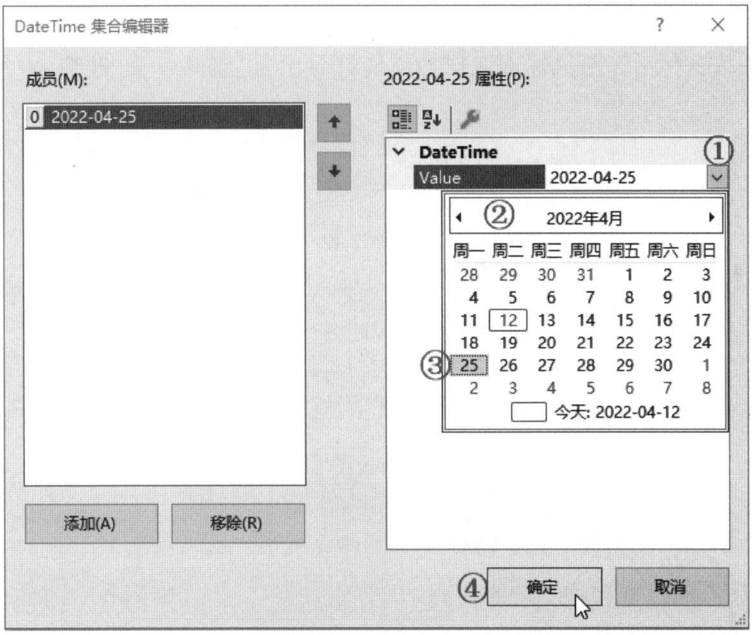

图 11-39　输入日期

步骤 03 要加入第二个日期，则再次单击“添加”按钮并设置 Value 的值即可。

要以程序代码来添加特定的日期，可采用如下的程序语句：

```
DateTime one = new DateTime(2022, 1, 12);
DateTime tow = new DateTime(2022, 2, 18);
monthCalendar1.AddAnnuallyBoldedDate(one);
monthCalendar1.AddAnnuallyBoldedDate(two);
monthCalendar1.UpdateBoldeDates();
```

- *以 DateTime 结构设置日期，再调用 AddAnnuallyBoldedDate()添加到控件中，记得调用 UpdateBoldeDates()方法重新绘制控件。*

另一种方式则是通过 AnnuallyBoldedDates 属性并以 DateTime 结构初始化相关的日期。简单的示例如下：

```
monthCalendar1.AnnuallyBoldedDates = new DateTime[] {
        new DateTime(2022, 1, 12, 0, 0, 0, 0),
        new DateTime(2022, 2, 18, 0, 0, 0, 0)};
```

通常，使用 MonthCalendar 控件以鼠标选取多个日期后会触发 DateSelected()事件。无论是用键盘还是鼠标选取日期，都会触发 DateChanged()事件。

范例 Ex1106.csproj

（1）程序规划

短期房间出租，日租金为 150 元，出租日期最长为 10 日，用鼠标选取日期后会计算出总租金。注意租金的计算按这个折扣原则：租 1 天没有折扣，租 2~4 天打 95 折，租 5~6 天打 9 折，租 7~10 天打 8 折。

（2）窗体操作

启动程序加载窗体后，用鼠标选取日期就能计算出租金总额，如图 11-40 所示，最多出租的天数是 10 天。

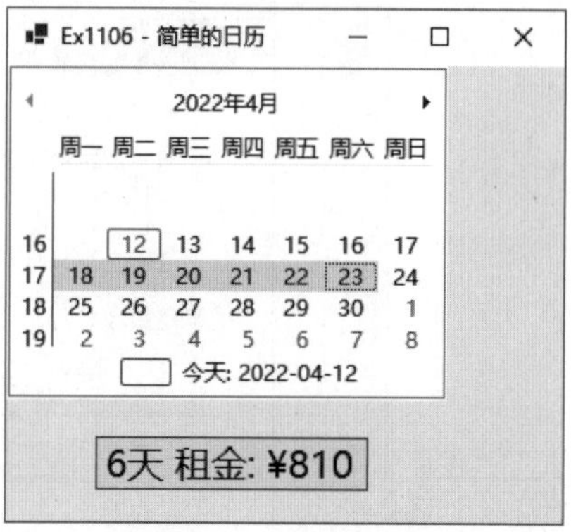

图 11-40　计算租金总额

（3）控件属性的设置和相关程序代码

步骤 01 创建 Windows 窗体应用项目 Ex1106，框架选择“.NET 6.0（长期支持）”。在窗体上加入如表 11-16 所示的控件并设置它们的属性值。

表 11-16　范例项目 Ex1106 使用的控件、属性及设置的属性值

控件	属性	属性值
Label	Name	lblShow
MonthCalendar	Name	monCalendar
	ScrollChange	1
	ShowTodayCircle	False

步骤 02 完成的窗体如图 11-41 所示。

图 11-41　范例 Ex1106 完成的窗体

步骤 03 双击窗体空白处，编写 Form1_Load()事件处理程序的代码。

```
private void Form1_Load(object sender, EventArgs e)
{
```

```
03    //设置标签属性——边框线、背景颜色以及字体的大小和位置
04    lblShow.BorderStyle = BorderStyle.FixedSingle;
05    lblShow.BackColor = Color.GreenYellow;
06    lblShow.Font = new Font(lblShow.Font.Name, 15.0F);
07    lblShow.Location = new Point(50, 200);
08    monCalendar.Dock = DockStyle.Top; //填满上方
09    // 改变日历的背景颜色、前景颜色
10    monCalendar.ForeColor = Color.FromArgb(192, 0, 0);
11    monCalendar.FirstDayOfWeek = Day.Monday;
12    monCalendar.MaxDate = new
13      DateTime(2018, 12, 31, 0, 0, 0, 0);
14    monCalendar.MinDate = DateTime.Today;
15    monCalendar.MaxSelectionCount = 10;
16    monCalendar.ShowWeekNumbers = true;
17    this.Text = "Ex1106 - 简单的日历";
18 }
```

步骤 04 按 Shift+F7 组合键回到 Form1.cs[设计]页签，双击 MonthCalendar 控件，编写 monCalendar_DateChanged 事件处理程序的代码。

```
21 private void monCalendar_DateChanged(object sender,
22       DateRangeEventArgs e)
23 {
24    DateTime begin = e.Start;
25    DateTime finish = e.End;
26    TimeSpan days = finish - begin;
27    int duration = days.Days + 1;   //获取租期天数
28    float money = 150.0F;
29    switch(duration)
30    {
31       //省略部程序代码
32       case 5: case 6:
33          money *= 0.9F;
34          break;
35       default:
36          money *= 0.8F;
37          break;
38    }
39    lblShow.Text = $"{duration.ToString()}天 租金: " +
40          $"{duration*money:c0}";
41 }
```

步骤 05 按 F5 键，若顺利生成可执行程序，则程序启动后就会开启“窗体”画面。

程序说明

- 第 01~18 行：窗体加载事件，设置标签和 MonthCalendar 控件的属性。
- 第 11 行：FirstDayOfWeek 属性让日历以星期一为每周的第一天。
- 第 12~14 行：以 MaxDate 和 MinDate 属性来决定日历的开始和停止日期，最小日期设为今天。
- 第 15 行：设置 MaxSelectionCount 属性，表示每次用鼠标选取日期最大值为 10。
- 第 16 行：ShowWeekNumbers 属性设为 true，则会在每月日期的开头显示周数（即星期

数），根据 MaxDate 和 MinDate 的属性值来排定周数。

- 第 21~41 行：当用鼠标选取日期时会触发 monCalendar_DateChanged()事件。通过参变量 e 来获取开始和结束日期，再根据获取的天数来计算短期租金的总额。

11.3.2 DateTimePicker 控件

若要显示特定的日期和时间，DateTimePicker 控件是一个不错的选择，它提供了一个下拉列表供用户选择日期，如图 11-42 和图 11-43 所示。

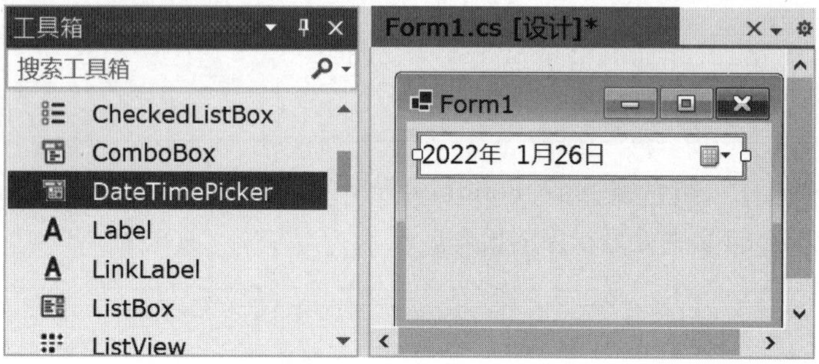

图 11-42 DateTimePicker 控件

图 11-43 选择日期

加入 DateTimePicker 控件后，在程序运行状态下，单击它右侧的▼按钮就会弹出下拉式日历，再用鼠标选择日期即可。如果觉得下拉式列表太占位置，ShowUpDown 属性可以隐藏下拉式列表，使用微调按钮进行区间选择即可，具体做法是将 ShowUpDown 属性值设置为 True（默认为 False），原来的▼按钮被上下的微调按钮所取代。在程序运行期间，①先选取年、月、日，②再以微调按钮进行调整，如图 11-44 所示。

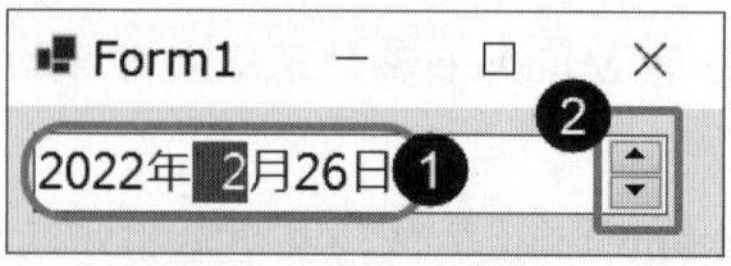

图 11-44 微调按钮

还可以把 ShowCheckBox 属性值设置为 True（默认为 False）来配合 ShowUpDown 属性。它会在选定的日期前方加上复选框，勾选该复选框即可对日期进行微调，未勾选则无法进行微调。如果再加上 MinDate、MaxDate 属性，还能进一步设置微调的区间值，如图 11-45 所示。

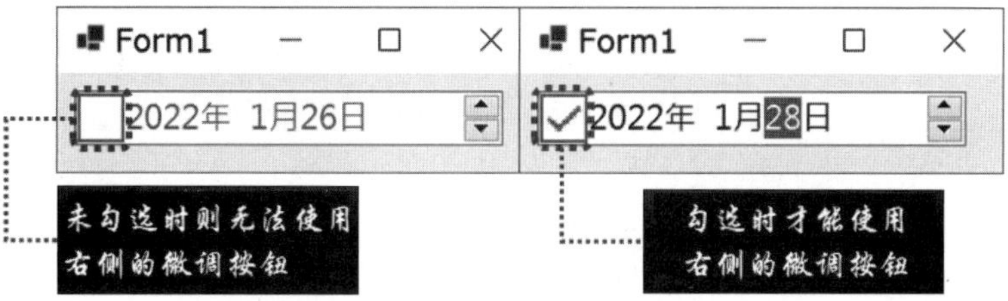

图 11-45　勾选与未勾选

如果以程序来改变 ShowCheckBox 属性，示例语句如下：

```
//设置日期区间值：2018/1/1 ~ 2022/12/31
dateTimePicker1.MinDate = new DateTime(2018, 1, 1);
dateTimePicker1.MaxDate = new DateTime(2022, 12,31);
dateTimePicker1.ShowCheckBox = true; //勾选了复选框
dateTimePicker1.ShowUpDown = true;    //有微调按钮
```

DateTimePicker 控件的 Format 属性提供了以下 4 种日期格式的设置：

- Long（默认值，长日期）：格式为“2021 年 4 月 18 日”。
- Short（短日期）：格式为“2021/4/18”。
- Time（时间）：格式为“下午 3:15:20”。
- Custom（自定义）：配合 CustomFormat 属性进行设置。

如果想要以自定义格式表示“月，日，年-星期”，就得先了解 Format 属性自定义的格式字符串所代表的意义。有关这些格式字符串的说明请参考表 11-17。

表 11-17　自定义时间的格式字符串

格式字符串	说明
y	年份只显示 1 位数，如 2014 以“4”表示
yy	年份显示 2 位数，如 2014 以“14”表示
yyy	年份显示 4 位数，如 2014 以“2014”表示
M	月份只显示 1 位数，如三月以“3”表示
MM	月份显示 2 位数，如三月以“03”表示
MMM	月份缩写，7 月以“JUL”表示，中文是“七月”
MMMM	完整月份，7 月以“July”表示，中文是“七月”
d	日期只显示 1 位数，如 2015/5/2 以“2”表示
dd	日期显示 2 位数，如 2015/5/2 以“02”表示
ddd	“星期”缩写，如 2015/3/6 为星期五，会以“FRI”表示
dddd	星期完整名称，如 2015/3/6 以“Friday”表示，中文是“星期五”

（续表）

格式字符	说明
H	以 24 小时制来表示，如 16 点以一位或两位数表示为“16”
HH	以 24 小时制来表示，如 2 点以两位数表示为“02”
h	以 12 小时制来表示，如 11 点以一位或两位数表示为“11”
hh	以 12 小时制来表示，如 2 点以两位数表示为“02”
m	表示“分”，以一位或两位数表示
mm	表示“分”，以两位数表示
s	表示“秒”，以一位或两位数表示
ss	表示“秒”，以两位数表示
t	显示 AM 或 PM 的缩写，如“A”或“P”
tt	显示 AM 或 PM 的缩写

使用“属性”窗口设置日期的自定义格式。①把 format 属性值修改为 Custom，②在属性 CustomFormat 中输入“MMM, dd, yyy-ddd”，如图 11-46 所示，之后 DateTimePicker 控件就会以自定义格式来显示。

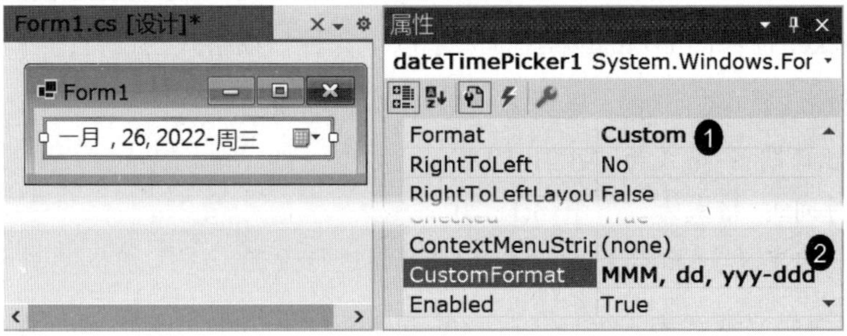

图 11-46　设置日期的自定义格式

当然，自定义格式也能以程序代码来设置。

```
//自定义格式
dateTimePicker1.Format = DateTimePickerFormat.Custom;
dateTimePicker1.CustomFormat = "MMM dd, yyy - ddd";
```

- *表示要使用 DateTimePickerFormat 的枚举类型成员来提供这 4 个常数值。*

范例 Ex1107.csproj

使用 DateTimePicker 控件来选定日期进行购票。范例 Ex1107 的执行结果如图 11-47 所示。

步骤 01 创建 Windows 窗体应用项目 Ex1107，框架选择“.NET 6.0（长期支持）”。在窗体上加入如表 11-18 所示的控件及其属性值。

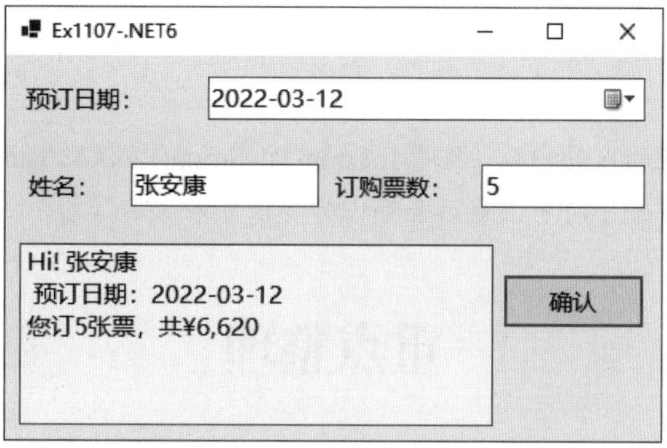

图 11-47　范例 Ex1107 的执行结果

表11-18　范例项目Ex1107使用的控件、属性及设置的属性值

控件	属性	属性值	控件	属性	属性值
Label4	AutoSize	False	Button	btnOK	确认
	BorderStyle	FixedSingle	Label1		预订日期:
	BackColor	LightCyan	Label2		姓名:
DateTimePicker	Name	dtpPreDate	Label3		订购票数:
	MinDate	2018/4/1	Label4	lblShow	
	MaxDate	2018/12/31			

步骤 02 完成的窗体如图 11-48 所示。

图 11-48　范例 Ex1107 完成的窗体

步骤 03 双击“确认”按钮，编写 btnOK_Click()事件处理程序的代码。

```
private void btnOK_Click(object sender, EventArgs e)
{
   string name = txtName.Text;
   int pay = 1_200;
   int ticket = int.Parse(txtTicket.Text);
   pay *= ticket;
   string order = dtpPreDate.Value.ToLongDateString();
   lblShow.Text = $"Hi! {name}\n " +
      $"预订日期: {order}\n" +
      $"您订{ticket}张票, 共{pay:c0}";
}
```

步骤04 按 F5 键，若顺利生成可执行程序，则程序启动后就会开启“窗体”画面。

程序说明

- 获取两个文本框输入的内容，调用 ToLongDateString()方法把 DateTimePicker 控件选取的日期值转换为日期字符串，最后全部由标签控件来显示信息。

重点整理

- Label（标签）控件的常用属性：AutoSize 设为 True 能随字符长度来调整标签的宽度，BorderStyle 用来设置框线样式，ForeColor 用于设置前景颜色，TextAlign 提供了多种变化的对齐方式，而 Visible 能让标签控件在运行时决定是否显示在窗体上。
- LinkLabel（超链接标签）使用 ActiveLinkColor、LinkColor 和 VisitedColor 属性设置超链接的颜色以及超链接要不要加下画线效果，配合 LinkBehavior 属性值使用。而 LinkArea 能够决定部分文字显示超链接是否起作用。超链接标签控件除了能打开 IE 浏览器外，也能打开电子邮件和执行指定的应用软件。
- 由于 ProgressBar（进度条）控件提供了进度显示，因此必须设置 Maximum（最大值）、Minimum（最小值）和 Value 属性值，配合 Increment()方法来显示进度效果。
- Timer 控件具有计时功能，执行时并不会在窗体上显现，使用 Interval 属性来决定计时的间隔，通过 Tick()事件来处理设置间隔时间所有要处理的事件。
- TextBox 控件除了常用的 Text 属性外，Copy()方法能将选择的文字复制到系统剪贴板中，而 Cut()方法能将选择的文字搬移到系统剪贴板中，然后通过 Paste()方法从剪贴板中取回文字。此外，也能使用 Undo()方法来撤销文本框中原有的编辑操作，文本框的 Text 属性被改变时会触发 TextChange()事件。
- 所有 Windows 应用程序都共享“系统剪贴板”，配合 Clipboard 类提供了两个方法：SetDataObject()方法将数据存放在剪贴板中，GetDataObject()方法提取剪贴板中的数据。
- RichTextBox 控件比 TextBox 控件提供了更多格式化功能。SelectionFont 属性用来变更字体和字体大小，SelectionColor 属性用于设置字体颜色，LoadFile()方法用于加载文件，SaveFile()方法可用于保存文件，而 Find()方法可用于在 RichTextBox 文本框指定的字符串中进行查找。
- MonthCalendar 控件使用 MaxSelectionCount 属性配合 SelectionRange 的 Start 和 End 选择某个日期区间。通过 MinDate 和 MaxDate 属性限制日期和时间的最小值和最大值。
- DateTimePicker 控件可选择特定日期，单击右侧的▼按钮会弹出下拉式日历，ShowUpDown 属性可用于隐藏下拉式日历，而只以微调按钮进行日期的区间选择。

课后习题

（一）填空题

1. 在标签控件中，对齐文字使用______________属性，它会调用______________枚举类型的常数值，共有______________种对齐方式。

2. 超链接标签控件的 LinkBehavior 属性用来设置超链接标签控件中的文字是否要加下画线，共有 4 种属性值：①系统默认值______________，②表示永远要加下画线的______________，③鼠标指针停留时加下画线的______________，④永远不加下画线的______________。

3. 在窗体中，控件的 Tab 键顺序由______________属性来决定，进入 Tab 键顺序的编辑界面，按______________键可关闭界面。

4. 文本框要显示多行时，______________属性设为______________；要让文本框变成只读，______________属性设为______________。

5. 清除文本框的内容要使用______________方法，获取输入焦点要使用______________方法，改变文本框内容会触发______________事件。

6. 所有 Windows 应用程序都共享“系统剪贴板”，Clipboard 类提供两个方法：______________方法将数据存放在剪贴板中，______________方法用来提取剪贴板的数据内容或信息。

7. 控件的 Dock 属性有 5 种设置值：①______________、②______________、③______________、④______________、⑤______________。

8. RichTextBox 控件使用______________方法来打开文件，使用______________方法来保存文件，使用______________方法查找特定的字符串。

9. Timer 组件启动时要调用______________方法，停止要调用______________方法；______________属性可用于设置时间的间隔，设置值会触发______________事件。

10. 在 MonthCalendar 控件中，要限制日期的开始和结束，可用______________和______________属性进行设置；要设置每年固定的日期（如法定假日），可使用______________属性。

11. DateTimePicker 控件的属性 Format 有 4 种格式：①______________、②______________、③______________、④______________。

（二）问答题与实践题

1. 在窗体中加入按钮和标签，单击按钮后会显示当前的时间，同时字体颜色和背景颜色都会改变，加入单线边框并设置为水平、垂直都居中。参考图 11-49 的窗体设计。

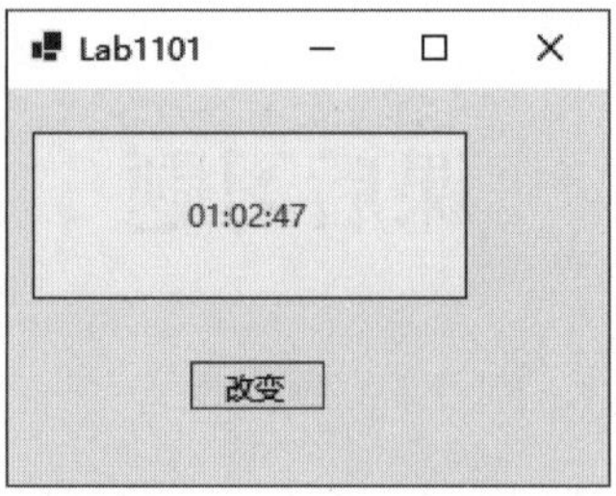

图 11-49　窗体设计

2. 延续前一个范例，让标签控件显示的时间能跳动，必须加入哪一种组件？执行后让按钮隐藏并放大标签的字号为 20。

3. 在窗体上加入三个标签来显示随机数值，其中有一个数值为 7 就停止程序的运行。参考图 11-50 的窗体设计。

- 加入 Timer 控件。
- 加入 Thread.Sleep（毫秒）产生时间差，显示的 3 个随机数值才会不一样。

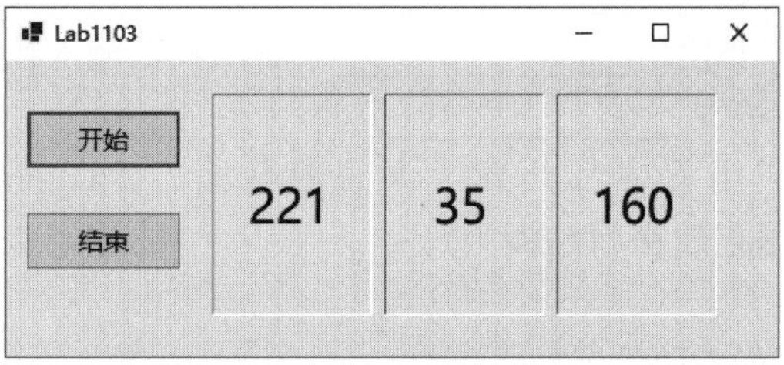

图 11-50　窗体设计

第 12 章

提供互动的对话框

章节重点

- 打开文件与保存文件可使用 OpenFileDialog 和 SaveFileDialog 对话框。
- 浏览文件夹可使用 FolderBrowserDialog 对话框。
- FontDialog 可用于设置字体，ColorDialog 以调色板方式进行颜色设置。
- 打印文件时，设置打印机要用 PrintDialog 对话框，产生预览效果可使用 PrintPreviewDialog 对话框，进行版面设置则使用 PageSetupDialog 对话框。

本章范例项目 Ex1202 使用.NET Framework 框架来创建 Windows 窗体应用。

12.1 认识对话框

对话框的作用是提供一个友好的用户界面来与用户互动、沟通。有哪些常用的对话框呢？可参考表 12-1 的简介。

表 12-1 常用的对话框

功能	对话框	说明
处置文件	OpenFileDialog	打开文件
	SaveFileDialog	保存文件
	FolderBrowserDialog	浏览文件夹
字体设置	FontDialog	提供窗口系统已安装的字体设置
颜色调配	ColorDialog	提供调色板来选择颜色

（续表）

功能	对话框	说明
打印文件	PrintDialog	设置打印机
	PrintPreviewDialog	打印时提供预览
	PageSetupDialog	设置页面效果

这些对话框放在工具箱的“对话框”类中，在窗体中加入这些对话框时并不会出现在窗体上，只会放在窗体底部的“匣子”中。同样要选择控件后才能进行属性的设置。

12.2 文件对话框

在 Windows 操作系统中，无论使用哪种应用程序，“打开文件”和“保存文件”都是必不可少的步骤，Windows 窗体提供了两个处理文件的对话框：OpenFileDialog 和 SaveFileDialog，它们都继承了抽象类 FileDialog 所实现的类。

12.2.1 OpenFileDialog

OpenFileDialog 对话框用来打开文件。展开工具箱的 Dialogs（对话框）类，将 OpenFileDialog 对话框加入窗体时会存放在窗体底部的“匣子”中，如图 12-1 所示。

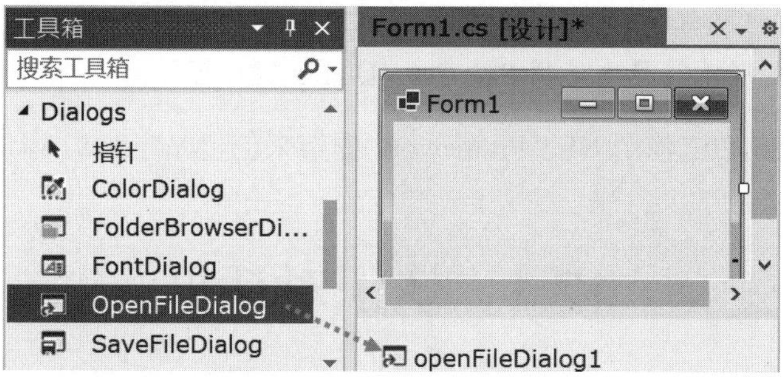

图 12-1 展开 Dialogs 类

图 12-2 是在记事本选择“打开/文件”菜单选项之后所呈现的界面，即进入了“打开”对话框，可以看到默认的文件位置（InitialDirectory），以及要打开的文件名。文件类型有“*.txt”“*.*”等，这些是经过筛选的文件类型，默认的文件类型是“*.文本文件”。参照图 12-2 来说明一下“打开”对话框具有的属性：①Title（标题），②InitialDirectory（文件位置），③ FileIndex（文本文件），④Filter（筛选类型）。

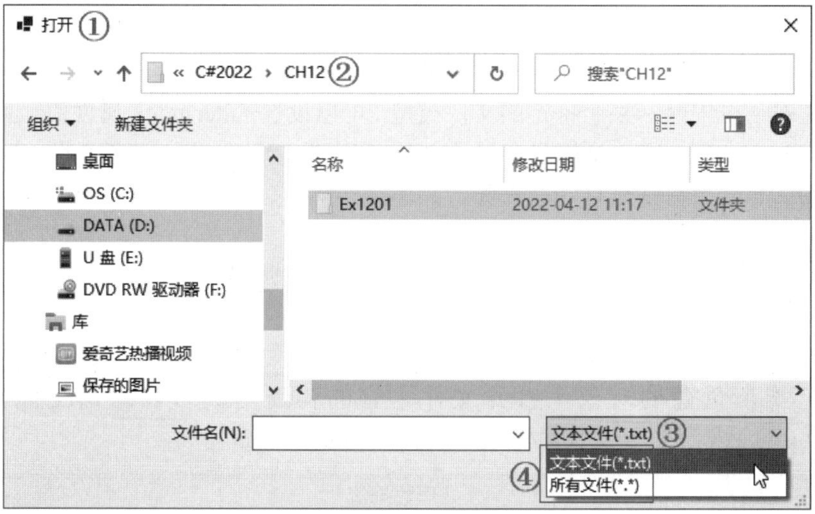

图 12-2　“打开”对话框

有关 OpenFileDialog 类成员的简要说明可参考表 12-2。

表 12-2　OpenFileDialog 类成员及其说明

OpenFileDialog 类成员	说明
Filter	设置文件类型
DefaultExt	获取或设置文件的扩展名
FileName	获取或设置文件的名称、显示的“文件类型”
FileIndex	获取或设置 Filter 属性的搜索值
Title	获取或设置文件对话框的标题名称
InitialDirectory	获取或设置文件的初始目录
RestoreDirectory	关闭文件对话框之前是否要获取原有目录
MultiSelect	是否允许选择多个文件
ShowReadOnly	决定对话框中是否要显示只读复选框
AddExtension	文件名之后是否要附加扩展名（默认 True 表示会附加）
CheckExtensions	返回文件时会先检查文件是否存在（True 表示会检查）
ReadOnlyCheck	是否选择只读复选框，True 表示文件为只读
OpenFile()方法	打开属性设为只读文件
ShowDialog()方法	显示常规的对话框

不同的应用程序会通过 Filter 属性来进行文件的筛选，让某些文件类型能通过“打开”对话框中的“文件类型”下拉列表进行选择，可以通过以下程序语句来实现：

```
openFileDialog1.Filter = "说明文字(*.扩展名) | *.扩展名";
```

Filter 属性值属于字符串类型，可以根据实际需求来设置不同条件的筛选，并使用“|”字符来分隔不同的筛选条件。例如，文件类型是文本文件和 RTF，如何设置 Filter 属性？程序代码编写如下：

```
openFileDialog1.Filter =
  "文本文件(*.txt)|*.txt | RTF格式 | *.rtf | 所有文件(*.*)|*.*";
```

如果要在对话框中显示某个特定的文件类型，可以设置FilterIndex属性值。上面的语句中若设“FilterIndex = 2”，则对话框只会显示“RTF格式（*.rtf）”（请参考图12-2中的③）。

如何应用“打开”对话框打开文件呢？具体操作如下：

打开文件

步骤01 创建数据流读取器。

由于文件是以数据流来处理的，因此必须使用using关键字导入System.IO命名空间，以StreamReader类所创建的对象来打开文件。它的构造函数可以指定文件名或者配合OpenFileDialog对话框（打开文件对话框）的属性FileName。

```
using System.IO;            //处理数据流
//创建StreamReader类的对象
StreamReader  sr = new(openFileDialog1.FileName);
```

步骤02 调用OpenFile()方法来指定具有只读性质的特殊文件。

```
//打开的文件类型(*.cur)
this.Cursor = new(openFileDialog1.OpenFile());
```

步骤03 调用LoadFile()方法来加载文件。

使用TextBox或RichTextBox文本框来显示所读取的文件，若以RichTexBox控件来承载文件内容，就可以略过步骤01和步骤02，由RichTexBox控件的LoadFile()方法配合OpenFileDialog对话框即可。LoadFile()是一个重载方法，先前介绍过它以路径来读取文件（参考11.2.2节），下面认识LoadFile()另一种调用的语法。

```
public void LoadFile(Stream data, RichTextBoxStreamType fileType );
```

- data：要加载的RichTextBox控件中的数据流。
- fileType：为RichTextBoxStreamType枚举类型的常数值，请参考第11章表11-11的说明。

使用RichTextBox控件编写如下的程序代码。

```
richTextBox1.LoadFile(dlgOpenFile.FileName,
  RichTextBoxStreamType.PlainText);
```

步骤04 调用ShowDialog()方法。

最后，调用ShowDialog()方法对打开的文件进行确认。（ShowDialog()方法请参考12.2.2节的介绍）。

```
openFileDialog1.ShowDialog();
```

12.2.2　SaveFileDialog

要保存文件，就要调用 SaveFileDialog 对话框进行处理，把它加入窗体时依旧会被存放在窗体底部的“匣子”中，如图 12-3 所示。

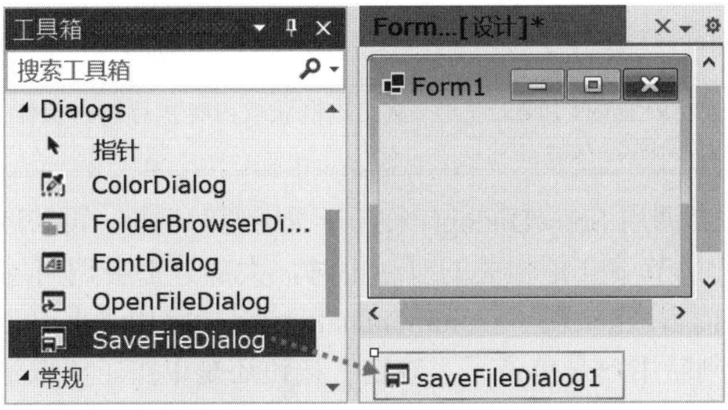

图 12-3　调用 SaveFileDialog 对话框

SaveFileDialog 对话框的大部分属性都与 OpenFileDialog 相同，它的其他属性有：

- AddExtension 属性：存储文件时是否要为文件名自动加入扩展名，默认属性值 True 表示会自动附加文件的扩展名，False 表示不会自动附加文件的扩展名。
- OverwritePrompt 属性：在另存新文件的过程中，如果存储的文件名已存在，OverwritePrompt 用来提醒用户是否要进行覆盖操作，默认属性值 True 表示覆盖前会提醒用户，设为 False 表示不会提醒用户而直接覆盖原有的文件。

保存文件

步骤 01　创建数据流写入器，配合 SaveFileDialog 对话框准备存盘。

要把文件存盘，相对于使用数据流的 StreamReader 作为读取器，我们会用 StreamWriter 来创建写入器。创建数据流对象的语法如下：

```
StreamWriter(String path, Boolean append, Encoding);
```

- path：文件路径。
- append：表示文件是否要以附加方式来存盘。若文件已存在，属性值为 False 时会覆盖掉源文件，属性值为 True 时则不会覆盖掉源文件；若文件不存在，则通过 StreamWriter 的构造函数来创建一个新的文件对象。
- Encoding：编码方式。如果没有特别指定，则会采用 UTF-8 编码。不过，为了保证安全性，还是要明确指定 UTF-8 编码。

简单的示例程序如下：

```
using System.IO;    //使用 StreamWriter 导入的命名空间
StreamWriter sw;    //创建数据流对象写入器
sw = new StreamWriter(dlgSaveFile.FileName, false, Encoding.UTF8);
```

步骤02 SaveFileDialog（保存文件对话框）调用 ShowDialog()方法，可进一步判断用户是否要保存文件。

```
saveFileDialog1.ShowDialog();
```

步骤03 写入文件后再关闭数据流对象。

写入器会调用 Write()方法执行写入操作，然后关闭写入器。

```
sw.Write(richTextBox1.Text);//从文本框获取内容执行写入操作
sw.Close(); //关闭写入器
```

使用对话框时，都会调用 ShowDialog()来打开通用型对话框，再获取按钮的返回值来执行相关的操作。在后面的章节中介绍相关的对话框时，大部分都会调用 ShowDialog()方法。就 OpenFileDialog 对话框而言，它实现了 CommonDialog 类(指定用于屏幕上显示对话框的基类)，执行时要使用 if 语句判断用户是单击了“确定”按钮还是单击了“取消”按钮。程序代码编写如下：

```
if(dlgOpenFile.ShowDialog() == DialogResult.OK)
{
   richTextBox.LoadFile(dlgOpenFile.FileName,
      RichTextBoxStreamType.PlainText);
}
```

- 单击“确定”按钮（即 OK 按钮，来自于 DialogResult 枚举类），就会调用 RichTextBox 的 LoadFile()方法来加载文件。

范例 Ex1201.csproj

（1）程序规划

步骤01 使用文本框为中介，OpenFileDialog 对话框将文本文件加载（读取）到文本框，①必须指定路径，②Filter 属性用于筛选文件类型，③FilterIndex 属性用于指定显示的文件。

步骤02 改变文本框的内容后，通过 SaveFileDialog 对话框执行“保存文件”的操作，将其写入一个新的文件中。

（2）窗体操作

步骤01 执行程序加载窗体。①单击“打开文件”按钮，会弹出“打开”对话框，②选择 Demo.txt 文件，③单击“打开”按钮，随后内容就会加载到文本框中，如图 12-4 所示。

步骤02 ①在文本框中加入一些内容，②单击“保存文件”按钮，进入“另存为”对话框，③输入新的文件名（避免覆盖原有文件），④单击“保存”按钮，如图 12-5 所示。

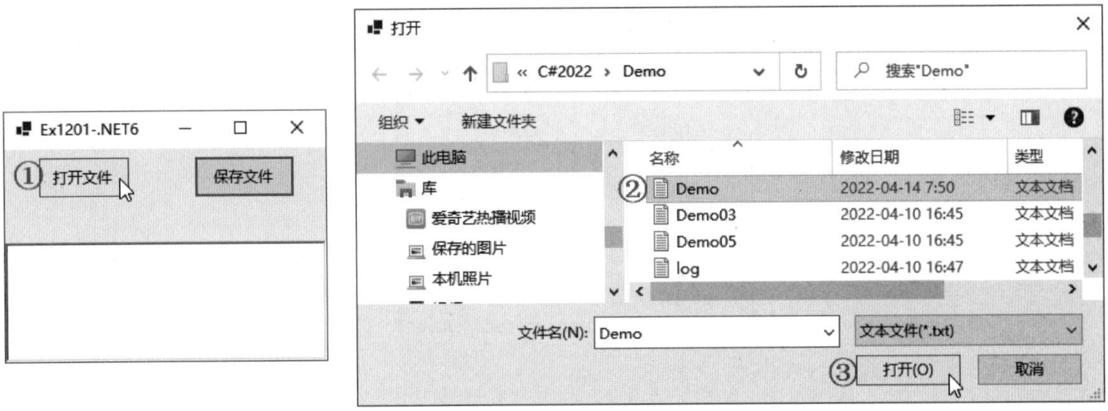

图 12-4　打开文件

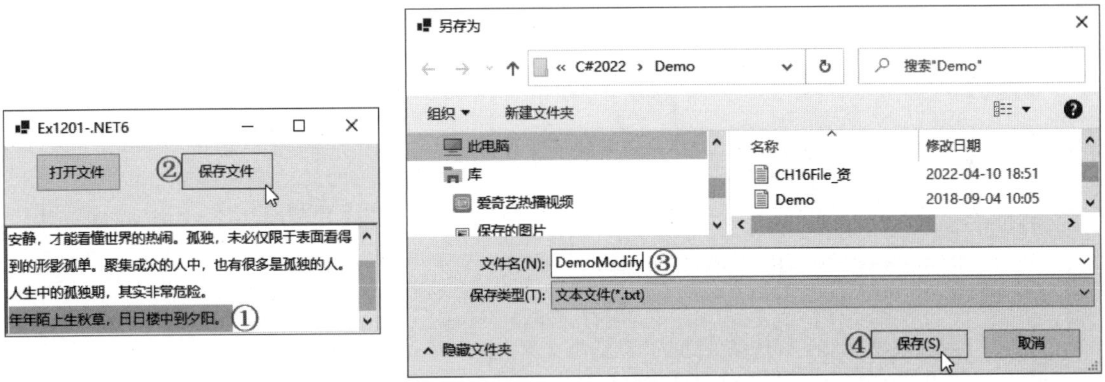

图 12-5　编辑文件后另存为新文件

（3）控件属性的设置和相关程序代码

步骤 01　创建 Windows 窗体应用项目 Ex1201，框架选择“.NET 6.0（长期支持）”。在窗体上加入如表 12-3 所示的控件并设置它们的属性值。

表12-3　范例项目Ex1201使用的控件、属性及设置的属性值

控件	属性	属性值	控件	属性	属性值
OpenFileDialog	Name	dlgOpenFile	Button1	Name	btnOpen
SaveFileDialog	Name	dlgSaveFile		Text	打开文件
RichTextBox	Name	rtxtShow	Button2	Name	btnSave
	Dock	Bottom		Text	保存文件

步骤 02　完成的窗体如图 12-6 所示。

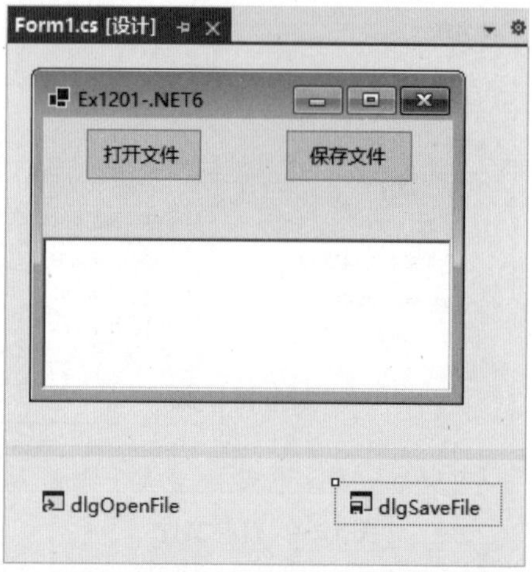

图 12-6　范例 Ex1201 完成的窗体

步骤 03 双击“打开文件”按钮，编写 btnOpen_Click 事件处理程序的代码。

```
using System.IO;   //导入以便处理文件的输入输出
using System.Text;
private void btnOpen_Click(object sender, EventArgs e)
{
   DlgOpenFile.InitialDirectory = "D:\\C#2022\\Demo";
   DlgOpenFile.Filter =
      "文本文件(*.txt)|*.txt|所有文件(*.*)|*.*";
   //获取 Filter 筛选条件为 2，默认为文本文件
   DlgOpenFile.FilterIndex = 2;
   DlgOpenFile.DefaultExt = "*.txt";
   DlgOpenFile.FileName = ""; //清除文件名的字符串
   //指定上一次打开文件的路径
   DlgOpenFile.RestoreDirectory = true;
   if (DlgOpenFile.ShowDialog() == DialogResult.OK)
   {
      rtxtShow.LoadFile(DlgOpenFile.FileName,
         RichTextBoxStreamType.PlainText);
   }
}
```

步骤 04 按 Shift+F7 组合键回到 Form1.cs[设计]页签，双击“保存文件”按钮，编写 btnSave_Click 事件处理程序的代码。

```
private void btnSave_Click(object sender, EventArgs e)
{
   //省略部分程序代码
   DlgSaveFile.RestoreDirectory = true;
   DlgSaveFile.DefaultExt = "*.txt";
   if (DlgSaveFile.ShowDialog() == DialogResult.OK)
   {
      //新建保存文件的 StreamWriter 对象
      StreamWriter sw = new StreamWriter(
         DlgSaveFile.FileName, false, Encoding.UTF8);
      sw.Write(rtxtShow.Text);
      sw.Close();
```

```
33     }
34 }
```

步骤05 按 F5 键，若顺利生成可执行程序，则程序启动后就会开启“窗体”界面。

程序说明

- 第 03~19 行：打开纯文本文件时，针对 OpenFileDialog 对话框本身进行属性设置。
- 第 05 行：InitialDirectory 属性用于设置要打开文件的初始路径。文件路径的文件夹之间采用“\\”是为了避免被误认为是“\”转义字符。
- 第 06、07 行：Filter 属性筛选文件类型为文本文件和所有文件（与文本文件有关）。
- 第 14~18 行：如果用户单击“确定”按钮，就会调用 ShowDialog()方法，且通过 RichTextBox 控件提供的 LoadFile()方法来加载文件，其文件数据流为纯文本。
- 第 21~34 行：保存文件时，使用 SaveFileDialog 对话框来设置相关属性。
- 第 26~33 行：调用 ShowDialog()方法来准备存盘操作，如果用户单击“确定”按钮，就会使用 StreamWriter 对象来写入文件，并以原有格式存盘。
- 第 31、32 行：调用数据流对象的 Write()方法执行字符的写入操作，再以 Close()方法关闭 StreamWriter 对象。

12.2.3 FolderBrowserDialog

FolderBrowserDialog 是“浏览文件夹”对话框，指定选择的文件夹进行浏览，以获取某个文件夹的路径或获取更多内容，如图 12-7 所示。

图 12-7　调用 FolderBrowserDialog 对话框

以图 12-8 为例，图中左下角有一个“新建文件夹”按钮，其属性 ShowNewFolderButton 为 True 时可以创建新的文件夹，为 False 时就不能创建新的文件夹。

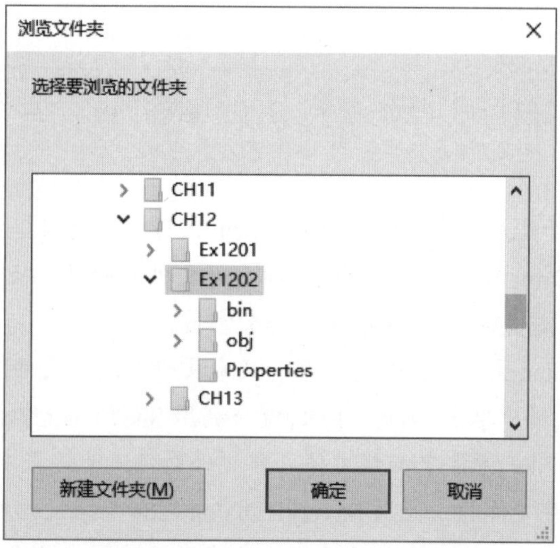

图 12-8 “浏览文件夹”对话框

FolderBrowserDialog 对话框的常用属性可参照表 12-4 的说明。

表 12-4 FolderBrowserDialog 成员及其说明

成员	说明
Description	树状视图控件在对话框上方的描述文字
RootFolder	设置或获取开始浏览的根文件夹位置
SelectedPath	获取或设置用户所选择的路径
ShowNewFolderButton	是否要显示“新建文件夹”按钮
Reset()方法	将属性重置回默认值
ShowDialog()方法	打开“浏览文件夹”对话框

RootFolder 属性可用来设置浏览文件夹的起始位置，它的默认值为 Desktop（桌面），可以通过“属性”窗口查看 Environment.SpecialFolder 枚举类型的成员，如图 12-9 所示。

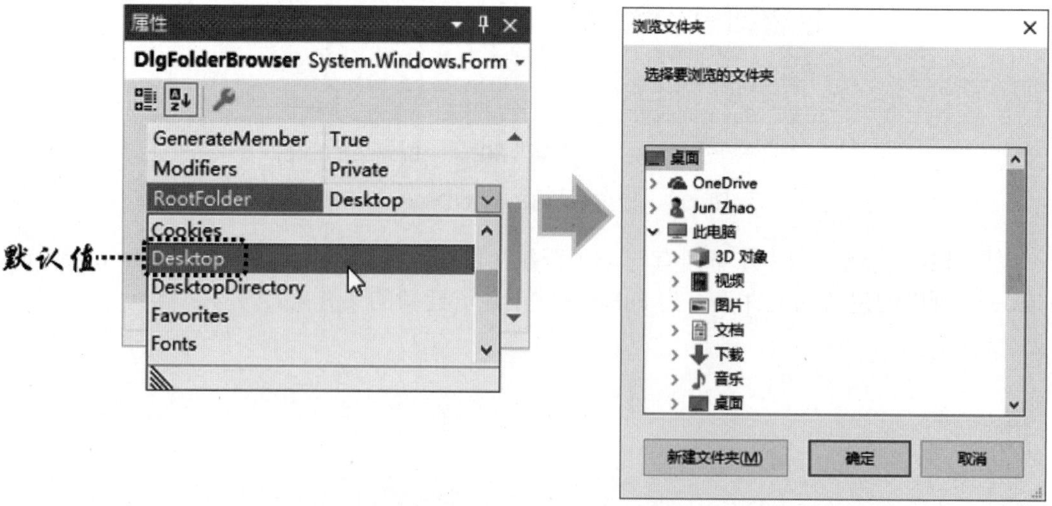

图 12-9 查看 Environment.SpecialFolder 枚举类型的成员

同样，可以通过编写程序代码来指定 Environment.SpecialFolder 枚举类型的成员：

```
folderBrowserDialog1 = Environment.SpecialFolder.Personal;
```

Environment.SpecialFolder 枚举类型包含众多的成员，下面为几个常用的成员：

- Personal：泛指 MyDocuments。
- MyComputer：在 Windows 10 系统中会指向本机。
- DesktopDirectory：表示用来实际存储桌面上文件对象的目录。

范例 Ex1202.csproj

（1）程序规划

用 FolderBrowserDialog 对话框来加载指定的文件夹，配合 OpenFileDialog 对话框进入“打开文件”对话框，选择 RTF 格式的文件加载到文本框内。

（2）窗体操作

步骤 01 在窗体启动后，①单击“浏览文件夹”按钮打开“浏览文件夹”对话框，将 SelectedPath 属性值设为 D 驱动器，②单击“确定”按钮进入“打开文件”对话框，如图 12-10 所示。

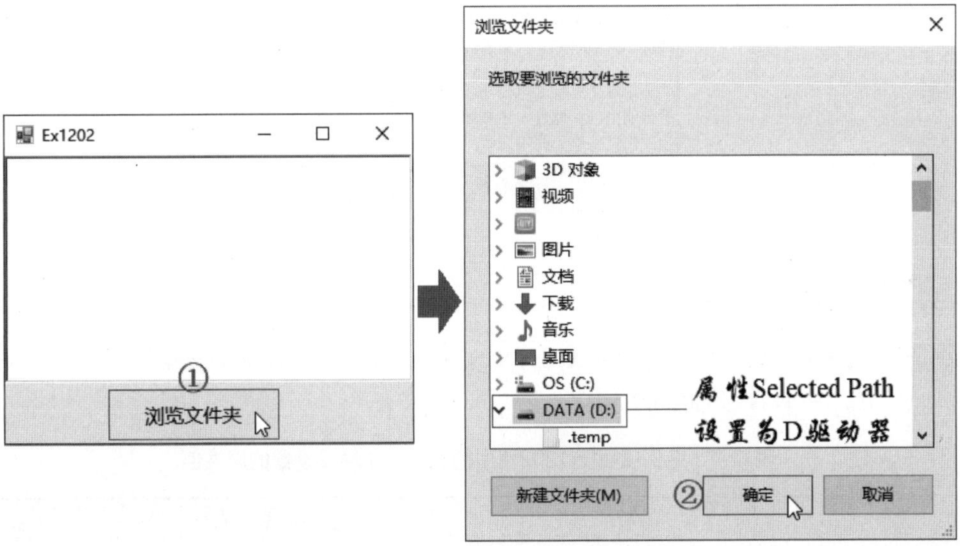

图 12-10　“浏览文件夹”对话框

步骤 02 ①选择 Demo.rtf 文件，②单击“打开”按钮，会将文件内容加载到文本框（RichTextBox）中，如图 12-11 所示。

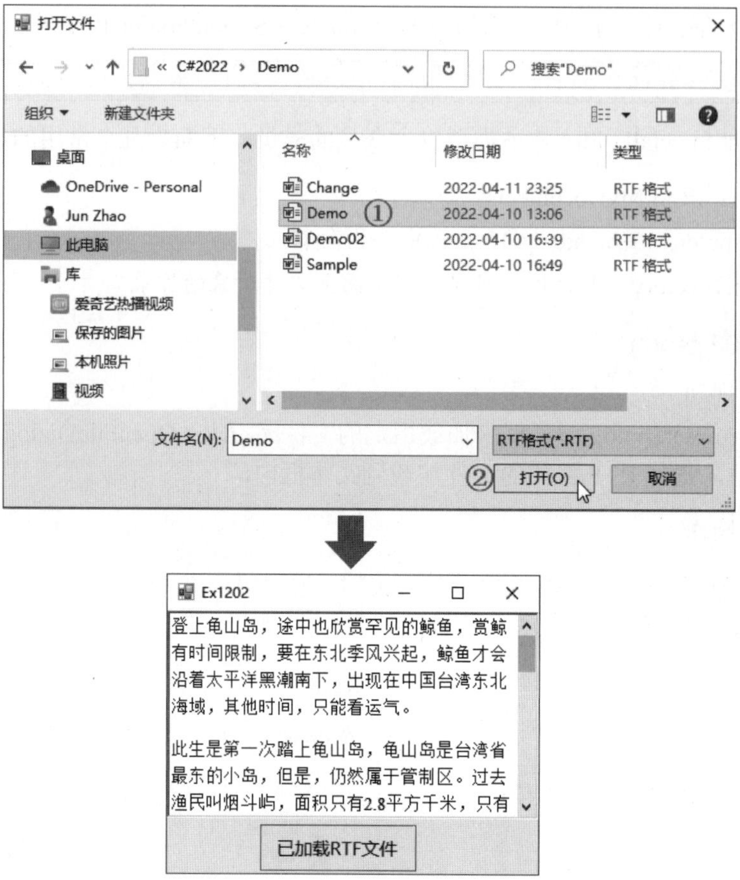

图 12-11 “打开文件”对话框

（3）控件属性的设置和相关程序代码

步骤01 创建 Windows 窗体应用项目 Ex1202，框架选择“.NET Framework”。在窗体上加入如表 12-5 所示的控件并设置它们的属性值。

表12-5 范例项目Ex1202使用的控件、属性及设置的属性值

控件	属性	属性值
OpenFileDialog	Name	dlgOpenFile
FolderBrowserDialog	Name	dlgBrowserFolder
RichTextBox	Name	rtxtShow
	Dock	Top
Button	Name	btnOpen
	Text	浏览文件夹

步骤02 在窗体空白处双击进入 Form1.cs 程序文件的编辑状态，在其中编写 Form1_Load()事件处理程序的代码。

```
01 private void Form1_Load(object sender, EventArgs e)
02 {
```

```
03    DlgFolderBrowser.SelectedPath = @"D:\";//指定要浏览的文件夹在 D 盘
04    //浏览文件夹的提示文字
05    DlgFolderBrowser.Description = "选取要浏览的文件夹";
06    DlgOpenFile.Title = "打开文件";
07 }
```

步骤 03 按 Shift+F7 组合键回到 Form1.cs[设计]页签，双击“浏览文件夹”按钮，编写 btnFolder_Click 事件处理程序的代码。

```
11 private void btnOpen_Click(object sender, EventArgs e)
12 {
13    bool fileOpened = false;    //判断文件是否打开
14    string openFileName;
15    //要打开的文件路径
16    DlgOpenFile.InitialDirectory = "D:\\C#2022\\CH12";
17    DlgOpenFile.Filter =
18       "RTF 格式(*.RTF)|*.RTF|所有文件(*.*)|*.*";
19    DlgOpenFile.FilterIndex = 1;
20    DlgOpenFile.DefaultExt = "*.RTF";
21    DlgFolderBrowser.ShowDialog(); //打开浏览文件夹
22    if (!fileOpened)   //将打开文件的默认路径设为浏览路径
23    {
24       DlgFolderBrowser.SelectedPath =
25          DlgOpenFile.InitialDirectory;
26       DlgOpenFile.FileName = null;
27    }
28    DialogResult result = DlgOpenFile.ShowDialog();
29    //省略部分程序代码
30 }
```

步骤 04 按 F5 键，若顺利生成可执行程序，则程序启动后就会开启“窗体”界面。

程序说明

- 第 01~07 行：窗体加载时，设置浏览文件夹的位置为 D 驱动器。
- 第 11~30 行：单击“浏览文件夹”按钮后会执行对应的事件处理程序。先进入“浏览文件夹”对话框，选择要浏览的文件夹后，进入第二个“打开文件”对话框，选择要打开的 RTF 格式文件并加载到文本框中。
- 第 13 行：fileOpened 为标志，判断文件的打开状态。文件打开时设为 true，文件未打开时设为 false。
- 第 16~20 行：设置加载文件的路径并指定文件格式为 RTF。
- 第 21 行：调用 ShowDialog()方法来打开“浏览文件夹”对话框。
- 第 22~27 行：使用 if 语句判断，若文件已打开，则将“打开”对话框设好的路径值赋给“浏览文件夹”对话框，作为选择的文件夹路径。

12.3 设置字体与颜色

一个文件，增添字体和颜色的变化能丰富文件内容。.NET 提供了两个组件：FontDialog 用于设置字体，ColorDialog 用于设置颜色。

12.3.1 FontDialog

FontDialog 对话框用来显示 Windows 系统中已经安装的字体，提供给设计者使用。在窗体中加入 FontDialog 组件时，也是放置在窗体下方的“匣子”中，如图 12-12 所示。

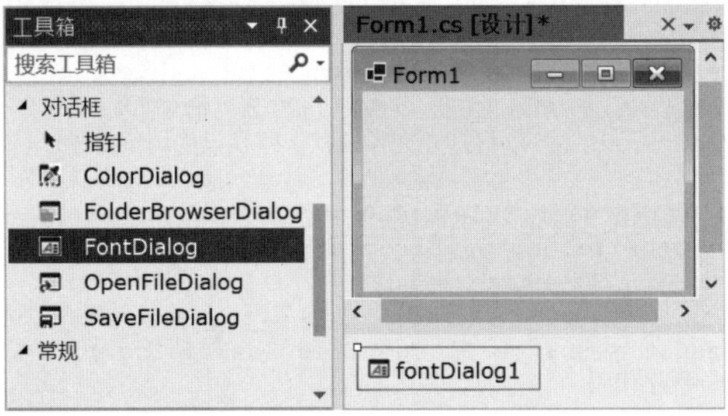

图 12-12 调用 FontDialog 对话框

FontDialog 对话框提供与字体有关的样式，如粗体或下画线，FontDialog 常用属性如表 12-6 所示。

表 12-6 FontDialog 常用属性

FontDialog	默认值	说明
Font		获取或设置对话框中所指定的字体
Color		获取或设置对话框中所指定的颜色
ShowColor	False	对话框是否显示颜色选择，为 True 才会显示
ShowEffect	True	对话框是否包含允许用户指定删除线、下画线和文字颜色选项的控件
ShowApply	False	对话框是否包含“应用”按钮
ShowHelp	False	对话框是否显示“帮助”按钮
Reset()方法		将所有对话框选项重置回默认值

命名空间 System.Drawing 的 Font 类提供了字体、字号和字形，调用 Font 的构造函数来初始化对象，其语法如下：

```
Font(FontFamily, Single, FontSytle);
```

- FontFamily：用来设置字体。
- Single：用来设置字号，以 float 来表示。

- FontStyle：用来设置字形。

可以通过表 12-7 来认识 Font 类的属性，包括 FontStyle。

表 12-7　Font 类的属性

Font 类的属性	说明
Bold	设置 Font 为粗体
Italic	设置 Font 为斜体
Strikeout	Font 加上删除线
Underline	Font 加上下画线
FontFamily	获取与这个 Font 关联的 FontFamily
Height	获取这个字体的行距
Name	获取 Font 的字体名称
Size	获取 Font 的字体大小，以 Unit 属性指定的单位来测量
Style	获取 Font 的样式信息
SystemFontName	IsSystemFont 属性返回 true，获取系统字体的名称

由于 Font 类提供的是重载构造函数，因此可以根据程序的需求来设置，例如设置字体和字形。

```
Font printFont = new Font("楷体", FontStyle.Bold);
```

- 设置打印的字体 printFont 以楷体、粗体的样式打印输出。

12.3.2　ColorDialog

ColorDialog 组件用调色板来提供颜色选择，也能将自定义的颜色加入调色板中。ColorDialog 常见的属性可参考表 12-8 的简要说明。

表 12-8　ColorDialog 常用的属性

ColorDialog	默认值	说明
Color		获取或设置颜色对话框中所指定的颜色
AllowFullOpen	True	用户是否可以通过对话框来自定义颜色
FullOpen	False	打开对话框，是否可以用自定义颜色的控件
AnyColor	False	对话框是否显示所有可用的基本颜色
SolidColorOnly		对话框是否限制用户只能选择纯色

这些属性的相关值究竟是什么呢？下面参照图 12-13 来进行说明。进入“颜色”对话框时，右下角的“添加到自定义颜色”按钮与 AllowFullOpen 属性的设置值有关，属性设为 True 就可以看到自选颜色的调色板，①单击某个颜色值会添加到窗口左下方的“自定义颜色”下方的色块中，②单击右侧的◀按钮可以调整颜色的深浅，③单击“添加到自定义颜色”按钮可以把选好和设置好的颜色添加到“自定义颜色”下方的方块中。

- AllowFullOpen 属性值为 True，FullOpen 属性值也为 True，进入“颜色”对话框后会自动打开窗口右侧的自定义颜色区域。
- AllowFullOpen 属性值为 True，而 FullOpen 属性值为 False，进入“颜色”对话框后必须单击窗口下方的“规定自定义颜色”按钮才能打开窗口右侧的自定义颜色区域。

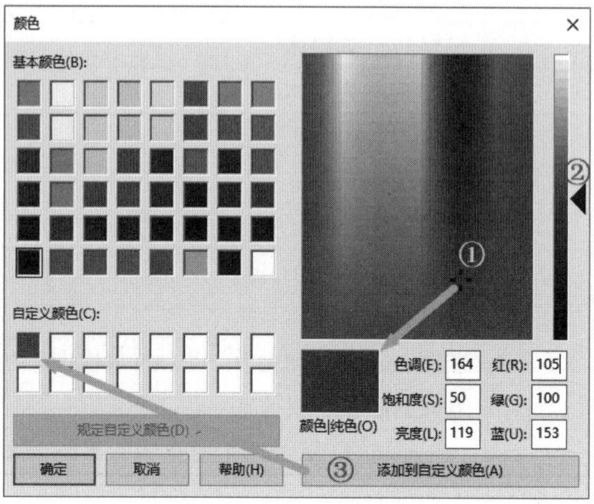

图 12-13 “颜色”对话框的自定义颜色区域

范例 Ex1203.csproj

（1）程序规划

为了对 FontDialog 和 ColorDialog 对话框的使用方式有更多了解，这个范例项目使用两个按钮加上一个 RichTextBox 控件来进行字体和颜色的设置。

（2）窗体操作

步骤 01 在文本框中输入文字，单击“字体”按钮会进入“字体”对话框，可以进行字体的选择，单击窗体右上角的 × 按钮关闭窗体，如图 12-14 所示。

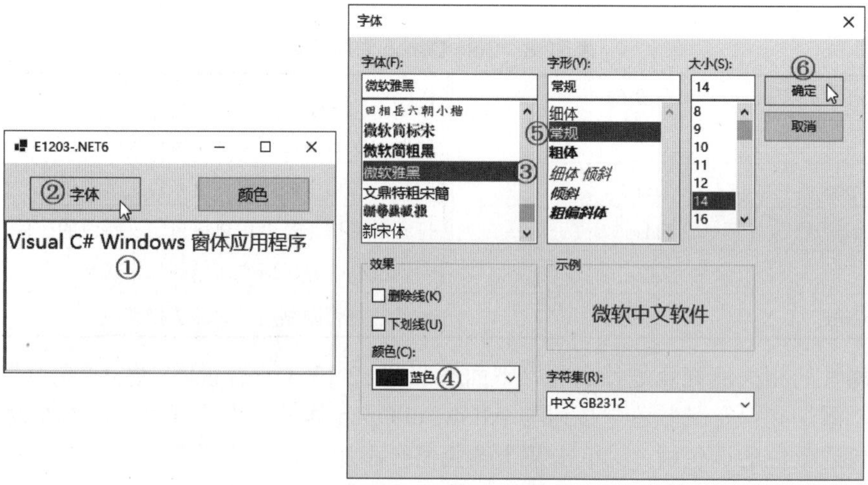

图 12-14 “字体”对话框

步骤 02 单击“颜色”按钮进入“颜色”对话框，设置文本框的背景颜色，如图 12-15 所示。

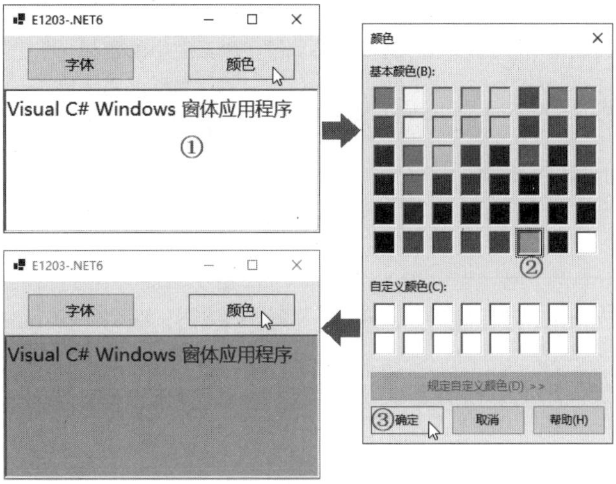

图 12-15　“颜色”对话框

（3）控件属性设置和相关程序代码

步骤 01 创建 Windows 窗体应用项目 Ex1203，框架选择“.NET 6.0 (长期支持)”。在窗体上加入如表 12-9 所示的控件并设置它们的属性值。

表12-9　范例项目Ex1203使用的控件、属性及属性值

控件	属性	属性值	控件	属性	属性值
RichTextBox	Name	rtxtShow	Button1	Name	btnFont
	Dock	Bottom		Text	字体
FontDialog	Name	dlgFont	Button2	Name	btnColor
ColorDialog	Name	dlgColor		Text	颜色

步骤 02 完成的窗体如图 12-16 所示。

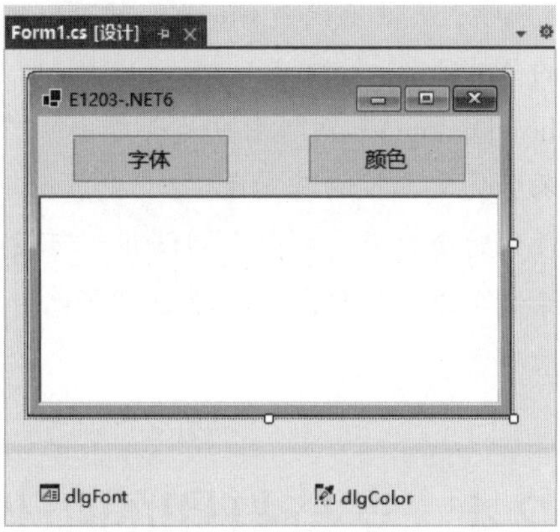

图 12-16　范例 Ex1203 完成的窗体

步骤 03 双击“字体”按钮进入程序代码编辑区，编写 btnFont_Click 事件处理程序的代码。

```
private void btnFont_Click(object sender, EventArgs e)
{
```

```
03    dlgFont.ShowColor = true; //显示颜色的选择
04    dlgFont.Font = rtxtShow.Font; //获取系统中的字体
05    dlgFont.Color = rtxtShow.ForeColor;//获取前景颜色
06    if (dlgFont.ShowDialog() != DialogResult.Cancel)
07    {
08      rtxtShow.Font = dlgFont.Font;   //改变文本框的字体
09      rtxtShow.ForeColor = dlgFont.Color;
10    }
11 }
```

步骤 04 切换到 Form1.cs[设计]页签，双击“颜色”按钮，编写 btnColor_Click 事件处理程序的代码。

```
21 private void btnColor_Click(object sender, EventArgs e)
22 {
23    dlgColor.AllowFullOpen = false;
24    dlgColor.ShowHelp = true;//显示“帮助”按钮
25    dlgColor.AnyColor = true;//显示所有可用的基本颜色
26    dlgColor.Color = rtxtShow.ForeColor;
27    if (dlgColor.ShowDialog() == DialogResult.OK)
28      rtxtShow.BackColor = dlgColor.Color;
29 }
```

步骤 05 按 F5 键，若顺利生成可执行程序，则程序启动后就会开启“窗体”界面。

程序说明

- 第 03~05 行：设置 FontDialog 对话框的属性，包含显示颜色选择的 ShowColor、获取 Windows 系统字体的 Font 和设置字体颜色的 ForeColor。
- 第 06~10 行：调用 ShowDialog()来判断用户是否单击了“取消”按钮，如果没有，则把经过设置的字体、字形等赋值给文本框。
- 第 21~30 行：设置 ColorDialog 对话框的属性，属性值设为 false 时，用户就无法自定义颜色的 AllowFullOpen 属性；属性值设为 true 时，就可以定义提供帮助的 ShowHelp 属性和显示所有基本颜色的 AnyColor 属性。
- 第 27、28 行：调用 ShowDialog()来判断用户是否单击了“确定”按钮，如果单击了，就用已设置的背景颜色来变更文本框的背景色。
- 结论：单击“字体”按钮时会打开“字体”对话框，可设置字体、字形、字体大小、字体效果（下画线和删除线）以及字体颜色。单击“颜色”按钮会打开“颜色”对话框，可以设置文本框的背景颜色。

12.4 支持打印的组件

先想想看，如果用 Word 软件写完一份报告，打印时要考虑什么呢？当然要有打印机。打印之前要按照纸张大小调整版面，可能包含边界的设置，考虑这份报告打印时要有多少页（多页的问题），也可以使用打印预览查看打印的效果。

.NET 提供的控件或组件中也支持文件打印，包含进入打印的 PrintDialog 对话框、支持页面设置的 PageSetupDialog 对话框以及提供打印预览效果的 PrintPreviewDialog 对话框，最重要的是可重复使用的打印文件 PrintDocument，下面就先从 PrintDocument 讲起。

12.4.1 PrintDocument 控件

PrintDocument 控件主要是在 Windows 应用程序打印时，为打印文件提供参数设置。换句话说，要编写打印的应用程序，首先要通过 PrintDocument 控件来创建可传送到打印机的打印文件。

如何加入 PrintDocument 控件？从工具箱展开“打印”控件分类，双击 PrintDocument 控件，同样会被放到窗体底部的“匣子”中，如图 12-17 所示。

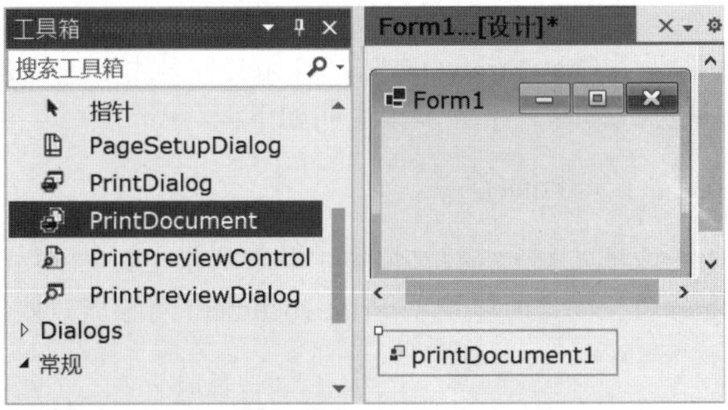

图 12-17　调用 PrintDocument 控件

当然，也可以通过程序代码来产生打印对象，声明如下：

```
PrintDocument document = new PrintDocument;
```

使用 new 运算符实例化一个打印文件对象，然后用 PrintPage()事件来编写打印的处理程序。有了打印文件才能执行打印操作、进行页面设置、执行预览效果。PrintDocument 控件的常见成员可参考表 12-10 的说明。

表 12-10　PrintDocument 控件的常见成员

PrintDocument 控件的常见成员	说明
DefaultPageSettings	获取或设置页面的默认值
DocumentName	获取或设置打印文件时要显示的文件名称
PrinterSettings	获取或设置要打印文件的打印机
Print()方法	启动文件的打印处理
BeginPrint()事件	在打印第一页文件之前，调用 Print()函数时发生
EndPrint()事件	在打印最后一页文件时发生
PrintPage()事件	打印当前页面时发生

要打印文件就要调用 DrawString()方法，它来自于 System.Drawing 命名空间的 Graphics

类，以绘制方法来打印文字。DrawString()方法的语法如下：

```
public void DrawString(string s, Font font, Brush brush,
   PointF point, StringFormat format);
```

- s：要绘制的字符串，可用来指定要加载的文件名或文本框的文字。
- font：定义字符串的文字格式，打印时可调用 Font 结构创建新的字体。
- brush：决定所绘制文字的颜色和纹理。
- point：指定绘制文字的左上角。
- format：指定应用到所绘制文字的格式化属性，例如行距和对齐方式。

要打印一份文件，大致分两个步骤：

- 准备打印，声明 PrintDocument 的对象，调用 Print()方法。
- 打印输出时，使用 PrintPage()事件将文件打印出来。

打印时，绘制文字需调用 DrawString()方法。打印文件是用 StreamReader 来读取文件的，或者使用 RichTextBox 来加载内容。相关步骤说明如下：

步骤 01 创建打印文件，调用 Print()方法。

打印文件时需对文字或图片进行描绘才能打印在纸张上。因为 PrintDocument 来自于 System.Drawing.Printing 命名空间，所以声明 PrintDocument 对象时，要使用 using 关键字导入此命名空间。

```
using System.Drawing.Printing;
//在窗体加入 PrintDocument 控件进行打印
printDoucment1.Print();
```

步骤 02 调用 PrintPage()事件处理程序执行打印输出。①指定绘图对象，设置打印文件的字体和颜色。

在 PrintPage()事件处理程序中，打印文件是否超过一页？每页文件要打印多少行？这些要处理的事项必须配合 PrintPage()事件处理程序的参数之一 PrintPageEventArgs 类来处理，它的属性有以下几种：

- Cancel：是否应该取消打印作业。
- Graphics：用来绘制页面的相关内容。
- HasMorePages：是否应该打印其他页面。
- MarginBounds：获取边界内页面部分的矩形区域。
- PageBounds：获取整个页面的矩形区域。
- PageSettings：获取当前页面的页面设置。

编写如下程序代码：

```
private void document_PrintPage(object sender,
      PrintPageEventArgs pageArgs)
```

```
{
  //指定绘图对象，设置打印字体
  Graphics g = pageArgs.Graphics;   //声明绘图对象 g
  Font fontPrint = new Font("楷体", 12);
}
```

- 事件处理程序的参变量是 PrintPageEventArgs 类，它有一个 Graphics 属性，用来绘制页面，所以通过它的对象 pageArgs 赋值给绘图类的对象 g。

步骤 03 调用 PrintPage()方法执行打印输出。②调用 MeasureString()方法测量要输出的文字。

PrintPageEventArgs 类的 Graphics 属性要计算出文件内容行的长度与每页的行数，以便进行每页内容的描绘，必须调用 MeasureString()方法，它的语法如下：

```
public SizeF MeasureString(string text, Font font,
   SizeF layoutArea, StringFormat stringFormat,
   out int charactersFitted, out int linesFilled);
```

- text：要测量的字符串。
- font：定义字符串的文字格式。
- layoutArea：指定文字的最大布局区域。
- stringFormat：表示字符串的格式化信息，如行距。
- charactersFitted：字符串中的字符数。
- linesFilled：字符串中的文字行数。

编写如下程序代码：

```
private void document_PrintPage(object sender,
        PrintPageEventArgs pageArgs)
{
   //①指定绘图对象
   //②调用 MeasureString()方法
   g.MeasureString();
}
```

步骤 04 调用 PrintPage()方法执行打印输出。③判断打印文件是否超出一页，如果没有，就调用 DrawString()将文字内容绘出。

PrintPageEventArgs 类的 HasMorePages 属性（默认为 false）能用来判断当前所打印的文件是否为最后一页，属性值为 true 会继续选择下一页，属性值为 false 则不会继续打印。相关程序代码如下：

```
private void document_PrintPage(object sender,
        PrintPageEventArgs pageArgs)
{
   //①指定绘图对象
   //②调用 MeasureString()方法
   //③调用 DrawString()方法
   g.DrawString(richTextBox1.Text, fontPrint,
```

```
        Brushes.Black, pageArgs.MarginBounds,
        new StringFormat());
    ev.HasMorePages = (readToPrint.Length > 0);
}
```

- 调用 DrawString()方法时，它以 RichTextBox 为打印内容，定义好的 fontPrint 提供字体，画笔设成黑色（Brushes.Black），通过 PrintPageEventArgs 类的 MarginBounds 属性获取文本框内的矩形区域，最后调用 StringFormat 类的构造函数来产生新的字符串。

范例 Ex1204.csproj

（1）打印文件的操作

步骤 01 加载文件后，单击“打印”按钮之后即可开始打印，如图 12-18 所示。

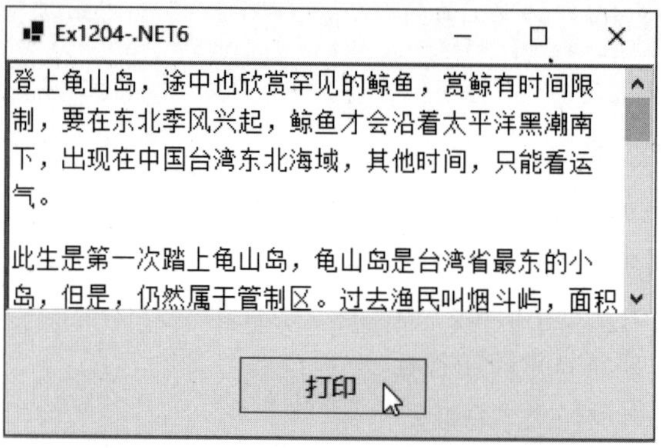

图 12-18　单击“打印”按钮之后即可开始打印

步骤 02 为了了解打印文件是否成功，以 PDF 格式取代打印机，打印输出的 PDF 文件内容如图 12-19 所示。

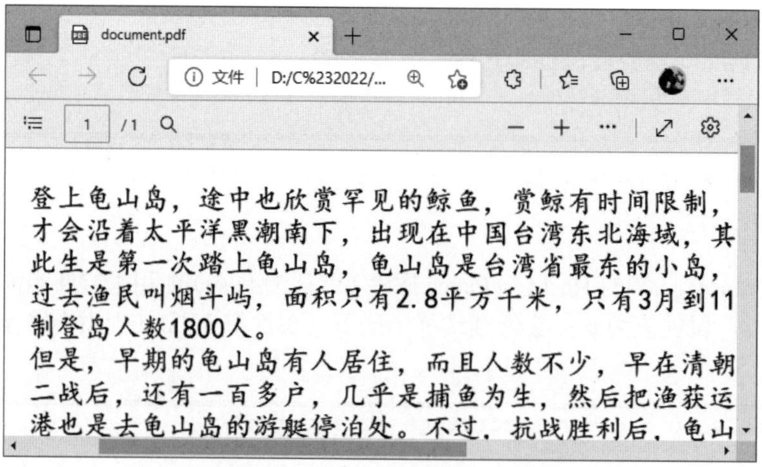

图 12-19　打印成 PDF 格式的文件

（2）控件属性的设置和相关程序代码

步骤 01 创建 Windows 窗体应用项目 Ex1204，框架选择“.NET 6.0（长期支持）”。在窗体上加入如表 12-11 所示的控件并设置它们的属性值。

表12-11　范例项目Ex1204使用的控件、属性及属性值

控件	属性	属性值	控件	属性	属性值
PrintDocument	Name	document	Button	Name	btnPrint
RichTextBox	Name	rtxtShow		Text	打印
	Dock	Bottom			

步骤02 双击“打印”按钮，编写 btnPrint_Click()事件处理程序的代码。

```
01 using System.Drawing.Printing;
02 private void btnPrint_Click(object sender, EventArgs e)
03 {
04    try
05    {
06       document.Print(); //1.进行打印
07       document.DocumentName = "打印文件";
08    }
09    catch (Exception ex)
10    {
11       MessageBox.Show(ex.Message);
12    }
13 }
```

步骤03 切换到 Form1.cs[设计]页签，双击 PrintDocument，编写 document_PrintPage()事件处理程序的代码。

```
21 private void document_PrintPage(object sender,
22       PrintPageEventArgs pageArgs)
23 {
24    Graphics g = pageArgs.Graphics;  //2-1.声明绘图对象 g
25    fontPrint = new Font("楷体", 12);//设置新的字体
26    int morePages = 0;  //计算每份文件的页数
27    int OnPageChars = 0;//计算每页的字符数
28    //2-2.测量要绘制的字符串
29    g.MeasureString(rtxtShow.Text, fontPrint,
30          pageArgs.MarginBounds.Size,
31          StringFormat.GenericTypographic,
32          out OnPageChars, out morePages);
33    //2-3.绘制边界内的字体
34    g.DrawString(rtxtShow.Text, fontPrint,
35       Brushes.Black, pageArgs.MarginBounds,
36       new StringFormat());
37 }
```

步骤04 按 F5 键，若顺利生成可执行程序，则程序启动后就会开启“窗体”界面。

程序说明

- 第 01 行：使用 using 关键字导入 System.Drawing.Printing 命名空间。
- 第 02~13 行：单击“打印”按钮所触发的事件处理程序。使用 try-catch 语句来防止打印文件调用 Print()方法发生错误。

- 第 21~37 行：执行 Print()方法所触发的 PrintPage()事件处理程序。通过 PrintPageEventArgs 类的 pageArgs 作为传递的参数。调用绘图对象 g 的 MeasureString()方法来测量每页的字符数，再调用 DrawString()方法将打印文件输出（或进行绘制）。
- 第 24 行：将对象 pageArgs 获取的内容赋值给绘图对象 g。
- 第 29~32 行：MeasureString()方法根据加载的文件内容进行字符的测量，MarginBounds 属性能根据打印的矩形区域大小来获取每页的字符和页数。
- 第 34~36 行：DrawString()方法根据文件内容重设字体，以黑色画笔绘制打印区域的字符。

12.4.2 PrintDialog 控件

要打印一份文件，只要执行“打印”指令，PrintDialog 就会引导用户进入“打印”对话框，选择要打印的打印机，并指定打印区域和打印份数。但是 PrintDialog 不能单独使用，必须先通过 PrintDocument 创建打印对象，再配合 PrintDialog 选择打印机，设置打印页面、打印页数以及打印区域。一般打开的“打印”对话框如图 12-20 所示。

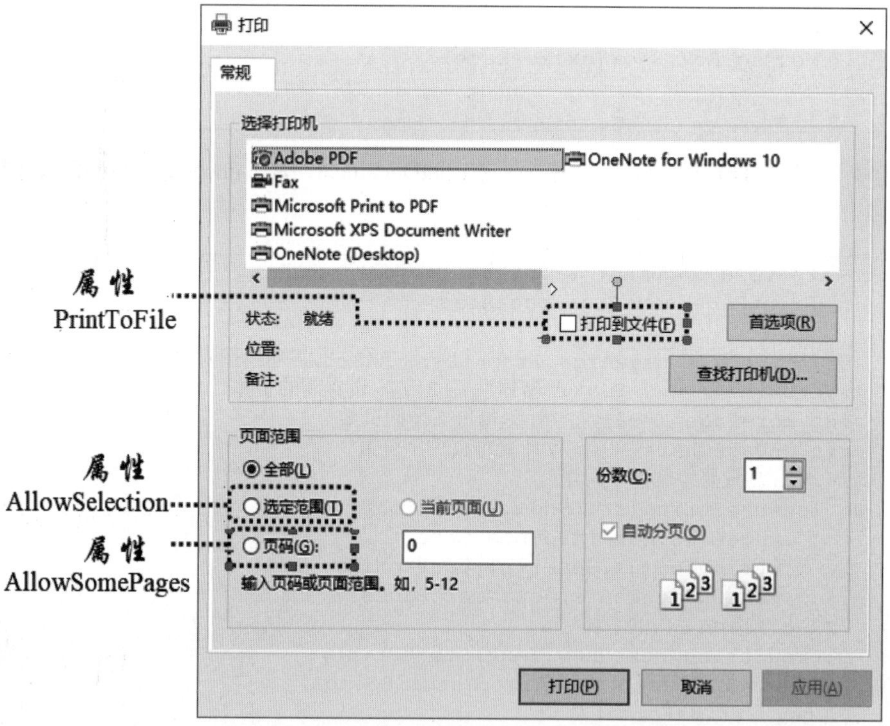

图 12-20 PrintDialog 引导用户进入“打印”对话框

PrintDialog 的常用属性和方法如表 12-12 所示。

表 12-12　PrintDialog 的常用属性和方法

PrintDialog 的常用属性和方法	说明
AllowPrintToFile	在对话框中是否启用“打印到文件”复选框
AllowCurrentPage	在对话框中是否显示“当前的页面”单选按钮
AllowSelection	在对话框中是否启用“选定范围”单选按钮
AllowSomePages	在对话框中是否启用“页码”单选按钮
Document	获取或设置 PrinterSettings 属性中的 PrintDocument
PrinterSettings	获取或设置对话框中修改打印机的设置
ShowHelp	在对话框中是否显示“帮助”按钮
ShowNetwork	在对话框中是否显示“网络”按钮
PrintToFile	获取或设置“打印到文件”复选框
ShowDialog()方法	显示通用对话框

通过 PrintDialog 来编写打印程序，代码如下：

```
//必须先创建打印对象
PrintDocument document = new PrintDocument;
//启用“页码”单选按钮
dlgPrint.AllowSomePages = true;
//启用“选定范围”单选按钮
dlgPrint.AllowSelection = true;
dlgPrint.Document = document;    //设置 PrintDocument
...
document.Print(); //调用打印方法进行打印
```

先通过 PrintDocument 产生打印文件，再将其赋值给 PrintDialog 对话框的文件对象并设置打印的相关属性，最后调用 Print()方法执行打印程序。

12.4.3　PageSetupDialog 控件

打印时进行页面设置是免不了的，要打印的文件的上、下、左、右边界，是否要加入页首或页尾，文件要纵向打印还是横向打印，这些都是在“页面设置”对话框设置的。PageSetupDialog 组件能提供这样的服务，在设计时以 Windows 对话框作为基础，用户可以设置框线和边界，选择加入页首和页尾，以及选择纵向打印或横向打印等。使用 PageSetupDialog 打开的“页面设置”对话框如图 12-21 所示。

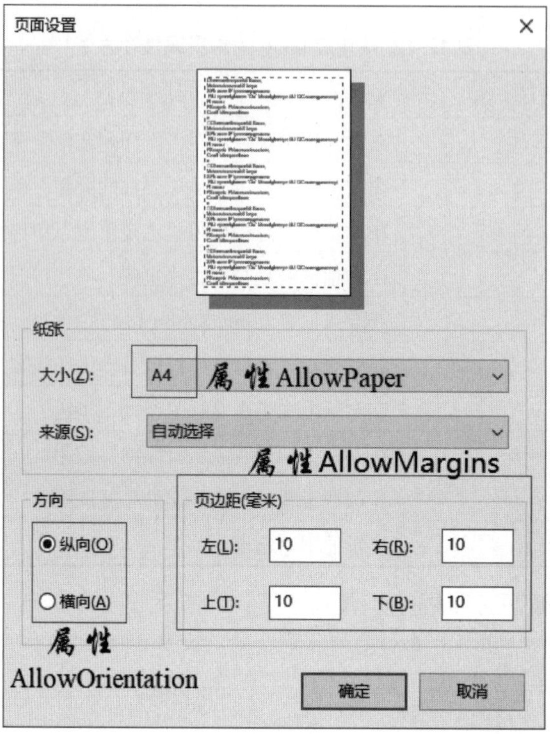

图 12-21 使用 PageSetupDialog 打开的“页面设置”对话框

PageSetupDialog 的常用属性可参照表 12-13 的说明。

表 12-13 PageSetupDialog 的常用属性和方法

PageSetupDialog 的常用属性	说明
AllowMargins	对话框中是否启用页边距
AllowOrientation	对话框中是否启用方向（横向和纵向）
AllowPaper	对话框中是否启用纸张（纸张大小、来源）
AllowPrinter	对话框中是否启用“打印机”按钮
Document	PrintDocument 对象从何处获取页面设置
EnableMetric	以毫米显示页边距设置时，是否要将毫米与 1/100 英寸自动转换
MinMargins	允许用户选择的最小页边距，以百分之一英寸为单位
PageSettings	要修改的页面设置
PrinterSettings	用户单击“打印机”按钮时能修改打印机的设置

12.4.4 PrintPreviewDialog 控件

操作应用软件将页面设置好之后，通常会通过“打印预览”的效果来了解文件打印的实际情况。进入打印预览窗口可以将文件放大或缩小，如果是多页数的文件，还可以调整成整页或多页显示。而 PrintPreviewDialog 对话框提供了相关功能，例如打印、放大、显示一页或多页以及关闭对话框等，它与前面介绍的 FontDialog、ColorDialog 以及“文件”对话框相同，都是通过 ShowDialog()方法来显示通用型对话框。PrintPreviewDialog 的常用属性可参照表 12-14 的说明。

表 12-14　PrintPreviewDialog 的常用属性

PrintPreviewDialog 的常用属性	说明
Document	获取或设置要预览的文件
PrintPreviewControl	获取窗体中含有的 PrintPreviewControl 对象
UseAntiAlias	打印时是否要启用反锯齿功能（显示平滑文字）

另一个与打印预览有关的是 PrintPreviewControl 控件。使用 PrintDocument 控件来处理打印文件时，可通过 PrintPreviewControl 显示打印预览的外观，如图 12-22 所示。

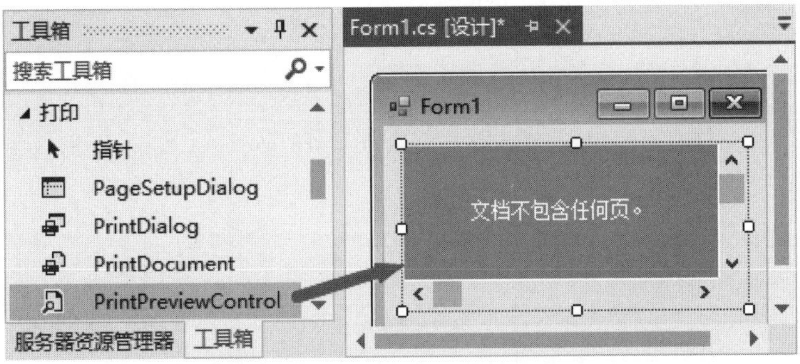

图 12-22　调用 PrintPreviewControl 控件

把 PrintPreviewControl 控件加到窗体中，与其他的打印控件不太相同，它会显示于窗体中。

范例 Ex1205.csproj

（1）程序规划

使用 PrintDocument 控件创建打印文件，配合 PrintDialog 和 PrintPreviewDialog 打开“打印”对话框和“打印预览”对话框。

（2）窗体操作

步骤 01 加载窗体后，单击“打印”按钮打开“打印”对话框，如图 12-23 所示。

步骤 02 ①单击“打印预览”按钮，先显示“正在生成预览”对话框——共有 2 页，打印到最后一页时会弹出消息框，②单击“确定”按钮之后会开启“打印预览”对话框，单击窗体右上角的☒按钮就能关闭窗体，如图 12-24 和图 12-25 所示。

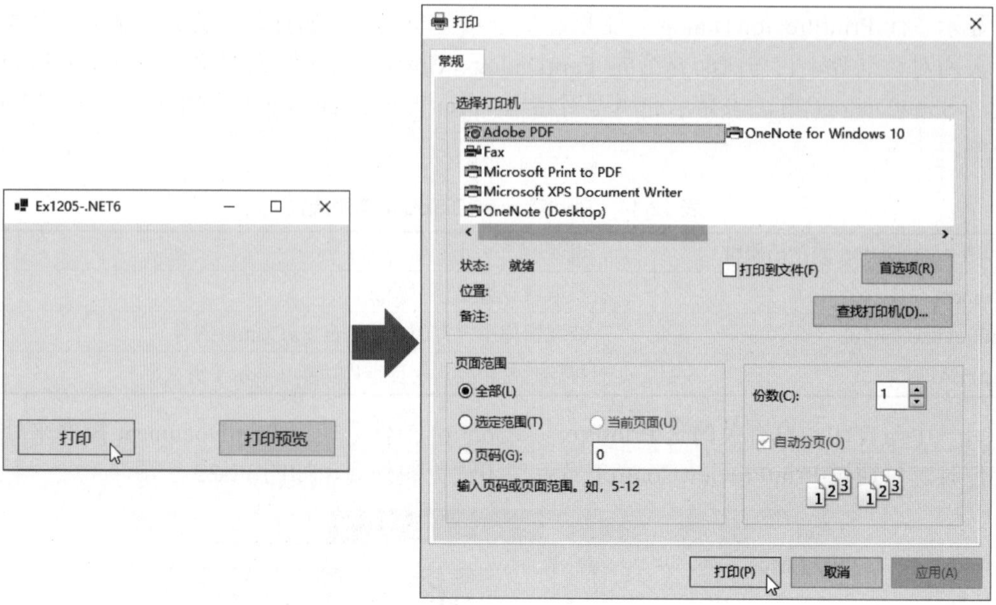

图 12-23 “打印”对话框

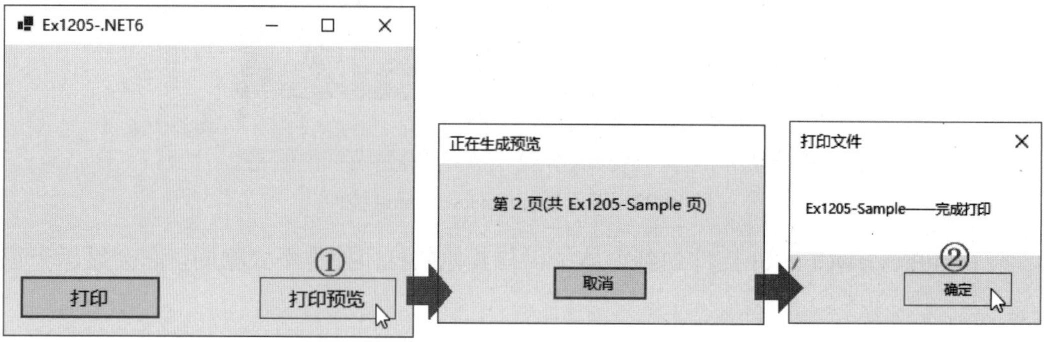

图 12-24 正在生成预览

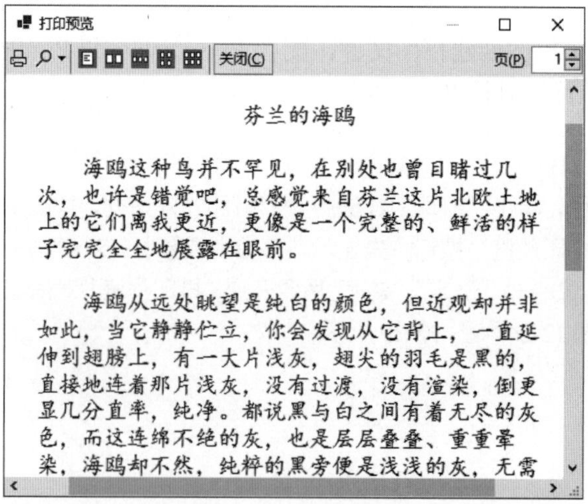

图 12-25 “打印预览”对话框

（3）控件属性的设置和相关程序代码

步骤 01 创建 Windows 窗体项目，在窗体上加入如表 12-15 所示的控件并设置它们的属性值。

表12-15　范例项目Ex1205使用的控件、属性及其属性值

控件	属性	属性值	控件	属性	属性值
PrintDocument	Name	docPrint	Form1	Font	11
PrintDialog	Name	dlgPrint	Button1	Name	btnPrint
PrintPreviewDialog	Name	dlgPrintPreview		Text	打印
PrintPreviewControl	Name	ctlPrintPreview	Button2	Name	btnPreview
	Visible	false		Text	打印预览

步骤 02 完成的窗体如图 12-26 所示。

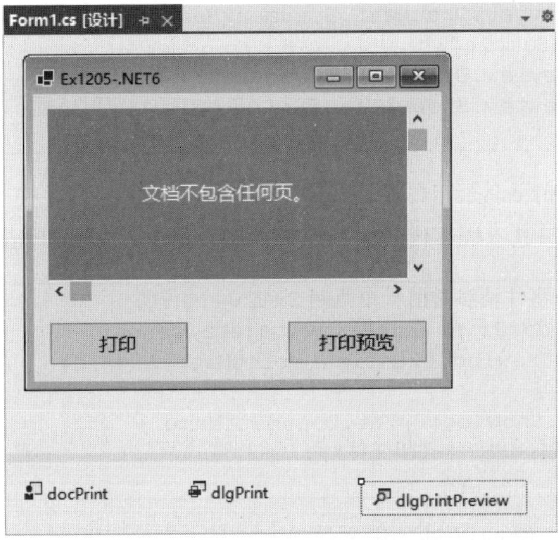

图 12-26　范例 Ex1205 完成的窗体

步骤 03 按 F7 键，进入程序代码编辑区，编写如下的程序代码。

```
public partial class Form1 : Form
{
    //存储由文件载入欲打印的内容
    private string readToPrint, allContents;
    private Font printFont;  //打印字体
    //其他程序代码
}
```

步骤 04 切换到 Form1.cs[设计]页签，双击“打印”按钮进入程序代码编辑区，编写 btnPrint_Click 事件处理程序的代码。

```
private void btnPrint_Click(object sender, EventArgs e)
{
    ReadPrintFile();//调用加载文件的方法
    dlgPrint.AllowSomePages = true;
```

```
    dlgPrint.AllowSelection = true;
    //把打印文件赋值给打印对话框的文件对象
    dlgPrint.Document = docPrint;
    DialogResult result = dlgPrint.ShowDialog();
    if (result == DialogResult.OK)
      docPrint.Print();
}
```

步骤05 切换到 Form1.cs[设计]页签，双击“打印预览”按钮，编写 btnPreview_Click 事件程序的代码。

```
private void btnPreview_Click(object sender, EventArgs e)
{
   ReadPrintFile();
   ctlPrintPreview.Zoom = 0.25;//打印预览的输出比例
   ctlPrintPreview.UseAntiAlias = true;//启用平滑文字的效果
   ctlPrintPreview.Document = docPrint;
   CtlPrintPreview.Document.DocumentName =
     "Ex1205-Sample";
   dlgPrintPreview.Document = docPrint;
   dlgPrintPreview.ShowDialog();//显示打印预览对话框
}
```

步骤06 切换到 Form1.cs[设计]页签，选择 PrintDocument 控件，在“属性”窗口变更事件，找到 EndPrint()事件，再双击进入程序代码编辑窗口，编写 docPrint _EndPrint ()事件程序处理的代码。

```
//PrintPage()事件请参考前一个范例 Ex1204 的说明
private void docPrint_EndPrint(object sender,
      System.Drawing.Printing.PrintEventArgs e)
{
   MessageBox.Show(docPrint.DocumentName +
     " -- 完成打印", "打印文件");
}
```

步骤07 编写 ReadPrintFile()方法的程序代码。

```
private void ReadPrintFile()
{
   //设置要读取的文件名和路径
   string printFile = "Sample.txt";
   string filePath = @"D:\\C#2022\\CH12\\Ex1205\\";
   //读取的文件名 Sample.txt 为打印文件的文件名
   docPrint.DocumentName = printFile;
   //创建文件并用 Open 来打开，用 using 指定范围为只读
   using (FileStream stream = new(
     filePath + printFile, FileMode.Open))
   using (StreamReader reader = new(stream)) //指定区块为只读
   {
     //allContents 存放文件的内容
     allContents = reader.ReadToEnd();
   }
   readToPrint = allContents;
   printFont = new("楷体", 20);
}
```

步骤 08 按 F5 键，若顺利生成可执行程序，则程序启动后就会开启“窗体”界面。

程序说明

- 第 11~21 行：单击“打印”按钮时打开“打印”对话框，启用“页码”和“选定范围”设置。
- 第 14、15 行：将属性 AllowSomePages、AllowSelection 设为 true，“打印”对话框会显示“页码”和“选定范围”。
- 第 19、20 行：使用 if 语句来确认单击“打印”按钮时执行打印作业。
- 第 31~41 行：单击“打印预览”按钮时所触发的事件。用“打印预览”对话框的 Document 获取打印文件 docPrint。
- 第 52~57 行：打印到最后一页时触发 EndPrint()事件，打印到最后一页时用消息框来显示“完成打印”。
- 第 61~78 行：定义 ReadPrintFile()方法。创建 FileStream 对象打开文件，以 RTF 格式读取并指定路径和文件名，配合 using 语句来指定范围，由 StreamReader 读取内容。
- 第 69~75 行：以 FileStream 的 Open 模式来打开读取的文件，using 语句限定产生的 StreamReader 类的 reader 只能读取文件，ReadToEnd()方法会读取到文件结束，然后用 allContents 变量来存储读取的文件内容。
- 第 76 行：使用 readToPrint 变量来获取所读取的文件内容。

重点整理

- OpenFileDialog 是打开文件对话框，Filter 属性设置文件类型，配合 FileIndex 属性，以 Filter 属性的索引值来指定默认的文件类型。
- SaveFileDialog 是保存文件对话框。AddExtension 属性可用来决定是否要在保存文件时自动加入文件扩展名。OverwritePrompt 属性则在另存新文件的过程中，用来决定遇到已经存在的文件名，进行文件覆写操作前是否要显示提示信息。
- FolderBrowserDialog 是文件夹浏览对话框，指定选择的文件夹进行浏览。RootFolder 属性可用来设置浏览文件夹的默认位置，通过 Environment.SpecialFolder 枚举类型来浏览计算机中一些特定的文件夹。
- FontDialog 对话框显示 Windows 系统已经安装的字体，提供给设计者使用。Font 属性用来获取或设置对话框中指定的字体。Color 属性用来获取或设置对话框中指定的颜色。
- ColorDialog 提供调色板来选择颜色，也能将自定义颜色加入调色板。AllowFullOpen 属性设为 True，用户可以通过对话框来自定义颜色；FullOpen 属性设为 False，在打开对话框时，就不能使用自定义颜色的控件了。
- .NET Framework 支持文件打印的控件或组件，提供了打印的 PrintDialog、支持页面设置的 PageSetupDialog 以及查看打印预览效果的 PrintPreviewDialog。不过，这些相关控件都必须使用 PrintDocument 控件创建打印对象之后才能产生作用。

课后习题

（一）填空题

1. 请填写如图 12-27 所示的“打开”对话框所对应的属性：①__________，②__________，③__________，④__________。

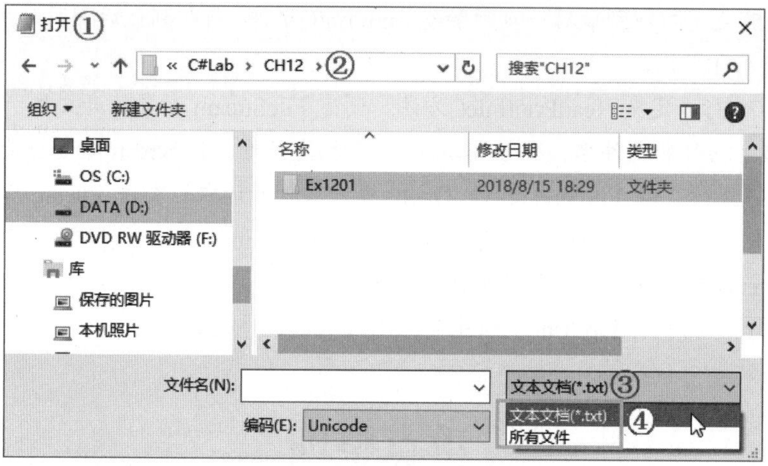

图 12-27 “打开”对话框

2. 无论是哪一种对话框，都会调用__________方法来执行所对应的对话框，确认用户单击__________枚举类型的“确定”常数值之后才会执行相关的程序。

3. 打开文件使用__________对话框，浏览文件夹使用__________对话框，保存文件使用__________对话框。

4. FolderBrowserDialog 对话框的__________属性能设置浏览文件夹的起始位置，通过 Environment.SpecialFolder 枚举类型能浏览计算机中一些特定的文件夹，Personal 成员泛指__________。

5. 设置字体可以调用__________对话框，设置颜色要使用__________对话框。

6. 文件要打印时，第一个操作是产生__________对象，调用__________方法执行打印，最后交给__________事件来处理。

7. 打印文件时，调用__________方法测量要打印的文字，__________方法绘制输出的文字。

8. PrintPageEventArgs 类处理打印事项，__________属性可以确认打印文件是否为最后一页，__________属性获取边界内的页面。

9. 文件打印前，可使用__________对话框进行打印机的设置，__________对话框进行页面设置。要了解打印预览效果，使用__________对话框。

（二）问答题与实践题

1. 在窗体中加入两个标签控件，一个按钮和颜色对话框。使用 ColorDialog 对话框改变第一个标签的背景色，第二个标签获取 RGB 的值，参考图 12-28 的运行结果。

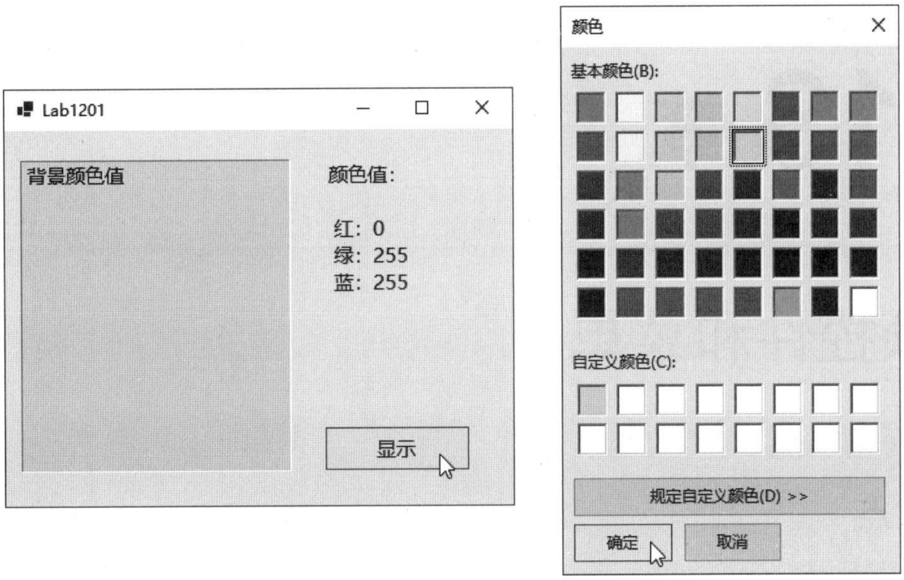

图 12-28　实践题 1 的运行结果

2. 修改范例项目 Ex1205，在窗体中加入 PageSetupDialog，单击“打印”按钮时先进入“页面设置”对话框，单击“确定”按钮再进入“打印”对话框，参考图 12-29 的运行结果。

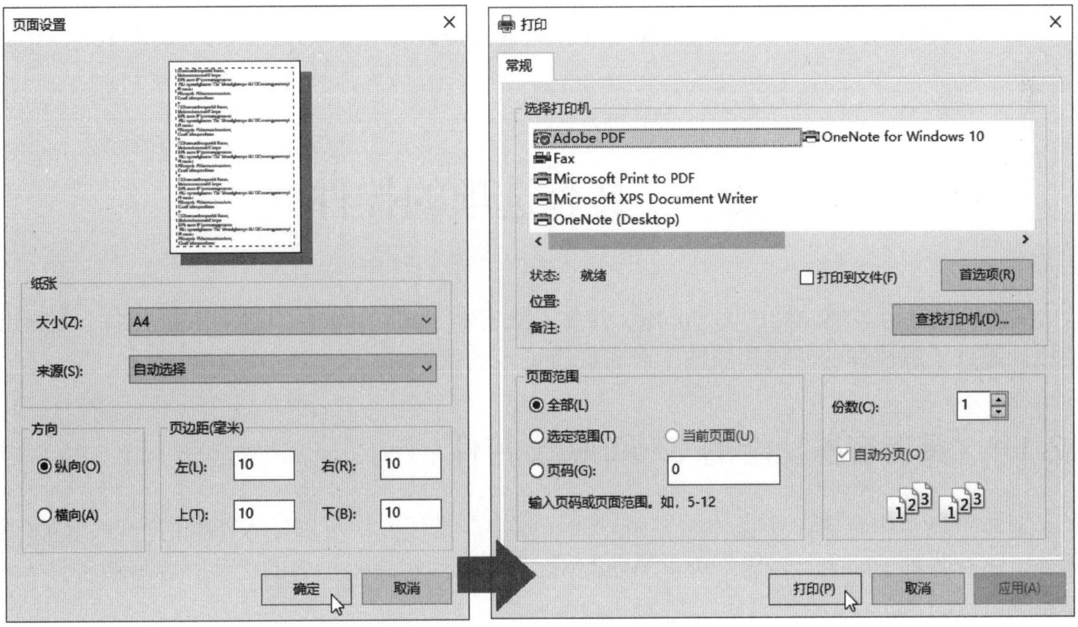

图 12-29　实践题 2 的运行结果

第 13 章

选项控件和菜单

章节重点

- 具有选项的 RadioButton、CheckBox 控件，它们可以与容器 GroupBox 一同使用。
- 产生列表的 ComboBox、ListBox、CheckedListBox 控件。
- 利用 MenuStrip 控件制作菜单，它能快速产生简易的标准菜单，也能逐步设置自定义菜单。
- 要有快捷菜单，必须使用 ContextMenuStrip 组件，而产生工具按钮则要使用 ToolStrip 控件。

13.1　具有选项的控件

学会使用具有容器功能的 GroupBox 控件，让它和 RadioButton、CheckBox 控件一起配合使用。通过了解控件的外观和属性，对它们有更多的认识。

13.1.1　具有容器功能的 GroupBox 控件

窗体可以当作容器，在窗体的界面设计（或接口设计）中可以加入不同的控件。除了窗体外，还有各种不同的“容器”可供 Windows 窗体应用程序用于界面设计。容器通常具有以下特性：

- 形成独立空间：将容器内的控件与外部的控件分隔开。
- 移动容器时，内部的控件可以随着移动。

常见的是和 RadioButton 控件或 CheckBox 控件一起配合使用的 GroupBox 控件。①从工具箱展开“容器”控件分类，②将 GroupBox 控件拖曳到窗体中，如图 13-1 所示。

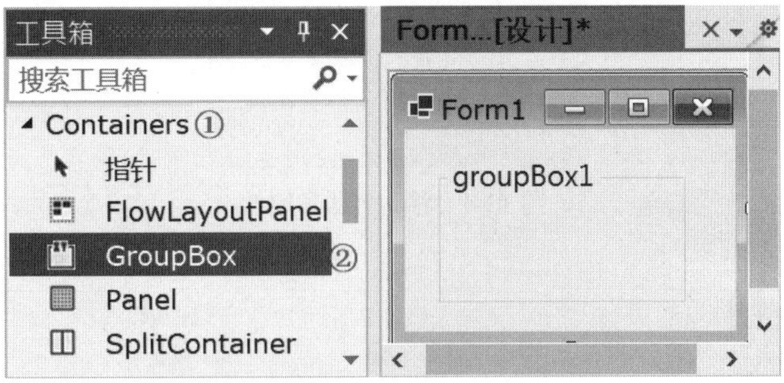

图 13-1　具有容器功能的 GroupBox 控件

GroupBox 控件　加入 RadioButton 控件

步骤 01 参考图 13-1，在窗体上先加入 GroupBox 控件。

步骤 02 使用“属性”窗口，把 GroupBox 控件的 Text 属性修改为选项组的标题，如图 13-2 所示。

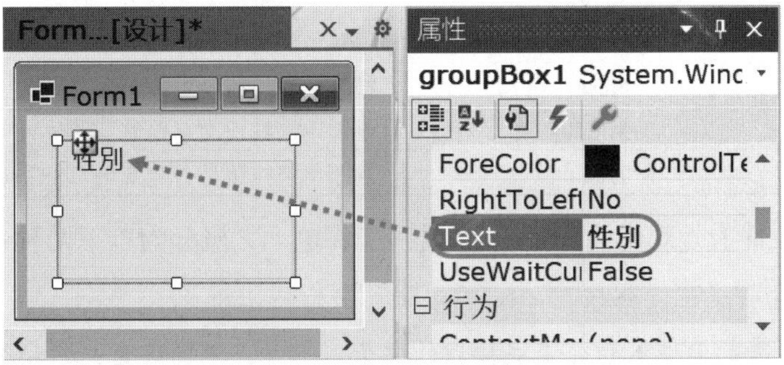

图 13-2　修改 Text 属性

步骤 03 使用鼠标把 RadioButton 控件拖曳到 GroupBox 容器内，如图 13-3 所示。

图 13-3　加入 RadioButton 控件

步骤 04 使用鼠标按住 GroupBox 控件左上角的图标，即可移动容器和它所包含的控件，如图 13-4 所示。

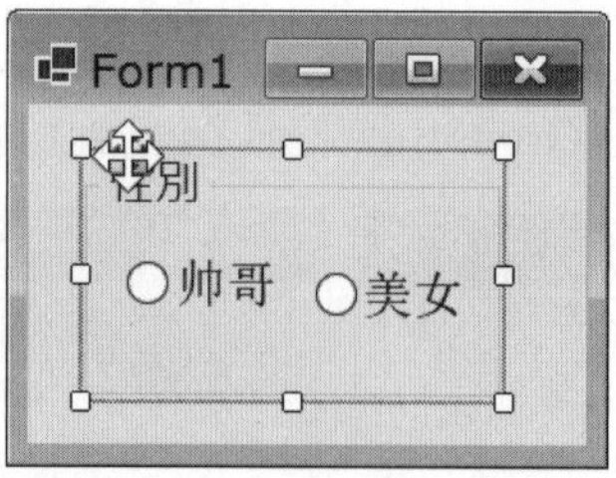

图 13-4　移动容器和控件

13.1.2　单选按钮

RadioButton（单选按钮）控件可建立多个选项，由于具有互斥性（Mutually Exclusive），因此只能从中选择一个。RadioButton 可以用来显示文字和图片。RadioButton 的常用属性如表 13-1 所示。

表13-1　RadioButton常用属性

RadioButton 的常用属性	默认值	说明
Text	32767	设置文本框输入的最大字符数
Appearance	Normal	设置单选按钮的外观
Checked	False	检查单选按钮是否被选择
TextAlign	MiddleLeft	设置单选按钮文字要显示的位置
AutoCheck	True	判断单选按钮是否能变更 Checked 状态

RadioButton 控件的外观由 Appearance 属性来决定，大概分为以下两种：

- Normal：为常规单选按钮，可参考图 13-5 右侧的按钮。
- Button：原来的单选按钮会变成按钮的样子。不过，不要误会，它和其他的 Button 控件并无关联，可参考图 13-5 左侧的按钮。

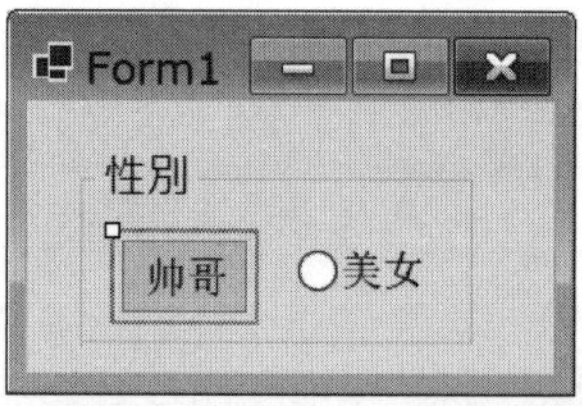

图 13-5　单选按钮的 Appearance 属性有两种样式

如何用程序代码变更 Appearance 属性的设置呢？可以参考如下程序语句：

```
radioButton1.Appearance = Appearance.Button;
```

Checked 属性可以用来检查单选按钮是否被选中。设计初始，Checked 属性处于未选中状态，默认值为 false，选中对应的单选按钮，它的属性值会变成 true，如图 13-6 所示。

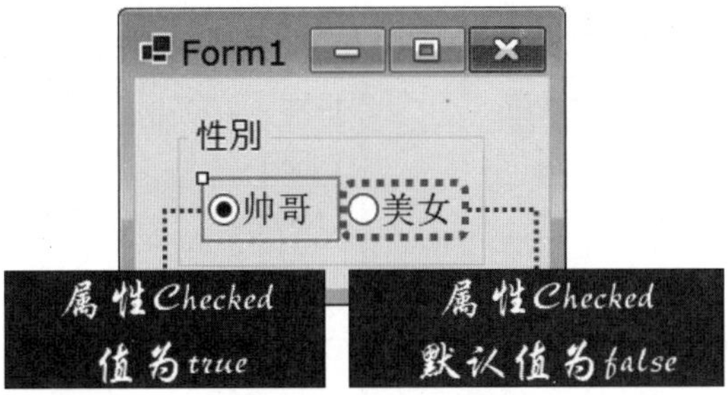

图 13-6　Checked 属性

用程序代码变更单选按钮为选中状态，程序语句如下：

```
radioButton1.Checked = true;  //表示被选中
```

当 Checked 属性被改变时会触发 CheckedChanged()事件处理程序，它也是单选按钮的默认事件（双击即可进入程序代码编辑器以编写这个事件处理程序）。另一个是 Click()事件，只要单选按钮被单击，都会触发这个事件处理程序。

范例 Ex1301.csproj

（1）程序规划

在窗体上，用户输入姓名、出生日期、选择性别，单击“确认”按钮之后，以数组方式一行一行读取，存放到 RichTextBox 的 Lines 属性中，再由 RichTextBox 控件进行显示。性别则以 GroupBox 配合 RadioButton 建立单选按钮组。

（2）窗体操作

启动程序加载窗体，填入相关数据后，单击“确认”按钮会把填写的数据显示在右下角的文本框中。如果性别选择了“帅哥”，由于加入了 RadioButton 的 CheckedChanged()事件处理程序，因此选中后会变更背景色，性别是“美女”就维持不变，如图 13-7 所示。

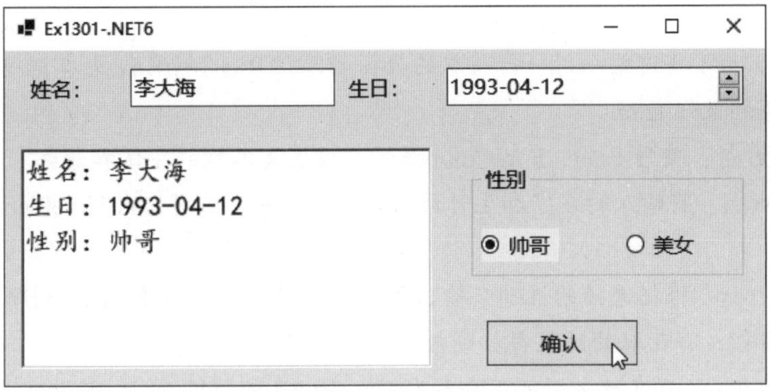

图 13-7　RadioButton 的 CheckedChanged()事件处理程序

（3）控件属性设置和相关程序代码

步骤 01 创建 Windows 窗体应用，框架选择“.NET 6.0（长期支持）”。在窗体上加入如表 13-2 所示的控件并设置它们的属性值。

表 13-2　范例项目 Ex1301 使用的控件、属性及属性值

控件	属性	属性值	控件	属性	属性值
GroupBox1		性别	Label1	Text	姓名：
RadioButton1	rabMale	帅哥	Label2	Text	生日：
RadioButton2	rabFemale	美女	DateTimePicker	Name	dtpBirth
TextBox	txtName			MaxDate	2018/12/31
RichTextBox	rtxtData			MinDate	1985/1/1
Button	Confirm	确认		ShowUpDown	true

步骤 02 双击“确认”按钮，编写 btnConfirm_Click 事件处理程序的代码。

```
01 private void btnConfirm_Click(object sender, EventArgs e)
02 {
03   String[] temps = new String[3];//存储文本框的字符串数组
04   String distin;
05   rtxtData.Font = new Font("楷体", 14);
06   rtxtData.ForeColor = Color.Indigo;
07   temps[0] = $"姓名: { txtName.Text }";
08   temps[1] = $"生日: { dtpBirth.Text }";
09   distin = (rabMale.Checked) ?
10     rabMale.Text : rabFemale.Text;
11   temps[2] = $"性别: { distin }";
12   rtxtData.Lines = temps;//获取数组的内容放入文本框
13 }
21 private void rabMale_CheckedChanged(object sender,
22     EventArgs e)
23 {
24   rabMale.BackColor = Color.Yellow;   //改变背景色
25 }
```

步骤 03 按 F5 键，若顺利生成可执行程序，则程序启动后就会开启“窗体”界面。

程序说明

- 第 03 行：为了将这些一行一行获取的数据显示在 RichTextBox 文本框中，声明一个可以暂存数据的数组 temps。
- 第 05、06 行：使用 Font、ForeColor 属性来设置文本框的字体和颜色。
- 第 07、08 行：将输入的名字和生日放入数组元素中，使用 DateTimePicker 控件设置出生日期。
- 第 09、10 行：根据选择的性别来输出称谓，使用三目运算符“?:”判断用户选中了哪一个单选按钮，将获取的结果存放到数组中。
- 第 21~25 行：了解在什么情况下会触发 CheckedChanged()事件，当用户选择了性别的“帅哥”时，其单选按钮的背景色会改变。

13.1.3 复选框

CheckBox（复选框）控件也提供了选择功能，与 RadioButton 控件的功能类似，不同的地方在于复选框彼此不互斥，用户能同时选择多个复选框。在窗体中加入复选框控件的方式如图 13-8 所示。

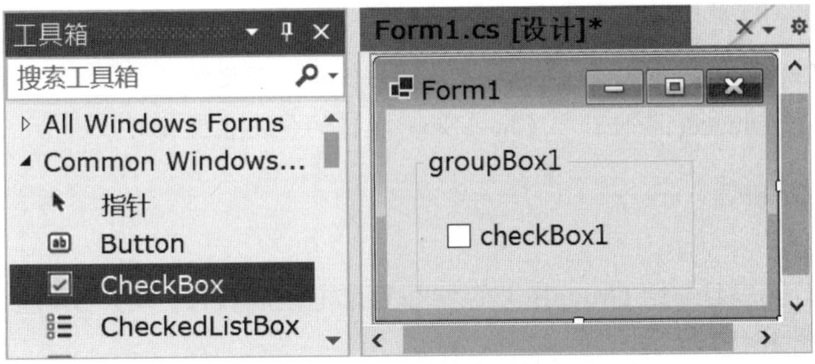

图 13-8 GroupBox 容器中的 CheckBox 控件

如果有多个 CheckBox 控件，也要把它们放入 GroupBox 容器中。CheckBox 的常用属性及其简要说明如表 13-3 所示。

表 13-3 CheckBox 的常用属性

CheckBox 的常用属性	默认值	说明
Text	32767	设置文本框输入的最大字符数
Checked	false	检查复选框是否被选择
ThreeState	false	设置复选框是两种或三种状态
CheckState	Unchecked	配合 ThreeState 设置复选框的状态

在程序运行期间，复选框的 ThreeState 属性会影响 CheckState 属性的状态。ThreeState 属性默认为 false，表示 CheckState 属性有不勾选和勾选两种状态。如果 ThreeState 的属性值为 true，则 CheckState 属性参照图 13-9 有三种变化：①勾选（属性值为 Checked）、②未勾选（属性值为 Unchecked）和③不确定（属性值为 Indeterminate）。

图 13-9 ThreeState 属性为 true 时有三种状态

以图 13-19 来说，“广州”被勾选了，“上海”未被勾选，而“深圳”的状态则表示不确定是否勾选了。ThreeState 属性的值为 true 和 false 时状态的变化可参考表 13-4 的说明。

表 13-4 ThreeState 属性的状态变化

ThreeState 属性	Unchecked	Checked	Indeterminate
true（有三种）	有	有	有
false（只有两种）	有	有	无

使用 CheckBox 控件可能会触发以下两个事件：

- CheckedChanged()事件：当 Checked 属性的值发生变化时。
- CheckStateChanged()事件：当 CheckState 属性的值发生变化时。

范例 Ex1302.csproj

（1）程序规划

延续前一个范例项目，用 GroupBox 容器和复选框组成城市，用户填写后的数据在文本框中显示出来，如图 13-10 所示。

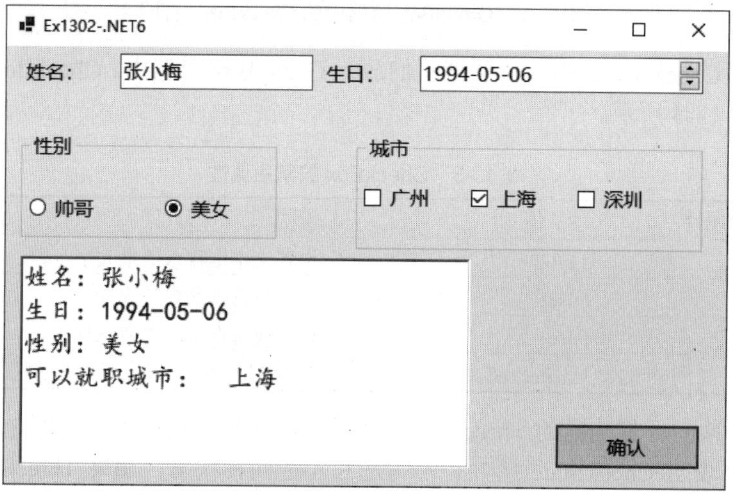

图 13-10 范例 Ex1302 的执行结果

（2）控件属性设置和相关程序代码

步骤 01 在窗体中再加入复选框控件并参照表 13-5 设置属性值。

表 13-5 范例项目 Ex1302 使用的控件、属性及属性值

控件	属性	属性值
GroupBox1		城市
CheckBox1	ckbGZ	广州
CheckBox2	ckbSZ	上海
CheckBox3	ckbSH	深圳

步骤 02 在 btnConfirm_Click 事件处理程序中加入与复选框有关的程序代码。

```
private void btnConfirm_Click(object sender, EventArgs e)
{
    //省略部分程序代码，判断用户勾选了哪些城市
```

```
    if (ckbGZ.Checked == true)          //广州
      city1 = ckbGZ.Text;
    if (ckbSZ.Checked == true)          //深圳
      city2 = ckbSZ.Text;
    if(ckbSH.Checked == true)           //上海
      city3 = ckbSH.Text;
    temps[3] += $"可以就职城市：{city1} {city2} {city3}";
}
```

程序说明

- 由于复选框是多选的，因此用 if 语句判断 Checked 属性的布尔值，被勾选的选项就会获取 Text 属性值，将它对应的城市名称加到数组变量 temps[3]中。

13.2 具有列表的控件

具有列表的控件包含 ComboBox、ListBox 和 CheckListBox，这些控件都具有集合属性 Items，无论是列表表项的添加和删除都与 ArrayList 类息息相关。下面一起来认识它们吧。

13.2.1 下拉列表框

下拉列表（ComboBox）控件提供了下拉式选项列表，当列表中无表项可供选择时，用户还能自行输入。把 ComboBox 控件加到窗体中，如图 13-11 所示。

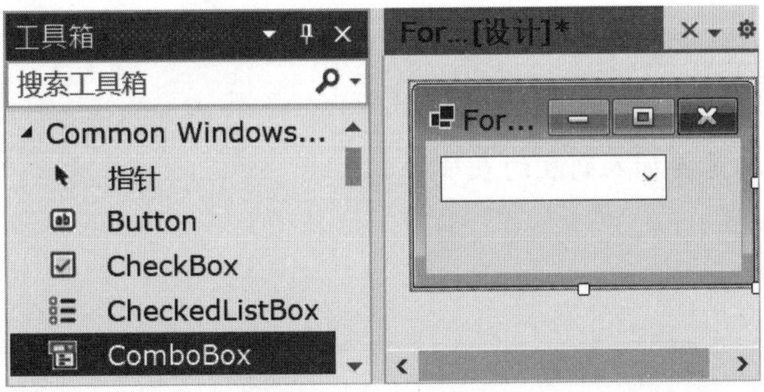

图 13-11　ComboBox 控件

根据默认样式，ComboBox 控件会有两部分：上层是一个能让用户输入列表表项的“文字字段”；下层是显示表项列表的“列表框”，用户可从中选择一个表项。

ComboBox 控件的作用就是提供列表。如何使用“属性”窗口的 Items 属性呢？就是在设计模式下添加列表表项，操作如下：

ComboBox 编辑列表表项

步骤 01 ①单击▶按钮（随后按钮变成◀），展开 ComboBox 任务列表，②单击“编辑项”，如图 13-12 所示。

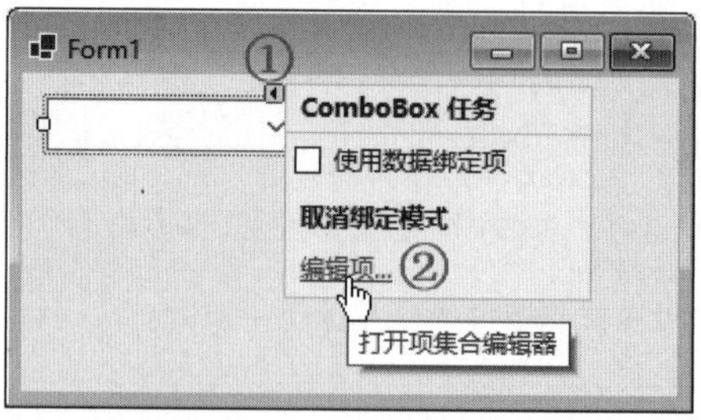

图 13-12　单击“编辑项”

步骤 02 打开“字符串集合编辑器”对话框，在该对话框中输入表项并按 Enter 键换行，单击“确定”按钮结束编辑，如图 13-13 所示。

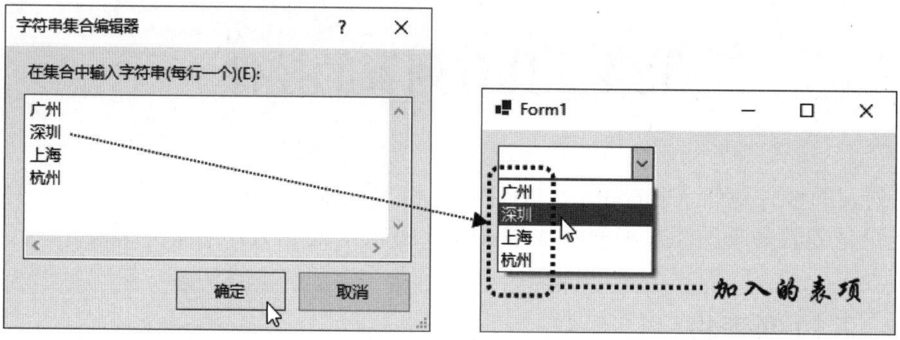

图 13-13　加入表项

步骤 03 要用程序来添加表项，可以调用 Add()方法将指定表项加到列表末端，或者调用 Insert()方法把表项加到指定的位置，语法如下：

```
int Add(NewItem);
Virtual void Insert(index, NewItem);
```

- NewItem：指的是要加入列表的表项。
- index：下标位置。

示例一：

```
comboBox1.Item.Add("武汉");
comboBox1.Item.Insert(1, "南京");  //在下标编号 1 的位置加入一个表项
```

- 属性 Item 本身属于集合，可通过 ArrayList 类提供的 Insert()方法在指定的位置加入表项。

设计时倘若不是使用“字符串集合编辑器”来输入列表表项，而是以程序代码方式来加入表项，则必须通过 AddRange()方法。编写的程序语句如下：

```
string[] fontDemo = new string[] {   //字体数组
          "宋体", "楷体","微软雅黑", "仿宋"};
comboBox2.Items.AddRange(fontDemo);
```

- 同样是调用 ArrayList 类提供的 AddRange()方法来产生列表表项。
- 先创建一个字符串数组 fontDemo，然后调用 AddRange()方法，如果列表中已有表项存在，

则会把数组中的表项加到列表的末端。

如何删除列表表项？使用 Remove()、RemoveAt()和 Clear()方法都能达到删除列表表项的目的，说明如下：

- Remove()：删除指定的表项。
- RemoveAt()：指定下标值来从列表表项中删除对应的表项。
- Clear()：删除列表中所有的表项。

示例二：

```
comboBox1.Item.Remove("武汉"); //指定表项
comboBox1.Item.Remove(2);      //指定下标编号
comboBox1.Item.Clear();        //全部清除
```

选择了 ComboBox 列表表项中某一个表项时，可以使用 SelectedIndex 和 SelectedItem 属性来获取表项的下标值或表项的内容。当 SelectedIndex 属性被改变时，会触发 SelectedIndexChanged()事件。程序代码编写如下：

```
int result = comboBox1.SelectedIndex;
int outcome = comboBox1.SelectedItem;
```

DropDownStyle 属性为 ComboBox 控件的下拉列表提供了外观设置功能，默认属性值为 DropDown，除了能将下拉列表隐藏之外，还提供了字段编辑功能。DropDownStyle 属性值共有三种：Simple、DropDown 和 DropDownList，可参考图 13-14。

- Simple：只提供文字字段部分，可进行文字编辑，选择列表时必须通过箭头按钮来选择。
- DropDown：默认的下拉列表框，用户还可以根据需求进行文字字段的编辑。
- DropDownList：下拉列表框，用户只能按列表内容来选择，无法编辑文本框。

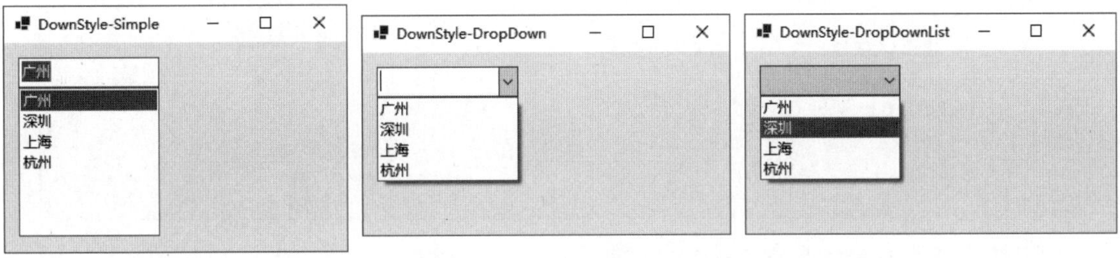

图 13-14 DropDownStyle 属性

ComboxBox 的其他常用属性如表 13-6 所示。

表13-6 ComboBox的其他常用属性

ComboBox 的常用属性	默认值	说明
Text		设置要选择的表项内容
DropDownWidth		用来设置下拉式列表的宽度
MaxLength	0	设置文字字段能输入的字符数
MaxDropDownItems	8	设置下拉列表框能显示的表项

来自 C# 8.0 的语法，配合“模式匹配”，switch 语句也能处理表达式（称为 switch 表达式）。下面先通过范例 Ex1303 的部分程序代码来了解。

```
switch (index)//根据获取的 index 来判断要显示的字体大小
{
   case 1:
      lblDisplay.Font = new(lblDisplay.Font.Name, 14.0F);
      break;
    case 2:
      lblDisplay.Font = new(lblDisplay.Font.Name, 18.0F);
      break;
   case 3:
      lblDisplay.Font = new(lblDisplay.Font.Name, 24.0F);
      break;
   case 4:
      lblDisplay.Font = new(lblDisplay.Font.Name, 28.0F);
      break;
   case 5:
      lblDisplay.Font = new(lblDisplay.Font.Name, 32.0F);
            break;
   case 6:
      lblDisplay.Font = new(lblDisplay.Font.Name, 36.0F);
      break;
   default:
      lblDisplay.Font = new(lblDisplay.Font.Name, 12.0F);
      break;
}
```

使用 switch-case 语句重设 Label 控件的字体大小，会发现这种选择判断较为冗长。是否能让语句变得更简洁一些呢？在改善它之前，先复习一下 switch-case 的语法：

```
switch(表达式)
{
   case 值 1:
      程序区块 1;
      break;
   default:
      程序区块 n;
      break;
}
```

把上述语法改为 switch 表达式，语法如下：

```
表达式 switch
{
   模式(值 1) => 程序区块 1,
   _ => 程序区块 n,
};
```

- 可以采用逻辑表达式进行关系对比的模式，或匹配 enum 枚举的常数模式，或直接采用匹配整数值的模式。
- 关键字以“=>”取代，去掉了 break 语句，而 default 语句用“_”（下画线字符）取代。

- 每个 switch 表达式分项要以逗号分隔开，而表达式分项一定有“模式=>”的标记。
- switch 表达式的大括号之后要有分号“;”作为结尾。

有了这些基本概念，把上述 switch 语句改写为 switch 表达式：

```
lblDisplay.Font = index switch
{
   //根据标签控件所获取的字体名称设置字体的大小
   1 => new(lblDisplay.Font.Name, 14.0F),
   2 => new(lblDisplay.Font.Name, 18.0F),
   3 => new(lblDisplay.Font.Name, 24.0F),
   4 => new(lblDisplay.Font.Name, 28.0F),
   5 => new(lblDisplay.Font.Name, 32.0F),
   6 => new(lblDisplay.Font.Name, 36.0F),
   _ => new(lblDisplay.Font.Name, 12.0F),
};
```

范例 Ex1303.csproj

（1）程序规划

用 ComboBox 控件的下拉列表功能设置字体样式和字体效果。通过选择表项的下标值来触发 SelectedIndexChanged()事件，继而改变标签控件的字体和大小。

（2）窗体操作

启动程序加载窗体后，通过下拉列表来选择字体样式和字体效果，窗体下方的标签控件会显示结果，再单击窗体右上角的☒按钮即可关闭窗体。程序的执行结果如图 13-15 所示。

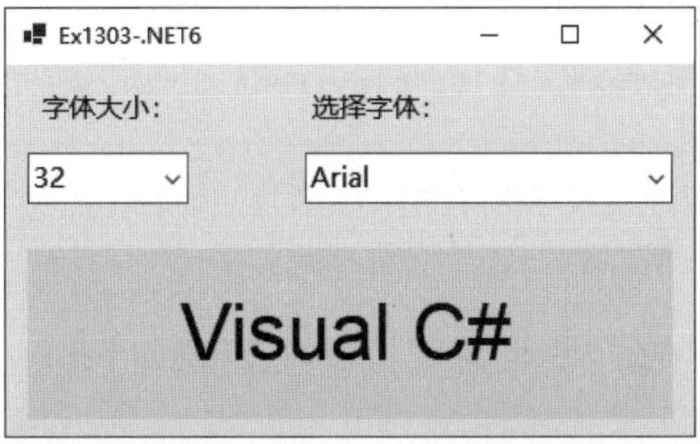

图 13-15　范例 Ex1303 的执行结果

（3）控件属性设置和相关程序代码

步骤 01 创建 Windows 窗体应用，框架选择“.NET 6.0（长期支持）”。在窗体上加入如表 13-7 所示的控件并设置它们的属性值。

表 13-7　范例项目 Ex1303 使用的控件、属性及属性值

控件	属性	属性值	控件	属性	属性值
Label1		字体大小:	Label3	Name	lblDisplay
Label2		选择字体:		Text	窗口程序
ComboBox1	cobFontSize	12		AutoSize	false
ComboBox2	cobFontChoice	微软雅黑		BackColor	255, 224, 192

步骤 02 编写 ComboBox 控件“字体大小:”“cobFontSize_SelectedIndexChanged()”事件处理程序的代码。

```
01 private void cobFontSize_SelectedIndexChanged(
02       object sender, EventArgs e)
03 {
04    int index = cobFontSize.SelectedIndex;
05    lblDisplay.Font = index switch
06    {
07       //根据标签控件所获取的字体名称设置字体大小
08       1 => new(lblDisplay.Font.Name, 14.0F),
09       2 => new(lblDisplay.Font.Name, 18.0F),
10       3 => new(lblDisplay.Font.Name, 24.0F),
11       4 => new(lblDisplay.Font.Name, 28.0F),
12       5 => new(lblDisplay.Font.Name, 32.0F),
13       6 => new(lblDisplay.Font.Name, 36.0F),
14       _ => new(lblDisplay.Font.Name, 12.0F),
15    };
16 }
```

步骤 03 编写 ComboBox 控件“选择字体:”“cobFontChoice_SelectedIndexChanged()”事件处理程序的代码。

```
31 private void cobFontChoice_SelectedIndexChanged(
32       object sender, EventArgs e)
33 {
34    //获取列表中表项的下标值
35    int index = cobFontChoice.SelectedIndex;
36    lblDisplay.Font = new Font(
37    cobFontChoice.Text, lblDisplay.Font.Size);
38 }
```

步骤 04 按 F5 键，若顺利生成可执行程序，则程序启动后就会开启“窗体”界面。

程序说明

- 第 01~16 行：用户单击“字体大小:”下拉列表来选择字体大小时就会触发此事件处理程序。
- 第 04 行：获取 ComboBox 控件的 SelectedIndex 属性，以 index 变量来存储。
- 第 05~15 行：根据 index 的值，使用 switch 语句判断用户选择了哪一种字体。调用 Font 结构的构造函数，根据标签控件的字体来重建字体大小，以 float 数据类型为主。
- 第 31~38 行：同样以 index 变量来获取 SelectedIndex 属性值，Text 属性获取用户选取的字体，并根据标签控件的字体大小来调用 Font 结构的构造函数执行字体重设的操作。

13.2.2 列表框

列表框（ListBox）控件会显示列表表项，供用户从中选择一个或多个表项。其功能和 ComboBox 控件很相似，只不过 ComboBox 提供下拉列表，还能让用户输入表项内容，而 ListBox 只提供表项选择，无法让用户进行编辑操作。如图 13-16 所示是将 ListBox 控件添加到窗体中。

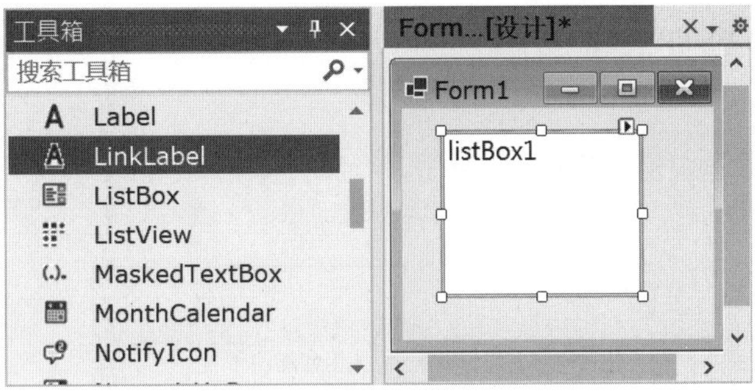

图 13-16　在窗体中添加 ListBox 控件

ListBox 控件的列表表项无论进行添加、删除还是获取表项值，其属性和方法都和 ComboBox 控件一样。表 13-8 列出了 ListBox 控件的属性。

表 13-8　ListBox 控件的属性

ListBox 属性	默认值	说明
SelectionMode	one	设置列表表项的选择方式
MultiColumn	false	列表框是否显示多列
Sorted	false	列表表项是否按字母排序
Items.Count		获取列表表项的总数
Items.Clear()		删除列表内所有表项
Items.Remove()		删除列表内指定的表项
SelectedIndex		获取或设置当前选择的表项的下标值
Text		运行时存放选择的表项
SetSelected()方法		指定列表表项的对应状态
GetSelected( )方法		用来判断是否为选择的表项
ClearSelected()方法		取消被选择表项的状态

列表框通过 SelectionModes 属性来设置列表表项的选择方式。SelectionMode 枚举类型提供了 4 位成员：

- None：表示无法选取。
- One：表示一次只能选取一个表项。
- MultiSimple：可以选取多个表项，使用鼠标或者以键盘的箭头键配合空格键来选择。
- MultiExtended：可以选取多个表项，但是必须以鼠标配合 Shift 或 Ctrl 键来进行连续或不连续的选取。

ListBox 控件一般只会显示单列，将 MultiColumn 属性设为 true 时，会以多列方式显示。同样，若将 Sorted 设为 true，则列表表项会按照字母顺序排序。

范例 Ex1304.csproj

（1）程序规划

列表框的简易操作。调用 Add()方法将文本框输入的内容加到 ListBox 控件中，选择列表框的某个表项，调用 RemoveAt()方法根据返回的下标值把它删除掉。

（2）窗体操作

步骤01 ①在文本框中输入项目，②单击“添加”按钮加到列表框中并同时清空文本框，如图 13-17 所示。

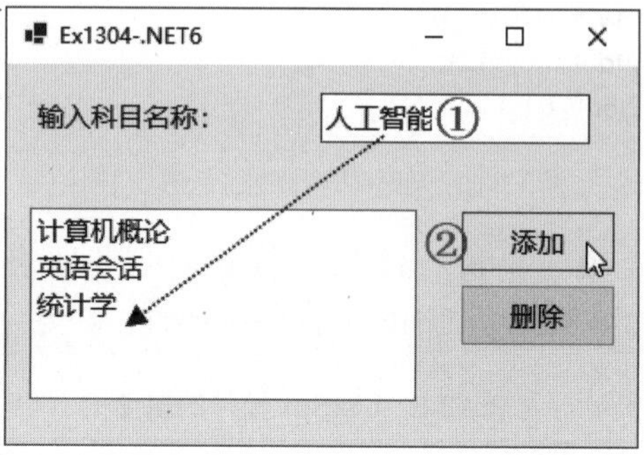

图 13-17　在窗体中加入表项

步骤02 ①从列表框中选择某一个表项，②单击“删除”钮就能把它清除，如图 13-18 所示。

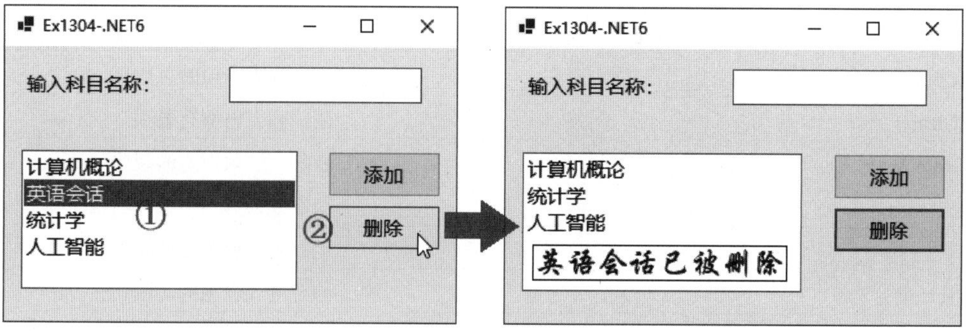

图 13-18　删除表项

（3）控件属性设置和相关程序代码

步骤01 创建 Windows 窗体应用，框架选择“.NET 6.0（长期支持）”。在窗体上加入如表 13-9 所示的控件并设置它们的属性值。

表 13-9　范例项目 Ex1304 使用的控件、属性及其属性值

控件	属性	属性值	控件	属性	属性值
Button1	btnOK	添加	ListBox	Name	lstCourse
Button2	btnDel	删除	TextBox	Name	txtCourse

步骤02 编写 btnOK_Click()事件处理程序的代码。

```
private void btnOK_Click(object sender, EventArgs e)
{
   lstCourse.Items.Add(txtCourse.Text);
   txtCourse.Clear();
   txtCourse.Focus();
}
```

步骤 03 编写 btnDel_Click()事件处理程序的代码。

```
11 private void btnDel_Click(object sender, EventArgs e)
12 {
13    if (lstCourse.Items.Count > 0)
14       lstCourse.Items.RemoveAt(lstCourse.SelectedIndex);
15    else
16       txtCourse.Text = "无项目可删除";
17 }
```

步骤 04 按 F5 键，若顺利生成可执行程序，则程序启动后就会开启“窗体”界面。

程序说明

- 第 03 行：获取文本框输入的表项，调用 Add()方法加到列表框中。
- 第 04、05 行：调用 Clear()方法清空文本框并以 Focus()重新输入焦点。
- 第 14 行：根据选择的表项返回的下标值删除列表框的表项。

13.2.3 CheckedListBox 控件

CheckedListBox 控件扩充了 ListBox 控件的功能。它涵盖了列表框大部分属性，在列表表项的左侧显示复选标记。它也具有 Items 属性，在设计阶段可以添加、删除表项。Add()和 Remove()函数也适用，可视为 ListBox 和 CheckBox 的组合。如图 13-19 所示是将 CheckedListBox 控件添加到窗体中。

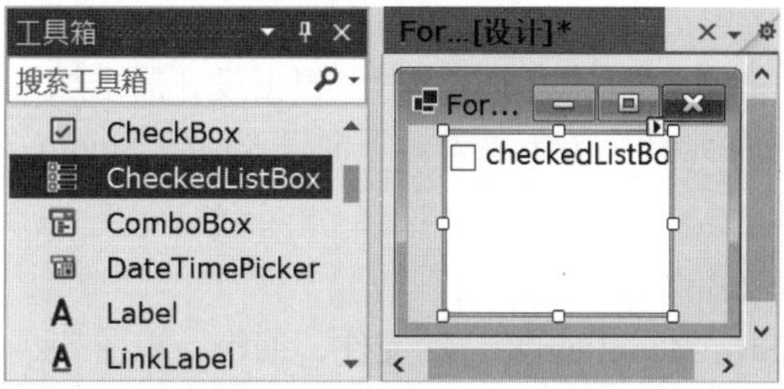

图 13-19　CheckedListBox 控件

创建 ListBox 控件的列表表项时，只需单击，如果要选择 CheckedListBox 的列表表项，就必须确认复选框已经被勾选，这样表项才能被选中，如图 13-20 所示。

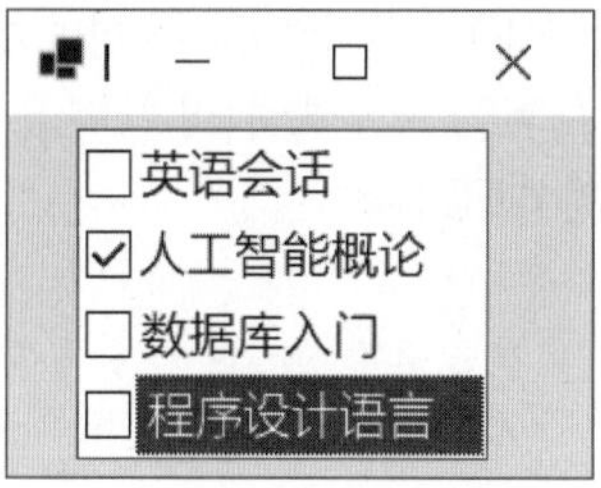

图 13-20　勾选 CheckedListBox

由图 13-20 可知，单击“程序设计语言”表项时只有选取效果，必须再单击一次让左侧的复选框变为“勾选”状态，像“人工智能概论”那样才是已选中的状态。

由于复选框本身就具有多选的功能，因此 CheckedListBox 控件虽然拥有 SelectionMode 属性，却不支持。只要将 CheckOnClick 属性设为 true（默认为 false），就能让单击产生“勾选”作用。

使用 CheckedListBox 控件时，想要知道哪些表项被勾选，可使用 GetItemChecked()方法逐一检查，语法如下：

```
bool GetItemChecked(Index);
```

- Index 代表列表表项的下标值，该方法的返回值为 bool。

如果要设置下标值对应选项的勾选状态，可以调用 SetItemChecked()方法指定要勾选的表项，true 表示勾选，false 表示未勾选。

CheckedListBox 控件常用的事件处理有以下两种：

- SelectedIndexChanged()事件：用户单击列表中任何一个表项时所触发的事件处理程序。
- ItemCheck()事件：列表中某个表项被勾选时所触发的事件处理程序。

13.3 菜　单

使用 Windows 应用程序，只要把鼠标移向菜单栏，就会展开相关菜单项，非常方便用户的操作。菜单属于分层式结构，先产生主菜单栏，根据设计需求加入其菜单项，主菜单栏包含子菜单，产生子选项，按序延伸出子子菜单。下面以 Visual Studio 2022 的操作界面来说明菜单的结构，如图 13-21 所示。

① 主菜单栏（MenuStrip）。

② 主菜单项（ToolStripMenuItem），如文件、编辑、视图等。

③ 展开“视图”主菜单（MenuItem），可以看到子菜单项（ToolStripMenuItem）。

④ 子菜单中还有子菜单项（ToolStripMenuItem），如“工具栏”。

⑤ 子菜单项可以设置快捷键。例如，工具箱可使用 Ctrl + Alt + X 组合键调出来。

⑥ 分隔线（Separator）能分隔不同作用的子菜单项，例如“设计器”和“解决方案资源管理器”之间以分隔线隔开，说明它们是两个功能不同的组。

⑦ 子菜单项“工具栏”右侧有▶符号，表示可以展开下一层菜单，“标准”项显示为复选标记（Checked），表示启用了标准工具栏。

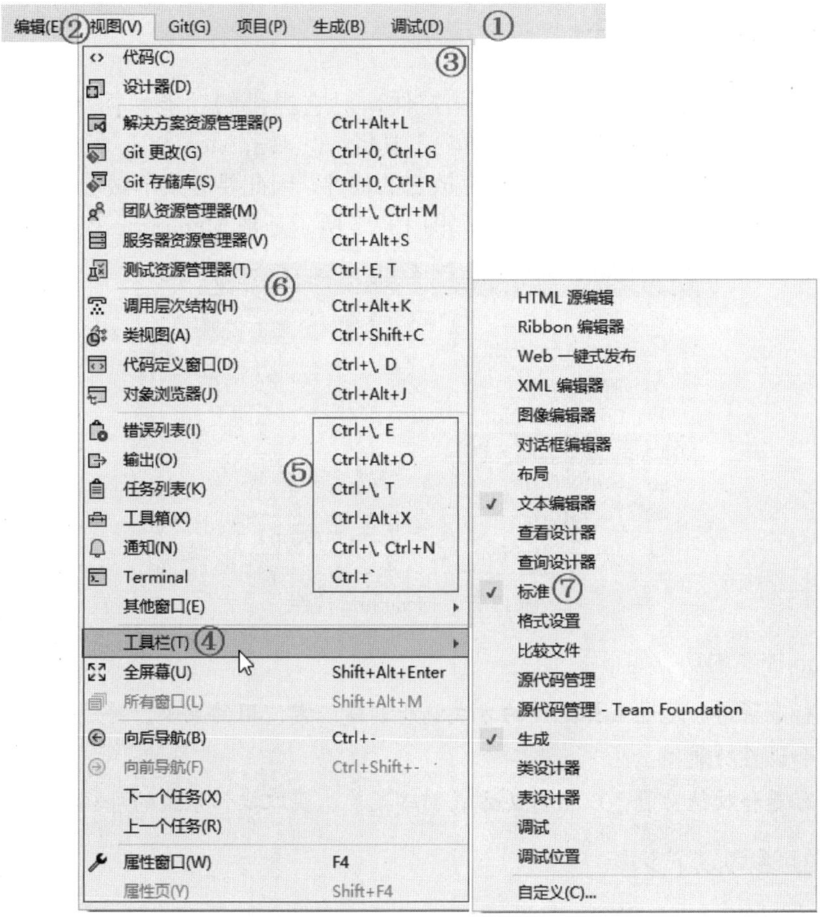

图 13-21　菜单的结构

从图 13-21 可知，必须先创建主菜单才能加入主菜单项，如文件、视图都是属于“主菜单”的菜单选项。通常“文件”除了可以利用鼠标单击之外，还可以用键盘上的 Alt + F 组合键展开，称为“快捷键”。主菜单下可以展开它的子菜单，然后加入子菜单项，如图 13-21 中“视图”主菜单中的“解决方案资源管理器”“服务器资源管理器”都属于子菜单项。此外，性质相同的子菜单项可以群聚在一起，将不同性质的子菜单项通过“分隔线”隔开。子菜单项可以视需求加入快捷键，或者加上复选标记。Visual C# 2022 中创建菜单的控件有哪些呢？请参考表 13-10 的简介。

表 13-10　菜单及其说明

菜单	说明
MenuStrip	创建主菜单
ToolStrip	产生 Windows 窗体的用户界面工具栏
ToolStripMenuItem	用来创建菜单或快捷菜单的菜单项
ToolStripDropDown	允许用户单击时，从列表中选择单一表项
ToolStripDropDownItem	单击时会显示下拉式列表
ContextMenuStrip	用来设置快捷菜单（用户右击）

13.3.1 MenuStrip 控件

先介绍可以产生主菜单的 MenuStrip 控件，对它提供的功能做简单的描述。要加入 MenuStrip 控件，必须先展开工具箱①菜单与工具栏；②双击 MenuStrip 控件，它会将菜单面板放到窗体顶端，窗体底部的“匣子”会存放它的控件，因此要对菜单做进一步的编辑，可以直接选择控件，再对菜单面板进行编辑。如图 13-22 所示是把 MenuStrip 控件添加到窗体中。

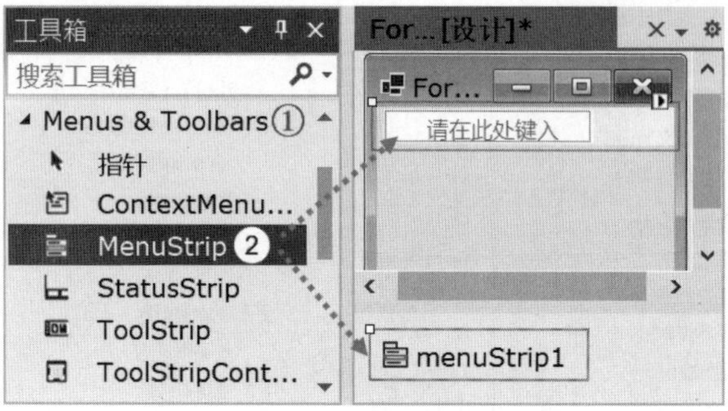

图 13-22 MenuStrip 控件

MenuStrip 控件的功能如下：

- 创建标准菜单，通过鼠标拖曳的方式就能创建经常使用的菜单，并进一步支持高级用户界面和设置功能。
- 提供容器和收纳功能，以自定义方式创建菜单，获取操作系统的外观和行为。

创建菜单可参考以下步骤：

步骤01 先以 MenuStrip 创建主菜单。

步骤02 通过 Items 属性加入 ToolStripMenuItem 控件，作为第一层主菜单的菜单项。

步骤03 如果想要继续建立第二层（子）菜单，获取某个 ToolStripMenuItem 控件的 DropDownItems 属性，再按序加入 ToolStripMenuItem 控件来作为第二层菜单的菜单项。

步骤04 如果还要创建第三层，就要获取 ToolStripMenuItem 控件的 DropDownItems 属性，再加入 ToolStripMenuItem 控件来作为第三层菜单的菜单项。

如果菜单变动不是太大，则可以使用 MenuStrip 控件提供的“插入标准菜单”来生成一个由系统提供的菜单。

MenuStrip 快速生成菜单

步骤01 加入 MenuStrip 控件之后，单击右上角的▶按钮展开任务列表（展开后▶按钮变更为◀按钮），再单击“插入标准项”，如图 13-23 所示。

步骤02 加入一个简单的菜单（见图 13-24），再编写事件处理程序。

图 13-23　加入 MenuStrip 控件后生成菜单

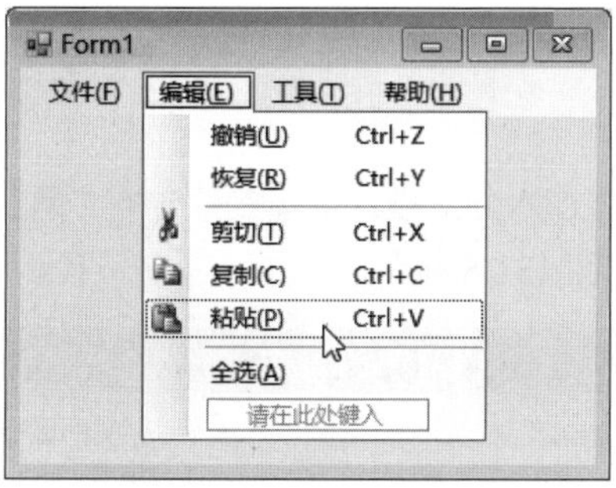

图 13-24　加入一个简单的菜单

仔细观察，每一个主菜单项都有快捷键可以使用。程序运行时，“编辑”菜单要以键盘启动的话，按 Alt + E 组合键就能展开。可以通过“属性”窗口来观察“编辑”菜单项的 Name 和 Text 属性的不同之处。

13.3.2　直接编辑菜单项

使用 MenuStrip 控件快速生成菜单之后，读者是否发现添加到窗体的 MenuStrip 控件提供的是一个面板，选中它之后可以直接进行文字编辑。直接编辑菜单要如何做呢？参照以下步骤在菜单中添加、删除菜单项：

MenuStrip　编辑菜单项

步骤 01 确认窗体有 MenuStrip 控件并通过单击进行选择，如图 13-25 所示。

步骤 02 输入主菜单项。①看到“请在此处键入”，表示可以输入主菜单项，如“文件(&F)”(&F 表示加入快捷键)，②完成“文件”的输入之后，在水平和垂直方向都可以输入菜单项，如图 13-25 的右图所示。

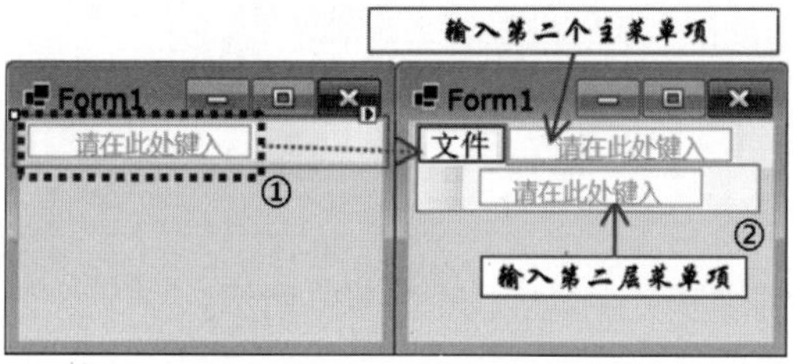

图 13-25　输入主菜单项

步骤03 水平方向可加入第二个主菜单项，垂直方向生成“文件”的子菜单及其菜单项。在垂直方向加入文件的子菜单项“打开文件”和“保存文件”，如图 13-26 所示。

步骤04 如果还要生成子子菜单项，在“保存文件”水平方向再加入“另存为”和“其他格式”，如图 13-27 所示。

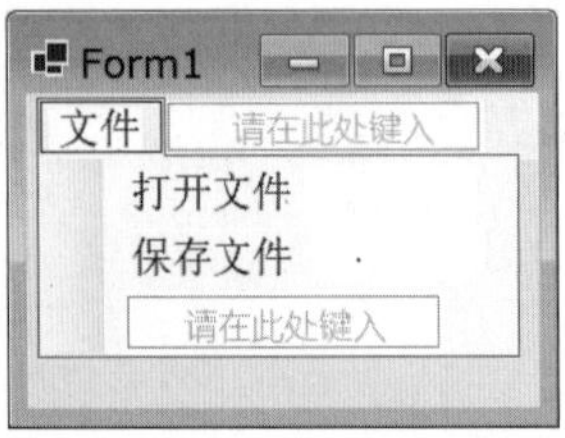

图 13-26 加入子菜单项

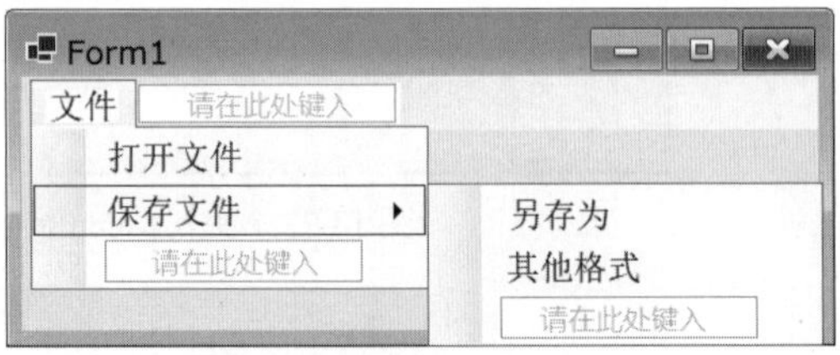

图 13-27 加入子子菜单项

步骤05 在“保存文件”下方加入分隔线，直接在下方的“请在此处键入”输入“-”（减号），再按 Enter 键即可形成分隔线，如图 13-28 所示。

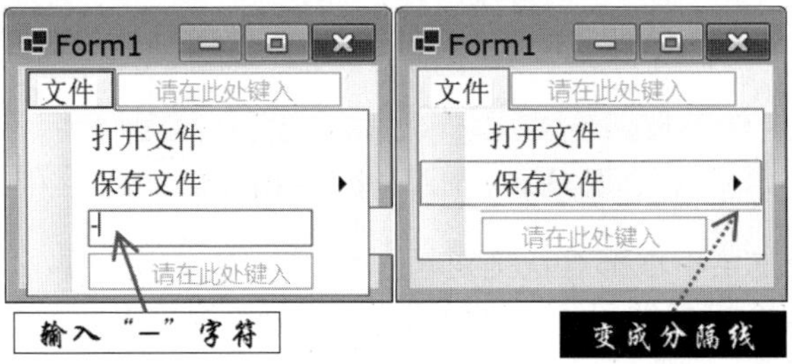

图 13-28 加入分隔线 1

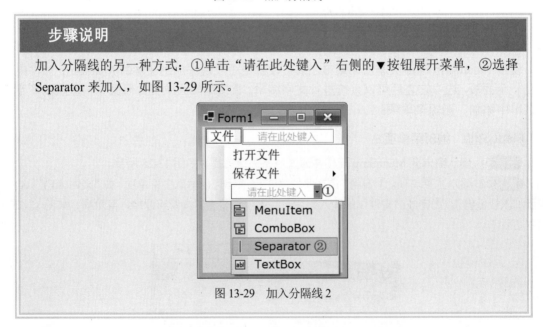

步骤说明

加入分隔线的另一种方式：①单击“请在此处键入”右侧的▼按钮展开菜单，②选择 Separator 来加入，如图 13-29 所示。

图 13-29 加入分隔线 2

步骤06 添加第二个主菜单项“字体”，如图 13-30 所示。

图 13-30　添加第二个主菜单项

步骤07 要删除某个菜单项，选中该菜单项并按 Delete 键即可删除。或者在要删除的菜单项上①右击，②再从弹出的快捷菜单中选择“删除”选项，如图 13-31 所示。

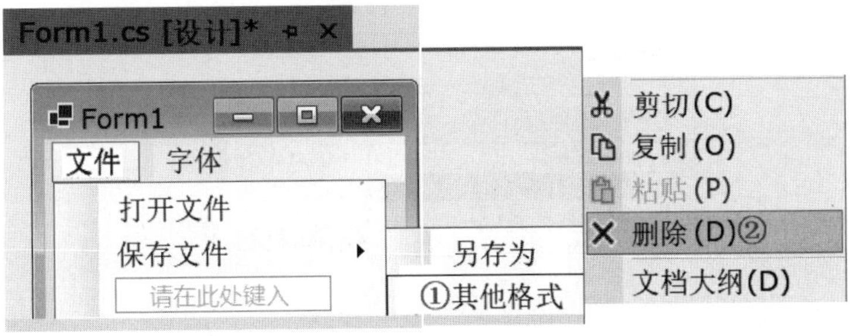

图 13-31　删除某个菜单项

13.3.3　用“项集合编辑器”生成菜单项

在窗体中添加了 MenuStrip 控件之后，还可以使用“项集合编辑器”来生成一个多层次的菜单。如何进入“项集合编辑器”呢？无论是在“属性”窗口展开属性 Items 还是单击控件右上角的▶按钮来展开控件的任务列表，而后单击“编辑项”，都可以进入“项集合编辑器”对话框，如图 13-32 所示。进入“项集合编辑器”对话框之后，我们来认识一下它的基本操作。

“项集合编辑器”的第一层项为 Items 属性。进入“项集合编辑器”的左上角，展开下拉列表选择想要添加的成员，通常选择 MenuItem 为主菜单项。

第一层“项集合编辑器”

步骤01 单击“编辑项”或 Items 属性，如图 13-32 所示。

步骤02 打开“项集合编辑器”对话框，①单击▾按钮展开下拉列表，②选择 MenuItem 成员，③单击“添加”按钮，如图 13-33 所示。

步骤03 可添加两个菜单项：文件和字体，如图 13-34 所示。

图 13-32　两种进入“项集合编辑器”对话框的方式

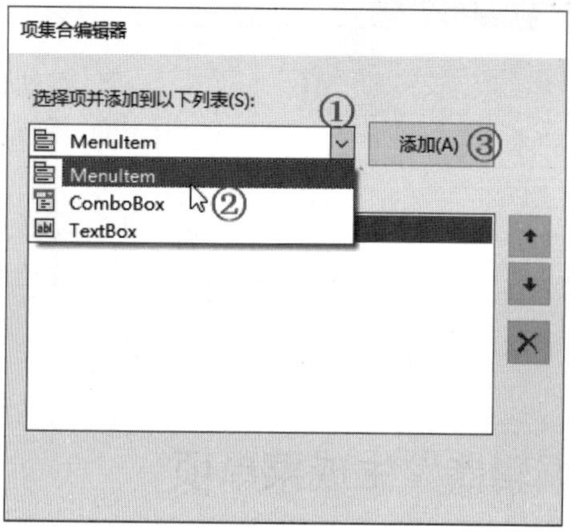

图 13-33　选择添加 MenuItem 成员

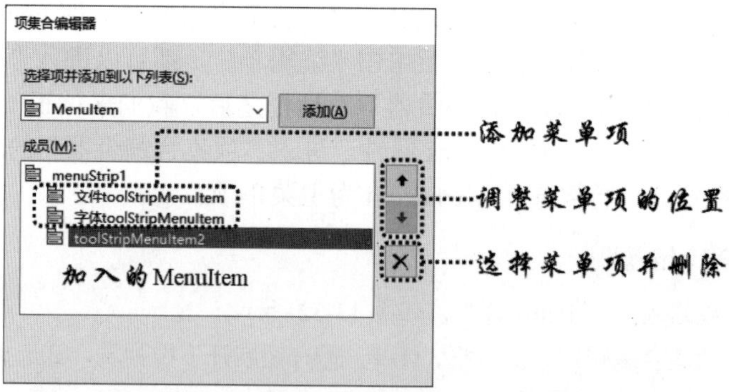

图 13-34　添加两个菜单项：文件和字体

步骤 04　“项集合编辑器”右半部分是“属性”窗口，可以选择“按分类顺序”或“按字母顺序”排列属性，选择窗口左侧的成员，就可以在右边的“属性”窗口设置属性值，如图 13-35 所示。

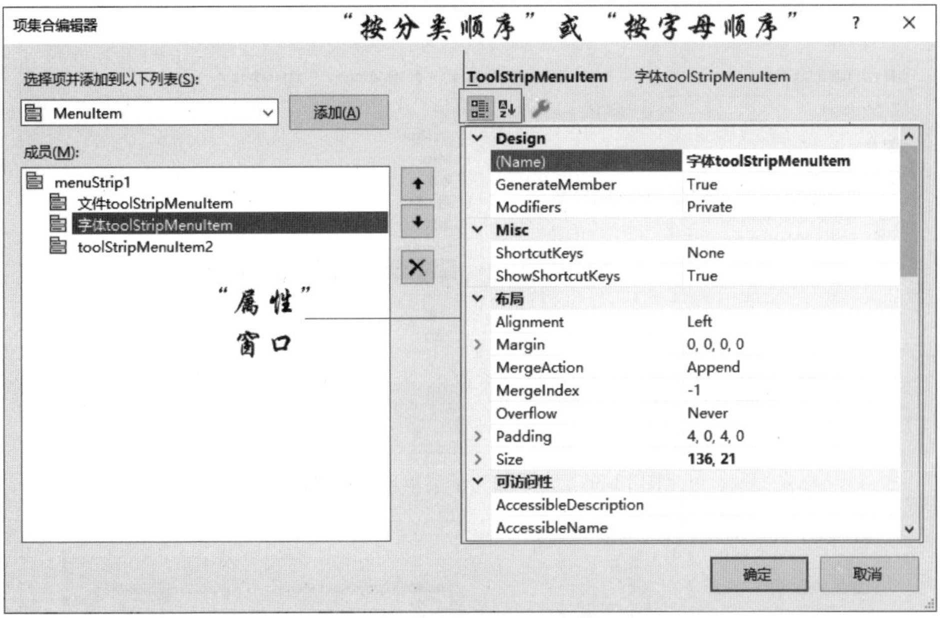

图 13-35　设置菜单选项的属性值

要完成的菜单项如表 13-11 所示。

表 13-11　菜单及其菜单项

主菜单	子菜单	第三层子菜单
文件	打开文件	
	保存文件	另存为
	分隔线	
	退出	
字体	选择字体	楷体
	字体样式	粗体

每个主菜单都可以根据实际需求生成子菜单并加入菜单项。例如“文件”主菜单要添加子菜单的菜单项，必须通过 ToolStripMenuItem 成员的 DropDownItems 属性进入第二层的“项集合编辑器”窗口，在 ToolStripDropDownMenu 控件下添加 MenuItem 来作为子菜单项，或者以 Separator 将两个子菜单项分隔开。接下来就为“文件”主菜单添加第 4 项“退出”（分隔线为第 3 项），而为“字体”主菜单加入“选择字体”和“字体样式”菜单项。

第二层“项集合编辑器”　加入子菜单及菜单项

步骤 01 确认进入“项集合编辑器”对话框。

步骤 02 加入子菜单项目 toolStripMenuItem。①从成员中选择“文件”项，再从“属性”窗口找到 DropDownItems，②单击右侧的 [...] 按钮，如图 13-36 所示。进入子菜单（toolStripMenuItem1.DropDownItems）项集合编辑器，如图 13-37 所示。

步骤 03 加入子菜单项。①选择 MenuItem，②单击“添加”按钮，③添加 toolStripMenuItem3 后，选择它，④将 Text 更改为“退出”，⑤单击“确定”按钮回到第一层“项集合编辑器”对话框，操作步骤如图 13-38 所示。

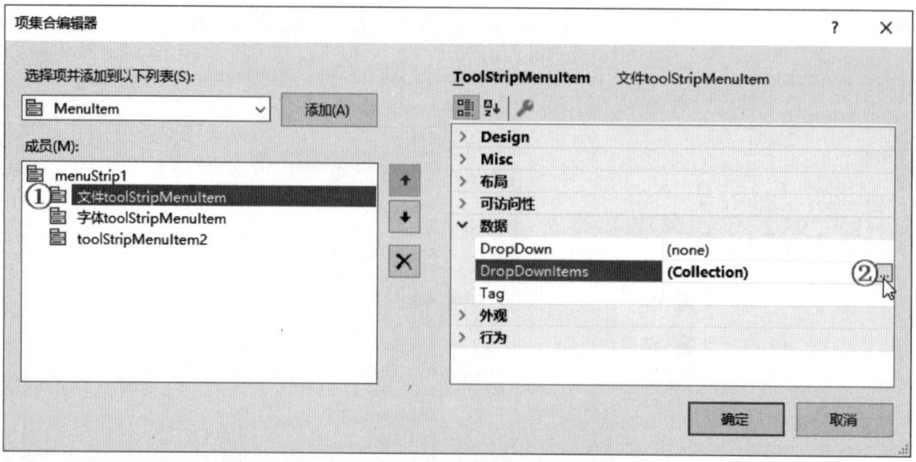

图 13-36 为添加的子菜单项设置属性

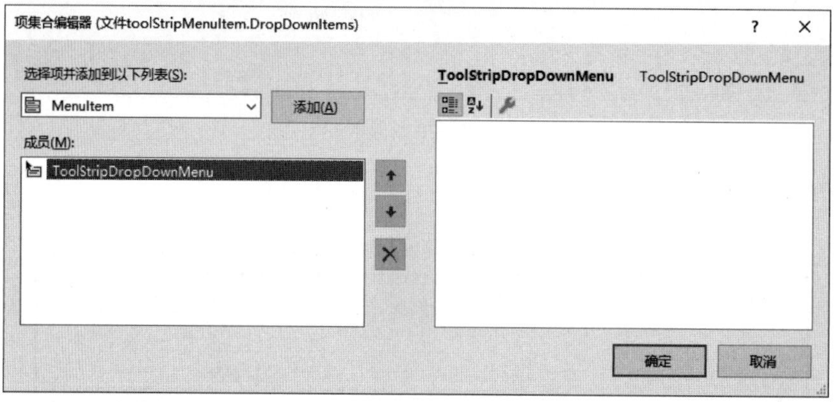

图 13-37 子菜单（toolStripMenuItem1.DropDownItems）项集合编辑器

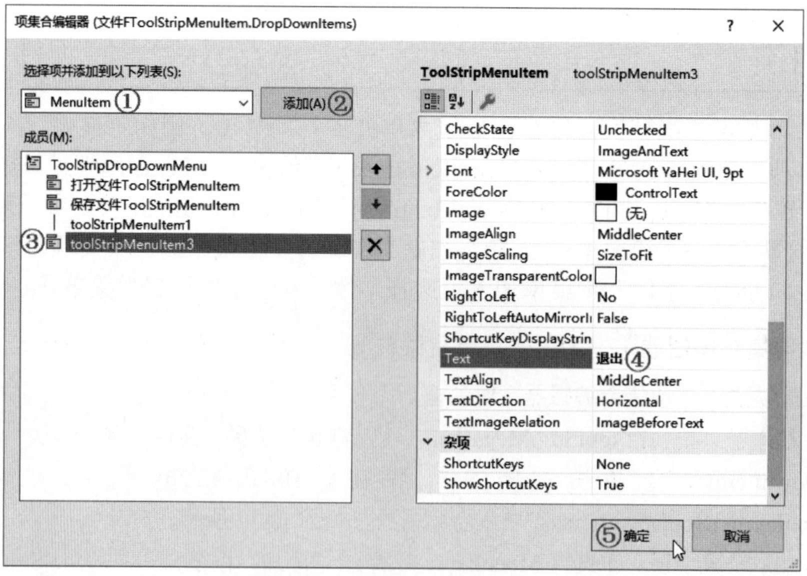

图 13-38 加入子菜单项

步骤04 根据前面步骤添加的“字体”菜单项，为其添加子菜单项：“选择字体”和“字体样式”，连续单击两次“确定”按钮关闭“项集合编辑器”对话框，添加“字体样式”子菜单的情况如图 13-39 所示。注意：成员列表中各个成员的名称修改为更易于理解的名称，如 menuSelectFont 和 menuFontStyle。

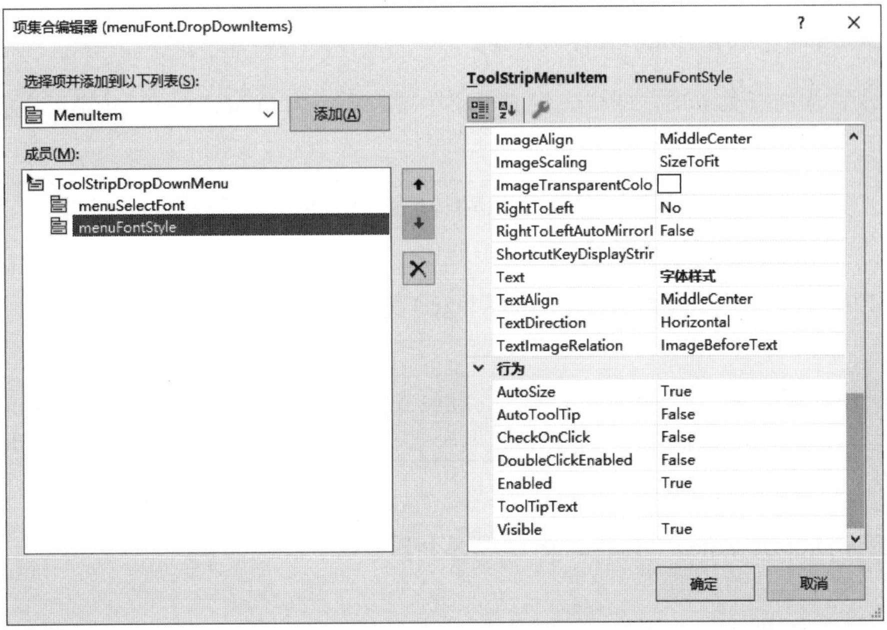

图 13-39　添加“字体样式”子菜单

步骤05 参照表 13-11 完成的菜单如图 13-40 所示。

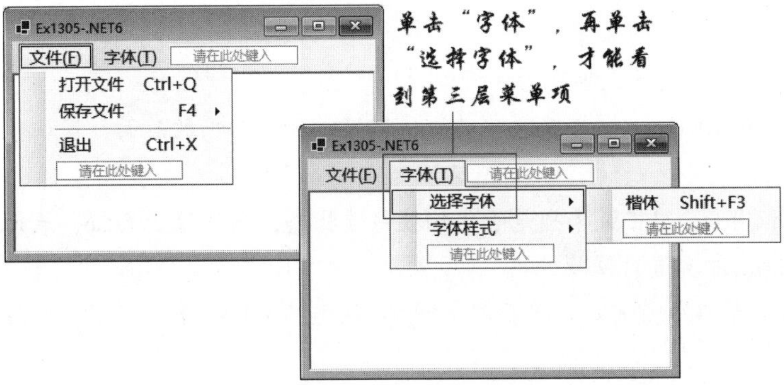

图 13-40　完成的菜单

实际上，组合一个菜单，就是由 MenuStrip 控件配合 Items 或 DropDownItems 属性添加 ToolStripMenuItem 组合而成的。

在窗体中加入 MenuStrip 控件，首先添加菜单项必须由 ToolStripMenuItem 类来生成。语法如下：

```
菜单项类 菜单项名称 = new 菜单项类(要显示的文字);
```

第一步，添加第三个主菜单项 mainWnd，要显示的文字为“窗口”。

```
ToolStripMenuItem mainWnd = new ToolStripMenuItem("窗口");
```

第二步，把生成的菜单项 mainWnd 用 Items.Add()方法添加到 MenuStrip 控件中。

```
mainMenu.Items.Add(mainWnd);
```

- mainMenu 为 MenuStrip 控件的名称。

第三步，添加子菜单项。同样先生成子菜单项，再调用 DropDownItems.Add()方法添加到子菜单中。

```
ToolStripMenuItem childExplain = new ToolStripMenuItem("帮助");
mainWnd.DropDownItems.Add(childExplain);
```

要添加多个子菜单项，则要调用 AddRange()方法。

```
ToolStripMenuItem wndRange = new ToolStripMenuItem("排列");
ToolStripMenuItem wndHide = new ToolStripMenuItem("隐藏");
mainWnd.DropDownItems.AddRange(new ToolStripItem[] {wndRange, wndHide });
```

- 先生成两个子菜单项：wndRange 和 wndHide。
- 调用 DropDownItems.AddRange()方法添加到子菜单中。

13.3.4 菜单常用的属性

前文已经介绍了 MenuStrip 控件的属性 Items 和 DropDownItems，下面介绍几个常用属性。

- Text：菜单项显示的文字。
- ShortCutKeys：设置菜单项的快捷键。
- ShowShortCutKeys：是否将菜单的快捷键显示在菜单项的后面，默认值为 true，表示会显示。
- CheckOnClick：单击菜单项是否要切换勾选状态，默认值为 false，表示不进行切换，属性值为 true 才会进行切换。
- Checked：菜单项前面是否显示✓符号，默认值为 false，表示不显示，属性值为 true 才会显示。

设置的快捷键可以快速执行菜单的某个菜单项（即菜单指令），例如要选择执行菜单项的“复制”，可按 Ctrl + C 组合键来实现同样的操作，这就是快捷键。只有子菜单项设置了快捷键才能实现直接执行的效果，在主菜单项加入快捷键只能打开菜单项，并不能实现直接执行菜单项的效果。要设置 ShortcutKeys（快捷键）属性，必须结合另一个属性 ShowShortcutKeys（默认为 true）才能把快捷键显示在子菜单项的右侧，如果属性值设为 false，那么即使设置了快捷键，也不会显示出来。

接下来将为“文件”菜单的“打开文件”子菜单项加入 Ctrl + R 组合键。

“打开文件”项目 设置快捷键

步骤01 设置打开文件的快捷键。①选择“打开文件”子菜单项，在“属性”窗口中找到 ShortcutKeys 属性，②先确认 ShowShortcutKeys 属性值为 True，③再单击 ShortcutKeys 属性右侧的按钮，如图 13-41 所示，以展开快捷键的设置窗口。

图 13-41 设置菜单项的属性值

步骤02 组合快捷键。①勾选修饰符中的任意一个，②展开下拉列表，③选择一个键，如图 13-42 所示。

图 13-42 设置快捷键

步骤03 打开“文件”菜单，在“打开文件”菜单项的右侧已经显示出设置好的快捷键，如图 13-43 所示。

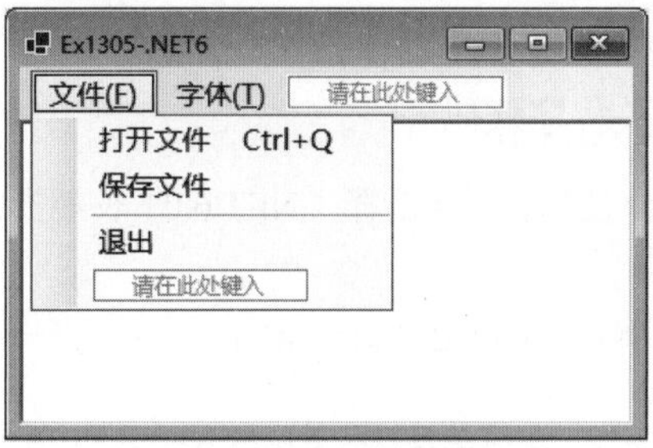

图 13-43 快捷键设置完成

范例 Ex1305.csproj

（1）程序规划

创建一个简单的记事本。

- “文件”菜单可用来创建新文件、打开文件、另存为和保存文件。
- “字体”菜单可用来设置字体和字体样式，配合 Checked 属性来产生勾选/不勾选的效果。

（2）窗体操作

步骤01 单击“文件”菜单中的“打开文件”菜单项，进入“打开文件”对话框，以便我们来选择文本文件，之后文本文件的内容就会被加载到内容文本框中，如图 13-44 所示。

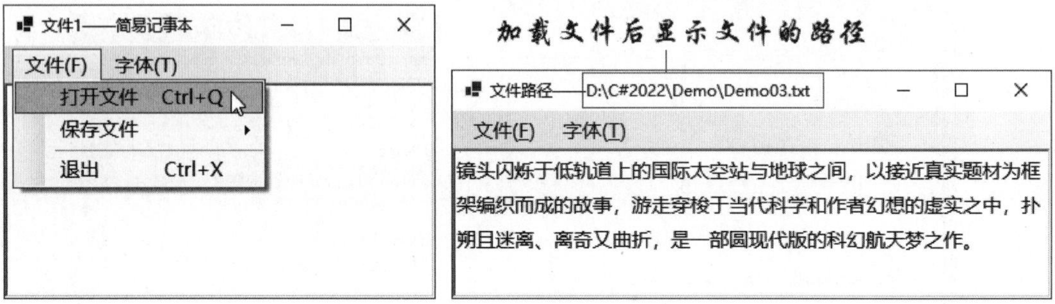

图 13-44　加载文件

步骤02 勾选“楷体”后，文本框的字体会随之改变，取消勾选“楷体”，字体会变回“微软雅黑”，如图 13-45 所示。

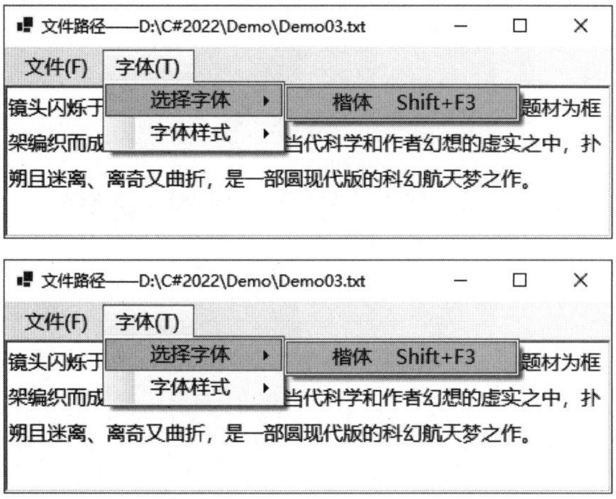

图 13-45　设置字体

（3）控件属性设置和相关程序代码

步骤01 创建 Windows 窗体应用，框架选择“.NET 6.0（长期支持）”，菜单规划请参考表 13-11 所示。

步骤02 主菜单及其菜单项的 Name 和 Text 设置如表 13-12 所示。

表 13-12　主菜单及其菜单项的 Name 和 Text 设置

控件	Name	Text
MenuStrip	mainMenu	
ToolStripMenuItem1	menuFile	文件(&F)
ToolStripMenuItem2	menuFont	字体(&T)

步骤03 “文件”主菜单中子菜单项的属性设置如表 13-13 所示。

表 13-13　“文件”主菜单中子菜单项的属性设置

控件	Name	Text	快捷键
ToolStripMenuItem4	menuOpenFile	打开文件	Ctrl + O
ToolStripMenuItem5	menuSaveFile	保存文件	F4
ToolStripMenuItem6	menuSaveAsFile	另存为	F2
ToolStripSeparator			
ToolStripMenuItem7	menuEnd	退出	Ctrl + X

步骤04 “字体”主菜单中子菜单项的属性设置如表 13-14 所示。

表 13-14　“字体”主菜单中子菜单项的属性设置

控件	Name	Text	快捷键
ToolStripMenuItem8	menuSelectFont	选择字体	
ToolStripMenuItem9	menuFontTp	楷体	Shift + F3
ToolStripMenuItem10	menuFontStyle	字体样式	
ToolStripMenuItem11	menuBoldFont	粗体	Shift + F4

步骤05 “字体”主菜单中子菜单项的属性设置如表 13-15 所示。

表 13-15　范例项目 Ex1305 中其他控件、属性及其属性值

控件	属性	属性值
RichTextBox	rtxtShow	Fill
OpenFileDialog	dlgOpenFile	
SaveFileDialog	dlgSaveFile	

步骤06 编写 Form1_Load()事件处理程序的代码。

```
using System.IO;
String ptrfile;//创建文件指针，用来记录创建文件的路径
private void Form1_Load(object sender, EventArgs e)
{
   rtxtShow.Clear();//清除文本框
   this.Text = "文件 1 -- 简易记事本";
   menuFontTp.CheckOnClick = true;
   menuBoldFont.CheckOnClick = true;
}
```

步骤07 编写文件菜单“打开文件”对应的 menuOpenFile_Click 事件处理程序。

```
private void menuOpenFile_Click(object sender, EventArgs e)
{
   //文件的格式为纯文本文件
   dlgOpenFile.Filter =
      "文本文件(*.txt) | *.txt | 所有文件(*.*) | *.*";
   dlgOpenFile.FilterIndex = 2;
   //省略部分程序代码
```

```
18    DialogResult result = dlgOpenFile.ShowDialog();
19    if (result == DialogResult.OK)
20    {
21      ptrfile = dlgOpenFile.FileName;
22      rtxtShow.LoadFile(ptrfile,
23        RichTextBoxStreamType.PlainText);
24      this.Text = String.Concat("文件路径——", ptrfile);
25    }
26 }
```

步骤 08 编写文件菜单"另存为"对应的 menuSaveAsFile_Click 事件处理程序的代码。

```
31 private void menuSaveAsFile_Click(object sender, EventArgs e)
32 {
33    //省略部分程序代码
34    DialogResult result = dlgSaveFile.ShowDialog();
35    if (result == DialogResult.OK)
36    {
37      ptrfile = dlgSaveFile.FileName;
38      StreamWriter swfile = new StreamWriter(
39        ptrfile, false, Encoding.Default);
40      swfile.Write(rtxtShow.Text);//写入文件
41      swfile.Close();//关闭数据流
42      this.Text = String.Concat("简易记事本：", ptrfile);
43    }
44 }
```

步骤 09 编写字体菜单"楷体"对应的 menuFontTp_Click 事件处理程序的代码。

```
51 private void menuFontTp_CheckedChanged(object sender,
52      EventArgs e)
53 {
54    if (menuFontTp.Checked)
55      rtxtShow.Font = new Font("楷体", 12);
56    else
57      rtxtShow.Font = new Font("微软雅黑", 11);
58 }
```

步骤 10 按 F5 键，若顺利生成可执行程序，则程序启动后就会开启"窗体"界面。

程序说明

- 第 02 行：字符串变量 ptrfile 用来记录创建文件的路径，必须在 public partial class Form1 : Form 类中声明。
- 第 03~09 行：在窗体加载事件中，先清除文本框内容，再改变窗体的 Text 属性值，启用"字体"子菜单项中的"楷体""粗体"复选标记使之起作用。
- 第 11~25 行：单击"文件"菜单中的"打开文件"（menuOpenFile）菜单项，程序会通过 OpenFileDialog 控件来开启"打开文件"对话框，以便我们选择要载入的文件。
- 第 20~26 行：在用户单击"确认"按钮时，调用 LoadFile()方法加载选择的文件。
- 第 24 行：使用窗体本身的 Text 属性将获取的文件路径显示在标题栏。
- 第 31~44 行：单击文件菜单中的"另存为"（menuSaveAsFile）菜单项，程序会通过

SaveFileDialog 控件打开“另存为”对话框来协助保持文件。

- 第 35~43 行：存盘操作。单击“保存”按钮时，先判断文件是否存在，如果不存在，StreamWriter 类的构造函数会创建新文件，以 UTF-8 编码来保持文本框中的内容。
- 第 51~58 行：根据是否勾选来决定文本框显示的字体。用 if-else 语句判断 Checked 属性是否勾选，若勾选的话则以“楷体”字体来显示文件内容，若取消勾选则以“微软雅黑”字体来显示文件内容。

13.4　与菜单有关的外围控件

除了 MenuStrip 控件之外，与菜单密切相关的另一个控件是 ContextMenu，它提供了右击后弹出的快捷菜单。在应用程序操作时，还提供了窗口信息的状态栏和具有图标功能的工具栏，下面一起来认识它们吧。

13.4.1　ContextMenuStrip 控件

右击时会弹出快捷菜单，菜单中会显示一些设置好的指令（选项）供用户执行。ContextMenuStrip 控件（或称为内容菜单）提供了快捷菜单的设计，让用户在窗体控件或其他区域右击后会弹出此类快捷菜单。通常快捷菜单会结合窗体中已设置好的菜单项。

要加入 ContextMenuStrip 控件，①先展开工具箱的“菜单和工具栏”，②双击 ContextMenuStrip 控件，这个控件的面板就会被添加到窗体中，窗体底部的“匣子”会存放这个控件，如图 13-46 所示。

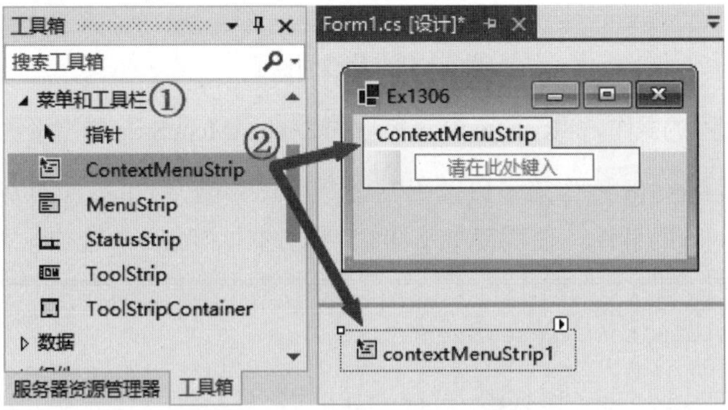

图 13-46　ContextMenuStrip 控件

使用 ContextMenuStrip 控件创建菜单项的做法和 MenuStrip 控件类似，看到“请在此处键入”直接输入菜单项名称即可。如果想在窗体和 RichTextBox 文本框上右击就能显示出快捷菜单，那么就要为这些快捷菜单项与窗体和文本框建立关联。只有如此，在右击时才会弹出快捷菜单。延续范例项目 Ex1304，创建快捷菜单，以窗体为对象创建如下的程序。

ContextMenuStrip 加入窗体并建立关联

步骤01 在窗体中添加 ContextMenu 控件，然后直接输入快捷菜单项，如图 13-47 所示。

图 13-47 添加 ContextMenu 控件

步骤02 把 ContextMenuStrip 的 Name 属性修改为 ctmQuickMenu。①选择窗体，找到 ContextMenuStrip 属性，②单击按钮打开下拉列表，③从中选择 ctmQuickMenu 选项，如图 13-48 所示。

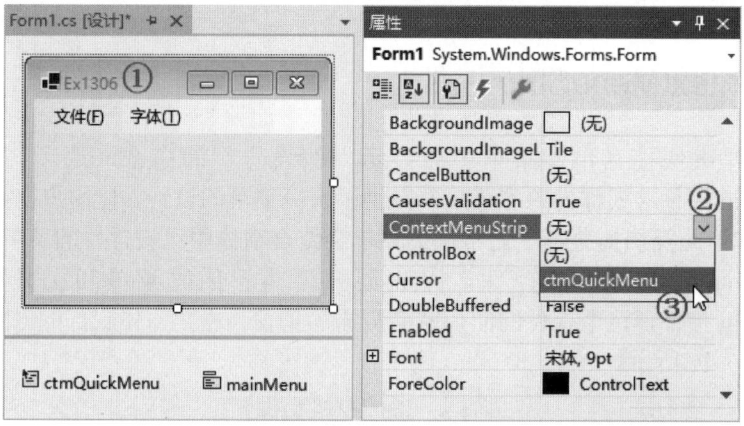

图 13-48 修改属性值

步骤03 采用相同的操作，将 RichTextBox 控件的 ContextMenuStrip 属性设置为 ctmQuickMenu。

使用 ContextMenuStrip 控件除了以单击某个菜单项来触发 Click 事件外，还有就是选择快捷菜单中的 ItemClicked()事件，使用参数 e 可以得知选择了哪一个选项。范例程序语句如下：

```
private void ctmQuickMenu_ItemClicked(object sender,
     ToolStripItemClickedEventArgs e)
{
   if(e.ClickedItem.ToString()=="打开文件")
     menuOpenFile_Click(sender, e);
}
```

- 如果快捷菜单中的“打开文件”选项被单击，就会去调用“打开文件”的事件处理程序。

范例 Ex1306.csproj

（1）窗体操作

启动窗体加载程序，在文本框上右击就会弹出快捷菜单的选项，如图 13-49 所示。

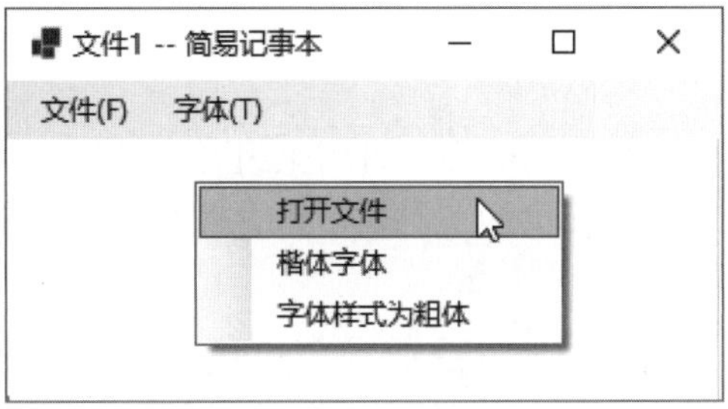

图 13-49　范例 Ex1306 启动的窗体

（2）控件属性设置和相关程序代码

步骤 01 创建 Windows 窗体项目，框架选择“.NET 6.0（长期支持）”。延续前一个范例，将加入快捷菜单项，其属性值设置如表 13-16 所示。

表 13-16　范例项目 Ex1306 中快捷菜单项及其属性值设置

控件	属性	属性值
ContextMenuStrip		ctmQuickMenu
ToolStripMenuItem1	ctmQuickFile	打开文件
ToolStripMenuItem2	ctmQuickFont	楷体字体
ToolStripMenuItem3	ctmQuickBold	字体样式为粗体

步骤 02 编写“打开文件”对应的 ctmQuickMenu_ItemClicked()事件处理程序的代码。

```
01 private void ctmQuickMenu_ItemClicked(object sender,
02       ToolStripItemClickedEventArgs e)
03 {
04    switch (e.ClickedItem.ToString())
05    {
06       case "打开文件":   //调用打开文件处理程序
07          menuOpenFile_Click(sender, e);
08          break;
09       case "楷体字体":
10          rtxtShow.Font = ftStd;
11          menuFontTp.Checked = true;
12          break;
13       case "字体样式为粗体":
14          rtxtShow.Font = new Font(rtxtShow.Font.Name,
15             rtxtShow.Font.Size, ftBold);
16          menuBoldFont.Checked = true;
17          break;
18    }
19 }
```

步骤 03 按 F5 键，若顺利生成可执行程序，则程序启动后就会开启“窗体”界面。

程序说明

- 第 04~18 行：使用 switch-case 语句判断快捷菜单哪一个项目被选中（即被单击），根据 ItemClicked()事件的参数 e 来获取选项名称，而后执行对应的处理程序。

13.4.2 ToolStrip 控件

ToolStrip 控件提供工具栏的通用框架，可用来组合工具栏、状态栏和菜单至操作接口。例如 Visual Studio 2022 操作接口提供的工具栏，内含图标按钮，鼠标移向某一个按钮会显示提示说明，如图 13-50 所示。

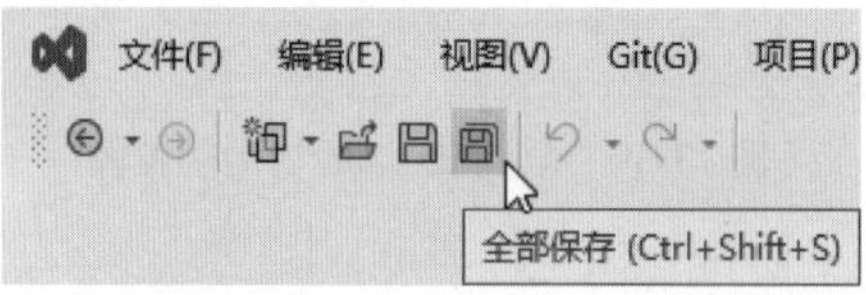

图 13-50 工具按钮和文字说明

ToolStrip 控件本身也是一个容器，常见的 ToolStrip 控件包含以下内容：

- ToolStripButton：工具栏按钮。
- ToolStripLabel：工具栏标签。
- ToolStripComboBox：提供工具栏的下拉选项列表。
- ToolStripTextBox：工具栏文本框，让用户输入文字。
- ToolStripSeparator：工具栏的分隔线。

ToolStrip 控件的常用属性和方法可参考表 13-17 中的说明。

表 13-17 ToolStrip 控件的常用属性和方法

ToolStrip 成员	说明
Dock	设置控件紧靠容器（通常是窗体）某一边
Items	编辑控件的表项
Image	设置 ToolStrip 的图像
ImageScalingSize	默认值为 SizeToFit，根据 ToolStrip 大小调整，none 为原图大小
IsDropDown	设置哪一个是 ToolStripDropDown 控件
Size	设置工具栏的大小，若要改变设置值，则要把属性 AutoSize 设置为 false
ToolTipText	控件的提示文字
GetNextItem()方法	获取下一个 ToolStripItem 表项
Items.ADD()方法	新建表项到 ToolStrip

如何制作工具按钮？同样地，添加 ToolStrip 控件，通过“属性”窗口中的 Items 属性，进入“项集合编辑器”，也可以编辑或查看添加的表项。或者在窗体上添加工具按钮后，参照以下步骤进行。

ToolStrip 设置工具栏按钮

步骤 01 添加 ToolStrip 控件作为工具栏按钮，如图 13-51 所示。

步骤 02 添加第一个按钮对象（ToolStripButton）。从下拉列表中选择 Button，把 Name 属性更改为 toolOpen，属性 Text 更改为“打开文件”，属性 ToolTipText 也会同步更改，如图 13-52 所示。

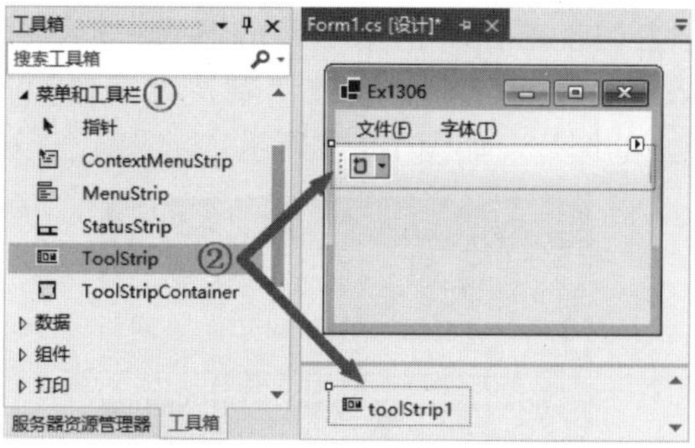

图 13-51　添加 ToolStrip 控件

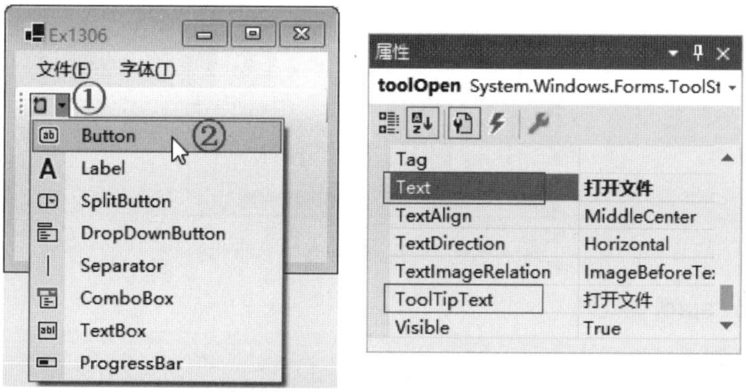

图 13-52　添加第一个按钮对象

步骤 03　添加第二个按钮对象。从下拉列表中选取 Button，把 Name 属性更改为 toolSave，属性 Text 更改为“保存文件”，属性 ToolTipText 更改为“保存文件”。

步骤 04　单击第一个对象 ToolStripButton，①找到“属性”窗口中的 Image 属性，导入图标，②选择“项目资源文件”，③单击“导入”按钮导入图标，④再选择图片，⑤单击“确定”按钮后，图标即可添加到 Image 属性中，如图 13-53 所示。

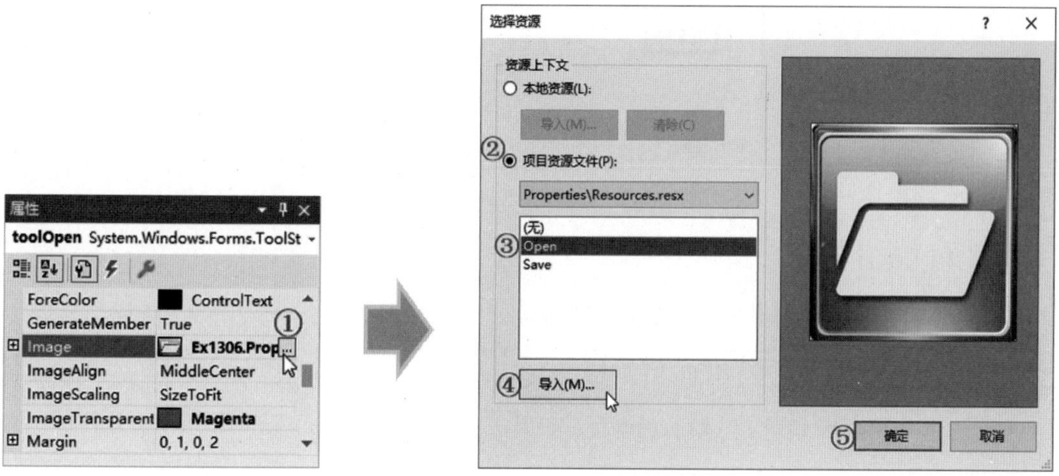

图 13-53　添加第一个对象 ToolStripButton

根据步骤 04，为工具栏（ToolStrip）的第二个 toolSave 导入图标 disk01.png。

使用 Image 属性导入图片文件之后，会在“解决方案资源管理器”窗口中产生一个 Resources 文件夹，存放导入的图片，如图 13-54 所示。

图 13-54　产生 Resources 文件夹

范例 Ex1306.csproj（续）

（1）程序规划

为 ToolStrip 加入窗体的操作，以范例 Ex1306 的窗体为目标。

（2）窗体操作

启动窗体后，鼠标移向工具栏的第一个图标按钮并停留，则会显示文字说明“打开文件”，如图 13-55 所示。

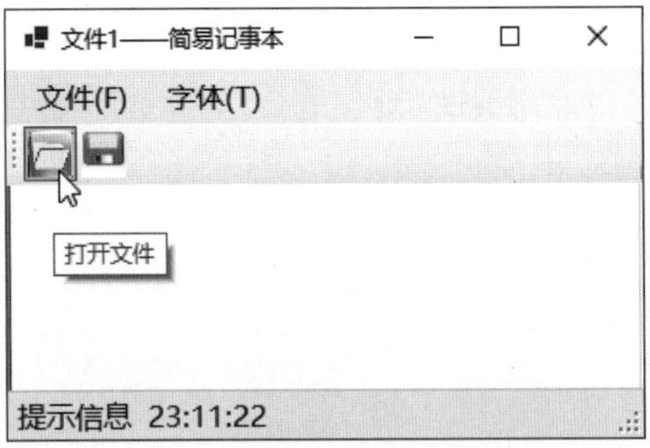

图 13-55　范例 Ex1306 的执行结果

（3）相关程序代码

编写 toolOpen_Click()事件处理程序的代码。

```
private void toolOpen_Click(object sender, EventArgs e)
{
   menuOpenFile_Click(sender, e); //调用“打开文件”菜单项的事件处理程序
   return;
}
```

13.4.3　状态栏

使用 Windows 运行环境时，无论是文件资源管理器还是应用软件，底部通常会有状态栏，用来显示某些信息。.NET 提供了 StatusStrip 控件来作为状态栏。通过 StatusStrip 控件可以获取窗体上的控件或组件的相关信息。通常状态栏由两个部分组成：①以框架固定位置，②加入面板显示信息。先来认识 StatusStrip 控件以框架方式加入窗体之后的情况。如图 13-56 所示为把状态栏控件 StatusStrip 添加到窗体中。

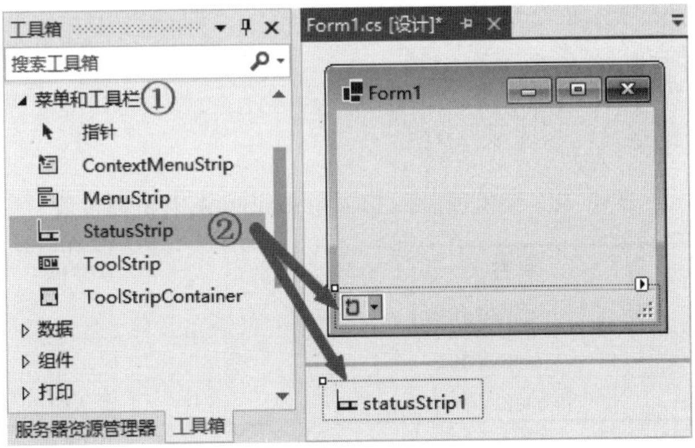

图 13-56　添加 StatusStrip 控件

StatusStrip 控件只提供框架，必须加入面板才能发挥其功能，显示文字或图标等。这些面板包含 ToolStripStatusLabel、ToolStripDropDownButton、ToolStripSplitButton 和 ToolStripProgressBar 等控件。加入控件 StatusStrip 之后，如何加入面板？

ToolStrip　状态栏加入面板

①单击 StatusStrip 控件右侧的▼按钮展开下拉列表，②选择 StatusLabel 选项，如图 13-57 所示。

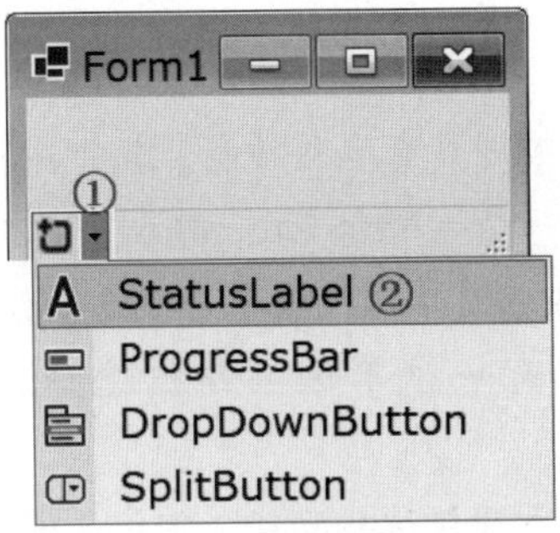

图 13-57　StatusStrip 控件

范例 Ex1306.csproj（续）

（1）窗体操作

使用 StatusStrip 控件加入两个 ToolStripStatusLabel：第一个用于“提示文字”，第二个显示当前时间。所以程序运行时加载窗体就会在窗体底部显示相关的信息，如图 13-58 所示。

图 13-58 在窗体底部显示相关的信息

（2）控件属性设置和相关程序代码

步骤 01 控件属性的设置可参考表 13-18。

表13-18 范例项目Ex1306中ToolStrip控件的属性值

控件	属性	属性值
StatusStrip	statusInform	
ToolStripStatusLabel1	statusMsg	提示信息
ToolStripStatusLabel2	statusTime	显示时间

步骤 02 编写加载窗体 Form1_Load()事件处理的相关程序代码。

```
private void Form1_Load(object sender, EventArgs e)
{
   //之前范例的程序代码
   statusTime.Text = DateTime.Now.ToLongTimeString();
}
```

重点整理

- RadioButton（单选按钮）控件具有选项功能，本身具有互斥性（Mutually Exclusive），多个单选按钮只能从中选择一个。配合 GroupBox 可以组成群组。Appearance 属性用于设置外观；Checked 属性用来查看单选按钮是否被选择；AutoCheck 属性用来判断单选按钮的状态，并同时维持只有一个单选按钮被选择；Checked 属性被改变时会触发 CheckedChanged()事件。
- CheckBox（复选框）控件也提供选择功能，但彼此间不互斥，用户能同时选择多个复选框。Checked 属性用来表示复选框是否被勾选，ThreeState 属性值为 true 时有勾选、不勾选和不确定勾选三种变化，需与 CheckState 属性配合才会起作用。
- ComboBox 控件可供用户从中选择一个表项。DropDownStyle 属性为 ComboBox 控件提供了下拉列表框的外观和功能。Item 属性用于编辑列表表项，程序代码中以 Add()、Remove()来添加或删除列表中的表项，当选择 ComboBox 列表表项中的某一个表项时，可使用 SelectedIndex 和 SelectedItem 属性来获取下标值或表项内容。

- ListBox（列表框）控件和 ComboBox 控件很相近，提供列表表项供用户从中选择一个或多个表项，但是 ListBox 只提供表项选择，不能进行编辑操作。SelectionMode 属性用于设置列表表项的选择方式。
- CheckedListBox 控件扩充了 ListBox 功能，在列表表项的左侧显示复选标记。选择表项时，复选框被勾选才表示此表项被选择。常用的事件处理有 SelectedIndexChanged()事件和 ItemCheck()事件。
- 生成菜单时，以 ToolStripMenuItem 控件来生成菜单项，通过 ShortcutKeys 属性来设置快捷键，用 Checked 属性在菜单项上加入复选标记。
- ContextMenuStrip 提供快捷菜单，窗体上加入此组件后，必须将控件的 ContextMenuStrip 属性与快捷菜单建立关联，再加上处理程序即可。
- ToolStrip 控件提供了工具栏的通用架构，可用来把工具栏、状态栏和菜单组合到操作界面中。
- .NET 提供了 StatusStrip 控件来作为状态栏。通过 StatusStrip 控件可以获取窗体上的控件或组件的相关信息。通常状态栏由两个部分组成：①以框架固定位置，②加入面板显示信息。

课后习题

（一）填空题

1. 复选框的 ThreeState 属性值为 true 时，必须进一步配合____________属性才产生三种变化：①____________，②____________，③____________。

2. ComboBox 控件设置列表表项时，要使用____________属性进行编辑，指定表项以便删除使用的是____________方法，清除所有表项要使用____________方法。

3. ComboBox 控件以 DropDownStyle 属性来提供下拉列表的外观，有三种属性值可供选择：①____________，②____________，③____________。

4. 列表框的 SelectionMode 属性用于设置列表表项的选择方式，有 4 个成员：①________、②__________、③____________、④____________。

5. 使用 CheckedListBox 控件时，想要知道哪些选项被勾选，使用____________方法来逐一检查，当列表的某个选项被勾选时会触发____________事件。

6. MenuStrip 生成主菜单，通过____________属性来加入第一层主菜单的菜单项。如果还要继续建立第二层（子）菜单，则要使用____________属性。

7. 使用 ContextMenuStrip 控件除了以鼠标单击某个菜单项所触发的____________事件外，就是选择快捷菜单项的____________事件，通过参数 e 可以得知哪个选项被选中了。

8. ToolStrip 控件要以____________属性来作为控件的提示文字，如果要加入工具栏按钮，则要用____________。

（二）问答题与实践题

1. 创建如图 13-59 所示的 Windows 窗体程序，单击“计算”按钮后以消息框显示结果，单击“清除”按钮则会清除当前所有的选择。

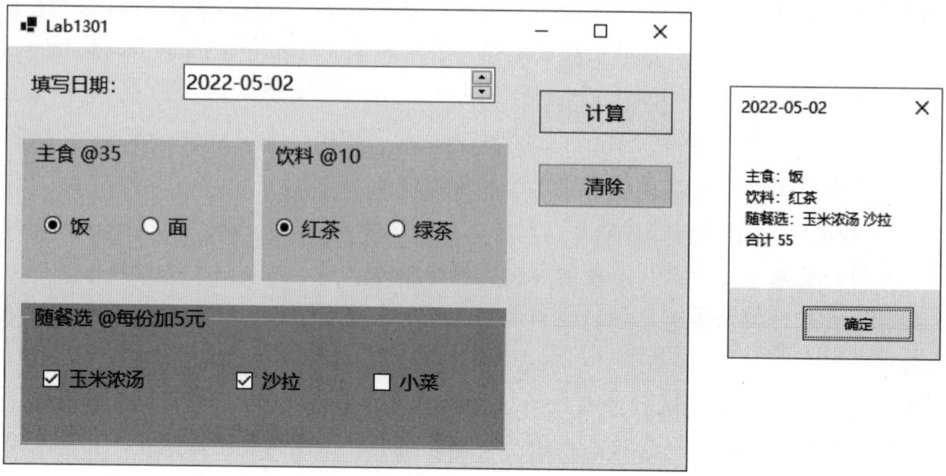

图 13-59　Windows 窗体程序

2. 在窗体中添加 MenuStrip 控件之后，使用程序代码来生成如图 13-60 所示的菜单。

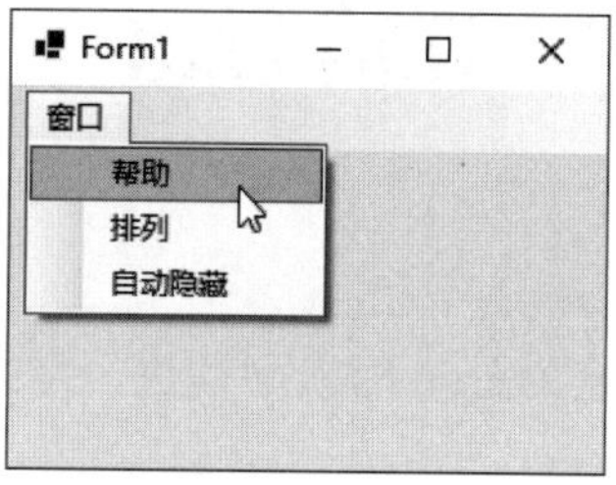

图 13-60　生成菜单

第 14 章

鼠标、键盘、多文档

章节重点

- 制作 MDI 父、子窗体，配合 LayoutMdi()方法进行不同的排列。
- 除了 Click 和 DoubleClick 事件外，认识相关的其他鼠标事件。
- 键盘事件有 KeyDown、KeyUp 和 KeyPress 事件。
- 从窗体的坐标系统认识画布的基本工作原理，介绍 Graphics 类绘图的相关方法。

14.1 多文档界面

先来解释两个名词“单文档界面”（Single Document Interface，SDI）和“多文档界面”（Multiple Document Interface，MDI）。SDI 一次只能打开一份文件，例如使用“记事本”；MDI 则能同时编辑多份文件，例如 Visual Studio 2022，当有多份文件时，可以使用“窗口”菜单下的“新建窗口”“拆分”“浮动”和“全部浮动”选项对打开的文件进行管理。

14.1.1 认识多文档界面

一般来说，SDI 文件可以出现在屏幕任何地方。MDI 文件就不同了，所有 MDI 文件只能在 MDI 父窗口的工作区域内显示，接受 MDI 父窗口的管辖。举一个简单的例子，使用 Visual Studio 2022 软件时，关闭某个项目，执行环境（父窗口）并不会关闭。由 MDI 父窗口所打开的窗口称为“子窗口”，父窗口只会有一个，子窗口无法转变成父窗口。由于子窗口接受父窗口的管辖，因此没有“最大化”“最小化”和“窗口大小”的调整。

在前面的章节中，程序项目都是以 SDI 窗体来运行的，这意味着一个项目只会打开一个窗体。如何创建 MDI 父窗体呢？IsMdiContainer 属性（true/false）用来决定它是否成为 MDI 窗体，制作过程如下：

- 创建 MDI 父窗体。创建常规窗体后，将 IsMdiContainer 属性更改为 true 来产生 MDI 父窗体，进一步作为 MDI 子窗体的容器。
- 添加 MDI 子窗体。同样添加常规窗体，通过 MdiParent 属性来指定 MDI 父窗体。

范例 Ex1401.csproj

步骤 01 创建 Windows 窗体项目，框架选择".NET 6.0（长期支持）"。指定父窗体，将窗体的 IsMdiContainer 属性设置为 True 即可。完成的窗体外观如图 14-1 所示。

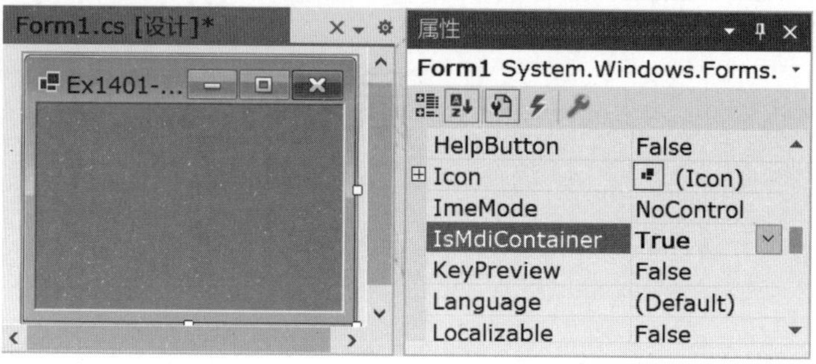

图 14-1 MDI 父窗体

步骤 02 MDI 父窗体以 MenuStrip 控件生成一个简单的菜单，控件属性设置参考表 14-1，并将控件 ToolStripMenuItem6~ ToolStripMenuItem8 的属性 CheckOnClick 变更为 true。

表 14-1 MenuStrip 和 ToolStrip 控件、属性及属性值

控件	属性	属性值	备注
MenuStrip	menuMain		主菜单
ToolStripMenuItem1	tsmFile	文件(&F)	主菜单项
ToolStripMenuItem2	tsmWnd	窗口(&W)	主菜单项
ToolStripMenuItem3	tsmNewFile	新建	"文件"第二层
ToolStripMenuItem4	tsmClose	关闭	"文件"第二层
ToolStripMenuItem5	tsmArrange	窗口排列	"窗口"第二层
ToolStripMenuItem6	tsmHorizon	水平	"窗口"第三层
ToolStripMenuItem7	tsmVertical	垂直	"窗口"第三层
ToolStripMenuItem8	tsmCascade	重叠	"窗口"第三层

步骤 03 将 MenuStrip 控件的 MdiWindowListItem 属性赋值给"窗口"菜单（tsmWnd），让处于活跃状态的子窗体可以获取焦点，并以复选标记显示出来。有多份 MDI 子窗体时，可以用"窗口"菜单进行维护，如图 14-2 所示。

完成父窗口的创建后，接着就是加入 MDI 子窗口，必须加入第二个窗体来成为 MDI 子窗口的模板。

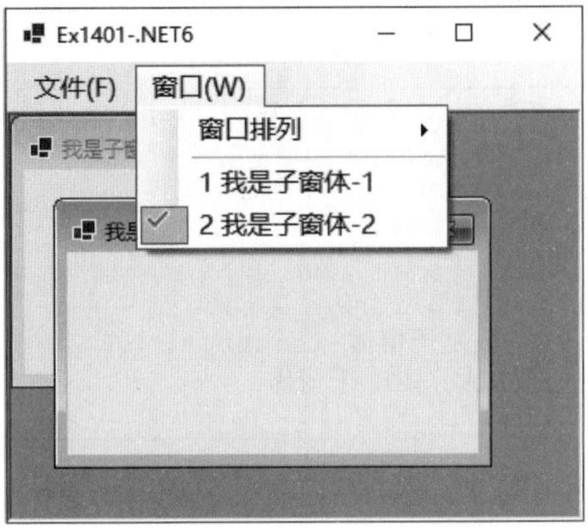

图 14-2　有多份 MDI 子窗体时，可以用“窗口”菜单进行维护

范例 Ex1401.csproj（续）

（1）窗体操作

选择“文件”菜单中的“新建”选项就会产生新的 MDI 子窗体，如图 14-3 所示。

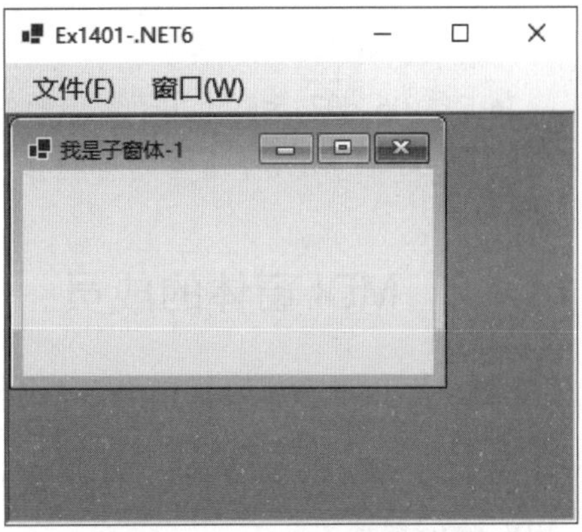

图 14-3　产生新的 MDI 子窗体

（2）控件属性设置和相关程序代码

步骤 01 添加 MID 子窗体。依次选择“项目→添加窗体（Windows 窗体）”菜单选项。①选择“窗体（Windows 窗体）”，②命名为 MDIChild，③单击“添加”按钮，如图 14-4 所示。

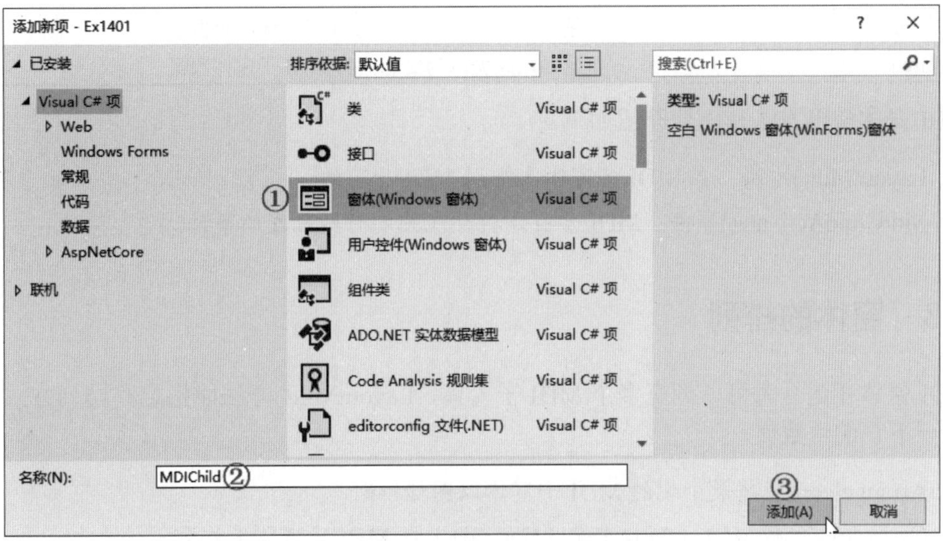

图 14-4　添加 MID 子窗体

步骤 02 把 MDIChild 窗体的 MdiParent 属性通过程序代码赋值给 Form1。

```
01 private void tsmNewFile_Click(object sender, EventArgs e)
02 {
03     MDIChild newChild = new(); //创建子窗体
04     newChild.MdiParent = this;
05     //记录子窗体的数量
06     int count = this.MdiChildren.Length;
07     newChild.Text = $"我是子窗体-{count}";
08     newChild.Show(); //显示 MDI 子窗体
09 }
```

步骤 03 按 F5 键，若顺利生成可执行程序，则程序启动后就会开启“窗体”界面。

程序说明

- 第 03、04 行：根据添加的 MDIChild 来实例化子窗体对象，将创建的子窗体通过 MdiParent 属性加入父窗体中。
- 第 06、07 行：计算子窗体的数量，使用 Text 属性将新添加的子窗体以“我是子窗体-X”显示在 MDI 子窗体的标题栏。

14.1.2 MDI 窗体的成员

MDI 父、子窗体包含相当多的属性，表 14-2 简单介绍了常用的属性。

表 14-2 MDI 窗体的常用属性

MDI 子窗体属性	说明
IsMdiChild	属性值为 true 时会创建一个 MDI 子窗体
MdiParent	在 MDI 窗体中指定子窗体的 MDI 父窗体
ActiveMdiChild	获取当前活动中的 MDI 子窗体
IsMdiContainer	是否要将窗体创建为 MDI 子窗体的容器
MdiChildren	返回以此窗体为父窗体的 MDI 子窗体数组

MDI 窗体常用方法和事件介绍如下：

- LayoutMdi()方法：在 MDI 父窗体内排列 MDI 子窗体。
- MdiChildActivate()事件：MDI 子窗体打开或关闭时所触发的事件。

14.1.3 窗体的排列

MDI 窗体在运行时可以拥有多个 MDI 子窗体，LayoutMdi()方法能指定其排列方式。下面来认识一下它的常数值。

- ArrangeIcons：将最小化的 MDI 子窗体以图标排列。
- Cascade：所有 MDI 子窗口重叠（Cascade）在 MDI 父窗体工作区。
- TileHorizontal：所有 MDI 子窗口水平排列在 MDI 父窗体工作区。

- TileVertical：所有 MDI 子窗口垂直排列在 MDI 父窗体工作区。

要通过程序代码来排列 MDI 子窗体，可参考如下的程序语句：

```
this.LayoutMdi(MdiLayout.TileHorizontal); //水平排列
```

执行结果如图 14-5 所示。

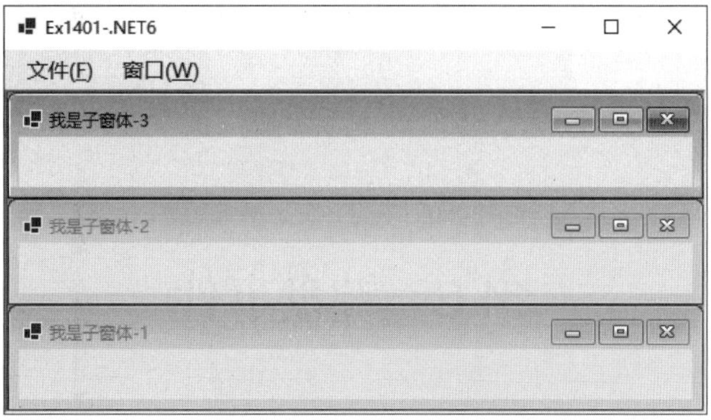

图 14-5　窗体以水平排列

```
this.LayoutMdi(MdiLayout.TileVertical);     //垂直排列
```

执行结果如图 14-6 所示。

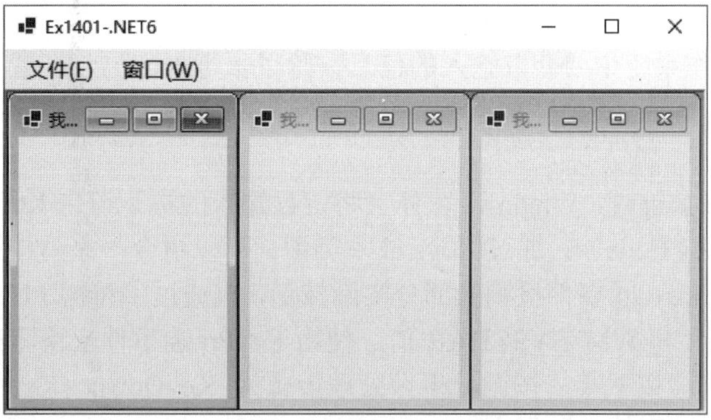

图 14-6　窗体垂直排列

```
this.LayoutMdi(MdiLayout.Cascade);      //重叠排列
```

执行结果如图 14-7 所示。

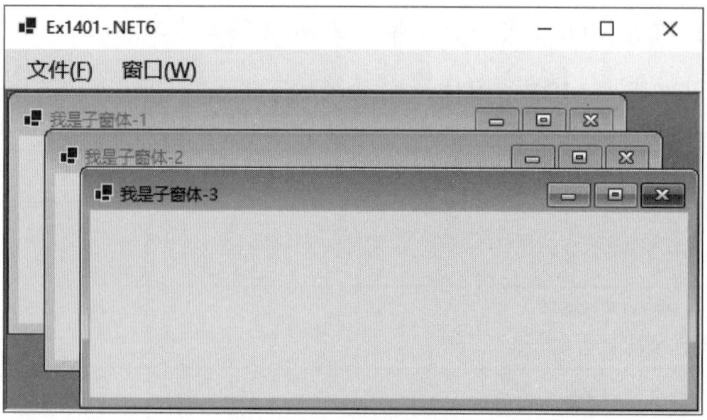

图 14-7 窗体重叠排列

14.2 键盘事件

使用计算机系统时，键盘和鼠标是常用的输入设备。如果按下键盘的某个按键再放开，就会有一些事件要进行处理。单击鼠标后，选择某个对象拖曳，再放开鼠标的按键，又会触发一些事件。现在就一起来认识它们吧。

14.2.1 认识键盘事件

在 Windows 操作系统中要获取输入的信息，除了鼠标外，另一个就是键盘的输入。从程序设计的观点来看，Windows 窗体若要获取键盘输入的信息，则必须通过键盘事件处理程序来处理键盘的输入。

用户按下键盘的按键时，Windows 窗体会将键盘输入的标识符由 Keys 枚举类型转换为虚拟按键码（Virtual Key Code）。通过 Keys 枚举类型，可以组合一系列按键来产生一个值。可以使用 KeyDown 或 KeyUp 事件检测大部分实际按键，再通过字符键（Keys 枚举类型的子集）来对应到 WM_CHAR 和 WM_SYSCHAR 值，使用 KeyPress 事件来检测组合按键的某一个字符。一般来说，在键盘按下某个按键，事件处理步骤为 KeyDown→KeyPress→KeyUp，若按下的是控制键，则触发事件的过程为 KeyDown→KeyUp。

14.2.2 KeyDown 和 KeyUp 事件

KeyDown 事件会发生一次，当用户按下键盘按键时，Windows 窗体会按 KeyDown 事件来处理，放开键盘按键则会触发 KeyUp 事件，它的处理程序如下：

```
private void 控件_KeyDown(Object sender, KeyEventArgs e)
{
   //处理事件的程序区块
}
```

当键盘的按键被放开时会触发 KeyUp 事件，它的处理程序如下：

```
private void 控件_KeyUp(Object sender, KeyEventArgs e)
{
   //处理事件的程序区块
}
```

用来处理 KeyDown 或 KeyUp 的事件处理程序 KeyEventArgs 本身就是类，由对象 e 接收用户按下的按键来获取相关事件信息，其属性如表 14-3 所示。

表 14-3　KeyEventArgs 的属性

KeyEventArgs 的属性	说明
Alt	是否已按 Alt 键
Shift	是否已按 Shift 键
Control	是否已按 Ctrl 键
Handled	设置是否要响应按键的操作
KeyCode	获取按键码
KeyValue	获取按键值
KeyData	结合按键码和组合按键
Modifiers	判断用户按下组合键 Shift、Ctrl 或 Alt 中的哪一个按键
SuppressKeyPress	用来隐藏该按键操作的 KeyPress 和 KeyUp 事件

KeyCode 属性用来获取按键值（KeyValue）。键盘的每个按键都有定义好的按键值，但使用率较低，表 14-4 简单列出了 KeyCode 和 KeyValue 的对照。

表 14-4　KeyCode 和 KeyValue 的对照

按键	KeyCode 的枚举常数值	KeyValue
数字键 0~9	Keys.D0~Keys.D9	48~57
数字键 0~9（九宫格）	Keys.NumPad0~Keys.NumPad9	96~105
A~Z	Keys.A~Keys.Z	65~90
F1~F12	Keys.F1~Keys.F12	112~123

例如，键盘右侧的数字按键会以 NumPad0~NumPad9 来表示，如果是退格键（Backspace），就以 Back 来表示。程序代码中可以用 if 语句来进行判断，可以参考如下程序语句：

```
if(e.KeyCode < Keys.NumPad0 || e.KeyCode > Keys.NumPad9){
    //程序语句
}
```

- *判断键盘右侧的数字键组成的九宫格是否被按下。*

PictureBox（图片框）控件用来显示图片（或图像），可以使用的图片格式有 BMP、JPG、GIF 和 WMF（图元文件）。如图 14-8 所示是将 PictureBox 控件添加到窗体中。

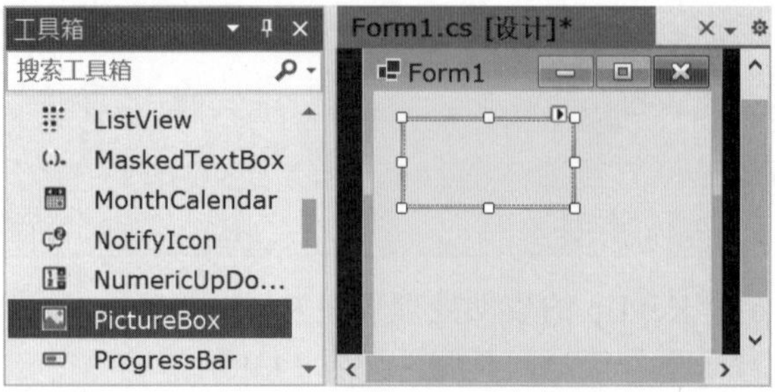

图 14-8 PictureBox 控件

PictureBox 控件的图片如何加载，如何清除？通过下面的步骤来说明。

PictureBox 显示图片

步骤 01 在窗体上添加 PictureBox 控件之后，同样展开“PictureBox 任务”列表（如图 14-9 所示，其中有“选择图像”选项，对应的属性为 Image，有“大小模式”选项，对应的属性为 SizeMode），单击“选择图像”选项或者单击“属性”窗口中 Image 属性右侧的“...”按钮，进入“选择资源”对话框。

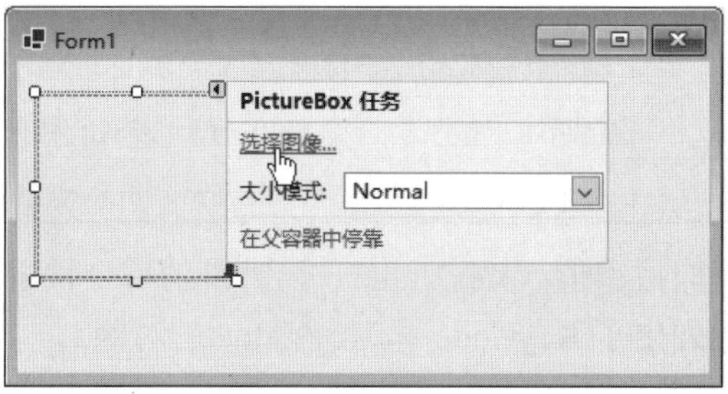

图 14-9 “PictureBox 任务”列表

步骤 02 如图 14-10 所示，①单击“项目资源文件”单选按钮，②再单击“导入”按钮，进入“打开”对话框，如图 14-11 所示，③选择图片，④单击“打开”按钮，回到“选择资源”对话框。

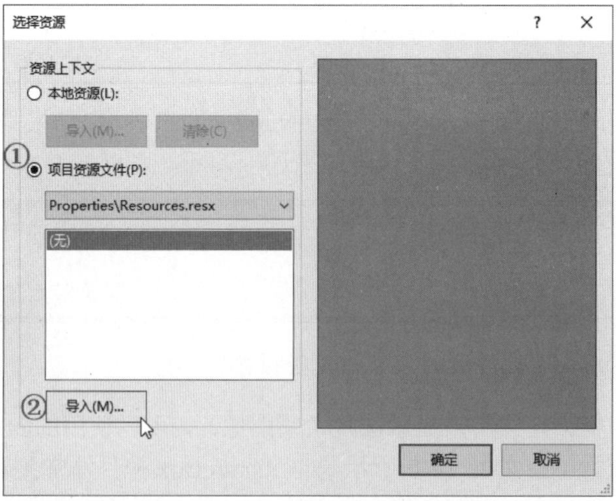

图 14-10 “选择资源”对话框

图 14-11　“打开”对话框

步骤 03 可以看到导入的图片，如图 14-12 所示，单击“确定”按钮后即可加载图片。

图 14-12　加载图片

步骤 04 加载图片后记得将属性“大小模式”（实际对应 SizeMode 属性）设置为 StretchImage，让图片随图框调整，如图 14-13 所示。

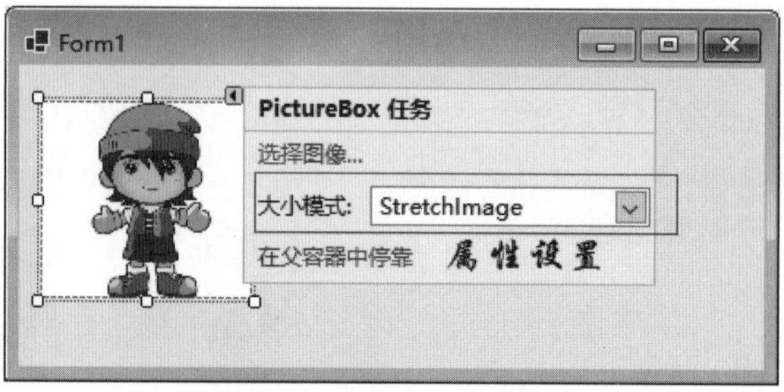

图 14-13 设置“大小模式”

如何清除导入的图片？由于 PictureBox 是使用 Image 属性来加载图片的，因此同样可以使用 Image 属性来清除图片。

PictureBox 清除图片

右击“属性”窗口中的 Image 属性，弹出快捷菜单，从中选择“重置”选项，如图 14-14 所示。

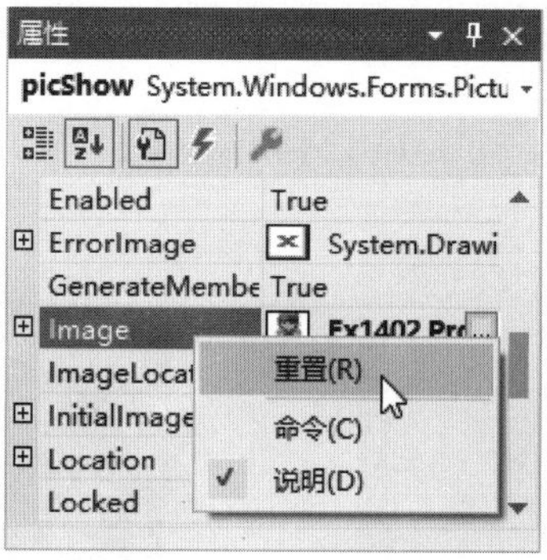

图 14-14 选择“重置”选项

此外，在“选择资源”对话框中，“资源上下文”有以下两个选项：

- 本地资源：导入的图片不会存放在项目文件夹中，以后项目文件有变动时，必须将图片复制并转存。
- 项目资源文件：会另存于项目文件夹 Resources 下，随着项目一起移动。

用 PictureBox 控件加载的图片有大有小，SizeMode 属性可用于调整图片，它的属性值对应的作用可以参考表 14-5。

表 14-5 SizeMode 的属性值

SizeMode 属性值	执行的操作
Normal	不进行调整
StretchImage	图片随图片框大小调整
AutoSize	图片框随图片大小调整
CenterImage	将图片居中
Zoom	将图片调小

范例 Ex1402.csproj

（1）程序规划

窗体上有一个 PictureBox 控件和两个 Label 控件，程序运行时可以使用方向键向上或向下来移动图片，按 F10 键则显示出坐标值，并以标签显示哪个按键被按下，同时返回键值。

（2）窗体操作

按键盘上的向上或向下方向键来移动图片，或者按 Shift 键显示坐标，并通过标签显示相应的信息，如图 14-15 所示。

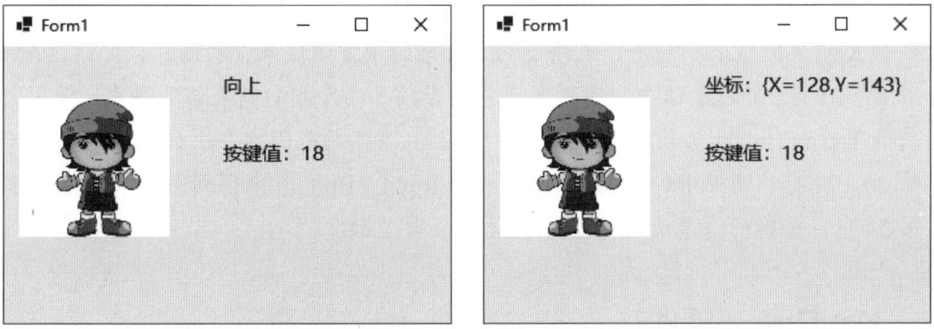

图 14-15　按向上或向下方向键来移动图片，或者按 F10 键显示坐标，并通过标签显示相应的信息

（3）控件属性设置和相关程序代码

步骤 01 创建 Windows 窗体项目。在窗体上加入如表 14-6 所示的控件并设置它们的属性值。

表 14-6　范例项目 Ex1402 使用的控件、属性及其属性值

控件	属性	属性值	控件	属性	属性值
PictureBox	Name	picShow	Label1	Name	lblState
	SizeMode	StretchImage	Label2	Name	lblData
	Image	006.jpg			

步骤 02 编写窗体 Form1_KeyDown()事件处理程序的代码。

```
private void Form1_KeyDown(object sender, KeyEventArgs e)
{
  switch (e.KeyCode)
  {
    case Keys.Up:
      lblState.Text = "向上";
      if (picShow.Top + picShow.Height <= 0)
        picShow.Top = picShow.Height;
      else
        picShow.Top -= 10;
      break;
    case Keys.Down:
      lblState.Text = "向下";
      if (picShow.Top >= Height)
        picShow.Top = 0 - picShow.Height;
      else
        picShow.Top += 10;
```

```
18          break;
19        case Keys.ShiftKey:
20          lblState.Text = $"坐标: " +
21            $"{new Point(picShow.Right, picShow.Bottom)}";
22          break;
23      }
24      lblData.Text = $"按键值: {e.KeyValue}";
25  }
```

程序说明

- 第 01~25 行：在窗体中按下键盘上的向上或向下方向键所触发的事件。switch-case 语句根据 KeyCode 值来判断用户是按了向上还是向下方向键来移动图片。
- 第 07~10 行：if-else 语句用于判断用户是否按了向上方向键来移动图片，使用图片框的属性 Top 和 Height 来获取图片位置，让图片在窗体的范围内每次移动 10 个像素（Pixel）。
- 第 20、21 行：用 Point 结构获取图片属性 Right、Bottom 来得到图片当前的坐标。
- 第 24 行：按键的信息使用标签的 Text 属性来显示。

14.2.3 KeyPress 事件

当用户拥有输入焦点并按下按键时，会触发 KeyPress 事件。通常会直接响应此事件，而无法得知按键是被一直按住还是已经放开了。KeyPress 事件的 KeyPressEventArgs 参数包含以下内容：

- Handled：用来设置是否响应按键的操作，属性值为 true 表示不进行响应，属性值为 false 才会进行响应。
- KeyChar：用来获取按键的字符码，这些组合的 ASCII 值对于每个字符按键和辅助按键都是独一无二的。

当在键盘按下某个字符时，我们可以使用 KeyPressEventArgs 参数 e 来获取按下的字符。示例程序语句如下：

```
private void txtBox1_KeyPress(object sender, KeyPressEventArgs e)
{
  label1.Text = e.KeyChar.ToString();
}
```

- 在文本框中输入的字符可调用 KeyPress()事件处理程序，这样标签就能获取用户输入的字符。

范例 Ex1403.csproj

（1）程序规划

在文本框中输入账号和密码，使用 KeyChar 的特性，密码只能输入数值，按 Enter 键后由另一个标签显示结果。

（2）窗体操作

若密码输入的是字符而不是数字，下方的标签就会有提示。输入账号和密码后按 Enter 键，下方的标签就会显示出信息，如图 14-16 所示。

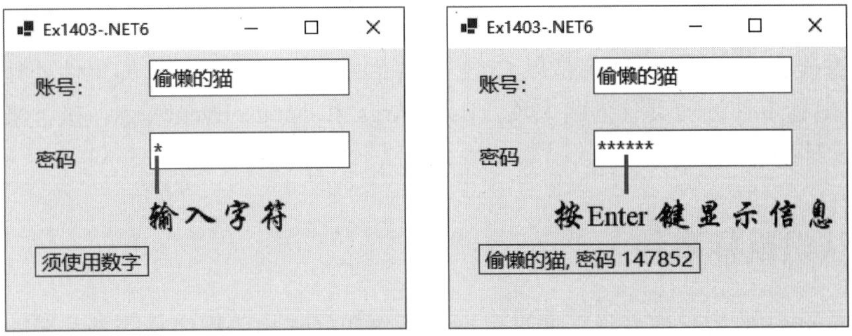

图 14-16　范例 Ex1403 的执行结果

（3）控件属性设置和相关程序代码

步骤 01 创建 Windows 窗体项目，框架选择“.NET 6.0（长期支持）”。在窗体上加入如表 14-7 所示的控件并设置它们的属性值。

表 14-7　范例项目 Ex1403 使用的控件、属性及其属性值

控件	属性	属性值	控件	属性	属性值
Label3	Name	lblMsg	Label1		账号
	BorderStyle	FixedSingle	Label2		密码
TextBox2	Name	txtPwd	TextBox1	txtName	
	PasswordChar	*			
	MaxLength	6			

步骤 02 选择文本框 txtPwd，编写双击事件处理程序 txtPwd_KeyPress 的代码。

```
01 private void txtPwd_KeyPress(object sender, KeyPressEventArgs e)
02 {
03    string name = txtName.Text;
04    if ((byte)e.KeyChar < 48 || (byte)e.KeyChar > 57)
05    {
06       lblMsg.Text = "须使用数字";
07       if (e.KeyChar == (char)Keys.Enter)
08       {
09          string pwd = txtPwd.Text;
10          lblMsg.Text = $"{name}, 密码 {pwd}";
11       }
12    }
13 }
```

程序说明

- 第 04~12 行：第一层 if 语句用于判断输入的是否为数字（KeyChar48~KeyChar57）。
- 第 07~11 行：第二层 if 语句用于判断按下 Enter 键后由标签显示结果。

14.3 鼠标事件

在前面的章节中，事件处理都是以 Click 事件为主，但是鼠标触发的事件处理不可能只有 Click 事件。鼠标事件处理类分为两大项：EventArgs 和 MouseEventArgs。接下来通过它们来认识更多的鼠标事件。

14.3.1 认识鼠标事件

对于 Windows 应用程序来说，通过鼠标来操作和处理相关程序是非常普遍的。当鼠标在控件上移动或单击鼠标时，触发的事件可参考表 14-8 的介绍。

表 14-8 鼠标事件

鼠标事件	事件处理类	触发时机
Click	EventArgs	放开鼠标按键时触发，通常发生在 MouseUp 事件之前
DoubleClick	EventArgs	在控件上双击鼠标时触发
MouseEnter	EventArg	鼠标指针进入控件的框线或工作区（视控件类型而定）内时触发
MouseClick	MouseEventArgs	鼠标单击控件时触发
MouseDoubleClick	MouseEventArgs	用户在控件上双击鼠标时触发
MouseLeave	EventArgs	鼠标指针离开控件的框线或工作区时触发
MouseMove	MouseEventArgs	鼠标在控件上移动时触发
MouseHover	EventArgs	鼠标指针在控件上静止不动时触发
MouseDown	MouseEventArgs	用户将鼠标移至控件上并单击鼠标按键时触发
MouseWheel	MouseEventArgs	用户在具有焦点的控件中转动鼠标滚轮时触发
MouseUp	MouseEventArgs	用户把鼠标指针移至控件并放开鼠标按键时触发

从表 14-8 可知，鼠标事件的处理程序分为两大类：EventArgs 和 MouseEventArgs。那么这些鼠标事件执行的顺序是什么呢？如果是以鼠标事件来区分，那么触发顺序如图 14-17 所示。

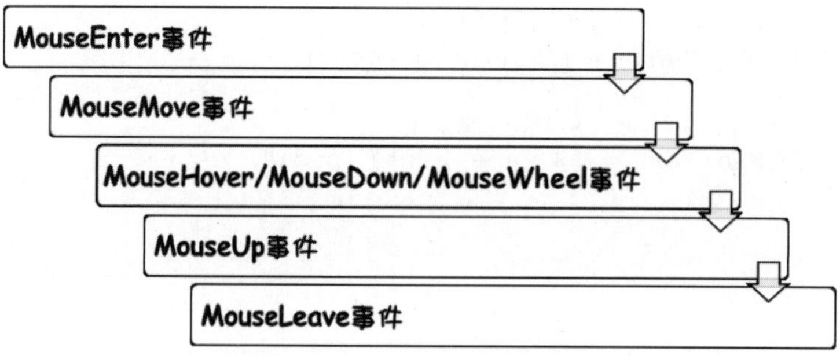

图 14-17 鼠标事件触发的顺序

将鼠标指针移向控件时会触发 MouseEnter 事件，在控件上移动鼠标会不断触发

MouseMove（移动）事件，鼠标指针停驻在控件上不动会触发 MouseHover 事件，在控件上单击鼠标按键或滚动鼠标滚轮会触发 MouseDown 和 MouseWheel 事件，放开鼠标时触发 MouseUp 事件，离开时则触发 MouseLeave 事件。

如果鼠标指针是移向某个控件再单击鼠标按键，则由控件所触发事件的顺序如图 14-18 所示。

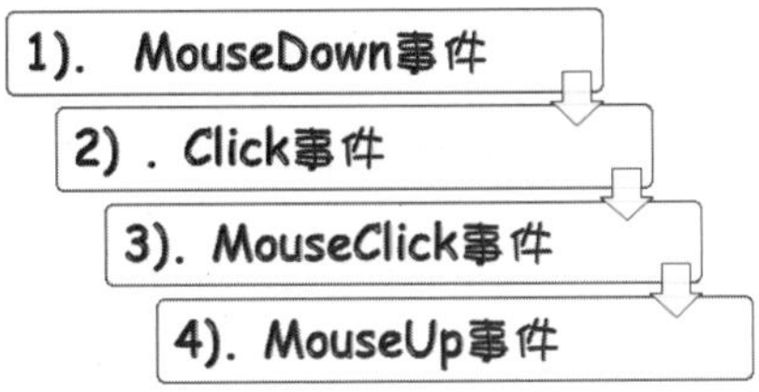

图 14-18　单击控件，由控件触发的事件

若鼠标指针移向控件并双击该控件，则由控件触发的事件顺序如图 14-19 所示。

图 14-19　用鼠标双击控件，由控件所触发的事件顺序

14.3.2　获取鼠标信息

在屏幕上移动鼠标时，通常会想要知道鼠标指针的位置和鼠标按键的状态，操作系统也会随着鼠标指针的移动来更新位置。鼠标指针包含单一像素的热点（Hot Spot，或作用点），操作系统会通过它来追踪并辨识指针的位置。移动鼠标或单击鼠标按键时，会通过 Control 类触发适当的鼠标事件，通过 MouseEventArgs 可以了解鼠标当前的状态，包含“工作区坐标”（Client Coordinate）中鼠标指针的位置、鼠标哪个按钮被单击以及鼠标滚轮是否已滚动等信息。因此，它是一个会传送单击鼠标按键的事件并追踪鼠标移动相关事件的处理程序。MouseEventArgs 鼠标事件处理程序会将 EventArgs 传送至事件处理程序，但不会包含任何信息。

如何获取鼠标按键的当前状态或鼠标指针的位置呢？通过 Control 类的 MouseButtons 属性来“得知”当前鼠标的哪一个按键被单击，MousePosition 属性可用于获取鼠标指针的屏幕坐标（Screen Coordinate）。表 14-9 列出了鼠标按键的常数值及其说明。

表 14-9　鼠标按键的常数值及其说明

鼠标按键	说明
Left	鼠标左键
Middle	鼠标中间键
Right	鼠标右键
None	没有单击任何鼠标按键

（续表）

鼠标按键	说明
XButton1	具有 5 个按键的 Microsoft IntelliMouse，XButton1 能向后浏览
XButton2	具有 5 个按键的 Microsoft IntelliMouse，XButton2 能向前浏览

范例 Ex1404.csproj

（1）程序规划

在窗体上移动鼠标时，使用 MouseMove()事件用于获取坐标；在窗体上按下鼠标的某个按键时，则使用 MouseDown()事件获取按键信息。

（2）窗体操作

范例 Ex1404 的执行结果如图 14-20 所示。

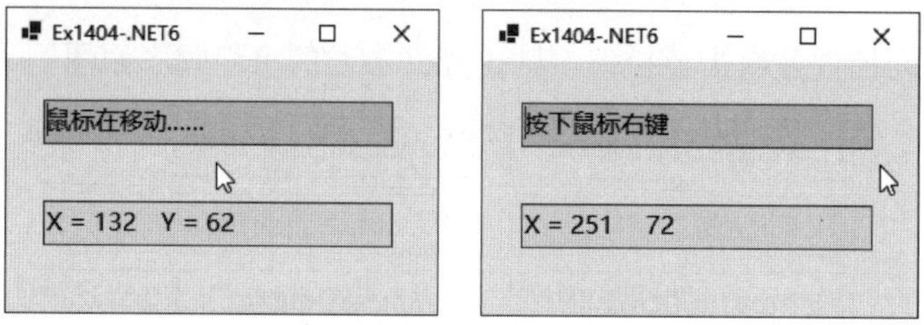

图 14-20　范例 Ex1404 的执行结果

（3）控件属性设置和相关程序代码

步骤 01 创建 Windows 窗体项目，框架选择“.NET 6.0（长期支持）”。在窗体上加入如表 14-10 所示的控件并设置它们的属性值。

表 14-10　范例项目 Ex1404 使用的控件、属性及其属性值

控件	属性	BorderStyle	BackColor
TextBox1	txtEvent	FixedSingle	PowerBlue
TextBox1	Position	FixedSingle	Bisque

步骤 02 编写窗体的 Form1_MouseDown()鼠标事件处理程序的代码。

```
private void Form1_MouseDown(object sender, MouseEventArgs e)
{
  txtEvent.Clear(); txtPosition.Clear();
  string info = $"X = {e.X}\t {e.Y}";
  switch (e.Button)   //判断用户按下了鼠标的哪个按键
  {
    case MouseButtons.Left:
      txtEvent.Text = "按下鼠标左键";
      txtPosition.Text = info;//获取 X、Y 坐标位置
      break;
    case MouseButtons.Right:
      txtEvent.Text = "按下鼠标右键";
      txtPosition.Text = info;
      break;
    case MouseButtons.None:
```

```
16          txtEvent.Text = "没有按下鼠标按键";
17          txtPosition.Text = info;
18          break;
19     }
20  }
```

步骤 03 编写窗体的 Form1_MouseMove()鼠标事件处理程序的代码。

```
31 private void Form1_MouseMove(object sender, MouseEventArgs e)
32 {
33    txtEvent.Text = "鼠标在移动...";
34    txtPosition.Text = $"X = {e.X}\tY = {e.Y}";
35 }
```

程序说明

- 第 01~20：MouseDown 事件，用户按下了鼠标按键或移动鼠标指针。
- 第 05~19 行：switch 语句判断鼠标的哪一个按键被按下，使用 MouseEventArgs 的 e 对象来获取 X、Y 坐标位置，再显示在文本框上。
- 第 31~35 行：MouseMove 事件，只要鼠标移动，它就会不断地被触发。

14.3.3 鼠标的拖曳功能

鼠标的“拖曳操作”就是拖曳对象并越过其他控件。在 Windows 系统中以鼠标进行拖曳操作时，可根据拖曳的对象分为以目标为主的拖曳操作和以来源为主的拖曳操作。

如果是以目标为拖曳对象，就用 DragEventArgs 类来提供鼠标指针的位置、鼠标按键和键盘辅助按键的当前状态、正在拖曳的数据，其事件处理程序可参考表 14-11 的说明。

表 14-11　DragEventArgs 类的事件处理程序

拖曳事件	事件处理程序	说明
DragEnter	DragEventArgs	用户拖曳对象时，移动鼠标指针到另一个控件上
DragOver	DragEventArgs	用户拖曳对象时，移动鼠标指针越过另一个控件
DragDrop	DragEventArgs	用户完成拖曳操作放开鼠标按键，将某个对象放置在另一个控件上
DragLeave	EventArgs	对象拖曳时超出控件界限所触发的事件

DragEventArgs 类中的 AllowedEffect 属性用于设置对源对象进行拖曳时的效果，使用 DragDropEffects 枚举类型的值进行设置，如表 14-12 所示。

表 14-12　DragDropEffects 所设置的值

常数值	拖曳时
All	结合 Copy、Move 以及 Scroll 的效果
Copy	复制数据到目标对象中
Link	将源数据以拖曳方式和目标对象链接
Move	将源数据以拖曳方式搬移至目标对象
Scroll	滚动至目标对象
None	目标不接受数据

范例 Ex1405.csproj

（1）程序规划

由于 RichTextBox 控件并没有对应的拖曳事件处理程序，因此必须自行定义，程序运行时用 Word 打开文件 Demo.rtf，然后把选好的一段文字拖曳到文本框中。

（2）窗体操作

步骤 01 从 Word 载入 Demo.rtf 文件并选择要拖曳的一段文字，如图 14-21 所示。

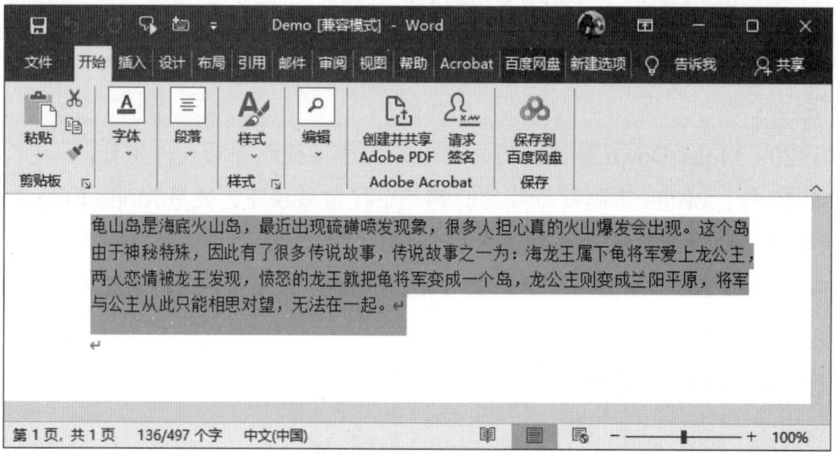

图 14-21　选择一段文字

步骤 02 将选好的文字拖曳到窗体的文本框中，如图 14-22 所示。要关闭窗体，单击窗体右上角的 ☒ 按钮即可。

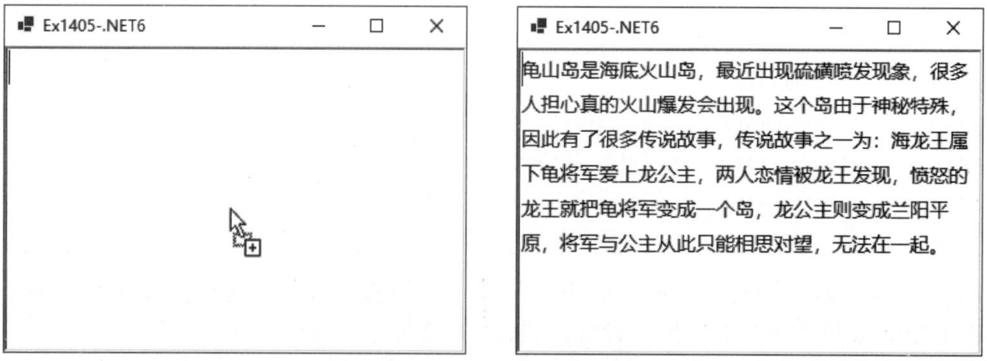

图 14-22　拖曳到窗体文本框中

（3）控件属性设置和相关程序代码

步骤 01 创建 Windows 窗体项目，框架选择 ".NET 6.0（长期支持）"。只放入一个 RichTextBox 控件，将 Dock 属性设为 Fill。

步骤 02 进入程序代码编辑区，在 Form1()中先定义 RichTextBox 要处理的拖曳事件。

```
public Form1()
{
```

```
03    InitializeComponent();
04
05    //完成拖曳操作放开鼠标按键，将文字放在 RichTextBox 控件上
06    this.rtxtShow.DragDrop += rtxtShow_DragDrop!;
07    //拖曳文字时，把鼠标指针移动到 RichTextBox 控件
08    this.rtxtShow.DragEnter += rtxtShow_DragEnter!;
09 }
```

步骤 03 编写 DragDrop 和 DragEnter 事件处理程序的代码。

```
11 private void rtxtShow_DragEnter(Object sender, DragEventArgs e)
12 {
13    if (e.Data.GetDataPresent(DataFormats.Text))
14      e.Effect = DragDropEffects.Copy;
15    else
16      e.Effect = DragDropEffects.None;
17 }
21 private void rtxtShow_DragDrop(Object sender, DragEventArgs e)
22 {
23    int locate;
24    string data = null;
25    //获取选择文字的起始位置
26    locate = rtxtShow.SelectionStart;
27    data = rtxtShow.Text.Substring(locate);
28    rtxtShow.Text = rtxtShow.Text.Substring(0, locate);
29    //拖曳到文本框
30    string str = String.Concat(rtxtShow.Text,
31      e.Data.GetData(DataFormats.Text).ToString());
32    rtxtShow.Text = String.Concat(str, data);
33 }
```

程序说明

- 第 06~08 行：DragDrop 和 DragEnter 并不是一般的默认事件，需定义 RichTextBox 控件这两个事件处理程序。
- 第 11~17 行：把源对象拖曳到 RichTextBox，鼠标指针移向 RichTextBox 文本框时触发的事件。
- 第 13~16 行：判断源对象为文字时，将文字复制到 RichTextBox 文本框中，使用 DragDropEffects 枚举类型进行值的设置。
- 第 21~33 行：源文字拖曳放入 RichTextBox 文本框，放开鼠标所触发的事件。
- 第 28 行：使用 Substring()方法获取 RichTextBox 文本框文字的起始位置。如果文本框没有文字，就从最前面开始；如果已有文字，则从插入点开始。

如果鼠标的拖曳操作以源为主，就必须获取鼠标按键和键盘辅助按键的当前状态，判断用户是否按了 Esc 键，这些操作由 QueryContinueDragEventArgs 类进行处理，而拖曳操作是否继续，则通过 DragAction 的值来设置。通过 QueryContinueDragEventArgs 类处理的事件如表 14-13 所示。

表 14-13　拖曳操作源对象所触发的事件

拖曳操作	事件处理程序	说明
GiveFeedback	GiveFeedbackEventArgs	鼠标指针改变时拖曳操作是否取消
QueryContinueDrag	QueryContinueDragEventArgs	拖曳源对象时是否取消拖曳操作

在拖曳过程中，会用 QueryContinueDragEventArgs 对象来指定拖曳操作是否要继续以及如何进行、判断有无任何辅助按键（Modifier Key）被按下、用户有没有按下 Esc 键。一般来说，QueryContinueDrag 事件会在按下 Esc 键时触发，而 DragAction 要设置哪些值呢？请参考表 14-14。

表 14-14　DragAction 的设置值

拖曳操作	事件处理程序
Cancel	取消操作
Continue	操作将继续
Drop	操作会因为鼠标放下而停止

14.4　图形设备接口

可以通过 Windows 中的“图形设备接口”（Graphics Device Interface，GDI）在 Windows 应用程序中绘出颜色和字体。位于 System.Drawing 命名空间下的 GDI+是旧版 GDI 的扩充版本。GDI+对于绘图路径功能、图像文件格式提供更多支持。GDI+可创建图形、绘制文字，以及将图形图像当作对象来管理，能在 Windows 窗体和控件上显示图形图像，其特色是隔离应用程序与显示图形的硬件，让程序设计人员能够创建与设备无关的应用程序。下列命名空间提供了与绘制有关的功能（或函数）：

- System.Drawing：提供对 GDI+基本绘图功能的存取。
- System.Drawing.Drawing2D：提供高级的 2D 和向量图形功能。
- System.Drawing.Imaging：提供高级的 GDI+图像处理功能。
- System.Drawing.Text：提供高级的 GDI+文字处理功能。
- System.Drawing.Printing：提供和打印相关的服务。

14.4.1　窗体的坐标系统

创建图形的首要条件就是认识窗体的版面。对于 Visual Studio 2022 而言，每一个窗体都有自己的坐标系统，起始点位于窗体的左上角(0, 0)，X 轴为水平方向，Y 轴为垂直方向，X、Y 交叉之处可以定位坐标的一个点。绘制图形时，像素（Pixel）是窗体的最小单位。一般来说，坐标具有以下特性：

- 坐标系统的原点(0,0)位于窗体图形左上角。
- 在(X,Y)坐标中，X 值指向水平轴，而 Y 值指向垂直轴。
- 测量单位是窗体图形的高度和宽度的百分比，坐标值介于 0～100。

GDI+使用三个坐标空间：世界坐标（World Coordinate）、页面坐标（Page Coordinate）和设备坐标（Device Coordinate）。

- 世界坐标：系统的绝对坐标系，也就是在.NET 中传递给方法（Method）的坐标。
- 页面坐标：代表绘图接口（例如窗体或控件）使用的坐标系统。通常可以使用属性窗口的 Location 来引用。
- 设备坐标：在屏幕或纸张进行绘图的物理设备所采用的坐标。

调用 DrawLine()方法绘制线条时，可以参考如下的示例程序语句：

```
myGraphics.DrawLine(myPen, 0, 0, 180, 60)
```

DrawLine()方法的后 4 个参数（(0, 0)和(180, 60)）代表它是全局坐标空间。使用 Graphics 类的相关方法在屏幕上绘制线条之前，坐标会先经过转换序列，将“世界坐标”转换为“页面坐标”，再将“页面坐标”转换为“设备坐标”。

- 全局坐标转换：Graphics 类的 Transform 属性会存放世界坐标转换为页面坐标的矩阵（Matrix）。
- 页面坐标转换：当页面坐标转为设备坐标，Graphics 类的 PageUnit 和 PageScale 属性会进行管理。

要想进行绘制，当然得请 Graphics 类来帮忙，下面通过表 14-15 来认识它的常用属性。

表 14-15 Graphics 类的常用属性

Graphics 类的常用属性	说明
DpiX	获取 Graphics 对象的水平分辨率
DpiY	获取 Graphics 对象的垂直分辨率
IsClipEmpty	Graphics 的剪切区域是否为空
PageScale	Graphics 世界坐标和页面坐标单位之间的缩放
PageUnit	Graphics 页面坐标使用的测量单位
Transform	存储 Graphics 对象世界坐标转换的矩阵

Graphics 类提供了相当多的绘制方法，可参考表 14-16 的说明。

表 14-16 Graphics 类的常用方法

Graphics 类的常用方法	说明
Blend()	定义 LinearGradientBrush 对象的渐变图样
BeginContainer()	打开并使用新的图形容器，存储 Graphics 的当前状态

（续表）

Graphics 类的常用方法	说明
EndContainer()	关闭当前的图形容器
Clear()	清除整个绘图接口，并指定背景颜色来填充
Dispose()	释放 Graphics 所使用的资源
DrawArc()	绘制弧形，由 X、Y 坐标以及宽度和高度指定
DrawBezier()	绘制由 4 个点组成的贝塞尔曲线
DrawCloseCurve()	绘制封闭的基本曲线
DrawImage()	以原始图像的大小在指定位置绘制指定的图像
DrawString()	利用笔刷和字体对象在指定位置绘制字符串
FillRang()	在 Point 定义的多边形内部填充颜色
FromImage()	指定 Image 类来产生新的 Graphics 对象
SetClip()	设置剪切区域

14.4.2 产生画布

使用 GDI+绘制图形对象时，必须先创建 Graphics 对象，利用绘图接口创建图形图像的对象。创建图形对象的步骤如下：

步骤 01 创建 Graphics 图形对象。

步骤 02 将窗体或控件转换成画布，通过 Graphics 对象提供的方法，可绘制线条和形状，显示文字或管理图像。

可以通过以下三种方式创建 Graphics 图形对象：

- 使用窗体或控件的 Paint()事件。
- 调用控件或窗体的 CreateGraphics()方法。
- 使用 Image 对象。

使用窗体或控件的 Paint()事件时，通过事件处理程序 PaintEventHandler 来获取 Graphics 对象引用的方式。

- 指定 PaintEventArgs 为 Graphics 对象引用参考传递的一部分。
- 声明 Graphics 对象并给对象赋值。
- 绘制窗体或控件。

在窗体上触发 Paint()事件时，使用 Graphics 实现对象传递的相关程序代码：

```
private void Form1_Paint(object sender, PaintEventArgs pe)
{
    Image bkground = Image.FromFile("10.jpg");
    Graphics g = pe.Graphics;
```

```
        pe.Graphics.DrawImage(bkground, 0, 0);
    }
```

在窗体或控件上绘图时，第二种方式是调用 CreateGraphics()方法来获取该控件或窗体绘图接口的 Graphics 对象引用。

```
    Label Show = new Label();
    Show.CreateGraphics();
```

第三种方式是通过 Image 类来创建 Graphics 对象，必须调用 Graphics.FromImage()方法，提供要创建 Graphics 对象的 Image 容器。

```
    Image bkground = Image.FromFile("10.jpg");
    Graphics.FromImage(bkground);
```

14.4.3 绘制图案

.NET 提供了 Graphics、Pen、Brush、Font 和 Color 等绘图类，可用于窗体彩绘，说明如下：

- Graphics：提供画布，如同画图一样，要有画布对象才能作画。
- Pen：画笔，用来绘制线条或任何几何图形。
- Brush：笔刷，用来填满颜色。
- Font：绘制文字，包含字体样式、大小和字体效果。
- Color：设置颜色。

无论是用窗体还是控件加载图片，都要调用 Image 类的 FromFile()方法指定要加载图片的名称，其语法如下：

```
public static Image FromFile(string filename);
```

- filename：图片的名称，要指明其加载的路径，或者放入项目文件的 bin 文件夹中。
- 可支持的图像文件格式有 BMP、GIF、JPEG、PNG、TIFF。

第一个方法就是配合 Paint()事件的 PaintEventArgs 获取 Graphics 对象引用，再调用 DrawImage()方法，语法如下：

```
Public Sub DrawImage(image As Image, point As Point);
```

- image：要绘制的图像。
- point：指定绘制图像的左上角位置。

范例 Ex1406.csproj

（1）窗体操作

在触发窗体的 Paint 事件时，调用 FromFile()加载图片。范例 Ex1406 的执行结果如图 14-23 所示。

图 14-23　范例 Ex1406 的执行结果

（2）控件属性设置和相关程序代码

步骤 01 创建 Windows 窗体项目，框架选择“.NET 6.0（长期支持）”。无控件，以窗体为画布。

步骤 02 为窗体编写 Form1__Paint()事件处理程序的代码。

```
01 private void Form1_Paint(object sender, PaintEventArgs pe)
02 {
03    //获取 Image 图片，再以 Graphics 绘制
04    Image img = Image.FromFile(
05      "D:\\C#2022\\Icon\\004.jpg");
06    Graphics gs = pe.Graphics;//声明 Graphics 对象
07    gs.DrawImage(img, 0, 0);
08 }
```

程序说明

- 第 05 行：创建 Image 类的对象，调用 FromFile()方法，设置图像文件的路径。
- 第 07 行：pe 通过 Graphics 属性获取绘图对象的引用后，再调用 DrawImage()方法。

范例 Ex1407.csproj

（1）程序规划

以标签控件来显示图片，调用 CreateGraphics()方法绘图，执行结果与前一个范例相同。

（2）控件属性设置和相关程序代码

步骤 01 创建 Windows 窗体项目，框架选择“.NET 6.0（长期支持）”。无控件，以窗体为画布，为窗体编写 Form1__Paint()事件处理程序的代码。

```
private void Form1_Paint(object sender, PaintEventArgs e)
{
```

```
03    Image bkground = Image.FromFile(
04      "D:\\C#2022\\Icon\\004.jpg");
05    Label Show = new()  //创建标签控件，获取图片大小并按照图片大小显示
06    { Size = bkground.Size, Image = bkground };
07    Graphics gs = Show.CreateGraphics();
08    Controls.Add(Show);//加入控件
09    gs.Dispose();       //释放 Graphics 占用的资源
10 }
```

程序说明

- 第 03~06 行：创建一个标签控件，将图片的大小赋值给控件之后，按图片大小来显示图片。
- 第 07 行：由标签控件调用 CreateGraphics()方法再赋值给 Graphics 对象进行绘制。
- 第 09 行：调用 Graphics 对象的 Dispose()方法释放所占用的资源。

14.4.4　绘制线条、几何图形

Graphics 类提供了画布，要有画笔才能在画布上尽情挥洒。使用 Pen 类可以绘制线条、几何图形，根据需求还能设置画笔的颜色和粗细。而线条是图形的基本组成部分，多个线条可以形成矩形、椭圆形等几何图形。Graphics 对象提供实际的绘制，而 Pen 对象用来存储属性，如线条颜色、宽度和样式。表 14-17 所示为 Pen 类的常用成员及其简要说明。

表 14-17　Pen 类的常用成员及其简要说明

Pen 类的常用成员	说明
Brush	设置画笔以填充方式来绘制直线或曲线
Color	设置或获取画笔颜色
DashStyle	设置线条的虚线样式，枚举类型可参考表 14-19 的说明
LineJoin	设置连接的两条线
PenType	设置或获取直线样式
Width	设置或获取画笔宽度
Dispose()	释放 Pen 使用的所有资源
EndCap	终结点的形状
StartCap	起始点的形状

Pen 类的构造函数可配合 Brush 设置图形内部，或者以 Color 指定颜色，语法如下：

```
Pen(Brush brush);                    //指定笔刷
Pen(Brush, float width);             //设置笔刷和画笔的宽度
Pen(Color color);                    //指定颜色
Pen(Color color, float width);       //设置颜色和画笔的宽度
```

例如，创建一支黑色、线条宽度为 4 的画笔。

```
Pen myPen = new Pen(Color.Black, 4);
```

Pen 类的两个属性 StartCap 和 EndCap 可以决定线条起始点和终结点的形状是平面的、方的、圆角的、三角形的还是自定义的。这两个属性会调用 LineCap 的枚举值，其常数值可以参考表 14-18。

表 14-18 LineCap 的枚举值

LineCap 的枚举值	说明
Custom	用户自定义线条的端点（起始点和终结点）
AnchorMask	指定屏蔽，用来检查线条端点是否为锚定端点
ArrowAnchor	箭头锚定端点
DiamondAnchor	菱形锚定端点
Flat	一般线条的端点
NoAnchor	没有指定锚定端点
Round	圆形线条的端点
RoundAnchor	圆形锚定的端点
Square	方形线条的端点
SquareAnchor	正方形锚定的线条端点
Triangle	三角形线条的端点

用画笔绘制线条时，有可能是实线或虚线。DashStyle 用来指定线条的样式，其枚举值可参考表 14-19。

表 14-19 DashStyle 的枚举值

DashStyle 的枚举值	说明
Custom	用户自定义虚线样式
Dash	指定含有虚线的线条
DashDot	指定含有“虚线-点”的线条
DashDoDot	指定含有“虚线-点-点”的线条
Dot	指定含有点的线条
Solid	指定实线

绘制线条时，起码要用两点坐标来作为线条的起始点和终结点。DrawLine()方法的语法如下：

```
public void DrawLine(Pen pen, int x1, int y1, int x2, int y2);
```

- pen：画笔，用来指定线条的颜色、宽度和样式。
- x1、y1：绘制线条的坐标起点。
- x2、y2：绘制线条的第二个点。

范例 Ex1408.csproj

（1）窗体操作

调用 DrawLines()方法配合获取的坐标值绘制连续的圆形。范例 Ex1408 的执行结果如

图 14-24 所示。

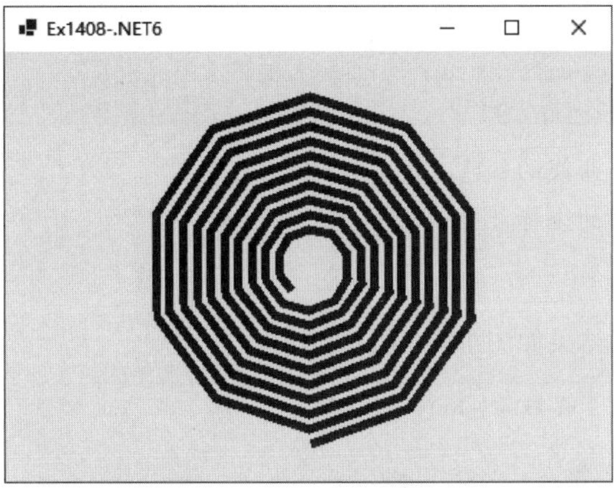

图 14-24 范例 Ex1408 的执行结果

（2）控件属性设置和相关程序代码

建立 Windows 窗体应用，框架选择“.NET 6.0（长期支持）”。无控件，以窗体为画布，利用窗体编写 Form1__Paint()事件处理程序的代码。

```
01 using System.Drawing.Drawing2D;
02 using static System.Math;//导入静态类 Math
03 private void Form1_Paint(object sender, PaintEventArgs e)
04 {
05    double x, y;
06    Point[] pts = new Point[100];//坐标值
07    double Xpos = this.Size.Width / 2;
08    double Ypos = this.Size.Height / 2 - 20;
09    //创建画笔，C# 8.0 语法，省略大括号形成的程序区块
10    using Pen bluePen = new(Color.Blue, 6);//
11    double radius = 120;//圆半径
12    for (int j = 0; j <= 99; j++)
13    {
14       x = Xpos + radius * Sin(36 * j * PI / 180);
15       y = Ypos + radius * Cos(36 * j * PI / 180);
16       pts[j] = new Point((int)x, (int)y);
17       radius -= 1;
18    }
19    e.Graphics.DrawLines(bluePen, pts);//绘制线条
20 }
```

程序说明

- 第 01 行：使用 LineCap 或 DashStyle 枚举类型时，都要纳入 System.Drawing.Drawing2D 命名空间，或者在程序代码开头使用 using 语句导入。
- 第 10~19 行：使用 using 外侧代码并加以实例化，它会自动调用对象的 Dispose()方法来释放占用的资源。
- 第 19 行：根据所设的坐标调用 DrawLines()方法绘制线条。

绘制曲线，表示由多个坐标点构成，方法就是创建坐标数组。调用 DrawCurve()方法来绘制基本曲线，调用 DrawClosedCurve()方法绘制封闭曲线，它们的语法如下：

```
public void DrawCurve(Pen pen, PointF[] points)
public void DrawClosedCurve(Pen pen, Point[] points)
```

- pen：画笔，指定曲线的颜色、宽度和样式。
- points：定义曲线的坐标数组。

范例 Ex1409.csproj

范例 Ex1409 的执行结果如图 14-25 所示。

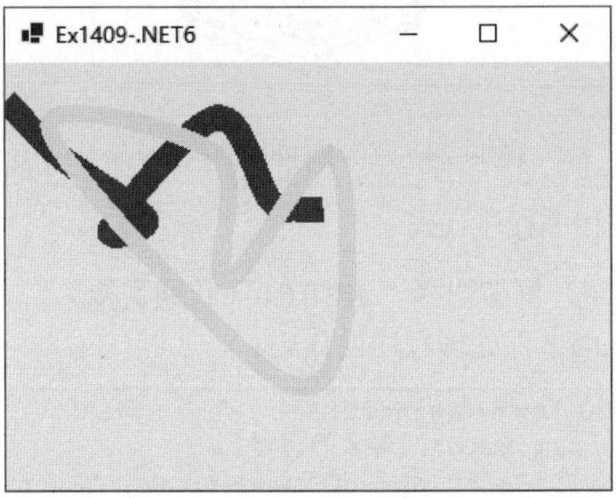

图 14-25 范例 Ex1409 的执行结果

创建 Windows 窗体项目，框架选择“.NET 6.0（长期支持）”。为窗体编写 Form1__Paint()事件处理程序的代码。

```
private void Form1_Paint(object sender, PaintEventArgs e)
{
  Pen greenPen = new(Brushes.BlueViolet, 14);
  Pen bisPen = new(Brushes.Bisque, 10);
  Graphics gs = e.Graphics;  //将 e 对象赋值给 Graphics 对象 gs
  //新建曲线坐标
  Point[] pts1 = {new Point(0, 20), new Point(30, 50),
       new Point(80, 85), new Point(60, 90),
       new Point(120, 30), new Point(150, 75),
       new Point(165, 80), new Point(180, 80)};
  Point[] pts2 = {new Point(25, 36), new Point(120, 50),
     new Point(125, 120), new Point(185, 50),
     new Point(190, 150), new Point(150, 170)};
  gs.DrawCurve(greenPen, pts1);//绘制曲线
  gs.DrawClosedCurve(bisPen, pts2);
}
```

14.4.5 绘制几何图形

对绘制线条的基本用法有了初步的认识之后，绘制几何形状（未填颜色）就不是难事了，

这些几何形状包含矩形、椭圆、多边形等。绘制矩形时要调用 Graphics 类的 DrawRectangle()方法，其语法如下：

```
public void DrawRectangle(Pen pen, int x, int y, int width, int height);
```

- pen：使用 Pen 类来指定矩形的颜色、宽度和样式。
- x、y：绘制矩形左上角的 X、Y 坐标。
- width、height：绘制矩形的宽度和高度。

若要绘制椭圆，则调用 DrawEllipse()方法，它与 DrawRetangle()方法很类似，不同的是以矩形产生的 4 个点框住椭圆。它的语法如下：

```
public void DrawEllipse(Pen pen, float x, float y,
    float width, float height);
```

- pen：使用 Pen 类来指定椭圆的颜色、宽度和样式。
- x、y：定义椭圆的圆框，以左上角为主的 X、Y 坐标。
- width、height：定义椭圆的圆框的宽度、高度。

若要绘制多边形，则要调用 DrawPolygon()方法，以画笔 pen 配合 Point 数组对象，而 Point 数组中的每一个点都代表一个顶点的坐标。它的语法如下：

```
public void DrawPolygon(Pen pen, PointF[] points);
```

- 使用 Point 类的数组方式构成的顶点来绘制多边形。

范例 Ex1410.csproj

范例 Ex1410 的执行结果如图 14-26 所示。

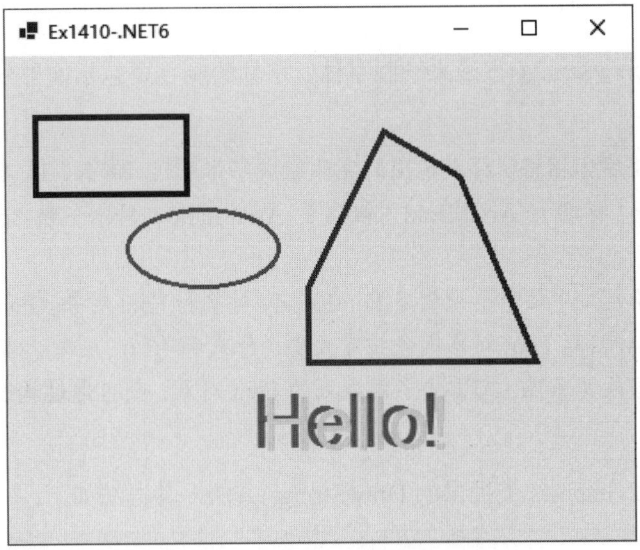

图 14-26　范例 Ex1410 的执行结果

创建 Windows 窗体项目，框架选择“.NET 6.0（长期支持）”。为窗体编写 Form1_Paint()事件处理程序的代码。

```
01 private void Form1_Paint(object sender, PaintEventArgs e)
02 {
03    Pen pen1 = new(Brushes.Blue, 4);
04    Pen pen2 = new(Brushes.Red, 3);
05    Pen pen3 = new(Brushes.Green, 4);
06    Graphics gs = e.Graphics;
07    gs.DrawRectangle(pen1, 20, 40, 100, 50);//绘制矩形
08    //绘制椭圆
09    gs.DrawEllipse(pen2, 80.0f, 100.0f, 100, 50);
10    //创建多边形的坐标
11    Point[] pts = {new Point(350, 200),
12       new Point(200, 200), new Point(200, 150),
13       new Point(250, 50), new Point(300, 80)};
14    gs.DrawPolygon(pen3, pts);//绘制多边形
15    //绘制有阴影效果的字体
16    Color brushColor = Color.FromArgb(150, Color.DarkRed);
17    SolidBrush brushFt = new(brushColor);
18    gs.DrawString("Hello!", new("Arial", 36),
19       brushFt, 154.0f, 210.0f);
20    gs.DrawString("Hello!", new("Arial", 36),
21       Brushes.Cyan, 160.0f, 212.0f);
22    gs.Dispose();
23 }
```

程序说明

- 第 06 行：除了直接调用 Paint()事件的 PaintEventArgs 的对象 e 之外，也可以将 e 对象赋值给 Graphics 对象 gs，再进一步调用相关方法。

14.4.6 字体和笔刷

Graphics 类以 DrawString()方法来绘制字体。字体绘制主要包括两部分：字体系列和字体对象，简介如下：

- 字体系列：将字体相同但样式不同的字体组成字体系列。例如，以 Arial 字体来说，包含 Arial Regular（标准）、Arial Bold（粗体）、Arial Italic（斜体）和 Arial Bold Italic（粗斜体）。
- 字体对象：绘制文字之前要先创建 FontFamily 对象和 Font 对象。FontFamily 对象会指定字体（例如 Arial），Font 对象则会指定大小、样式和单位。此外，当 Font 对象创建完成后，便无法修改其属性，若需要不同效果的 Font 对象，则可通过构造函数来自定义 Font 对象。

绘制文字可调用 Graphics 类提供的 DrawString()方法，其语法如下：

```
public void DrawString(string s, Font, Brush brush, PointF point)
```

- string：表示要绘制的字符串。
- Font：用来定义字符串的格式。
- Brush：指定绘制文字的颜色和纹理。
- PointF：指定绘制文字的左上角。

一般来说，使用笔刷画图时，Brush 类能够绘制矩形、椭圆等相关的几何图形。由于 Brush 是抽象类，因此必须借助派生类才能实现它的方法。另一个笔刷是 Brushes，没有继承类，提供了标准颜色，可以直接使用。示例程序语句如下：

```
//定义一个矩形
Rectangle rect = new Rectangle(80, 80, 200, 100);
//创建绘图对象 gs，配合 Burshes 画一个矩形
Graphics gs;
gs.Graphics.DrawRectangle(Brushes.Blue, rect);
```

Brush 的派生类为笔刷提供了各种不同的填充效果，可参考表 14-20 的说明。

表 14-20　提供渐变效果的 Brush 的派生类

Brush 的派生类	说明
SolidBrush	定义单种颜色的笔刷
HatchBrush	通过规划样式、前景和背景颜色来定义矩形笔刷
TextureBrush	填充图形的内部
LinearGradienBrush	设置线性渐变
PathGradienBrush	设置路径渐变

使用 SolidBrush 类只要配合颜色就能绘制几何对象，它的构造函数语法如下：

```
public SolidBrush(Color color);
```

- color 为 Color 结构，显示笔刷颜色。

另一个可产生线性渐变的 LinearGradienBrush 方法，它的构造函数语法如下：

```
public LinearGradientBrush(Rectangle rect,
    Color color1, Color color2, float angle);
```

- rect：设置矩形的坐标及长和宽。
- color1、color2：设置颜色。
- angle：渐变方向线的角度（角度从 X 轴以顺时针方向来测量）。

如果要让矩形填充颜色，就要调用 FillRectangle()方法，语法如下：

```
public void FillRectangle(Brush brush, Rectangle rect);
```

- brush：除了使用笔刷之外，也可使用相关的派生类。
- rect：表示欲绘制的矩形，要设置 X、Y 坐标，矩形的长和宽。

范例 Ex1411.csproj

配合笔刷来产生一个填充线性渐变颜色的矩形。范例 Ex1411 的执行结果如图 14-27 所示。

图 14-27　范例 Ex1411 的执行结果

步骤 01 创建 Windows 窗体项目，框架选择“.NET 6.0（长期支持）”。添加一个 PictureBox 控件，将 Name 变更为 picShow。

步骤 02 绘制字体，为窗体编写 Form1_Paint()事件处理程序的代码。

```
01 private void Form1_Paint(object sender, PaintEventArgs e)
02 {
03    Graphics gs = e.Graphics;//将 e 对象赋值给 Graphics 对象 gs
04    //绘制有阴影效果的字体
05    Color brushColor = Color.FromArgb(150, Color.DarkRed);
06    SolidBrush brushFt = new(brushColor);
07    gs.DrawString("Hello!", new("Cascadia Code", 36),
08      brushFt, 174.0f, 80.0f);
09    gs.DrawString("Hello!", new("Cascadia Code", 36),
10      Brushes.Cyan, 181.0f, 78.0f);
11    gs.Dispose();
12 }
```

步骤 03 绘制字体，为窗体编写 Form1_Paint()事件处理程序的代码。

```
21 private void Form1_Paint(object sender, PaintEventArgs e)
22 {
23    Graphics gs = e.Graphics; //绘图对象
24    Color colr1 = Color.FromArgb(200, 250, 0, 255);
25    Color colr2 = Color.FromArgb(150, 15, 255, 0);
26    Rectangle rect = new(20, 20, 130, 90);
27    LinearGradientBrush brush = new
28      (rect, colr1, colr2, 60.0f);//设置笔刷
29    gs.FillRectangle(brush, rect);//为矩形填充线性渐变颜色
30 }
```

程序说明

- 第 06、07 行：Font 和 SolidBrush 类必须使用 new 运算符配合构造函数创建新的对象。以 Brushes 类为笔刷，它只能用来设置标准颜色，不需要创建新的对象。
- 第 24、25 行：调用 Color 结构的 FromArgb()方法来定义线性渐变笔刷的颜色。
- 第 26 行：定义矩形的坐标及长和宽。
- 第 27、28 行：调用 LinearGradientBrush 的构造函数设置笔刷的相关参数。

重点整理

- "单文档界面"（Single Document Interface，SDI）一次只能打开一份文件，如使用的"记事本"。"多文档界面"（Multiple Document Interface，MDI）能同时编辑多份文件，例如 Microsoft Word。
- 把常规窗体的 IsMdiContainer 属性设为 true 时就会成为 MDI 父窗体，有了父窗体，使用 MdiParent 属性就可以让常规窗体成为 MDI 子窗体。
- 用户按下键盘按键，Windows 窗体会将键盘输入的标识符由 Keys 枚举类型转换为虚拟按键码（Virtual Key Code）。通过 Keys 枚举类型，可以组合一系列按键来产生一个值。使用 KeyDown 或 KeyUp 事件检测大部分实际按键，再通过字符键（Keys 枚举类型的子集）对应到 WM_CHAR 和 WM_SYSCHAR 值。
- 处理 KeyDown 或 KeyUp 事件的事件处理程序 KeyEventArgs，由对象 e 接收事件信息，KeyCode 属性用于获取按键值，KeyValue 属性用于获取键盘值。
- 当用户拥有输入焦点并按下按键时，会触发 KeyPress 事件，由 KeyPressEventArgs 类来处理，Handled 属性用来设置是否响应按键的动作，KeyChar 属性用来获取按键的字符码。
- 移动鼠标或单击鼠标按键时，由 Control 类触发适当的鼠标事件，通过 MouseEventArgs 了解鼠标当前的状态，包含"工作区坐标"（Client Coordinate）中鼠标指针的位置、鼠标的哪一个按键被单击以及鼠标滚轮是否已滚动等信息。
- 如何获取鼠标按键的当前状态或鼠标指针的位置呢？通过 Control 类的 MouseButtons 属性来"得知"当前鼠标的哪一个按键被单击，MousePosition 属性则用于获取鼠标指针的屏幕坐标（Screen Coordinate）。
- 在鼠标拖曳操作中，若以目标为拖曳对象，则会用 DragEventArgs 类来提供鼠标指针的位置、鼠标按键和键盘辅助按键的当前状态以及正在拖曳的对象。
- 鼠标的拖曳操作以源为主，必须获取鼠标按键和键盘辅助按键的当前状态，判断用户是否按下了键盘上的 Esc 键，这些操作由 QueryContinueDragEventArgs 类进行处理。
- 使用 GDI+绘制图形对象时，必须先创建 Graphics 对象。绘制图形对象的步骤如下：①创建 Graphics 图形对象；②将窗体或控件转换成画布，通过 Graphics 对象提供的方法绘制线条和形状、显示文字或管理图像。

课后习题

（一）填空题

1. 一次只能打开一个文件，称为______________；在一个窗口下能同时打开多个文件，称为______________。

2. MDI 窗体中有多个 MDI 子窗体，LayoutMdi()方法可以对窗体进行 4 种不同的排列，以图标排列使用_____________，重叠排列使用______________，水平排列使用______________，垂直排列使用______________。

3. 在 PictureBox 控件中，SizeMode 属性值用来调整图像的大小，______________属性值是图像随图框大小进行调整，______________属性值是图框随图像大小调整。

4. 处理 KeyDown 或 KeyUp 事件的事件处理程序 KeyEventArgs，由对象 e 接收事件信息，______________属性获取按键值，______________属性获取键盘值，______________属性结合按键码和组合按键。

5. 当我们按下鼠标按键时触发 MouseDown 事件，这个事件由______________类来处理；Click 事件由______________类来处理。

6. 在鼠标的拖曳操作中，以目标为拖曳对象，DragEventArgs 类负责三种拖曳：①_______、②__________、③_________。

7. 在绘制图案时，提供画布的是______________类，______________类作为画笔，而______________类为笔刷，配合______________填充颜色。

8. 绘制线条使用______________方法，绘制基本曲线则使用______________方法。

（二）问答题与实践题

1. 参考 14.1 节的范例项目来创建有菜单的 MDI 父、子窗体，并把子窗体水平、垂直和重叠排列。

2. 将范例 Ex1402 改写，按下按键，获取图片上、下、左、右的坐标。

3. 请简单说明用鼠标在控件上双击时会触发什么事件？

4. 利用 KeyPress 的概念来编写一个密码判断程序。

- 密码只能输入数字。
- 密码不能大于 7 个字符。

第 15 章

IO 与数据处理

章节重点

- .NET 处理数据流的概念与 System.IO 命名空间。
- 目录的创建，查看目录的文件信息。
- 使用数据流的写入器和读取器来处理数据。

15.1 数据流与 System.IO

如何让数据写入文件或从文件中读取内容呢？与这些过程息息相关的是数据流（Data Stream，串流）。在探讨文件之前，先了解什么是数据流。可以把 Stream 想象成一根管子，数据如同管子中的液体，只能单向流动。水可以用不同的容器装载，而数据也能存储在不同的媒体中。在前面章节的范例中，控制台应用程序都是使用 Console 类的 Read()或 ReadLine()方法来读取数据的，或使用 Write()、WriteLine()方法通过命令提示符窗口输出数据。在 Windows 窗体中、则会使用 RichTextBox 配合 OpenFileDialog 来读取文本文件或 RTF 文件，使用 MessageBox 显示信息。以数据流的概念来看，可分为以下两种：

- 输出数据流：把数据传到输出设备（如屏幕、磁盘等）上。
- 输入数据流：通过输入设备（如键盘、磁盘等）读取数据。

这些输入、输出数据流由.NET Framework 的 System.IO 命名空间提供许多类成员，如图 15-1 所示。

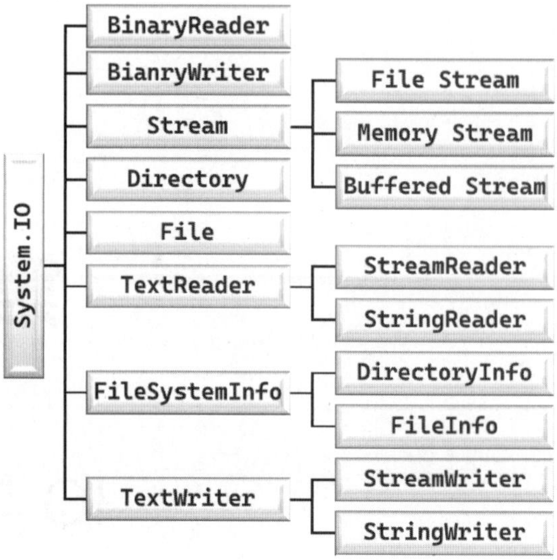

图 15-1 System.IO 命名空间

15.2 文件与数据流

了解了数据流的基本概念，那么文件和数据流又有什么关系呢？通常看到的就是把存储在磁盘介质的数据重复地写入或读出。只有了解了文件处理的过程，才能把辛苦建立的数据存储在文件中，程序运行时，直接到文件中读取所需的数据内容。这样才能将数据长久地保存下来（除非磁盘中存放数据的文件被删除了）。

以数据流的概念来看，文件可视为一种可以永续性存放的"设备"，也是一种已经排序的字节的集合。使用文件时，它包含存放的目录路径、磁盘存储设备，以及文件和目录名称。与文件相比，数据流是由字节序列组成的，是读取和写入数据的备份存储区，它可以用磁盘或内存来作为备份存储区，所以它具有多元性。与文件、目录有关的类，存放在 System.IO 命名空间的有哪些呢？可参照表 15-1 的说明。

表 15-1 存放在 System.IO 命名空间与文件、目录有关的类

与文件、目录有关的类	说明
Directory	目录的常规操作有复制、移动、重新命名、创建和删除
DirectoryInfo	提供创建、移动目录和子目录的实例方法
DriveInfo	提供与磁盘驱动器有关的创建方法
File	提供创建、复制、删除、移动和打开文件的静态方法
FileInfo	提供创建、复制、删除、移动和打开文件的实例化方法
FileSystemInfo	是 FileInfo 和 DirectoryInfo 的抽象基类
Path	提供处理目录字符串的方法和属性

FileSystemInfo 是一个抽象基类，其派生类包含 DirectoryInfo、FileInfo 两个类，其含有文件和目录管理的通用方法。实例化的 FileSystemInfo 对象可以作为 FileInfo 或 DirectoryInfo 对

象的基础。从表 15-1 可知，创建文件和目录时，除了可以直接使用 DirectoryInfo、FileInfo 类之外，还可以使用 FileSystemInfo 的相关成员，它的常用属性可以参考表 15-2 的说明。

表 15-2 FileSystemInfo 类的常用属性

FileSystemInfo 类的常用属性	说明
Attributes	获取或设置文件属性，例如 ReadOnly（只读）或处于 Archive（存档）状态
CreationTime	获取或设置文件/目录的创建日期与时间
Exists	指出文件/目录是否存在
Extension	获取文件的扩展名
FullName	获取文件/目录的完整路径
LastAccessTime	获取或设置上次存取文件/目录的时间
LastWriteTime	获取或设置上次写入文件/目录的时间
Name	获取文件的名称

15.2.1 文件目录

通常以文件资源管理器进入某个目录，就是为了查看此目录中有哪些文件或存放了哪种类型的文件，也有可能新建一个目录（即文件夹）或把某个目录删除。Directory 静态类提供了目录处理的功能，如创建、移动文件夹。由于提供的是静态方法，因此通常可以直接使用。表 15-3 所示为 Directory 类的常用方法。

表 15-3 Directory 类的常用方法

Directory 类的常用方法	执行的操作
CreateDirectory()	产生一个目录并以 DirectoryInfo 返回相关信息
Delete()	删除指定的目录
Exists()	判断目录是否存在，返回 true 表示存在，返回 false 表示不存在
GetDirectories()	获取指定目录中子目录的名称
GetFiles()	获取指定目录的文件名
GetFileSystemEntries()	获取指定目录中所有子目录和文件名
Move()	移动目录和文件到指定位置
SetCurrentDirectory()	将应用程序的工作目录指定为当前目录
SetLastWriteTime()	设置目录上次被写入的日期和时间

CreateDirectory(string path)方法用来创建目录，使用时要在前面加上 Directory 类名称，其文件路径以字符串形式来表示，同样目录之间要以“\\”双斜线来隔开。

```
Directory.CreateDirector("D:\\Demo\\Sample\\ ");
```

```
Directory.CreateDirector(@"D:\Demo\Sample\ ");
```

- 使用@字符带出完整路径，用双引号引住，用单斜线即可。
- @表明后面跟随的字符所包含的“\”并不是转义字符。

Exits(string path)方法用来检查 path 所指定的文件路径是否存在。如果存在，就返回 true；如果不存在，就返回 false。要删除文件可以使用 Delete()方法，指定删除文件的路径，还可以进一步决定是否连同它底下的子目录、文件也一起删除。它的语法如下：

```
public static void Delete(string path);
public static void Delete(string path, bool recursive);
```

- path：要删除的目录对应的名称。
- recursive：是否要删除 path 中的目录、子目录和文件，true 是一起删除，false 则是删除操作会停顿。

下面的示例程序语句说明了 Delete()方法的用法。

```
Directory.Delete(@"D:\Demo", true);
```

要把目录移到指定的位置，可以调用 Move()方法，调用时必须以参数来创建目的地目录，完成操作后会自动删除源目录。它的语法如下：

```
public static void Move(string sourceDirName, string destDirName);
```

- sourceDirName：要移动的文件或目录的路径。
- destDirName：sourceDirName 的目标目录的路径。

调用 GetDirectories()方法可获取指定目录的所有子目录名称，调用 GetFiles()方法可获取指定目录内的所有文件名，所以这两个方法会以数组返回结果值。它们的语法如下：

```
public static string[] GetDirectories(string path);
public static string[] GetFiles(string path);
```

另一个类是 DirectoryInfo，想要针对某一个目录进行维护工作，就要以 DirectoryInfo 类来创建实体对象，其常用成员如表 15-4 所示。

表 15-4　DirectoryInfo 类的常用成员

DirectoryInfo 类的常用成员	执行的操作
Parent	获取指定路径的上一层目录
Root	获取当前路径的根目录
Create()	创建目录
CreateSubdirectory()	在指定目录下创建子目录
Delete()	删除目录
MoveTo()	将当前目录移到指定位置
GetDirectory()	返回当前目录的子目录
GetFiles()	返回指定目录的文件列表

要用 DirectoryInfo 类设置路径时，必须用构造函数实例化对象，再指定存放的目录。示例程序语句如下：

```
DirectoryInfo myPath = new("@D:\Demo\Sample\");
```

范例 Ex1501.csproj

（1）程序规划

通过 DirectoryInfo 类来添加或删除路径，并获取某一个文件夹（即目录）下的文件信息。由于处理的对象是文件和文件夹，因此必须导入 System.IO 命名空间。在范例中为了保持一致，把目录都统称为文件夹，以避免“目录”和“文件夹”两个词汇的交叉使用造成的混乱。

（2）窗体操作

步骤 01 单击“查看文件夹”按钮加载 PNG 格式的文件，如图 15-2 所示。

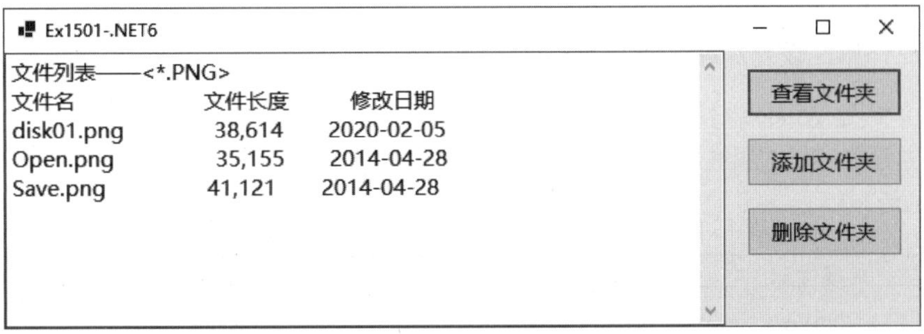

图 15-2　加载 PNG 格式的文件

步骤 02 单击“添加文件夹”按钮会在指定文件夹添加一个名为 Testing 的子文件夹，如图 15-3 和图 15-4 所示。单击“删除文件夹”按钮会删除刚才添加的子文件夹，如图 15-5 所示。

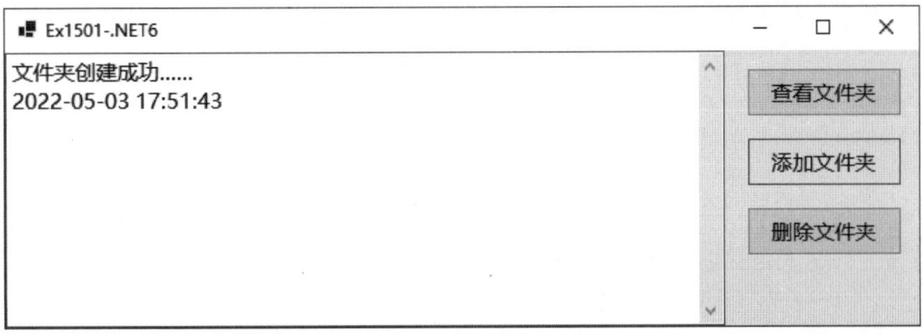

图 15-3　添加文件夹

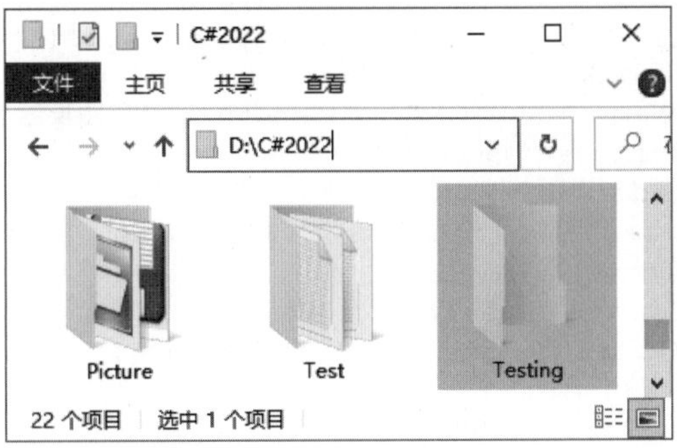

图 15-4　添加的子文件夹 Testing

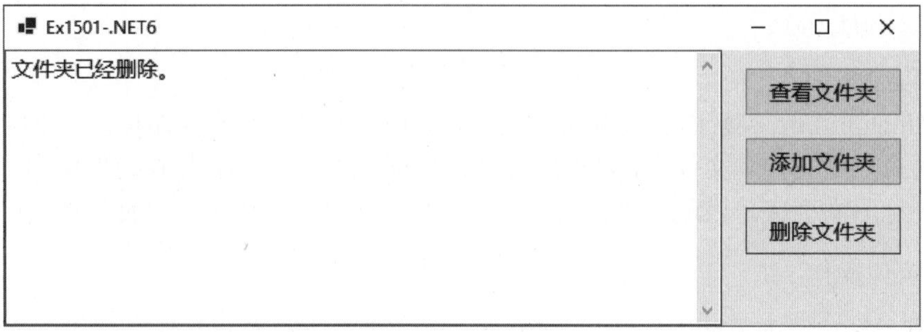

图 15-5　删除文件夹

（3）控件属性设置和相关程序代码

步骤 01 创建 Windows 窗体项目，框架选择“.NET 6.0（长期支持）”。在窗体上加入如表 15-5 所示的控件并设置它们的属性值。

表 15-5　范例项目 Ex1501 使用的控件、属性及其属性值

控件	属性	属性值	控件	属性	属性值
Button1	btnView	查看文件夹	TextBox	Name	txtInfo
Button2	btnAddDir	添加文件夹		MultiLine	True
Button3	btnDeleteDir	删除文件夹		ScrollBars	Vertical
				Duck	Left

步骤 02 编写“查看文件夹”按钮对应的 btnView_Click 事件处理程序的代码。

```
using System.IO;
string path1 = @"D:\C#2022\Testing";//要创建的文件夹
private void btnView_Click(object sender, EventArgs e)
{
   //存储要返回的文件路径和文件类型
   string path2 = @"D:\C#2022\Picture";
   string fnShow = "文件列表---<*.PNG>" +
      Environment.NewLine;
   try
   {
      DirectoryInfo currentDir = new(path2);
      FileInfo[] listFile = currentDir.GetFiles("*.png");
      //配置文件的标题
      string fnName = "文件名", fnLength = "文件长度";
      string fnDate = "修改日期";
      string header = fnShow +
         $"{fnName, -17}{fnLength, 13}{fnDate, 15}"
         + Environment.NewLine;
      txtInfo.Text = header;
      foreach (FileInfo getInfo in listFile)
      {
         txtInfo.Text += $"{getInfo.Name, -20}" +
            $"{getInfo.Length.ToString(), 15:N0}" +
            $"{getInfo.LastWriteTime.ToShortDateString()}"
            + Environment.NewLine;
      }
```

```
27    }
28    catch (Exception ex)
29    {
30       MessageBox.Show("无此文件夹" + ex.Message);
31    }
32 }
```

步骤 03 编写“添加文件夹”按钮对应的 btnAddDir_Click()事件处理程序的代码。

```
41 private void btnAddDir_Click(object sender, EventArgs e)
42 {
43    try
44    {
45       if (Directory.Exists(path1))
46          txtInfo.Text = "文件夹已经存在！";
47       //创建新的文件夹
48       DirectoryInfo newDir =
49             Directory.CreateDirectory(path1);
50       txtInfo.Text = "文件夹创建成功……" +
51          Environment.NewLine +
52          Directory.GetCreationTime(path1);
53    }
54    catch (Exception ex2)
55    {
56       MessageBox.Show("文件夹创建失败！" + ex2.Message);
57    }
58 }
```

程序说明

- 第 02 行：指定的文件夹 Testing 并不存在，测试时才会创建此文件夹，测试后再把它删除。
- 第 03~32 行：单击“查看文件夹”按钮会按指定的文件夹查看是否有 PNG 格式的文件。
- 第 09~31 行：使用 try-catch 语句设置异常情况处理程序，用于异常情况发生后的处理。
- 第 11 行：将 DirectoryInfo 类实例化，创建一个可以传入指定路径的文件夹对象。
- 第 12 行：创建一个 FileInfo 对象数组，获取文件路径后，调用 GetFiles()方法指定存放文件的类型是 PNG 文件。
- 第 14~18 行：创建显示文件的文件名、文件大小和修改日期的标题，再放入文本框中。
- 第 20~26 行：使用 foreach 循环读取指定的文件类型，并使用 FileSystemInfo 的 Name 属性返回文件名，通过 Length 属性获取文件的长度，以及通过 LastWriteTime 属性获取最后的修改日期，再在文本框中显示结果。
- 第 41~58 行：单击“添加文件夹”按钮来判断文件夹是否存在，如果不存在，就创建一个文件夹，并以 try-catch 来进行异常情况的处理。
- 第 45、46 行：调用 Directory 类的 Exists()方法确认指定路径的文件夹是否存在。
- 第 50~52 行：在指定路径上创建新的文件夹，DirectoryInfo 类会以实例化对象来调用 CreateDirectory()来创建文件夹，然后调用 Directory 静态类的 GetCreationTime()方法显示文件夹创建的时间。

15.2.2 文件信息

读者应该很熟悉文件，与它有关的基本操作有复制、移动和删除等。那么文件本身呢？要打开某个文件，首先需要知道这个文件是否存在。打开文件之前要先了解文件的相关信息，比如文件是文本文件还是 RTF 格式的文件，打开文件后是否要写入其他内容。FileInfo 类和 File 静态类会配合 FileStream 类来提供这些相关的服务。FileInfo 类相关成员的说明请参照表 15-6。

表 15-6 FileInfo 类相关成员

FileInfo 类相关成员	说明
Exists	检测文件对象是否存在（true 表示存在）
Directory	获取当前文件的存放目录
DirectoryName	获取当前文件存放的完整路径
FullName	获取完整的文件名，包含文件路径
Length	获取当前文件的长度
AppendText()	把指定字符串附加至文件，若文件不存在，则创建一个文件
CopyTo()	复制现有的文件到新的文件
Create()	创建文件
CreateText()	创建并打开指定的文件对象，配合 StreamWriter 类
Delete()	删除指定的文件
MoveTo()	将当前文件移动到指定位置
Open()	打开方法

FileInfo 类包含文件的基本操作，它的构造函数的语法如下：

```
public FileInfo (string fileName);
```

- fileName：要创建的文件名，同时也包含文件的路径。

示例一：先设置路径，再由 FileInfo 创建文件对象实体。

```
string path =  @"D:\C#2022\File\Test.txt";
FileInfo createFile = new FileInfo(path);
```

调用 Create()方法来创建文件时，所指定的文件夹路径必须存在，否则会发生错误。但也要注意，若要创建的文件已经存在，Create()方法则会删除原来的文件。此外，创建的文件对象必须以 Close()方法来关闭，这样占用的资源才能被释放。

示例二：配合 FileStream 来获取 FileInfo 文件对象的信息。

```
FileStream fs = createFile.Create();
```

若调用 Open()方法来打开文件，则必须指定打开模式。语法如下：

```
Open(mode, access, share);
```

- mode：用于指定打开模式，取值为 FileMode 中的枚举值之一，有关 FileMode 中的枚举常数可参考表 15-7。
- access：文件存取方式，FileAccess 中的枚举值有三个：Read 表示文件以只读方式打开；Write 表示文件以只写方式打开；ReadWrite 表示以可读写方式打开。
- share：确定文件共享模式，取值为 FilesShare 中的枚举值之一，有关 FilesShare 中的枚举常数可参考表 15-8。

表 15-7 FileMode 中的枚举常数

FileMode 中的枚举常数	说明
Create	创建新文件。文件存在时会被覆写，文件不存在则与 CreateNew 的作用相同
CreateNew	创建新文件。文件存在时会抛出 IOException 异常情况
Open	打开现有的文件。文件不存在时，会抛出 FileNotFoundException 异常情况
OpenOrCreate	打开已存在的文件，否则就创建新文件
Truncate	打开现有文件并将数据清空
Append	如果文件存在，就打开并搜索至文件末端，文件不存在就创建新文件

表 15-8 FileShare 中的枚举常数

FileShare 中的枚举常数	说明
None	拒绝文件共享，会造成其他程序无法成功打开
Read	允许其他程序以只读方式打开文件
Write	允许其他程序以只写方式打开文件
ReadWrite	允许其他程序以可读写方式打开文件

复制文件可调用 CopyTo()方法。语法如下：

```
CopyTo(string destFileName);    //不能覆写现有的文件
CopyTo(string destFileName, bool overwrite);
```

- destFileName：要复制的文件名，必须包含完整的路径。
- overwrite：设置为 true 才能覆写现有文件，设置为 false 则不能覆写现有文件。

示例三：用文件对象来指定文件，调用 CopyTo()方法进行复制。

```
string path = @"D:\C#2022\File\Test.txt";
FileInfo copyFile = new FileInfo(path);
copyFile.CopyTo(@"D:\C#2022\File\TestNew.txt");
```

要移动文件，可调用 MoveTo()方法。语法如下：

```
MoveTo(string destFileName);
```

- destFileName：指定要移动的文件的文件名，必须包含完整的路径。

示例四：用文件对象来指定文件，调用 Delete()方法删除文件。

```
string path = @"D:\C#2022\Demo\Test.txttmp";
FileInfo delFile = new FileInfo(path);
if (delFile.Exists == false)    //查看文件是否存在
  MessageBox.Show("无此文件");
else
  delFile.Delete();             //删除文件
```

- 通过 if-else 语句查看要删除的文件时，先用 Exists 属性判断，如果它返回 true，就调用 Delete()方法删除。

范例 Ex1502.csproj

（1）程序规划

在窗体中添加 4 个按钮，分别是添加、复制、删除和查看，每执行一个与文件操作有关的操作，都可以使用“查看”按钮将操作执行的结果显示在文本框中，以便查看。在窗体加载时，只有“添加”和“查看”按钮起作用；添加文件后，“复制”按钮起作用；完成文件的复制后，“删除”按钮起作用。

（2）窗体操作

步骤 01 程序运行并加载窗体后，单击“查看”按钮，文本框中会显示“D:\C#2022\Test”文件夹中的所有文本文件（*.txt），如图 15-6 所示。

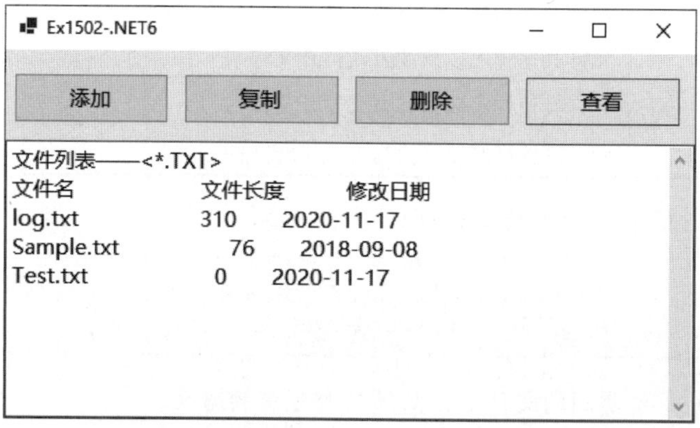

图 15-6 “D:\C#2022\Test”文件夹中的所有文本文件

步骤 02 单击“复制”按钮，复制 log.txt 文件，如图 15-7 所示。再单击“查看”按钮，就可以发现一个复制的文件 log.txttmp，如图 15-8 所示。

图 15-7　复制文件

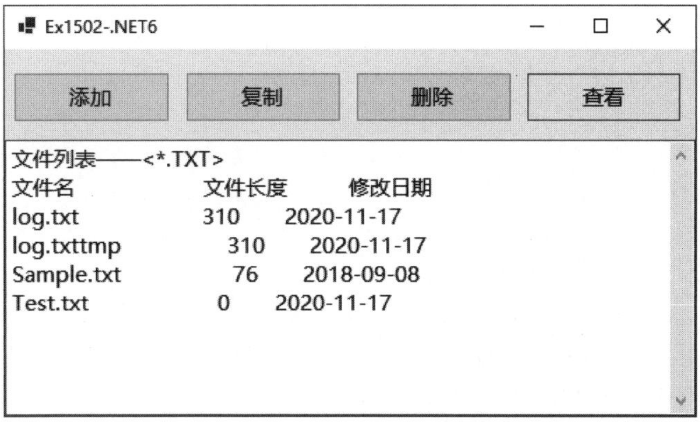

图 15-8　查看复制的文件

步骤 03 单击“添加”按钮，再单击“查看”按钮，可以看到添加了一个 Ex1502.txt 文件，如图 15-9 所示。

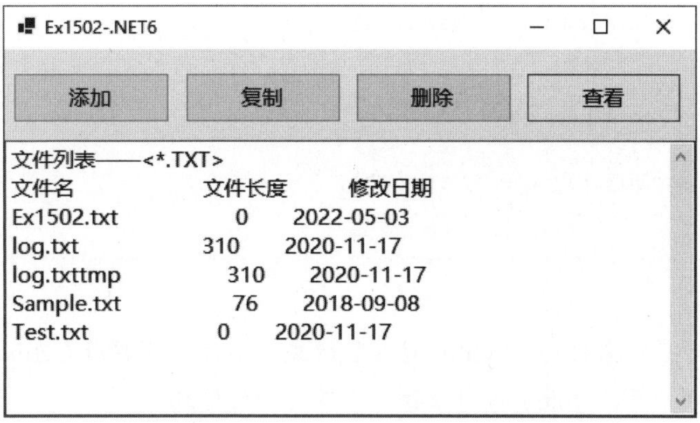

图 15-9　添加的文件

（3）控件属性设置和相关程序代码

步骤 01 创建 Windows 窗体项目，框架选择“.NET 6.0（长期支持）”。在窗体上加入如表 15-9 所示的控件并设置它们的属性值。

表 15-9　范例项目 Ex1502 使用的控件、属性及其属性值

控件	属性	属性值	控件	属性	属性值
Button1	btnCreate	添加	TextBox	Name	txtShow
Button2	btnCopy	复制		MultiLine	true
Button3	btnDelete	删除		ScrollBars	Vertical
Button4	btnView	查看		Duck	Bottom

步骤 02 编写"查看"按钮对应的 btnCreate_Click()事件处理程序的代码，其他的事件处理程序的具体代码可参考完整范例。

```
01 private void btnView_Click(object sender, EventArgs e)
02 {
03    btnCopy.Enabled = true;
04    string path2 = @"D:\C#2022\Test";
05    string fnShow = "文件列表——<*.TXT>";
06    try
07    {
08       DirectoryInfo currentDir = new(path2);
09       FileInfo[] listFile = currentDir.GetFiles("*.txt*");
10       //输出文件的相关标题
11       string header = string.Format("{0,-18}{1,12}{2,15}"
12          , "文件名","文件长度", "修改日期");
13       string title = fnShow + Environment.NewLine +
14          header + Environment.NewLine;
15       txtShow.Text = title;
16       foreach (FileInfo getInfo in listFile)
17       {
18          txtShow.Text += $"{getInfo.Name, -20}" +
19             $"{getInfo.Length.ToString(), 12:N0}" +
20             $"{getInfo.LastWriteTime.ToShortDateString(), 18}"
21             + Environment.NewLine;
22       }
23    }
24    catch (Exception ex)
25    {
26       MessageBox.Show(ex.Message);
27    }
28 }
```

程序说明

- 第 08、09 行：创建 DirectoryInfo 对象获取文件路径，并调用 GetFiles()方法指定文件类型为文本文件，配合 FileInfo 对象存储文件的相关信息。
- 第 16~22 行：通过 foreach 循环读取文件对象 listFile，输出文件名，再通过 Length 属性获取文件的长度，通过 LastWriteTime 属性获取文件最后写入的时间。

15.2.3　使用 File 静态类

一般来说，File 类和 FileInfo 类的功能几乎相同。File 类提供了静态方法，所以不能使用 File 类来实例化对象，而是使用 FileInfo 类将对象实例化。表 15-10 所示为 File 静态类常用的方法。

表 15-10　File 静态类常用的方法

File 静态类常用的方法	执行的操作
AppendText()	将 UTF-8 编码文字附加到现有的文件或新文件（由 StreamWriter 创建的对象）
CreateText()	创建或打开编码方式为 UTF-8 的文本文件
Exists()	判断文件是否存在，若存在则返回 true
GetCreationTime()	DateTime 对象，返回文件产生的时间
OpenRead()	读取打开的文件
OpenText()	读取已打开的 UTF-8 编码的文本文件
OpenWrite()	写入打开的文件

要将数据写入文本文件，使用 StreamWriter 类创建写入器对象，配合 File 静态类或 FileInfo 类来写入一个文本文件。下面说明具体步骤。

步骤 01 创建 FileInfo 类的实体对象 fileIn，让它指向要写入的文本文件。

```
string path = @"D:\C#2022\Demo\Sample.txt";    //文件路径
FileInfo fileIn = new FileInfo(path);
```

步骤 02 选择要写入文件的方式，调用 CreateText()方法或 AppendText()方法，配合 StreamWriter 数据流对象打开文件。

File 静态类的 CreateText()和 AppendText()这两个方法的语法如下：

```
public static StreamWriter CreateText(string path);
public static StreamWriter AppendText(string path);
```

- path：要创建或打开的文件的路径。

使用静态方法 CreateText()创建或打开文件，如果文件不存在，就会创建一个新的文件；如果文件已经存在，则会覆写原有的文件（即清空原有的内容）。使用时通常会以 FileInfo 对象或者直接以 File 静态类调用 CreateText()方法，将指定的数据写入对象为 StreamWriter 的数据流对象。

```
StreamWriter sw = fileIn.CreateText();
StreamWriter sw = File.CreateText(path));
```

步骤 03 以数据流对象（在下面的示例语句中是 sw）来调用 Write()或 WriteLine()方法，将指定的数据写入。

```
sw.WriteLine("990025, 李小兰");   //sw是StreamWriter对象
```

步骤04 将数据流中的数据写入文件并清空缓冲区，然后关闭文件。

```
sw.Flush();   //清除缓冲区
sw.Close();   //关闭文件，释放资源
```

从文本文件读取数据时要使用 StreamReader 类，以数据流对象创建读取器，具体步骤如下。

步骤01 使用 FileInfo 类来创建实体对象 fileIn，让它指向要读取文本文件的路径。

```
string path = @"D:\C#2022\Demo\Sample.txt";   //文件路径
FileInfo fileIn = new FileInfo(path);
```

步骤02 选择要读取文件的方式，调用 OpenText()方法，配合 StreamReader 数据流对象读取文件内容。

使用 OpenText()方法打开已存在的文本文件，同样地，也是以参数 path 指定文件名。语法如下：

```
OpenText(path);
```

- path：要创建或要打开的文件的路径。

由于读取文件是以数据流方式来进行的，因此要有 StreamReader 类所创建的对象。使用时通常会以 FileInfo 对象或直接以 File 静态类调用 OpenText()方法将指定的数据加载到 StreamReader 数据流对象，示例程序语句如下：

```
StreamReader read = File.OpenText(path);
```

步骤03 调用 Read()或 ReadLine()方法读取指定的数据。

因为 Read()方法一次只读取一个字符，所以可以调用 Peek()方法来检查，读取完毕时返回“-1”，配合文本框显示内容。

```
while(true){
   char wd =(char) read.Read();
   if(read.Peek() == -1)
      break;//表示读取完毕，中断程序
   textBox1.Text += wd;
}
```

ReadLine()方法可以读取整行文字，不过读取这些内容时必须加入换行字符 "r\n\"，读取到数据末行时，可以用 null 来判断是否读取完毕。

```
while(true){
   string data = read.ReadLine();
    if(data == null)
      break;
```

```
        txtShow.Text += data + "\r\n";
    }
```

步骤 04 读取完毕，调用 Close()方法关闭文件，释放资源。

范例 Ex1503.csproj

（1）程序规划

调用静态类 File 的 CreateText()方法创建 Sample.txt 文件，调用 OpenText()方法打开文件并读取。

（2）窗体操作

步骤 01 单击“创建文件”按钮完成文件的创建后显示信息对话框，单击“确定”按钮即可关闭对话框，如图 15-10 所示。

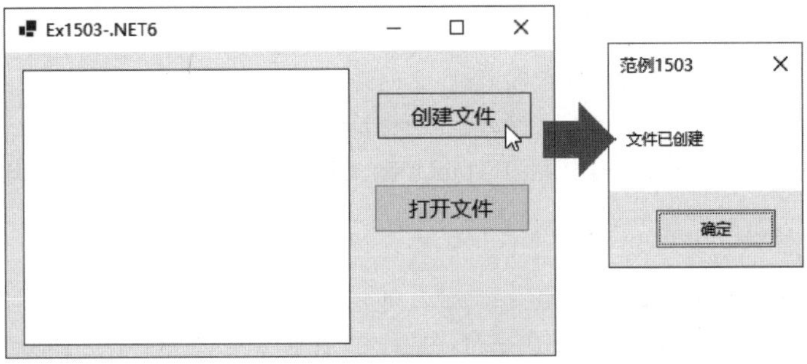

图 15-10　创建文件

步骤 02 单击“打开文件”按钮来加载刚刚创建的文件，如图 15-11 所示。

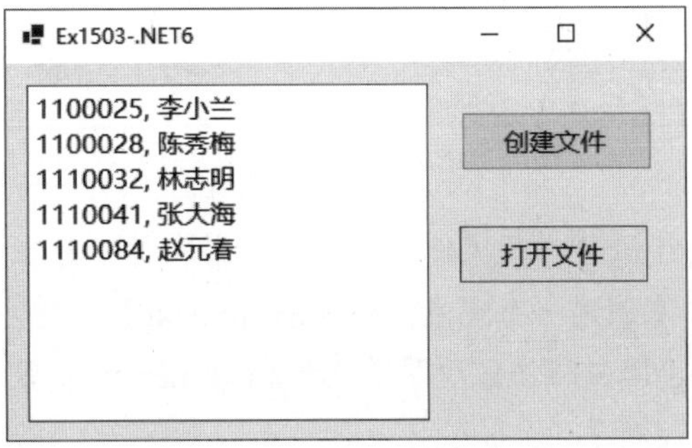

图 15-11　打开刚刚创建的文件

（3）控件属性设置和相关程序代码

步骤 01 创建 Windows 窗体项目，框架选择“.NET 6.0（长期支持）”。在窗体上加入如表 15-11 所示的控件并设置它们的属性值。

表 15-11　范例项目 Ex1503 使用的控件、属性及其属性值

控件	属性	属性值	控件	属性	属性值
Button1	btnCreate	创建文件	TextBox	txtShow	true
Button2	btnOpen	打开文件			

步骤 02 编写“创建文件”按钮对应的 btnCreate_Click()事件处理程序的代码。

```
01 using System.IO;
02 string path = @"D:\C#2022\Demo\Sample.txt";
03 private void btnCreate_Click(object sender, EventArgs e)
04 {
05   if (File.Exists(path) == false)
06   {
07     using StreamWriter note = File.CreateText(path);
08     //写入 4 笔记录
09     note.WriteLine("1100025, 李小兰");
10     note.WriteLine("1100028, 陈秀梅");
11     note.WriteLine("1110032, 林志明");
12     note.WriteLine("1110041, 张大海");
13     note.WriteLine("1110084, 赵元春");
14     note.Flush(); //清除缓冲区
15     note.Close(); //关闭文件
16     MessageBox.Show("文件已创建", "CH15");
17   }
18 }
```

步骤 03 编写“打开文件”按钮对应的 btnOpen_Click()事件处理程序的代码。

```
21 private void btnOpen_Click(object sender, EventArgs e)
22 {
23   StreamReader read = File.OpenText(path);
24   while (true)//返回下一个字符，直到-1 表示已读完
25   {
26     string data = read.ReadLine();
27     if (data == null)
28       break;
29     txtShow.Text += data + "\r\n";
30   }
31 }
```

程序说明

- 第 05~17 行：使用 if 语句判断文件是否存在，若文件不存在，则通过 StreamWriter 对象调用 CreateText()方法创建一个文本文件（Sample.txt）。
- 第 07~15 行：using 语句程序区块跟着 StreamWriter 对象写入数据，完成时会自动调用 Dispose()方法来释放资源。
- 第 23 行：以 StreamReader 对象调用 OpenText()方法来读取刚刚创建的 Sample.txt 文件。
- 第 24~30 行：使用 while 循环来读取文件内容，若返回 null 值，则表示读取完毕，将内容显示在文本框中。

15.3 标准数据流

System.IO 命名空间提供了从数据流读取编码字符及将编码字符写入数据流的相关类。通

常数据流是针对字节的输入输出所设计的。读取器和写入器类型会处理编码字符与字节之间的转换，让数据流能够完成操作，不同的读取器和写入器类都会有相关联的数据流。

.NET 把每个文件都视为串行化的"数据流"，处理对象包含字符、字节及二进制（Binary）等。System.IO 下的 Stream 类是所有数据流的抽象基类。Stream 类和它的派生类提供了不同类型的输入和输出。当数据以文件方式存储时，为了便于写入或读取，可以用 StreamWriter 或 StreamReader 来读取和写入各种格式的数据。BufferedStream 提供了缓冲数据流，以改善读取和写入的性能。FileStream 支持文件的打开操作。表 15-12 列出了这些数据流读取/写入的类及其说明。

表 15-12　数据流读取/写入的类及其说明

类名称	说明
BinaryReader	以二进制方式读取 Stream 类和基本数据类型
BinaryWriter	以二进制写入 Stream 类和基本数据类型
FileStream	可同步或异步来打开文件，使用 Seek 方法来随机存取文件
StreamReader	以自定义字节数据流的方式来读取 TextReader 的字符
StreamWriter	以自定义字节数据流的方式将字符写入 TextWriter
StringReader	读取 TextReader 实现的字符串
StringWriter	将实现的字符串写入 TextWriter
TextReader	StreamReader 和 StringReader 抽象基类，输出 Unicode 字符
TextWriter	StreamWriter 和 StringWriter 抽象基类，输入 Unicode 字符

TextReader 类是 StreamReader 和 StringReader 的抽象基类，用来读取数据流和字符串。而派生类能用来打开文本文件，以读取指定范围的字符，或者根据现有数据流创建读取器。TextWriter 类则是 StreamWriter 和 StringWriter 的抽象基类，用来将字符写入数据流和字符串。创建 TextWriter 的实例对象时，能将对象写入字符串，将字符串写入文件，或者将 XML 串行化。

15.3.1　FileStream 类

使用 FileStream 类能读取、写入、打开和关闭文件。使用标准数据流处理时，能将读取和写入操作指定为同步或异步。FileStream 类会缓冲处理输入和输出，以获取较佳的性能。其构造函数的语法如下：

```
public FileStream(string path, File mode,
   FileAccess access, FileShare share);
```

- path：要打开的文件所在的目录位置及文件名，为 String 类型。
- mode：指定文件模式，为 FileMode 常数，可参考表 15-7。
- access：指定文件的存取方式，为 FileAccess 常数。
- share：是否要将文件与其他文件共享，为 FileShare 常数，可参考表 15-8。

使用 FileStream 类，Seek()方法用于在指定目标位置进行搜索，也可以调用 Read()方法读取数据流，或者调用 Write()方法将数据流写入。常见的属性、方法及其说明可参照表 15-13。

表 15-13 FileStream 类的成员

FileStream 类的成员	说明
CanRead	当前获取的数据流是否支持读取
CanSeek	当前获取的数据流是否支持搜索
CanWrite	当前获取的数据流是否支持写入
Length	获取数据流的比特长度
Name	获取传递给 FileStream 的构造函数名称
Position	获取或设置当前数据流的位置
Close()	关闭数据流
Dispose()	释放数据流的所有资源
Finalize()	确认释出资源，于使用 FileStream 时执行其他清除操作
Flush()	清除数据流的所有缓冲区，并让数据全部写入文件系统
Read()	从数据流读取字节区块，并将数据写入指定缓冲区
ReadByte()	从文件读取一字节，并将读取位置前移一字节
Seek()	指定数据流位置来作为搜索的起点
SetLength()	设置这个数据流长度为指定数值
Write()	使用缓冲区，将字节区块写入这个数据流
WriteByte()	写入一字节到文件数据流的当前位置

调用 Seek()方法处理数据流的位置时，语法如下：

```
Seek(offset, origin);
```

- offset：搜索起点，以 Long 为数据类型。
- origin：搜索位置，为 SeekOrigin 参数，Begin 指定数据流的开端，Current 表示数据流的当前位置，End 表示数据流的结尾。

当我们创建数据流对象来写入或读取文件时会占用一些资源，完成文件的相关操作后会调用 Dispose()来释放这些属于 Unmanaged 的资源。为了让系统自动释放这些资源，可以使用 using 语句。

也就是通过 using 语句，让这些 Unmanaged 的资源自动实现 IDisposable 接口，让创建的数据流对象自动调用 Dispose()方法。在 using 程序段（或程序块）内，对象为只读且不可修改或重新赋值。回顾一下范例 Ex1503 的编写方法。

```
using StreamWriter note = File.CreateText(path);
note.WriteLine("1100025, 李小兰");
note.WriteLine("1100028, 陈秀梅");
note.WriteLine("1110032, 林志明");
note.WriteLine("1110041, 张大海");
note.WriteLine("1110084, 赵元春");
```

- C# 8.0 using 语句原有的一对大括号（形成程序区块），现在可以省略了。
- 完成写入的操作之后，数据流对象 note 会自动调用 Dispose()方法释放资源。

范例 Ex1504.csproj

（1）程序规划

以文本框为载体，查看二进制数据的写入和读取。

（2）窗体操作

执行程序加载窗体后，单击“读取位”按钮，每单击一次按钮就会有 5 个随机数值显示在文本框中，写入和输出是相同的数值，如图 15-12 所示。

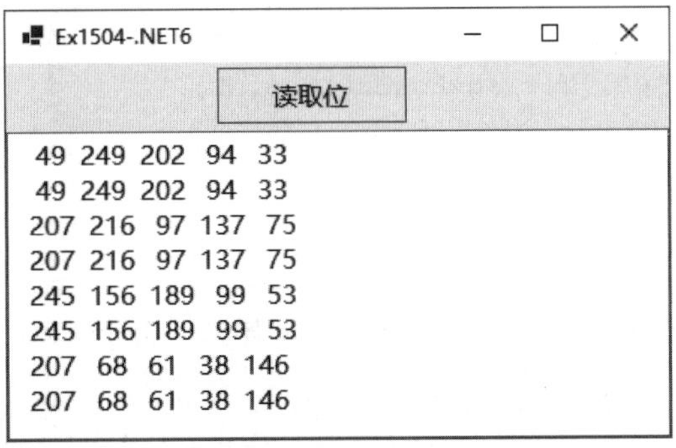

图 15-12　范例 Ex1504 的执行结果

（3）控件属性设置和相关程序代码

步骤 01 创建 Windows 窗体项目，框架选择“.NET 6.0（长期支持）”。在窗体上加入如表 15-14 所示的控件并设置它们的属性值。

表 15-14　范例 Ex1504 使用的控件、属性及其属性值

控件	属性	属性值	控件	属性	属性值
Button	Name	btnCreate	TextBox	Name	txtShow
	Text	读取位		Dock	Bottom

步骤 02 编写“读取位”按钮的 btnCreate_Click()事件处理程序的代码。

```
private void btnCreate_Click(object sender, EventArgs e)
{
   string path = @"D:\C#2022\Demo\Demo04.dat";
   Random rand = new();
   byte[] numbers = new byte[5];
   rand.NextBytes(numbers);
   FileStream outData = File.Create(path);
   try    //进行异常处理
   {
      using (BinaryWriter wr = new(outData))
      {
         //以位方式将数据写入文件
         foreach (byte item in numbers)
         {
            wr.Write(item);    //调用 Write()方法将值编码成字节
            txtShow.Text += $"{item, 5}";
         }
      }
```

```
19        txtShow.Text += Environment.NewLine;
20        byte[] dataInput = File.ReadAllBytes(path);
21        foreach (byte item in dataInput)
22        {
23           txtShow.Text += $"{item, 5}";
24        }
25        txtShow.Text += Environment.NewLine;
26     }
27     catch (IOException)
28     {
29        MessageBox.Show(txtShow.Text + "不存在",
30           "Ex1504", MessageBoxButtons.OK,
31           MessageBoxIcon.Error);
32     }
33  }
```

程序说明

- 第 03 行：设置要写入/读取数据的路径和文件名，由于是二进制数据，因此以“*.dat”为扩展名。
- 第 04~06 行：用 Random 产生 5 个随机数，使用 numbers 数组来存放。
- 第 07 行：调用 File.Create()方法创建新文件（若文件已存在，则会先把它删除），配合 FileStream 创建数据流对象来写入文件。
- 第 10~18 行：要写入数据时，先以 using 关键字建立范围，BinaryWriter 以 UTF-8 编码创建写入器以便写入二进制数据。
- 第 13~17 行：调用 Write()方法将 foreach 循环读取的随机数值写入。
- 第 20 行：声明一个数组来存放 ReadAllBytes()方法所读取的二进制数据，再通过 foreach 循环来输出数据。

15.3.2 StreamWriter 写入器

Stream 是所有数据流的抽象基类。以数据处理的观点来看，若是字节数据，则 FileStream 类比较适当。而 StreamWriter 写入器我们已经用了好几次，配合字符编码格式，将其写入纯文本或 RTF 格式数据。它的构造函数语法如下：

```
StreamWriter sw = new StreamWriter(stream, encoding);
StreamWriter sw = new StreamWriter(path, encoding);
```

- stream：以 Stream 类为数据流。
- path：要读取文件的完整路径，为 String 类型。
- encoding：要读取的数据流需指定编码方式，这些编码方式包含 UTF8、NASI、ASCII 等，以 Encoding 为类型。

StreamWriter 的常用成员及其说明可参考表 15-15。

表 15-15　StreamWriter 的常用成员

StreamWriter 的常用成员	说明
AutoFlush	调用 Write 方法后，是否要将缓冲区清除
Encoding	获取输入输出的 Encoding
NewLine	获取或设置当前 TextWriter 所使用的行终止符
Close()	数据写入 Stream 后关闭缓冲区
Flush()	数据写入 Stream 后清除缓冲区
Write()	将数据写到数据流，包含字符串、字符等
WriteLine()	将数据一行一行写入数据流

15.3.3　StreamReader 读取器

StreamReader 类用来读取数据流的数据，其默认编码为 UTF-8，而非 ANSI 代码页（Code Page）。若想处理多种编码，则必须在程序开头导入 using System.Text 命名空间。StreamReader 构造函数的语法如下：

```
StreamReader sr = new StreamReader(stream, encoding);
StreamReader sr = new StreamReader(path, encoding);
```

例如，读取一个编码为 ASCII 的文件。

```
StreamReader srASCII = New StreamReader("Test01.txt",
   System.Text.Encoding.ASCII);
```

StreamReader 通常会用 ReadLine()方法来逐行读取数据，用 Peek()方法来判断是否读到文件尾。StreamReader 的常用成员及其说明如表 15-16 所示。

表 15-16　StreamReader 的常用成员

StreamReader 的常用成员	说明
ReadToEnd()	从当前所在位置的字符读取到字符串结尾，并将其还原成单一字符串
Peek()	返回下一个可供使用的字符，−1 表示文件尾
Read()	从当前数据流读取下一个字符，并将当前位置往前移一个字符
ReadLine()	从当前数据流读取一行字符

范例 Ex1505.csproj

（1）程序规划

使用 File 静态类的 AppendText()来创建文件，调用 logFile()方法来获取特定文件的信息，然后写入文件，再调用 RecordLog()方法来读取记录文件的内容。

（2）窗体操作

执行程序加载窗体后，单击“写入数据”按钮来显示文件信息，如图 15-13 所示。

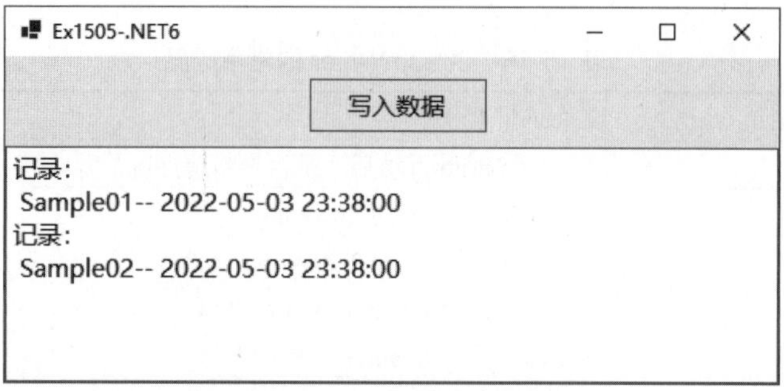

图 15-13　范例 Ex1505 的执行结果

（3）控件属性设置和相关程序代码

步骤 01 创建 Windows 窗体项目，框架选择“.NET 6.0（长期支持）”。在窗体上加入如表 15-17 所示的控件并设置它们的属性值。

表 15-17　范例项目 Ex1502 使用的控件、属性及其属性值

控件	属性	属性值	控件	属性	属性值
Button	Name	btnWrite	TextBox	Name	txtShow
	Text	写入数据		MultiLine	true

步骤 02 编写“写入数据”按钮对应的 btnWrite_Click()事件处理程序的代码。

```
private void btnWrite_Click(object sender, EventArgs e)
{
   txtShow.Clear();
   //AppendText：数据附加到文件末尾，文件不存在则会创建一个文件
   using (StreamWriter sw = File.AppendText
        (@"D:\C#2022\Demo\log.txt"))
   {
      logFile("Sample01", sw);
      logFile("Sample02", sw);
      sw.Flush(); //清除缓冲区的数据
      sw.Close(); //关闭文件
   }
   using (StreamReader sr = File.OpenText
        (@"D:\C#2022\Demo\log.txt"))
      RecordLog(sr);//调用 RecordLog()方法读取记录
}
```

步骤 03 编写 logFile()方法的程序代码。

```
private void logFile(string rdFile, TextWriter tw)
{
   string record = $"记录：{tw.NewLine} {rdFile}-- " +
      $"{DateTime.Now.ToLongDateString()} " +
      DateTime.Now.ToLongTimeString() + tw.NewLine;
   tw.WriteLine(record);
   txtShow.Text += record;
   tw.Flush(); //清除缓冲区的数据
}
```

程序说明

- 第 05~12 行：先以 using 语句建立数据流对象的使用范围再调用 AppendText()方法来指定路径和文件名并赋值给数据流对象。指定文件名后，调用 logFile()方法执行写入操作。
- 第 13~15 行：调用 File 静态类的 OpenText()方法来打开指定路径的文件，配合 StreamReader 的读取器对象调用 RecordLog()方法。
- 第 21~29 行：logFile()方法以文件名来获取时间和日期并记录。
- 第 23~26 行：将文件和获取的日期和时间使用 record 字符串对象存储后，再调用写入器 tw 的 WriteLine()方法将信息一行一行写入。

重点整理

- 数据流可分为两种：①输出数据流是把数据传到输出设备（如屏幕、磁盘等），②输入数据流是通过输入设备（如键盘、磁盘等）来读取数据。
- .NET 把每个文件视为串行化的“数据流”（Stream，串流），处理对象包含字符、字节以及二进制（Binary）等。System.IO 下的 Stream 类是所有数据流的抽象基类。StreamWriter 或 StreamReader 可用于读取和写入各种格式的数据。BufferedStream 提供缓冲数据流，以改善读取和写入的性能。FileStream 支持文件打开操作。
- FileSystemInfo 类与文件和目录有关，是一个抽象基类，派生类包含 DirectoryInfo 和 FileInfo 两个类。FileInfo 类与文件和目录有关，创建目录可直接使用 DirectoryInfo 子类。
- 静态类 Directory 提供了目录处理的能力，如创建、移动文件夹，具有静态方法可以直接使用。另一个类是 DirectoryInfo，若想对某一个目录进行维护操作，则需使用 DirectoryInfo 类来创建实例对象。
- FileInfo 类创建文件对象后，可调用 Create()方法创建文件，以 CopyTo()方法复制文件，而 Delete()方法则用于删除文件。
- FileInfo 类创建文件对象后，可调用 Open()方法打开文件，参数 mode 用于指定打开的模式，参数 access 用于指定文件的存取是 Read 或 Write，参数 share 则用于指定文件是否采用共享模式。
- System.IO 下的 Stream 类是所有数据流的抽象基类。Stream 类和它的派生类提供了不同类型的输入和输出，其中的 FileStream 能以同步或异步方式来打开文件，配合 Seek 方法能随机存取文件。
- StreamWriter 类用来写入纯文本数据，并且提供了字符编码格式的处理。
- StreamReader 类用来读取数据流的数据，其默认编码为 UTF-8，而非 ANSI 代码页（Code Page）。若想处理多种编码，则必须在程序开头导入 System.Text 命名空间。

课后习题

（一）填空题

1. FileSystemInfo 是一个抽象基类，其派生类有两个：①____________用于管理目录，②____________用于操作文件。

2. 查看文件最后一次的访问时间可通过 FileSystemInfo 类的____________属性，查看文件最后一次的写入时间则可以通过____________属性。

3. Directory 静态类要创建目录调用____________方法，删除指定的目录调用____________方法，获取指定目录的文件名则调用____________方法。

4. 要把目录移动到指定的位置，调用 Directory 静态类的 Move()方法，它的两个参数：①____________表示要移动的文件或目录的路径，②____________表示目标目录的路径。

5. FileInfo 类创建文件对象后，以 Open()方法打开文件，有三个参数：①____________指定打开模式，②____________指定文件存取方式，③____________指定文件共享模式。

6. 要获取当前文件的存放路径，可使用 FileInfo 类的____________属性；要获取存放文件的完整路径，则使用____________属性。

7. FileInfo 类创建文件对象后，判断要创建的文件存在与否，____________属性用于检测，调用____________方法创建文件，以____________方法复制文件，而____________方法则用于删除文件。

8. File 静态类以____________方法来创建文本文件，以____________方法来打开文件，以____________方法把内容附加到现有文件。

9. 使用数据流对象的读取器时，____________方法用于逐个读取字符，数据流对象的写入器调用____________方法可以把数据整行写入。

10. 使用 StreamWriter 写入器写入数据后，调用____________方法会清除缓冲区数据，再以____________方法关闭缓冲区。

（二）问答题与实践题

1. 请解释 using 语句的作用。

2. 使用两个文本框搜索目录或文件。由于没有使用按钮，因此利用第一个文本框的“KeyDown 事件”，在输入字符串按下 Enter 键之后列出指定位置的目录或文件。执行结果可参照图 15-14。

```
private void txtSerach_KeyDown(object sender, KeyEventArgs e)
{
  if (e.KeyCode == Keys.Enter){}
}
```

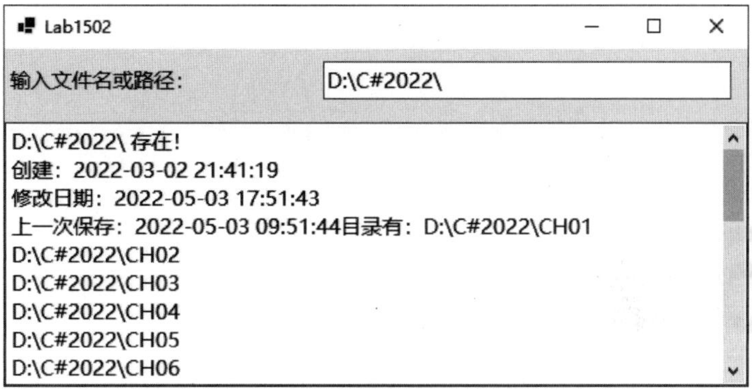

图 15-14　实践题 2 的执行结果

第 16 章

语言集成查询——LINQ

章节重点

- 学习 LINQ 之前，先了解什么是 LINQ。
- 根据建立 LINQ 的三个步骤来认识 LINQ 的基本语法。

16.1 LINQ 简介

LINQ（Language-Integrated Query，语言集成查询）是一种标准且容易学习的查询运算模式。传统上，数据查询以简单的字符串来表示，既不会在编译时进行类型检查，也不支持 IntelliSense 功能。不过，使用 LINQ 具有数据查询和语言集成的能力，所以使用 SQL 数据库、XML 文件、各种 Web 服务时，LINQ 将“查询”（Query）变成 C#和 Visual Basic 中第一级的语言架构，它的应用技术包含三种：

- LINQ to XML：将指定的 XML 文件转换成 IEnumerable<T>的类型对象，以便使用 LINQ 进行查询。
- LINQ to Entities：ADO.NET Entity Framework。
- LINQ to Objects：实现 IEnumerable 或 IEnumerable<T>接口，以标准的 LINQ 查询对集合对象执行查询操作。

16.1.1 LINQ 与 IEnumerable 接口

LINQ 统合了不同的数据源（即数据来源），让程序编写者在不同的领域和不同的开发环境都可以提取、操作不同的数据源的数据。

下面先来认识 LINQ 与 IEnumerable<T>接口的关系。IEnumerable<T>接口可以指定某个类型集合，以枚举值进行简单的迭代。IEnumerable<T>为集合中的基类接口，简单地说就是 IEnumerable 接口的泛型版本。它支持集合对象的枚举操作，配合 LINQ 技术获取数据，然后返回存储于实现 IEnumerable 接口的集合对象。因此，LINQ 能以 foreach 循环读取表项，包含查询结果中的各个表项；从另一个角度来看，可以把 IEnumerable<T>接口视为 LINQ 技术的核心，而它的方法成员是 LINQ 查询的基础。下面的示例以 IEnumerable<T>来查找字符串中的字符，其中调用了它的扩充方法 Where()，它的语法如下：

```
public static IEnumerable<TSource> Where<TSource>(
    this IEnumerable<TSource> source,
    Func<TSource, int, bool> predicate)
```

- source：筛选值或要测试的表项。
- Func<TSource, int, bool> predicate)：匿名函数可使用 Lambda 来表示，测试源表项是否符合条件。predicate 为源表项的下标，下标从 0 开始。

16.1.2 配合 Where()方法

一般而言，Where()方法就是从数据集中筛选出符合条件的数据。如何使用呢？下面通过范例 Ex1601 来进行整体了解：

范例 Ex1601.csproj

```
//参考范例 Ex1601
using System.Collections.Generic;//需引用的命名空间
using System.Linq;
byte[] Numbers = {0, 30, 20, 15, 45, 85, 40, 92};
IEnumerable<byte> searchNum =
    Numbers.Where((number, index) => number <= index * 10);
WriteLine("筛选值：");
foreach (byte number in searchNum)
{
    Console.Write($"{number}, ");//输出：0, 20, 15, 40
}
```

- number 为 Numbers 数组的元素，为筛选值，用于筛选出数组元素小于或等于其下标值乘以 10 的乘积的数组元素。
- 经由 predicate 找出的元素会以 IEnumerable<T>类型存储并以对象 searchNum 返回。

范例 Ex1602.csproj

以 List 创建字符串数组来实现 IEnumerable 接口，调用 Where()方法找出字符串中的第一个字母。范例 Ex1602 的执行结果如图 16-1 所示。

```
C:\WINDOWS\system32\cmd.exe                          —    □    ×
数组的内容：
Mary, John, Michelle, Pola, Emily, Tomas, Michael, Judy,
第一个字母为M的人名：
Mary, Michelle, Michael, _
```

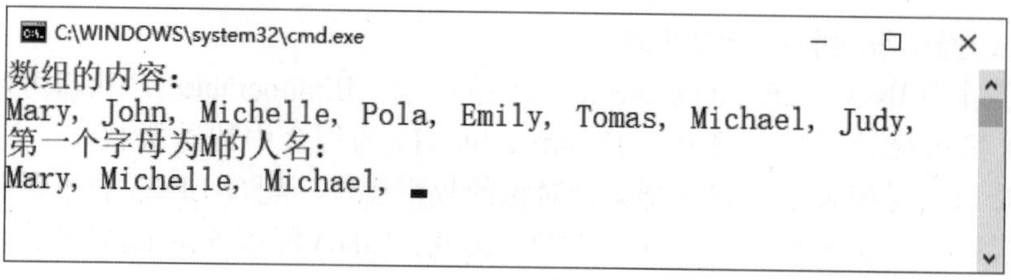

图 16-1　范例 Ex1602 的执行结果

步骤 01 创建控制台应用，框架选择 ".NET 6.0（长期支持）"。使用顶层语句，编写如下的程序代码。

```
01  //使用 IEnumerable<T>接口并调用 Where()扩充方法进行查询
02  List<string> Students = new List<string>
03          {"Mary", "John", "Michelle", "Pola",
04           "Emily", "Tomas", "Michael", "Judy"};
05  WriteLine("数组的内容: ");
06  foreach (string item in Students)
07    Write($"{item}, ");
08  WriteLine("\n 第一个字母为 M 的人名: ");
09  IEnumerable<string> enumName = Students.Where(student
10    => student.StartsWith("M"));
11  foreach (string item in enumName)
12    Write($"{item}, ");
13  ReadKey();
```

步骤 02 按 F5 键生成可执行程序，再执行程序。注意，程序执行完毕后，按任意键即可关闭程序窗口。

程序说明

- 第 02~04 行：创建字符串数组，以 List 实现 IEnumerable 接口。
- 第 06、07 行：通过 foreach 循环读取字符串数组的内容。
- 第 09、10 行：调用 IEnumerable<T>接口的 Where()方法来找出字符串中第一个字母为 M 的字符串（人名），其中的 "Where(student => student.StartsWith("M")" 为 Lambda 表达式。

LINQ 查询操作究竟如何执行的？分成 3 个步骤来执行，如图 16-2 所示。

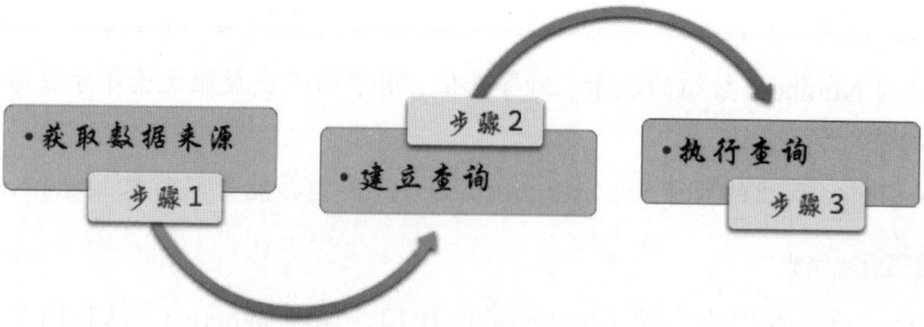

图 16-2　LINQ 查询操作的 3 个步骤

16.2　LINQ 的基本操作

通过 LINQ 查询的 3 个步骤来认识 LINQ 的基本操作，进而认识查询表达式究竟用来做什么，以及它与一般的 SQL 查询有什么不同。

16.2.1　获取数据源

在 LINQ 查询中，第 1 步是指定数据源。LINQ 技术提供一致的模型来获取各种源数据。除此之外，这里还需要“可查询类型”（Queryable Type），它必须支持 IEnumerable<T>或派生接口（例如泛型 IQueryable<T>）的类型。可查询类型不需要进行修改或特殊处理，就可以当成 LINQ 数据源。如果数据源中的数据还不是内存中的可查询类型，则 LINQ 提供者必须将它表示为可查询类型。

所以获取数据源的第 1 步，就是数据源是自定义的数组或者数据库，然后使用 from 子句引入数据源（如 students）和范围变量（如 stud）。

```
from 范围变量 in 数据源;
```

- 范围变量，代表源数据中的每个表项。
- 数据源中数据的类型必须是 IEnumerable 接口、泛型 IEnumerable<T>接口或其派生的类型。

下面的示例说明数据源要如何建立。

```
int[] Scores = {65, 78, 58, 63, 86, 72 };//1.数据源
var queryVariable = from score in Scores //2.建立查询
  select stud;
IEnumerable<int> QueryVariable = from score in Scores;
```

- 使用 var 关键字将查询变量 queryVariable 声明为隐式类型。
- from 子句之后的 score 是范围变量，而 Scores 则是数据源。
- 直接使用 IEnumerable<T>接口配合查询变量，指定 T 参数的类型，但它必须与数据源相同。

16.2.2　建立查询

使用 Visual C#编写时，可以使用“查询语法”或“方法语法”两种语法。比较好的处理方式是以“查询语法”为主，“方法语法”为辅，而在某些特殊情况下，可以将这两种方法混用。

LINQ 查询语法是以“查询表达式”（Query Expression）为主体，配合查询运算符。LINQ

标准查询运算符共有两组，其中一组适用于 IEnumerable<T>类型的对象，而另一组则适用于 IQueryable<T>类型的对象。不同的泛型有各自的方法，可调用它的静态成员。

使用查询表达式时可以指定一个或多个数据源，它使用类似 SQL 的语法以声明方式来建立查询，也可以让数据在返回之前加入群组来进行排序。查询会存储于查询变量中，并以查询表达式进行初始化。查询表达式必须以 from 子句开头，并以 select 或 group 子句结尾。完整的语法如下：

```
Ienumerable<T> query-expression-identifier =
   from identifier in expression   //①from 子句
   let identifier = expression      //②let 子句
   where boolean-expression        //③where 子句
   join type identifier in expression on   //④
        expression equals expression into identifier
   orderby ordering-clause ascending | descending //⑤
   group expression by expression into identifier //⑥
   select expression into identifier   //⑦select 子句
```

- query-expression-identifier：查询变量，可枚举的类型，它用于存储“查询”本身，而非查询的“结果”。
- from 和 select 子句为查询表达式的必要子句，其余为选项子句，可根据查询的需求来加入。
- ①from 子句前面已介绍过，以 from 来设置范围变量，in 关键字获取数据源。
- ②let 子句会将子表达式的结果用于后续子句，可参考 16.3.4 节。
- ③where 子句用来进行筛选，设置条件找出符合筛选条件的表项。
- ④join 子句用来产生联结。将 A 数据源的某个对象和 B 数据源的对象在关联之下共享其通用属性。
- ⑤、⑥orderby 子句和 group 子句，可参考 16.3.1 节。
- ⑦select 子句有投影（Projection）的作用，可参考 16.3.3 节。

简单的查询表达式会以三个基本子句：from、where 和 select 为主。from 子句指定数据源，where 子句运用筛选条件，而 select 子句则指定返回表项的类型。复杂的查询可以在第一个 from 子句和最后的 select 或 group 子句中间，根据需求列出一个或多个子句的 where、orderby、join、let 子句。使用 into 关键字可以让 join 或 group 子句的结果变成同一个查询表达式中其他查询子句的来源。将范例 Ex1602 中调用 Where()方法的方式改成查询表达式。

```
//原来是调用 Where()方法
IEnumerable<string> enumName = Students.Where(student
     => student.StartsWith("M"));
```

范例 Ex1603.csproj

将范例 Ex1602 中的 Lambda 表达式变成 where 子句。

```
//使用查询表达式，参考范例 Ex1603
IEnumerable<string> enumName = //enumName 查询变量
   from student in Students    //Students 数据源，原来的数组
```

```
    where student.StartsWith("M")     //范围变量 student
    select student;
```

- select 子句后面接的是范围变量，它会按照查询结果产生其类型。

另一个基本子句是 where，用来设置过滤条件，然后在查询表达式中返回结果。它会把范围变量以布尔值（Boolean）条件运用到每个数据源中的表项，并返回指定条件为 true 的表项。

```
var scoreQuery1 = //查询表达式以 var 关键字进行声明
          from score in Scores
          where score > 80
          select score;
IEnumerable<int> scoreQuery1 = //使用 Ienumerable<T>接口
          from score in Scores
          where score > 80
          select score;
```

- 表示利用 where 找出范围变量中大于 80 者。

where 子句调用的是 Enumerable 类的 Where()方法，16.1 节已介绍过。要注意的是，where 子句采用筛选机制。where 子句可以放置在查询表达式的多数位置，但不能放在第一个或最后一个子句中。where 子句会根据需要在数据源的数据表项完成分组之前或之后筛选数据表项（即 where 子句出现在 group 子句之前或之后）。

16.2.3 执行查询

查询变量本身只会存储查询命令，实际执行查询操作采用“延后执行”（Deferred Execution），使用 foreach 循环将查询结果逐一取出。

```
foreach (int ct in scoreQuery1)
{
   Console.Write(ct + " ");
}
```

Visual C#允许使用“方法语法”来编写 LINQ 查询。什么情况下会使用方法语法？通常是返回单个值，是查询中最后调用的方法。由于它并非泛型 IEnumerable<T>的集合对象，因此使用“强制立即查询”（Forcing Immediate Exception）可以快速返回结果。这些可引用的相关方法有：Sum()（总计）、Average()（平均值）、Count()（计数）、Max()（最大值）和 Min()（最小值）。

```
var scoreQuery1 =   //方法一
   (from score in Scores
   where score > 60
   select score).Count();
```

- 方法一是先将查询表达式以括号括住，再调用 Count()方法统计个数。

```
var scoreQuery1 =   //方法二
   from score in Scores
```

```
    where score > 60
    select score;
int scoreCount = scoreQuery1.Count();
```

- 方法二则是以其他变量来存储 Count()所取得的结果。

范例 Ex1604.csproj

通过控制台应用项目制作简单的LINQ查询。建立一个分数数组Scores为数据源，再以form设置数据源和范围变量 score，使用 where 找出范围变量中分数大于 60 者，再以 select 指定范围变量，最后以 foreach 循环来完成查询并输出结果。范例 Ex1604 的执行结果如图 16-3 所示。

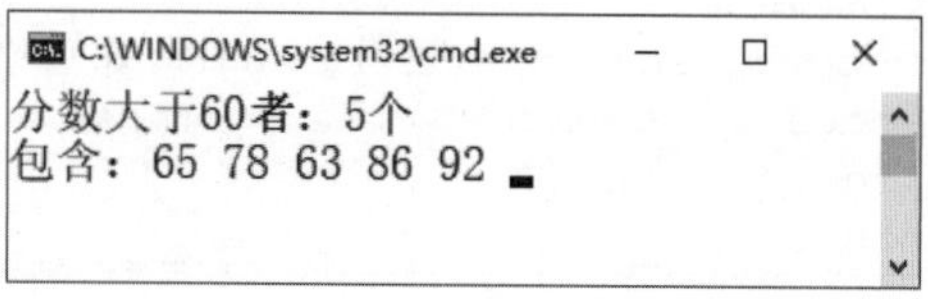
C:\WINDOWS\system32\cmd.exe
分数大于60者：5个
包含：65 78 63 86 92

图 16-3 范例 Ex1604 的执行结果

步骤 01 创建控制台应用项目，框架选择“.NET 6.0（长期支持）”。使用顶层语句，编写如下的程序代码。

```
01 int[] Scores = { 65, 78, 58, 63, 86, 92 };
02 //2.建立查询——LINQ 查询，范围变量 score，数据源 Scores
03 var scoreQuery1 =
04     from score in Scores
05     where score > 60
06     select score;
07 //调用 Count()方法找出有多少个
08 WriteLine($"分数大于 60 者：{scoreQuery1.Count()}个");
09 Write("包含：");
10 //3.执行查询，使用 foreach 循环读取查询变量 scoreQuery1
11 foreach (int ct in scoreQuery1)
12 {
13   Write(ct + " ");
14 }
```

步骤 02 按 F5 键生成可执行程序，再执行程序。注意，程序执行完毕后，按任意键即可关闭程序窗口。

程序说明

- 第 03~06 行：LINQ 查询语法，范围变量为 score，将查询结果存储在查询变量 scoreQuery1 中。
- 第 08 行：使用查询变量 scoreQuery1 调用 Count()方法来统计分数大于 60 者。
- 第 11~14 行：使用 foreach 循环读取查询变量 scoreQuery1 的结果并输出。

16.3　善用查询子句

对 LINQ 来说，查询能让它发挥最大的功能。下面一起来体验 LINQ 的魅力。

16.3.1　group 子句用于群组运算

group 子句会返回包含零个或多个符合群组的索引键值的 IGrouping<TKey, TElement>（有共同索引键的对象集合）对象序列。例如，求各科的平均分来产生分数序列。在此情况下，以某个平均分为索引键，它会存储在 Grouping<TKey, TElement>对象的 Key 属性中。编译器会推断索引键的类型。查询表达式结尾也可以加上 group 子句。复习一下它们的语法：

```
Ienumerable<T> query-expression-identifier =
   from identifier in expression
   . . .
   orderby ordering-clause ascending | descending //①
   group expression by expression into identifier //②
   select expression into identifier
```

- ①orderby 子句：配合查询运算符，将序列中的各个表项进行排序，默认是升序（ascending），若要改为降序排序，则要加入关键字 descending。
- ②group 子句：按查询操作进行分组。分组是将数据分成群组，好让每个群组中的表项都拥有共同属性。

简单的群组运算使用 group/by 子句，复杂的群组运算则使用 group/by/into 子句，运算后会返回 IGrouping<TKey, TElement>类型的对象。它代表对象集合中有共同的键值，也就是有共同的 key，通过此 key 才能辨识元素所属的群组。下面为 IGrouping<TKey, TElement>接口的语法：

```
public interface IGrouping<out TKey, out TElement>
   : IEnumerable<TElement>, IEnumerable
```

- TKey 为索引键，TElement 为值。

范例 CH1605 中这部分的示例代码如下：

```
var studentQuery =
  from student in students
  group student by student.Scores.Average() >= 85;
. . .
$"{(studentGroup.Key == true ? "高--" : "低--")}"
```

- 以 group/by 子句进行群组运算后，直接调用 studentGroup.Key 进行判断，大于或等于 85 分为一个群组，另一个群组则小于 85 分。

范例 Ex1605.csproj

使用 List 类来建立含有学生多科分数的数据源，LINQ 查询加入 group 子句，设置某个平均分为界限，再执行查询结果。范例 Ex1605 的执行结果如图 16-4 所示。

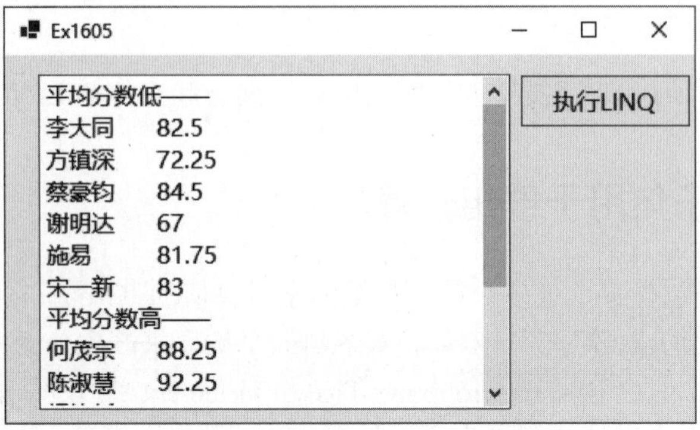

图 16-4 范例 Ex1605 的执行结果

步骤 01 创建 Windows 窗体应用，框架选择“.NET 6.0（长期支持）”。

步骤 02 在窗体上加入 Button(Name: btnSearch, Text: 执行 LINQ)和 TextBox(Name: txtShow, Multiline: true, ScrollBars: Vertical)。

步骤 03 依次选择菜单选项“项目→添加类”，把文件命名为 Student.cs，相关程序代码请参考完整的范例。

步骤 04 按 F7 键切换到程序代码编辑区，编写 Form1.cs 的程序代码。

```
public partial class Form1 : Form
{
   //使用 List 来创建 Student 列表作为数据源
   static List<Student> students = new List<Student>
   {
      new Student {Name = "李大同", ID = 111,
         Scores = new List<int> {97, 92, 81, 60}},
      //省略程序代码
   };
}
```

步骤 05 回到 Form1.cs[设计]页签，双击“执行 LINQ”按钮，编写 btnSearch_Click 事件处理程序的代码。

```
private void btnSearch_Click(object sender, EventArgs e)
{
   string result = String.Empty;
   var studentQuery =
      from student in students
      //以降序排序
      /*orderby student.Scores.Average() descending*/
      group student by student.Scores.Average() >= 85;
   foreach (var studentGroup in studentQuery)
   {
      //使用三元运算符? :来判断 Key 值
      result += "平均分数" +
```

```
23            $"{(studentGroup.Key == true ? "高--" : "低--")}"
24            + Environment.NewLine;
25         //根据平均分 85 为分界，输出学生名称和平均分
26         foreach (var student in studentGroup)
27         {
28            result += student.Name + "\t" +
29               student.Scores.Average(score =>
30               Convert.ToDouble(score)) + //Lambda 表达式
31               Environment.NewLine;
32         }
33      }
34      txtShow.Text += result;//以文本框输出
35   }
```

步骤 06 按 F5 键生成可执行程序，再执行程序。注意，程序执行完毕后，按任意键即可关闭程序窗口。

程序说明

- 第 11~35 行：单击按钮所触发的事件处理，它会执行 LINQ 查询并在文本框上显示查询结果。
- 第 14~18 行：建立 LINQ 查询，找出学生的平均分大于 85 者。调用 Average()方法来计算各科的平均分，设置某个平均值为 Key 值，然后 group 子句按此 Key 值将范围变量 student 组成两个群组。
- 第 19~33 行：第一层 foreach 循环读取查询，以 85 平均分为分界，高于 85 者放入“平均分数高——”中。先以 group 子句设置 Key 值，配合“?:”运算符来获取范围变量。
- 第 26~32 行：第二层 foreach 循环根据 group 子句的 Key 值，将存储于查询变量的范围变量分成两个群组来输出。

16.3.2 排序用 Orderby 子句

orderby 子句会按照某个设置值按升序或降序进行排序，可以指定多个索引键，以执行一个或多个排序操作。它的语法如下：

```
public static IOrderedEnumerable<TSource>
   OrderBy<TSource, TKey>(
      this IEnumerable<TSource> source,
      Func<TSource, TKey> keySelector)
```

- source：要排序的值序列。
- keySelector：以函数指定类型来作为排序的根据。

排序时由函数以默认比较器（Comparer）执行排序操作，升序为默认排序。例如，根据各科的成绩进行排序。如图 16-5 所示为把查询结果按降序排序。

```
var studentQuery =
    from student in students
    //orderby 按各科平均分进行排序
```

```
    orderby student.Scores.Average()//默认为升序排序
    group student by student.Scores.Average() >= 85;
orderby student.Scores.Average()descending; //降序排序
```

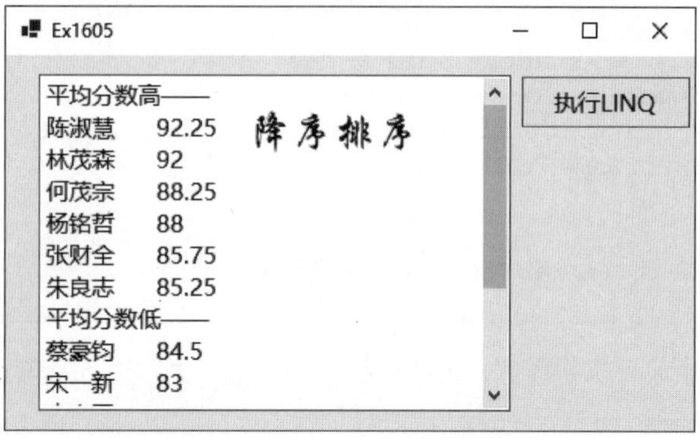

图 16-5 把查询结果按降序排序

16.3.3 select 子句的投影作用

查询表达式中简单的 select 子句只会产生与数据源中对象相同的对象序列。但查询中加入 orderby 子句之后，select 子句会将筛选得到的表项重新进行排序。将数据源中的数据转换成新类型的序列就被称为“投影”。使用 select 子句时，它会调用 Enumerable 类的 Select<TSource, TResult>方法，它的语法如下：

```
public static IEnumerable<TResult>
      Select<TSource, TResult>(
   this IEnumerable<TSource> source,
   Func<TSource, TResult> selector)
```

- source：使用 this 来表示它是一个以 IEnumerable 类型设计的扩充方法，source 表示调用转换函数的值序列。
- selector：以泛型委托来表示它下一个匿名类型，使用转换函数运用于每个表项。

范例 Ex1606.csproj

使用 select 子句提取部分字符串。范例 Ex1606 的执行结果如图 16-6 所示。

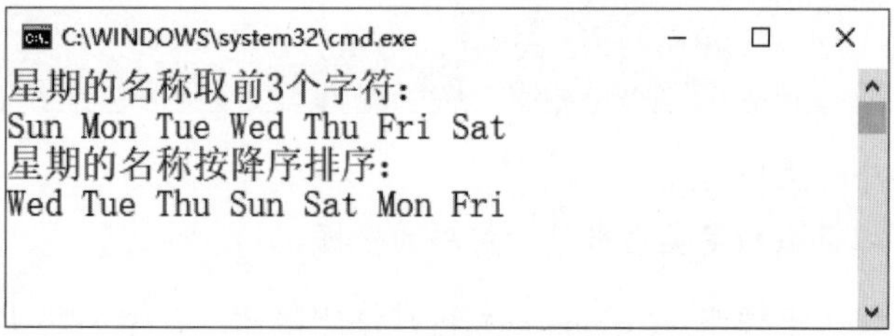

图 16-6 范例 Ex1606 的执行结果

步骤 01 创建控制台应用，框架选择“.NET 6.0（长期支持）”。使用顶层语句，编写如下的程序代码。

```
01 string[] Weeks = {"Sunday", "Monday", "Tuesday",
02          "Wednesday", "Thursday", "Friday", "Saturday"};
03 //查询表达式——获取字符串的前 3 个字符
04 var weekName =
05    from week in Weeks
06    select week.Substring(0, 3);
07 WriteLine("星期的名称取前 3 个字符: ");
08 foreach (string item in weekName)
09    Console.Write($"{item} ");
10 //查询二: 将获取的名称进行降序排序
11 var weekNameQuery =
12    from week in weekName
13    orderby week descending
14    select week;
15 WriteLine("\n 星期名称按降序排序: ");
16 foreach (string item in weekNameQuery)
17    Console.Write($"{item} ");
```

步骤 02 按 F5 键生成可执行程序，再执行程序。注意，程序执行完毕后，按任意键即可关闭程序窗口。

程序说明

- 第 06、14 行：select 子句在第一个查询中获取序列表项的输出；第二个查询加入 orderby 子句，将查询得到的表项重新排序。
- 第 06 行：查询表达式，调用 Substring()方法来获取星期名称的前 3 个字符。
- 第 11~14 行：第二个查询将获取星期的前 3 个字符按降序排序的结果并输出。

16.3.4 LINQ to Object

LINQ to Object 主要是以 LINQ 来查询对象。在前面的章节探讨 LINQ 查询表达式时，就是以 LINQ to Object 为讨论范围。它的范围很广泛，可能是字符串、数组、文件。同样，它要实现 IEnumerable 或 IEnumerable<T>接口。

在查询表达式中，若要将子表达式的结果用于后续子句，可加入 let 子句。它会建立新的范围变量，并使用提供的表达式结果来初始化这个范围变量。范例 EX1607 要将文件根据特定字符来分割，let 子句可以用来改变 from 子句已设置好的范围变量，让后续的表达式可以根据新的范围变量进行初始化。不过要注意的是，一旦进行初始化，范围变量的值就不能再变更。不过，如果范围变量保留的是可查询的类型，那么还是可以对它进行查询。

```
var splitQuery = from data in Sample
           let word = data.Split(',');
```

- 使用 let 子句后，范围变量由 data 变更为 word。

此外，使用 group 子句建立群组操作。如果要进一步指定群组更细节的表项，则可配合 into 内容关键字建立可供查询的暂时标识符。最后，以 select 子句或其他 group 子句结束查询。

```
var splitQuery = from data in Sample
      let word = data.Split(',')
      group data by word[2][0] into sysgroup;
```

- into 内容关键字指定的 sysgroup，表示范围变更会把第三组字符串的第一个字符设为 Key 值来执行查询。

范例 Ex1607.csproj

根据一个 UTF-8 格式的文本文件中“系”的第一个字符来分割文件内容。范例 Ex1607 的执行结果如图 16-7 所示。

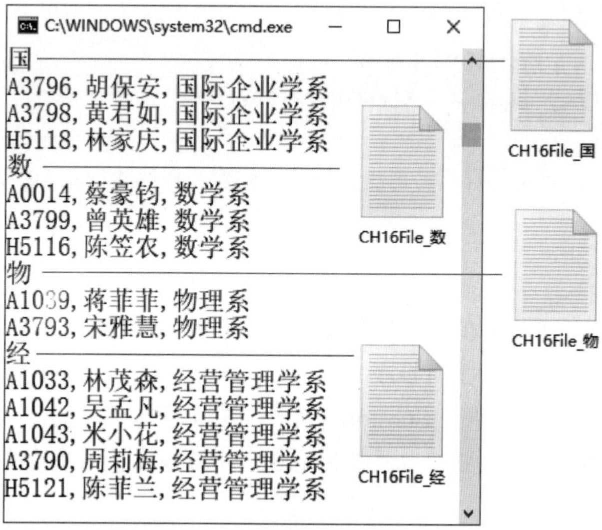

图 16-7　范例 Ex1607 的执行结果

步骤 01 创建控制台应用，框架选择“.NET 6.0（长期支持）”。使用顶层语句，编写如下的程序代码。

```
//调用 ReadAllLines()方法读取全部内容
string[] Sample = File.ReadAllLines(
   @"D:\C#2022\Demo\Sample02.txt");
//设置 LINQ 查询——按文件的逗号来标识字符串
var splitQuery = from data in Sample
      //let 子句将范围变量变更为 word
      let word = data.Split(',')
      //把第 3 组字符串的第一个字符作为群组 Key 值
      group data by word[2][0] into sysgroup
      //按 group 子句的 Key 值进行升序排序
      orderby sysgroup.Key
      select sysgroup;
//根据 group 子句设置的 Key 属性来创建新的文件
foreach (var sys in splitQuery)
{
   //按设置值来创建文本文件
   string fileName = @"D:\C#2022\Demo\" +
      $"CH16File_{sys.Key}.txt";
   WriteLine(sys.Key);
```

```
20     //创建写入器
21     using StreamWriter sw = new(fileName);
22     foreach (var item in sys)
23     {
24        sw.WriteLine(item);//以整行方式写入
25        WriteLine($"{item}");
26     }
27 }
```

步骤02 按 F5 键生成可执行程序，再执行程序。注意，程序执行完毕后，按任意键即可关闭程序窗口。

程序说明

- 第 02、03 行：File 静态类直接调用 ReadAllLines()方法来读入指定路径的文件名并存放到 Sample 数组中。
- 第 05~12 行：建立 LINQ 查询。let 子句调用 Split()方法，将原有的范围变量 data 指定“逗号”作为分割符，而重新赋值 word 为新的范围变量；group 子句按此 word 范围将第三组字符串设为 Key 值，orderby 也使用此值作为升序排序的根据。
- 第 14~27 行：执行查询时，第一层 foreach 循环按群组的 Key 值创建文件。
- 第 21~26 行：using 语句创建写入器的资源范围，再以 foreach 循环将整行写入文件。

重点整理

- LINQ 将“查询”（Query）变成 C#和 Visual Basic 中第一级的语言架构。它的应用技术包含三种：①LINQ to XML：用于 XML 文件的查询技术；②LINQ to Entities：ADO.NET Entity Framework；③LINQ to Objects：可以实现 IEnumerable 或 IEnumerable<T>接口的集合。
- LINQ 查询操作包含 3 个步骤：第 1 步是指定数据源，第 2 步是使用查询变更来存储建立的查询结果，第 3 步是执行查询。
- 由于查询变量本身只会存储查询命令，因此实际执行查询操作采用“延后执行”（Deferred Execution），使用 foreach 循环将查询结果逐一取出。
- 使用 from 子句引入数据源和“范围变量”（Range Variable），where 子句用来设置筛选条件，然后在查询表达式中返回查询结果。
- orderby 子句会将某个设置值按升序或降序排序。group 子句会返回包含零个或多个符合群组索引键值的 IGrouping<TKey, TElement>（有共同索引键的对象集合）对象序列。

课后习题

（一）选择题

1. LINQ 的标准查询运算符，（　　）子句用来设置数据源？
   A. select 子句　　B. where 子句　　C. group 子句　　D. from 子句
2. LINQ 的标准查询运算符，（　　）子句用来设置筛选条件？
   A. select 子句　　B. where 子句　　C. group 子句　　D. from 子句
3. LINQ 的标准查询运算符，（　　）子句用来设置群组？
   A. select 子句　　B. where 子句　　C. group 子句　　D. from 子句
4. LINQ 的标准查询运算符，（　　）子句用来设置排序的依据？
   A. select 子句　　B. where 子句　　C. group 子句　　D. from 子句
5. LINQ 的标准查询运算符，（　　）子句可以变更范围变量并重设？
   A. select 子句　　B where 子句　　C. group 子句　　D. from 子句

（二）问答题与实践题

LINQ 技术应用包含哪三项，请简单说明。

课后习题解答

第 1 章

（一）填空题

1. 以.NET Framework 为核心架构的 Visual Studio 2019，目前版本是 4.8，Visual C#版本则是 8.0。

2. 公共语言运行库的简称是 CLR，经过其编译的程序代码被称为托管代码（Managed Code）。

3. 列举三个可以使用.NET 框架的程序设计语言：①Visual Basic、②Visual C#、③Visual C++。

4. 请说明 Visual Studio 2022 集成开发环境中各个组成部分的作用，参考图 1-52：

①菜单栏，②工具栏，③工具箱，④页签，⑤解决方案资源管理器，⑥属性。

5. 在 Visual Studio 2022 集成开发环境中间的工作区（即主窗口区），如果项目为控制台应用程序，就会直接进入程序代码编辑区；如果项目为 Windows 窗体应用程序，则会以窗体为主，加入控件之后，我们需要对相关事件编写响应事件的程序代码。

6. 填写“属性”窗口的各个组成部分的名称（参考图 1-53）：①对象下拉菜单，②工具栏，③属性，④属性值，⑤说明。

（二）问答题与实践题

1. Visual Studio 2022 包含哪些版本，请简单说明。

答：

Visual Studio Enterprise 2022：企业版，适用于企业组织团队开发。

Visual Studio Professional 2022：专业版，适用于小型团队的专业开发人员。

Visual Studio Community 2022：社区版，它是一个完全免费、功能完整的集成开发环境软件，适合初学者。

2. 根据 Visual Studio 2022 提供的 C#项目模板，说明控制台应用程序有哪三种？

（1）控制台应用程序，所有平台（即跨平台），框架为“.NET 5.0”。

（2）控制台应用程序，跨平台，框架为“.NET 6.0”。

（3）控制台应用程序（.NET Framework），只适用于 Windows 平台，框架为“.NET Framework 4.8”。

3. 简单说明解决方案和项目的不同。

答：

解决方案的扩展名是“*.sln”，项目的扩展名是“*.csproj”，Visual Studio 2022 使用解决方案机制来管理多个项目。简单的应用程序可能只需要一个项目，更为复杂的应用程序则需要多个项目才能组成一个完整的解决方案。

第 2 章

（一）填空题

1. 在 Visual C#项目模块中，只有文字的是控制台应用程序，程序的主入口点是指 Main()主程序。

2. Visual Studio 2022 提供的 C#项目模板有两种：其中的控制台应用程序能跨平台，框架是.NET 5.0 或.NET 6.0。

3. 传统的控制台应用有哪三个程序区块？①自定义命名空间 namespace、②类 class 和③主程序 Main。

4. 导入.NET 类库的命名空间使用关键字 using，自定义命名空间使用关键字 namespace 开头，导入静态类使用 using static 语句。

5. 为了提高程序的可维护性和易阅读性，Visual C#使用 // 进行单行注释；多行注释则由 /* 开始其注释， */ 结束注释内容。

6. 顶层语句是 C# 10.0 的新语法。

（二）问答题与实践题

1. 若一个解决方案下有多个项目，如何设置启动项目，请简单列举两种方式。

答：①在项目名称上右击，在弹出的快捷菜单中选择“设为启动项目”选项；②使用“解决方案资源管理器”，在解决方案名称上右击，在弹出的快捷菜单中选择“设为启动项目”选项。

2. 执行程序时，按 F5 键或者按 Ctrl + F5 组合键有何不同？

答：按 F5 键让程序“开始调试”，若程序有错误，则执行会中断。如果程序无错误，那么虽然会弹出控制台窗口，但是我们可能还没看清楚运行结果就会一闪而过。为了让画面暂停，可以在主程序 Main()末端加入“Console.ReadKey();”语句。

按 Ctrl + F5 组合键，程序运行结束就会暂停，同时不会启动调试模式。

3. 在控制台应用程序中，请说明使用 Read()、ReadLine()、Write()、WriteLine()方法的不同。

答：

- Write()和 WriteLine()方法之间最大的差别是，Write()方法输出字符后执行换行操作，也就是插入点依然停留在原行，但是 WriteLine()方法输出字符后会把插入点移向下一行的最前端。
- Read()方法：从标准输入数据流读取下一个字符。
- ReadKey()方法：获取用户按下的下一个字符或功能键，按键值会返回控制台窗口。
- ReadLine()方法：读取用户输入的一连串字符，为了读取这串字符，也可以通过变量存储这个字符串。

第 3 章

（一）填空题

1. 在 C#语言中，根据数据存储在内存中的情况，分成两种类型：①实值类型和②引用类型。

2. 在数据类型中，无符号的整数类型有：①byte、②ushort、③unit、④ulong。

3. typeof 运算符获取 System.Type 类型的实例，sizeof 运算符获取某个数据类型所占的内存空间，GetType()方法返回数据类型。

4. 声明变量时，default 运算符有两种用法：①默认值表达式和②默认常值。

5. 有一个数值为 7894562，以 int 数据类型配合下画线字符要如何表示？int number = 7_894_562;。

6. float 类型的后置字符以 f 或 F 表示，long 类型的后置字符以 l 或 L 表示，decimal 类型的后置字符以 m 或 M 表示。

7. 声明常数以关键字 const 开头，并且要赋予初值。

8. 声明枚举以关键字 enum 开头，默认的数据类型为 int。此外，也可使用 byte、short、long 的数据类型。

9. 隐式类型转换是指程序在运行过程中，系统会根据数据的作用自动转换为另一种数据类型。

10. 数据类型进行转换时，扩展转换从小空间转换成大空间，如 byte 类型转换成 long 类型；缩小转换从大空间转换成小空间，如 decimal 类型转换成 int 类型。

11. 使用 Convert 进行数据类型转换时，若要把数据转换为 int 类型，则要使用 ToInt32()；若要把数据转换为 float 类型，则要使用 ToSingle()。

12. 逻辑运算符 && 必须两边表达式为 true 才会返回 true；逻辑运算符 || 只要有一边表达式为 true 就会返回 true。

（二）问答题与实践题

1. 请说明标识符的命名规则。

答：

- 不可以使用 C#关键字来命名。
- 名称的第一个字符使用英文字母或下画线“_”字符。
- 名称中的其他字符可以包含英文字符、数字和下画线。
- 名称的长度不可以超过 1023 个字符。
- 尽可能少用单个字符来命名，这样会增加阅读的难度。

2. 使用变量时要有哪些基本属性？请简单说明。

答：

变量的基本属性有：名称（Name）、数据类型（DataType）、内存地址（Address）、值（Value）、生命周期（Lifetime）、作用域（Scope）。

3. 将输入的厘米换算成英尺和英寸，“1 inch = 2.54cm”声明为常数，并用 Convert 类对输入值进行数据类型转换。

答：实践题参考本书范例程序下载文件夹“...\C#2022\各章节课后实践题参考范例程序\CH03\Lab0303”。

4. 定义一个以一周天数为主的枚举常数类型，输出以下结果：

```
Mon = 周 1
Tue = 周 2
...
Sun = 周 7
```

答：实践题参考“...\C#2022\各章节课后实践题参考范例程序\CH03\Lab0304”。

5. 参考范例 Ex0309 的方法，将输入的磅数转换为千克值，以 Parse()方法进行转换，将原有的 Program.cs 文件更名为 CalcKgs.cs。

答：实践题参考“...\C#2022\各章节课后实践题参考范例程序\CH03\Lab0305”。

第 4 章

（一）填空题

1. 请说明 UML 活动图中这些图标的作用：⦿<u>结束点</u>、◇<u>决策</u>、▢<u>活动</u>。
2. 流程控制共有三种：①<u>顺序结构</u>、②<u>选择结构</u>、③<u>循环结构（或重复结构）</u>。
3. 下列语句执行后会输出 <u>Passed</u>。

```
int num1 = 55, num2 = 80;
Console.WriteLine(num1 > num2 ? "Passed" : "Failed");
```

4. 将下列 if-else 语句用三目条件运算符改写：<u>Console.WriteLine(score > number ? "Passed" : "Failed");</u>。

```
int score = 75;
if(score >= 60)
  Console.WriteLine("Passed");
else
  Console.WriteLine("Failed");
```

5. 请填入以下语句中的关键字：①<u>case</u>、②<u>break</u>、③<u>default</u>。

```
switch(表达式)
{
  ①值 1:
    程序区块 1;
    ②;
...
  ③://上述值都不匹配
    程序区块 n+1;
    break;
}
```

6. 请说明下列 for 循环语句中的标号各代表的意义：①计数器初始化变量、②控制循环执行的次数、③每循环一次就递增 1。

7. do-while 循环进入程序区块后会先执行语句，再执行条件表达式的运算。

8. 在下列 while 循环中，请指出①计数器 counter，②条件运算 counter <= 10，③控制运算 counter++。

```
int counter = 1, sum = 0;
while(counter <=10)
{
   sum += counter;
   counter++;
}
```

（二）问答题与实践题（新建解决方案并加入下列 5 个项目，框架选择“.NET 6.0（长期支持）”）

1. 将范例 Ex0405.csproj 改为 if-else-if 语句。
2. 使用 switch-case 语句输出如图 4-30 所示的结果。
3. 使用 for 循环输出如图 4-31 所示的结果。
4. 将上面的实践题 2 加以改进，让程序可以重复执行。
5. 使用双重 for 循环输出如图 4-32 所示的星形图案。

答：实践题参考“...\C#2022\各章节课后实践题参考范例程序\CH04\Lab0401、Lab0402、Lab0403、Lab0404、Lab0405”。

第 5 章

（一）填空题

1. 创建数组的三个步骤：①声明数组变量，②分配内存，③设置数组初值。
2. 根据下列语句填入数组元素。

```
int[] score = new int[] {56, 78, 32, 65, 43};
```

score[1] = 78，score[2] = 32，score.Length = 5。

3. 存取数组元素：以 foreach 循环，它会按照数组的顺序；for 循环也用于存取数组元素，但必须要获取数组的长度。

4. 升序就是将数值从小到大排序。Array 类提供了 Sort()方法进行排序；Reverse()方法会把数组元素反转；要获取数组长度，使用 Length 属性。

5. 复制数组时，Array 类的 CopyTo()方法会将源数组的元素全部复制到目标数组。若指定要复制的元素，则可以调用静态方法 Copy()。

6. 声明一个二维数组如下：

```
int[,] num = {{11, 12, 13}, {21, 22, 23}, {31, 32, 33}};
```

它是一个 3×3 的数组，num[0,1] = 12，属性 Rank:2，属性 Length：9，GetLength(1)：3。

7. 下列语句属于哪种数组结构？不规则数组又称数组中的数组或锯齿数组。

```
int[][,] number = new int[2][,]
{
   new int[,] { {11,23}, {25,27} {32, 65}},
   new int[,] { {22,29}, {14,67} }
};
```

8. 写出下列转义字符序列的作用：①\t Tab 键；②\n 换行；③\" 双引号，④\r 回车字符。

9. 声明字符串时，若“string word = String.Empty;”，则变量 word 是空字符串，而 Empty 为 String 类的字段，状态为只读。

10. 将下列语句用 String 类的构造函数来表达：

```
Console.WriteLine("*************");
```

```
String sign = new String('*', 12);
Console.WriteLine(sign);
```

11. 请写出下列字符串属性的作用：①Chars 获取字符串中指定的字符，②Length 获取字符串长度。

12. 在字符串中插入字符串调用 Insert()方法，以新字符串替换旧字符串则可调用 Replace()方法，分割字符串可调用 Split()方法。

13. 根据字意，请填入这些查找字符串的方法：①IndexOf()：匹配指定字符串第一次出现的下标编号；②LastIndexOf()：匹配指定字符串最后一次出现的下标编号；③StartsWith()：判断此字符串的开头是否匹配指定的字符串；④EndsWith()：判断此字符串的结尾是否匹配指定的字符串。

14. 创建 StringBuilder 对象后，尚未存放字符串前，它的 Capacity 默认是 16 个字符；调用 Append()方法附加 10 个字符，它的 Capacity 是 16 个字符，Length 是 10。

15. 从 StringBuilder 对象删除指定的字符要调用 Remove()方法，将 StringBuilder 对象转换成 String 对象要调用 ToString()方法。

（二）问答题与实践题

1. 请分别用 for 和 foreach 循环来读取下列数组元素，并说明两者有何不同？创建的数组如下：

```
string[] name = {"One", "Two", "Three", "Four", "Five"};
```

答：

```
string[] name = { "One", "Two", "Three", "Four", "Five" };
int len = name.Length; // 使用 Length 属性获取数组的长度
//循环需获取数组的长度才能输出数组元素
for (int k = 0; k < len; k++)
```

```
    Console.Write($"{name[k], -6}");
Console.WriteLine();
//使用 foreach 循环直接读取数组的元素
foreach (string item in name)
    Console.Write($"{item, -6}");
```

2. 有一个数组“int[] number = {21, 271, 148, 125, 43 };”，请找出它的最大值。

```
    int[] number = { 21, 271, 148, 125, 43 };
```

答：实践题参考“…\C#2022\各章节课后实践题参考范例程序\CH05\Lab0502”。

3. 读取以下二维数组并输出如图 5-22 所示的执行结果。

```
int[,] number = {{96, 64, 533}, {125, 617, 39},
                {38, 214, 385}, {43, 169, 81} };
```

答：实践题参考“…\C#2022\各章节课后实践题参考范例程序\CH05\Lab0503”。

4. 有一个不规则数组，声明如下，编写程序代码并输出如图 5-26 所示的执行结果。

```
int[][,] number = new int[3][,]
{
   new int[,] { {141, 231}, {25, 427} },
   new int[,] { {82,  29}, {314, 67}, {18, 47} },
   new int[,] { {513, 62}, {99, 88}, {20, 269} }
};
```

答：实践题参考“…\C#2022\各章节课后实践题参考范例程序\CH05\Lab0504”。

5. String 和 StringBuilder 类在使用上有什么不同，请简单说明。

答：字符串的变动性：如果不需要经常更改字符串的内容，就以 String 类为主；若要经常更改字符串内容，则用 StringBuilder 比较好。

使用字符串常值，或者创建字符串后要进行大量查找，使用 String 类比较好。

第 6 章

（一）填空题

1. 面向对象程序设计的三个特性：<u>封装</u>、<u>继承</u>、<u>多态</u>。

2. 类由类成员组成，包含：①<u>字段</u>、②<u>属性</u>、③<u>方法</u>、④<u>事件</u>。

3. 定义类以关键字 <u>class</u> 创建后，必须以 <u>new</u> 运算符实例化对象，经过实例化的对象，称为<u>实例</u>。

4. 访问权限修饰词中声明为公有的，使用关键字 <u>public</u>；只适用于所定义的类，要用关键字 <u>private</u>。

5. 定义方法时，要返回运算结果使用 <u>return</u> 语句；若无任何返回值，则数据类型以关键字 <u>void</u> 取代。

6. 请填写类中公有属性的语句。

```
class Person
{
   private string _name;    //私有字段
   //加入公有属性的程序代码
   public string Name
   {
      get { return name };
      set { name = value }
   }
}
```

7. 将第 6 题的私有属性变更为公有属性，并以表达式主体来编写程序代码。

```
class Person
{
   private string _name;    //私有字段
   //公有属性以表达式主体来编写程序代码
   public string Name
   {
      get => _name;
      set=> _name = value;
   }
}
```

8. 将第 6 题的私有属性变更为公有属性，并采用自动实现属性。

```
class Person
{
   private string _name;    //私有字段
   //自动实现属性的程序代码
   public string Name { get; set; }
}
```

9. 给第 8 题的公有自动实现属性赋予初值。

```
class Person
{
   private string _name;    //私有字段
   //自动实现属性的程序代码
   public string Name { get; set; } = "林小美";
}
```

10. 不含任何参数的构造函数被称为默认构造函数。重载的概念是名称相同但参数不同。

11. 静态字段有两个作用：①计算已实例化的对象数，②存储所有实例的共享值。

12. 静态构造函数的特性：①不使用访问权限修饰词，②程序运行时无法以程序来控制，③视为使用类的记录文件。

13. 类有静态成员时会使用私有的构造函数，它的访问权限修饰词使用 private。

（二）问答题与实践题

1. 请说明定义构造函数有哪些注意事项，析构函数有什么作用？

答：

① 构造函数必须与类同名称，访问权限修饰词使用 public。

② 构造函数虽然有参数行，但是它不能有返回值，也不能使用 void。

③ 可根据需求在类内定义多个构造函数。

当程序执行完毕后，需借助“析构函数”（Destructor）来清除该对象所占用的系统资源，以释放内存空间。

2. 请说明构造函数与静态构造函数有什么不同？

答：

	构造函数	静态构造函数
与类同名称	是	是
初始化对象	是	否
访问权限修饰词	Public	不能使用
是否有参数	可以选择	不能有参数
执行次数	可以多次调用	只会执行一次

3. 定义一个“员工”类，字段有名字、年龄，并把今天设为到职日。

①以构造函数传入这些参数再输出相关信息。

②使用自动实现属性并赋初值。

答：实践题参考“...\C#2022\各章节课后实践题参考范例程序\CH06\Lab0603”。

4. 接续第 3 题，将构造函数重载，第一个构造函数不含参数但能输出信息，第二个构造函数有名字和年龄两个参数，第三个构造函数则有名字、年龄和到职日。

答：实践题参考“...\C#2022\各章节课后实践题参考范例程序\CH06\Lab0604”。

5. 接续第 4 题，将名字、年龄和到职日采取“对象初始化”并输出结果。

答：实践题参考“...\C#2022\各章节课后实践题参考范例程序\CH06\Lab0605”。

第 7 章

（一）填空题

1. 在 Math 静态类中，求取平方根使用 <u>Sqrt()</u>方法，依指定位数将小数舍入使用 <u>Round()</u> 方法，要让数值产生随机值使用 <u>Random</u> 类。

2. 方法签名包含：定义方法的<u>名称</u>，具有类型的在<u>参数</u>中声明，以<u>访问权限修饰词</u>指定存取范围，完成运算后要有<u>返回值</u>。

3. 请根据下列程序语句填入正确的答案。

```
static void Main(){
   Sum(10, 25);
}
static int Sum(int x, int y){
   return x + y;
```

```
}
```

在 Main()主程序中，Sum()为调用方法，10 和 25 被称为参数；定义方法 Sum()时使用了 static 作为访问权限修饰词，表明它的存取范围是 private，x、y 被称为参数；return 语句的作用返回计算结果。

4. 将第 3 题的 Sum()方法以表达式主体来实现。

```
static void Main(){
   Sum(10, 25);
}
static int Sum(int x, int y) => x + y;
```

5. 对于方法中的参数，Visual C#提供了两种传递机制：①传值调用、②传址调用。

6. 在方法的传递机制中，在程序中调用方法，作为数据传递者，被称为实际参数。在定义方法时，用来接收所传递的数据，被称为形式参数。

7. 在传址调用中，“址”是指内存的地址，传递时要加上方法参数 ref、out、params 的任意一个。

8. 将下列定义方法改为表达式主体：______________________________。

```
public static void display()
{
   Console.WriteLine("没有输入任何数值");
}
```

答：

```
public static void display()=>
   Console.WriteLine("没有输入任何数值");
```

9. 在哪种情况下会使用方法参数 params？非固定数目的参数，只能在方法中使用一次。

10. 参考下列程序代码来填写答案。showMsg()是静态方法，传递机制是传址调用，参变量 one 是对象，输出结果是出现错误。

```
static void Main() {
   Score first = new Score();
   first.Name = "Mary";
   first.Mark = 95;
   showMsg(first);
   Console.WriteLine("{0}, {1}", first.Name, first.Mark);
}
static void showMsg(ref Score one){
   one = new Score();
   one.Name = "Peter";
   one.Mark = 73;
}
```

11. 在定义方法传递参变量时，命名参数来指定名称，被称为具名参数；“可选”的作用是传递指定的参变量，也意味着某些参变量可以省略，被称为选择性参数。

12. 填写下列变量所代表的意义。①one 静态变量，②count 实例变量，③sum 局部变量。

```
class Program {
   public static int one;//①one
   int count;//②count
   void addNumbers(int[] num, int a, ref int b, out int c) {
      int sum = 1; //③sum
      outcome = a + b++;
   }
}
```

（二）问答题与实践题

1. 在 Main()主程序中，通常有 public static void Main()，其中的 public、static 和 void 各代表什么意义？

答：

① public 是访问权限修饰词，表示任何类都可以访问。

② static 表示属于静态类的方法。

③ void 用于 Main()时，表示不需要返回值。

2. 请以一个简单的范例来说明传值和传址的不同之处。

答：实践题参考"...\C#2022\各章节课后实践题参考范例程序\CH07\Lab0702"。

3. 请简单说明方法参数 ref 和 out 的相同点和不同点。

相同点：都用于方法传递机制中的"传址调用"，方法参数是 ref 或 out，都必须加在实际参数和形式参数前面。

它们的最大差异是，有 ref 关键字的实际参数必须先进行初始化，而 out 关键字则不用将变量初始化，但必须在方法内完成变量值的赋值操作。

4. 表 7-3 为某企业员工的出勤情况，编写程序输出如图 7-23 所示的结果。

表 7-23　某企业员工的出勤情况

	应出勤日	事假	病假
王小美	26	1 天	1 天
林大同	25	0	0
陈明明	26	2	1

答：实践题参考"...\C#2022\各章节课后实践题参考范例程序\CH07\Lab0704"。

第 8 章

（一）填空题

1. <u>基类</u>表示它是一个被继承的类，<u>派生类</u>表示它是一个继承其他类的类，C#采用<u>单一继承</u>机制。

2. 从面向对象程序设计的观点来看，在类的层级结构下，层级越低的派生类，<u>特化</u>的作用就会越强；同样地，基类的层级越高，表示<u>泛化</u>的作用也越强。

3. 在继承机制下，子类在哪两种情况下使用关键字 base？①<u>调用基类成员</u>，②<u>调用父类的构造函数</u>。

4. 访问权限修饰词为 protected，只有继承的派生类才能拥有父类的成员，但无法继承父类的构造函数；关键字 this 只会引用某类的对象和其成员。

5. 请根据下列简短的程序代码填入：①关键字 base 调用父类的成员。

```
class Father    //父类
}
   public void Display() {}
}
class Son : Father   //子类
{
   ①.Display();
}
```

6. 要获取今天的日期，以 DateTime 结构的属性 Today 获取；将 DateTime 对象转换为字符串要调用 ToString()方法。

7. 请根据下列简短程序代码填入：Person 是子类，而 Human 是父类；① Human、② Person、③personName。

```
class Human {
  public Human(string HumanName){
     //构造函数程序区块
  }
}
class Person : ①{
  public ②(string personName) : base(③) {
     //构造函数区块
  }
}
```

8. 派生类想要使用自己定义的方法，必须使用 new 关键字来隐藏父类的成员，以 override 关键字来覆写父类的成员。

9. 请根据下列简短程序代码填入：Display 方法在父类是①虚拟方法，在子类做②方法覆写，virtual 和 override 要有相同存取范围。

```
class Father    //父类
{
   public virtual void Display() {}//①
}
class Son : Father   //子类
{
   public override void Display() {}//②
}
```

10. 定义一个抽象类，填入下列语句的部分程序代码：①abstract、②get、③abstract、④ Display()。

```
① class Person {    //抽象类
   //配合存取器将 Title 定义成只读属性
   public abstract int Salary { ②; }
   //定义抽象方法 Display
```

```
    public ③ void ④;
```

11. 定义抽象类不能使用①访问权限修饰词，②不能使用 new 运算符实例化对象，③关键字 static 或 sealed 也无法使用。

12. 请根据下列简短程序代码填入：ISchool 是接口，而 Subject 是属性，showMessage()是自动实现，showMessage()是方法原型。

```
interface ISchool
{
   int Subject {get; set;}
   void showMessage();
}
```

（二）问答题与实践题

1. 请说明在继承机制下，什么是 is_a？什么是 has_a？请以 UML 进行简易说明。

答：在继承机制中，第一种是 is_a（is a kind of 的简写，即是什么），用来表示基类和派生类的关系，根据图 8-2“个人电脑是电脑的一种”，继承的派生类能够进一步阐述基类要表现的模型概念。因此，根据白色箭头来读取，平板电脑也“是”电脑的一种。

第二种继承关系是组合，称为 has_a 关系。表示在模块概念中，对象是其他对象模块的一部分。

2. 参考范例 Ex0801，如果 Main()主程序所声明的对象如下，那么子类 Education 的构造函数要如何编写？可以配合 this 修饰词。

```
static void Main(string[] args)
{
   //基类的对象
   School ScienceEngineer = new School();
   //派生类的对象
   Education choiceStu = new
      Education("英文写作", 1208, "Jeffrey");
   ...
}
```

答：实践题参考“...\C#2022\各章节课后实践题参考范例程序\CH08\Lab0802”。

3. 请实现下列程序代码。以加班在 2 小时之内，“加班费=薪资/30/2×1.25”，加班在 3 小时之内，“加班费=薪资/30/2×1.3”，以这两个条件来覆写 CalcOverWork()方法。

```
class Person
{
   protected int workhr {get; set;}
   protected string name {get; set;}
   //定义虚拟方法
   public virtual void CalcOverWork()
   {
      Console.WriteLine("没有加班费");
   }
}
```

答：实践题参考“...\C#2022\各章节课后实践题参考范例程序\CH08\Lab0803”。

第 9 章

（一）填空题

1. 非泛型集合存放于 System.Collections 命名空间，以集合类为主。泛型集合则以 System.Collections.Generic 命名空间为主。

2. 根据下述的泛型语法，填入相关名词：尖括号中的 T1 被称为类型参数，类名称和其尖括号所含的 T 被称为构造的类型。

```
class 类名称 <T1, T2,...,Tn>
{
   //程序区块
}
```

3. 参考下述简单的例子来填写，Student 为泛型类名称，string 为数据类型，persons 为泛型对象。

```
Student<string> persons = new Student<string>();
```

4. 将数组进行动态调整，泛型集合使用 List<T>，非泛型集合则使用 ArrayList。

5. 在 System.Collections.Generic 命名空间中，ICollection<T>接口用来管理泛型集合，ICompare 接口实现两个对象的比较方法，而 SortedList<TKey, TValue>类能按照索引键将索引键-值集合分组。

6. 在 ArrayList 类中，Capacity 属性获取其容量，Count 属性获取实际表项个数，Add()方法将表项加入集合末尾，Clear()方法能清除集合中的所有元素或表项；Sort()方法能对表项进行排序，IndexOf()方法能查找指定的表项并返回第一个匹配的表项。

7. 在泛型集合的扩充方法中，计算平均值可调用 Average()方法，计算总和可调用 Sum()方法，找出最大值可调用 Max()方法，获取表项个数可调用 Count()方法。

8. 在 Dictionary<TKey, TValue>类中，Keys 属性获取索引键，Values 属性获取表项的值，Containskey[TKey]方法用来判断是否含有特定的索引键。

9. 泛型集合的 Queue<T>（队列）类的数据进出采用 FIFO，Stack（堆栈）类的数据的进出则采用 LIFO。

10. 使用 Queue<T>时，Dequeue()方法会返回队列最前端的对象并删除该对象，Enqueue()方法将对象加入队列的末尾，Peek()方法会返回队列的第一个对象。

11. 使用 Stack<T>时，Peek()方法返回堆栈最上端的表项，Push()方法能将表项加到堆栈的最上端，Pop()方法则是把堆栈最上端的表项删除。

12. 使用委托时，有哪 4 个步骤？①定义委托、②定义相关方法、③声明委托对象、④调用委托方法。

13. 请问下列程序代码会发生什么异常情况？ sum 变量没有设置初值。

```
sbyte count;
short sum;
for (count = 0; count < 127; count++)
   {
   sum += count;
```

```
    Console.WriteLine("计数器 = {0}", count);
}
```

14. 请问下列程序代码会发生什么异常情况？ IndexOutOfRangeException。

```
sbyte[] arr = new sbyte[]{11, 12, 13};//声明数组并初始化
  for (int index = 0; index <=3 ; index++)
  { //读取数组元素
    Console.Write("{0},", arr[index]);
```

（二）问答题与实践题

1. 想想看，ArrayList 与 Array 都可以创建数组，它们之间有什么差别？

	Array	ArrayList
数据类型	声明时要指定类型	任何对象
数组大小	调用大小 Resize()	自动调整
数组元素	不能动态改变	Insert()方法用于添加，Remove()方法用于删除
数组维数	可以多维	只能一维
命名空间	System	System.Collections

2. 利用委托的概念设计一个能计算三角形和矩形面积的委托对象。

答：实践题参考“...\C#2022\各章节课后实践题参考范例程序\CH009\Lab0902”。

3. 参考范例 Ex0912，以“匿名方法配合委托”和 Lambda 计算三角形和矩形面积。

答：实践题参考“...\C#2022\各章节课后实践题参考范例程序\CH09\Lab0903

4. 请列举 SystemException 类下的三个派生类，并简单说明它们用于哪一种异常处理。

答：

- DivideByZeroException：整数或小数零除时。
- NotFiniteNumberException：浮点数无穷大、负无穷小或非数字（NaN）时。
- OverflowException：产生溢出情况。

第 10 章

（一）填空题

1. 编写 Windows 窗体应用程序要导入.NET 类库的 System.Windows.Forms 命名空间。

2. 每个事件处理程序都有两个参数：第一个参数 sender 提供触发事件的对象引用，第二个参数 e 用来传递要处理事件的对象。

3. 控件属性中用来编写程序代码的识别名称是 Name 属性，显示在窗体标题栏的文字是 Text 属性。

4. 编写 Windows 窗体应用程序时，会产生 3 个文件，分别是：①Form1.cs、②Form1.Designer.cs 和③Form1.resx。

5. Application 类提供的静态方法中，Exit()方法会结束所有应用程序，Run()方法开始执行标准应用程序并显示出指定窗体。

6. 在窗体中加入控件后，ForeColor 属性可以更改控件的字体颜色，要改变控件的背景色则使用 BackColor 属性。

7. Color 结构表示颜色，ARGB 色阶的 A 表示透明度，R 表示红色，G 表示绿色，B 表示蓝色。以 RGB 表示白色，即 RGB(255, 255, 255)。

8. 设置控件的外框时，可以使用 BorderStyle 枚举类型，设置单线边框时为 FixedSingle，3D 边框则要用 Fixed3D。

9. 要将按钮控件的字体设为楷体并加粗，字号为 14，程序代码要如何编写？________

```
Button1.Font = new Font("楷体", 14, FontStyle.Bold);
```

10. 设置窗体的起始位置要通过 StartPosition 属性，Size 属性决定窗体大小，Opacity 属性用来控制窗体的透明度；第一次加载窗体所触发的事件为 Load()。

11. 请填写图 10-52 中消息框各个部分的作用：①信息内容，②标题栏，③按钮，④图标。

（二）问答题与实践题

1. 请简单说明什么是部分类？

答：部分类是以关键修饰词 partial 所定义的类，代表它能把类进行分割，但类必须存放在同一个命名空间，使用相同的存取范围（即访问权限修饰词要一样）。如同压缩文件，当源文件过于庞大时，可能会把它进行部分压缩，将一个文件分割成几个部分，只要设好编码格式，解压缩时将多个文件置于相同的文件夹，就不会出现问题。

2. 参考范例 Ex1001，单击按钮让标签只显示当前的时间，①把标签的前景改为白色，背景改为蓝色，并将边框线改为 3D 边框；②把标签字体设置为粗体 Arial，字号为 20。

答：实践题参考"...\C#2022\各章节课后实践题参考范例程序\CH10\Lab1002"。

3. 参照图 10-53 实现 Windows 窗体应用程序，输入两个数字进行加、减、乘、除运算，使用 Button 制成运算按钮，计算结果以消息框输出，单击消息框的"确认"按钮，会消除窗体上文字块的内容。

答：实践题参考"...\C#2022\各章节课后实践题参考范例程序\CH10\Lab1003"。

4. 使用文本框和标签控件配合数组，计算出总分、平均分并找出最高分，窗体对话框如图 10-54 所示。

答：实践题参考"...\C#2022\各章节课后实践题参考范例程序\CH10\Lab1004"。

第 11 章

（一）填空题

1. 在标签控件中，对齐文字使用 TextAlign 属性，它会调用 ContentAlignment 枚举类型的常数值，共有 9 种对齐方式。

2. 超链接标签控件的 LinkBehavior 属性用来设置超链接标签控件中的文字是否要加下画线，共有 4 种属性值：①系统默认值 SystemDefault，②表示永远要加下画线的 AlwaysUnderline，③鼠标指针停留时加下画线的 HoverUnderline，④永远不加下画线的 NeverUnderline。

3. 在窗体中，控件的 Tab 键顺序由 TabIndex 属性来决定，进入 Tab 键顺序的编辑界面，按 Esc 键可关闭界面。

4. 文本框要显示多行时，MultiLine 属性设为 true；要让文本框变成只读，ReadOnly 属性设为 true。

5. 清除文本框的内容要使用 Clear()方法，获取输入焦点要使用 Focus()方法，改变文本框内容会触发 TextChange()事件。

6. 所有 Windows 应用程序都共享"系统剪贴板"，Clipboard 类提供了两个方法：SetDataObject()方法将数据存放在剪贴板中，GetDataObject()方法将提取剪贴板的数据内容或信息。

7. 控件的 Dock 属性有 5 种设置值：①None、②Top、③Button、④Left、⑤Right。

8. RichTextBox 控件使用 LoadFile()方法来打开文件，使用 SaveFile()方法来保持文件，使用 Find()方法查找特定的字符串。

9. Timer 组件启动时要调用 Start()方法，停止时要调用 Stop()方法；Interval 属性可用于设置时间的间隔，设置值会触发 Tick()事件。

10. 在 MonthCalendar 控件中，要限制日期的开始和结束，可用 MinDate 和 MaxDate 属性进行设置；要设置每年固定的日期（如法定假日），可使用 AnnuallyBoldedDates 属性。

11. DateTimePicker 控件的属性 Format 有 4 种格式：①Long、②Short、③Time、④Customer。

（二）问答题与实践题

1. 在窗体中加入按钮和标签，单击按钮后会显示当前的时间，同时字体颜色和背景颜色都会改变，加入单线边框并设置为水平、垂直都居中。参考图 11-49 的窗体设计。

答：实践题参考"...\C#2022\各章节课后实践题参考范例程序\CH11\Lab1101"。

2. 延续前一个范例，让标签控件显示的时间能跳动，必须加入哪一种组件？执行后让按钮隐藏并放大标签的字号为 20。

答：实践题参考"...\C#2022\各章节课后实践题参考范例程序\CH11\Lab1102"。

3. 在窗体上加入三个标签来显示随机数值，其中有一个数值为 7 就停止程序的执行。参考图 11-50 的窗体设计。

- 加入 Timer 控件。
- 加入 Thread.Sleep（毫秒）产生时间差，显示的 3 个随机数值才会不一样。

答：实践题参考"...\C#2022\各章节课后实践题参考范例程序\CH11\Lab1104"。

第 12 章

（一）填空题

1. 请填写如图 12-27 所示的"打开"对话框所对应的属性：①Title，②InitialDirectory，③FileIndex，④Filter。

2. 无论是哪一种对话框，都会调用 ShowDialog()方法来执行所对应的对话框，确认用户单击 DialogResult 枚举类型的"确定"常数值之后才会执行相关的程序。

3. 打开文件使用 OpenFileDialog 对话框，浏览文件夹使用 FolderBrowserDialog 对话框，保存文件使用 SaveFileDialog 对话框。

4. FolderBrowserDialog 对话框的 RootFolder 属性能设置浏览文件夹的起始位置，通过

Environment.SpecialFolder 枚举类型能浏览计算机中一些特定的文件夹，Personal 成员泛指 MyDocuments。

5. 设置字体可以调用 FontDialog 对话框，设置颜色要使用 ColorDialog 对话框。

6. 文件要打印时，第一个操作要产生 PrintDocument 对象，调用 Print()方法执行打印，最后交给 PrintPage()事件来处理。

7. 打印文件时，调用 MeasureString()方法测量要打印的文字，DrawString()方法绘制输出的文字。

8. PrintPageEventArgs 类处理打印事项，HasMorePages 属性可以确认打印的文件是否为最后一页，MarginBounds 属性获取边界内的页面。

9. 文件在打印前，可使用 PrintDialog 对话框进行打印机的设置，使用 PageSetupDialog 对话框进行页面设置，要了解打印预览效果，使用 PrintPreviewDialog 对话框。

（二）问答题与实践题

1. 使用 ColorDialog 对话框改变第一个标签的背景色，第二个标签获取 RGB 的颜色值。

答：实践题参考"...\C#2022\各章节课后实践题参考范例程序\CH12\Lab1202"。

2. 修改范例 Ex1205，在窗体中加入 PageSetupDialog，单击"打印"按钮时先进入"页面设置"对话框，单击"确定"按钮再进入"打印"对话框，参考图 12-29 的运行结果。

答：实践题参考"...\C#2022\各章节课后实践题参考范例程序\CH12\Lab1203"。

第 13 章

（一）填空题

1. 复选框的 ThreeState 属性值为 true 时，必须进一步配合 CheckState 属性才会产生三种变化：①勾选，②不勾选，③不确定勾选。

2. ComboBox 控件设置列表表项时，要使用 Items 属性进行编辑，指定表项以便删除使用的是 Remove()方法，清除所有表项要使用 Clear()方法。

3. ComboBox 控件以 DropDownStyle 属性来提供下拉列表的外观，有三种属性值可供选择：① Simple，②DropDown，③DropDownList。

4. 列表框的 SelectionMode 属性用于设置列表表项的选择方式，有 4 个成员：①None，② One，③MultiSimple，④MultiExtended。

5. 使用 CheckedListBox 控件时，想要知道哪些选项被勾选，使用 GetItemChecked()方法来逐一检查，当列表的某个选项被勾选时会触发 ItemCheck()事件。

6. MenuStrip 生成主菜单，通过 Items 属性来加入第一层主菜单的菜单项。如果还要继续建立第二层（子）菜单，则要使用 DropDownItems 属性。

7. 使用 ContextMenuStrip 控件除了以鼠标单击某个菜单项所触发的 Click()事件外，就是选择快捷菜单项的 ItemClicked()事件，通过参数 e 可以得知哪个选项被选中了。

8. ToolStrip 控件要以 ToolTipText 属性来作为控件的提示文字，如果要加入工具栏按钮，则要用 ToolStripButton。

（二）问答题与实践题

1. 创建如图 13-59 所示的 Windows 窗体程序，单击“计算”按钮后以消息框显示结果，单击“清除”按钮则会清除当前所有的选择。

答：实践题参考“...\C#2022\各章节课后实践题参考范例程序\CH13\Lab1301”。

2. 在窗体中添加 MenuStrip 控件之后，使用程序代码来生成如图 13-60 所示的菜单。

答：实践题参考“...\C#2022\各章节课后实践题参考范例程序\CH13\Lab1302”。

第 14 章

（一）填空题

1. 一次只能打开一个文件，称为单文档界面；在一个窗口下能同时打开多个文件，称为多文档界面。

2. MDI 窗体中有多个 MDI 子窗口，LayoutMdi()方法可以对窗体进行 4 种不同的排列，以图标排列使用 ArrangeIcons，重叠排列使用 Cascade，水平排列使用 TileHorizontal，垂直排列使用 TileVertical。

3. 在 PictureBox 控件中，SizeMode 属性值用来调整图像的大小，StretchImage 属性值是图像随图框大小进行调整，AutoSize 属性值是图框随图像大小进行调整。

4. 处理 KeyDown 或 KeyUp 件的事件处理程序 KeyEventArgs，由对象 e 接收事件信息，KeyCode 属性获取按键值，KeyValue 属性获取键盘值，KeyData 属性结合按键码和组合按键。

5. 当我们按下鼠标按键时触发 MouseDown 事件，这个事件由 MouseEventArgs 类来处理；Click 事件由 EventArgs 类来处理。

6. 在鼠标的拖曳操作中，以目标为拖曳对象，DragEventArgs 类负责三种拖曳：① DragEnter、②DragOver、③DragDrop。

7. 在绘制图案时，提供画布的是 Graphics 类，Pen 类作为画笔，而 Brush 类为笔刷，配合 Color 填充颜色。

8. 绘制线条使用 DrawLine()方法，绘制基本曲线则使用 DrawCurve()方法。

（二）问答题与实践题

1. 参考 14.1 节的范例项目来创建有菜单的 MDI 父、子窗体，并把子窗体水平、垂直和重叠排列。

答：实践题参考“...\C#2022\各章节课后实践题参考范例程序\CH14\Lab1401”。

2. 将范例 Ex1402 改写，按下按键，获取图片上、下、左、右的坐标。

答：实践题参考“...\C#2022\各章节课后实践题参考范例程序\CH14\Lab1402”。

3. 请简单说明用鼠标在控件上双击时会触发什么事件？

答：将鼠标指针移向控件时会触发 MouseEnter 事件，在控件上移动鼠标会不断触发 MouseMove（移动）事件，当鼠标指针停驻在控件上不动时触发 MouseHover 事件，在控件上按下鼠标按键或滚动鼠标滚轮则会触发 MouseDown 事件和 MouseWheel 事件，放开鼠标按键时会触发 MouseUp 事件，鼠标指针离开时则会触发 MouseLeave 事件。

4. 使用 KeyPress 的概念来编写一个密码判断程序。

- 密码只能输入数字。
- 密码不能大于 7 个字符。

答：实践题参考“...\C#2022\各章节课后实践题参考范例程序\CH14\Lab1404”。

第 15 章

（一）填空题

1. FileSystemInfo 是一个抽象基类，其派生类有两个：①DirectoryInfo 用于管理目录，② FileInfo 用于操作文件。

2. 查看文件最后一次的访问时间可通过 FileSystemInfo 类的 LastAccessTime 属性，查看文件最后一次的写入时间则可以通过 LastWriteTime 属性。

3. Directory 静态类要创建目录调用 CreateDirectory()方法，删除指定的目录调用 Delete()方法，获取指定目录的文件名则调用 GetFiles()方法。

4. 要把目录移动到指定位置，调用 Directory 静态类的 Move()方法，它的两个参数：① sourceDirName 表示要移动的文件或目录的路径，②destDirName 表示目标目录的路径。

5. FileInfo 类创建文件对象后，以 Open()方法打开文件，有三个参数：①mode 指定打开模式，②access 指定文件存取方式，③share 指定文件共享模式。

6. 要获取当前文件的存放路径，可使用 FileInfo 类的 Directory 属性；要获取存放文件的完整路径，则使用 DirectoryName 属性。

7. FileInfo 类创建文件对象后，判断要创建的文件存在与否，Exists 属性用于检测。调用 Create()方法创建文件，以 CopyTo()方法复制文件，而 Delete()方法则用于删除文件。

8. File 静态类以 CreateText()方法来创建文本文件，以 OpenText()方法来打开文件，以 AppendText()方法把内容附加到现有文件。

9. 使用数据流对象的读取器时，Read()方法用于逐个读取字符，数据流对象的写入器调用 WriteLine()方法可以把数据整行写入。

10. 使用 StreamWriter 写入器写入数据后，调用 Flush()方法会清除缓冲区数据，再以 Close()方法关闭缓冲区。

（二）问答题与实践题

1. 请解释 using 语句的作用。

答：数据流对象在写入或读取文件时会占用系统资源，完成文件的相关操作后会调用 Dispose()来释放这些属于 Unmanaged 的资源。为了让系统自动释放这些资源，可以使用 using 语句，以大括号来定义程序区块的范围，让数据流对象在此程序区块内进行处理。

通过 using 语句，让这些 Unmanaged 的资源自动实现 IDisposable 接口，使创建的数据流对象自动调用 Dispose()方法。在 using 程序区块内，对象为只读且不可修改或被重新赋值。

2. 使用两个文本框搜索目录或文件。由于没有使用按钮，因此利用第一个文本框的“KeyDown 事件”，在输入字符串按下 Enter 键之后列出指定位置的目录或文件。执行结果可参照图 15-14。

```
private void txtSerach_KeyDown(object sender, KeyEventArgs e)
{
   if (e.KeyCode == Keys.Enter){}
}
```

答：实践题参考“...\C#2022\各章节课后实践题参考范例程序\CH15\Lab1502”。

第 16 章

（一）选择题

1. LINQ 的标准查询运算符，（D）子句用来设置数据源？
   A. select 子句　　B. where 子句　　C. group 子句　　D. from 子句
2. LINQ 的标准查询运算符，（B）子句用来设置筛选条件？
   A. select 子句　　B. where 子句　　C. group 子句　　D. from 子句
3. LINQ 的标准查询运算符，（C）子句用来设置群组？
   A. select 子句　　B. where 子句　　C. group 子句　　D. from 子句
4. LINQ 的标准查询运算符，（A）子句用来设置排序的依据？
   A. select 子句　　B. where 子句　　C. group 子句　　D. from 子句
5. LINQ 的标准查询运算符，（D）子句可以变更范围变量并重设？
   A. select 子句　　B. where 子句　　C. group 子句　　D. from 子句

（二）问答题与实践题

LINQ 技术应用包含哪三项，请简单说明。

答：

- LINQ to XML：将指定的 XML 文件转换成 IEnumerable<T>的类型对象，以便使用 LINQ 进行查询。
- LINQ to Entities：ADO.NET Entity Framework。
- LINQ to Objects：实现 IEnumerable 或 IEnumerable<T>接口，以标准的 LINQ 查询，对集合对象执行查询操作。